Wagenführ/Scholz (Hrsg.)
Taschenbuch der Holztechnik

Herausgeber

Prof. Dr.-Ing. *André Wagenführ*, Technische Universität Dresden
Prof. Dr.-Ing. *Frieder Scholz*, Hochschule Rosenheim

Autoren und Mitarbeiter

Dr.-Ing. *Rico Emmler*, Institut für Holztechnologie Dresden, (Abschn. 3.3)
Prof. Dr.-Ing. *Oskar Faix*, Institut für Holzchemie und chemische Technologie des Holzes Hamburg, (Abschn. 1.3)
Dr.-Ing. *Hans-Jürgen Gittel*, Marketing und Unternehmensberatung Nürtingen, (Abschn. 3.2)
Dr.-Ing. *Christian Gottlöber*, Technische Universität Dresden, (Kap. 2)
Prof. Dr.-Ing. *Detlef Kröppelin*, Dresden, (Kap. 5)
Prof. Dipl.-Ing. *Torsten Leps*, Hochschule Rosenheim, (Abschn. 3.4)
Prof. Dr. *Carsten Mai*, Georg-August-Universität Göttingen, (Abschn. 4.2, 4.3)
Prof. Dr. *Holger Militz*, Georg-August-Universität Göttingen, (Abschn. 4.2, 4.3)
Prof. i. R. Dr.-Ing. habil. Dr. h.c. *Peter Niemz*, Eidgenössische Technische Hochschule Zürich/Berner Fachhochschule, Biel, (Abschn. 1.4, Kap. 2)
Prof. Dipl.-Ing. (FH) *Maximilian Ober*, Hochschule Rosenheim, (Abschn. 3.3)
Prof. Dr.-Ing. *Frieder Scholz*, Hochschule Rosenheim, (Abschn. 3.2)
Univ.-Prof. Dipl.-Ing. Dr. *Alfred Teischinger*, Universität für Bodenkultur Wien, (Abschn. 4.1)
Prof. Dr.-Ing. *André Wagenführ*, Technische Universität Dresden, (Abschn. 1.2, 2.2.7, 2.2.9, 3.1)
Dr. rer. nat. *Rudi Wagenführ* †, Dresden, (Abschn. 1.1, 1.2)

Taschenbuch der Holztechnik

herausgegeben von
Prof. Dr.-Ing. André Wagenführ und
Prof. Dr.-Ing. Frieder Scholz

3., aktualisierte Auflage

Mit 403 Bildern und 84 Tabellen

FACHBUCHVERLAG LEIPZIG
im Carl Hanser Verlag

Bibliografische Information der Deutschen Nationalbibliothek
Die Deutsche Nationalbibliothek verzeichnet diese Publikation in der Deutschen Nationalbibliografie; detaillierte bibliografische Daten sind im Internet über http://dnb.d-nb.de abrufbar.

ISBN 978-3-446-45440-8
E-Book-ISBN 978-3-446-45441-5

Umschlagbild: Reduzier-Bandsägeanlage (EWD Sägetechnik Reutlingen)

Fachbuchverlag Leipzig im Carl Hanser Verlag

Vilshofener Straße 10 | 81679 München | info@hanser.de
www.hanser-fachbuch.de
Lektorat: Manuel Leppert, M. A.
Herstellung: Katrin Wulst
Satz: Werksatz Schmidt & Schulz GmbH, Gräfenhainichen
Druck und Bindung: Kösel, Krugzell
Printed in Germany

Vorwort

Die Geschwindigkeit der Neuerungen in der Technik steigt unaufhaltsam, Fortbildung in der Industrie wandelt sich zum kontinuierlichen Prozess. Insbesondere der Wirtschaftszweig der Holzverarbeitung an Hochtechnologie-Standorten steht – bedingt durch weltweite Entwicklungen – unter einem starken Preisdruck, der effiziente Produktionsprozesse erfordert.

Vor diesem Hintergrund fasst dieses Taschenbuch den aktuellen technischen Stand der Holzbearbeitung und -verarbeitung zusammen. Das Buch ist ein breit angelegtes Lehr- und Nachschlagewerk, in dem alle Aspekte der Wertschöpfungskette in der Holzverarbeitung „ab dem Rundholzplatz" bis zur Konstruktion und Produktion der Endprodukte angesprochen werden. Es gibt übersichtlich Antworten auf die häufigsten Fragestellungen und für weitergehende Probleme Hinweise auf die entsprechende Literatur. Das Buch soll damit ein wertvoller, stets greifbarer Begleiter in Studium und Beruf sein – eben ein Taschenbuch.

Bedingt durch die breite Anlage und Fülle der Themen war die Mitarbeit einer Vielzahl von Autoren notwendig, die alle führende Fachleute auf ihren Gebieten sind. Ihnen allen und insbesondere Rudi Wagenführ, der während dieser Nachauflage verstorben ist, sei an dieser Stelle herzlich gedankt. Der besondere Dank der Herausgeber gilt dem Fachbuchverlag Leipzig im Carl Hanser Verlag, hier speziell Jochen Horn, der die Anregung zu diesem Taschenbuch gab.

Dresden/Rosenheim, November 2017

A. Wagenführ
F. Scholz

Inhaltsverzeichnis

1 Roh- und Werkstoff Holz 13
1.1 Einführung 13
1.2 Anatomie des Holzes 14
1.2.1 Holzstrukturuntersuchungen/Holzstrukturanalysen . 14
1.2.1.1 Was ist Holz? 14
1.2.1.2 Holzanatomische Untersuchungsmethoden . 15
1.2.1.3 Die wichtigsten Holzstrukturmerkmale . . . 16
1.2.1.4 Strukturveränderungen 39
1.2.2 Holzarten 42
1.2.2.1 Benennungen 42
1.2.2.2 Bestimmungen 44
1.3 Chemie des Holzes 47
1.3.1 Holz als Mikro- und Nanoverbundpolymer 47
1.3.2 Cellulose 50
1.3.3 Hemicellulosen 54
1.3.4 Lignine 58
1.3.5 Extraktstoffe 64
1.4 Physik des Holzes 75
1.4.1 Übersicht zu den wesentlichen Holzeigenschaften und wichtigen Einflussfaktoren 75
1.4.1.1 Einteilung der Holzeigenschaften 75
1.4.1.2 Wesentliche Einflussfaktoren auf die Eigenschaften 76
1.4.2 Verhalten gegenüber Feuchte 77
1.4.2.1 Sorptionsverhalten und kapillare Wasseraufnahme 77
1.4.2.2 Quellen und Schwinden 82
1.4.3 Dichte 86
1.4.4 Thermische Eigenschaften 87
1.4.5 Elektrische Eigenschaften 89
1.4.6 Optische Eigenschaften 89
1.4.7 Akustische Eigenschaften 90
1.4.8 Alterung und Beständigkeit 92
1.4.9 Elastomechanische und rheologische Eigenschaften 93
1.4.9.1 Übersicht zu wichtigen Einflussgrößen 93
1.4.9.2 Elastizitätsgesetz und Spannungs-Dehnungs-Diagramm 94
1.4.9.3 Rheologische Eigenschaften 102
1.4.9.4 Festigkeitseigenschaften 106
Literaturverzeichnis 116

Weiterführende Literatur 118
Anlagen 119
2 Werkstoffe aus Holz 127
2.1 Übersicht zu den Holzwerkstoffen 127
2.1.1 Vollholz 128
2.1.2 Holzwerkstoffe 128
2.2 Struktureller Aufbau und wesentliche Einflussfaktoren auf die Eigenschaften ausgewählter Holzwerkstoffe 131
2.2.1 Allgemeine Gesetzmäßigkeiten der Werkstoffbildung 131
2.2.2 Klebstoffe 135
2.2.2.1 Physikalisch abbindende Klebstoffe 136
2.2.2.2 Chemisch reagierende Klebstoffe 137
2.2.3 Werkstoffe auf Vollholzbasis 140
2.2.4 Werkstoffe auf Furnierbasis 141
2.2.5 Werkstoffe auf Spanbasis 143
2.2.6 Werkstoffe auf Faserbasis 146
2.2.7 Verbundwerkstoffe 149
2.2.8 Engineered Wood Products 153
2.2.8.1 Furnierschichtholz (Laminated Veneer Lumber, LVL) 154
2.2.8.2 Furnierstreifenholz (Parallel Strand Lumber – PSL) 155
2.2.8.3 Spanstreifenholz (Laminated Strand Lumber – LSL) 155
2.2.8.4 Scrimber 155
2.2.8.5 Verbundsysteme 155
2.2.9 Wood Plastic Composites (WPC) 155
2.3 Eigenschaften von Holzwerkstoffen 157
2.3.1 Übersicht 157
2.3.2 Physikalische Eigenschaften 159
2.3.2.1 Verhalten gegenüber Feuchte 159
2.3.2.2 Rohdichte 167
2.3.2.3 Sonstige Eigenschaften 169
2.3.3 Elastomechanische und rheologische Eigenschaften 176
2.3.3.1 Übersicht 176
2.3.3.2 Kenngrößen und deren Bestimmung 181
2.3.3.3 Rheologische Eigenschaften 185
2.3.3.4 Festigkeitseigenschaften 186
2.4 Technologie der Herstellung von Holzwerkstoffen 193
2.4.1 Allgemeine Entwicklungstendenzen 193
2.4.2 Werkstoffe auf Vollholzbasis 194
2.4.2.1 Brettschichtholz 194
2.4.2.2 Massivholzplatten 196

2.4.3 Werkstoffe auf Furnierbasis (Lagenhölzer) 199
2.4.3.1 Technologische Grundoperationen 199
2.4.3.2 Fertigungsablauf 203
2.4.4 Werkstoffe auf Spanbasis 206
2.4.4.1 Technologische Grundoperationen 206
2.4.4.2 Fertigungsablauf 225
2.4.4.3 Spezielle Holzspanwerkstoffe 226
2.4.5 Werkstoffe auf Faserbasis 231
2.4.5.1 Technologische Grundoperationen 231
2.4.5.2 Fertigungsablauf 243
2.4.5.3 Sonderverfahren 245
2.4.6 Verbundwerkstoffe 245
2.4.6.1 Technologische Grundoperationen 245
2.4.6.2 Fertigungsablauf 248
2.5 Anlagen zur Prozesssteuerung und -überwachung 248
2.6 Einsatzmöglichkeiten von Holzwerkstoffen 249
Quellen und weiterführende Literatur 256

3 Holzbearbeitung 260
3.1 Umformen 260
3.1.1 Holzbiegen 261
3.1.2 Tiefziehen von Holz und Holzwerkstoffen 262
3.2 Oberflächen bildende Bearbeitungsverfahren 263
3.2.1 Begriffe 263
3.2.2 Einführung und Grundlagen 266
3.2.2.1 Trennen ohne Schneidkeil 266
3.2.2.2 Trennen mit Schneidkeil 267
3.2.2.3 Kinematik und Geometrie des Spanens mit geometrisch bestimmten Schneiden . . . 269
3.2.2.4 Zerspanungskräfte und Zerspanungsleistung 277
3.2.3 Baugruppen von Holzbearbeitungsmaschinen 282
3.2.3.1 Maschinengestelle 282
3.2.3.2 Antriebe 285
3.2.3.3 Führungen 291
3.2.3.4 Wellen und Lagerungen 294
3.2.3.5 Lagemessung, Regelung 295
3.2.3.6 Schneidwerkstoffe und Verschleiß 297
3.2.4 Sägen 299
3.2.4.1 Kreissägen 299
3.2.4.2 Zerspanen 308
3.2.4.3 Bandsägen 311
3.2.4.4 Kettensägen 313
3.2.4.5 Gattersägen 314
3.2.5 Fräsen und Hobeln 315

3.2.5.1 Planhobeln (Planfräsen) 315
3.2.5.2 Universal- und Profilhobeln (Profilfräsen) . . 319
3.2.5.3 Tischfräsen 321
3.2.5.4 CNC-Oberfräsen 323
3.2.5.5 Kantenbearbeitungen 329
3.2.5.6 Weitere Fräsverfahren 334
3.2.6 Bohren 334
3.2.6.1 Bohrwerkzeuge 334
3.2.6.2 Bohrmaschinen 335
3.2.7 Drehen und Drechseln 338
3.2.8 Schleifen 339
3.2.8.1 Grundlagen 340
3.2.8.2 Schleifmittel 342
3.2.8.3 Maschinenkonzepte 344
3.2.9 Spanloses Trennen 350
3.2.9.1 Spalten 351
3.2.9.2 Schälen und Messern 351
3.2.9.3 Stanzen – Schneiden 353
3.3 Oberflächenbeschichtung 353
3.3.1 Oberflächenbeschichtung mit flüssigen Materialien . 353
3.3.1.1 Voraussetzungen für gute Oberflächenqualität 354
3.3.1.2 Lackrohstoffe 356
3.3.1.3 Lacksysteme 360
3.3.1.4 Applikationsverfahren 362
3.3.1.5 Lacktrocknen und Härten 378
3.3.2 Beschichtung mit festen und pulverförmigen Stoffen 391
3.3.2.1 Vorbehandlungsverfahren 391
3.3.2.2 Materialien 393
3.3.2.3 Applikationsverfahren 396
3.4 Prüfung von Holz und Holzwerkstoffen 409
3.4.1 Normung und Einzelzulassung 411
3.4.2 Güteüberwachung und Kennzeichnung 412
3.4.3 Prüfung von Vollholz 412
3.4.4 Sortierung von Holz nach Tragfähigkeit 414
3.4.5 Einfluss der Umgebungsbedingungen auf die Eigenschaften und die Prüfung 418
3.4.5.1 Bestimmung der Rohdichte 418
3.4.5.2 Bestimmung des Feuchtigkeitsgehaltes 419
3.4.6 Ermittlung mechanischer Eigenschaften von Vollholz 419
3.4.6.1 Prüfung von Oberflächeneigenschaften . . . 420
3.4.6.2 Prüfung rheologischer Eigenschaften 422
3.4.7 Prüfung von Holzwerkstoffen 423
3.4.7.1 Zerstörende Prüfungen 423
3.4.7.2 Produktionsüberwachung bei Holzwerkstoffen 425

Literaturverzeichnis 429
Weiterführende Literatur 430
Anhang 431
4 Holzvergütung 433
4.1 Holztrocknung 433
4.1.1 Gründe für die Holztrocknung 433
4.1.2 Wechselwirkung Umgebungsklima – Gleichgewichtsfeuchte 434
4.1.3 Trocknungsvorgang, Feuchtegradient und Trocknungsspannung 434
4.1.4 Der Trocknungsprozess – Systematik der Trocknungsverfahren 440
4.1.5 Grundzüge zur Regelung des Trocknungsprozesses . . 450
4.1.6 Trocknungsqualität 451
Quellen und weiterführende Literatur 456
Normen 456
4.2 Holzschutz 457
4.2.1 Einleitung 457
4.2.2 Dauerhafte Holzanwendung 459
4.2.3 Integrierter Holzschutz 461
4.2.4 Holzschutzverfahren 464
4.2.4.1 Nichtdruckverfahren 464
4.2.4.2 Druckverfahren 466
4.2.5 Tränkbarkeit von Holzarten 467
4.2.6 Holzzerstörung durch Pilze 470
4.2.6.1 Einteilung der Holzpilze 470
4.2.6.2 Feuchtebedarf 471
4.2.6.3 Fäuleformen 471
4.2.6.4 Hausfäulepilze 472
4.2.6.5 Holzverfärbende Organismen 473
4.2.7 Holzschädigende Insekten 475
4.2.8 Chemischer Holzschutz 476
4.3 Sonstige Vergütungsverfahren 485
4.3.1 Wirkungsprinzipien der Holzmodifizierung 485
4.3.2 Arten der Holzmodifizierung 489
4.3.2.1 Thermisch-physikalische Verfahren 489
4.3.2.2 Hydrophobierung mit Ölen und Wachsen . . 490
4.3.2.3 Chemische Modifizierung der Holzzellwand . 491
4.3.2.4 In der Zellwand polymerisierbare Chemikalien 494
4.3.2.5 Behandlung mit Siliziumverbindungen 496
4.3.2.6 Holz-Kunststoff-Komposite 496

Quellen und weiterführende Literatur 497
Normen 499
5 Holzerzeugnisse 501
5.1 Möbel und Innenausbau 503
5.1.1 Möbel 503
5.1.1.1 Begriffe/Bezeichnungen 503
5.1.1.2 Bauteilzuordnungen 506
5.1.1.3 Systematisierung von Verbindungen 507
5.1.1.4 Konstruktionsdetails im Möbelbau 513
5.1.2 Innenausbau 524
5.1.2.1 Begriffe/Bezeichnungen 525
5.1.2.2 Allgemeines zu Schutzmaßnahmen im Innenausbau 527
5.1.2.3 Konstruktionen im Innenausbau 529
5.2 Bauelemente 533
5.2.1 Maß- und Modulordnung 534
5.2.2 Türen 536
5.2.2.1 Begriffe/Bezeichnungen 536
5.2.2.2 Konstruktionsdetails 538
5.2.3 Fenster 539
5.2.3.1 Begriffe/Bezeichnungen 539
5.2.3.2 Konstruktionsdetails 541
5.3 Sonstige Erzeugnisse aus Holz 543
Weiterführende Literatur 543
Sachwortverzeichnis 545

1 Roh- und Werkstoff Holz

1.1 Einführung

Der Baum als Holzproduzent

Der Baum ist eine langjährige, sich jährlich verlängernde, verdickende und verholzende höhere Pflanze, die kräftige Wurzeln und einen mehr oder weniger hohen Stamm ausbildet, wobei Holzgewächse erst ab 3 m Höhe zu den Bäumen zählen (unter 3 m sind es Sträucher). Der Baum als Holzpflanze gliedert sich in Erdstamm, Mittel- und Gipfelstück (= Zopfstück). Seine Ausbildung ist holzartenbedingt und wird stets von Baumalter, Bestandschluss und Standort bestimmt [2].

Zum Baumwachstum allgemein

Das Längen- bzw. Höhenwachstum erfolgt an den Zweig- und Wurzelspitzen, das Dickenwachstum am Stammumfang. Diese Vorgänge sind grundsätzlich auf Zellteilungen, -streckungen und -differenzierungen zurückzuführen.

Beim **Baumwachstum** wird das von den Wurzeln aufgenommene Wasser im Holzteil nach oben zu den Blättern/Nadeln geleitet. Dort werden mit Hilfe des CO_2-Gehaltes der Luft und der Sonnenenergie die vorher im Wasser gelösten Bodensalze in organische Stoffe umgebildet (Assimilation) und in der Innenrinde wiederum nach unten geleitet. Neben diesen Auf- und Abwärtsströmen erfolgen auch ein Transport und eine Speicherung der umgewandelten Stoffe in horizontaler Richtung.

Der jährliche **Höhenzuwachs** ist zunächst gering, nimmt dann rasch zu und erreicht ein Maximum im Baumalter von 25 bis 40 Jahren; dies ist jedoch abhängig von Holzart, Standort und Gesundheitszustand. Unsere Nadelbäume Kiefer, Fichte, Tanne, Lärche erreichen Höhen bis zu 55 m, die Laubbäume Eiche, Esche, Birke, Linde und Ahorn z. B. Höhen von 35 bis 40 m. Die nordamerikanischen Mammutbäume und Redwoods können sogar über 100 m hoch werden, der australische Rieseneukalyptus fast 130 m!

Die maximalen **Brusthöhendurchmesser** der Bäume liegen überwiegend bei 1,0 m, so z. B. bei Kiefer, Fichte, Tanne, Lärche, Eiche, Edelkastanie, Esche, Nussbaum, Pappel, Rüster, Rotbuche, Weide; erheblich darunter liegen die Durchmesser bei Birke, Robinie, Erle, Kirschbaum, Weißbuche, Linde [2].

Zum Baumalter

Als **Höchstalter** (wenn keine äußeren Einflüsse vorliegen) sind bekannt geworden: etwa 1600 Jahre bei Stieleiche, etwa 1000 Jahre bei Fichte, Sommerlinde, Platane; etwa 750 Jahre bei Tanne, Zirbelkiefer, Edelkastanie, Rotbuche; etwa 600 Jahre bei Lärche, Winterlinde, Spitzahorn; etwa 500 Jahre bei Kiefer, Rüster, Silberpappel, Bergahorn; etwa 400 Jahre bei Kirschbaum und Nussbaum; etwa 300 Jahre bei Esche und Schwarzpappel; etwa 120 Jahre bei Weißbuche, Erle und Silberweide. Als **Durchschnittsalter** der Bäume wurden ermittelt: bis zu 500 Jahre bei Eiche; bis zu 300 Jahre bei Fichte und Rotbuche; bis zu 200 Jahre bei Kiefer und bis zu 150 Jahre bei Birke und Pappel. Das schlagreife Baumalter in bewirtschafteten Wäldern dürfte zwischen 20 und 120 Jahren liegen, z. B. 20 bei Pappel, Erle, Birke; 80 bei Rotbuche, Kiefer, Fichte; 120 bei Eiche [2].

Die Kenntnisse über die biologischen, insbesondere anatomischen, chemischen und physikalischen Eigenschaften des Roh- und Werkstoffes Holz sind entscheidend für dessen Be- und Verarbeitung, aber auch für den Einsatz von Holzprodukten und Holzwerkstoffen im Möbelbau sowie Bauwesen.

1.2 Anatomie des Holzes

Rudi Wagenführr †
André Wagenführ

1.2.1 Holzstrukturuntersuchungen/Holzstrukturanalysen

1.2.1.1 Was ist Holz?

- **Biologisch gesehen:** ein durch Kambiumtätigkeit erzeugtes Dauergewebe
- **Makroskopisch gesehen:** ein aus verschiedenen Zellen zusammengesetztes Dauergewebe von Nadel- und Laubhölzern
- **Mikroskopisch gesehen:** die verholzte Zellwand von Nadelholz- und Laubholzzellen sowie die verschiedenen Zusammensetzungen, Anordnungen, Formen, Größen, Inhalte, Anteile und Typen dieser Zellen
- **Submikroskopisch gesehen:** die verholzte Zellwand speziell bezüglich Schichtenbau, Feinbau (Fibrillenverlauf) und Hohlräume

1.2.1.2 Holzanatomische Untersuchungsmethoden

Es wird zwischen einer Systematischen und Angewandten Holzanatomie unterschieden.

Bei der **Systematischen Holzanatomie** handelt es sich um eine strukturbeschreibende Anatomie der Holzarten, von der sich diagnostische Merkmale ableiten lassen. Diese wiederum sind für die Holzartenbestimmung notwendig.

Die **Angewandte Holzanatomie** steht mit naturwissenschaftlichen und technischen Fachgebieten in enger Verbindung, sodass schließlich zwischen einer physiologischen, pathologischen, ökologischen und technisch-technologischen Holzanatomie unterschieden werden kann.

Die **technisch-technologische Holzanatomie** wiederum vereint Strukturuntersuchungen und holztechnologische Grundlagen und berührt dabei auch Fragen der Holzchemie, Holzphysik, Holzvergütung, Holzbe- und -verarbeitung und des Holzarteneinsatzes. Im Vordergrund stehen dabei Strukturuntersuchungen an Holz und Holzwerkstoffen, insbesondere zur Beschreibung und Bestimmung von Holzarten im makroskopischen und mikroskopischen Bereich, aber auch von Holzfehlern und Holzschädigungen zur Ableitung bestimmter Holzeigenschaften. Dazu gehören auch mikrotechnologische Untersuchungen über das Verhalten von Holz und Holzwerkstoffen in Verbindung mit anderen Materialien, z. B. Beschichtungs-, Kleb- und Vergütungsmaterialien, insbesondere im Grenzflächenbereich; letztlich ist auch das Verhalten der Holzstruktur bei extremer Belastung (z. B. durch Druck, Zug, Biegung u. a.) hier mit einzuordnen.

Natürlich muss der Holzanatom die **Holzmikrotechnologie** beherrschen, d. h., er sollte im makroskopischen, mikroskopischen und submikroskopischen Bereich arbeiten können. Er möchte Kenntnisse besitzen über die Holzbiologie allgemein und möglichst über entsprechende Arbeitshilfsmittel verfügen wie Mikrotom, Mikroskop, Spezialliteratur, Dateien, Sammlungen u. a., um die Teilgebiete der Mikrotomie, Mikroskopie, Mikrofotografie und elektronischen Bildverarbeitung zu überblicken.

Die Aufgaben des Holzanatomen erstrecken sich auf beratende und Forschungstätigkeit für Holzindustrie, Holzhandwerk, Holzhandel, z. B. beim Einsatz wenig bekannter Holzarten, bei Reklamationen, zur Qualitätssicherung, bei Produktionsschwierigkeiten, die holzartenbedingt auftreten können.

Der Einsatz ist sehr vielseitig, sei es in der Möbel-, Furnier-, Platten-, Bau-, Zellstoff-, Sportgeräte-, Musikinstrumenten-, Spielwaren- oder Verpackungsindustrie, sei es für Museen, Kunstsammlungen, Restauratoren, Archäologen. Stets steht die Untersuchung der Holzstruktur im Vordergrund.

Die Aufgabengebiete der Angewandten Holzanatomie sind Bild 1.1 zu entnehmen [1]; [2].

Mit der Holzanatomie in Verbindung stehende Fachgebiete – unter besonderer Berücksichtigung der Angewandten Holzanatomie

- HOLZANATOMIE
  - Systematische Holzanatomie
  - Angewandte Holzanatomie
    - Physiologische Holzanatomie
    - Pathologische Holzanatomie
    - Ökologische Holzanatomie
    - Technisch-technologische Holzanatomie in der Holztechnik/Holzmikrotechnologie
      - Kooperation mit:
        - Holzchemie
        - Holzphysik
        - Holzvergütung
        - Holzbe- und Holzverarbeitung
        - Holzarteneinsatz

Bild 1.1: Aufgabengebiete der Angewandten Holzanatomie

1.2.1.3 Die wichtigsten Holzstrukturmerkmale

Strukturmerkmale im makroskopischen Bereich

Die makroskopische Beschreibung der Holzstruktur erfolgt mit bloßem Auge oder mit Hilfe einer schwachen Lupe. Sie dient sowohl der Ableitung verschiedener Holzeigenschaften als auch der Holzartenidentifizierung.

Bezüglich der drei Hauptfunktionen des Baumes wie Wasserleitung, Stoffspeicherung und Festigung werden auch drei **Hauptgewebe** unterschieden: das *Leitgewebe*, *Speichergewebe* und *Festigungsgewebe*. Daneben gibt es noch zwei **Nebengewebe** wie das *Sondergewebe* (z.B. Reaktionsholz) und das *Exkretgewebe* (z.B. Harzkanäle), die jedoch nicht immer vorkommen (Bild 1.2).

Aufbau, Anordnung, Größe und Form dieser Gewebe sind in den drei **Hauptschnittrichtungen** (Quer-, Tangential- und Radialschnitt) größtenteils gut erkennbar (Tabelle 1.1), zum Teil auch in den **Nebenschnittrichtungen** mit Übergang vom Tangential- zum Radialschnitt, also Halbtangential- bzw. Halbradialschnitt.

- Holzgewebe
  - Hauptgewebe
    - Leitgewebe (z. B. Nadelholztracheiden im Frühholz; Laubholzgefäße)
    - Speichergewebe (z. B. Parenchymzellen)
    - Festigungsgewebe (z. B. Nadelholztracheiden im Spätholz; Laubholzfasern)
  - Nebengewebe
    - Exkretgewebe (z. B. Epithelzellen der Harzkanäle)
    - Sondergewebe (z. B. Druckholz des Nadelholzes; Zugholz des Laubholzes)

Bild 1.2: Gliederung der Holzgewebe [1]

Tabelle 1.1: Die Hauptschnittrichtungen (in Anlehnung an [1])

Hauptschnittrichtung	**Kurz-zeichen**	**Schnittführung**
Querschnitt Synonym: Hirnschnitt	Q	quer zur Stammachse in Richtung der Holzstrahlen
Tangentialschnitt Synonym: Fladerschnitt	T	parallel zur Stammachse, quer zu den Holzstrahlen, tangential zu den Zuwachszonen
Radialschnitt Synonym: Spiegelschnitt	R	parallel zur Stammachse in Richtung der Holzstrahlen, senkrecht zu den Zuwachszonen

Eine räumliche Vorstellung vom Bau des Holzkörpers ist jedoch nur in den drei Hauptschnittrichtungen denkbar, wobei die beiden Längsschnitte das eigentliche Holzbild, die Textur des Holzes, ergeben.

Querschnittbetrachtung

Der *Querschnitt* erfolgt quer zur Faserrichtung bzw. Stammachse. Er wird auch als Hirnschnitt bezeichnet und ist zur besseren Kenntnis des anatomischen Baus des Holzkörpers von besonderer Bedeutung.

Am Stammquerschnitt eines berindeten Stammes sind von außen nach innen Rinde, Holzteil und Mark zu erkennen (Bild 1.3).

Die **Rinde** setzt sich aus der *Außenrinde (= Borke)* und der *Innenrinde (= Bast)* zusammen; Rindenstruktur und Rindendicke sind bei den einzelnen Baumarten unterschiedlich. Es wird zwischen *Früh-* und *Spätbast* unterschieden und bei der Borke zwischen *Ringel-* und *Schuppenborke.*

Insgesamt können fast 15 Rindentypen unterschieden werden.

Der **Holzteil** kann bei den meisten Holzarten einen mehr oder weniger auffallenden äußeren hellen *Splint* und inneren dunklen *Kern* aufweisen,

Bild 1.3: Stammquerschnitt von Lärche von außen nach innen: Rinde, Splintholz, Kernholz (Jahrringe deutlich)

weiterhin mehr oder weniger deutliche *Jahrringe* bzw. *Zuwachszonen*, *Holzstrahlen* und noch andere *Gewebe*, z. B. Längsparenchym und Harzkanäle.

Das **Mark** ist eine größtenteils in der Stammmitte befindliche *Markröhre*.

Zum Holzteil selbst:

- **Splintholz**

Splintholz bzw. der *Splint* umgibt das Kernholz und ist dabei mehr oder weniger heller als das innere Holz. Es hebt sich insbesondere bei den Farbkernhölzern scharf ab. Die Splintbreite ist sehr unterschiedlich und von der Lage im Stamm, vom Baumalter und -standort abhängig. Splintholz dient im lebenden Baum der Wasserleitung, enthält Reservestoffe wie Stärke, Zucker, Eiweißstoffe, ist daher weniger dauerhaft und wird oft von holzzerstörenden Pilzen und Insekten befallen.

Splintholz enthält lebende Zellen, wobei der Übergang von lebenden zu toten Zellen zum Kernholz hin allmählich erfolgt.

- **Kernholz**

Kernholz unterscheidet sich hinsichtlich seines Feuchtigkeitsgehaltes und seiner Färbung, sei es innerhalb des Stammquerschnittes oder der Baumarten. Es gibt Baum- bzw. Holzarten mit einem auffallenden *Farbkern* und solche mit einer *unauffälligen Kernholzausbildung*.

Bäume mit auffallendem Farbkern sind z. B. solche mit *obligatorischer Farbkernbildung* (z. B. Kernholzbäume wie Kiefer, Lärche, Douglasie,

Eiche, Robinie, Nussbaum, Schwarzpappel, Weide, Edelkastanie) und Bäume mit *fakultativer Farbkernbildung* (Baumarten mit einem meist unregelmäßig geformten *Falschkern*, z. B. Rotbuche, Esche, Erle, Birke, Ahorn).

Bäume mit unauffälligem Farbkern sind solche mit *hellem Kernholz* (sog. *Reifholzbäume*), z. B. Fichte, Tanne, Rotbuche, Linde. Das Kernholz ist vom umgebenden Splintholz farblich kaum unterscheidbar, es gibt jedoch Feuchteunterschiede zwischen Kern und Splint und solche mit *verzögertem Kernholz* (sog. *Splintholzbäume*), z. B. Ahorn, Birke, Erle, Weißbuche, Aspe. Verkernungsmerkmale sind hier nur mikroskopisch nachweisbar, es gibt keine Farb- oder Feuchteunterschiede zwischen Kern und Splint.

Eine Sonderstellung nehmen die *Kernreifholzbäume* ein, wo zwischen Farbkern und Splint ein meist schmaler Streifen intermediäres Holz zwischengelagert ist, z. B. bei Esche und Rüster.

Im Gegensatz zu Splintholz enthält Kernholz keine lebenden Zellen mehr. Die Verkernung infolge anatomisch-physiologischer Veränderungen (Stoffabscheidungen und Stoffumwandlung) beginnt bei entsprechender Splintbreite und ist auch von Standort und Klima abhängig. Wichtige Verkernungsvorgänge sind z. B. der Hoftüpfelverschluss bei den Nadelholztracheiden, die Thyllenbildung bei den Laubholzgefäßen, des Weiteren Stoffabscheidungen, -umwandlungen und -einlagerungen im Zellwandbereich.

Farbkernholz besitzt gegenüber Splintholz bessere physikalisch-mechanische Eigenschaften, ist trockener, schwerer, härter, dauerhafter und oft auch schwieriger imprägnierbar.

Die Farbskala des Kernholzes ist beachtlich und erstreckt sich bei den zahlreichen Holzarten von weißlich über gelblich, rötlich bis bräunlich mit Abweichungen bis schwärzlich, grünlich, orange u. a. Durch Ausbildung von Farbstreifen kann es zu einer Zweifarbigkeit kommen, z. B. bei Zebrano, Palisander, Makassar-Ebenholz.

Das Vorkommen von Farbkernen und die Holzfarbe selbst dienen mit als Holzarten-Bestimmungsmerkmal, wobei stets zu beachten ist, dass Farbänderungen möglich sind, sei es innerhalb der Holzart oder des Stammes selbst. Größere Abweichungen von der normalen Holzfarbe sind als Farbfehler zu werten.

■ Jahrringe/Jahresringe

Jahrringe sind jährliche, ringförmige, aus *Früh*- und *Spätholz* zusammengesetzte Zuwachsschichten des Baumes, daher auch die Bezeichnung *Zuwachszonen*. Jahrringe sind in ihrer Beschaffenheit sehr unterschiedlich und besonders deutlich sichtbar, wenn sich die zu Beginn und Ende der Vegetationsperiode ausgebildeten Holzzellen in ihrer Art, Größe, Anzahl und Verteilung mehr oder weniger deutlich voneinander unterscheiden, so z.B. bei den Nadelhölzern wie Kiefer, Lärche, Douglasie und den ringporigen Laubhölzern wie Eiche, Esche, Rüster, Robinie und Edelkastanie, zum Teil auch bei den halbringporigen Laubhölzern wie Nussbaum und Kirschbaum. Jahrringe sind weniger deutlich sichtbar, wenn der strukturelle Wechsel zwischen Früh- und Spätholz allmählich erfolgt, wie bei Ahorn, Birke, Erle, Linde, Pappel, Rotbuche u.a.

- das *Frühholz* ist der zu Beginn der Vegetationszeit gebildete Teil des Jahrringes mit meist weitlumigen und dünnwandigen Zellelementen, die anfangs auch der Wasserleitung dienen, bei Nadelhölzern u.a. der hellere, lockere, weichere Teil (Bild 1.4).
- das *Spätholz* ist der gegen Ende der Vegetationsperiode gebildete Teil des Jahrringes mit meist englumigen und dickwandigen Zellelementen, vorwiegend der Festigung dienend, bei den Nadelhölzern u.a. der dunklere, feste Teil. Spätholz hat gegenüber dem Frühholz eine höhere Rohdichte, Quellung und Schwindung.

Bild 1.4: Querschnitt von Lärche Durchlicht; M 5 : 1; Jahrringe mit hellem Frühholz und dunklerem Spätholz (einschl. Harzkanäle), Jahrringgrenze deutlich

Zuwachszonen werden auch bei den Baumarten der tropischen und subtropischen Klimazonen ausgebildet, wo Trockenzeiten und Regenzeiten innerhalb eines Jahres einander abwechseln. Diese sog. Vegetationszonen können nicht den Jahrringen mit Früh- und Spätholz gleichgesetzt werden! Es gibt auch immergrüne Tropenholzarten, deren Wachstum nicht in Zuwachszonen ablesbar wird, z.B. verschiedene Ebenholzarten.

Die *Jahrringbreite* als radiale Ausdehnung des Jahrringes mit Früh- und Spätholzanteilen ist abhängig von Holzart, Boden, Klima, Baumalter und äußerlichen Schädigungen; sie verändert sich normalerweise ebenso wie die Früh- und Spätholzbreite von Ring zu Ring. Holz mit breiten Jahrringen wird als *grobringig*, solches mit schmalen Jahrringen als *feinringig* bezeichnet. Jahrringbreiten geben Auskunft über das Baumwachstum allgemein, aber auch über die möglichen physikalisch-mechanischen und technologischen Eigenschaften.

Mit der gesamten Jahrringanalyse befasst sich ein gesonderter Wissenschaftszweig, die *Jahrringchronologie* bzw. *Dendrochronologie*.

Der Übergang vom Früh- zum Spätholz innerhalb des Jahrringes wird übrigens bei den Nadelhölzern mit als Bestimmungsmerkmal gewertet. Als *Jahrringgrenze* ist stets die Grenzlinie zwischen dem Spätholz des einen und dem Frühholz des anderen Jahrringes anzusehen, sie kann mehr oder weniger deutlich in Erscheinung treten.

Porigkeit der Laubhölzer

Tabelle 1.2: Porigkeit einheimischer Laubhölzer [1]

Porengruppe	Frühholzgefäße Anordnung	Spätholzgefäße Anordnung	Beispielholzarten
ringporig	zu einem Ring (ein oder mehrere); weitlumig	radial, diagonal, tangential, zerstreut, nestförmig; englumig	Eiche, Esche, Rüster, Robinie
halbringporig	reichlicher als im Spätholz	spärlicher als im Frühholz	Kirschbaum
	Durchmesser zum Spätholz hin abnehmend	Durchmesser geringer als im Frühholz	Nussbaum
zerstreutporig	fast gleich große Gefäße über den gesamten Jahrring verteilt		Ahorn, Birke, Erle, Pappel, Rotbuche, Linde, Birnbaum, Weißbuche

Die Anordnung und Größe der über das Früh- und Spätholz verteilten angeschnittenen Gefäße ergeben auf dem Querschnitt drei wichtige Porengruppen:

Ringporige Laubhölzer

Hierbei sind die weitlumigen Frühholzgefäße zu einem Ring angeordnet und bilden einen deutlichen Übergang zu den anschließenden englumigen Spätholzgefäßen.

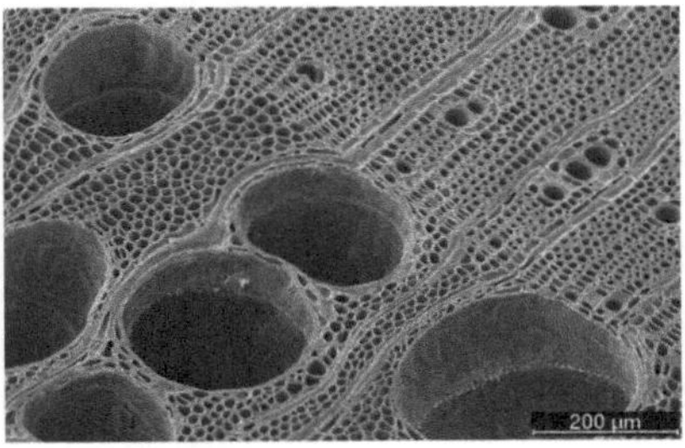

Bild 1.5: Querschnitt von Esche; ringporige Gefäßanordnung im Frühholzbereich; (REM-Aufnahme; Quelle: E. Bäucker, Dresden)

Halbringporige Laubhölzer

Sie können zwei Varianten aufweisen: Entweder nehmen die Gefäßdurchmesser vom Früh- zum Spätholz allmählich ab oder die fast gleich großen Gefäße sind im Frühholzbereich angehäuft.

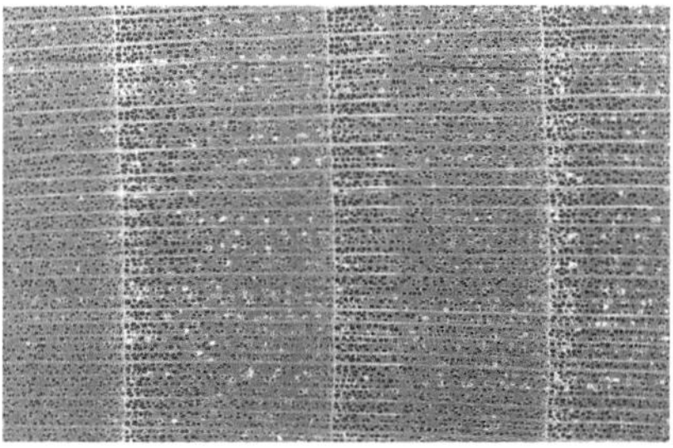

Bild 1.6: Querschnitt von Kirschbaum; M 5 : 1; halbringporige Gefäßanordnung mit etwas höherer Gefäßanhäufung im Frühholzbereich

Zerstreutporige Laubhölzer

Sie haben fast gleich große Gefäße und sind über den gesamten Jahrring ziemlich gleichmäßig verteilt.

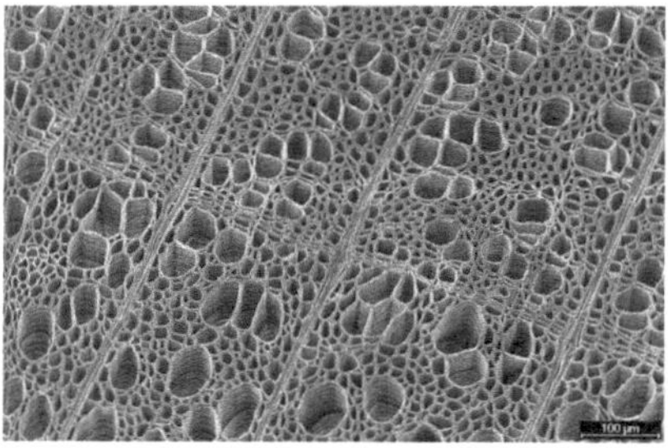

Bild 1.7: Querschnitt von Linde; zerstreutporige Gefäßanordnung (REM-Aufnahme; Quelle: E. Bäucker, Dresden)

Die Porigkeit ist mit ein wichtiges Bestimmungsmerkmal der Holzarten.

Holzstrahlen

Holzstrahlen (Synonym „Markstrahlen“) sind auf dem Querschnitt als feine, hellere, radial verlaufende Linien zu erkennen, makroskopisch jedoch nur ab einer bestimmten Größe, z. B. bei Eiche, Rotbuche, Platane (Bild 1.8).

Eine Anhäufung von sehr schmalen Holzstrahlen führt weiterhin zur Ausbildung von großen *Scheinholzstrahlen.* Diese sind schwieriger zu erkennen und z. B. bei der Erle und Weißbuche anzutreffen. Große Holzstrahlen beeinflussen die Holzfestigkeit und dienen mit als Bestimmungsmerkmal.

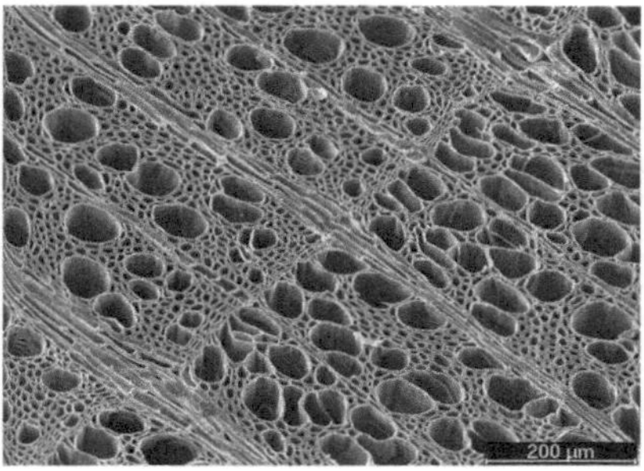

Bild 1.8: Querschnitt von Platane (REM-Aufnahme); zerstreutporig, Holzstrahlen auffallend breit (Quelle: E. Bäucker, Dresden)

Längsparenchym

ist meist ein helleres *Axialparenchym* mit unterschiedlichen Anordnungsformen. Bei einer feldartigen oder bandförmigen Anordnung ist es insbesondere bei tropischen Laubhölzern auf dem Querschnitt gut erkennbar (Bilder 1.9 und 1.10). Es ist nicht bei allen Holzarten anzutreffen. Bei unseren einheimischen Laubholzarten Eiche, Esche, Rüster und Nussbaum ist es mehr oder weniger gut unter der Lupe wahrnehmbar, bei den Nadelhölzern kommt Längsparenchym seltener vor und ist makroskopisch nicht erkennbar. Die Anordnungsformen dienen mit als Bestimmungsmerkmal.

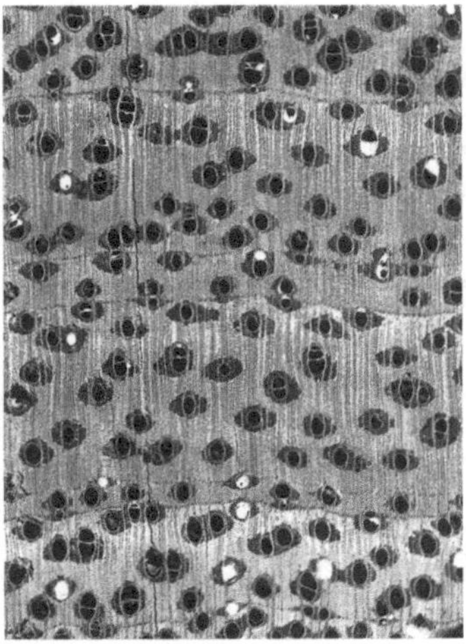

Bild 1.9: Querschnitt von Doussié; M 5 : 1; Längsparenchymanordnung augenförmig

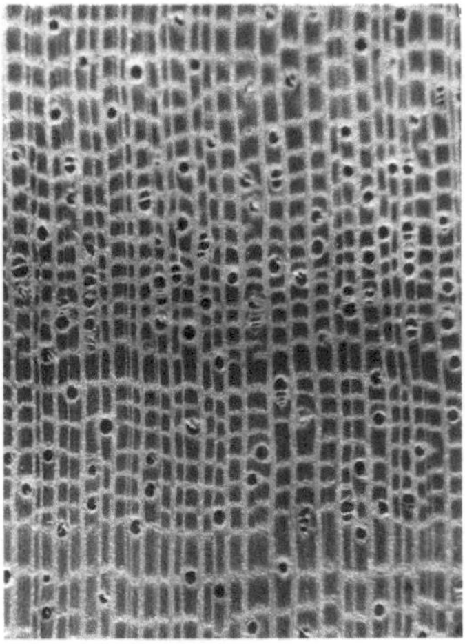

Bild 1.10: Querschnitt von Koto; M 5 : 1; Längsparenchymanordnung bandförmig

Harzkanäle

Harzkanäle erscheinen im Querschnitt als helle oder dunkle Punkte überwiegend im Spätholz einiger Nadelhölzer, so z. B. bei Kiefer, Fichte, Lärche oder Douglasie. Sie sind jedoch auch bei einigen tropischen Laubhölzern anzutreffen (z. B. bei Meranti, Yang, Merawan, Mersawa). Die Harzkanäle der Nadelhölzer sind von parenchymatischen Zellen, den sog. Epithelzellen, ausgekleidet. Es handelt sich um schizogen entstandene harzbildende Zellen, die das Harz unter Druck in den Harzkanal abgeben. Harzkanäle beeinflussen mit die Bearbeitung des Holzes, ihr Vorhandensein gilt auch als Bestimmungsmerkmal; Tanne und Eibe haben z. B. keine Harzkanäle!

Längsschnittbetrachtung – die Holztextur

Während die Querschnittbetrachtung insbesondere Auskunft über die Holzstruktur, über Baumtyp und Holzart gibt, kann mit der *Längsschnittbetrachtung* das eigentliche *Holzbild*, die *Holztextur*, erkannt werden. Die Holztextur ist letztendlich mit ausschlaggebend für den Holzarteneinsatz.

Die Textur des Holzes ist vor allem von Aufbau, Anordnung, Form und Größe der verschiedenen Holzgewebe abhängig und in diesem Zusammenhang von der jeweiligen Schnittrichtung, wie Tangentialschnitt, Radialschnitt, Halbradial- bzw. Halbtangentialschnitt, hinzu kommen neben der Holzfarbe noch Strukturabweichungen und Strukturschädigungen, die die Textur beeinflussen. Je nachdem, wie die Jahrringe, Zuwachszonen, Holzstrahlen, Längsparenchymbänder, Farbbänder, Faserabweichungen u. a. angeschnitten wurden, unterscheidet man je nach Erscheinungsbild verschiedene Texturbegriffe, die sich wiederum in sehr dekorative, wenig dekorative oder schlichte Texturen unterteilen lassen.

Folgende Texturbegriffe sind üblich (Tabelle 1.3) (Bild 1.11 a–j):
schlicht, gefladert, gestreift, gespiegelt, gefeldert, geriegelt, geflammt, gemasert, geaugt, Pommelé-, Drapé- und Pyramidentextur.

Tabelle 1.3: Texturbegriffe (in Anlehnung an [1])

Texturbegriff	Erscheinungsform	Hauptschnittrichtung	Beispielholzarten
schlicht	einheitliche Zeichnung	R, T	Ahorn, Birke, Erle, Birnbaum, Linde, Pappel, Rotbuche
gefladert	Frühholz-Spätholz-Kontraste	T	Nadelhölzer, ringporige Laubhölzer
	Farbstreifen, Längsparenchymbänder	T	Palisander, Wengé
	nur Längsparenchymbänder	T	Sipo
gestreift	Frühholz-Spätholz-Kontraste	R	Nadelhölzer, ringporige Laubhölzer
	Farbstreifen, Längsparenchymbänder	R	Palisander, Rosenholz, Wengé
	Wechseldrehwuchs	R	Sapelli, Sipo
gespiegelt/ gebändert	Holzstrahlbänder	R	Eiche, Platane, Rotbuche
gefeldert	Wechseldrehwuchs + unregelmäßiger Faserverlauf	R	Makoré, Afrik. Mahagoni
geriegelt/ gewellt/ moiré	tangentiale Faserabweichungen	R	Ahorn, Makoré, Avodiré
geflammt	gerader Faserverlauf + tangentiale Faserabweichungen	R	Birke, Avodiré
Pyramidentextur	Y-förmige Zeichnung im Bereich von Stamm- oder Astgabeln	R, T	Nussbaum, Birnbaum
gemasert	unregelmäßiger wirbeliger bis kreisförmiger Faserverlauf bei Maserknollen und Wurzelstücken	T	Esche, Rüster, Pappel, Ahorn, Nussbaum, Eiche
geaugt	augenförmige Zeichnung durch angeschnittene Feinäste	T	Zuckerahorn
Pommelé	muschelförmige, blumige oder geperlte Zeichnung	T	Sapelli, Bossé
Drapé	radial gewellter Faserverlauf; schräg verlaufende Zeichnung (durch Schlingpflanzen verursacht)	T	Nussbaum, Sapelli
gehaselt	durch längsradialen Wimmerwuchs der Jahrringe gefladerte bis gefelderte Zeichnung	T	Japanische Esche

Hinweis: Viele Texturen erscheinen durch zusätzlichen Wechseldrehwuchs und unterschiedliche Lichtreflexion besonders dekorativ. T = Tangentialschnitt, R = Radialschnitt

Die Furnierindustrie wendet beim Herstellen von Messer- und Schälfurnieren verschiedene Zurichtungsmethoden an, die Grundlage dieser Texturbilder sind.

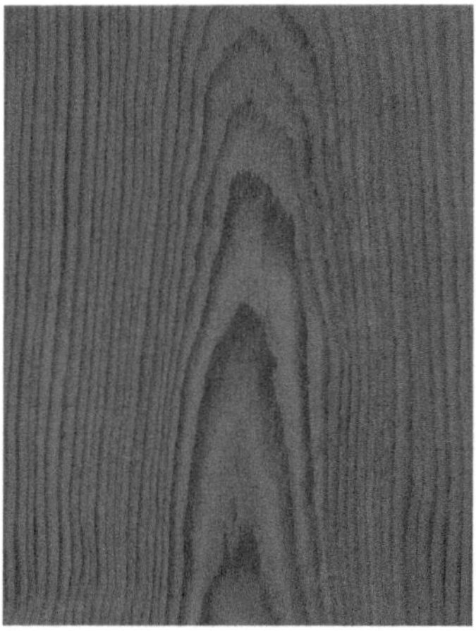

Bild 1.11a: Gefladerte Textur
Lärche (T)

Bild 1.11b: Gestreifte Textur
Zingana (R)

Bild 1.11c: Gespiegelte Textur
Silky oak (R)

Bild 1.11d: Gefelderte Textur
Makoré (R)

Bild 1.11e: Geriegelte/gewellte Textur
Ahorn (R)

Bild 1.11f: Geflammte Textur
Avodiré (T)

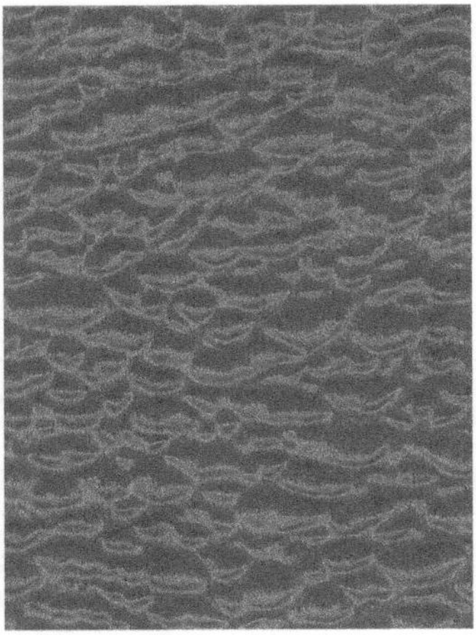

Bild 1.11g: Pommelé-Textur
Sapelli (T)

Bild 1.11h: Gemaserte Textur
Thuya (R)

Bild 1.11i: Gehaselte Textur
Tamo (T)

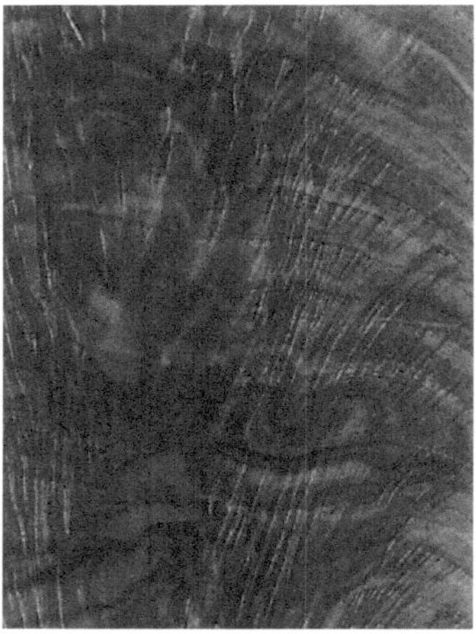

Bild 1.11j: Pyramiden-Textur
Nussbaum (R)

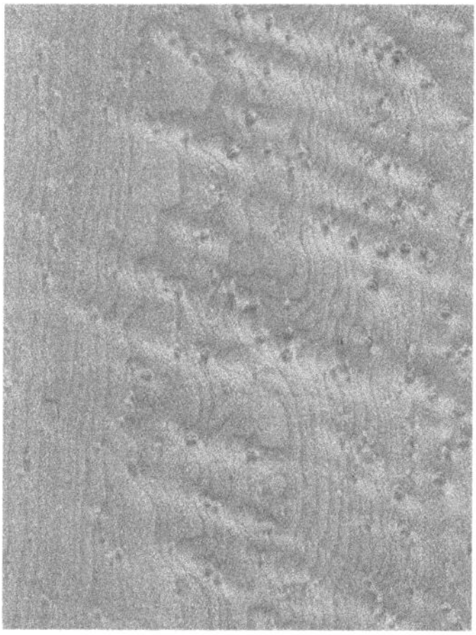

Bild 1.11k: Geaugte Textur
Vogelaugenahorn (T)

Bild 1.11l: Drapé-Textur
Nussbaum (T)

Besonderheiten des Holzkörpers

Hierzu zählen der Glanz, die Farbe und der Geruch des Holzes.

Der natürliche **Glanz** des Holzes ist im Radialschnitt bei längs angeschnittenen großen Holzstrahlen besonders auffallend, so bei Ahorn, Eiche, Rotbuche, Platane; er kann durch einen abweichenden Faserverlauf infolge Lichtreflexion noch verstärkt werden.

Die natürliche **Farbe** des Holzes kann sich nach dem Fällen des Baumes, nach dem Einschnitt des Holzes und nach seiner Verarbeitung durch Einwirkung von Licht, Wärme und Witterungseinflüssen auffallend verändern. Krasse Farbänderungen können z. B. bei der Robinie durch direkte Lichteinwirkung eintreten (von grünlich in bräunlich!).

Der **Geruch** des Holzes ist entweder nur beim frischen Holz wahrnehmbar oder auch noch in getrocknetem Zustand. Aromatisch riecht z. B. das Holz von Cedro oder Sapelli, kampferartig das des Kampferbaums; es gibt auch unangenehme Gerüche durch Gerbstoffeinlagerung. Stark riechende Hölzer schränken den Verwendungszweck ein [1].

Strukturmerkmale im mikroskopischen Bereich

Die mikroskopische Beschreibung der Holzstruktur erfolgt in den bekannten drei Schnittrichtungen: Quer-, Tangential- und Radialschnitt, mitunter auch am *mazerierten* Material, indem kleine Holzsplitter durch Zugabe von Chemikalien in Einzelzellen zerlegt werden. Voraussetzungen derartiger Untersuchungen sind Kenntnisse über die Holzmikrotechnologie, d. h. über die Mikrotomie und Mikroskopie, also die Präpariertechnik und Mikroskopiertechnik, um überhaupt Strukturanalysen anfertigen zu können.

Nadelholzstruktur

Das im Verhältnis zum Laubholz entwicklungsgeschichtlich ältere Nadelholz hat einen verhältnismäßig einfachen und regelmäßigen Aufbau. Nur zwei Zelltypen bilden das Nadelholzgewebe: *Tracheiden* und *Parenchymzellen* (Bild 1.12). Über Anordnung, Form und Funktion siehe Tabelle 1.4.

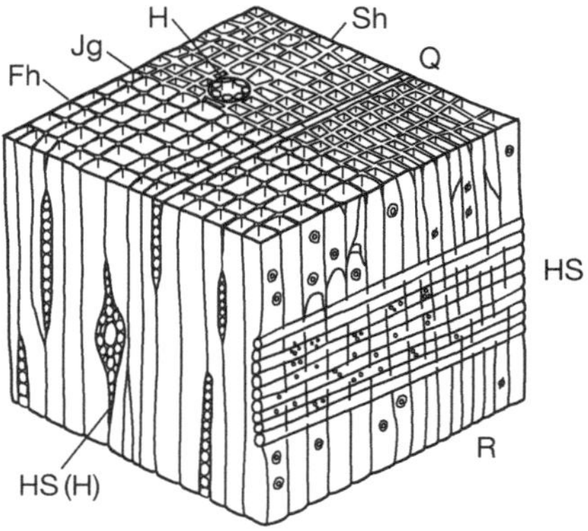

Fh	Frühholztracheiden
Sh	Spätholztracheiden
Jg	Jahrringgrenze
HS	Holzstrahl
H	Harzkanal
HS(H)	harzgangführender Holzstrahl
Q	Querschnitt
T	Tangentialschnitt
R	Radialschnitt

Bild 1.12: Nadelholzwürfel, schematisch [2]

Tabelle 1.4: Anordnung, Form und Funktion der Nadelholzzellen [1]; [2]

Zelltyp	**Anordnung**	**Form**	**Funktion**
Frühholztracheiden	axial	langgestreckt	Wasserleitung
Spätholztracheiden	axial	langgestreckt	Festigung
Holzstrahltracheiden	radial	langgestreckt	Wasserleitung
Holzstrahlparenchym	radial	prismatisch	Speicherung
Längsparenchym	axial	prismatisch	Speicherung
Epithelzellen der Harzkanäle	axial/radial	rundlich bis oval	Harzausscheidung

ständig vorkommend: Frühholztracheiden, Spätholztracheiden, Holzstrahlparenchym

Tracheiden

Längstracheiden: sind axial verlaufende, tote, 3000 bis 5000 mm lange Holzzellen und bilden zu 90 bis 95 % den gesamten Nadelholzkörper. Sie sind auf dem Querschnitt in radialen Reihen ausgerichtet, wobei die radialen Durchmesser vom Früh- zum Spätholz hin abnehmen, während die tangentialen Durchmesser fast gleich bleiben; die Zellwanddicken nehmen dabei vom Früh- zum Spätholz hin zu, und diese Übergänge können innerhalb eines Jahrringes und an der Jahrringgrenze deutlich oder weniger deutlich sein (Bild 1.13). Die Form der Tracheiden im Querschnitt ist vier- bis sechseckig. In den Radialwänden befinden sich sog. *Hoftüpfel* als Durchbrechungen und Verbindungselemente zu den benachbarten Tracheiden (Bild 1.14), sie dienen dem radialen Flüssigkeitsaustausch.

Die Längstracheiden werden unterteilt in Frühholz- und Spätholztracheiden. *Frühholztracheiden* sind dünnwandig, weitlumig, haben abgerundete Enden und große Hoftüpfel in den Radialwänden. *Spätholztracheiden* sind dickwandig, englumig, haben zugespitzte Enden und kleine Hoftüpfel in den Radialwänden.

Quertracheiden: sind radial verlaufende Holzstrahltracheiden, die in Verbindung mit Holzstrahlparenchymzellen bei Nadelhölzern die *heterozellularen Holzstrahlen* bilden, z. B. bei Kiefer, Fichte, Lärche, Douglasie; Vorkommen dient mit als Bestimmungsmerkmal.

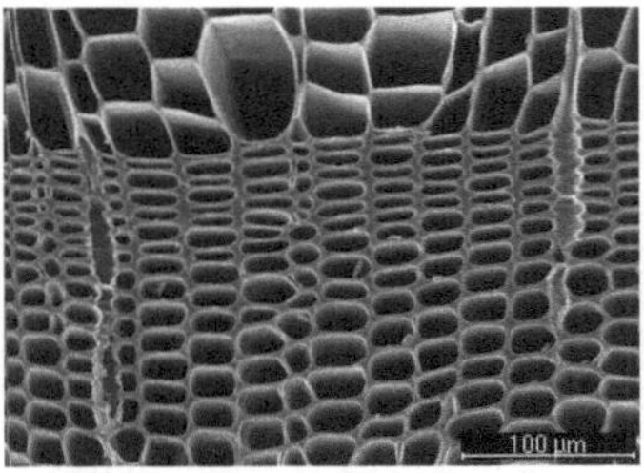

Bild 1.13: Querschnitt von Fichte (REM-Aufnahme); zunehmende Zellwanddicken der Längstracheiden vom Früh- zum Spätholz bei deutlicher Jahrringgrenze (Quelle: E. Bäucker, Dresden)

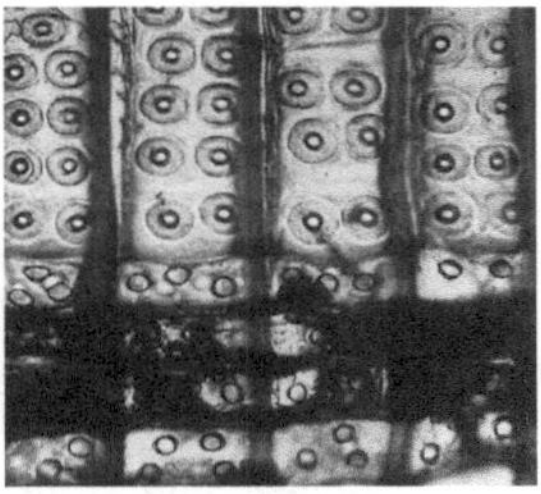

Bild 1.14: Radialschnitt von Redwood; M 175 : 1; paarig angeordnete Hoftüpfel in den Längstracheiden

Sonderformen:

Zu den Sonderformen zählen Druckholztracheiden und Zellwandverdickungen.

Druckholztracheiden sind Bestandteil des Druckholzes (siehe Abschn. 1.2.1.4) und haben als dickwandige Längstracheiden im Querschnitt eine rundliche Form, bilden dadurch Interzellulare und fallen im Längsschnitt durch ein schraubenförmiges Spaltensystem auf.

Zellwandverdickungen bei Tracheiden können schraubig (Bild 1.15), stäbchenförmig oder auch gezähnt sein und dienen mit als Bestimmungsmerkmal.

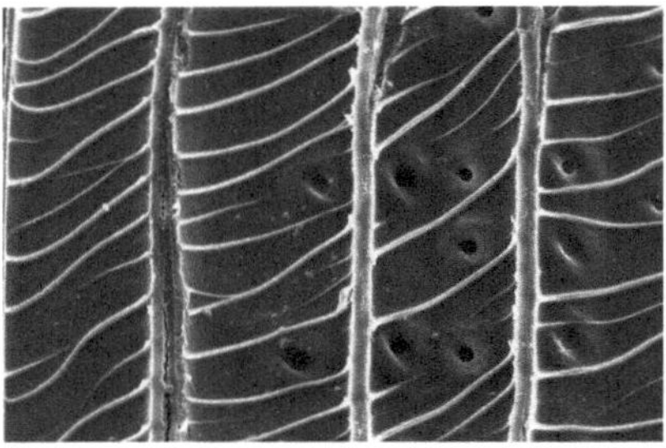

Bild 1.15: Radialschnitt von Eibe (REM-Aufnahme); schraubenförmige Zellwandverdickungen (Quelle: E. Bäucker, Dresden)

Parenchymzellen

Holzstrahlparenchymzellen durchziehen den Holzkörper als schmale radiale Bändchen und bilden den eigentlichen Holzstrahl. Diese Holzstrahlen können nur einschichtig oder bei Vorhandensein von Harzkanälen in der Mitte auch mehrschichtig sein. Sie können hoch oder niedrig, homozellular (nur aus Parenchymzellen bestehend) oder heterozellular (aus Parenchymzellen und Quertracheiden bestehend) zusammengesetzt sein.

Längsparenchymzellen sind strangartig zusammengesetzt, mit dunklen Inhaltsstoffen versehen und nicht bei allen Nadelhölzern anzutreffen.

Epithelzellen sind dünn- oder dickwandige parenchymatische Zellen, die längs- und querverlaufende Harzkanäle auskleiden, soweit Harzkanäle vorkommen (Bild 1.16).

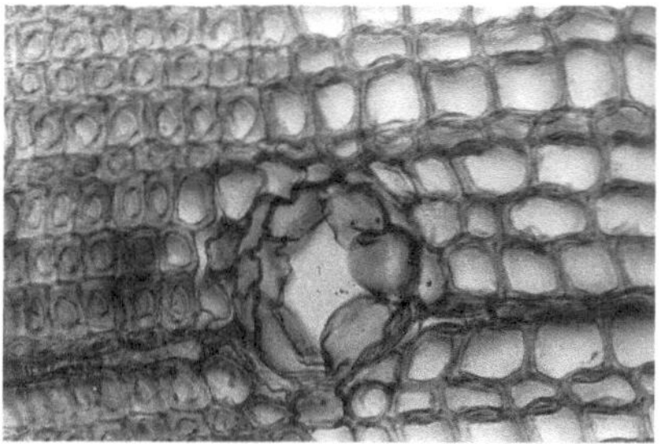

Bild 1.16: Querschnitt von Kiefer; dünnwandige Epithelzellen im Harzkanal; M 175 : 1

Laubholzstruktur

Das entwicklungsgeschichtlich jüngere Laubholz hat gegenüber dem Nadelholz einen komplizierteren Aufbau. So sind *Gefäße* und *Libriformfasern* neben den Parenchymzellen und den seltener vorkommenden Tracheiden anzutreffen (Bild 1.17). Über Anordnung, Form und Funktion siehe Tabelle 1.5.

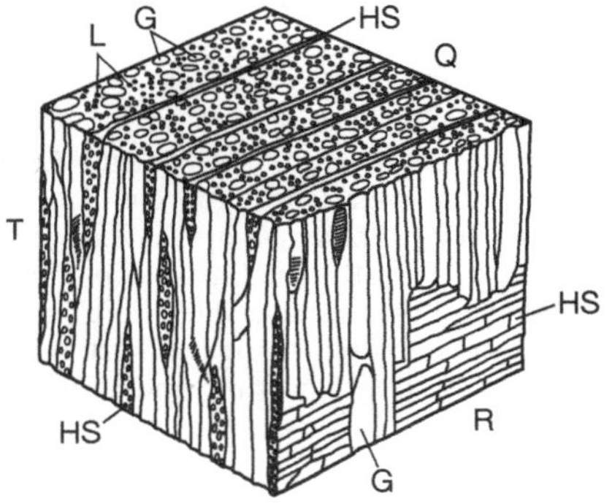

G Gefäße
L Libriformfasern
HS Holzstrahl
Q Querschnitt
T Tangentialschnitt
R Radialschnitt

Bild 1.17: Laubholzwürfel, schematisch [2]

Tabelle 1.5: Anordnung, Form und Funktion der Laubholzzellen (einheimische Holzarten) [1]; [2]

Zelltyp	Anordnung	Form	Funktion
Gefäße/Tracheen	axial	langgestreckt	Wasserleitung
Libriformfasern	axial	langgestreckt	Festigung
Tracheiden in Gefäßnähe	axial	langgestreckt	Wasserleitung
Fasertracheiden	axial	langgestreckt	Festigung
Holzstrahlparenchym	radial	prismatisch	Speicherung
Längsparenchym	axial	prismatisch	Speicherung

ständig vorkommend: Gefäße, Holzstrahlparenchym
überwiegend vorkommend: Libriformfasern, Fasertracheiden
seltener vorkommend: Gefäßtracheiden, vasizentrische Tracheiden

Gefäße

Gefäße werden auch als *Tracheen* bezeichnet. Sie entstehen durch Verschmelzung axial gerichteter Gefäßglieder und werden durch ihre seitlichen und axialen Durchbrechungen, ihre Form, Größe, Häufigkeit, Anordnung, Wanddicke, Wandverdickung, ihren Inhalt und Anteil charakterisiert. Die seitlichen Durchbrechungen werden durch Hoftüpfel, die axialen als überwiegend einfache, seltener als leiterförmige Durchbrechungen charakterisiert. Über die Gefäßanordnung im Querschnitt (= Porigkeit) wurde bereits im Abschnitt „Porigkeit der Laubhölzer" hingewiesen. Die Form kann rundlich, oval oder eckig sein, die Größe sehr klein (< 50 μm) bis sehr groß (> 200 μm), die Häufigkeit sehr gering (etwa $2/mm^2$) bis sehr hoch (etwa $70/mm^2$). Die Gefäßwanddicken betragen durchschnittlich 3 ... 5 μm und als Gefäßwandverdickungen können holzartenspezifische spiralige Verdickungen auftreten. Die Gefäßinhalte können als Kernstoffablagerungen organischer oder anorganischer Natur sein, z. B. Harze, Öle, Gerbstoffe, Farbstoffe, Calciumoxalat, Calciumcarbonat, Kieselsäure u. a., sie können aber auch struktureller Natur sein, indem z. B. *Thyllen* ausgebildet werden. Thyllen sind Auswüchse von vorwiegend Holzstrahlparenchymzellen durch die Tüpfelhohlräume benachbarter Gefäßzellen in das Zelllumen des Gefäßes. Sie sind u. a. anzutreffen bei Robinie (Bild 1.18), Rüster, Edelkastanie und Eiche. Die Form und Größe der Thyllen sind unterschiedlich, sie können dünn- oder dickwandig sein. Gefäßinhalte führen größtenteils zu reduzierten Holzeigenschaften wie Trocknung, Imprägnierung und Bearbeitung.

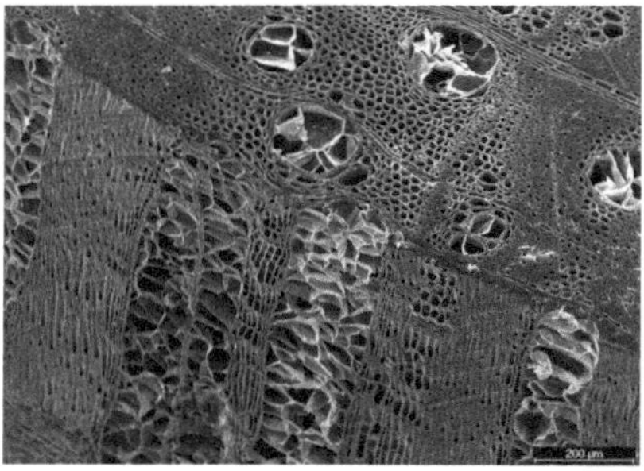

Bild 1.18: Quer-/Längsschnitt von Robinie (REM-Aufnahme); Thyllen in den Frühholzgefäßen (Quelle: E. Bäucker, Dresden)

Fasern

Die der Festigung dienenden Fasern werden durch ihren Typ und Anteil, durch Anordnung, Form, Wanddicke, Wandverdickung und Länge charakterisiert. Weiterhin sind bestimmte Sonderformen zu beachten.

Zwei Fasertypen werden unterschieden: die eigentlichen *Holzfasern*, als *Libriformfasern* bezeichnet, und die sog. *Fasertracheiden*, die nicht bei allen Holzarten auftreten.

Der Faseranteil liegt bei den meisten Holzarten bei 50 bis 60 %. Die Faserform auf dem Querschnitt ist überwiegend polygonal. Die Faserwanddicken können dünn- bis dickwandig sein (Faserlumen entspricht der doppelten Faserwanddicke), aber auch extrem dünn- oder dickwandig und sind für die technologische Bewertung der Holzart von Bedeutung. Die Faseranordnung auf dem Querschnitt ist entweder unregelmäßig oder radial. Die Faserlängen betragen durchschnittlich 1000 bis 1500 µm, sind also kürzer als die Nadelholztracheiden. Als Sonderformen gelten sog. *gelatinöse Fasern* (= *Zugholzfasern*) (s. Abschn. „Strukturveränderungen“) und *gekammerte Fasern*.

Tracheiden

Sie treten als sog. *Gefäßtracheiden* (z. B. die Gefäße begleitend bei Rotbuche und Birke) oder *vasizentrische Tracheiden* (z. B. in der Nähe der Gefäße bei Eiche und Edelkastanie) auf und sind kürzer als die Fasern.

Parenchymzellen (Holzstrahl-, Längsparenchymzellen)

Die *Holzstrahlparenchymzellen* durchziehen als radial gerichtete und bandartig angehäufte Zellen den Holzkörper in Form eines *Holzstrahls*, ähnlich wie bei den Nadelhölzern. Allerdings ist ihre Klassifizierung erweitert, indem sie nach ihrer Zusammensetzung, Anordnung, Form, Häufigkeit, Größe und ihren Inhaltsstoffen charakterisiert werden. Holzstrahlen können homogen (nur aus gleich geformten Parenchymzellen bestehend) oder heterogen (aus verschieden geformten Parenchymzellen bestehend) zusammengesetzt sein. Sie können als echte oder sog. Scheinholzstrahlen (z. B. bei Erle, Weißbuche) auftreten (s. Abschn. „Strukturveränderungen"). Sie können im Tangentialschnitt unregelmäßig oder stockwerkartig (z. B. Palisander) angeordnet sein und dabei eine überwiegend spindelförmige Form aufweisen. Die Häufigkeit (= Dichte) ist sehr unterschiedlich von etwa 4/mm bis über 16/mm. Die Breite kann ein- und/oder mehrschichtig sein bzw. $<15\ \mu m$ bis $>100\ \mu m$, die Höhe liegt im Durchschnitt bei 300 bis 500 µm. Als Zellinhaltsstoffe können Kristall- und Siliciumeinlagerungen, Kernstoffe oder etherische Öle auftreten. Einige wichtige Merkmale sind Bild 1.19 zu entnehmen.

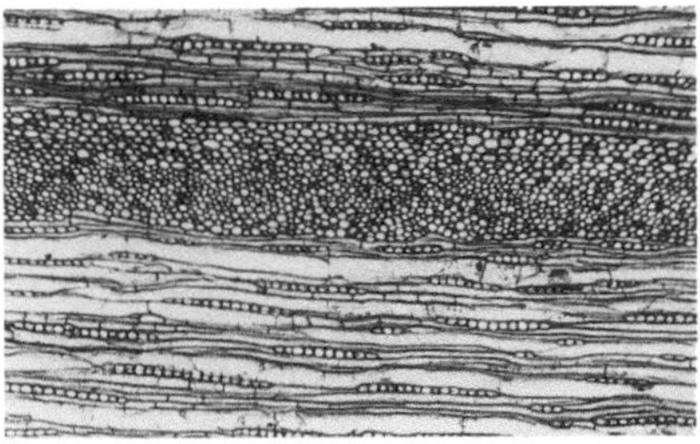

Bild 1.19: Tangentialschnitt von Eiche; Holzstrahlen in zwei verschiedenen Größen; ein- und mehrschichtig; M 30 : 1

Die *Längsparenchymzellen* sind bei Laubhölzern reichlicher anzutreffen als bei Nadelhölzern. Sie können jedoch auch fehlen. Als axial ausgerichtete faserförmige Zellen oder strangbildende Zellen können auf dem Querschnitt verschiedene Anordnungsformen unterschieden werden, so das *apotracheale Längsparenchym* ohne Kontakt zu den Gefäßen, das *paratracheale Längsparenchym* mit den Gefäßen in Verbindung stehend, und das *gebänderte Längsparenchym*, ohne oder mit den Gefäßen in Verbindung stehend (Bild 1.20). Auch in diesen Zellen können Inhaltsstoffe wie Kernstoffe, Kristalle, Silicium, Öle auftreten.

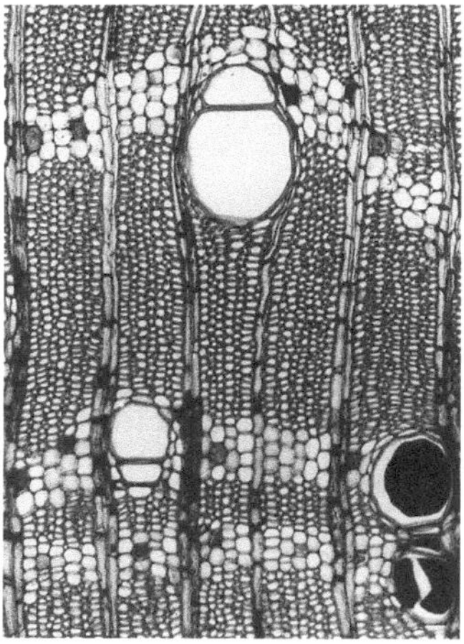

Bild 1.20: Querschnitt von Sipo; paratracheal-bandförmig angeordnetes Längsparenchym mit Gefäßkontakten; M 40 : 1

Besonderheiten der Mikrostruktur

Hierzu zählen die sog. *Tüpfel* der Zellwand und ihre Anordnungsformen, weiterhin die *Interzellulargänge* und verschiedenartige *Einschlüsse*.

Tüpfel sind Öffnungen der Zellwand und bestehen aus *Tüpfelmembran* und *Tüpfelhohlraum*. Die Tüpfelmembran ist bei den Nadelhölzern in der Mitte zu einem runden *Torus* verdickt, er wird von einer porigen *Margo* umgeben. Der Tüpfelhohlraum endet als *Tüpfelmündung* (= *Porus*). Zwei Tüpfelgrundtypen werden unterschieden: *Hoftüpfel* und *einfache Tüpfel*. Hoftüpfel sind in Nadelholztracheiden (Bild 1.14) und Laubholzgefäßen anzutreffen, einfache Tüpfel bei Libriformfasern und parenchymatischen Zellen. Hinsichtlich der Tüpfelung wird unterschieden zwischen der *Kreuzungsfeldtüpfelung* der Nadelhölzer (= Verbindung Tracheide/Holzstrahl), der Laubhölzer (= Verbindung Gefäß/Holzstrahl) und der reinen *Gefäßtüpfelung* (= Verbindung Gefäß/Gefäß).

Interzellulargänge sind axial und/oder radial verlaufende Kanäle, die oft mit dünn- oder dickwandigen parenchymatischen Epithelzellen ausgekleidet sind. Sie enthalten Harze, etherische Öle, Gummi u.a. Stoffe. Sie können obligatorisch oder fakultativ auftreten, so bei bestimmten Nadelhölzern, aber auch bei einigen tropischen Laubnutzhölzern.

Mineralische Einschlüsse treten als Kristalle in verschiedenen Formen, Größen und Zellen auf, es handelt sich dabei um Carbonate, Phosphate, Silikate, Sulfate und Oxalate. Sie beeinflussen größtenteils die Bearbeitbarkeit des Holzes [1]; [2].

Strukturmerkmale im submikroskopischen Bereich

Die Zellwand einer Holzzelle setzt sich aus verschiedenen Schichten oder Lamellen zusammen, die wiederum eine Vereinigung von *Cellulosefibrillen*, *Hemicellulose* und *Lignin* darstellen. Die Anteile dieser Bestandteile in den verschiedenen Schichten der Zellwand sind sehr unterschiedlich. Die langen Cellulosekettenmoleküle verbinden sich zu sogenannten Fibrillen mit teilkristalliner Struktur und sind für die Längszugfestigkeit zuständig. Diese Fibrillen sind wiederum in einer Ligninmatrix eingebettet, die als ziemlich druckfest gilt. Die Hemicellulose hat schließlich die Aufgabe, die Cellulosefibrillen mit der Ligninmatrix zu verbinden. Unter dem Mikroskop, am günstigsten unter dem Rasterelektronenmikroskop, sind die einzelnen Zellwandschichten und deren Struktur gut erkennbar (Bild 1.21).

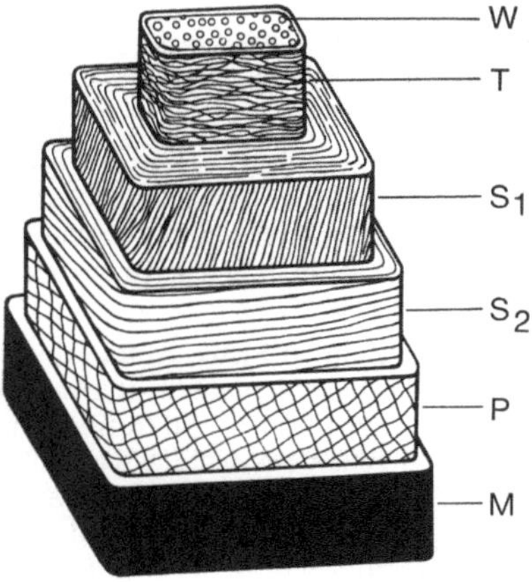

Bild 1.21: Zellwandmodell nach Liese (in [51])
M Mittellamelle; P Primärwand; S1 äußere Sekundärwand; S2 zentrale Sekundärwand; T Tertiärwand / innere Sekundärwand; W Warzenschicht

Folgende Schichten sind von außen nach innen unterscheidbar:

- die *Mittellamelle* (CML)
  verbindet die angrenzenden Zellen miteinander, besteht aus Pektin und Lignin und wird daher auch als Kittsubstanz bezeichnet. Mit der anschließenden Primärwand wird sie zur sog. „Mittelschicht" zusammengefasst
- die *Primärwand* (P)
  als dünne Schicht mit zerstreuter Fibrillenorientierung und einem geringen Anteil von Cellulosemikrofibrillen bei hohem Ligninanteil ist schwer erkennbar

- die *Sekundärwand* (S)
  mit einem ausgesprochenen lamellaren Schichtenaufbau bei paralleler Fibrillenorientierung hat einen hohen Anteil von Cellulosemikrofibrillen bei geringem Ligninanteil. Es werden drei Wandschichten unterschieden:
  - die dünne *äußere Sekundärwand* (S1), der Primärwand anliegend, auch als Übergangslamelle bezeichnet
  - die *zentrale Sekundärwand* (S2), den Hauptteil der Zellwand bildend, daher für die physikalisch-mechanischen Eigenschaften des Holzes von besonderer Bedeutung
  - die auch als *Tertiärwand* bezeichnete *innere Sekundärwand* (S3) grenzt an den Zellhohlraum an. Sie ist wiederum sehr dünn und hat eine parallele Fibrillenorientierung. Eine Warzenschicht kann als innerer Zellwandabschluss die Tertiärwand bedecken. Sie ist gegenüber Lösungsmitteln, Braun- und Moderfäulepilzen ziemlich widerstandsfähig

Der parallel-spiralige Fibrillenwinkel zur Zell-Längsachse beträgt bei der S1 60 bis 80°, bei der S2 10 bis 30° und bei der S3 60 bis 90°.

Die unterschiedlichen Dicken der Zellwandschichten mit dem unterschiedlichen Verlauf der Cellulosemikrofibrillen und den damit verbundenen unterschiedlichen Anteilen von Cellulose, Hemicellulose und Lignin ergeben in ihrer Gesamtheit ein mechanisch sehr widerstandsfähiges Gerüst mit einem sandwichähnlichen Aufbau. Nur so ist die hohe Festigkeit des Holzes erklärbar.

Die *Aufbauentwicklung* der Zellwand bis zu ihrem Strukturbild erfolgt grundsätzlich von der Glucose (bei der Pflanzenassimilation entstehend) über die Cellulosemakromoleküle, Elementarfibrillen, Mikrofibrillen, Fibrillen, Mikrolamellen und Zellwandschichten. In den Zwischenräumen zwischen den Elementar- und Mikrofibrillen, nur wenige Nanometer groß, geschieht die Einlagerung von Wassermolekülen (Intermizellarräume) und Ligninmolekülen (Interfibrillarräume). Damit sind die unterschiedlichen physikalisch-mechanischen Eigenschaften des Holzes mit ableitbar.

Als *Besonderheiten der Zellwand* sind verschieden gestaltete Verdickungen anzusehen. Sie können schraubig, leisten- oder kegelförmig sein. Diese Verdickungen dienen mit als Bestimmungsmerkmal. Eine weitere Besonderheit sind die im Abschnitt „Besonderheiten der Holzstruktur" erwähnten verschieden gestalteten Zellwandöffnungen bzw. -durchbrechungen, auch als Tüpfel bekannt. Sie erscheinen als Hoftüpfel (Bild 1.22) oder einfache Tüpfel in den jeweiligen Holzzellen und sind für verschiedene Holzeigenschaften von Bedeutung (z. B. Holztrocknung, Holzimprägnierung) [1]; [2].

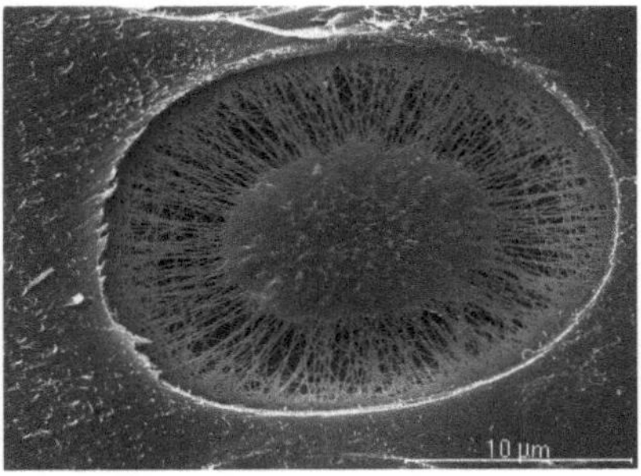

Bild 1.22: Hoftüpfel im Bereich einer Längstracheide bei Fichte (REM-Aufnahme); Torus (Mitte) mit deutlichen Haltefäden (Quelle: E. Bäucker, Dresden)

1.2.1.4 Strukturveränderungen

Strukturveränderungen sind Abweichungen von der normalen Holzstruktur, sie werden auch als Fehler der Holzstruktur bezeichnet und zählen neben den Fehlern der Stammform zu den Wuchsfehlern.

Zu den wichtigsten Strukturveränderungen zählen die *Sondergewebe* wie das *Reaktionsholz* und *Wundholz*, weiterhin auffallende *Faserabweichungen*, fehlerhafte Kernholz- und Zuwachszonenausbildungen sowie *Farbfehler* und im gewissen Sinne auch die Astigkeit.

Reaktionsholz, Druckholz, Zugholz

Reaktionsholz ist ein aktives Richtgewebe des Baumes, das versucht, die aus der ursprünglichen Lage gebrachten Baumteile (Stamm, Äste) wieder in ihre Normalstellung zurückzuführen. Dabei entstehen Zonen vermehrten Zuwachses, bei den Nadelhölzern auf der Unterseite, bei den Laubhölzern auf der Oberseite von Stämmen oder Ästen. Reaktionsholz unterscheidet sich anatomisch, chemisch und physikalisch-mechanisch vom Normalholz. Verbunden ist Reaktionsholz meist mit einem *exzentrischen Wuchs*, bei dem der Kern aus der Mitte des Stammquerschnittes verschoben ist.

Druckholz entsteht an der Unterseite schief gestellter Stämme und Äste von Nadelhölzern. Es hebt sich vom Normalholz durch seine dunklere rötlichbraune Färbung ab, daher auch die Bezeichnung Rotholz. Innerhalb der Jahrringe ist eine Unterscheidung zwischen Früh- und Spätholz kaum noch möglich, da auch die Frühholztracheiden dickwandig sind. Druckholz hat infolge erhöhter Lignineinlagerung eine höhere Härte und Rohdichte sowie ein stärkeres axiales Schwindmaß als Normalholz. Druckholztracheiden zeigen eine typische Faltenbildung der zentralen Sekundärwand.

Zugholz entsteht an der Oberseite schief stehender oder einseitig belasteter Laubholzstämme. Es hat eine weißliche Färbung und wird daher auch als *Weißholz* bezeichnet. Zugholz bewirkt Zugspannungen und Verformungserscheinungen, die Schwindung ist sehr hoch und die mechanische Bearbeitung erschwert (z. B. wollige Holzoberfläche). Der Ligningehalt ist geringer und der Cellulosegehalt höher als beim Normalholz. Zugholzfasern besitzen eine dicke, quellbare, unverholzte und gelatinöse Zellwandschicht. Der chemische Nachweis von Zugholz ist mit Auftrag einer Chlor-Zink-Jod-Lösung möglich, wobei sich die Zugholzzonen dunkel verfärben, so insbesondere bei helleren Holzarten.

Wundholz

Wundholz ist ebenfalls ein Sondergewebe und entsteht bei größeren Verletzungen des Baumes als Schutzholz mit einem hohen Anteil von Parenchymzellen. Die Wundstellen werden dabei teilweise oder völlig überwallt. Das nur aufgelagerte Wundholz hat einen unregelmäßigen Faserverlauf, schwindet ungleich, neigt zum Verwerfen und Verziehen und ist daher schwer bearbeitbar. Überwallt werden neben Verletzungen aber auch Aststummel und Fremdkörper. Wundholz ist grundsätzlich verschiedenen Schädigungen stärker ausgesetzt als Normalholz (z. B. Frost, Hitze, Pilze, Insekten). Auch die sog. *Markflecken* der Birke und Erle als Wundnarbengewebe zählen zum Wundholz.

Faserabweichungen

Faserabweichungen vom geraden Faserverlauf können tangential, radial, spiralförmig oder auch völlig unregelmäßig auftreten.

Drei Hauptformen werden unterschieden:

Tangential oder/und radial gewellter Faserverlauf führt u. a. zu eindrucksvollen Texturen (s. Abschn. 1.2.1.3, Holztexturen).

Spiralförmiger Faserverlauf um die Stammachse führt zu einem *Drehwuchs*, der links- oder rechtsdrehend sein kann oder auch im gleichen Stamm wechseln kann. Drehwuchs ist bereits am Rindenbild erkennbar. Typische Holzarten sind Kiefer, Fichte, Tanne, Lärche, Eiche, Rosskastanie und verschiedene Obstbäume. Drehwüchsiges Holz verzieht sich beim Trocknen, die Bearbeitung ist erschwert und die Festigkeitseigenschaften sind bei hohen Drehwuchsprozenten geringer. Eine Sonderform ist der sog. *Wechseldrehwuchs* bei zahlreichen Tropenhölzern (z. B. Sapelli, Sipo), indem periodisch in unterschiedlichen Drehwinkeln ein schichtweise tangentialer Faserverlauf vorliegt. Ein derartiger Faserverlauf führt im Radialschnitt zu dekorativen gestreiften Texturen.

Unregelmäßiger Faserverlauf ist beim sog. *Wilden Wuchs* anzutreffen. Es handelt sich dabei um eine Häufung von Holzfehlern am unteren Stammteil. Derartiges Holz hat geminderte physikalisch-mechanische Eigenschaften und erschwert die Bearbeitung beachtlich.

Fehlerhafte Kernholzbildungen und unregelmäßige Zuwachszonen

Hierzu gehören die zu den sog. *Falschkernen* zählenden fakultativen Farbkerne, z. B. der *Rotkern* der Rotbuche, der *Braunkern* der Esche und der *Dunkelkern* von Pappel, Erle, Birke, Ahorn, Birnbaum u. a. Holzarten. Die Form dieser Falschkerne auf dem Querschnitt kann rundlich, wolkig oder zackenartig sein und stimmt nicht unbedingt mit dem Jahrringverlauf überein. Das Holz ist größtenteils schwieriger bearbeitbar und schränkt den Verwendungszweck ein, kann aber für besondere Verwendungsgebiete wiederum dekorativ wirken, wie der Rotkern der Rotbuche.

Zur fehlerhaften Kernholzbildung zählen noch die *ungenügende Verkernung*, wenn nur geringe Kernholzanteile vorliegen (z. B. bei Nussbaum), und die *unvollständige Verkernung*, wenn unverkernte Zonen mit verkernten abwechseln, sodass auf dem Querschnitt ring- bis streifenförmige Zonen entstehen. Diese auch als *Mondringe* bezeichneten unverkernten Streifen sind z. B. bei Eiche, Robinie, Rüster und Nussbaum anzutreffen.

Auch die mit einem *exzentrischen Wuchs* verbundene *außermittige Kernverlagerung* zählt zu den fehlerhaften Kernholzbildungen. Die genannten Kernholzeigenheiten führen größtenteils zur Einschränkung des Verwendungszwecks, insbesondere bei Furnierholz.

Ein ungleichmäßiger Jahrring- bzw. Zuwachszonenverlauf führt zu einem schroffen Wechsel der Zonen, oft schon während einer Vegetationsperiode entstanden. Begleitet werden diese Zonen vielmals von Kernverlagerungen, Ringrissen und Reaktionsholz. Bearbeitung und Verwendung des Holzes sind erschwert.

Farbfehler

Farbfehler sind Abweichungen von der normalen Holzfarbe der jeweiligen Holzarten. Sie sind überwiegend auf physiologische, pathologische und chemische Einflüsse zurückzuführen. Sie führen zu einer Minderung der Holzqualität und -verwendung. Neben den schon erwähnten fehlerhaften Kernholzbildungen zählen strukturbedingte und oxidative Veränderungen sowie durch Pilz- und Insektenbefall entstandene Verfärbungen hierzu. Es sind überwiegend streifen- oder zonenförmige Farbabweichungen von der normalen arteigenen Holzfarbe. Im Einzelnen werden unterschieden:

- *dunkle Ringe*, mehrere Jahrringe breit, sog. Wasserstreifen, z. B. bei Eiche
- *Blaufärbung* als oxidative Verfärbung bei gerbstoffreichen Holzarten, z. B. bei Eiche, Makoré
- *Bläue/Verblauung* als pilzliche Verfärbung des Splint- oder Reifholzes; flecken- bis streifenförmig z. B. bei Kiefer-Splintholz oder Fichten-Reifholz
- *Grünfärbung* als oxidative Verfärbung, auf holzeigene beizaktive Inhaltsstoffe und eisenhaltiges Wasser zurückzuführen, z. B. bei Erle, Linde, Rüster
- *Braunfärbung* (Stammbräune) und Braunstreifigkeit als oxidative Verfärbung, größtenteils schon nach der Fällung des Baumes entstehend, flecken- oder streifenförmig auftretend, auch als Einlauf oder Eingrauung bezeichnet, so z. B. bei Eiche, Ahorn, Erle, Birke, Rotbuche
- *Braunfleckigkeit* als unregelmäßig angeordnete Wundgewebeansammlung infolge von Insektenschädigung entstanden, z. B. bei Birke, Erle, Pappel, Weide; auch als *Markfleckigkeit* bezeichnet
- verschiedenartige flecken- oder streifenförmige Verfärbungen und Zerstörungen des Holzes, durch holzzerstörende Pilze verursacht, z. B. bräunliche, rötliche oder weißliche Verfärbungen; als *Braun-* oder *Weißfäule* auftretend [1]

1.2.2 Holzarten

1.2.2.1 Benennungen

Jede Holzart hat einen ihr zugeordneten Namen, sei es die wissenschaftliche, handelsübliche, standardisierte oder lokale Benennung (Bild 1.23).

Die *wissenschaftliche (botanische) Benennung* setzt sich aus dem Gattungs- und Artnamen zusammen und ist einer Pflanzenfamilie zugeordnet. Die vollständige wissenschaftliche Benennung enthält noch den Namen des Autors, der den betreffenden Baum bzw. die Holzart beschrieben und pflanzensystematisch eingeordnet hat.

Beispiel Rotbuche:
Fagus sylvatica L. Familie *Fagaceae* Code FASY

Beispiel Fichte:
Picea abies (L.)Karst. Familie *Pinaceae* Code PCAB

(L. = Carl von Linné; Karst. = Hermann Karsten)

Die richtige *Angabe des Handelsnamens* ist von besonderer Bedeutung, sei es für die Beschreibung, die Einschätzung der Eigenschaften, die Bearbeitung, den Handel und den Verwendungszweck der betreffenden

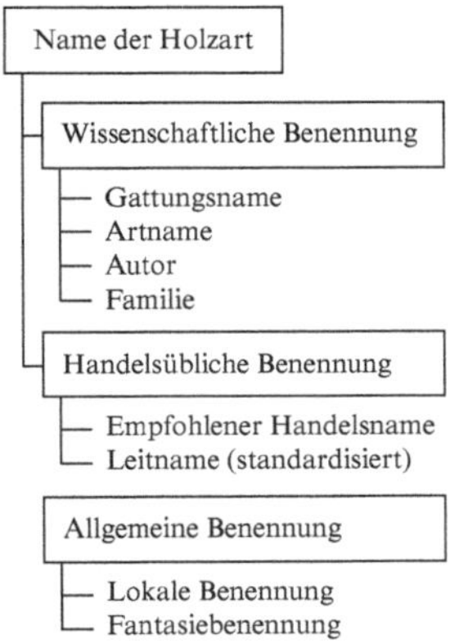

Bild 1.23: Klassifizierung der Holzartennamen [1]

Holzart. Empfohlen werden sogenannte „Leitnamen", um Verwechslungen zu vermeiden, wobei diese Leitnamen auch in nationale und internationale Standards einfließen, z. B. in Deutschland in die DIN EN 13556 mit deutschen, englischen und französischen Standardnamen und einer Code-Bezeichnung.

Bei der Anwendung *allgemeiner oder lokaler Benennungen* kommt es oft zu Fantasiebezeichnungen, zumal es mit der Einfuhr neuer Holzarten oft Verständigungsschwierigkeiten gibt. Es sollte vermieden werden, lokale Benennungen bedenkenlos zu übernehmen und durch Schreib- oder Druckfehler den Namenswirrwarr noch zu vergrößern.

Folgende Nomenklatureigenheiten können auftreten [3]; [4]:

- Nur **einer** botanischen Art ist **eine** handelsübliche Benennung zugeordnet: z. B. Fichte, Tanne, Kiefer, Lärche; Rotbuche, Esche, Birnbaum, Robinie, Europ. Eiche, Europ. Kirschbaum, Bergahorn, Nussbaum, Aspe, Edelkastanie, Okoumé, Sapelli, Makoré, Limba, Abachi (Obeche), Balsa, Amerik. Mahagoni, Cocobolo, Makassar-Ebenholz, Teak, Ostind. Palisander u. a.
- **Mehreren** botanischen Arten ist **eine** spezielle handelsübliche Benennung zugeordnet: z. B. Linde, Afrik. Mahagoni, Bubinga, Hickory, Amaranth, Cedro, Pockholz, Pyinkado, Bintangor u. a.
- Es ist auch möglich, dass **einer** botanischen Art **mehrere** handelsübliche Benennungen zugeordnet werden oder dass mehrere botanische Arten und Gattungen für eine handelsübliche Benennung stehen.

- Weiterhin kann der botanische Gattungsname zu einem nationalen Handelsnamen werden, z.B. bei *Mansonia* = Bété; *Calophyllum* = Bintangor; *Eucalyptus* = Blue gum; *Afzelia* = Doussié; *Berlinia* = Ebiara; *Khaya* = Afrik. Mahagoni; *Swietenia* = Amerik. Mahagoni; *Tetraberlinia* = Ekaba; *Alstonia* = Emien; *Daniellia* = Faro; *Ceiba* = Fromager, *Agathis* = Kauri; *Pterygota* = Koto; *Sequoia* = Redwood u.a.

Grundsätzlich sollten folgende Fantasienamen vermieden werden:

„Afrik. Eiche“ für Azobé und Iroko
„Indische Eiche“ für Teak
„Afrik. Eisenholz“ für Azobé
„Burma-Eisenholz“ für Pyinkado
„Afrik. Birnbaum“ für Makoré und Douka
„Afrik. Nussbaum“ für Dibétou und Mutenye
„Afrik. Zitronenholz“ für Movingui
„Feuerland-Kirschbaum“ für Coigué und Rauli
„Ebenholz“ für Grenadill
„Rosenholz“ für Bubinga
„Mahagoni“ für Sapelli, Sipo, Tiama, Okoumé u.a.
„Chilenischer Mahagoni“ für Rauli
„Rotes Tola“ für Tchitola
„Afrik. Palisander“ für Wengé
„Yang-Teak“ für Yang

1.2.2.2 Bestimmungen

Die Bestimmung bzw. Identifizierung von Holzarten ist in vielen Bereichen von großer Bedeutung. Sie dient insbesondere dem zielgerichteten Holzarteneinsatz, der Qualitätssicherung des Endprodukts, der Dokumentation und Katalogisierung hölzerner Gegenstände, aber auch der wissenschaftlichen Einordnung einer Holzart und der einwandfreien monografischen Beschreibung. Holzartenbestimmungen erfolgen an den verschiedensten Probengrößen, so an Rund- und Schnittholzabschnitten, Furnierstücken, Holzspänen, Holzsplittern oder Holzpartikeln; sei es für die holzbearbeitende und -verarbeitende Industrie und das Holzhandwerk, für Holzrestauratoren, Holzdenkmalpfleger, Kunstsammlungen, Museen u.a. Grundlage ist die genaue Kenntnis der Holzstruktur, der Bestimmungsmethoden und deren Hilfsmittel [1]; [2].

Grundlagen

Wichtige *Hilfsmittel* für die Holzartenbestimmung sind Vergleichsmuster (Vollholz, Furnier), Vergleichspräparate (Holzdünnschnitte für die Mikroskopie), Bestimmungsschlüssel, -karteien, -dateien und Holzartenbeschreibungen in der Fachliteratur.

Vergleichsmuster und *Vergleichspräparate* sollten von zuverlässigen Lieferanten stammen. Für die eigene Anfertigung von Holzschnitten sind Kenntnisse der Mikrotomie, Mikroskopie und Mikrofotografie erforderlich. Das Mikrotom dient insbesondere der Herstellung von Überschnitten für Auflichtbetrachtungen und von Dünnschnitten für Durchlichtuntersuchungen. Über- und Dünnschnitte können aber auch je nach Probengröße mittels Rasiermesser (plan geschliffen), Skalpell oder Industrieklinge hergestellt werden. Die Probenvorbereitung, das Schneiden, das evtl. erforderliche Färben und Einbetten der Dünnschnitte ist zeitaufwendig und will verstanden sein (Bild 1.24). Je nach Partikelgröße und -zustand ist es mitunter erforderlich, vor dem Schneiden eine künstliche Versteifung des Objekts vorzuschalten, z. B. das Glycerin-Gelatine-, Paraffin-, Celloidin-, Wachs- oder Kunststoff-Einbettverfahren.

In der Mikroskopie ist es wünschenswert, dass Geräte mit vielfältigen Kombinationsmöglichkeiten zur Verfügung stehen, so für die Beobachtung, Fotografie und Messung. Dies bedeutet Einrichtungen für Auf- und Durchlicht, Hell- und Dunkelfeld, Polarisation, Fluoreszenz, Mikrofotografie und Mikroprojektion.

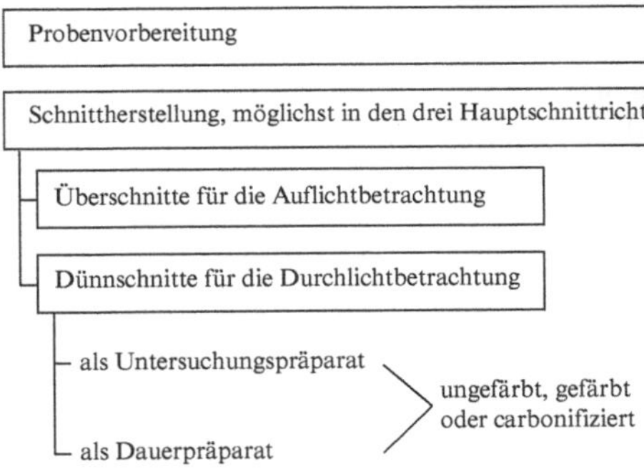

Wichtige Arbeitsgänge z. B. für das gefärbte Dauerpräparat:
Dünnschnitte einfärben (z. B. mit Safranin), auswaschen,
entwässern, zurichten für den Objektträger, einbetten mit Balsam, trocknen, kennzeichnen, aufbewahren

Bild 1.24: Herstellung mikroskopierfähiger Holzdünnschnitte [1]

Bestimmungsmerkmale

Als wichtige Bestimmungsmerkmale im makroskopischen und mikroskopischen Bereich der einheimischen Nadel- und Laubhölzer gelten u. a.:

- Im Makrobereich der Nadelhölzer:

  die Holzfarbe, insbesondere des Kernholzes bei Farbkernen; die Deutlichkeit der Jahrringe bedingt durch Früh- und Spätholzausbildung sowie deren Breite und Verlauf; die Größe und Verteilung der Harzkanäle (wenn vorhanden).

- Im Makrobereich der Laubhölzer:

  die Holzfarbe, insbesondere des Kernholzes bei Farbkernen; die Splintholzfarbe und -breite; Deutlichkeit und Verlauf der Jahrringe; Gefäßanordnung (Porigkeit), -größe, -form, -häufigkeit und -inhalt; Holzstrahlanordnung; Markfleckigkeit (wenn vorhanden); Faserverlauf; Textur im Radial- und Tangentialschnitt; Nebenmerkmal: Geruch des Holzes.

- Im Mikrobereich der Nadelhölzer:

  Zusammensetzung der Holzstrahlen; Verdickungen und Tüpfelungen der Quertracheiden; Tüpfelung im Kreuzungsfeldbereich Längstracheide/Holzstrahlzelle; Größe und Anordnung des Längsparenchyms.

- Im Mikrobereich der Laubhölzer:

  Gefäßanordnung (Porigkeit), -größe, -inhalt, -enddurchbrechung, -tüpfelung, -wandverdickung, -form; Längsparenchymanordnung; Holzstrahlanordnung, -größe, -zusammensetzung; Tracheidentyp (wenn vorhanden).

Bestimmungsmöglichkeiten

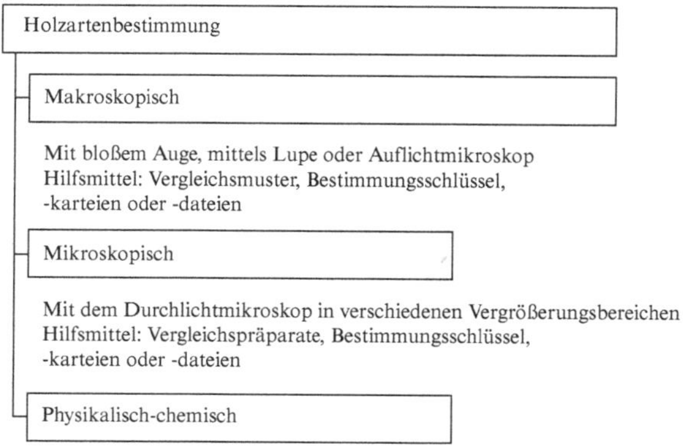

Bild 1.25: Holzartenbestimmungsmöglichkeiten [1]

Holzartenbestimmungen erfolgen im makroskopischen und/oder im mikroskopischen Bereich und oftmals auch ergänzend mittels physikalisch-chemischer Methoden.

Die makroskopische Bestimmung erfolgt je nach Probengröße mit bloßem Auge mit oder ohne Hilfsmittel, mittels Lupe und/oder Auflichtmikroskop unter Verwendung von gedruckten Bestimmungsschlüsseln, Bestimmungskarteien nach dem Lochkartenprinzip oder computergestützten Dateien.

Die mikroskopische Bestimmung erfolgt mittels Durchlichtmikroskop und Dünnschnittpräparaten, wobei wiederum gedruckte Bestimmungsschlüssel, Bestimmungskarteien oder computergestützte Dateien zur Anwendung kommen [1]; [2].

1.3 Chemie des Holzes

Oskar Faix

1.3.1 Holz als Mikro- und Nanoverbundpolymer

Holz ist auf makroskopischer Ebene betrachtet ein Faserverbundwerkstoff. Wie in allen Verbundwerkstoffen sind auch im Holz ungleichartige Elemente in einer besonderen räumlichen Verteilung und Vernetzung so integriert, dass es über bessere Eigenschaften als seine Einzelkomponenten verfügt. Sein Charakter als Verbundwerkstoff setzt sich auf mikroskopischer und submikroskopischer Ebene in der Zellwand fort. Somit ist Holz auch ein Mikro- bzw. **Nanoverbundwerkstoff**. Vom chemischen Standpunkt her ist die Zellwand ein **Bioverbundpolymer**. Diese Bezeichnung verweist auf den biologischen Ursprung und Polymercharakter der elektronenmikroskopisch sichtbaren Strukturen innerhalb der Zellwand.

Die konstitutionellen Bestandteile der Zellwand (= Gerüstsubstanzen) sind die folgenden Polymere: die **Cellulose** (um ca. 43 bis 46 Gew.-%), die **Hemicellulosen** (27 bis 37 Gew.-%; Synonym: Polyosen) und die **Lignine** (20 bis 27 Gew.-%). Diese Prozentangaben sind Durchschnittswerte von Nutzhölzern und beziehen sich auf extrakt- und aschefreies und trockenes Material. Die Bezeichnungen für Hemicellulosen und Lignine werden aufgrund ihrer strukturellen Vielfalt im Plural verwendet. Cellulose und Hemicellulosen sind hydrophyle (wasseranziehende) Polysaccharide, deren Gesamtheit gelegentlich als Holocellulose bezeichnet wird. Die Lignine sind aromatischer Natur und hydrophob (wasserabstoßend).

Die gängige Bezeichnung für Holz als **Lignocellulose** oder als lignocellulosisches Material bringt die enge Verbindung zwischen Polysacchariden und Ligninen sprachlich zum Ausdruck. In der Lignocellulose liegen die ungleichen Makromoleküle Cellulose, Hemicellulosen und Lignine nicht als ein einfaches Gemisch oder ein Mischpolymerisat, sondern als ein filigranes Gefüge vor, dessen Ausbildung vom genetischen Code in Wechselwirkung mit Umwelteinflüssen gesteuert wird. Man spricht von der übermolekularen Architektur der Zellwand. In diesem Kontext ist die Bezeichnung **extrazelluläre Matrix** für die Zellwand zutreffend, weil der Matrix-Begriff die Gitternatur und Porosität und somit die Durchlässigkeit gegenüber Gasen und Lösungsmitteln veranschaulicht. Die Zellwand ist in Wirklichkeit, der Ausdruck finde Nachsicht, ein mehrschichtiger „Lattenzaun".

In den Hohlräumen der extrazellulären Matrix, aber auch in den Zelllumina, befinden sich kleinere Moleküle. Diese Substanzen heißen entweder **Inhalts-**, **Begleit-** oder **Extraktstoffe** oder **akzessorische Bestandteile**. Ihr Anteil bewegt sich in einem großen Bereich, meistens zwischen 0,5 und 10 Gew.-%. Es gibt aber extraktreichere Holzarten. Noch größer ist die Variationsbreite, was die Anzahl und chemische Natur ihrer Einzelkomponenten betrifft. Nahezu alle chemischen Verbindungsklassen sind hierbei mit Abertausenden von Einzelsubstanzen vertreten. Sie wirken als Hydrophobierungsmittel und als aktiver Schutz gegen Mikroorganismen (als Biozide). Auf Dauer wirksam sind indes nur die in der Zellwand deponierten Inhaltsstoffe. Sie üben teilweise ähnliche Funktionen wie Weichmacher und sonstige Additive in den Kunststoffen aus.

Die **Mineralstoffe** im Holz zählen auch zu den Inhaltsstoffen. Als anorganische Substanzen sind sie mit organischen Lösungsmitteln nicht extrahierbar. Organische wie anorganische Inhaltsstoffe beeinflussen wesentlich die Gebrauchseigenschaften des Holzes: seine Farbe, Abriebfestigkeit, Bearbeitbarkeit und Dauerhaftigkeit, um nur einige wenige zu nennen. Somit sind sie technologisch äußerst relevant. Ein Holztechnologe kommt zwangsläufig mit Begleitstoffen in Berührung, z. B. im Zusammenhang mit Themenkreisen wie Witterungsfestigkeit, Verfärbungsprobleme während der Be- und Verarbeitung und Probleme beim Verleimen und Lackieren.

Zur Beschreibung der extrazellulären Matrix gehört der Hinweis auf das **Wasser** als ihr quasi integraler Bestandteil. Wassermoleküle dringen in die kleinsten Nanostrukturen des lignocellulosischen Verbundpolymers hinein und treten dort mit Gerüstsubstanzen und Inhaltsstoffen in Wechselwirkung. Das allgegenwärtige Wasser bestimmt nicht nur die Widerstandsfähigkeit des Holzes gegenüber Mikroorganismen, sondern auch seine viskoelastischen und chemischen Eigenschaften wesentlich [13], [14].

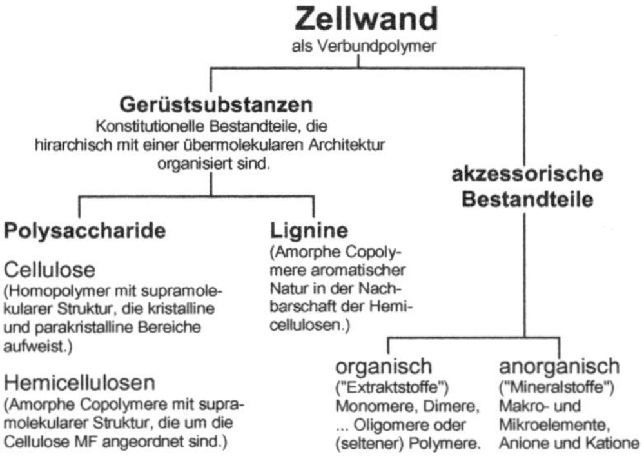

Bild 1.26: Bestandteile der verholzten Zellwand

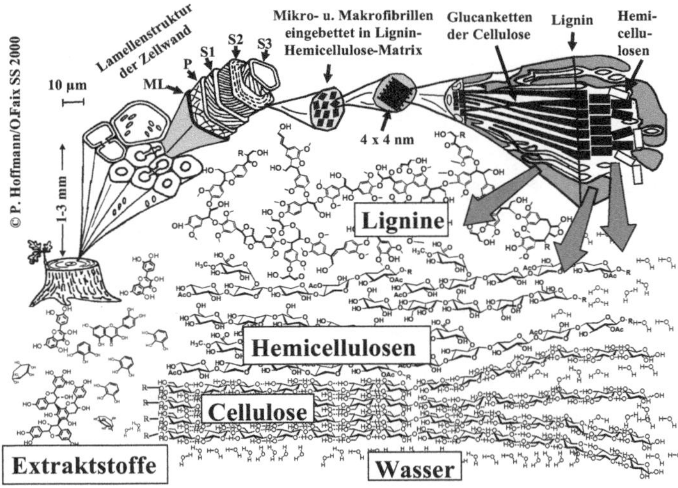

Bild 1.27: Holz als Mikroverbundwerkstoff und Bioverbundpolymer. Das Bild deutet die teilweise kristalline und parakristalline Natur der Cellulose und den amorphen Charakter der Hemicellulosen und der Lignine an. Eine zusammenhängende Einheit (übermolekulares Konstrukt) ist die Mikrofibrille, in der die Celluloseketten von Hemicellulosen und Ligninen umgeben sind. In den Hohlräumen der makromolekularen Gerüstsubstanzen befinden sich die niedermolekularen und oligomeren Extraktstoffe und das Wasser [5].

1.3.2 Cellulose

Die **Primärstruktur** der Cellulose basiert auf linearen Ketten von **Anhydro-*β*-D-Glucose**-Einheiten (kurz: AHG oder AHGlu). Der Wortstamm „Anhydro“ (lat. *anhydricus* = wasserfrei) bedeutet, dass der Aufbau der Ketten aus Glucosemolekülen, die je ein Wassermolekül verloren haben, gedacht werden kann. Die Summenformel der Glucose lautet $C_6H_{12}O_6$ und die von Cellulose $(C_6H_{10}O_5)_n$, woraus die Wasserabspaltung auch formelmäßig ersichtlich ist.

Wie Bild 1.28 zeigt, sind die Hauptebenen der einzelnen AHGs – definiert durch Ringsauerstoff, C2, C3 und C5 – innerhalb der Kette alternierend um 180° gedreht. Daher sind die AHGs von der räumlichen Anordnung her nicht identisch. Hieraus folgt, dass die kleinste sich wiederholende Einheit der Kette die dimere **Anhydro-Cellobiose** (AHC, auch Cellobiosyl-Einheit genannt) ist. Die benachbarten AHGs sind neben der Hauptvalenzbindung C1–O–C4 (der **glycosidischen Bindung**) durch zwei Wasserstoffbrücken (Ring–O– - –H–O–C3 und C2–O–H– – –O–C6) zusätzlich verknüpft. Diese Nebenvalenzen, symbolisiert durch – – –, spielen mit ihren relativ schwachen Bindungsenergien (15–19 kJ/Mol) in der Chemie der Cellulose und Hemicellulosen, und somit des Holzes, eine prägende Rolle. Die genannten **intramolekularen Wasserstoffbrücken** machen z. B. die Anhydroglucankette steif.

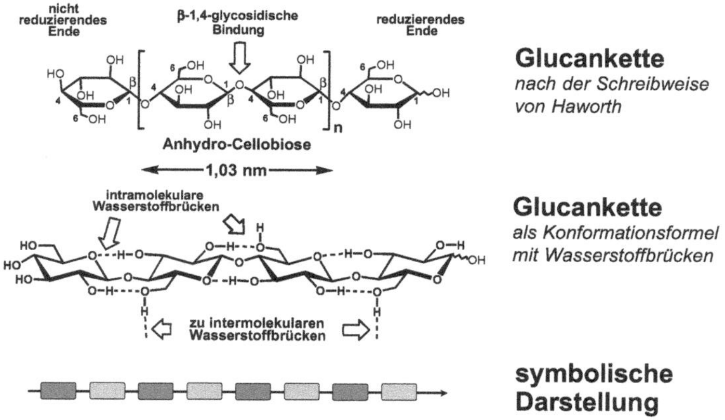

Bild 1.28: Die Glucankette ist die einfachste strukturelle Untereinheit der Cellulose. Sie hat ein reduzierendes und nicht reduzierendes Ende. Hier ist sie in der Schreibweise nach Haworth und als Konformationsformel dargestellt, wobei nur die letztgenannte Formel die sterischen Verhältnisse im Molekül korrekt beschreibt. Die β-1,4-glycosische Bindung und die angedeuteten Wasserstoffbrücken bestimmen die wesentlichsten Eigenschaften der Cellulose. Ihre Elementarzusammensetzung lautet: 44,4 % C, 6,2 % H, 49,4 % O [13], [14], [5].

Eine alleinstehende Glucankette ist noch keine Cellulose. Sie entsteht nach Zusammenlagerung („Bündelung") von mehreren Glucanketten zu Elementar- bzw. Mikrofibrillen. An diesem auch als Agglomeration genannten Prozess sind solche **intermolekularen Wasserstoffbrücken** beteiligt, die von der OH-Gruppe am C6 ausgehen (Bild 1.28).

In diesem Kontext ist die Vergegenwärtigung der **Biogenese** hilfreich (Bild 1.29). Uridindiphosphat-Glucose (**UDP-D-Glucose**) als Cellulose-Vorstufe entsteht im Cytoplasma. In den membrangebundenen **Synthasekomplexen** (= Terminalkomplexe, TMs) werden die UDP-Glucosen zu einer Glucankette zusammengefügt, und zwar so, dass die Ketten von ihrem nichtreduzierenden Ende her wachsen [15].

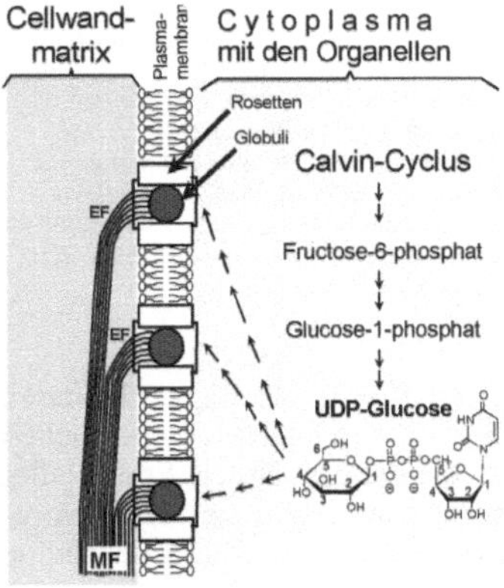

Bild 1.29: Die Biosynthese der Cellulosevorstufen aus UDP-Glucose im Cytoplasma und die Bildung von Glucanketten in den membrangebundenen Synthasekomplexen (= Terminalkomplexen) und die Zusammenlagerung von Glucanketten in der extrazellulären Matrix zu Elementarfibrillen (EF) und Mikrofibrillen (MF). Rosetten und Globuli sind EM-mikroskopisch erkennbare Strukturelemente der Synthasekomplexe.

Die TMs unterliegen einem dynamischen Prozess der Entstehung, Verschiebung und Auflösung, der durch die „biologische Uhr" der Zelle gesteuert wird. Durch die kontrollierte Bewegung der TMs in der Zellmembran erklärt man sich die zellwandtypische, von Schicht zu Schicht veränderte Textur der Zellwand bzw. die unterschiedlichen Neigungswinkel der Cellulosefibrillen zur Zellachse (Bild 1.30). Die Bündelung von Glucanketten in der extrazellulären Matrix zu **Elementarfibrillen** (EF) und **Mikrofibrillen** (MF) geschieht durch **Selbstaggregation** nach chemischen Gesetzen, d. h. ohne Mitwirkung von Enzymen.

Während der Bündelung der AHGs zu übermolekularen Agglomeraten können zwei kristalline Grundformen, die **Cellulose I_α** und **I_β**, entstehen. Wenn eine Substanz verschiedene Kristallformen annimmt, spricht der Chemiker von **Polymorphie** (= Allomorphie). Die Polymorphie der Cellulose kommt auch dadurch zum Ausdruck, dass aus den Formen I_α und I_β unter technischen Bedingungen weitere Kristallstrukturen hervorgehen, die mit den römischen Ziffern II, III und IV gekennzeichnet werden.

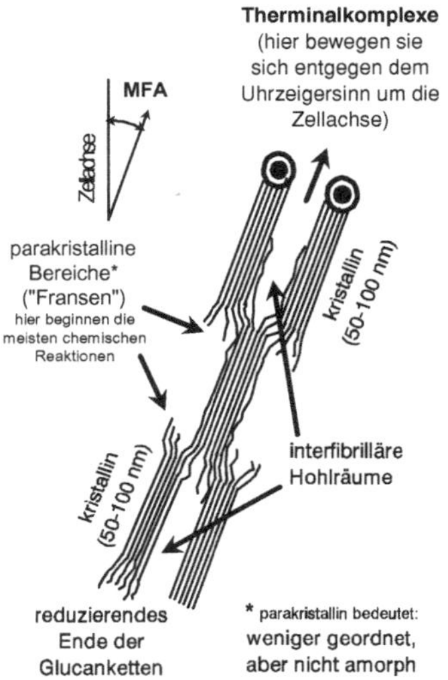

Bild 1.30: Schematische Darstellung des übermolekularen Baus der Cellulose, wobei der Blick von der intrazellulären Matrix her auf die Zellmembran mit zwei Terminalkomplexen gerichtet ist. Das Bild verdeutlicht die Fransen-Fibrillar-Theorie, wonach die Cellulose aus kristallinen und parakristallinen Aggregaten („Fransen" = weniger geordnete Bereiche) besteht, und den Begriff des Mikrofibrillen-Winkels (MFA, von *microfibril angle*). Die schwach rhomboide Form einer Mikrofibrille hat in der Sekundärwand des Holzes die Dimensionen von 4 × 4 nm, in der etwa 60 Glucanketten Platz finden können.

Erläuterung zur Kristallinität der Cellulose: Ihre Glucanketten befinden sich an den gedachten Kanten der in Bild 1.31 gezeigten geometrischen Figuren und sind so angeordnet, dass die reduzierenden Enden aller AHGs im Kristallkörper in eine Richtung weisen (**„parallele Anordnung"**). Die monokline Form I_β ist im Holz vorherrschend. Die trikline Form ist hauptsächlich in niederen Pflanzen (Algen, Bakterien) verbreitet, ist aber auch in Nadelhölzern häufig anzutreffen. Die Kristallformen I–IV der Cellulose haben die Gemeinsamkeit, dass die längste Kante der Elementarzelle (c) der Länge der Anhydro-Cellobiose (1,04 nm) entspricht. Die anderen Daten sind der Tab. 1.6 zu entnehmen.

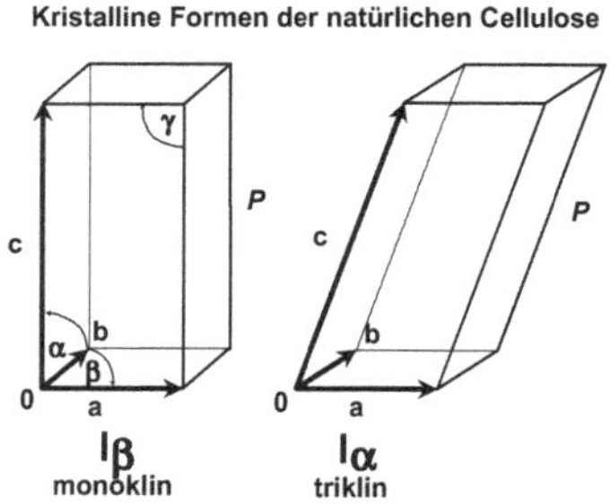

Bild 1.31: Die zwei polymorphen Elementarzellen von der natürlichen Cellulose I, von denen I_β für die monokline und I_α für die trikline Kristallform steht. P bedeutet „primitiv".
I_β: $\alpha = \gamma = 90°$; $\beta \neq 90°$; $a \neq b \neq c$
I_α: $\alpha \neq \beta \neq \gamma \neq 90°$; $a \neq b \neq c$

Tabelle 1.6: Kenngrößen der Cellulose I (nach [17])

Typ	Gitter	Vorkommen	Maße der Elementarzelle (nm)			Winkel in der Elementarzelle (°)		
			a	*b*	*c*	α	β	γ
native Cellulose I_β	monoklin (metastabil)	in allen höheren Pflanzen	0,801	0,817	1,036	90	90	83
native Cellulose I_α	triklin (metastabil)	in Algen, Bakterien u. Nadelhölzern	0,593	0,674	1,036	63	67	99

Aus Bild 1.32 geht hervor, dass die AHG-Ketten in der I_β-Form alternierend um $^1/_4$ der Länge der Anhydrocellobiose zueinander versetzt sind. Es gibt demnach zwei Ketten bezüglich ihrer räumlichen Anordnung **(Zweikettenmodell)**. In der I_α-Form sind hingegen alle Ketten diesbezüglich gleichwertig **(Einkettenmodell)**. Dies ist die Folge der Neigung der Elementarzelle (kein Winkel beträgt 90°, Bild 1.31). Beide Formen sind metastabil (= labil); I_α kann nach thermischer und chemischer Behandlung in die I_β-Form übergehen. Nach Lösen und Fällen der natürlichen Cellulose erhält man die stabile **Regeneratcellulose**, in der die Polymorphie II vorherrscht ($a = 0{,}8$; $b = 0{,}9$; $c = 1{,}04$; $\alpha = 90°$; $\beta = 90°$; $\gamma = 62{,}9°$).

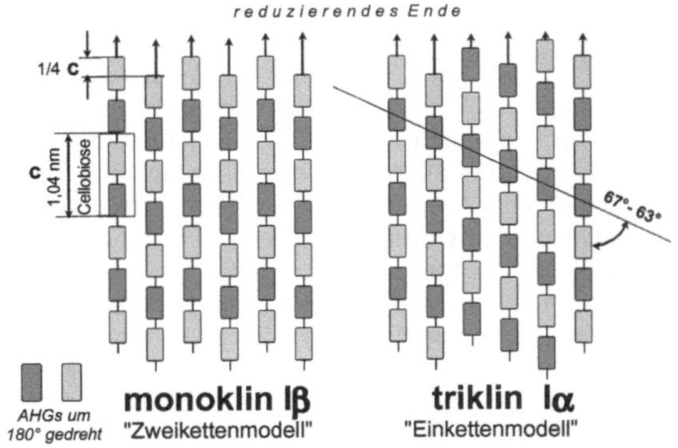

Bild 1.32: Symbolische Darstellung von Anhydroglucanketten in den natürlichen kristallinen Formen der Cellulose $\mathbf{I}_\alpha$ und $\mathbf{I}_\beta$ (nach [16])

Der Kristallinitätsgrad von natürlichen Cellulosen variiert in einem weiten Bereich zwischen 50 und 95 % je nach Pflanze/Baum, Zelle, Zellwandschicht und Isolierungsmethode. Diese Kenngröße ist technologisch relevant: Cellulosen mit hohem Kristallinitätsgrad sind schwerer löslich und reaktionsträger als die mit niedrigem.

Der **Polymerisationsgrad** (= **DP**, *degree of polymerisation*) ist eine wichtige Kenngröße für Cellulosen. Er gibt die durchschnittliche Anzahl von AHG-Einheiten an, die die Ketten aufbauen. Baumwollcellulose hat z. B. DP-Werte um 14000. Aus Holz können Cellulosen mit DP-Werten um 7000 isoliert werden. Je höher der DP, umso größere Zugfestigkeiten können von einem cellulosehaltigen Produkt (wie von einem Papierblatt) erwartet werden. DP-Werte werden routinemäßig mit Hilfe der Viskosimetrie ermittelt. Hierzu ist die Lösung der Cellulose in schwermetallhaltigen, komplexierenden Lösungsmitteln, z. B. in Cupriethylendiamin oder Cadmiumethylentriamin erforderlich.

Die Zugfestigkeit des Holzes hängt nicht nur vom DP, sondern auch von den **Mikrofibrillenwinkeln (MFA)** und von anderen Gegebenheiten der übermolekularen Architektur der extrazellulären Matrix ab.

1.3.3 Hemicellulosen

Ebenso wie für die Cellulose sind für das Verständnis der Hemicellulosen (Synonym: **Polyosen**) zuckerchemische Grundkenntnisse erforderlich (siehe einschlägige Lehrbücher). Die Polyosen bestehen aus diversen **Anhydrohexosen** (*Glucose,* Glu; *Mannose,* Man und *Galactose,* Gal), **Anhydropentosen** (*Xylose,* Xyl und *Arabinose,* Ara) sowie **Anhydrouronsäuren** (*Glucuron-* und *Galacturonsäure,* GluA und GalA) (Bild 1.33). Die zusammenfassende Bezeichnung „Heteropolyosen“ beschreibt daher diese Naturstoffklasse zutreffend.

Die unmittelbaren biochemischen Vorstufen *(precursors)* der Polyosen sind die UDP- und ADP-Derivate der in Bild 1.33 aufgeführten Zucker (s. auch Bild 1.29). Die Variabilität der Hemicellulosen hinsichtlich der Zusammensetzung aus den Anhydrozuckern ist groß. Alle Hemicellulosen haben im Vergleich zu Cellulose niedrigere DP-Werte (< 1000). Im nativen Zustand sind sie amorph (nicht kristallin), weil sperrige Seitengruppen die Ketten an der Kristallisation hindern. Ihre OH-Gruppen sind nur in geringerem Maße durch Wasserstoffbrücken maskiert, daher sind sie um den Faktor 1,6 hydrophyler als die Cellulose. Sie nehmen viel Wasser auf und quellen. Auch für die Quellung des Holzes und für seine Viskoelastizität sind sie überwiegend verantwortlich.

Erläuterung zum folgenden Bild (1.33): Die H-Atome wurden übersichtshalber von den freien Valenzen weggelassen. Ac = Acetylgruppe, CH_3–CO–; AcO = Acetoxygruppe, CH_3–CO–O–; Desoxy: Nach Eliminierung eines Sauerstoffs liegt eine Methylgruppe vor. α und β verweisen auf die Stellung der OH-Gruppe in Position 1 bezüglich der Ringebene: **α-Anomerie** unterhalb, **β-Anomerie** oberhalb. D = dextro; L= laevo: Stellung der OH-Gruppe in der vorletzten Position der offenen (Fischer'schen) Kettenform (siehe Lehrbücher).

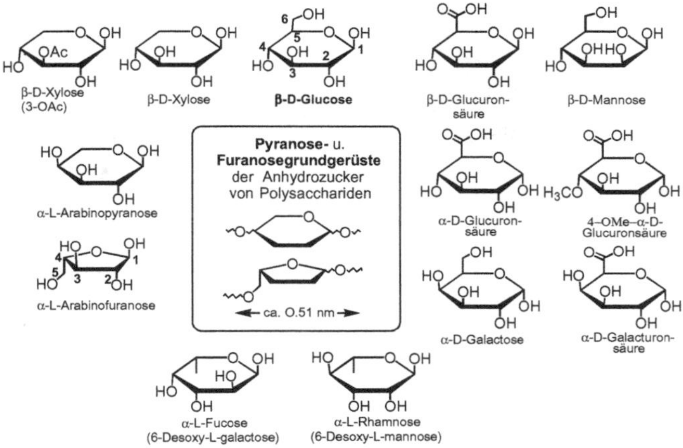

Bild 1.33: Monosaccharide, in der Schreibweise nach Haworth, aus denen nach Wasserabspaltung die Hemicellulosen hervorgehen [13], [14], [5]

Die Hemicellulosen können zunächst vereinfachend nach der Hauptkette in die Gruppe der **Xylane** (gerade Ketten von 1 → 4 glycosidisch gebundenen Anhydroxylosen) und **Glucomannane** (gerade Ketten von 1 → 4 glycosidisch gebundenen Anhydroglucosen und Anhydromannosen) eingeteilt werden. Eine feinere Klassifizierung berücksichtigt die eingliedrigen Seitengruppen (Bilder 1.34 und 1.35).

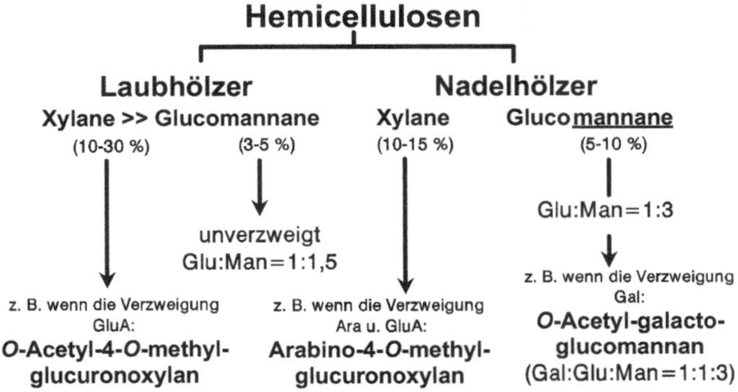

Bild 1.34: Klassifizierung der Hemicellulosen (Polyosen) des Holzes und ihr Vorkommen in Gew.-%

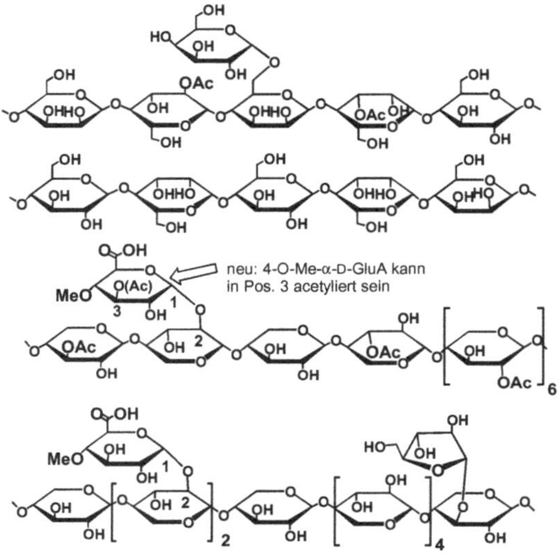

O-Acetyl-galacto-glucomannan
im Nadelholz (5–10 %)
Man:Glu:Gal = 3:1:1
% OAc < 8

Glucomannan
im Laubholz (3–5 %)
Man:Glu = 1,5:1
neu: Mannose kann auch acetyliert sein

O-Acetyl-4-O-methyl-glucurono-xylan
im Laubholz (10–35 %)
Xyl:GluA = 10:1
% OAc 9–20
% OMe < 2

Arabino-4-O-methyl-glucurono-xylan
im Nadelholz (10–15 %)
Xyl:GluA:L-Ara = 10:2:1,3
% OMe < 2

Bild 1.35: Die wichtigsten Hemicellulosen (Polyosen) des Holzes in Anlehnung an [5]. Man beachte, dass im vollständigen Namen die Seitengruppen zuerst und die Hauptketten (Glucomannan oder Xylan) zuletzt genannt werden. OMe = OCH_3, sprich: *O*-Methyl- oder Methoxy-Gruppe. A = acid, Säure. GluA = *glucuronic acid*, Glucuronsäure. Die Elementarzusammensetzung der Hemicellulosen: ≈ 45 % C; ≈ 6 % H und ≈ 49 % O. Das gezeigte *O*-Acetyl-galactoglucomannan ist wasserlöslich; es hat noch eine alkalilösliche Form [18].

Wie hieraus hervorgeht, enthalten **Laubhölzer**:

1. *O*-Acetyl-4-*O*-methylglucurono-xylan, wobei 7 von 10 Anhydroxylosen acetyliert sind. 4-*O*-Methylglucuronsäure bildet die Seitenkette.
2. Unverzweigtes Glucomannan (Man/Glu ≈ 1,5/1).

Nadelhölzer enthalten:

1. Arabino-4-*O*-methyl-glucurono-xylan, wobei jeweils Arabinose und 4-*O*-methyl-glucuronsäure die zwei Seitengruppen bilden.
2. *O*-Acetyl-galactoglucomannan (Man/Glu/Gal ≈ 3/1/1).

Da der Glucoseanteil der Nadelholz-Glucomannane nur $^1/_3$ des Mannangehaltes beträgt, werden sie gelegentlich vereinfachend als **Mannane** bezeichnet.

Die Hemicellulosen umgeben eng die Mikrofibrillen der Cellulose (Bild 1.36), da ihre endgültige Ausformung als Polymer an der Oberfläche der vorgebildeten Cellulose stattfindet. In der Sprache der Chemie: Cellulose fungiert hierbei als **Templat** (Formkörper, Schablon). Die Hemicellulosen dienen wiederum als Template für die nachfolgende Lignifizierung. Mit mehreren Methoden (mechanisches Schälen, enzymatischer Abbau, dynamische FTIR-Spektroskopie) kann gezeigt werden, dass Glucomannane in Nadelhölzern in der unmittelbaren Nachbarschaft der Cellulose-Glucanketten angeordnet sind. Glucomannane sind ebenso an der Aufnahme der Zugbelastung wie die Cellulose beteiligt; die Xylane hingegen nicht.

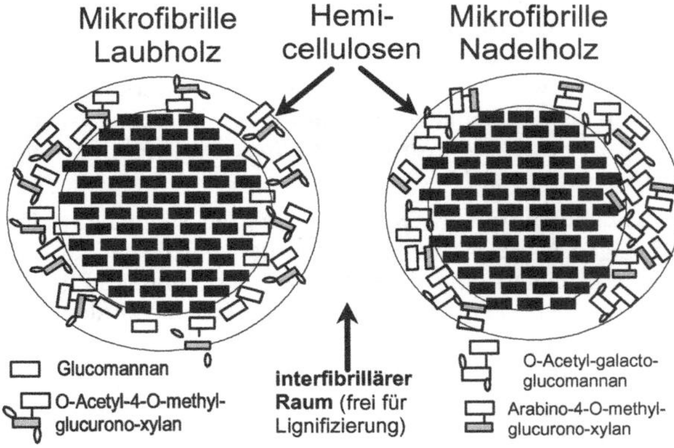

Bild 1.36: Die Polyosen umgeben die Cellulose-Mikrofibrillen.

Als hydrophyle amorphe Polymeren haben Hemicellulosen eine **klebende Wirkung** im Holz und Papier. Bei der plastischen Verformung des Holzes in heißem Dampf bilden sie zusammen mit den Ligninen eine Gleitschicht, sodass sich die Mikrofibrillen verschieben können. Bei der thermischen Behandlung des Holzes spalten die Hemicellulosen Ameisen- und Essigsäure ab, aber auch Methan und CO_2. So wird Holz „denaturiert", und **VOC** *(volatile organic components)* werden freigesetzt. Hierdurch erniedrigt sich die Acidität des Holzes. Aus den Xylanen entsteht bei niedrigen pH-Werten und bei höheren Temperaturen leicht **Furfural**, eine reaktionsfreudige Substanz, die zu Kondensationsreaktionen mit sich selbst und mit dem Lignin neigt. Der positive Effekt der **thermischen Vergütung** beruht auf der Quervernetzung der intrazellulären Matrix mit Furfural, Formaldehyd, der Bildung von Estergruppen zwischen Hemicellulosen und Ligninen, der irreversiblen Kollabierung von Mikroporen und der Bildung von neuen Wasserstoffbrücken.

Hemicellulosen sind in Alkali gut löslich; hierbei werden jedoch die Acetylgruppen durch „Verseifung" abgespalten. Aus der alkalischen Lösung werden sie für wissenschaftliche Untersuchungen oder für technische Verwertung fraktioniert gefällt.

1.3.4 Lignine

Das Wort Lignin kommt vom lat. *lignum* für Holz. Nachdem die Biosynthese der Polysaccharide abgeschlossen ist, lignifizieren („verholzen“) sich die Zellwände, und zu ihrer Zugfestigkeit paart sich **Druckfestigkeit**. Lignine sind **amorphe, polymere Phenylpropanoide**. Die Bezeichnung „Phenyl“ bezieht sich auf einen substituierten aromatischen Ring. Zu den Substituenten gehören neben der Propankette eine OH- (Hydroxyl-), eine oder zwei OCH_3-(Methoxy-) und diverse O–R-(Alkoxy- oder Aroxy-)Gruppen. In kleinen Mengen kommen auch Phenylringe ohne Methoxygruppen vor (Abkürzung H). Zwei Phenylreste sind in Bäumen jedoch besonders weit verbreitet: erstens, der 3-Methoxy-4-hydroxyphenylrest (mit dem Trivialnamen **Guajacylrest**, Abkürzung **G**) und zweitens, der 3,5-Dimethoxy-4-hydroxy-phenylrest (mit dem Trivialnamen **Syringylrest**, Abkürzung **S**).

Folgende Abbildung zeigt die Klassifizierung der Lignine als **G-**, **GS-** oder **HGS-Lignine** – je nachdem, welche der drei Grundbausteine an ihrem Aufbau beteiligt sind – sowie die Nummerierung des Phenylringes und der Propankette. Die Propan-Kohlenstoffatome werden entweder mit α (kernbenachbart), β (mittelständig) und γ (endständig) oder mit den arabischen Ziffern 7, 8 und 9 gekennzeichnet.

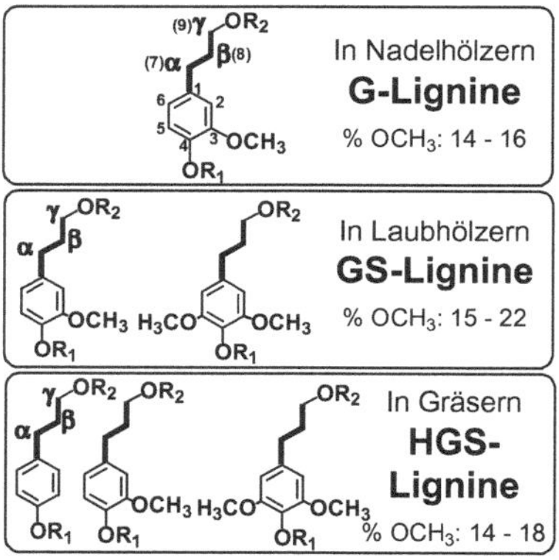

Bild 1.37: Klassifizierung der Lignine nach den Grundbausteintypen. Die Angaben über die Methoxy-Gruppengehalte sind Gewichtsprozente. R_1 steht alternativ für H, Aryl- oder Alkylrest; R_2 für H oder Alkylrest (nach [13], [14], [20])

Lignine der **Nadelhölzer** bestehen bis zu 90 % aus Guajacylpropanen (kurz: sie haben G-Lignine) und die **Laubhölzer** aus wechselnden Mengen von Guajacyl- und Syringylpropanen (kurz: sie haben GS-Lignine), wobei der S-Anteil in GS-Ligninen alternierend zum G-Gehalt zwischen 5 bis 65 % variiert. Die Lignine der Gräser enthalten neben den G- und S-Bausteinen relativ viel *para*-Hydroxy-phenylpropane (H-Bausteine). Hieraus leitet sich die Klasse der HGS-Lignine ab, die ca. 15 bis 35 %

H-, ebenso viel S- und 50 bis 70 % G-Einheiten aufweisen. Im **Druckholz** kommen die H-Einheiten in größeren Mengen als im Normalholz vor.

Laubhölzer enthalten weniger Lignin (in der gemäßigten Zone meistens um 21 %) als Nadelhölzer (um 27 %). Druckholz ist wesentlich ligninreicher als Normalholz. Im Zugholz gibt es wiederum mehr Polysaccharide. Der Ligningehalt wird mit Hilfe von zweistufigen Hydrolyseverfahren quantitativ ermittelt. Im **Klason-Verfahren** kommt z. B. 72 %ige Schwefelsäure für die erste (2 h bei Zimmertemperatur) und 3 %ige Schwefelsäure für die zweite Stufe (4 h in der Siedehitze) zur Anwendung. Die Polysaccharide werden so säurehydrolytisch abgebaut und der unhydrolysierbare Ligninanteil wird abfiltriert, gewaschen, getrocknet und gewogen. Bei der Bestimmung von GS-Ligninen ist zusätzlich die Erfassung des säurelöslichen Ligninanteils mittels UV-Spektroskopie erforderlich.

Zwischen den Phenylpropanen eines G-Lignins gibt es etwa zwölf diverse Bindungstypen (Bild 1.38). Die mengenmäßig bedeutendste Bindungsart ist jedoch die ***β*-Arylether-Bindung** (Synonym: ***β*-O-4-Bindung**). 50 bis

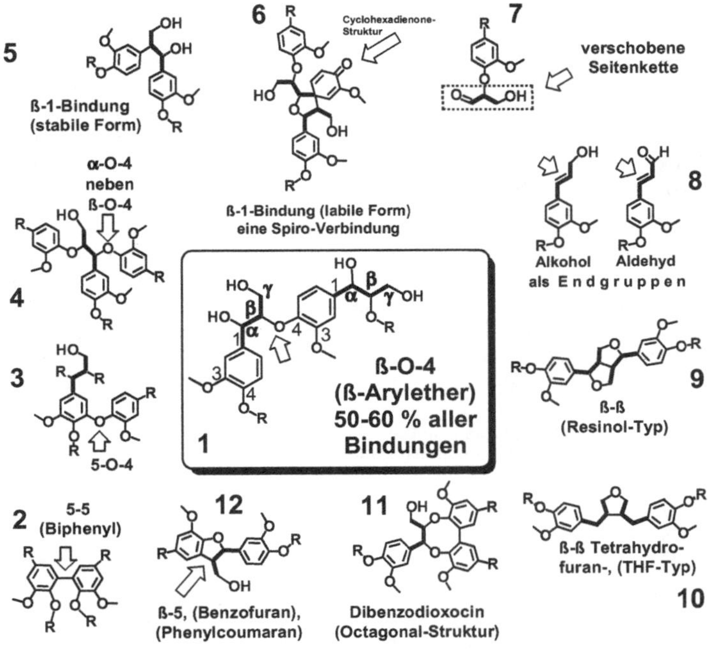

Bild 1.38: Monomere, dimere und trimere Ausschnitte aus einem G-Lignin

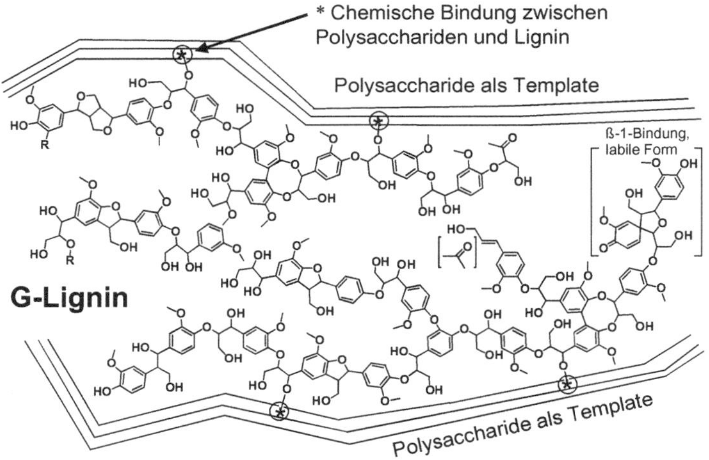

Bild 1.39: Die Strukturformel eines G-Lignins (in Anlehnung an [19])

60 Monomeren von 100 sind so miteinander verknüpft. Die GS-Lignine sind noch vielfältiger, da in ihnen neben G-G-Bindungen G-S- und S-S-Bindungen eine größere Variationsbreite bieten. Von der β-1-Bindung gibt es eine stabile (Nr. 5) und eine labile Variante (Nr. 6), die eine Spiro-Struktur aufweist. Die Entdeckung der Dibenzodioxocin-Struktur (mit einem Achterring, Nr. 11) ist neu [19].

Die Biosynthese der monomeren Vorstufen der Lignine nach dem **Shikimat-Stoffwechselweg** ist weitgehend aufgeklärt. Die unmittelbaren Vorstufen sind: **4-Hydroxy-zimtalkohol** (Ursprung der H-Bausteine), **Coniferylalkohol** (Ursprung der G-Bausteine) und **Sinapinalkohol** (Ursprung der S-Bausteine), (Bild 1.40). Im Gegensatz hierzu ist die Bildung des Ligninmakromoleküls aus den Vorstufen noch teilweise umstritten. Sicher ist, dass sie durch die Zellmembran in den interzellulären Raum ge-

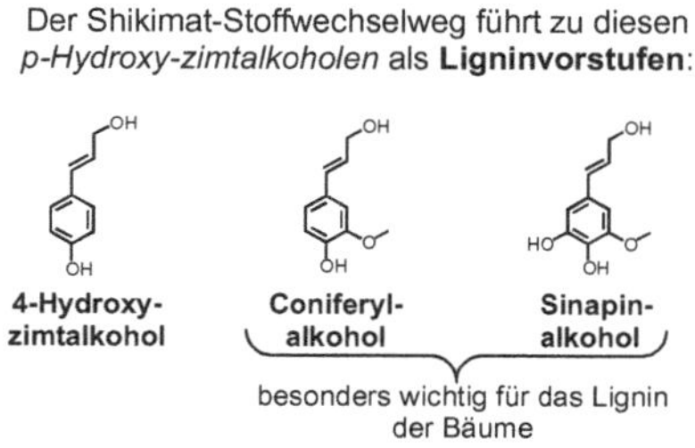

Bild 1.40: Die Vorstufen für die Biosynthese von G-, GS- und HGS-Ligninen (nach [20])

schleust werden; zum Teil in veretherter Form mit Glucose (Glycoside). Ein bekanntes Glycosid ist z. B. **Coniferin** (= Coniferylalkohol ist über die phenolische O-Gruppe mit dem C1-Atom der β-D-Glucose verethert). Konsens besteht darüber, dass hieraus radikalisierte und mesomeriestabilisierte Substanzen entstehen.

Enzyme des Typs **β-Glycosidase**, **Glucoseoxidase** und **Peroxidase** sind an der Vorphase der Lignifizierung beteiligt. Unklar ist, wie die hochreaktiven Radikale bis zur Mittellamelle gelangen, um dort – und nur dort – eine **Kettenpolymerisation** zu initiieren. Unumstritten ist, dass die radikalisierten Vorstufen bevorzugt auf ein vorgebildetes Polymer treffen und nicht mit sich selbst reagieren. Nur so können die Polymerketten von der Mittellamelle her in Richtung der Zellmembran durch Knüpfung von β-O-4-Bindungen wachsen. Weitgehend akzeptiert ist ein Denkmodell, wonach der Polymerisationsmechanismus als ein zweistufiger Prozess, bestehend aus **radikalischen Kupplungsreaktionen**, gefolgt von **ionischen Additions-** und **Eliminierungsreaktionen**, aufzufassen ist, an dem sich keine Enzyme mehr beteiligen. Das ist die Theorie von der **statistisch** oder **thermodynamisch gesteuerten Polymerisation** der Ligninvorstufen. Für die anderslautende Dirigentprotein-Theorie gibt es keine hinreichenden Beweise [20].

Hervorzuheben ist, dass die Reaktionen der Vorstufen an der Oberfläche der Mikrofibrillen als **Templat** stattfinden. Hieraus folgt, dass Hemicellulosen und Lignine räumlich eng verschränkt sind. Dieser Umstand und echte kovalente Bindungen zwischen Ligninen und Hemicellulosen sowie zahlreiche Nebenvalenzen (Wasserstoffbrücken, Van der Waals'sche-Kräfte) tragen dazu bei, dass sich Lignine von den Polysacchariden mit chemisch milden Methoden nur unvollständig trennen lassen. Mit neutralen Lösungsmitteln, z. B. mit Dioxan/Wasser oder Aceton/Wasser, kann ca. $^1/_3$ des Lignins extrahiert werden, aber nur dann, wenn das Holz vorher äußerst intensiv (mehrere Tage lang) in einer Kugelmühle gemahlen wurde **(*milled wood lignin*, MWL)**. Chemisch schärfere Bedingungen führen zwar zu höheren Ausbeuten, aber auch zu strukturellen Veränderungen.

Bild 1.41 illustriert die Lignifizierung schematisch und zeigt die Bildung von langen Ketten mit β-O-4-Bindungen als Folge der radikalischen Kupplung zwischen Coniferylalkohol und Lignin. C-C- und C-O-Bindungen zur Quervernetzung zwischen den vorgebildeten Ligninketten (wie z. B. Struktur Nr. 2, 3 und 11 in Bild 1.38) sollen nach einer Theorie erst in einer späteren Phase der Lignifizierung, wenn die Polymermatrix trocknet und schrumpft, entstehen.

Die G- und S-Einheiten eines Laubholzlignins sind im Holzgewebe nicht gleichmäßig verteilt. In den Gefäßwänden gibt es G-Lignine und in

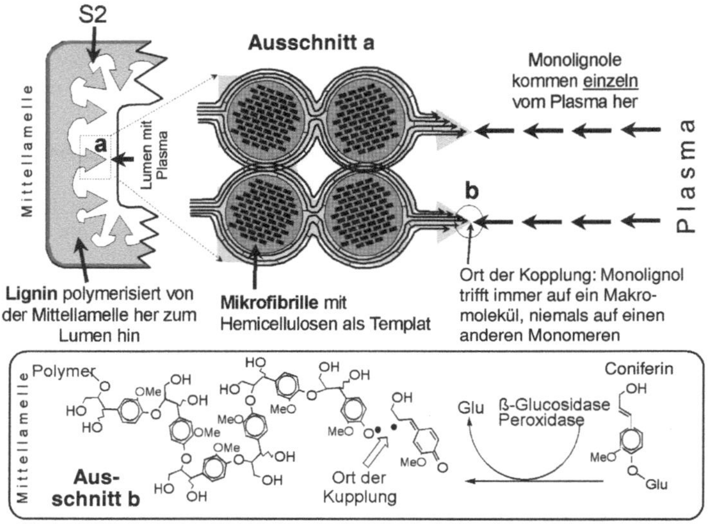

Bild 1.41: Kettenpolymerisation eines G-Lignins von der Mittellamelle her in Richtung Zellmembran (Ausschnitt a, oben) und die Entstehung einer aus β-O-4-Bindungen bestehenden Ligninkette (Ausschnitt b, unten) (nach [23])

Fasern solche, die mit S-Einheiten angereichert sind. Der Ligningehalt der Fasern (19 bis 22 %) ist geringer als der der Gefäße (24 bis 28 %).

In der Mittellamelle (ML) ist die **Ligninkonzentration** (70 bis 88 %) bis zu dreimal höher als in der S2 (22 bis 25 %), aber aufgrund der Mächtigkeit der S2-Schicht befinden sich 72 bis 82 % des Lignins hier. In der zusammengesetzten Mittellamelle (ML + Primärwand) sind die Lignine mit Pektinen vergesellschaftet. Dies lässt sich gut mit **UMSP** (Universal-Mikrospektralphotometrie: UV-Spektroskopie kombiniert mit mikroskopischer Bildanalyse) oder mit **EDXA** (*energy dispersive X-ray analysis*; hierzu wird das Lignin bromiert oder merkurisiert) nachweisen. Farbreaktionen (z. B. nach **Wiesner**) eignen sich zum hystologischen Routine-Nachweis des Lignifizierungsgrades bzw. des Lignintyps (die **Mäule**-Farbreaktion ist spezifisch für S-Lignine) einer Zellwand. Die hochspezifischen **Immunoassay**-Nachweisreaktionen kommen für wissenschaftliche Aufgabenstellungen in Frage.

Beim Schleifen oder Refinern wird das Holzgewebe bevorzugt entlang der zusammengesetzten Mittellamelle gespalten. Aufgrund der hohen Ligninkonzentrationen dort ist die Oberfläche von solchen Fasern und Faserbündeln reich an Ligninen.

G-Lignine zeichnen sich dadurch aus, dass sie in Position 5 des aromatischen Ringes für **elektrophile aromatische Substitutionsreaktionen** leicht zugänglich sind. Von Pentosanen abgespaltener Furfural reagiert z. B. an dieser Stelle und führt zu Quervernetzungsreaktionen. Das Gleiche gilt für Reaktionen mit Formaldehyd, der vom endständigen Kohlenstoff der Phenylpropankette unter thermischer Einwirkung abgespalten wird. Syringyl-Einheiten sind an Position 5 durch eine zweite Methoxygruppe blockiert, daher sind sie von vornherein weniger quervernetzt und neigen weniger zu Sekundärreaktionen während technischer Prozesse. S-Lignine sind niedermolekularer als G-Lignine. Dies ist ein Vorteil beim Aufschluss, da sie leichter löslich sind. Aus diesem Grund lassen sich Laubhölzer mit Hilfe von Organosolv-Prozessen, in denen Lösungsmittel verwendet werden, gut aufschließen.

Die **viskoelastischen Eigenschaften** eines Holzes hängen zum Teil auch mit der chemischen Struktur seines Lignins zusammen. Die Bestimmung des Erweichungspunktes mit Hilfe der Dynamisch-Mechanischen-Spektroskopie liefert Hinweise hierfür. Der Erweichungspunkt von Nadelhölzern beträgt ca. 92 °C, während bei Laubhölzern diese Kenngröße mit zunehmendem Methoxygehalt im Bereich von 82 bis 65 °C abnehmende Tendenzen zeigt. Erklärung: Bei höheren Methoxygehalten nimmt die Fähigkeit der Lignine – wie oben ausgeführt – zur Quervernetzung ab. Geringere Quervernetzung ist wiederum gleichbedeutend mit verringerter Steifigkeit und mit höherer Gleitfähigkeit der Zellwandschichten zueinander [21].

Die Ligninkonzentration in der S2 des Frühholzes ist um 2 bis 3 % höher als in der S2 des Spätholzes, sodass der Ligningehalt einer Holzart wesentlich von dem Verhältnis Frühholz/Spätholz, das wiederum von der Witterung geprägt ist, abhängt. Es ist bemerkenswert, dass sich die Ligninkonzentrationen in der ML und S2 des Früh- und Spätholzes entgegengesetzt verhalten: Lig_{konz} im $ML_{Frühholz} < Lig_{konz}$ im $ML_{Spätholz}$; Lig_{konz} im $S2_{Frühholz} > Lig_{konz}$ im $S2_{Spätholz}$ [22].

Eine technologisch relevante Eigenschaft der Lignine ist ihre Empfindlichkeit gegenüber **photochemischen Reaktionen**. Ungeschützte Holzoberflächen delignifizieren im intensiven Sonnenstrahl durch die energiereiche UV-Komponente des Lichtes. Wenn die photochemischen Spaltprodukte durch Wind und Regen fortgetragen werden, vergraut die Oberfläche als Manifestation der Anreicherung von (weißen) Polysacchariden. Die **Vergilbung** von „holzhaltigem" (= ligninhaltigem) Papier hängt auch mit den photochemisch initiierten Reaktionen der Lignine zusammen, die zu farbigen Chinonen führen.

Aus den o. g. und weiteren Gründen unterscheiden sich die chemischen Eigenschaften der **Holzoberfläche** erheblich von denen des Holzes als

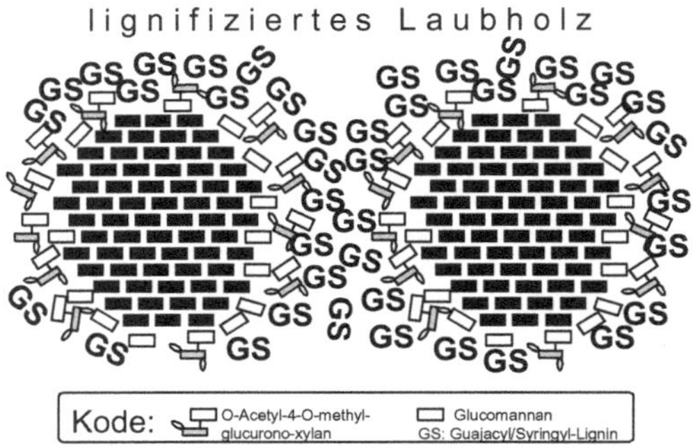

Bild 1.42: Symbolische Darstellung von lignifizierten Laubholz-Mikrofibrillen. GS steht für GS-Lignine mit Guajacyl- und Syringylpropan-Bausteinen [5].

Ganzes. Der Oxidationszustand der Oberfläche ist höher; es gibt dort mehr Verbindungen mit ungepaarten Elektronen und mehr wasserlösliche Inhaltsstoffe, die mit dem Kapillarwasser während der Verdunstung dorthin gelangen.

1.3.5 Extraktstoffe

Wie einleitend ausgeführt, heißen die organischen und anorganischen Verbindungen, die innerhalb der Hohlräume der extrazellulären Matrix oder in den Zelllumina eingelagert sind, Inhalts- oder Begleitstoffe oder akzessorische Bestandteile oder – auf die Löslichkeit von den meisten Verbindungen anspielend – Extraktstoffe.

Es gibt Inhaltsstoffe, die nicht über das ganze Gewebe hindurch in den Zellwänden gleichmäßig verteilt vorkommen, sondern sich in speziellen **Harz-** und **Latex-Gängen** befinden. Wenn sie von dort austreten, heißen sie **Exsudate** (z. B. Kautschuk, Gummi-Arabikum, Kiefernharz). **Die primären Inhaltsstoffe** sind physiologisch aktive Stoffwechsel**zwischenprodukte** (Fette, Zucker, Stärke), die der Photosynthese, Atmung und der Synthese von Gerüstsubstanzen dienen und deren Vorkommen per definitionem auf lebende Zellen (z. B. Markstrahlzellen oder andere Zellen im Splint) beschränkt ist. **Die sekundären Inhaltsstoffe** werden hingegen im Rahmen der premortalen Biosynthese (bei der Verkernung) als **Endprodukte** freigesetzt, die der Abwehr von Mikroorganismen dienen und meistens im Kernholz abgelagert sind. Diese Stoffklasse steht im eigentlichen Mittelpunkt des technologischen Interesses, aber die primären Inhaltsstoffe haben auch bedeutende Effekte auf die Qualität und die Technologie [24] (siehe Kohlenhydrate).

Der **Extraktstoffanteil** variiert je nach Holzart, Splint- und Kernholz, Varietät, Provenienz, Standort, Stammhöhe und Alter. In Hölzern der gemäßigten Zone kommen akzessorische Bestandteile in geringen Mengen vor (durchschnittlich 5 %), während der Extraktstoffanteil in Tropenhölzern oft ca. 10 % beträgt. Es gibt jedoch zahlreiche Ausnahmen von dieser Regel. Der Ethanol-Extrakt von Linde, Robinie, Eiche beträgt z. B. über 10 %, und es gibt tropische Holzarten mit Extraktstoffgehalten unter 5 %.

Normalerweise nimmt die Extraktstoffkonzentration im Baum von oben nach unten und von außen (Splint) nach innen (Kern) zu. Eine gleichmäßige Verteilung über den Stammquerschnitt ist eher die Ausnahme. Gelegentlich kommt es zu lokalen Anreicherungen, z. B. an der Splint-Kern-Grenze. Der Harzgehalt im Wurzelholz (Stubben) von alten Kiefern sowie der Gerbstoffgehalt des Quebracho-Holzes können bis zu 30 % betragen. Bei manchen Holzarten ist die lokale Kernstoffkonzentration so hoch, dass die Gefäße mit kristallinen Inhaltsstoffen ausgefüllt sind (z. B. Afzelia). Der Extraktstoffgehalt von Rinden ist besonders hoch. Die folgende Tabelle enthält Hinweise auf die Extraktion mit Lösungsmitteln steigender Polarität und auf wichtige organische Substanzklassen.

Tabelle 1.7: Sukzessive Extraktion von Hölzern mit Lösungsmitteln zunehmender Polarität. Die Trennschärfe zwischen den Schritten 3 und 4 ist am geringsten.

Polarität des Lösungsmittels	**Extraktionsmittel**	**Stoffklassen im Extrakt**
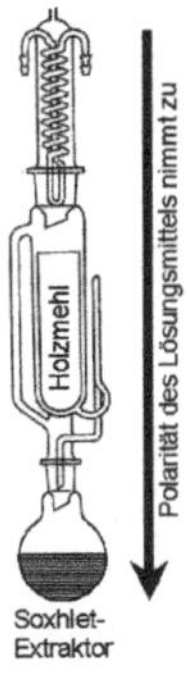	**1.** Petrolether (40 bis 60 °C)	freie Fettsäuren (und freie Harzsäuren bei Nadelhölzern), Fette, Sterine, Sterinester, Kohlenwasserstoffe, Terpene
	2. Diethylether	partiell oxidierte Fette (und Harzsäuren bei Nadelhölzern), Terpene
	3. Aceton/Wasser (9 : 1)	phenolische Verbindungen, Glycoside
		Im Gesamtextrakt Aceton/Wasser (9 : 1) – ohne die Extraktionsschritte 1 und 2 – sind alle Stoffklassen der Stufen 1–3 enthalten
	4. Ethanol/Wasser (8 : 2)	monomere und oligomere Zucker, Glycoside, z. T. niedermolekulare Ligninvorstufen, Farbstoffe, Tannine
	5. Wasser (bei 60 °C)	Stärke und z. T. Hemicellulosen, Farbstoffe, Tannine
	6. Alkali (diverse Bedingungen)	Polyphenole (Tannine), Phlobaphene, Hemicellulosen, Lignine, ...

Mineralstoffe

Pflanzen benötigen für den Aufbau ihrer organischen Substanzen neben den Elementen C, H, O, N noch S und P sowie die Metalle Ca, K, Mg, Mn und Fe als **Makroelemente**. Für alle Hölzer sind die folgenden Konzentrationen typisch: Calcium ≫ Kalium > Magnesium > und Mangan. Zum störungsfreien Funktionieren des Stoffwechsels sind zusätzlich geringere Mengen an Elementen, wie z. B. Na, B, Mn, Zn, Cu, Cl, Mo, Se, Co und Si, erforderlich (**Mikro-** oder **Spurenelemente**). Die Übergänge zwischen Makro- und Mikroelementen sind fließend. Die Metalle kommen zum einen als Ionen vor, die an negative Ladungen des Holzes gebunden sind. Als solche sind sie relativ leicht durch saure Wäsche zu entfernen. Als Salze der Kohlen-, Schwefel-, Phosphor-, Salz-, Kiesel- und Oxalsäure liegen sie als Carbonate, Sulfate, Phosphate, Chloride, Silikate und Oxalate vor. Zum anderen bilden sie mit den organischen Substanzen (bevorzugt mit Lignin oder Gerbstoffen) stabilere und oft farbige Organometall-Komplexe.

Der **Mineralstoffgehalt** wird summarisch durch Verbrennen der organischen Matrix und nachfolgendes Ausglühen (Oxidation) der verkohlten Reste bei 450 bis 600 °C als nichtflüchtiger Rückstand (Asche) gravimetrisch bestimmt. Die mengenmäßig vorherrschenden Kationen bleiben in der Asche als Oxide zurück, während sich die Anionen während der Veraschung verändern oder verflüchtigen können. Bei diesen niedrigen Temperaturen bleiben die Carbonate noch erhalten (Calciumcarbonat zersetzt sich erst bei über 600 °C). Zur überschlägigen Bestimmung des Siliciumgehalts wird die Asche mit 10%iger Salzsäure (HCl) in der Siedehitze oder mit Fluorwasserstoffsäure (HF) gelöst. Hierbei bleibt SiO_2, das den größten Anteil des Rückstands ausmacht, als unlöslicher Rückstand zurück.

Die Kationen im Holz werden heute nach einer Nassveraschung (Behandlung in einem Säurecocktail) bevorzugt durch Atomabsorptionsspektrometrie (**AAS** mit den Varianten Flammen-AAS, Graphitrohrofen-AAS, Kaltdampf-AAS, Hydrid-AAS) oder **ICP-AES** *(inductively coupled plasma atomic emission spectroscopy)* bestimmt. Statt AES findet oft **OES** *(optical emission spectroscopy)* als Nachweismethode Anwendung. Die bevorzugte Methode zur Analyse von Anionen ist die **HPLC-Ionenchromatographie** (IC). Verfahren mit hoher lokaler Auflösung im mikroskopischen Bereich sind: TEM- oder SEM-**EDXA** (*energy dispersive x-ray analysis*, kombiniert mit Transmissions- oder Rasterelektronenmikroskopie), **LAMMA** *(laser microprobe mass analyser)*, **SIMS** *(secondary ion mass spectrometry)*.

Die **Verteilung** der Mineralien im Holz ist nicht gleichmäßig. So wurde folgende Häufigkeit von zwölf Elementen gefunden (nach [25]): Nadeln/

Blättern > Rinde > feine Wurzeln > dünne Zweige > Wurzeln > Äste > Stammholz. Die Konzentration an Mg, Mn und Ca ist im Kambium eines Kiefernstammes am höchsten. Die Konzentration von Eisen und Kalium ist im Splintholz höher als im Kernholz [26], [27], [28]. Auch für Eichen wurde festgestellt, dass der Splint reicher an Mn, Mg, Ca, K und anderen lebenswichtigen Spurenelementen als das Kernholz ist.

Tabelle 1.8: Konzentrationsbereiche für Makro- und Mikroelemente im Kiefernholz *(Pinus sylvestris)* in mg/kg atro Holz (ppm) [29]

Konzentrationsbereich [ppm]	Elemente
1000–100	Ca, K, Mg
100–10	F, Fe, Mn, Na, P, S
10–1	Al, B, Si, Sr, Zn, Ti
1–0,1	Ag, Ba, Cd, Cr, Cu, Ni, Rb, Sn
0,1–0,01	Bi, Br, Ce, Co, I, La, Pb, Se, W
0,1–0,001	As, Eu, Gd, Hf, Hg, Mo, Nd, Pr, Sc, Sb

Technologische Bedeutung von Mineralstoffen:

- vorzeitiges Abstumpfen von Werkzeugen während der mechanischen Bearbeitung
- Veränderung des pH-Wertes und der Pufferkapazität (besonders wichtig bei der Verleimung)
- Einfluss auf die Leitfähigkeit und somit auf die Routine-Wasserbestimmung mit Handgeräten
- Verfärbungsanomalien durch Bildung von Chelaten in Wechselwirkung mit phenolischen Substanzen. Beispiel: Verfärbung der Eiche in Gegenwart von Eisen (Eisen-Gerbstoff-Reaktion)
- Aspekte der Holzverbrennung: Die Rieselfähigkeit der Asche ist zu gewährleisten. Die Emission von leichtflüchtigen Metallen (VIC, *volatile inorganic components*) ist zu minimieren. Cu katalysiert die Bildung von Dioxinen.
- Holzaufschluss und Bleiche von Zellstoffen: Anreicherung von Mineralstoffen im Kreislaufwasser, Ablagerungen, Zersetzung von Bleichchemikalien, Korrosion in den Leitungen. Ausschleusung von Metallen durch Chelatoren („Metallmanagement") erforderlich.

Es ist ein Gebot des Umweltschutzes, die Emission von flüchtigen anorganischen Substanzen (*volatile inorganic components*, **VIC**), die mit der Feinstflugasche der Biomassenverbrennungsanlagen in die Atmosphäre gelangen können, zu vermeiden. Nach TA Luft-2002 sollen die staubförmigen anorganischen Stoffe die Emissionsgrenzen von 0,05 mg/m^3 (Klasse I), 0,5 mg/m^3 (Klasse II) und 1 mg/m^3 (Klasse III) nicht überschreiten.

Tabelle 1.9: Durchschnittliche Zusammensetzung von Aschen aus Biomasse-Verbrennungsanlagen als Gew.-%. *Links:* Angaben als Oxide bezogen auf trockene Asche (Mittelwert aus Grob- und Zyklonflugasche). *Rechts:* dieselben Angaben umgerechnet auf die reinen Elemente (nach 30])

als Oxid	Holzasche [%]	Rindenasche [%]	als Element	Holzasche [%]	Rindenasche [%]
CaO	46	40	Ca	63,1	54,7
SiO_2	18,2	29,4	Si	16,3	26,3
K_2O	6,6	4,8	K	5,3	3,8
MgO	4,5	5,0	Mg	5,2	5,8
Al_2O_3	3,9	6,8	Al	2,0	3,5
P_2O_5	3,7	1,8	P	1,5	0,7
SO_3	2,4	0,8	S	1,9	0,6
Fe_2O_3	2,1	3,0	Fe	1,4	2,0
MnO	1,6	1,4	Mn	2,5	2,1
Na_2O	0,4	0,5	Na	0,3	0,4
Chlorid	0,3	0,1	Cl^-	0,6	0,2

Tabelle 1.10: Durchschnittliche Schwermetallgehalte in der Grob-, Zyklonenflug- und Feinstflugasche von Biomassen-Verbrennungsanlagen (ppm = mg/kg). Elemente, wie Zn, Pb, Cu, Cd, Mo und Hg, reichern sich in der Feinstflugasche an [32].

Element	Grobasche [ppm]	Zyklonflugasche [ppm]	Feinstflugasche [ppm]
Zn	432	1870	12981
Pb	14	58	1053
Cu	165	143	389
Cr	325	158	231
Cd	1,2	22	81
Ni	66	60	63
Co	21	19	18
V	43	41	24
Mo	3	4	13
Hg	0,01	0,04	1,5

Zur Erhaltung der Rieselfähigkeit der Asche ist die **Verbrennungstemperatur** sorgfältig zu steuern, da beim Überschreiten des Erweichungs- und Schmelzpunkts Schlacke entsteht. Sie verursacht Austrags- und Entsorgungsprobleme. Grobe und kantige Schlackenbrocken können an Bauteilen anbacken. Ist die Verbrennungstemperatur zu niedrig, steigen die Schadstoffemissionen an.

Um das **Schmelzverhalten** der Asche zu bestimmen, werden würfelförmige Probenkörper mit 3 mm Kantenlänge von gemörserter Asche durch Pressen hergestellt. Die Probenkörper werden in oxidierender Atmosphäre bis zu Temperaturen um 1400 °C erhitzt und die Veränderung ihrer Silhouetten mit einer Videokamera dokumentiert. Typische Grenzzustände:

- **Sinterbeginn:** Einzelne Ascheteilchen kleben das erste Mal an ihren Grenzflächen zusammen. Der Probenkörper verändert jedoch seine Gestalt nur geringfügig.
- **Erweichungstemperatur:** Der Würfel zeigt erste deutliche Zeichen des Erweichens. Seine Oberfläche verändert sich und seine Kanten runden sich ab; erste Anzeichen des Aufblähens.
- **Halbkugeltemperatur:** Der Probenkörper nähert sich der Form einer Halbkugel an, wobei die Höhe des geschmolzenen Probenkörpers halb so hoch ist wie sein Durchmesser am Grund.
- **Fließtemperatur:** Der Probenkörper ist auf ein Drittel seiner ursprünglichen Höhe auseinander geflossen.

Holzasche von Fichte und Buche beginnt bei 1140 °C zu sintern, der Erweichungspunkt liegt bei 1260 °C und der Halbkugelpunkt bei 1310 °C. Der Fließpunkt ist schließlich bei 1330 °C erreicht [33], [34].

Aliphatische Kohlenwasserstoffe, Wachse, Fette

Fette und Öle gehören in die Klasse der Lipide (gr. *lipos* Fett). Fette sind Ester des Glycerins mit **ungesättigten** Fettsäuren, deren C-Zahl im Holz 16, 18, 20 oder 22 beträgt. In Coniferen dominieren **Öl-**, **Linol-** und **Linolensäure**, d.h. Substanzen mit 18 C-Atomen und 1, 2 bzw. 3 Doppelbindungen. Die Kettenlängen und Sättigungsgrade der Ölsäuren im Holz können indes beträchtlich variieren. Ein Merkmal für Birken ist z.B. die Gegenwart von Palmitinsäure (eine ungesättigte Monocarbonsäure mit 16 C-Atomen).

Wachse (als Lipoide) sind aliphatische Polyester, in denen langkettige **gesättigte** Fettsäuren mit C-Zahlen von C_{16} bis C_{26} mit langkettigen einwertigen Wachsalkoholen, deren C-Zahlen in einem ähnlichen Bereich liegen, verestert sind. Wachs ist eine phänomenologische (bzw. warenkundliche) Bezeichnung, die sich auf die physikalische Beschaffenheit dieser Stoffgruppe bezieht: Wachse sind bei 20 °C knetbar, fest bis brüchig hart, durchscheinend, jedoch nicht glasartig. Über 40 °C schmelzen sie plötzlich ohne Zersetzung. Ihre Schmelze ist niedrigviskos und nicht fadenziehend. Fette, Öle und Wachse sind primäre Inhaltsstoffe, die in den Parenchymzellen eingelagert sind.

Die Parenchymzellen der **Nadelhölzer** enthalten fast ausschließlich Fette, während die der **Laubhölzer** reich an Fetten **und** Wachsen sind. Bei alkalischen Aufschlüssen wird diese Substanzgruppe problemlos verseift; bei sauren Aufschlüssen bleibt sie oft unaufgeschlossen in den Parenchymzellen eingekapselt und kann so Qualitätseinbußen verursachen. Der **Fettgehalt** von Nadelhölzern beträgt i. d. R. 0,3 bis 0,4 % und in Kiefern 1 bis 4 %. Fettreiche Laubhölzer sind Linde (3 bis 5 %) und Birke (0,8 bis 2,5 %). Die Konzentration an Fetten ist gemäß ihrer Speicherfunktion im Winter am höchsten. Sie kann bei Kiefer bis auf 6 % und bei Linde auf 8 % ansteigen. Fette, Wachse, Öle (und terpenoide Harze) verschlechtern die **Benetzbarkeit des Holzes** während der Verleimung mit säurehärtenden Harzen. Dies kann zur Verringerung der Verleimungsqualität führen.

Die freien (unveresterten) Fettsäuren und Wachsalkohole setzen sich während der Lagerung des Holzes durch Autohydrolyse aus ihren Verbindungen frei. Der typische **Duft** von Hackschnitzel-Lagerplätzen, aber auch der unangenehme **Geruch** von alten Möbeln, hängt zum Teil mit der Chemie der Fettsäuren zusammen. Das Enzym Lipoxygenase (eine Dioxygenase) spaltet ungesättigte Fettsäuren, wodurch Aroma-, Abwehr- und Signalstoffe freigesetzt werden. Hexanal, Hexanole, Hexenal, Hexenole, die auf diesem Wege entstehen, sind flüchtige Aromastoffe. Einige dieser Spaltprodukte sind **bakteriozid, fungizid** und **insektizid**. Die meisten Holztechnologen kommen mit der Stoffklasse der Lipide und Lipoide in Gestalt von Firnissen und Naturlacken in Berührung.

Isopreonide (Terpene und Steroide)

In den Petrolether- und Etherextrakten der Hölzer – hauptsächlich der Nadelhölzer – werden viele Substanzen vorgefunden, die den Isoprenoiden zuzurechnen sind. Man kennt über 8000 Einzelsubstanzen dieser Stoffklasse. **Terpene** sind reine **Kohlenwasserstoffe**, während **Terpenoide** sauerstofftragende funktionelle Gruppen aufweisen. Die Steroide gehören auch zu den Terpenoiden.

Die C-Zahl in den Summenformeln von Terpenen beträgt immer ganzzahlige Vielfache der C-Zahl des Isoprens (**Isopren**: 2-Methyl-1,3-butadien, d. h. C_5H_8). So wurde früh erkannt, dass die Biosynthese der Terpene und Terpenoide mit der des Isoprens im Zusammenhang steht. Ihre Klassifizierung richtet sich folglich nach der Anzahl der an den Molekülen beteiligten Isopren-Einheiten: Monoterpene enthalten z. B. zwei, Sesquiterpene drei und Diterpene vier Isopren-Grundeinheiten **(Isoprenregel)**. Zusätzliche Unterscheidungsmerkmale bietet die Anzahl der Ringe. Terpene/Terpenoide können acyclisch (oder aliphatisch), monocyclisch, bicyclisch, tricyclisch etc. sein. Je nach Typ der funktionellen Gruppe kennt der Chemiker Terpenalkohole, -ketone und -säuren.

Kiefernholz enthält beispielsweise viele terpenoide Inhaltsstoffe. Diese befinden sich in Harzkanälen und treten von dort verletzungsbedingt oder spontan als Exsudate **(„Harze")** aus. Wenn die Kiefernstämme zu Zwecken der Harzgewinnung teilweise entrindet und systematisch eingekerbt werden (so entsteht eine Lachte), spricht man von der **Lebendharzung** (früher ein Industriezweig). Man beachte: „Harz“ ist ein technologischer Sammelbegriff und steht für klebrige, zähviskose Substanzgemische.

Kiefernholz mit Petrolether extrahiert ergibt 9 bis 12 % Inhaltsstoffe, die zum größten Teil aus Terpenoiden bestehen. Der leichtflüchtige Teil setzt sich aus **Monoterpenen** zusammen und macht ca. $^1/_3$ des Extrakts aus. Der nichtflüchtige Teil besteht aus diversen **Harzsäuren** (chemisch: tricyclische Diterpensäuren, Bild 1.43). Im Kernholz gibt es 4- bis 5-mal mehr Terpenoide als im Splint.

Der Technologe kommt mit dieser Substanzklasse dort in Berührung, wo Kiefernholz be- und verarbeitet wird, sei es in Form von klebrigen **Harztaschen**, deren Inhalt Werkzeuge verschmiert, oder von **VOC** *(volatile organic components)*, wofür die flüchtigen Monoterpene verantwortlich sind. In Zeiten des steigenden Bewusstseins für Umwelt und Gesundheit führen die flüchtigen Komponenten des Holzes immer häufiger zu Konflikten mit emissionsrechtlichen Richtlinien. Bei der Herstellung von Kiefern-OSB-Platten gibt es z. B. ein **VOC-Problem**, das zum größten Teil auf die Emission von α-Pinen, β-Pinen und Δ^3-Carren zurückzuführen ist (Bild 1.43). Der die Papierproduktion beeinträchtigende **Pitch** (= teerartige, klebrige Rückstände) ist durch Agglomeratbildung von Terpenoiden sowie von Fetten und Wachsen erklärbar.

Monoterpensäuren mit einer 7-Ring-Struktur kommen in *Cup-ressaceae* vor. Diese Substanzen sind Biozide und bewirken Dauerhaftigkeit. Sie rufen auch Korrosion in technischen Anlagen hervor.

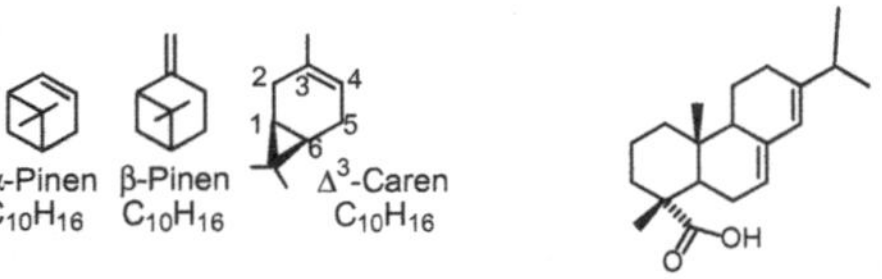

Bicyclische Monoterpene von Kiefernholz, die messbare Emissionen verursachen (VOC-Problematik)

Abietinsäure als Beispiel für eine Harzsäure (tricyclisches Diterpen)

Bild 1.43: Terpenoide Inhaltsstoffe im Kiefernholz

Kohlenhydrate: Zucker und Zuckerderivate

Essentielle Kohlenhydrate des Holzes als Bausteine von Polysacchariden sind in Bild 1.33 dargestellt. Monomere, dimere, trimere und polymere Kohlenhydrate, die zu den primären Inhaltsstoffen zu zählen sind, kommen im Holz in wasserlöslicher Form vor. Ihre Menge ist i. d. R. gering und schwankt stoffwechselbedingt saisonal.

Das Disaccharid **Saccharose** (*Synonym:* Rohrzucker, besteht aus Glucose und Fructose) ist eine der häufigsten Transportformen der Photosyntheseprodukte. Daher kommt es in fast allen Holzarten vor; in besonders großen Mengen im Kambialsaft des Zuckerahorns *(Acer saccharum)*, der Linde *(Tilia sp.)* und der Platane *(Acer pseudoplatanus)*. Saccharose spaltende Enzyme sind an Orten erhöhter biosynthetischer Aktivität zu finden, z. B. an der Splint/Kern-Grenze. Hier dienen die Kohlenhydrate als Kohlenstofflieferanten für die Biosynthese von Substanzen, die an der **Verkernung** beteiligt sind. Der Saft der Birke *(Betula sp.)* weist Glucose und Fructose, aber keine Saccharose auf. Das Disaccharid Maltose ist ebenfalls in den wässrigen oder alkoholischen Extrakten des Holzes nachweisbar.

Zucker führen zu erheblichen **Abbindeproblemen** bzw. zur Inhibierung der Abbindung ab einer Konzentration von 0,25 % bei der Fertigung von **zementgebundenen Holzwerkstoffen** wie Holzwolleplatten und Spanplatten. Aber nicht nur monomere Zucker gelten als Zementgifte. Auch Zuckeralkohole (zuckerähnliche Substanzen mit vielen OH-Gruppen), dimere, oligomere und polymere Kohlenhydrate wie Stärke sind diesbezüglich problematisch. Zuckerreiche Laubhölzer (und Splintholz im Allgemeinen) sind für zementgebundene Holzwerkstoffe weniger geeignet als Nadelhölzer.

Erklärung der Inhibierung: Im alkalischen Milieu des Zements entstehen aus den Zuckern, bevorzugt aus den Aldozuckern, diverse chemische Umwandlungsprodukte, und es wird vermutet, dass diese eine **wasserundurchlässige Haut** um die wachsenden Zementkristalle bilden. Die Hydratation von Tricalcium-Aluminat ($CaO/Al_2O_3 = 3/1$) soll hierdurch in besonderem Maße retardiert bzw. verhindert werden [35]. Abhilfe: Kein Holz verwenden, das im Frühjahr eingeschlagen wurde, da in dieser Jahreszeit hohe biochemische Aktivitäten zu hohen Zuckerkonzentrationen führen. Es ist ein guter Brauch, Holz so lange abzulagern, bis Mikroorganismen die Zucker abgebaut haben [36].

Der Befall des Holzes durch **Bläuepilze** wird durch die hohe Konzentration von Stärke in den Parenchymzellen ermöglicht.

Phenole und Gerbstoffe

Phenolische Inhaltsstoffe kommen überwiegend im Kernholz vor. Bevor die Parenchymzellen absterben, synthetisieren sie phenolische Substanzen mit biozider Wirkung, die dort abgelagert werden. Die Klassifizierung der Phenole wird in den Bildern 1.44 und 1.45 angedeutet.

Die **Lignan-Konzentration** in Nadelbäumen weist Besonderheiten auf: In den Knoten von Fichte *(Picea abies)* beträgt sie 6 bis 24 % (im Holz durchschnittlich 0,1 bis 0,2 % und in den Ästen 0,1 bis 5 %). In toten

Knoten gibt es mehr Lignane als in lebenden; in den Knoten älterer Bäume mehr als in denen der jüngeren. Zugholz ist reicher an Lignan als Druckholz. Verallgemeinernd kann gesagt werden: In den Knoten kommen 30- bis 500-fach mehr Lignane als im Holz vor. 70 bis 85 % der Lignane machen zwei Epimeren des Hydroxymatairesinols aus [37].

Die **Stilbene** sind äußerst reaktive Phenole in Kiefern, die den sauren Sulfitaufschluss ebenso verhindern wie Dihydroquercetin (ein Flavonoid im Douglasienholz) und die Thujaplicine im Thujaholz *(Thuja plicata)*.

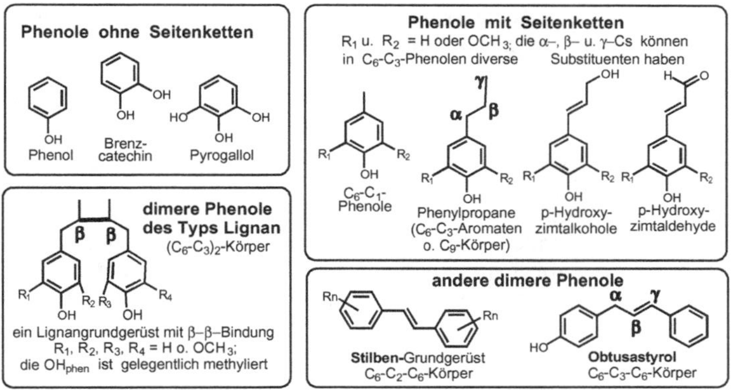

Bild 1.44: Klassifizierung von nicht flavonoiden phenolischen Inhaltsstoffen

Die hydrolysierbaren und kondensierten **Gerbstoffe** (Bild 1.45) und ihre Analoga werden für Gerbung und Klebstoffsynthese von Hölzern und Rinden durch Extraktion gewonnen. Die Gerbstoffe sind für die Farbe

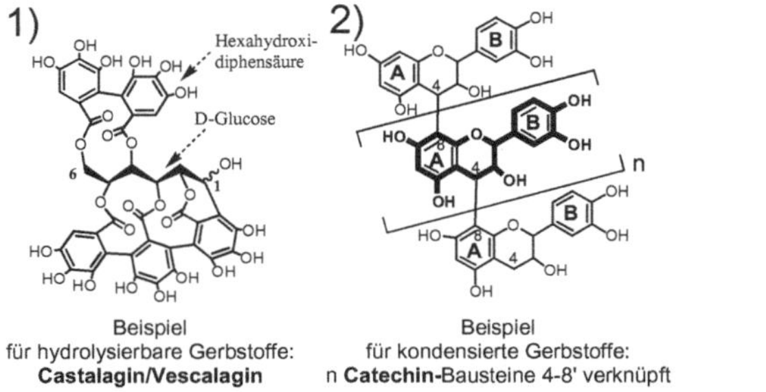

Bild 1.45: Beispiele für hydrolysierbare (1) und kondensierte (2) Gerbstoffe.
1. Gallussäurederivate sind mit Zuckern verestert.
2. Flavonoide (hier Catechin) sind Oligomere bis Polymere.

des Holzes und technologisch bedingte Verfärbungsreaktionen, insbesondere in Gegenwart von Schwermetallen, von größter Bedeutung.

Chinone, Chinoide, Chinonmethide

Diese große Substanzklasse gehört neben Stilbenen und sonstigen aromatischen Substanzen zu den Hauptquellen von **Störstoffen**, die sich während der Be- und Verarbeitung bemerkbar machen. Die chinonreichen Dalbergia-Arten verursachen z. B. Probleme beim **Lackieren** und **Verleimen**. Mechanismus: Chinone sind Radikalfänger und unterbrechen folglich die Radikalkettenreaktion der „Trocknung" (= Aushärtung). Chinonreiche Hölzer können **Allergien** verursachen [38], [39].

Aminosäuren, Peptide, Proteine

Diese Stoffklasse ist an sich mengenmäßig unbedeutend unter den akzessorischen Bestandteilen. In frisch eingeschlagenem Holz können sie jedoch noch in Mengen vorkommen, in der sie in Gegenwart von Zuckern und Zuckerderivaten während der künstlichen Trocknung **Verfärbungsanomalien** hervorrufen. Hierfür ist die sogenannte **Maillard-Reaktion** verantwortlich, wobei Aminosäuren, Peptide und Proteine mit Zuckern bei höheren Temperaturen zu dunkel gefärbten Produkten (Melanine) reagieren. Bekannt sind die braunen Flecken ***(killn brown stains)***, die bei der künstlichen Trocknung von *Pinus radiata* auftreten.

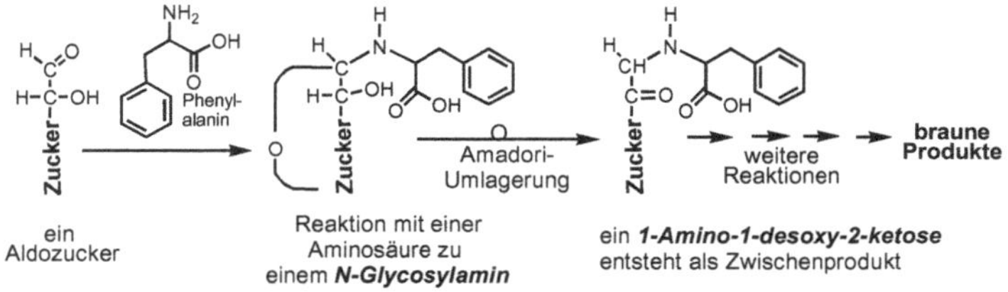

Bild 1.46: Die Maillard-Reaktion führt zur Holzverfärbung.

1.4 Physik des Holzes

Peter Niemz

1.4.1 Übersicht zu den wesentlichen Holzeigenschaften und wichtigen Einflussfaktoren

1.4.1.1 Einteilung der Holzeigenschaften

Die Holzeigenschaften werden eingeteilt in physikalisch-mechanische, biologische und chemische Eigenschaften (Bild 1.47).

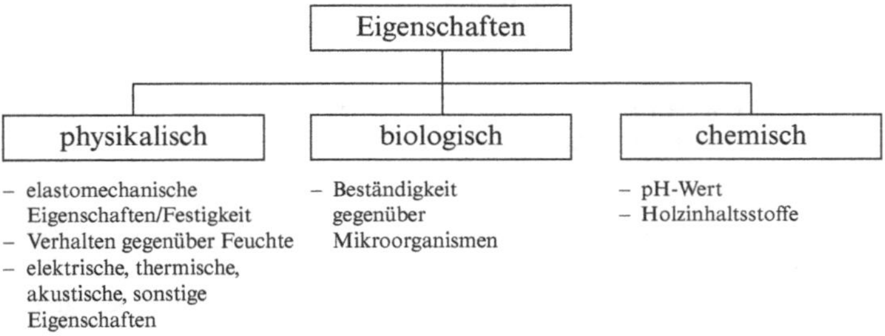

Bild 1.47: Einteilung der Holzeigenschaften

Zu dieser Gruppe zählen im weiteren Sinn:

Physikalisch-mechanische Eigenschaften

Physikalische Eigenschaften

- Verhalten gegenüber Feuchte (Holzfeuchte, Diffusion, Quellen und Schwinden),
- Dichte (Rohdichte, Raumdichte, Reindichte),
- thermische Eigenschaften (Wärmeleitfähigkeit, Brandverhalten, Wärmeausdehnung, Massenverlust),
- elektrische Eigenschaften,
- akustische Eigenschaften.

Elastomechanische Eigenschaften und Festigkeitseigenschaften (Elastizitätsgesetz)

- elastomechanische Eigenschaften (E-Modul, Schubmodul, Poisson-Zahlen),
- Festigkeitseigenschaften (z. B. Zug-, Druck-, Biege- und Scherfestigkeit),
- rheologische Eigenschaften (Kriechen, Relaxation, Dauerstandfestigkeit).

Biologische Eigenschaften

Darunter wird die Beständigkeit gegenüber Mikroorganismen (Pilze, Insekten, Bakterien) verstanden.

Chemische Eigenschaften

Darunter werden die chemische Struktur, der pH-Wert und die Art und der Anteil an Holzinhaltsstoffen eingeordnet. Von Bedeutung sind diese Eigenschaften z. B. beim Verkleben, bei der Kombination verschiedener Holzarten oder bei der Verbindung von Holzbauteilen (z. B. Verfärbung durch Eisen bei Eiche).

Die **physikalischen Eigenschaften** von Holzwerkstoffen werden in Abschnitt 2.3 behandelt.

1.4.1.2 Wesentliche Einflussfaktoren auf die Eigenschaften

Alle Eigenschaften des Holzes werden beeinflusst durch:

- den strukturellen Aufbau (z. B. Rohdichte, Schnittrichtung, Jahrringbreite, Faserlänge),
- die Umweltbedingungen (insbesondere Feuchte und Temperatur),
- die Vorgeschichte (z. B. mechanische oder klimatische Vorbeanspruchung, Schädigung durch Pilze oder Insekten).

Die Eigenschaften des Holzes streuen erheblich stärker als die von Holzwerkstoffen. Die Eigenschaften variieren sowohl innerhalb eines Stammes als auch mit dem Standort stark. Auch das Alter des Holzes hat einen gewissen Einfluss. Juveniles Holz (im Zentrum des Stammes im Bereich der Markröhre liegendes Holz) hat andere Eigenschaften als adultes Holz (am Rand des Stammes). Die ersten Jahrringe sind weitlumiger und haben eine geringere Dichte. Zur groben Orientierung dienen folgende Variationskoeffizienten für Vollholz [40]:

- für die Rohdichte: $v = 10\,\%$
- für die Biegefestigkeit: $v = 16\,\%$
- für den E-Modul: $v = 22\,\%$
- für die Bruchschlagarbeit: $v = 30\,\%$

Die Schnittrichtung beeinflusst alle Eigenschaften maßgeblich. Holz kann stark vereinfacht als inhomogenes und orthotropes Materialsystem mit den drei Hauptachsen längs, radial und tangential betrachtet werden.

Die Prüfmethodik (Probengeometrie, Belastungsgeschwindigkeit, Art der Belastung, d. h. Zug, Druck, Biegung, Schub) ist von entscheidendem Einfluss auf das Prüfergebnis.

Die an kleinen, fehlerfreien Proben bestimmten Eigenschaften sind meist nicht direkt auf Bauteile übertragbar. Dies betrifft sowohl mechanische Eigenschaften als auch das Quellen und Schwinden.

Im Anhang zu Abschnitt 1.4 sind wesentliche Normen zu Holz und eine Auswahl von Materialkennwerten zu Vollholz zusammengestellt. Für tiefer gehende Kenntnisse wird auf die im Literaturverzeichnis aufgeführten Fachbücher verwiesen. Die Eigenschaften von Holzwerkstoffen werden im Kapitel 2 behandelt.

1.4.2 Verhalten gegenüber Feuchte

Kenngröße zur Beurteilung des Wasseranteils ist der Feuchtegehalt (EN 1438 bzw. EN 13183-1). Dieser berechnet sich zu:

$$\omega = \frac{m_\omega - m_{\mathrm{dtr}}}{m_{\mathrm{dtr}}} \cdot 100\ (\%) \tag{1.1}$$

ω Feuchtegehalt, m_ω Masse des Holzes im feuchten Zustand, m_{dtr} Masse des Holzes im darrtrockenen Zustand (ohne Wasser)

Als Bezugsgröße wird häufig der Feuchtegehalt ω_{12} angegeben. 12 % beträgt die Gleichgewichtsfeuchte der meisten europäischen Holzarten im Normalklima bei 20 °C und 65 % rel. Luftfeuchte.

1.4.2.1 Sorptionsverhalten und kapillare Wasseraufnahme

Grenzzustände des Systems Holz – Wasser

Holz ist ein kapillarporöses System. Sowohl in die Makro- (Bild 1.48a) als auch die Mikroporen (Poren im Zellwandsystem, Bild 1.48b) des Holzes können sich Wassermoleküle einlagern. Die durch den anatomischen Aufbau bedingten Poren haben einen Durchmesser von 10^{-1} bis 10^{-5} cm; die durch den molekularen Aufbau bedingten Poren 10^{-5} bis 10^{-7} cm.

Wir unterscheiden drei Grenzzustände des Systems Holz – Wasser:

- Darrtrocken (kein Wasser vorhanden, Holzfeuchte 0 %),
- Fasersättigung (das gesamte Mikrosystem der Zellwand – intermicellare und interfibrillare Hohlräume – ist maximal mit Wasser gefüllt; die Holzfeuchte liegt etwa zwischen 28 % und 32 % je nach Holzart).
- Wassersättigung [das Mikro- und Makrosystem ist maximal mit Wasser gefüllt; die Holzfeuchte liegt je nach Dichte des Holzes zwischen 770 % (Balsa) und 31 % (Pockholz)].

Der durch Sorption bis zur Fasersättigung aufgenommene Wasseranteil im Holz wird als gebundenes Wasser bezeichnet (chemisch, physikalisch, kapillar), das oberhalb des Fasersättigungsbereiches eingelagerte Wasser nennt man freies Wasser.

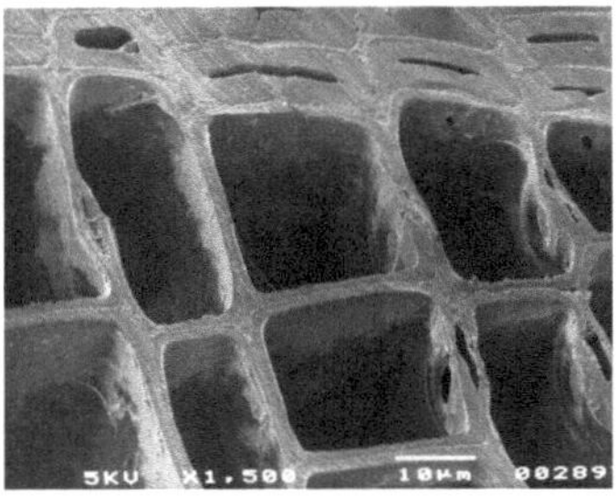

a)

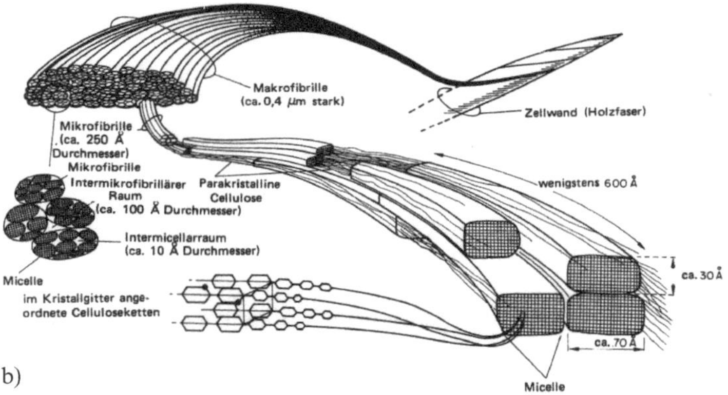

b)

Bild 1.48: Porensystem des Holzes
a) rasterelektronenmikroskopische Aufnahme von Fichte (Querschnitt)
b) submikroskopischer Aufbau (Zeichnung: U. Schmitt, Hamburg)

Sorptionsverhalten

Holz hat eine große spezifische innere Oberfläche. Sie liegt z. B. bei Fichte, berechnet nach der Hailwood-Horrobin-Theorie, bei etwa 220 m^2/g. Holz ist hygroskopisch und nimmt Wasser aus der Luft durch Adsorption auf bzw. gibt dieses durch Desorption an die Luft ab. Dies gilt bis zu einer relativen Luftfeuchte von 100 %. Bei dieser Luftfeuchte ist der sogenannte Fasersättigungsbereich erreicht. Dieser liegt für die meisten Holzarten zwischen 28 % und 32 % Holzfeuchte. Einer bestimmten Temperatur und relativen Luftfeuchte ist also eine holzartenspezifische Holzfeuchte zugeordnet. Wird die relative Luftfeuchte reduziert, kommt es zur Desorption. Zwischen Adsorption und Desorption ist ein Hysterese-Effekt vorhanden (Bild 1.49b). Bei Desorption ist die Holzfeuchte um 1 bis 2 % höher als bei Adsorption.

Die Feuchteaufnahme und Bindung des Wassers in der Zellwand wird dabei getrennt in:

- Chemisorption [Anlagerung von Wassermolekülen an die hydrophilen Gruppen (Hydroxyl-, Carboxyl- und Carbonylgruppen)],
- Physisorption (auch als physikalische Adsorption bezeichnet; Anlagerung des Wassers durch van-der-Waals-Kräfte),
- Kapillarkondensation (Kondensation des Wassers in Kapillaren, da der Sättigungsdruck in den Kapillaren niedriger ist als über ebener Oberfläche; z. B. beträgt bei einem Kapillarradius $r = 1{,}06 \cdot 10^{-4}$ cm der relative Dampfdruck 99,9 %; bei $r = 0{,}86 \cdot 10^{-7}$ cm 30 % [41].

Bild 1.49a zeigt die drei Phasen des Sorptionsvorganges und den Einfluss einer thermischen Vorbehandlung in einem belüfteten Trockenschrank am Beispiel von *Pinus radiata*.

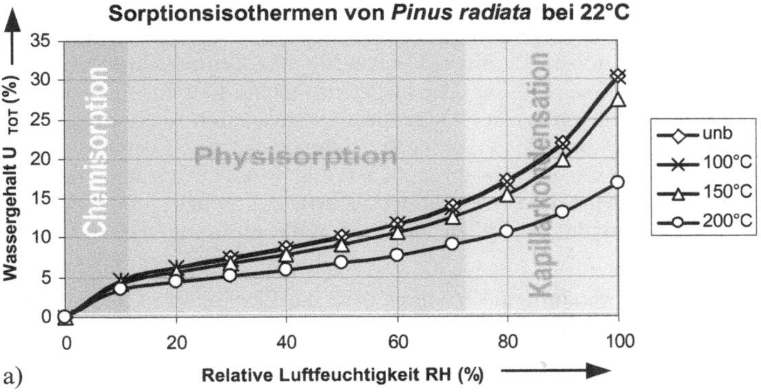

a)

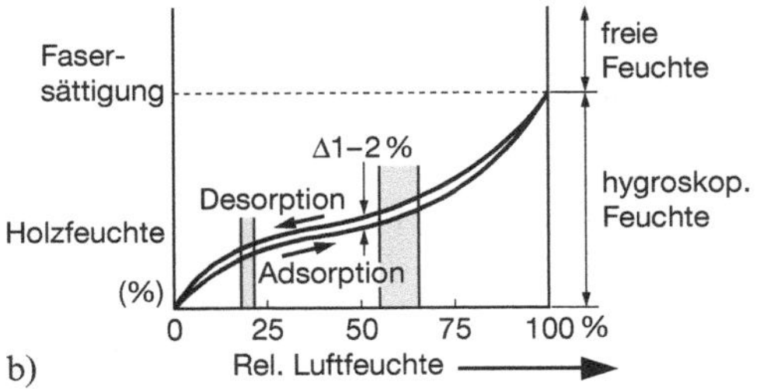

b)

Bild 1.49: Sorptionsverhalten von Holz

a) *Pinus radiata* bei verschiedener thermischer Behandlung (24 Stunden) im belüfteten Trockenschrank und Phasen der Sorption [42]

b) Hysterese-Effekt in der Trocknungsphase

Oberhalb des Fasersättigungsbereiches nimmt Holz flüssiges Wasser durch Kapillarkräfte auf.

Der Feuchtetransport im Holz erfolgt nach den Gesetzen der Kapillarphysik (von weiten in Richtung enger Kapillaren) unterhalb der Fasersättigung durch Diffusion. Durch Tüpfelverschluss (z. B. bei Fichte) oder Verthyllung der Laubhölzer (z. B. bei Robinie, Eiche) wird die kapillare Feuchteaufnahme stark reduziert, was sich beim Tränken in einer geringen Tränkmittelaufnahme äußert. Das Sorptionsverhalten kann z. B. durch die **H**ailwood-**H**orrobin-Sorptionsmethode (HH-Methode) oder die **B**runauer-**E**mmet-**T**eller-Sorptionsmethode (BET-Methode) beschrieben werden.

Durch thermische oder hydrothermische Vorbehandlung (z. B. Hochtemperaturtrocknung) kann die Gleichgewichtsfeuchte des Holzes reduziert werden. Bild 1.49a zeigt dies. Eine Wärme-Druckbehandlung führt zu einer Verminderung des Hemicellulosegehaltes durch Hydrolyse und dadurch zu einer verringerten Holzfeuchte und einer verbesserten Formbeständigkeit. Durch die thermische Behandlung bei Temperaturen zwischen 180 und 240 °C werden die Gleichgewichtsfeuchte und das Schwindverhalten von Holz um bis zu 50 % reduziert. Auch durch Acetylierung und Phtalierung kann eine wesentliche Reduzierung der Gleichgewichtsfeuchte und eine Dimensionsstabilisierung erreicht werden. Bei der Acetylierung wird die sorptiv aktive Oberfläche reduziert. Eine weitere Möglichkeit ist das Ausfüllen der Zellwandhohlräume (z. B. mit Polyethylenglykol).

Bei allen drei genannten Verfahren wird die Beständigkeit gegen holzzerstörende Pilze teilweise verbessert. Verdichtetes Holz hat eine etwas geringere Gleichgewichtsfeuchte als unverdichtetes Holz. Erfolgen eine hydrothermische Behandlung und eine Verdichtung gleichzeitig, wird die Gleichgewichtsfeuchte gegenüber normalem Holz deutlich reduziert. Die Verdichtung ist allerdings reversibel, insbesondere bei Wassereinwirkung kommt es zu starkem Rückquellen **(Memory-Effekt)**.

Durch das hygroskopische Verhalten des Holzes wird das Wohnraumklima wesentlich beeinflusst. Wohnräume mit einem hohen Holzanteil haben bei wechselndem Außenklima geringere Schwankungen der relativen Luftfeuchte als solche mit nicht hygroskopischen Materialien. Holz leistet so einen messbaren Beitrag zur Verbesserung der Wohnbehaglichkeit.

Diffusion

Unterhalb der Fasersättigung erfolgt der Feuchtetransport überwiegend durch Diffusion. Als Kenngröße wird die Diffusionswiderstandszahl μ verwendet.

Die Wasserdampf-Diffusionswiderstandszahl μ eines Stoffes (DIN 52615 bzw. DIN EN ISO 12572, auch als Diffusionswiderstandsfaktor benannt) ist der Quotient aus dem Wasserdampf-Diffusionsleitkoeffizienten der Luft δ_D und dem des betreffenden Stoffes. Er gibt an, wievielmal größer der Diffusionsdurchlasswiderstand des Stoffes ist als der einer gleich dicken, ruhenden Luftschicht gleicher Temperatur.

Die Diffusionswiderstandszahl von Holz ist von der Holzfeuchte und der Dichte abhängig. Sie steigt mit abnehmender Feuchte und zunehmender Rohdichte. Für diffusionsoffene Konstruktionen werden daher Werkstoffe mit geringer Rohdichte verwendet.

Die Diffusionswiderstandszahl μ beträgt z. B. für Fichte bei 4 % Holzfeuchte 230, bei 10 % 80, bei 20 % 10. Für Spanplatten 50/100, für Sperrholz 50/400, für Faserdämmplatten 5 (dabei gilt die Zahl vor dem Strich für den feuchten, die Zahl nach dem Strich für den trockenen Bereich).

Wasseraufnahme durch Kapillarkräfte

Holz kann bei Wasserlagerung oder Schlagregen auch Wasser durch Kapillarkräfte aufnehmen. Der Flüssigkeitstransport erfolgt dabei von weiten zu engen Kapillaren.

Die Geschwindigkeit der Wasseraufnahme wird dabei entscheidend beeinflusst durch:

- die Dichte des Materials (mit zunehmender Dichte sinkt die Aufnahmegeschwindigkeit),
- die Oberflächeneigenschaften,
- die anatomische Richtung des Holzes (in Faserrichtung ist die Feuchteaufnahme deutlich höher als senkrecht dazu),
- die Holzart (deutlicher Einfluss der Verthyllung der Laubhölzer und der Tüpfelverklebung der Nadelhölzer),
- eine vorhandene Oberflächenbeschichtung,
- die Abmessungen der Bauteile.

Kenngröße für die Wasseraufnahme durch kapillare Zugspannungen (flüssiges Wasser wie Schlagregen) ist der **Wasseraufnahmekoeffizient**. Dieser wird nach DIN EN ISO 15148 bestimmt und in $kg/(m^2 \cdot \sqrt{s})$ angegeben. Er beträgt nach eigenen Messungen (Tabelle 1.11):

Tabelle 1.11: Wasseraufnahmekoeffizienten in $kg/(m^2 \cdot \sqrt{s})$

	Fichte	**Buche**	**Lärche**	**Spanplatten (Dichte 670 kg/m³)**
Längs:	0,017	0,044	0,047	in der Plattenebene: 0,025
Radial:	0,003	0,005	0,0020	senkrecht zur Plattenebene: 0,0014
Tangential:	0,004	0,004	0,0021	

Die Wasseraufnahme in Faserrichtung ist pro Zeiteinheit deutlich höher als radial und tangential. Diese Differenzierung gilt auch für die Feuchteaufnahme aus der Luft. Daher wird bei großen Querschnitten, wie sie im Bauwesen (z. B. Brettschichtholz) vorkommen, erst nach einer sehr langen Lagerdauer die Gleichgewichtsfeuchte über den gesamten Querschnitt erreicht. Dies gilt auch für die Feuchteaufnahme bei Wasserlagerung. So ist es bei Fichte in trockenem Zustand sehr schwierig, eine vollständige Wiederbefeuchtung zu erreichen. Auch die Tränkbarkeit von Holz korreliert mit der Wasseraufnahme. Unter realen Bedingungen schwankt die Feuchte meist nur in den Randzonen stärker. Infolgedessen kommt es bevorzugt zur Spannungsausbildung und Rissbildung in diesen Zonen, wobei die Schnittrichtung die Rissbildung wesentlich beeinflusst. Wird eine Probe während der Wasseraufnahme am Quellen gehindert, kommt es zu einer leicht veränderten Feuchteaufnahme.

1.4.2.2 Quellen und Schwinden

Bei der Feuchteänderung innerhalb des hygroskopischen Bereiches (bis zur Fasersättigung) kommt es zu Dimensionsänderungen. Oberhalb der Fasersättigung kann beim sogenannten Zellkollaps teilweise eine Volumenänderung durch kapillare Zugspannungen auftreten.

Bei Feuchteaufnahme kommt es zum Quellen, bei Feuchteabgabe zum Schwinden. Das Quell- und Schwindverhalten in den drei Hauptschnittrichtungen unterscheidet sich wesentlich. In Faserrichtung ist das Quellen und Schwinden gering. Holz quillt in Radialrichtung (Richtung Holzstrahlen) 10- bis 20-mal und tangential 15- bis 30-mal stärker als in Faserrichtung (Bild 1.50). Mit zunehmender Rohdichte steigt die Quellung an. Zudem bestehen große Unterschiede im Quellverhalten zwischen den Holzarten. Durch Wärmebehandlung (bei Temperaturen ab 150 bis 220 °C) kann das Quell- und Schwindverhalten wesentlich reduziert werden.

Kenngrößen sind:

- das maximale Quell- bzw. Schwindmaß (Dimensionsänderung vom maximal gequollenen Zustand bezogen auf den Darrzustand),
- die differentielle Quellung in % Quellung pro 1 % Holzfeuchteänderung.

In Tabelle 1.12 sind die Kenngrößen einiger Holzarten und in Tabelle 1.13 Richtwerte von Holzfeuchten für Bauholz je nach Verwendungszweck aufgeführt.

Wird Holz am Quellen bzw. Schwinden gehindert (z. B. auch bei senkrecht zueinander verklebten Schichten in Massivholzplatten), entstehen innere Spannungen, die zu plastischen Verformungen und bei Überschreiten der Querzugfestigkeit schließlich zu Rissen führen können.

Tabelle 1.12: Quellung und Schwindung von Holz nach DIN 52184

Holzart	maximales Quellmaß (%)			differenzielles Quellmaß (%/%)	
	längs	radial	tangential	radial	tangential
Fichte	0,2 bis 0,4	3,7	8,5	0,19	0,36
Kiefer	0,2 bis 0,4	4,2	8,3	0,19	0,36
Lärche	0,1 bis 0,3	3,4	8,5	0,14	0,30
Buche	0,2 bis 0,6	6,2	13,4	0,20	0,41
Eiche	0,3 bis 0,6	4,6	10,9	0,18	0,34
Teak	0,2 bis 0,3	2,7	4,8	0,16	0,26

Tabelle 1.13: Richtwerte der Holzfeuchte für verschiedene Einsatzzwecke

Einsatzzweck	Holzfeuchte (%)
Schnittholz für Wohnraummöbel	8 bis 10
Schnittholz für Bauzwecke	12 bis 18
Inneneinbauten	8 bis 12
Heizkörperverkleidungen	6 bis 8

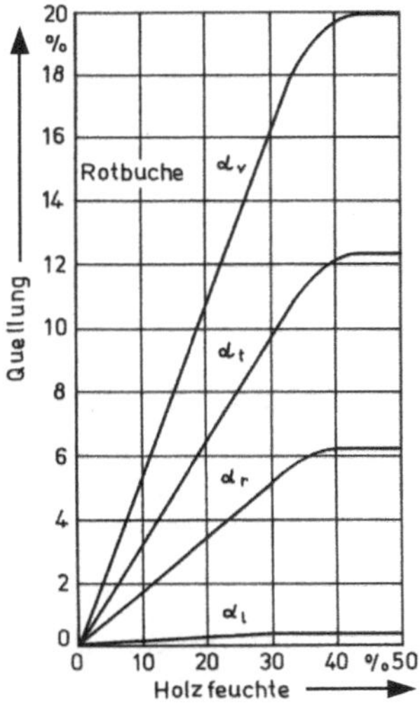

Bild 1.50: Quellverhalten von Rotbuche in Abhängigkeit von der Holzfeuchte und den Schnittrichtungen

Neben den inneren Spannungen im Material entstehen bei fester Einspannung der Proben auch erhebliche Quelldrücke. So wurde das Quellen des Holzes bereits in der Antike zum Sprengen von Steinen verwendet. Ein großer Anteil des durch die Einlagerung des Wassers in das Mikrosystem des Holzes auftretenden Quelldruckes wird durch innere Reibung und plastische Verformungen im Holz selbst abgebaut. Der an der Gesamtprobe messbare Quelldruck ist daher deutlich niedriger als der theoretisch berechenbare. Der Quelldruck ist in feuchter Luft höher als bei Wasserlagerung. Mit zunehmender Dichte des Holzes steigt der Quelldruck, er ist in Faserrichtung höher als senkrecht dazu. Im Labor wurden Quelldrücke bis etwa 30 N/mm^2 gemessen (in Faserrichtung).

Die Quellungsanisotropie des Holzes führt dazu, dass sich das trocknende Holz bei überwiegend tangential oder schräg verlaufenden Jahrringen stark verzieht. Auch lokale Inhomogenitäten (Dichteschwankungen, abweichende Jahrringlagen) führen bei langzeitiger Wechselklimalagerung zu unruhigen Oberflächen. Durch Oberflächenbeschichtung kann die Feuchteaufnahme des Holzes deutlich verzögert werden.

Messverfahren zur Bestimmung des Feuchtegehaltes

Als Basismethode dient die Darrmethode (DIN 52183). Dabei wird die Probe im feuchten und im darrtrockenen Zustand gewogen. Zur Bestimmung der Darrmasse erfolgt eine Trocknung bei 103 °C bis zur Massekonstanz. Anschließend wird die Probe in einem Exsikkator abgekühlt und die Masse im darrtrockenen Zustand ermittelt. Der Feuchtegehalt wird nach Gl. 1.1 (Abschn. 1.4.2) berechnet.

Weitere Methoden sind [9]:

- Karl-Fischer-Titration,
- die elektrische Widerstandsmessung (on- und offline),
- Mikrowellenverfahren,
- die dielektrische Feuchtemessung,
- optische Verfahren auf Basis der NIR-Spektroskopie,
- die Neutronenradiographie; mit dieser Methode können lokale Feuchteverteilungen quantitativ mit hoher Ortsauflösung nachgewiesen werden (z. B. Feuchtekonzentration an Klebefugen).

Bedeutung der Holzfeuchte

Die Holzfeuchte beeinflusst alle Eigenschaften des Holzes wesentlich. Mit zunehmender Holzfeuchte sinkt die Festigkeit, steigt die Wärmeleitfähigkeit und erhöht sich die Anfälligkeit gegenüber holzzerstörenden Pilzen.

Die Bauteilgröße hat einen deutlichen Einfluss auf die Gleichgewichtsfeuchte und das Quell- und Schwindverhalten. Bei großen Querschnittsabmessungen (z. B. bei Brettschichtholz) wird bei Klimawechsel die dem Klima entsprechende Gleichgewichtsfeuchte meist nur in den Randzonen erreicht. Durch die dabei auftretende Quellungsbehinderung zwischen feuchten und trockenen Schichten ist die Quellung der Bauteile deutlich

Versuchsaufbau

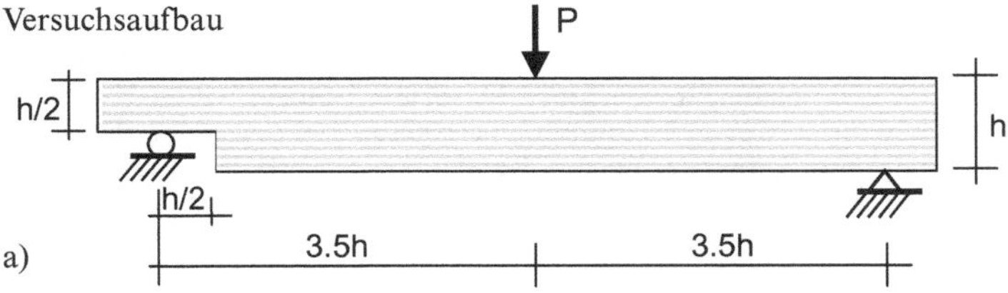

a)

Geometrie:
Höhe = 100 mm oder 300 mm
Breite = 90 mm
Material:
Brettschnittholz aus Fichte, C35, Dichte 475 kg/m³, Holzfeuchte 12 %

Kurzzeitfestigkeit in Abhängigkeit von der Jahreszeit und dem Klima

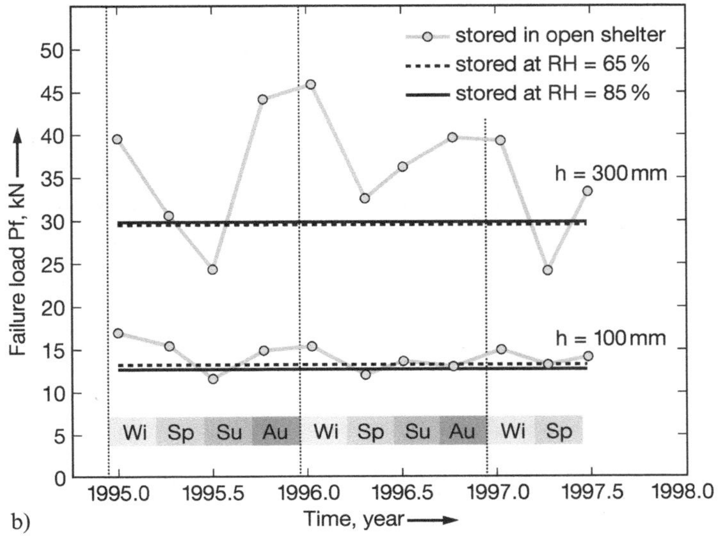

b)

Bild 1.51: Bruchlast eines Balkens bei variabler Feuchte im Konstantklima und jahreszeitliche (luftfeuchtebedingte) Schwankungen. a) geprüfter Balken, b) Verlauf der Festigkeit [43] geringer als bei kleineren Proben bei Erreichen der Gleichgewichtsfeuchte über den vollen Probenquerschnitt. Als Ergebnis eines sich über den Holzquerschnitt einstellenden Feuchteprofiles entstehen innere Spannungen, Verformungen und bei Überschreiten der Festigkeit häufig Risse. Durch die Überlagerung von äußeren mechanischen Beanspruchungen und inneren Spannungen kann das Verhalten von Bauteilen wesentlich beeinflusst werden. Dies hat z. B. Einfluss auf das Kriechen oder auch auf die Festigkeit von unter Dauerlast beanspruchten Holzkonstruktionen. So kann es z. B. durch Überlagerung von mechanischer Zugbelastung und Schwinden in den Randzonen eines Balkens dazu kommen, dass Holz in der Trocknungsphase unter Dauerlast versagt, in der Befeuchtungsphase dagegen nicht, da sich mechanische Belastung und Schwindspannungen addieren, in der Befeuchtungsphase dagegen subtrahieren (Bild 1.51).

1.4.3 Dichte

Die Rohdichte ist eine der wichtigsten Eigenschaften des Holzes. Sie beeinflusst nahezu alle Eigenschaften maßgeblich. So steigen mit zunehmender Dichte Festigkeit, Quellung und Wärmeleitzahl. Die **Dichte** variiert zwischen den einzelnen Holzarten in einem weiten Bereich von 100 kg/m³ (Balsa) bis 1200 kg/m³ (Pockholz). Die Rohdichte berechnet sich aus:

$$\varrho = \frac{m}{V} \quad \text{in kg/m}^3 \qquad (1.2)$$

ϱ Rohdichte, m Masse, V Volumen

Infolge des hygroskopischen Verhaltens des Holzes ist die Dichte feuchteabhängig. Bild 1.52 zeigt den Einfluss der Feuchte auf die Rohdichte (DIN 52182).

Es wird daher unterschieden in:

- Darrdichte (Masse darrtrocken/Volumen darrtrocken)
- Normal-Rohdichte (Dichte im Normalklima bei 20 °C/65 % rel. Luftfeuchte). Für die meisten europäischen Hölzer ist dabei die Holzfeuchte etwa 12 %.
- Raumdichtezahl (Masse darrtrocken/Volumen im maximal gequollenen Zustand)
- Reindichte (Masse des darrtrockenen Holzes zu Volumen der reinen Zellwand, ohne Hohlräume). Die Reindichte beträgt für alle Holzarten einheitlich ca. 1500 kg/m³.

Je höher die Rohdichte ist, umso höher ist der Zellwandanteil, und der Porenanteil sinkt ab. So besteht Buche zu 44% aus Zellwandsubstanz und zu 56 % aus Porenraum.

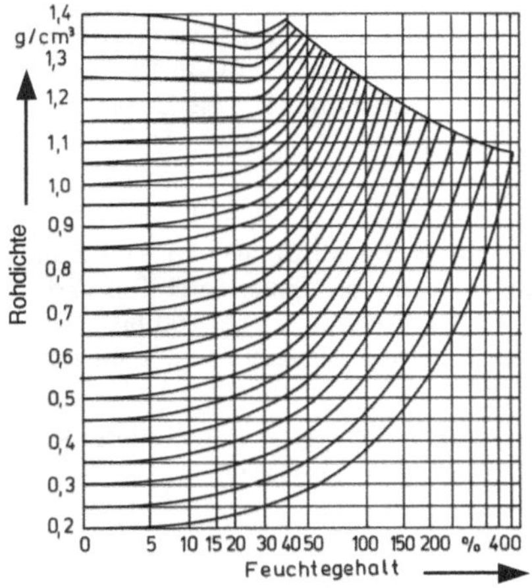

Bild 1.52: Einfluss der Holzfeuchte auf die Rohdichte (DIN 52182)

1.4.4 Thermische Eigenschaften

Wärmeleitfähigkeit/Wärmekapazität

Die **Wärmeleitfähigkeit** λ [in W/(m · K)] ist ein Ausdruck für die Wärmemenge, die durch einen Würfel mit 1 m Kantenlänge bei einer Temperaturdifferenz von 1 K in einer Stunde hindurchfließt. Die Wärmeleitfähigkeit steigt mit zunehmender Holzfeuchte (1 % $\Delta\omega$ = 1,25 % $\Delta\lambda$) und zunehmender Rohdichte. Sie beträgt senkrecht zur Faserrichtung bei Fichte, Kiefer und Tanne 0,13 W/(m · K), bei Buche und Eiche 0,20 W/(m · K). In Faserrichtung ist sie doppelt so hoch wie senkrecht dazu. Die **spezifische Wärmekapazität** in kJ/(kg · K) eines Stoffes ist die Wärmemenge, die erforderlich ist, um 1 kg dieses Stoffes um 1 K zu erwärmen. Sie beträgt bei Holz im darrtrockenen Zustand etwa 1300 J/(kg · K). Sie ist nahezu unabhängig von der Holzart, steigt aber mit zunehmender Holzfeuchte an [bei ω = 100 % auf 2 800 J/(kg · K)]. Diese Kenngröße ist bei Holz und Holzwerkstoffen vergleichsweise hoch. Dies in Verbindung mit der geringen Wärmeleitzahl bringt bei der Verwendung von Holzwerkstoffen zur Wärmedämmung (z. B. Faserdämmplatten) deutliche Vorteile im Vergleich zu Schaumstoffen oder Mineralwolle. Die effektiven Temperaturschwankungen sind also bei Dämmmaterialien auf Holzbasis geringer als z. B. bei mineralischen Dämmstoffen. Zudem tritt eine Phasenverschiebung der Temperaturmaxima auf.

Wärmeausdehnung

Die Wärmeausdehnung ist im Vergleich zur Ausdehnung durch Feuchteänderungen gering, kann aber z. B. bei Parkett (in Kombination mit Fußbodenheizung) durchaus eine gewisse Bedeutung haben, da es sich in diesem Fall um recht große Flächen handelt. Sie beträgt bei Vollholz in Abhängigkeit von der Holzart in Faserrichtung (3,15 ... 4) $\cdot 10^{-6}$ m/(m · K), senkrecht zur Faserrichtung (16 ... 40) $\cdot 10^{-6}$ m/(m · K). Sie ist tangential etwas höher als radial.

Brandverhalten

Holz und Holzwerkstoffe sind brennbar (Baustoffklasse B). Der Zündpunkt (Temperatur, bei der sich Holzgase bei Sauerstoffzufuhr selbst entzünden) liegt bei 330 bis 350 °C, der Brennpunkt bei 260 bis 290 °C. Holzstäube, wie sie bei der Holzverarbeitung auftreten, sind je nach Zusammensetzung des Staub-Luft-Gemisches hoch explosiv.

Der Heizwert des Holzes liegt bei 15 bis 17 MJ/kg (er steigt mit der Rohdichte), der von Braunkohlebriketts bei 19 bis 21 MJ/kg.

Einfluss der Temperatur auf die mechanischen Eigenschaften

Mit höherer Temperatur sinkt die Festigkeit von Holz.

Nach Glos und Henrici (zitiert in [9]) reduzieren sich die Eigenschaften bei 100 °C im Vergleich zu 20 °C (vor der Klammer Bauholzabmessungen, in der Klammer Werte für kleine Proben) auf folgende Werte:

- Biegefestigkeit 72 % (45 %)
- Zugfestigkeit 92 % (89 %)
- Druckfestigkeit 56 % (49 %)

Die geringe Wärmeleitung und Wärmeausdehnung des Holzes sowie die Ausbildung einer Holzkohleschicht am Rand erhöhen bei großen Querschnittsabmessungen den **Feuerwiderstand**. Bei entsprechend großen Querschnitten der tragenden Elemente verhalten sich Holzkonstruktionen günstiger als solche aus nichtbrennbaren Baustoffen wie Stahl. Dieser verliert bei den beim Brand auftretenden Temperaturen die Festigkeit und dehnt sich zudem aus. Es kommt zum Versagen (starkes Verformen und Einstürzen) der Konstruktion. Die Temperatur im Inneren großer Holzquerschnitte (z. B. Brettschichtholz) erreicht dagegen maximal 100 °C, die Festigkeitsreduktion ist gering, und die Tragfähigkeit bleibt erhalten.

1.4.5 Elektrische Eigenschaften

Darrtrockenes Holz ist ein guter Isolator. Der **elektrische Widerstand** sinkt mit steigender Holzfeuchte stark (Bild 1.53). So beträgt der spezifische Widerstand von Kiefer bei 0 % Holzfeuchte $2{,}3 \cdot 10^{15}\,\Omega$ cm, bei 7 % Holzfeuchte $5{,}0 \cdot 10^{11}\,\Omega$ cm und bei 20 % Holzfeuchte $3{,}0 \cdot 10^{8}\,\Omega$ cm. Mit zunehmender Temperatur sinkt der Widerstand.

Die **relative Dielektrizitätskonstante** von Fichte beträgt bei 0 % Holzfeuchte 1,7, bei 30 % Holzfeuchte 3,5 und bei 80 % Holzfeuchte 7,0.

Elektrische und dielektrische Eigenschaften des Holzes werden industriell genutzt für:

- die Bestimmung der Holzfeuchte (elektrischer Widerstand, Dielektrizitätskonstanten),
- die Verklebung von Holz (dabei wird die lokal in der Klebfuge erhöhte Feuchte genutzt. Beim Anlegen von Hochfrequenzenergie kommt es zur ständigen Umpolarisierung der Wassermoleküle. Die dadurch entstehende Reibung führt zu lokaler Erwärmung, welche die Verklebung begünstigt.).

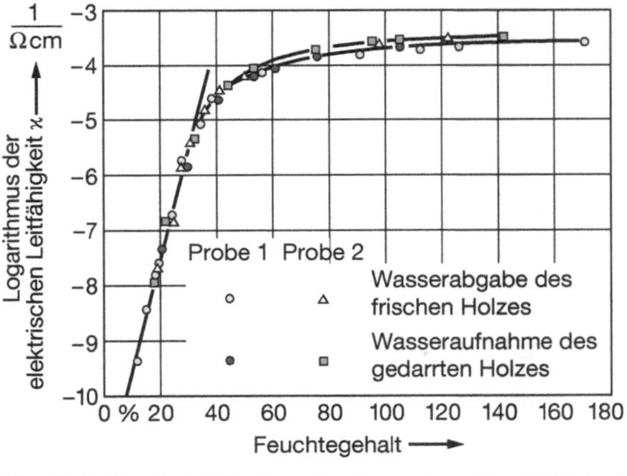

Bild 1.53: Einfluss der Holzfeuchte und der Temperatur auf den elektrischen Widerstand von Redwood [44]

1.4.6 Optische Eigenschaften

Die Farbe oder lokale Farbabweichungen werden häufig zur Qualitätskontrolle (z. B. bei Erkennung von Ästen mit Scannern) genutzt. Zur Charakterisierung der Farbe wird häufig das **CIELab-System** verwendet.

Bild 1.54 zeigt eine schematische Darstellung des Farbraumes nach diesem System. Dabei werden die Komponenten Helligkeit (L), Rot-Grün-Anteil (a) und Gelb-Blau-Anteil (b) ermittelt.

Zur Fehlererkennung mit Scannern wird häufig der sog. **Tracheid-Effekt** genutzt. Dabei wird ausgenutzt, dass sich ein auf die Oberfläche aufgebrachter Laserstrahl bevorzugt entlang der Tracheiden ausbreitet. Wuchsunregelmäßigkeiten wie gesunde Äste, die durch Farbdifferenzen kaum sichtbar sind, werden so erkennbar gemacht. Holz verändert durch Lichteinwirkung seine Farbe deutlich. So ist das Nachdunkeln heller Hölzer bei Parkett oder Möbeln ein bekannter Effekt. Es gibt aber auch Holzarten, die heller werden. Thermisch vergütete Hölzer vergrauen sehr schnell.

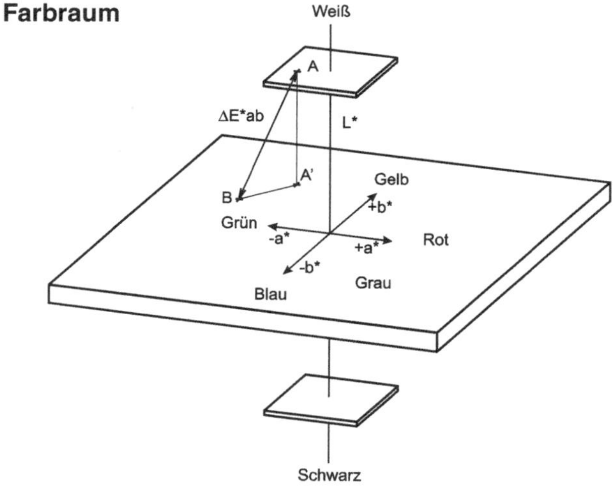

Bild 1.54: Farbkennwerte nach dem CIELab-System

1.4.7 Akustische Eigenschaften

Unter Schall verstehen wir mechanische Schwingungen eines elastischen Mediums.

Schallwellen benötigen daher für ihre Ausbreitung ein Trägermedium. Wir unterscheiden **hörbaren Schall** (Frequenz unter 20 kHz) und **Ultraschall** (Frequenz über 20 kHz). Schwingen die Teilchen in Ausbreitungsrichtung der Schallwelle, sprechen wir von Longitudinalwellen, schwingen sie senkrecht dazu, von Transversalwellen.

Für Messungen an Holz und Holzwerkstoffen werden Gerätesysteme mit Frequenzen von einigen 100 Hz bis etwa 100 kHz eingesetzt. Bei höheren Frequenzen ist infolge der starken Absorption der Schallwellen nur eine

Messung an sehr kleinen Proben möglich. Zwischen der Schallgeschwindigkeit *c* und den elastischen Eigenschaften des Holzes bestehen für *Longitudinalwellen* folgende Beziehungen für einen Stab:

$$c_{\text{long}} = \sqrt{\frac{E}{\varrho}} \tag{1.3}$$

Für *Transversalwellen* gilt:

$$c_{\text{Trans}} = \sqrt{\frac{E}{\varrho} \cdot \frac{1}{2\,(1+\mu)}} = \sqrt{\frac{G}{\varrho}} \tag{1.4}$$

G Schubmodul, ϱ Rohdichte, E Elastizitätsmodul, μ Poisson-Zahl, c Schallgeschwindigkeit

Damit lassen sich Elastizitäts- und Schubmodul über die Schallgeschwindigkeit bestimmen. Die nach dieser Methode bestimmten sogenannten dynamischen E- und G-Moduln sind 10 bis 20 % höher (teilweise auch mehr) als die im Normversuch mittels Universalprüfmaschine bestimmten. Schallwellen können zur zerstörungsfreien Prüfung in stehenden Bäumen und in verbautem Holz (z. B. Kontrolle von Dachstühlen), aber auch zur Festigkeitssortierung von Holz eingesetzt werden. Industriell wird die Eigenfrequenzmessung zur Festigkeitssortierung verwendet.

Einflussfaktoren auf die Schallausbreitung in Holz

Alle Parameter, welche den E-Modul bzw. Schubmodul beeinflussen, gehen also wesentlich in die **Schallgeschwindigkeit** ein. Dies sind insbesondere:

- Rohdichte,
- Faserlänge,
- Schnittrichtung ($E_{\text{längs}} > E_{\text{radial}} > E_{\text{tangential}}$).

Einen wesentlichen Einfluss auf die Schallgeschwindigkeit haben auch der Faser-Lastwinkel (längs/senkrecht zur Faser) sowie der Winkel zwischen radialer und tangentialer Richtung (radial ist die Schallgeschwindigkeit höher als tangential). Senkrecht zur Faserrichtung ist die Schallgeschwindigkeit mit 1000 bis 1600 m/s deutlich niedriger als parallel dazu (4800 bis 6000 m/s).

Je nach Holzart kommt es zu einer erheblichen Variation der Schallgeschwindigkeit. Tabelle 1.14 zeigt die Schallgeschwindigkeit verschiedener Holzarten.

Mit zunehmender Holzfeuchte sinkt die Schallgeschwindigkeit, ebenso bei Erhöhung der Temperatur. Relativ kleine Defekte wie Äste, Stauchbrüche oder lokaler Fäulebefall lassen sich bei Holz infolge der niedrigen

Frequenzen und der damit großen Wellenlängen (z. B. bei 50 kHz und 6000 m/s 12 cm) kaum erfassen.

Tabelle 1.14: Richtwerte für die Schallgeschwindigkeit in Faserrichtung verschiedener Holzarten im Normalklima (20 °C/65% rel. Luftfeuchte)

Holzart	Rohdichte (kg/m^3)	Schallgeschwindigkeit (m/s)
Rotbuche	780	5100
Eiche	710	4800
Edelkastanie	490	5000
Fichte	470	5900
Tanne	530	5600
Kiefer	490	5300
Lärche	620	5200

1.4.8 Alterung und Beständigkeit

Auf Holz wirken im praktischen Gebrauch zahlreiche Faktoren ein, die die Dauerhaftigkeit beeinflussen:

Diese sind:

- das Klima,
- mechanische Vorbeanspruchung,
- Wirkung aggressiver Medien,
- biotische Faktoren (Pilz- oder Insektenbefall).

Allgemein gilt, dass Holz im trockenen Zustand unbegrenzt haltbar ist (kein Pilz- und Insektenbefall vorausgesetzt). Die Dauerhaftigkeit unter erhöhter Feuchteeinwirkung ist stark von der Holzart (insbesondere den Holzinhaltsstoffen) abhängig. Mit verstärktem Pilzbefall ist etwa oberhalb von 20% Holzfeuchte zu rechnen (stark abhängig von Pilzart). Tabelle 1.15 zeigt eine Übersicht.

Durch klimatische Einwirkung (UV-Strahlung der Sonne, Klimawechsel, Niederschläge) kommt es zu Farbveränderungen an der Oberfläche und durch die Kombination von Befeuchtung (Regen) und Trocknung (Sonnenstrahlen) zu Rissbildung. Lignin wird durch die UV-Strahlung abgebaut und ausgewaschen, die Oberfläche vergraut. Das weichere Frühholz wird schneller ausgewaschen als das dichtere Spätholz. Zusätzlich führen Pilze an der Oberfläche zu Farbveränderungen, die Oberfläche färbt sich grau bis schwarz. Risse treten bei Überschreiten der Querzugfestigkeit oder der Bruchdehnung auf. Die Risse sind in Tangentialrichtung stärker ausgeprägt als in Radialrichtung. Für die Wiederverwendung von gebrauchtem Holz werden teilweise Abminderungen hinsichtlich der Tragfähigkeit vorgenommen.

Gegenüber Chemikalien ist Holz relativ beständig, daher wird es z.B. gern als Dachbinder in Düngemittellagern verwendet. Bei Kontakt mit Eisen kann es je nach Holzart durch vorhandene Inhaltstoffe zu starken Verfärbungen kommen (z.B. bei der Eiche Schwarzfärbung durch die Gerbsäure).

Tabelle 1.15: Dauerhaftigkeit verschiedener Holzarten (nach EN 350-2)

Holzart	Resistenzklasse gegen Pilze
Buche	5
Fichte	4
Tanne	4
Lärche	3–4
Kiefer	3–4
Douglasie	3–4
Eiche	2
Robinie	1–2

1: Sehr dauerhaft (länger als 25 Jahre); 2: Dauerhaft (15 bis 25 Jahre); 3: Mäßig dauerhaft (10 bis 15 Jahre); 4: Wenig dauerhaft (5 bis 10 Jahre); 5: Nicht dauerhaft (weniger als 5 Jahre)

1.4.9 Elastomechanische und rheologische Eigenschaften

1.4.9.1 Übersicht zu wichtigen Einflussgrößen

Die elastomechanischen und rheologischen Eigenschaften von Holz und Holzwerkstoffen werden unterteilt in:

- das elastische Verhalten charakterisierende Kenngrößen (E-Modul, Schubmodul, Poisson-Zahlen),
- Festigkeitseigenschaften.

Infolge des viskoelastischen Verhaltens von Holz sind alle Eigenschaften zudem zeitabhängig (elastische Kenngrößen und Festigkeitseigenschaften), es gilt also:

$$E, G = f(t)\,;\ \sigma = f(t);\ \ \mu = f(t)$$

E Elastizitätsmodul, G Schubmodul, σ Festigkeit, μ Poisson-Zahl

Stark vereinfacht kann Holz als orthotropes System mit den drei Hauptachsen längs, radial und tangential betrachtet werden (Bild 1.55). Dabei wird die Neigung zwischen den Jahrringen oft nicht berücksichtigt.

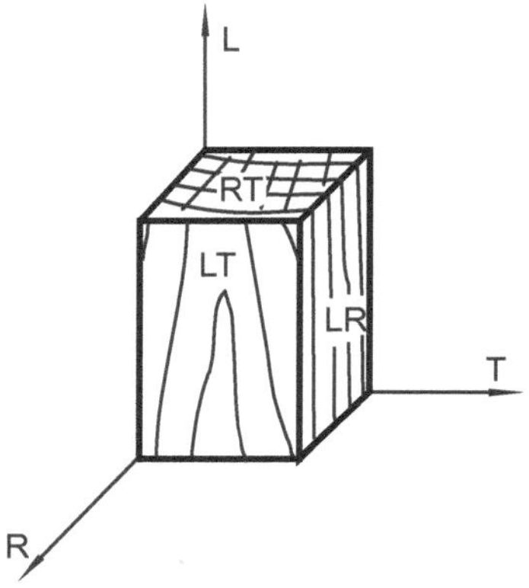

Bild 1.55: Hauptachsen des Holzes und deren Zuordnung
L: Longitudinal (1); R: Radial (2);
T: Tangential (3); LT: Tangentialfläche, Fladerschnitt; RT: Querschnitt, Hirnfläche; LR: Radialfläche, Riftschnitt

Nachfolgend werden die allgemeinen Grundlagen der Bestimmung der elastischen und der Festigkeitseigenschaften gegeben. In der Anlage 2 ist eine Übersicht zu den wesentlichen Normen enthalten.

1.4.9.2 Elastizitätsgesetz und Spannungs-Dehnungs-Diagramm

Grundlagen

Die Elastizität ist die Eigenschaft fester Körper, einer durch äußere Kräfte bewirkten Verformung entgegenzuwirken. Ausgangspunkt für die Verallgemeinerung des Hookeschen Gesetzes auf den dreidimensionalen Spannungs- und Verzerrungszustand sind die in Bild 1.56b dargestellten positiven Spannungen und Verzerrungen in einem Körper, dessen Kanten parallel zum Bezugsystem liegen. Gleiche Indizes führen zu Normalspannungen, ungleiche zu Schubspannungen. Der Spannungs- und der Verzerrungstensor werden als symmetrische Tensoren vorausgesetzt, d.h., es gilt $\sigma_{ij} = \sigma_{ji}$ und $\varepsilon_{ij} = \varepsilon_{ji}$. Von den sechs Schubspannungen sind also nur drei voneinander unabhängig.

Nimmt der Körper nach der Entlastung seine Ursprungsform vollständig wieder an, so spricht man von einem ideal elastischen Körper. Zwischen Spannung und Dehnung besteht bei ideal elastischen Körpern ein linearer Zusammenhang (Hookesches Gesetz). Bild 1.56a zeigt das Spannungs-Dehnungs-Diagramm.

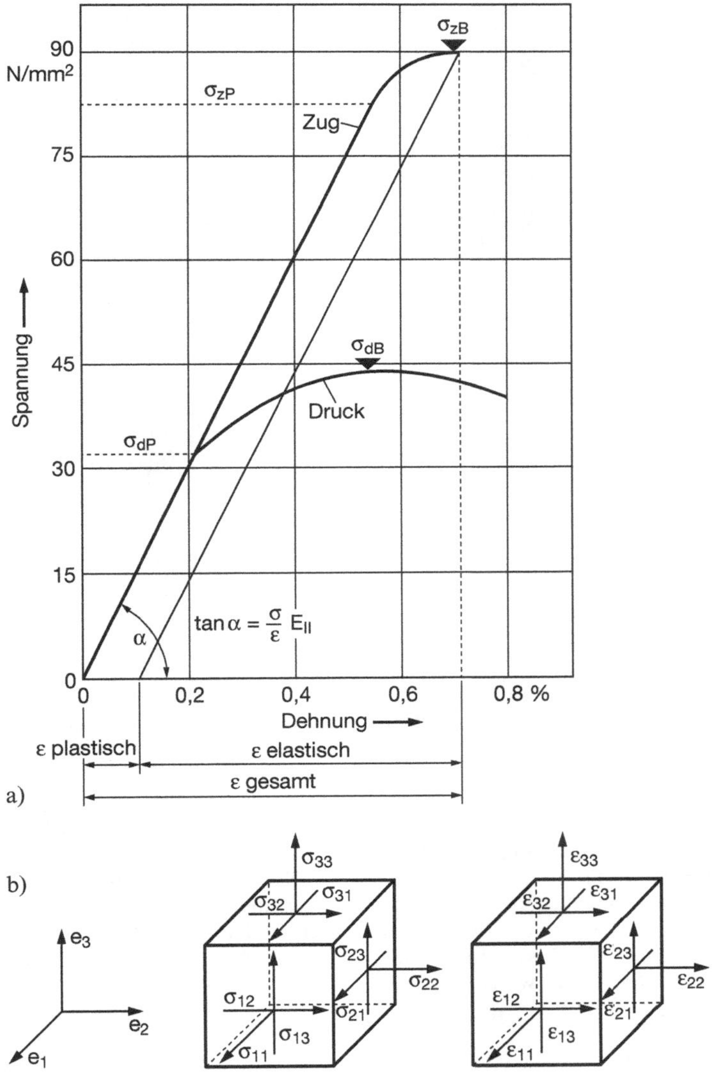

Bild 1.56: Elastizitätsgesetz
a) Spannungs-Dehnungs-Diagramm von Vollholz (einachsige Belastung)
b) Spannungen und Verzerrungen

Bild 1.56c zeigt einen von Grimsel unter Nutzung der elastischen Konstanten berechneten dreidimensionalen Deformationskörper für Fichte und Buche bei Zugbelastung.

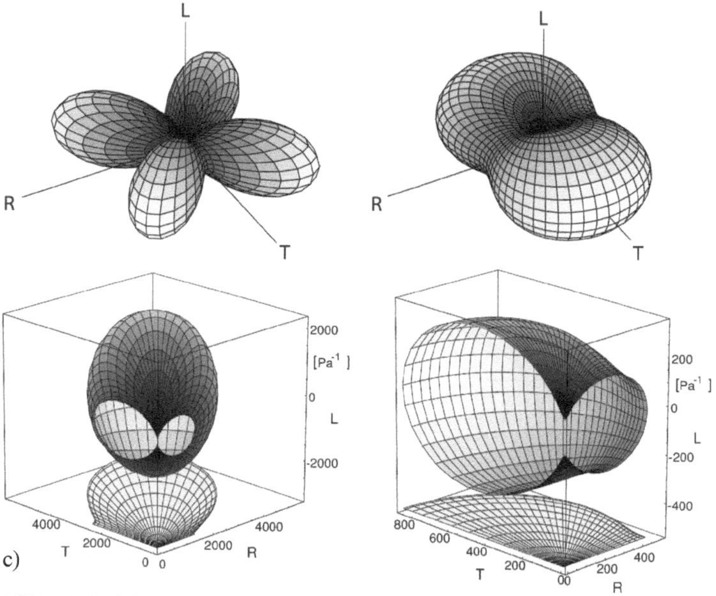

Bild 1.56: Elastizitätsgesetz

c) Deformationskörper für Zugbelastung von Fichte (links) und Buche (rechts) (nach *Grimsel*, 1999)

Während sich Buche in tangentialer Richtung am stärksten verformt, tritt bei Fichte die größte Deformation unter einem Winkel von 45° zu den Hauptachsen auf, was auf den geringen Schubmodul G_{RT} der Fichte zurückzuführen ist. Zwischen Laub- und Nadelholz bestehen bezüglich der Deformation große Unterschiede. Es kann eine Klassifizierung in Laub- und Nadelhölzer vorgenommen werden. Dies spiegelt sich auch in den unter „Einflussfaktoren" aufgeführten Verhältniszahlen der elastischen Konstanten wider.

Für die Dehnung gilt bei Normalspannungen:

$$\varepsilon = \frac{\Delta l}{l_0} \tag{1.5}$$

ε Dehnung, Δl Längenänderung, l_0 Anfangslänge

Innerhalb des elastischen Bereiches gilt (Hookesches Gesetz):

$$\sigma = \varepsilon \cdot E \tag{1.6}$$

$$\tau = G \cdot \gamma \tag{1.7}$$

σ Normalspannungen (N/mm^2), ε Dehnung (%), γ Gleitung (Schubwinkel), E Elastizitätsmodul (N/mm^2), G Schubmodul (N/mm^2), τ Schubspannungen (N/mm^2)

Streng genommen gilt nach der Theorie der orthotropen Elastizität das verallgemeinerte Hookesche Gesetz. Bild 1.55 zeigt die Koordinatenachsen.

Für einen orthotropen Körper wie Holz mit extremer Richtungsabhängigkeit der Eigenschaften entlang der drei Hauptachsen gilt unter Verwendung der Nachgiebigkeitsmatrix [S]:

$$\begin{bmatrix} \varepsilon_1 \\ \varepsilon_2 \\ \varepsilon_3 \\ \gamma_{23} \\ \gamma_{13} \\ \gamma_{12} \end{bmatrix} = \begin{bmatrix} S_{11} & S_{12} & S_{13} & 0 & 0 & 0 \\ S_{21} & S_{22} & S_{23} & 0 & 0 & 0 \\ S_{31} & S_{32} & S_{33} & 0 & 0 & 0 \\ 0 & 0 & 0 & S_{44} & 0 & 0 \\ 0 & 0 & 0 & 0 & S_{55} & 0 \\ 0 & 0 & 0 & 0 & 0 & S_{66} \end{bmatrix} \cdot \begin{bmatrix} \sigma_1 \\ \sigma_2 \\ \sigma_3 \\ \tau_{23} \\ \tau_{13} \\ \tau_{12} \end{bmatrix} \tag{1.8}$$

oder allgemein

$$\varepsilon = S \cdot \sigma \tag{1.9}$$

Prinzipiell ist auch die Darstellung als Elastizitätsmatrix [C] in analoger Form möglich.

$$\sigma = C \cdot \varepsilon \tag{1.10}$$

Es gilt:

$$C = S^{-1} \quad \text{und} \quad S = C^{-1}$$

ε_1, ε_2, ε_3 Dehnungen (Körper ändert Abmessungen, d.h. Volumen, aber nicht die Gestalt), γ_{23}, γ_{13}, γ_{12} Gleitungen (Körper ändert Gestalt, aber nicht Volumen), σ Normalspannungen, τ Schubspannungen, S_{ii} für i = 1, 2, 3 = Dehnungszahlen, S_{ii} für i = 4, 5, 6 = Gleitzahlen, S_{ik} für i, k = 1, 2, 3 = Querdehnungszahlen; $i \neq k$

Dabei gilt:

Für die E-Moduln im einachsigen Spannungszustand:

$$E_1 = \frac{\sigma_1}{\varepsilon_1}, \qquad E_2 = \frac{\sigma_2}{\varepsilon_2}, \qquad E_3 = \frac{\sigma_3}{\varepsilon_3}$$

Für die G-Moduln:

$$G_{12} = \frac{\tau_{12}}{\gamma_{12}}, \qquad G_{13} = \frac{\tau_{13}}{\gamma_{13}}, \qquad G_{23} = \frac{\tau_{23}}{\gamma_{23}}$$

Für die Dehnungszahlen:

$$S_{11} = \frac{1}{E_1}, \qquad S_{22} = \frac{1}{E_2}, \qquad S_{33} = \frac{1}{E_3}$$

$$S_{44} = \frac{1}{G_{23}}, \qquad S_{55} = \frac{1}{G_{13}}, \qquad S_{66} = \frac{1}{G_{12}}$$

$$S_{12} = \frac{-\mu_{21}}{E_2}, \qquad S_{13} = \frac{-\mu_{31}}{E_3}, \qquad S_{23} = \frac{-\mu_{32}}{E_3},$$

$$S_{21} = \frac{-\mu_{12}}{E_1}, \qquad S_{31} = \frac{-\mu_{13}}{E_1}, \qquad S_{32} = \frac{-\mu_{23}}{E_2}$$

μ Poisson-Zahl, G Schubmodul

Es gibt also drei E-Moduln, drei Schubmoduln und sechs Poisson-Zahlen (davon sind drei voneinander unabhängig).

Für die Poisson-Zahlen von Vollholz gilt:

$$\frac{\mu_{RL}}{E_R} = \frac{\mu_{LR}}{E_L}; \qquad \frac{\mu_{TL}}{E_T} = \frac{\mu_{LT}}{E_L}; \qquad \frac{\mu_{TR}}{E_T} = \frac{\mu_{RT}}{E_R}$$

Bei praktischen Messungen kommen meist gewisse Abweichungen von der Symmetrie vor, sodass bei Berechnungen meist der Mittelwert verwendet wird, um die dafür notwendigen Symmetriebedingungen einzuhalten.

Der 1. Index gibt die Richtung der Kraft, der 2. Index die Richtung der Dehnung an. In der Fachliteratur wird hierbei häufig auch eine umgekehrte Bezeichnung verwendet. Die hier verwendete Bezeichnung lehnt sich an Bodig und Jayne [46] sowie die in der Festkörpermechanik übliche Bezeichnung an.

Die Verzerrungs-Spannungsbeziehungen können durch die Ingenieurkonstanten ersetzt werden. Im Verzerrungs-Spannungszustand lassen sich die Ingenieurkonstanten wie folgt zusammenfassen.

$$\begin{bmatrix} \varepsilon_1 \\ \varepsilon_2 \\ \varepsilon_3 \\ \gamma_{23} \\ \gamma_{13} \\ \gamma_{12} \end{bmatrix} = \begin{bmatrix} \frac{1}{E_1} & -\frac{\mu_{21}}{E_2} & -\frac{\mu_{31}}{E_3} & 0 & 0 & 0 \\ -\frac{\mu_{12}}{E_1} & -\frac{1}{E_2} & -\frac{\mu_{32}}{E_3} & 0 & 0 & 0 \\ -\frac{\mu_{13}}{E_1} & -\frac{\mu_{23}}{E_2} & \frac{1}{E_3} & 0 & 0 & 0 \\ 0 & 0 & 0 & \frac{1}{G_{23}} & 0 & 0 \\ 0 & 0 & 0 & 0 & \frac{1}{G_{13}} & 0 \\ 0 & 0 & 0 & 0 & 0 & \frac{1}{G_{12}} \end{bmatrix} \cdot \begin{bmatrix} \sigma_1 \\ \sigma_2 \\ \sigma_3 \\ \tau_{23} \\ \tau_{13} \\ \tau_{12} \end{bmatrix} \tag{1.11}$$

σ Normalspannungen, τ Schubspannungen

Kenngrößen und deren Bestimmung

Die meist genutzten Kenngrößen sind der Elastizitäts- und der Schubmodul.

E-Modul

Der Elastizitätsmodul wird bei Normalspannungen (Zug, Druck) aus der Gl. (1.6) (Bild 1.56) nach dem Hookeschen Gesetz bestimmt. Die Kraft muss dabei unterhalb der Proportionalitätsgrenze liegen. Meist wird er durch Biegebelastung (Drei- oder Vierpunktbelastung) ermittelt (Bild 1.57). Bei Dreipunktbelastung ist der bestimmte E-Modul vom Verhältnis Stützweite zu Dicke abhängig. Er steigt mit zunehmendem Verhältnis Stützweite zu Dicke bis auf ein Verhältnis von etwa 15 bis 20 an. Bei geringeren Verhältnissen treten starke Schubverformungen auf, die nicht berücksichtigt werden. Der gemessene E-Modul ist dadurch geringer als der bei reiner Biegung bestimmte.

Dreipunktbelastung

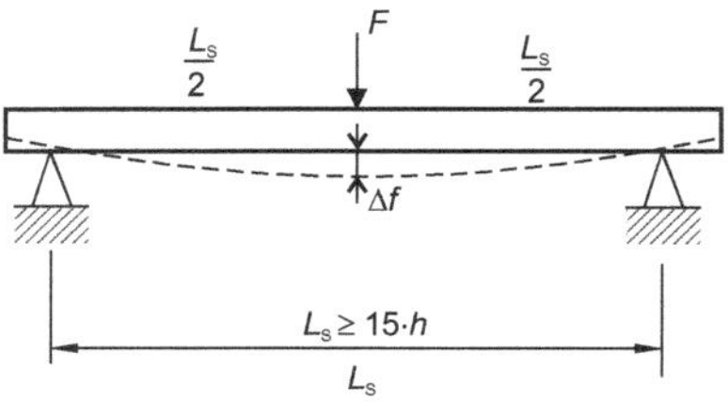

$$E = \frac{L_S^3}{4 \cdot b \cdot h^3} \cdot \frac{\Delta F}{\Delta f}$$

Vierpunktbelastung

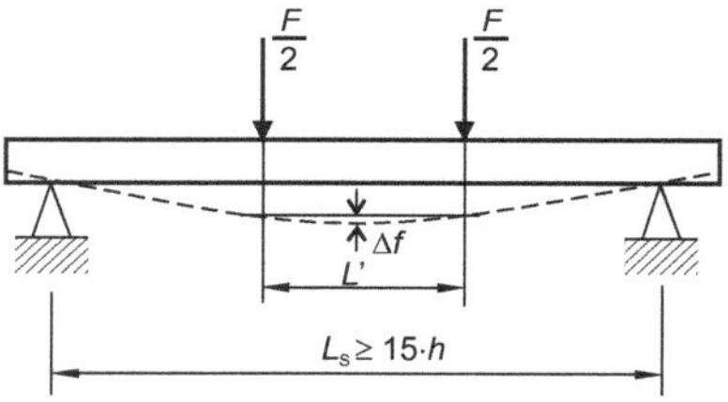

$$E = \frac{2 \cdot L^3 - 3 \cdot L \cdot L'^2 + L'^3}{8 \cdot b \cdot h^3} \cdot \frac{\Delta F}{\Delta f}$$

Bild 1.57: Bestimmung des E-Moduls bei Biegebelastung

Schubmodul

Wirkt ein Kräftepaar analog Bild 1.58, treten Schubspannungen auf. Schubspannungen sind auch bei Biegung vorhanden, wenn Querkräfte auftreten (z. B. bei Dreipunktbelastung, Flächenlast).

Schubspannungen können insbesondere bei sandwichartig aufgebauten Werkstoffen (im Vergleich zur Deckschicht wesentlich schubweicheren

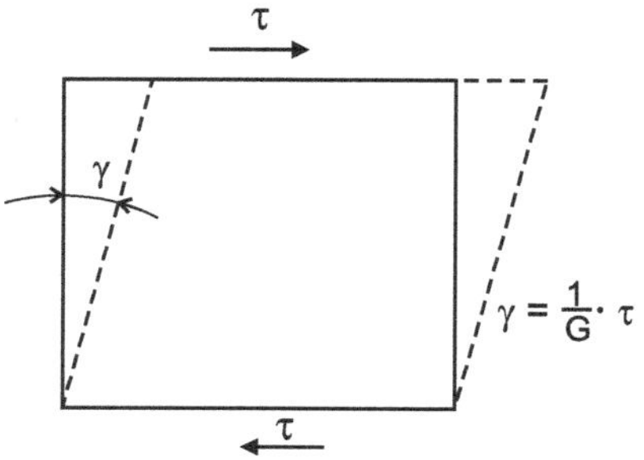

Bild 1.58: Bestimmung des Schubmoduls

Mittellagen) zum Schubbruch führen. Auch bei Brettschichtholz kann es zu sogenanntem Rollschub kommen (Abgleiten der Jahrringe an der Grenze Frühholz – Spätholz). Sehr typisch ist ein Versagen durch Rollschub bei Sperrholz und bei Massivholzplatten in den in RT-Richtung beanspruchten Mittellagen (s. Bild 2.45b).

Der Schubmodul kann auch durch Torsion bestimmt werden.

Poisson-Zahl

Bei Druck- und Zugbelastung kommt es zu einer Formänderung der Probe in Belastungsrichtung und senkrecht dazu. Bei isotropen Materialien wird die Probe bei Druck kürzer und breiter, bei Zugbelastung länger und schmaler. Dabei gilt:

$$\frac{\Delta b}{b} = -\mu \cdot \frac{\Delta l}{l}$$
$$\mu = -\frac{\varepsilon_{\text{quer}}}{\varepsilon_{\text{längs}}} \qquad (1.12)$$

also z. B.

$$\mu_{\text{LT}} = -\frac{\varepsilon_{\text{T}}}{\varepsilon_{\text{L}}}$$

μ Poisson-Zahl, ε Dehnung (%), l Länge der Probe, b Breite der Probe, Δl Längenänderung, Δb Breitenänderung

Durch Simulationsrechnungen anhand finiter Elemente (FEM) stellte Grimsel fest, dass eine Holzprobe bei einachsiger Zugbelastung unter bestimmten Bedingungen gleichzeitig länger und dicker werden kann. Es können also bei bestimmter Jahrringlage durchaus auch positive Querdehnungen auftreten. Experimentelle Erfahrungen zeigen, dass bei der Bestimmung der Poisson-Zahl an Holz erhebliche Probleme auftreten. Zudem wird diese ebenso wie fast alle anderen Eigenschaften durch die Holzfeuchte beeinflusst. Arbeiten dazu führte Neuhaus [48] durch.

Es gibt sechs Poisson-Zahlen.

Einflussfaktoren

Elastische und Festigkeitseigenschaften unterscheiden sich in den drei Hauptschnittrichtungen deutlich. Noack und Schwab (in *von Halász* und *Scheer* [8]) geben folgende Größenverhältnisse an:

Elastizitäts-Moduln (*E*):	$E_{\text{T}} : E_{\text{R}} : E_{\text{L}}$
■ bei Nadelholz:	1 : 1,7 : 20
■ bei Laubholz:	1 : 1,7 : 13

Schub-Moduln (*G*):

G_{LR} (Schub der Radialfläche) : G_{LT} (Schub der Tangentialfläche)

- bei Nadelholz: 1 : 1
- bei Laubholz: 1,3 : 1

G_{RT} (Schub der Hirnfläche)

- bei Nadelholz: 10 % von G_{LT} (auf Grund durchgehender Frühholzzone)
- bei Laubholz: 40 % von G_{LT}

Querkontraktion:

Die Querkontraktion in tangentialer Richtung beträgt das 1,5-fache der Querkontraktion in Radialrichtung. Sie ist in Faserrichtung am geringsten.

Tabelle 4 der Anlage 2 zeigt ausgewählte Kennwerte der Poisson-Zahl für Laub- und Nadelhölzer.

1.4.9.3 Rheologische Eigenschaften

Holz ist viskoelastisch, d.h., Dehnung, Spannung und Festigkeit sind zeitabhängig. Es wird unterschieden zwischen:

- Kriechen,
- Spannungsrelaxation,
- Dauerstandfestigkeit.

Kriechen

Wird eine Probe durch eine konstante Last beansprucht, so nimmt das Ausmaß der Formänderung mit der Zeit zu. Dabei treten folgende Phasen auf:

- Primärkriechen,
- Sekundärkriechen,
- Tertiärkriechen.

In der Primärphase steigt die Kriechverformung zunächst stetig an. In der Sekundärphase kommt es zu einer Stabilisierung der Kriechverformung. Wird die Spannung erhöht, kommt es zum Tertiärkriechen und schließlich zum Bruch. Dieser zeichnet sich bereits frühzeitig durch einen progressiven Anstieg der Kriechverformung ab (Bild 1.59).

a)
b)

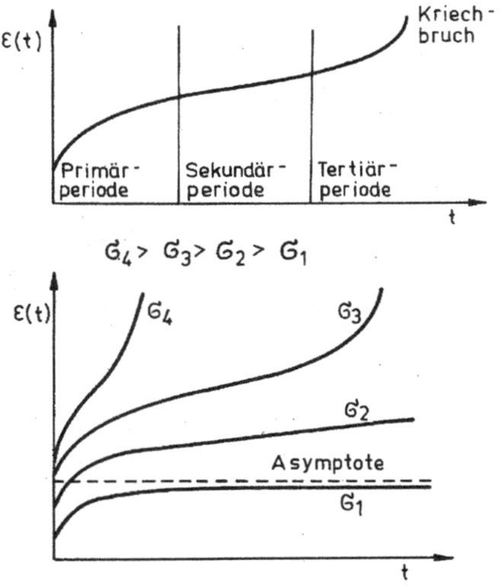

Bild 1.59: Phasen der Kriechverformung und Einfluss der Höhe der Last
a) Phasen der Kriechverformung
b) Einfluss der Belastungshöhe

Als Kenngröße für die Kriechverformung wird meist die dimensionslose Kriechzahl verwendet. Dabei gilt:

$$\varphi = \frac{f_t - f_0}{f_0} \quad (1.13)$$

φ Kriechzahl, f_t zeitabhängige Durchbiegung, f_0 elastische Durchbiegung

Senkrecht zur Faserrichtung wird bei Vollholz etwa die 8-fache Kriechzahl erreicht im Vergleich zu parallel zur Faserrichtung. Folgende Rangordnung ergibt sich bezüglich der Größe der Kriechverformung (von oben nach unten zunehmend):

- Vollholz,
- Schichtholz, LVL, Parallam,
- Sperrholz, Massivholzplatte,
- OSB,
- Spanplatte,
- MDF, HDF, harte Faserplatte (Nassverfahren).

Das Verhältnis der Kriechverformung von Vollholz : Spanplatte : Faserplatte beträgt etwa 1 : 4 : 5.

Mit zunehmender Holzfeuchte steigt die Kriechverformung im Konstantklima deutlich an. Im Wechselklima (wechselnde relative Luftfeuchtigkeit) kommt es zur Überlagerung des Quellverhaltens (und daraus resultierender innerer Spannungen) und des durch die (äußere) Belastung bewirkten Kriechens. Dieser Effekt wird auch als **mechanosorptives Kriechen** bezeichnet. Dadurch kann die Kriechverformung z. B. bei Vollholz bei **Biegebelastung** in der Trocknungsphase (Kriechen und Schwinden des Holzes) steigen und in der Durchfeuchtungsphase (Kriechen und Quellen) sinken.

Der Effekt wird deutlich durch die Dauer der Klimaeinwirkung, den Probenquerschnitt und die Höhe der Last beeinflusst. Er tritt aber auch bei kleinen Querschnitten auf.

Eine Erhöhung der Last bewirkt einen Anstieg der Kriechverformung.

Die Kriechzahl von Vollholz liegt im Normalklima in Faserrichtung bei 0,1 bis 0,3 und senkrecht zur Faserrichtung bei 0,8 bis 1,6.

Durch Oberflächenbeschichtung und die damit einhergehende Reduzierung der Feuchteaufnahme kann das Kriechverhalten vermindert werden.

Spannungsrelaxation

Wird eine Probe konstant verformt, so sinkt die zur Aufrechterhaltung der Verformung erforderliche Spannung mit zunehmender Zeit ab. Man spricht dabei von Spannungsrelaxation. Spannungsrelaxation tritt z. B. bei vorgespannten Holzkonstruktionen wie Brücken auf, sie liegt in der Größenordnung der Kriechverformung.

Bild 1.60 zeigt die Spannungsrelaxation bei Druckbelastung im Wechselklima. In der Trocknungsphase sinkt die Spannung (hervorgerufen durch das Schwinden), in der Befeuchtungsphase steigt sie. Mit steigender Zyklenanzahl sinkt die Spannung deutlich ab. Zwischen Konstant- und Wechselklima bestehen deutliche Unterschiede. Die Spannung reduziert sich bei vorgespanntem Brettschichtholz (Fichte) nach 70 Tagen wie folgt:

- im Normalklima bei 65 % relativer Luftfeuchte um 10 %,
- im Klima bei 88 % relativer Luftfeuchte um 48 %,
- bei Befeuchtung von 65 % auf 88 % relativer Luftfeuchte um 25 %,
- bei Trocknung von 88 % auf 65 % relativer Luftfeuchte um 60 %.

Die Verbindungen müssen also kontrolliert nachgespannt werden. Häufig werden die Vorspannelemente eingeklebt. Dabei zeigte sich, dass z. B. beim Einleimen von Buche mit 0,5 N/mm² Vorspannung in Brettschichtholz mindestens ein Bewehrungsfaktor von 0,4 % (Volumen des eingeklebten Vorspannelementes zum Volumen des zu bewehrenden Holzes ohne Bohrung) erforderlich ist. Die durch die Armierung erreichbare Dimensionsstabilisierung betrug etwa 83 %.

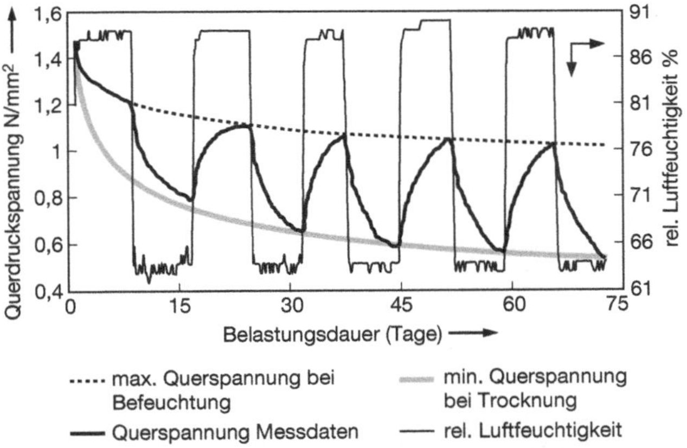

Bild 1.60: Spannungs- und Feuchteverlauf in vorgespanntem Brettschichtholz (Spannungsrelaxation) (nach *Popper, Gehri, Eberle*; 1998, in *Dunky* und *Niemz* [6])

Dauerstandfestigkeit

Die Dauerstandfestigkeit ist die Spannung, mit der ein Werkstoff bei unendlich langer statischer Belastung gerade noch belastet werden kann, ohne zu brechen. Auch hier wirken die gleichen Einflussgrößen, die bereits für das Kriechen und die Relaxation beschrieben wur- den. Die Dauerstandfestigkeit liegt im Normalklima bei ca. 60 % der Kurzzeitfestigkeit.

Rheologische Modelle

Zur Beschreibung des rheologischen Verhaltens werden oft rheologische Ersatzmodelle verwendet. Diese bestehen aus elastischen (Federn) und viskosen Elementen (zähes Fließen in einem Dämpfer), die in verschiedenen Kombinationen zusammengeschaltet werden. Häufig wird das **Burgers-Modell** verwendet.

1.4.9.4 Festigkeitseigenschaften

Die Festigkeit ist die Grenzspannung, bei welcher ein Prüfkörper unter Belastung bricht.

Es wird nach der Geschwindigkeit des Lasteintrages unterschieden zwischen

- statischer Festigkeit (langsamer Kraftanstieg bis zum Bruch) und
- dynamischer Festigkeit (schlagartige Krafteinwirkung oder wechselnde Belastung).

Nach der Krafteinleitung wird ferner unterteilt in

- Zugfestigkeit,
- Druckfestigkeit,
- Biegefestigkeit,
- Scherfestigkeit,
- Spaltfestigkeit,
- Torsionsfestigkeit,
- Haltevermögen von Verbindungsmitteln (Schrauben, Nägel, etc.).

Angegeben werden Mittelwerte (meist in der wissenschaftlichen Fachliteratur), charakteristische Festigkeiten und zulässige Spannungen (Mittelwert geteilt durch Sicherheitszahl). Für die Mittelwerte wird der Index m, für charakteristische Werte der Index k verwendet. In der holzwissenschaftlichen Literatur wird für die Festigkeit häufig das Kurzzeichen f verwendet. In der mechanisch orientierten Literatur dagegen σ. Dabei gilt für den 1. Index die Art der Belastung (z. B. z – Zug) und den 2. Index der Belastungszustand (z. B. B – Bruch). Also für die Zugfestigkeit σ_{zB}.

Da Holz eine erhebliche Streuung der Eigenschaften aufweist, wird in der Praxis mit Sicherheitszugaben gearbeitet. Im Bauwesen wird meist die sogenannte 5-%-Quantile oder der charakteristische Wert verwendet. Unter Voraussetzung einer Normalverteilung berechnen sich diese folgendermaßen:

- unteres 5-%-Quantil:

$$L^q_{5\%} = x - s \cdot t \tag{1.14}$$

- oberes 5-%-Quantil:

$$U^q_{5\%} = x + s \cdot t \tag{1.15}$$

x Mittelwert, s Standardabweichung, t Wert der t-Verteilung (DIN EN 326-1): Dabei müssen die Anzahl der Messwerte, die Irrtumswahrscheinlichkeit (im Allgemeinen 5 %) und die Aussagewahrscheinlichkeit (im Allgemeinen 95 %) berücksichtigt werden.

Meist erfolgt eine einaxiale Belastung. Arbeiten zu biaxialer Belastung führte *Eberhardsteiner* [49] durch. Das Verformungs- und auch das Bruchverhalten werden auf verschiedenen Strukturebenen (Brett, Normproben, Früh- und Spätholz, Zellwandschichten, Holzfasern) intensiv untersucht und das elastische Verhalten auch modelliert.

Anlage 2 enthält ausgewählte mechanische Kennwerte von Holz.

Zugfestigkeit

Die Zugfestigkeit berechnet sich nach:

$$\sigma_{zB} = \frac{F_{max}}{A} \tag{1.16}$$

F_{max} Bruchkraft, A Querschnittsfläche der Probe (Länge × Breite), σ_{zB} Zugfestigkeit in N/mm^2

Die Zugfestigkeit wird an kleinen, fehlerfreien Proben nach DIN 52188, an Bauholz nach EN 408 bestimmt. Die Zugfestigkeit senkrecht zur Faserrichtung liegt bei lediglich 5 bis 10 % der Zugfestigkeit in Faserrichtung. Querzugbeanspruchung ist daher im Holzbau möglichst zu vermeiden. Gewisse Unterschiede bestehen auch zwischen radialer und tangentialer Richtung. In radialer Richtung macht sich teilweise eine verstärkende Wirkung der Holzstrahlen bemerkbar.

Druckfestigkeit

Die Druckfestigkeit (σ_{dB}) berechnet sich analog Gl. 1.16. Bei Druckbelastung ist zwischen der Belastung in Faserrichtung und senkrecht dazu zu unterscheiden. Bei Druck senkrecht zur Faserrichtung wird meist die Spannung bei einer bestimmten Verdichtung/Zusammendrückung (z. B. 5 %) geprüft, da sich Holz stark zusammendrücken lässt und kein eigentlicher Bruch entsteht. Die Druckfestigkeit in Faserrichtung von Vollholz liegt etwa bei der Hälfte der Zugfestigkeit (vgl. auch Bild 1.56a). Die Druckfestigkeit senkrecht zur Faserrichtung ist sehr gering. Im Holzbau muss daher bei Querdruckbelastung das senkrecht zur Faserrichtung beanspruchte Element häufig verstärkt werden, um ein Überschreiten der Bruchspannung senkrecht zur Faser zu verhindern. Ein Sonderfall der Druckbelastung ist das Knicken. Dabei kommt es bei einem schlanken, parallel zur Längsachse belasteten Stab zum seitlichen Ausweichen.

Die kritische Knicklast F_K ist im Wesentlichen abhängig vom Flächenträgheitsmoment 2. Ordnung, seiner Länge und der Lagerung an den Enden. Für den beidseitig gelenkig gelagerten Stab gilt nach Euler:

$$F_K = \frac{\pi^2}{l^2} \cdot E \cdot I \qquad (1.17)$$

E E-Modul, l Länge, I Trägheitsmoment

Biegefestigkeit

Die Biegefestigkeit berechnet sich wie folgt:

$$\sigma_{bB} = \frac{M_b}{W_b} \qquad (1.18)$$

Für einen rechteckigen Querschnitt bei Dreipunktbiegung gilt:

$$\sigma_{bB} = \frac{3F_{max} \cdot l_s}{2b \cdot h^2} \qquad (1.19)$$

M_b Biegemoment, W_b Widerstandsmoment, σ_{bB} Biegefestigkeit in N/mm², F_{max} Bruchkraft, l_s Stützweite, b Probenbreite, h Probenhöhe

Die gebräuchlichsten Belastungsfälle sind der Dreipunkt-Versuch (Träger auf zwei Stützen mit mittiger Einzellast) und der Vierpunkt-Versuch (Träger auf zwei Stützen und Krafteinleitung über zwei Kräfte). Bei Biegung treten Zug- und Druckspannungen in den Randzonen auf. Je nach Belastungsfall sind bei Einwirkung von Querkräften (z. B. bei Dreipunktbiegung) Schubspannungen vorhanden, die in der neutralen Faser das Maximum erreichen (Bild 1.61a).

Bei der Vierpunktbelastung ist der mittlere Bereich zwischen den beiden Kräften schubspannungsfrei. Schubspannungen treten dort nur in den Randbereichen zwischen den Auflagern und dem Krafteintrag auf. Daher kann bei Vierpunktbelastung unter Zugrundelegung der Durchbiegung im schubspannungsfreien Bereich ein E-Modul bei reiner Biegung ermittelt werden.

Bei Dreipunktbelastung ist das Ergebnis dagegen durch die auftretenden Querkräfte immer vom Schubeinfluss überlagert. Der Biege-E-Modul ist also in diesem Falle vom Verhältnis Stützweite zu Dicke abhängig. Mit zunehmender Belastung verschiebt sich infolge der Unterschiede zwischen Zug- und Druckfestigkeit bei Vollholz bei hoher Belastung die Spannungs-Nulllinie in Richtung Zugzone (Bild 1.61b), bei Holzpartikelwerkstoffen ist dies nicht der Fall, da Zug- und Druckfestigkeit etwa in gleicher Größenordnung liegen.

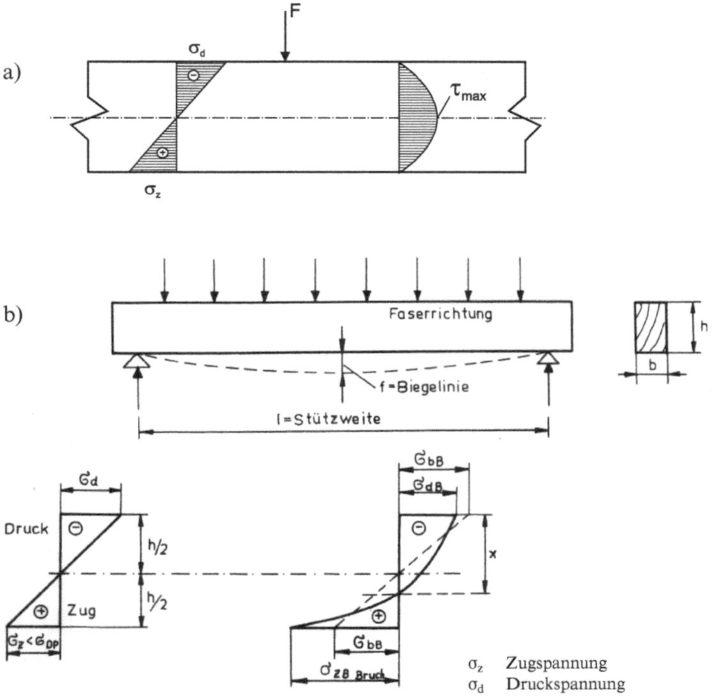

σ_z	Zugspannung
σ_d	Druckspannung
σ_{dP}	Druckspannung bei Proportionalitätsgrenze
σ_{dB}	Druckfestigkeit
σ_{zB}	Zugfestigkeit
σ_{bB}	Biegefestigkeit

Bild 1.61: Spannungsverteilung bei Biegebelastung
a) Normal- und Schubspannungen bei Dreipunktbiegung
b) Verschiebung der Spannungs-Nulllinie bei Vollholz

Teilweise wird auch die Brucharbeit beim statischen Kurzzeitversuch zur Charakterisierung des Bruchverhaltens verwendet. Dabei wird die Fläche bis zur maximalen Bruchkraft im Spannungs-Dehnungs-Diagramm ermittelt (Angabe in kJ). In amerikanischer Literatur wird die

Brucharbeit in kJ/m^3 (bezogen auf das Probenvolumen zwischen den Auflagern) angegeben.

$$W_u = \frac{W_{Fmax}}{V} \qquad (1.20)$$

W_u Arbeit bis zur Maximalkraft beim Bruch in kJ/m^3 (Flächenintegral), W_{Fmax} Arbeit bis F_{max} in kJ, V Volumen der Probe im Bereich zwischen den Auflagern ($l \cdot b \cdot h$)

Die Brucharbeit sagt etwas zur Zähigkeit des Materials aus. Eine hohe Brucharbeit ist für einen eher zähen Bruch charakteristisch (z. B. für Eibe typisch).

Scher- und Spaltfestigkeit

Scherfestigkeit

Die Scherfestigkeit ist der Widerstand, den ein Körper einer Verschiebung zweier aneinander liegender (angrenzender) Flächen entgegensetzt. Bei Scherbelastung wirken zwei gegenläufig angreifende Kräftepaare. Die Scherfestigkeit berechnet sich aus:

$$\sigma_{scher} = \frac{F_{max}}{a \cdot b} \qquad (1.21)$$

σ_{scher} Scherfestigkeit in N/mm^2, F_{max} Bruchlast, a, b Querschnittsabmessungen

Tabelle 2 im Anhang 3 zeigt die Scherebenen. Die Scherfestigkeit bei Belastung parallel zur Faserrichtung ist größer als diejenige senkrecht zur Faserrichtung (Scherfläche LR oder LT). Bei Belastung senkrecht zur Faser kommt es zu einer starken Zusammendrückung des Holzes, da die Querdruckfestigkeit gering ist. Beim Scheren in der Hirnfläche (RT) kommt es zunächst zu einer starken Verdichtung des Holzes, erst danach zum Scheren, wobei beim Bruch eine starke Strukturauflösung stattfindet. Ein eigentlicher Scherbruch wird in dieser Scherebene kaum erreicht. Es wird dabei letztlich die Scherfestigkeit des verdichteten Holzes geprüft.

Spaltfestigkeit/Spaltbarkeit

Holz ist in Radialrichtung gut spaltbar, tangential deutlich schlechter und senkrecht zur Faserrichtung nicht spaltbar. Bezüglich der Spaltbarkeit bestehen erhebliche Unterschiede zwischen den Holzarten. Sehr gut spaltbar sind z. B. Fichte, Pappel und Douglasie, schwer spaltbar dagegen Hainbuche, Esche und Obsthölzer. Es ist ein deutlicher Einfluss der Dichte und des Faserverlaufs vorhanden. Mit zunehmender Dichte verschlechtert sich die Spaltbarkeit. Geradfasrige Hölzer lassen sich gut, solche mit Dreh- oder Wechseldrehwuchs schlecht spalten.

Ausziehwiderstand von Nägeln und Schrauben

Der Schrauben- bzw. Nagelausziehwiderstand ist die Kraft, die zum Herausziehen einer Schraube oder eines Nagels aus dem Holz unter definierten Bedingungen (Vorbohren, Einschraub- oder Einschlagtiefe) erforderlich ist. Wichtigste Einflussgröße ist die Rohdichte.

Härte

Die Härte ist der Widerstand, den Holz dem Eindringen eines härteren Materials entgegensetzt. Die Härte ist insbesondere bei Parkett von großer Bedeutung.

Die am häufigsten benutzte Methode ist die Prüfung nach Brinell. Dabei wird eine Stahlkugel (z. B. 2,5 oder 10 mm Durchmesser) mit einer materialabhängigen, konstanten Kraft belastet und der Durchmesser des Kugeleindruckes nach Entlastung bestimmt. Die Härte steigt mit zunehmender Dichte des Holzes linear an (siehe auch Tabelle 1.16). Das Messergebnis ist aber auch abhängig von der Höhe der Belastung bei der Prüfung. Die Prüflast wird daher stets mit vermerkt. Moderne Messverfahren erlauben es, durch Messung der Kraft und der Eindringtiefe die Brinell-Härte zu berechnen.

Die Härte berechnet sich wie folgt:

- unter Verwendung des Durchmessers des Eindruckes

$$HB = \frac{2F}{\pi \cdot D\,(D - \sqrt{D^2 - d^2})} \tag{1.22}$$

- unter Verwendung der Eindrucktiefe

$$HB = \frac{F}{D \cdot \pi \cdot h} \tag{1.23}$$

HB Härte nach Brinell (N/mm²), *F* Kraft (N), *D* Kugeldurchmesser (mm), *d* Kalottendurchmesser (mm), *h* Eindringtiefe (mm)

Tabelle 1.16: Brinell-Härte verschiedener Holzarten im Normalklima (nach Sell, 1997)

Holzart	**Rohdichte (g/cm³) bei ω = 12 %**	**Brinell-Härte auf Hirnfläche (N/mm²)**	**Brinell-Härte auf Seitenfläche (N/mm²)**
Balsa	0,10 … 0,23	4 … 7	2 … 3
Buchsbaum	0,90 … 1,03	112	58
Fichte	0,43 … 0,47	31	12 … 16
Kiefer	0,51 … 0,55	39 … 41	14 … 23
Lärche	0,54 … 0,62	47 … 52	19 … 25

Sonstige Eigenschaften

Schlagzähigkeit

Die Schlagzähigkeit des Holzes ist der Widerstand gegenüber einer z. B. mittels Pendelschlagwerk erzeugten schlagartigen Belastung. Gemessen wird die Bruchschlagarbeit in kJ/m². Insbesondere Pilzbefall wirkt sich stark negativ auf die Bruchschlagarbeit aus.

Wechselfestigkeit

Darunter wird bei einer dynamischen Belastung (z. B. wechselnde Zug- und Druckbelastung analog dem Wöhler-Diagramm) die Spannung verstanden, der das Holz bei definierter Beanspruchungsdauer ausgesetzt werden kann, ohne zu brechen. Sie wird als prozentualer Anteil der Kurzzeitfestigkeit angegeben.

Reibungsbeiwerte

Unter dem Reibungsbeiwert μ versteht man das Verhältnis von Reibkraft F_R zu Normalkraft F_N. Wir unterscheiden zwischen Haft- und Gleitreibung. Die Gleitreibung ist geringer als die Haftreibung. Der Haftreibungsbeiwert von Fichte parallel zur Faser liegt bei 0,6 bis 0,8; der Gleitreibungsbeiwert bei 0,4 bis 0,5.

Bruchzähigkeit (K_{IC})/Bruchenergie

Im Rahmen der Einführung neuer Berechnungsmethoden für die Dimensionierung von Holzkonstruktionen gewinnt die Bruchzähigkeit auch in der Holzforschung zunehmend an Bedeutung. Wir unterscheiden drei verschiedene Moden (Mode I: Normalspannungen [symmetrisches Öffnen des Risses; Spalten], Mode II: Längsschubriss, Mode III: Querschubriss).

Gegenstand der Bruchmechanik ist die Entwicklung analytischer Modelle des Bruchvorganges sowie von Kenngrößen und Prüfmethoden zur bruchsicheren Gestaltung von Werkstoffen und Bauteilen. Unter der Bruchzähigkeit versteht man den kritischen Spannungsintensitätsfaktor K_{IC}, bei dem Gewaltbruch eintritt. Der Wert von K_{IC} gibt Aufschluss darüber, welchen Widerstand ein Material der Ausbreitung eines Risses entgegensetzt. Neben der Bruchzähigkeit wird häufig die Bruchenergie geprüft. Der K_{IC}-Wert wird nach folgenden Gleichungen berechnet:

$$K_{IC} = \frac{F}{B \cdot \sqrt{W}} \cdot Y \tag{1.24}$$

oder

$$K_{IC} = \sigma \cdot \sqrt{a} \cdot f\left(\frac{a}{W}\right) \tag{1.25}$$

K_{IC} Spannungsintensität (MPa · $\sqrt{m}$), σ Spannung (MPa), a Risslänge (mm), F Kraft (N), B Dicke (mm), W Probenweite (mm), Y Geometriefaktor, $Y = f(a/W)$

Für Fichte liegt der Wert für K_{IC} in der RL-Ebene bei 0,27 bis 0,42; in der TL-Ebene bei 0,25 bis 0,42 MPa · $\sqrt{m}$.

Wichtige Einflussfaktoren auf die Festigkeitseigenschaften

Die Festigkeit in Faserrichtung ist deutlich höher als senkrecht zur Faserrichtung. Sie ist radial höher als tangential. Mit zunehmendem Winkel zwischen Probenlängsachse und Faserrichtung (Faser-Last-Winkel) sinken die elastischen Konstanten und die Festigkeit deutlich ab. Der Einfluss des Faser-Last-Winkels kann nach dem Gesetz von Hankinsson beschrieben werden. Bild 1.62a und b zeigt wichtige Einflussfaktoren auf die Festigkeit von Holz.

Der Winkel zwischen radialer und tangentialer Richtung wird auch als Jahrringneigung bezeichnet und ist z. B. bei Schubbelastung in der RT-Ebene von Bedeutung. Bild 1.62c zeigt exemplarisch den Einfluss der Jahrringneigung auf die Schallgeschwindigkeit. Diese Abhängigkeit gilt z. B. auch für den Schubmodul.

Die Zugfestigkeit in Faserrichtung ist bei kleinen, fehlerfreien Proben etwa doppelt so hoch wie die Druckfestigkeit.

In Abhängigkeit der Lasteinwirkung wird zwischen statischer (z. B. Biegefestigkeit) und dynamischer Beanspruchung (z. B. Bruchschlagarbeit) unterschieden. Der Zeiteinfluss ist aber bei allen klassischen mechanischen Prüfungen, auch im Kurzzeitversuch, vorhanden. Daher ist die maximale Zeitdauer bis zum Bruch genormt (z. B. nach EN 310 bei der

Biegeprüfung 60 s ± 30 s). Den Einfluss der Belastungsgeschwindigkeit zeigt Bild 1.62b.

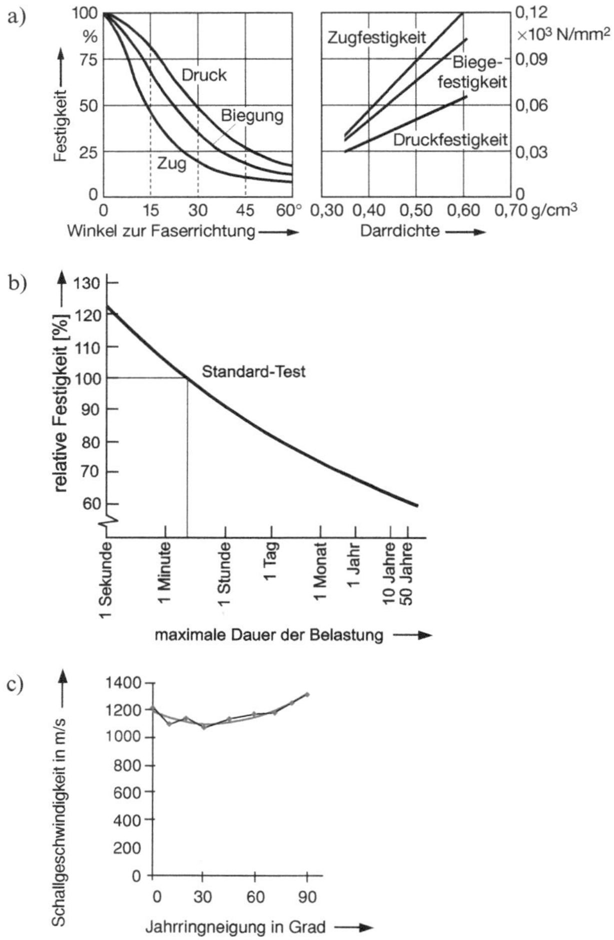

Bild 1.62: Wichtige Einflussgrößen auf die Festigkeit des Holzes
a) Faser-Last-Winkel, Rohdichte
b) Belastungsdauer
c) Einfluss des Winkels zwischen tangentialer Richtung (0°) und radialer Richtung (90°) (Jahrringneigung) auf die Schallgeschwindigkeit (diese korreliert mit den mechanischen Kenngrößen)

Zusätzlich werden alle mechanischen Eigenschaften durch folgende Parameter beeinflusst:

- Holzfeuchte: Mit zunehmender Holzfeuchte, etwa oberhalb von 5 bis 8 %, sinkt die Festigkeit bis zur Fasersättigung nahezu linear ab. Nach Angaben des US Forest Products Laboratory bewirkt 1 % Holzfeuchteänderung im Feuchtebereich von 8 bis 18 % folgende Abnahme der Holzeigenschaften:

  Druckfestigkeit: um 6 %
  Zugfestigkeit: um 3 %
  Biegefestigkeit: um 4 %

- Temperatur: Die Festigkeit sinkt mit steigender Temperatur.
- mechanische oder klimatische Vorbeanspruchungen (z. B. bei Lagerung im Wechselklima),
- Bauteilgröße.

Bei Holz in Bauholzabmessungen wird die Festigkeit insbesondere durch Äste und den Faserverlauf deutlich beeinflusst. Die Festigkeit sinkt mit zunehmendem Astanteil. Die Festigkeitseigenschaften von Bauholz sind daher geringer als die von kleinen, fehlerfreien Proben. Rundholz hat etwa um 10 % höhere Festigkeitseigenschaften als Schnittholz, da bei der Schnittholzherstellung die Fasern angeschnitten werden und so ein etwas schräger Faserverlauf vorliegt.

Madson und Buchanan (zitiert in [47]) geben für Holz folgende Beziehung für die Bauteilgröße an:

$$\frac{\sigma_2}{\sigma_1} = \left(\frac{V_1}{V_2}\right)^m \cong \left(\frac{l_1}{l_2}\right)^{ml} \cdot \left(\frac{b_1}{b_2}\right)^{mb} \cdot \left(\frac{d_1}{d_2}\right)^{md} \tag{1.26}$$

V Volumen des Prüfkörpers, σ vorhandene Spannungen, l Länge des Prüfkörpers, b Breite des Prüfkörpers, d Dicke des Prüfkörpers

Für die Koeffizienten m gilt z. B. (unter Annahme eines 10-%-Quantils) $m_l = 0{,}15$; $m_b = 0{,}10$.

Nach Untersuchungen von Burger und Glos [47] sinkt bei Bauholz die Festigkeit mit zunehmender Länge der Proben. Da breitere Proben einen geringeren Astanteil haben, steigt die Festigkeit mit zunehmender Breite.

Nach Weibull (Theorie des schwächsten Kettengliedes) ergibt sich:

$$\frac{\sigma_2}{\sigma_1} = \left(\frac{V_1}{V_2}\right)^{1/k} = \left(\frac{V_1}{V_2}\right)^m \tag{1.27}$$

σ vorhandene Spannungen, V Volumen des Prüfkörpers, k Formparameter der Weibull-Verteilung, m Exponent

Die Eigenschaften von Bauteilen werden in Festigkeitsklassen nach EN 338 festgelegt.

Dabei gibt es für Nadelholz (sowie Pappel) die Klassen (Nr. der Klasse korreliert mit charakteristischem Wert für Biegefestigkeit in N/mm^2) C14, C16, C18, C20, C22, C24, C27, C30, C35, C40, C45, C50 und für Laubholz D18, D24, D30, D35, D40, D50, D60, D70.

Literaturverzeichnis

[1] *Kühnen, R.; Wagenführ, R.:* Werkstoffkunde Holz für Restauratoren. Leipzig: E. A. Seemann, 2002

[2] *Wagenführ, R.:* Anatomie des Holzes. 4. Auflage, Leipzig: Fachbuchverlag 1989 und 5. Auflage, Leinfelden-Echterdingen: DRW-Verlag, 1999

[3] *Wagenführ, R.:* Holzatlas. 6. Auflage, Leipzig: Fachbuchverlag, 2007

[4] *Wagenführ, R.:* Bildlexikon Holz. 2. Auflage, Leipzig: Fachbuchverlag, 2004

[5] *Faix, O.:* Grundlagen der Holzchemie. Vorlesungsskript I, Universität Hamburg, BFH Hamburg, 2004

[6] *Dunky, M.; Niemz, P.:* Holzwerkstoffe und Leime. Berlin: Springer-Verlag, 2002

[7] *Halász, R. v.; Scheer, C. (Hrsg.):* Holzbau-Taschenbuch. 8. Auflage, Band 1, Berlin: Architektur techn.Wissenschaften, 1986

[8] *Kollmann, F.:* Technologie des Holzes und der Holzwerkstoffe (Bd. 1). 2. Auflage, Berlin: Springer-Verlag, 1951

[9] *Niemz, P.:* Physik des Holzes und der Holzwerkstoffe. Leinfelden-Echterdingen: DRW-Verlag, 1993

[10] *Sell, J.:* Eigenschaften und Kenngrössen von Holzarten. 4. Auflage, Zürich: Baufachverlag, 1997

[11] *Trendelenburg R.; Mayer-Wegelin H.:* Das Holz als Rohstoff. 2. Auflage, München: Carl Hanser Verlag, 1955

[12] *Willeitner, H.; Schwab, E.:* Holz – Außenverwendung im Hochbau. Stuttgart: Verlagsanstalt Alexander Koch, 1981

[13] *Fengel, D.; Wegener, G.:* Wood – Chemistry, Ultrastructure, Reactions. de Gruyter: Berlin, 1989

[14] *Sjöström, E.:* Wood Chemistry – Fundamentals and Applications. Academic Press: San Diego, 1993

[15] *Koyama, M.; Helbert, W.; Imai, T.; Sugiyama, J.; Henrissat, B.:* Parallel-up structure evidences the molecular directionality during biosynthesis of bacterial cellulose. Proc. Natl. Acad. Sci. 94 (1997), S. 9091–9095

[16] *Baker, A.; Helbert, W.; Sugiyama, J.; Miles, M. J.:* High-resolution atomic force microscopy of native Valonia cellulose I microcristalls. J. Structural Biology 119 (1997), S. 129–138

[17] *Sugiyama, J.; Vuong, R.; Chanzy, H.:* Electron diffraction study on the two crystalline phases occurring in native cellulose from an algal cell wall. Macromolecules 24 (1991), S. 4168–4175

[18] *Timell, T. E.:* Recent progress in the chemistry of wood hemicelluloses. Wood Sci. Techn. 1 (1967), S. 45–70

[19] *Brunow, G.:* Methods to Reveal the Structure of Lignin, in Biopolymers. Vol. 1: Lignin, Humic Substances and Coal. Series Editor: *Steinbüchel, A.*, Vol. Eds.: *Hofrichter, M.; Steinbüchel, A.* – Weinheim: Wiley-VHC, 2001

[20] *Sarkanen, K. V.; Ludwig, C. H. (Eds.):* Lignins – Occurence, Formation, Structure and Reactions. New York: Wiley-Interscience, 1971

[21] *Olsson, A.-M.; Salmén, L.:* The effect of lignin composition on the visco-elastic properties of wood. Nordic Pulp Paper Res. J. 12 (3)(1997), S. 140–144

[22] *Gindl, W.:* The effect of varying latewood proportion on the radial distribution of lignin content in a pine stem. Holzforschung, 55 (2001), 455–458

[23] *Terashima, N.; Nakashima, J.; Takabe, K.:* Proposed structure for protolignin in plant cell walls. Chapter 14, S. 180–193. In: *Lewis, N. G.; Sarkanen, S. (Ed.):* Lignin and Lignan Biosynthesis. ACS Symposium, Series 697. Washington D.C.: American Chemical Society, 1998

[24] *Hillis, W. E. (Ed.):* Wood Extractives and Their Significance to the Pulp and Paper Industry. New York: Academic Press, 1962

[25] *Young, H. E.; Guinn, V. P.:* Chemical elements in complete mature trees of seven species in Maine. Tappi J. 49 (5)(1966), S. 190–197

[26] *Rademacher, P.; Ulrich, B.; Michaelis, W.:* Bilanzierung der Elementvorräte und Elementflüsse innerhalb der Öksystemkompartimente Krone, Stamm, Wurzel und Boden eines belasteten Fichtenbestandes am Standort „Postturm". Luftverunreinigungen und Waldschäden am Standort „Postturm". GKSS-Forschungszentrum Geesthacht GmbH, 1992. S. 149–186

[27] *Bailay, J. H. E.; Reeve, D. W.:* Determination of the spatial distribution of trace elements in wood by imaging microprobe secondary ion mass spectrometry. Part 1: Black Spruce, Picea mariana (Mill.). Proc. Int. Symp. on Wood and Pulping Chem., Beijing, Bd. 2 (1993), S. 848–857

[28] *Masson, G.; Cabanis, M. T.; Cabanis, J. C.; Puech, J.-L.:* The amounts of inorganic elements in Cooperage Oak. Holzforschung, 51 (1997), S. 497–502

[29] *Ivaska, A.; Harju, L.:* Analysis of inorganic constituents. In: *Sjöström, E.; Alén, R. (Eds.):* Analytical Methods in Wood Chemistry, Pulping, and Papermaking. Berlin: Springer-Verlag, 1998

[30] *Obernberger, I. (Hrg.):* (1994). Sekundärrohstoff Holzasche. Nachhaltiges Wirtschaften im Zuge der Energiegewinnung aus Biomasse. Tagungsband. 15.–16.09.1994, TU Graz

[31] *Obernberger, I.:* Nutzung fester Biomasse in Verbrennungsanlagen unter besonderer Berücksichtigung des Verhaltens aschebildender Elemente. Graz: dbv-Verlag, 1997

[32] *Marutzky, R.:* Erkenntnisse zur Schadstoffbildung bei der Verbrennung von Holz und Spanplatten. Habilitationsschrift. Wilhelm-Klaudiz-Institut, Fraunhofer-Arbeitsgruppe für Holzforschung, Braunschweig, 1991

[33] *Hartmann, H.; Strehler, A.:* Die Stellung der Biomasse im Vergleich zu anderen erneuerbaren Energieträgern aus ökologischer, ökonomischer und technischer Sicht. Abschlussbericht für das BML. Schriftenreihe „Nachwachsende Rohstoffe“, Band 3. Münster: Landwirtschaftsverlag, 1995

[34] *Kaltschmitt, M.:* Biomasse als Festbrennstoff. Schriftenreihe „Nachwachsende Rohstoffe“. Band 6. Münster: Landwirtschaftsverlag, 1996

[35] *Milestone, N. B.:* The effect of glucose and some glucose oxidation products on the hydration of tricalcium aluminate. Cement and Concrete Research, 7 (1977), S. 45–52

[36] *Roffael, E., Stegmann, G.:* Bedeutung der Holz-Extraktstoffe in chemisch-technologischer Hinsicht. Adhäsion, 7–8 (1983), S. 7–19

[37] *Willför, S.; Hemming, J.; Reunanen, M.; Eckerman, D.; Holmbom, B.:* Wood knots – A novel rich source of bioactive phenolic compounds. Proceedings of “7th European Workshop on Lignocellulosics and Pulp (EWLP)”. Towards molecular-level understanding of wood, pulp and paper. 26.–29. August 2002. Tuku/Abo, Finnland

[38] *Hausen, B. M.:* Woods Injurious to Human Health – A Manual. Berlin: de Gruyter, 1981

[39] *Hausen, B. M.:* Allergiepflanzen, Pflanzenallergene. Handbuch und Atlas der allergieinduzierenden Wild- und Kulturpflanzen. Landsberg: Ecomed, 1988

[40] Holz-Lexikon. 4. Auflage, Leinfelden-Echterdingen: DRW-Verlag, 2004

[41] *Burmester, A.:* Formbeständigkeit der Hölzer gegenüber Feuchtigkeit. Grundlagen und Vergütungsverfahren. BAM-Berichte Nr. 4, 1970

[42] *Popper, R.; Niemz, P.; Eberle, G.:* Untersuchungen zum Sorptions- und Quellverhalten von thermisch behandeltem Holz. Holz als Roh- und Werkstoff, 63 (2005), S. 135–148

[43] *Gustafsson, P. J.; Hofmeyer, P.; Valentin, G.:* DOL behaviour of en noched beams. Holz als Roh- und Werkstoff, 56 (1998), S. 307–310

[44] *Stamm, A. J.:* Industrial Engineering. Chem. Anal. Ed. Bd 1: 1929, Bd. 2: 1930

[45] *Grimsel, M.:* Mechanisches Verhalten von Holz. Dissertation TU Dresden, 1999

[46] *Bodig, J.; Jayne, B.:* Mechanics of Wood and Wood Composites. 2. Auflage, Malabar (FL) U.S.A.: Krieger Publishing Company, 1993

[47] *Burger, N.; Glos, P.:* Einfluss der Holzabmessungen auf die Zugfestigkeit von Bauschnittholz. Holz als Roh- und Werkstoff, 54 (1996), S. 333–340

[48] *Neuhaus, F. H.:* Elastizitätszahlen von Fichtenholz. Dissertation, Ruhr-Uni Bochum, 1981

[49] *Eberhardsteiner, J.:* Mechanisches Verhalten von Fichtenholz. Wien: Springer Verlag, 2002

[50] *Kollmann, F.; Cote, W.A.:* Principles of wood science and technology. Berlin, Heidelberg, New York: Springer-Verlag, 1968

[51] *Liese, W.:* Elektronenmikroskopie des Holzes. In: Freund, H. (Hrsg.): Handbuch der Mikroskopie in der Technik. Bd. V, Teil 1. Frankfurt/M.: Umschau Verlag, 1970

Weiterführende Literatur

Bosshard, H.H.: Holzkunde. 3 Bände. Basel: Birkhäuser-Verlag, 1982 bis 1984
Grosser, D.: Die Hölzer Mitteleuropas. Berlin: Springer-Verlag, 1977
Knuchel, H.: Holzfehler – Die Abweichungen von der normalen Beschaffenheit des Holzes. Reprint der Ausgabe von 1934. Hannover: Verlag Th. Schäfer, 1995
Sachsse, H.: Einheimische Nutzhölzer und ihre Bestimmung nach makroskopischen Merkmalen. Hamburg, Berlin: Parey, 1984
Schweingruber, F. H.: Mikroskopische Holzanatomie. 3. Auflage, Birmensdorf: Eidgenössische Forschungsanstalt für Wald, Schnee und Landschaft, 1990

Anlagen

Anlage 1: Wichtige Normen zur Holzphysik

Allgemeine Normen

DIN EN 1438	1998-10	Symbole für Holz und Holzwerkstoffe; Deutsche Fassung EN 1438: 1998
DIN EN 13556	2003-10	Rund- und Schnittholz – Nomenklatur der in Europa verwendeten Handelshölzer; Dreisprachige Fassung EN 13556: 2003

Sortierung nach der Tragfähigkeit

DIN 4074-1	2008-12	Sortierung von Holz nach der Tragfähigkeit – Teil 1: Nadelschnittholz
DIN 4074-2	1958-12	Bauholz für Holzbauteile; Gütebedingungen für Baurundholz (Nadelholz)
DIN 4074-3	2008-12	Sortierung von Holz nach der Tragfähigkeit – Teil 3: Apparate zur Unterstützung der visuellen Sortierung von Schnittholz; Anforderungen und Prüfung
DIN 4074-4	2008-12	Sortierung von Holz nach der Tragfähigkeit – Teil 4: Nachweis der Eignung zur apparativ unterstützten Schnittholzsortierung
DIN 4074-5	2008-12	Sortierung von Holz nach der Tragfähigkeit – Teil 5: Laubschnittholz/Achtung: Gilt in Verbindung mit DIN 6779-1 und DIN 6779-2

Prüfung

DIN 52180-1	1977-11	Prüfung von Holz; Probenahme, Grundlagen zurückgezogen
DIN 52182	1976-09	Prüfung von Holz; Bestimmung der Rohdichte
DIN 52183	1977-11	Prüfung von Holz; Bestimmung des Feuchtigkeitsgehaltes zurückgezogen
DIN 52184	1979-05	Prüfung von Holz; Bestimmung der Quellung und Schwindung
DIN 52185	1976-09	Prüfung von Holz; Bestimmung der Druckfestigkeit parallel zur Faser
DIN 52186	1978-06	Prüfung von Holz; Biegeversuch
DIN 52187	1979-05	Prüfung von Holz; Bestimmung der Scherfestigkeit in Faserrichtung
DIN 52188	1979-05	Prüfung von Holz; Bestimmung der Zugfestigkeit parallel zur Faser
DIN 52189-1	1981-12	Prüfung von Holz; Schlagbiegeversuch; Bestimmung der Bruchschlagarbeit
DIN 52192	1979-05	Prüfung von Holz; Druckversuch quer zur Faserrichtung
DIN EN 1534	2011-01	Holzfußböden – Bestimmung des Eindruckwiderstandes – Prüfmethode; Deutsche Fassung EN 1534: 2010
DIN EN 1910	2000-03	Parkett und andere Holzfußböden und Wand- und Deckenbekleidungen aus Holz – Bestimmung der Dimensionsstabilität; Deutsche Fassung EN 1910: 2000
DIN EN 1910	2011-09	Holzfußböden und Wand- und Deckenbekleidungen aus Holz – Bestimmung der Dimensionsstabilität; Deutsche Fassung prEN 1910: 2011

Messung

DIN EN 1309-1	1997-08	Rund- und Schnittholz – Verfahren zur Messung der Maße – Teil 1: Schnittholz; Deutsche Fassung EN 1309-1: 1997
DIN EN 1310	1997-08	Rund- und Schnittholz – Messung der Merkmale; Deutsche Fassung EN 1310: 1997
DIN EN 1311	1997-08	Rund- und Schnittholz – Verfahren zur Messung von Schädlingsbefall; Deutsche Fassung EN 1311: 1997
DIN EN 13183-1	2002-07	Feuchtegehalt eines Stückes Schnittholz –

		Teil 1: Bestimmung durch Darrverfahren; Deutsche Fassung EN 13183-1: 2002
DIN EN 13183-1 Berichtigung 1	2003-12	Berichtigungen zu DIN EN 13183-1: 2002-07
DIN EN 13183-2	2002-07	Feuchtegehalt eines Stückes Schnittholz – Teil 2: Schätzung durch elektrisches Widerstands-Messverfahren; Deutsche Fassung EN 13183-2: 2002
DIN EN 13183-2 Berichtigung 1	2003-12	Berichtigungen zu DIN EN 13183-2: 2002-07
DIN EN 13183-3	2005-06	Feuchtegehalt eines Stückes Schnittholz – Teil 3: Schätzung durch kapazitives Messverfahren; Deutsche Fassung EN 13183-3: 2005

Verzeichnis Internationaler Normen der ISO für Vollholz
(DIN-Normen zum selben Thema in Klammern)

ISO 1030	1975-12	Nadelschnittholz; Fehler; Messung (DIN 52181)
ISO 1031	1974-12	Nadelschnittholz; Fehler; Begriffe und Definitionen (DIN 68256)
ISO 3129	1975-11	Holz; Stichprobenverfahren und allgemeine Anforderungen an physikalische und mechanische Prüfungen (DIN 52180-1)
ISO/DIS 3129	2010-06	Holz – Probenahmeverfahren und allgemeine Anforderungen für physikalische und mechanische Prüfungen. Vorgesehen als Ersatz für ISO 3129 (1975-11)
ISO 3130	1975-11	Holz; Feuchtigkeitsbestimmung bei physikalischen und mechanischen Prüfungen (DIN 52183)
ISO 3131	1975-11	Holz; Dichtebestimmungen bei physikalischen und mechanischen Prüfungen (DIN 52182)
ISO 3132	1975-11	Holz; Bestimmung der Druckfestigkeit senkrecht zur Faserrichtung (DIN 52192)
ISO 3133	1975-11	Holz; Bestimmung der Biege(bruch)festigkeit bei statischer Belastung (DIN 52186)
ISO 3345	1975-09	Holz; Bestimmung der maximalen Zugspannung (Bruchspannung) parallel zur Faser (DIN 52188)
ISO 3347	1976-01	Holz; Bestimmung der höchsten Scherspannung (Scherbruchspannung) parallel zur Faser (DIN 52187)
ISO 3348	1975-08	Holz; Bestimmung der Schlagbiegefestigkeit (DIN 52189-1)

Anlage 2: Materialkennwerte

Tabelle 1: Eigenschaften (Mittelwerte) ausgewählter Holzarten (nach [10])

Holzart	Roh-dichte ϱ_{15} (g/cm³)	Darr-dichte (g/cm³)	Druck-festig-keit (N/mm²)	Zug-festig-keit (N/mm²)	Biege-festig-keit (N/mm²)	E-Modul parallel (N/mm²)	Scher-festig-keit parallel (N/mm²)	Bruch-schlag-arbeit (J/cm²)	Härte nach Brinell H_B parallel (N/mm²)	Härte nach Brinell H_B senkr. (N/mm²)	differentielles Schwindmaß % (radial)	% (tan-gential)	Wärme-leit-fähigkeit (W/mK)[1)]
Balsa	0,16	0,14	10	30	19	2900	1,05	0,3	5,5	2,5	0,085	0,185	0,055
Birke	0,68	0,645	51	135	132	14750	13	8,75	48	28,5	0,21	0,285	
Buche	0,76	0,68	58	117	108	14350	8,85	10	71	34,5	0,21	0,41	0,16
Douglasie	0,545	0,5	55	93,5	85	12100	8,6	4,85	44	18,5	0,17	0,275	0,12
Edel-kastanie	0,58	0,53	46	128,5	81,5	9500	8,55	5,65	35,5	19	0,14	0,265	
Eibe	0,675	0,63	57	108	85	15700		14,7	68	30	0,15	0,27	
Eiche	0,705	0,65	58	99	97	12500	10,4	6,2	57,5	32,5	0,2	0,315	0,165
Erle	0,53	0,495	47	81	87,5	9500	4,7	5,1	34,5	12	0,16	0,27	
Esche	0,72	0,67	51	145	113,5	12900	12,7	7,75	64	38	0,19	0,325	0,15
Fichte	0,45	0,415	45	85	71	11000	6,25	4,5	31	14	0,17	0,315	0,11
Hemlock	0,485	0,45	45	68	75	10000	7,75	4,45	35	14	0,155	0,285	0,15
Kiefer	0,53	0,485	50	102	89,5	11900	9,2	5,5	40	18,5	0,17	0,305	0,14
Lärche	0,58	0,54	54	101	94	12550	9,85	6,3	49,5	22	0,16	0,32	0,12
Pappel	0,525	0,425	33	72,5	65	8850	6	4,35	29	12,5	0,155	0,28	0,125
Platane	0,64	0,59	52	98	108,5	10300	10,9	6,6	45	26,5	0,165	0,305	
Pockholz	1,255	1,165	103		129	12000		3,75	160	87,5	0,25	0,38	
Radiata-Kiefer	0,495	0,46	40	79	67,5	9950	7,15			13	0,14	0,245	
Redwood	0,41	0,385	35	76	60	7850	6	3	27	12	0,13	0,205	
Robinie	0,77	0,72	65	131,5	132	13350	14,25	14,1	71	48,5	0,23	0,35	
Tanne	0,45	0,425	46	86	68	12250	6,2	4	31	14,5	0,14	0,315	0,12

1) senkrecht zur Faserrichtung

Tabelle 2: Scherfestigkeit in Abhängigkeit von der Belastungsrichtung für die Belastungsrichtungen a–d; e und f nicht geprüft

		Scherebene/Kraftrichtung			
		a	b	c	d
Fichte Rohdichte (g/cm^3)	x s	0,43 0,03	0,44 0,03	0,44 0,02	0,44 0,03
Scherfestigkeit (N/mm^2)	x s	9,89 1,10	8,73 0,50	2,83 0,64	2,49 0,65
Buche Rohdichte (g/cm^3)	x s	0,68 0,03	0,69 0,03	0,69 0,04	0,71 0,04
Scherfestigkeit (N/mm^2)	x s	14,31 0,89	18,34 1,29	6,88 1,10	9,36 2,37

n = 30 Proben je Richtung

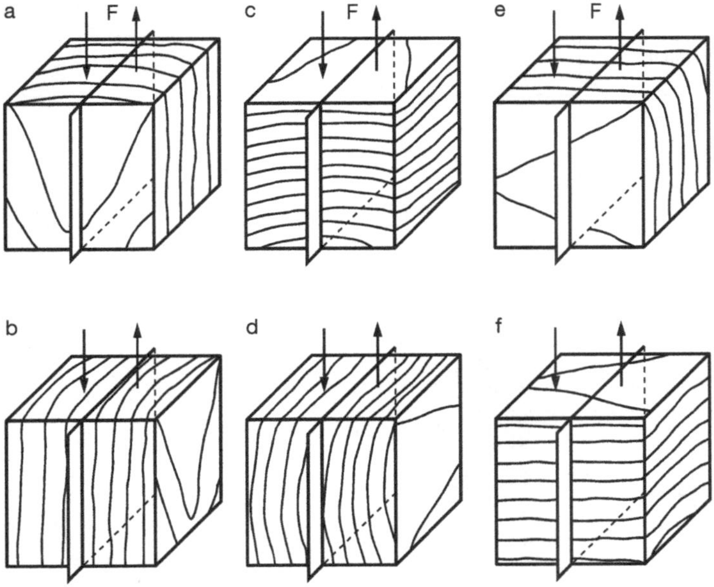

a) Scherebene Radialfläche, Belastung parallel zur Faser
b) Scherebene Tangentialfläche, Belastung parallel zur Faser
c) Scherebene Radialfläche, Belastung senkrecht zur Faser
d) Scherebene Tangentialfläche, Belastung senkrecht zur Faser
e) Scherebene Hirnfläche, Belastung senkrecht zur Faser, in tangentialer Richtung
f) Scherebene Hirnfläche, Belastung senkrecht zur Faser, in radialer Richtung

Tabelle 3: Ausgewählte Kennwerte elastischer Eigenschaften für Fichte nach verschiedenen Autoren. 1. Index: Richtung der Kraft. 2. Index: Richtung der Dehnung

Autor	**Feuchte** (%)	E_L E_R E_T (N/mm²)	E_L/E_R E_L/E_T E_R/E_T (–)	G_{LT} G_{LR} G_{RT} (N/mm²)	G_{LR}/G_{LT} G_{LR}/G_{RT} G_{LT}/G_{RT} (–)	μ_{RL} μ_{TL} μ_{TR} (–)	μ_{LR} μ_{LT} μ_{RT} (–)
DIN 68364 (1979)	12	10000 800 450	12,5 22,2 1,8	650 600	0,9	0,022 0,015	0,27 0,33
Neuhaus (1981)	13	11905 790 404	15,1 29,5 2,0	723 601 41	0,8 14,8 17,8	0,055 0,035 0,323	0,436 0,613 0,629
Krabbe[1)]	12,2	11364 1109 430	10,3 26,4 2,6	686 742 36	1,1 20,4 18,9		
Hörig[1)]	9,8	16234 699 400	23,2 40,6 1,7	775 629 37	0,8 17 21	0,019 0,013 0,24	0,43 0,53 0,42
Wommelsdorff[1)]	13,7	11287 980 429	11,5 26,3 2,3			0,049 0,028 0,26	0,447 0,561 0,586
Bodig & Jayne (1993)	12	11506 830 493	13,2 23,3 1,7	663 699 66	1,1 10,6 10		
Hearmon[2)]	12	13760 910 490	15,1 28,1 1,9	735 510 33	0,7 15,7 22,6	0,03 0,019 0,301	0,453 0,536 0,56

[1)] zitiert in Neuhaus (1981) [48]
[2)] zitiert in Kollmann und Côté (1968) [50]

Tabelle 4: Poisson-Zahlen für Laub- und Nadelhölzer nach Bodig und Jayne 1993 [46].
1. Index: Richtung der Kraft, 2. Index: Richtung der Dehnung

Poisson-Zahl	Nadelholz	Laubholz
μ_{LR}	0,37	0,37
μ_{LT}	0,42	0,50
μ_{RT}	0,47	0,67
μ_{TR}	0,35	0,33
μ_{RL}	0,041	0,044
μ_{TL}	0,033	0,027

Tabelle 5: Rechenwerte für die charakteristischen Festigkeits-, Steifigkeits- und Rohdichtekennwerte für Nadelholz (nach DIN EN 338)

1	Festigkeitsklasse (Sortierklasse nach DIN 4074-1)	C 16	C18	C24	C27	C30	C35	C 40
Festigkeitskennwerte (N/mm^2)								
2	Biegung $f_{m,k}$	16	18	24	27	30	35	40
3	Zug parallel $f_{t,0,k}$	10	11	14	16	18	21	24
4	Druck parallel $f_{c,0,k}$	17	18	21	22	23	25	26
5	rechtwinklig $f_{c,90,k}$	2,2	2,2	2,5	2,6	2,7	2,8	2,9
6	Schub und Torsion $f_{v,k}$	1,8	2,0	2,5	2,8	3,0	3,4	3,8
Steifigkeitskennwerte (N/mm^2)								
7	Elastizitätsmodul parallel $E_{0,mean}$[4])	8000	9000	11000	11500	12000	13000	14000
8	rechtwinklig $E_{90,mean}$	270	300	370	380	400	430	470
9	Schubmodul G_{mean}	500	560	690	720	750	810	880
Rohdichtekennwerte (kg/m^3)								
10	Rohdichte ϱ_k	310	320	350	370	380	400	420

Anmerkungen:

Die oben angegebenen Werte für die Zug-, Druck- und Schubfestigkeit, die 5-%-Quantile des Elastizitätsmoduls, der Mittelwert des Elastizitätsmoduls rechtwinklig zur Faserrichtung und der Mittelwert des Schubmoduls wurden mit den in diesem Kapitel angegebenen Gleichungen berechnet.

Die tabellierten Eigenschaften gelten für Holz mit einem bei 20 °C und 65 % relativer Luftfeuchte üblichen Feuchtegehalt.

Es kann sein, dass Bauholz der Klassen C45 und C50 nicht immer zur Verfügung steht.

Tabelle 6: Bruchzähigkeitskennwerte K_{IC} für Fichte
(Messungen: Niemz, ETH Zürich) und exemplarische Darstellung des Einflusses der Holzfeuchte für ausgewählte Belastungsrichtungen
1. Index: Kraftrichtung; 2. Index: Richtung der Rissausbreitung

Belastungsart	**Holzfeuchte (%)**	**Bruchzähigkeit K_{IC} (MPa $\sqrt{m}$)**
RT	8 12 20	0,16 0,214 0,194
TR	8 12 20	0,128 0,204 0,149
LT	12	0,595
TL	12	0,230
RL	12	0,383
LR	12	0,986

Tabelle 7: Zug- und Druckfestigkeit (in N/mm²) von ausgewählten Holzarten
a) nach Pozgaj, Conavez, Kurjatko, Babiak (1993)

Holzart	Rohdichte (kg/m³)	Zugfestigkeit in Faserrichtung (N/mm²)	Druckfestigkeit in Faserrichtung (N/mm²)	Zugfestigkeit senkrecht zur Faserrichtung (N/mm²)		Druckfestigkeit senkrecht zur Faserrichtung (N/mm²)	
				radial	tangential	radial	tangential
Fichte	338	74,1	34,1	2,2	1,7	3,4	4,0
Buche	561	133,5	56,7	3,4	4,4	12,9	8,5

b) Zugfestigkeit senkrecht zur Faserrichtung (andere Autoren), zusammengestellt von Welling (1987)

Holzart	Autor	Querzugfestigkeit (N/mm²)		E-Modul (Zug)	
		radial	tangential	radial	tangential
Buche	Welling	13,21	7,66		571
	Goulet	20,98	9,66		
	Pozgaj et al.	3,4	4,4	789	289
Fichte	Welling	4,8	3,93	662	413
	Pozgaj et al.	2,2	1,7	1588	613

Welling, J.: Die Erfassung von Trocknungsspannungen während der Kammertrocknung von Schnittholz. Diss. Universität Hamburg, 1987

Pozgaj, A.; Conavez, D.; Kurjatko, S.; Babiak, M.: Struktura a vlasnosti dreva. Bratislava: Priroda, 1993

c) Einfluss des Faserwinkels auf die Zugfestigkeit senkrecht zur Faserrichtung von Buche und Fichte (eigene Messungen Niemz)

Winkel (°)	Festigkeit (N/mm²) Buche	Festigkeit (N/mm²) Fichte
0 (radial)	10,2	3,7
10	9,9	3,3
20	10,2	3,4
30	9,2	3,5
45	8,8	2,8
60	8,5	2,5
90 (tangential)	6,2	2,8

2 Werkstoffe aus Holz

Peter Niemz *)
André Wagenführ

2.1 Übersicht zu den Holzwerkstoffen

Holzwerkstoffe entstehen durch Zerlegen des Holzes und anschließendes Zusammenfügen der entstandenen Teile in geeigneter Weise, häufig (aber nicht ausschließlich) mit Hilfe von Klebstoffen.

Bild 2.1: Zusammensetzung von Holzwerkstoffen

Tabelle 2.1: Holz- und Klebstoffanteile verschiedener Holzwerkstoffe (Richtwerte in Anlehnung an *Gfeller,* 2000)

Material	Holzanteil (%)	Leimanteil (%)
Brettschichtholz	95 … 97	3 … 5
Massivholzplatte	95 … 97	3 … 5
Spanplatte	86 … 93	7 … 14, OSB 6 … 9
Faserplatte	86 … 100	0 … 16, MDF 9 … 13
		(bei HDF bis 16 %, bei leichten MDF je nach Klebstoffart z.T. deutlich höher)
Furnierwerkstoffe	20 … 95	3 … 5 (80) (hohe Anteile bei kunstharzimprägniertem Holz)

Die Anforderungen an die Holzqualität sind bei den verschiedenen Holzwerkstoffen sehr differenziert. Allgemein steigen die Anforderungen an die Holzqualität mit sinkendem Aufschlussgrad des Holzes. Sie sind bei Brettschichtholz und Lagenhölzern deutlich höher als bei Spanplatten.

*) Dieses Kapitel ist teilweise dem Kapitel „Holzwerkstoffe“ (Autor P. Niemz) aus dem Werk Dunky/Niemz: „Holzwerkstoffe und Leime“ (Springer-Verlag Berlin, 2002) entnommen. Autor und Verlag danken dem Springer Verlag für die freundliche Genehmigung. Die Überarbeitung und Aktualisierung erfolgte unter Mitwirkung von Dr.-Ing. Christian Gottlöber, TU Dresden. Der Autor dankt ihm dafür recht herzlich.

2.1.1 Vollholz

Vollholz kann in unvergütetes und vergütetes Vollholz eingeteilt werden. Zu Vollholz werden **Schnittholz** (einschließlich getrocknetes), **Furnier** und **Rundholz** gezählt. Im Bauwesen wird für getrocknetes und meist vorsortiertes Holz häufig der Begriff **Konstruktionsvollholz** gebraucht.

Zunehmende Bedeutung erlangt auch **vergütetes Holz**. Die Vergütung kann z. B. erfolgen durch:

- **Verdichten** zur Erhöhung der Dichte und damit auch der Festigkeit, teilweise mit thermischer oder hydrothermischer Behandlung kombiniert,
- **Tränken** mit Kunst- oder Naturharzen zur Erhöhung der Härte und des Abriebwiderstandes oder mit Schutzmitteln gegen Feuer und Holzschädlinge,
- **Chemische Modifizierung, thermische oder hydrothermische Vergütung**: Vergütung in heißem Öl, Methylierung oder Acetylierung, thermische Vergütung und gleichzeitige Zugabe von Harzen aus Holz zwecks Verbesserung des Quell- und Schwindverhaltens und der Dauerhaftigkeit (und somit Reduzierung des Einsatzes von Holzschutzmitteln). Teilweise auch zur Farbänderung genutzt.

2.1.2 Holzwerkstoffe

Das Holz kann durch Auftrennung in Strukturelemente von sehr unterschiedlicher Größe zerlegt werden.

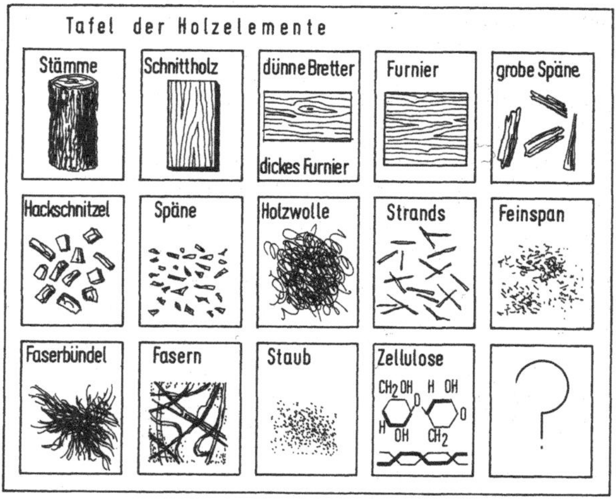

Bild 2.2: Strukturelemente von Holzwerkstoffen nach *Marra* (1972, zitiert in [1])

Mit der Größe dieser Strukturelemente ändern sich auch wesentlich die Eigenschaften des daraus gefertigten Werkstoffes (Tabelle 2.2). So verringert sich mit zunehmendem Aufschluss des Holzes die Festigkeit.

Tabelle 2.2: Einfluss der Strukturauflösung auf die Eigenschaften von Holzwerkstoffen (vom Schnittholz zur Faserplatte)

	Vollholz → Holzwerkstoff
Festigkeit	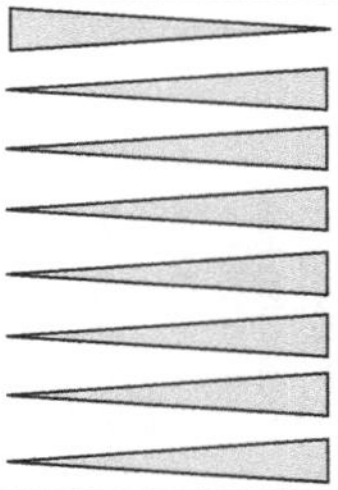
Aufschlussgrad	
Homogenität	
Isotropie	
Energieeinsatz	
Umweltbeeinträchtigung	
Wärmedämmung	
Oberflächengüte	

Die Homogenität, die Wärmedämmung, die Isotropie und die Oberflächenqualität steigen dabei gleichzeitig, ebenso der notwendige Energieaufwand und die Umweltbeeinträchtigung. Die Eigenschaften von Holzwerkstoffen lassen sich über die Struktur in einem weiten Bereich variieren. Holzwerkstoffe können in die in Bild 2.3 dargestellten Gruppen eingeteilt werden.

Unter **Engineered Wood Products** versteht man eine Gruppe von verschiedenen Holzwerkstoffen, die insbesondere für tragende Zwecke im Bauwesen eingesetzt werden. Sie zeichnen sich durch im Vergleich zu Vollholz größere lieferbare Längen und höhere Formstabilität (da trocken geliefert, keine Rissbildung oder Verformung durch Trocknungsspannungen) aus.

Prinzipiell handelt es sich dabei um Spezialprodukte herkömmlicher Holzwerkstoffe. Zu dieser Gruppe gehören:

- **Laminated Veneer Lumber** (LVL), als Spezialvariante von Furnierschichtholz,
- **Parallel Strand Lumber** (PSL, z. B. Parallam), Furnierstreifenholz,
- **Laminated Strand Lumber** (LSL), als Spezialvariante der OSB,
- **Scrimber** (Quetschholz).

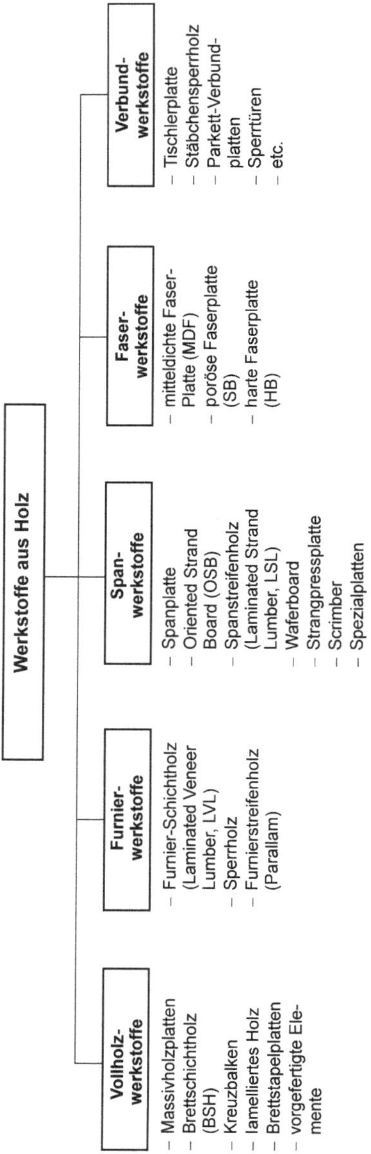

Bild 2.3: Einteilung von Holzwerkstoffen

2.2 Struktureller Aufbau und wesentliche Einflussfaktoren auf die Eigenschaften ausgewählter Holzwerkstoffe

2.2.1 Allgemeine Gesetzmäßigkeiten der Werkstoffbildung

Bei allen Holzwerkstoffen erfolgt zunächst eine Auflösung der Struktur des nativen Holzes in Strukturelemente und eine auf den jeweiligen Einsatzfall orientierte Neuanordnung. Nachfolgend werden einige wichtige Grundlagen zur Strukturbildung, die für alle Werkstoffe gelten, zusammengestellt (siehe auch Abschn. 1.4).

Vollholz, als der am häufigsten eingesetzte Rohstoff für Holzwerkstoffe, hat ausgeprägte orthotrope Eigenschaften (s. a. Abschn. 1.4.9.2).

Bild 2.4 zeigt die Feuchteabhängigkeit der elastischen Kennwerte in den Hauptachsen am Beispiel eines Deformationskörpers von Buchenholz bei Zugbelastung [Berechnungen unter Berücksichtigung der Gl. (1.11)]. Deutlich sind das orthotrope Verhalten und die starke Feuchteabhängigkeit erkennbar. Insbesondere bei Druckbelastung senkrecht zur Faserrichtung kommt es zu plastischen Verformungen (Versagen des Frühholzes). Ein eigentlicher Bruch tritt bei Druck senkrecht zur Faser nicht auf. Die plastischen Verformungen können bei wiederholtem Quellen und Schwinden zur Fugenöffnung führen (z. B. bei Parkett oder Fensterrahmen).

Bei Zugbelastung sind die Bruchdehnung und die plastischen Verformungen gering. So kann es bei behinderten Zugspannungen senkrecht zur Faserrichtung leicht zur Rissbildung kommen. Bekannt ist dieser Effekt bei Massivholzplatten, die bei der Nutzung eine deutlich niedrigere Holzfeuchte (z. B. 6 % in beheizten Innenräumen im Winter) als bei der Herstellung (z. B. 12 %) haben.

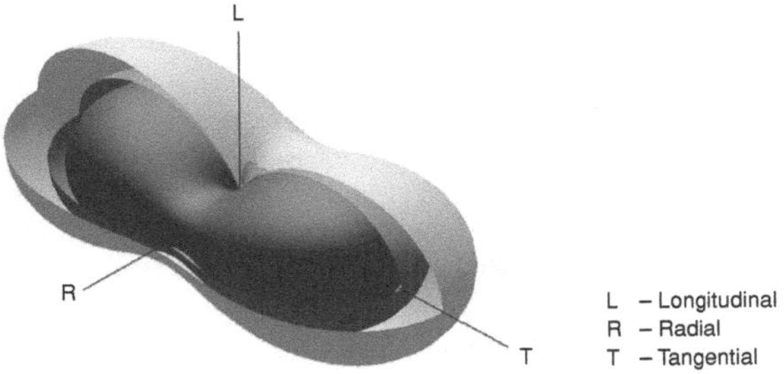

Bild 2.4: Deformationskörper für Buchenholz bei Zugbelastung in den drei Hauptachsen (dunklere Farbe bedeutet geringere Holzfeuchte) (Messungen *Ozyhar*, ETH Zürich 2012)

Querkontraktion

Die Querkontraktion in tangentialer Richtung beträgt das 1,5-Fache der Querkontraktion in Radialrichtung.

Festigkeiten

Die Festigkeit in Faserrichtung ist deutlich höher als senkrecht zur Faserrichtung. Sie ist radial höher als tangential. So geben *Pozgaj* et al. [2] z. B. für die Zugfestigkeit von Fichte ein Verhältnis tangential : radial : längs von 1 : 1,3 : 43 an.

Die Zugfestigkeit ist bei kleinen, fehlerfreien Proben etwa doppelt so hoch wie die Druckfestigkeit.

Bei Holz in Bauholzabmessungen wird die Festigkeit insbesondere durch Äste und den Faserverlauf deutlich beeinflusst (reduziert). Die Festigkeitseigenschaften von Bauholz sind daher geringer als die von kleinen, fehlerfreien Proben. Werden die im Holz vorhandenen Defekte aufgeteilt und über die Probendicke gleichmäßig versetzt verteilt, erhöht sich die Festigkeit, da die Querschnittsschwächung durch die Defekte reduziert wird. Beispiele dafür sind Furnierschichtholz und Brettschichtholz.

Bei der Herstellung von Holzwerkstoffen erfolgt eine Auflösung der Struktur des nativen Holzes und eine Neuorientierung der Strukturelemente mit dem Ziel, einen Holzwerkstoff nach Maß zu erzeugen. Dabei können sowohl die mechanischen Eigenschaften als auch die Homogenität und die Isotropie in weiten Grenzen variiert werden.

Die Eigenschaften aller Holzwerkstoffe werden u. a. durch folgende Parameter bestimmt:

- Eigenschaften der Strukturelemente (Festigkeit, E-, G-Moduln),
- Lage und Orientierung der Strukturelemente zur Belastungsrichtung,
- Abmessungen der Strukturelemente,
- Überlappungslängen der Strukturelemente (Bild 2.5), dies gilt sowohl für aus Lamellen verklebte Werkstoffe auf Vollholzbasis als auch für Partikelwerkstoffe,
- Güte der Verbindung der Strukturelemente (z. B. Klebstoffart, Faserwinkel, Klebfugenfestigkeit (Bild 2.6, Bild 2.7), Geometrie der Keilzinken, insbesondere deren Flankenwinkel); bei Keilzinkenverbindungen wird deren Festigkeit primär durch den Flankenneigungswinkel (nicht durch die Länge der Zinken) bestimmt,
- Ausbildung eines Dichte-/Festigkeitsprofils über den Querschnitt (Sandwich-Prinzip von Verbundwerkstoffen oder auch Spanplatten und MDF, Bild 2.8),

- Anordnung der festeren Lagen in den Randzonen bei Brettschichtholz,
- Rohdichte des Holzwerkstoffes (insbesondere bei Partikelwerkstoffen erfolgt meist eine deutliche Erhöhung der Rohdichte im Vergleich zur Dichte des eingesetzten Rohmaterials).

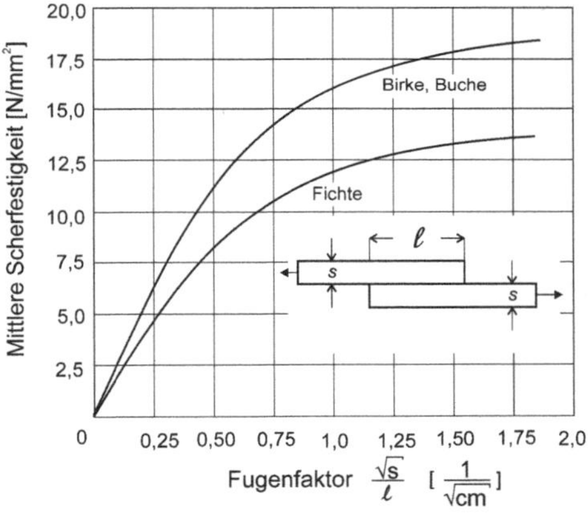

Bild 2.5: Einfluss der Überlappungslänge auf die Zugfestigkeit einer Holzverbindung [3]

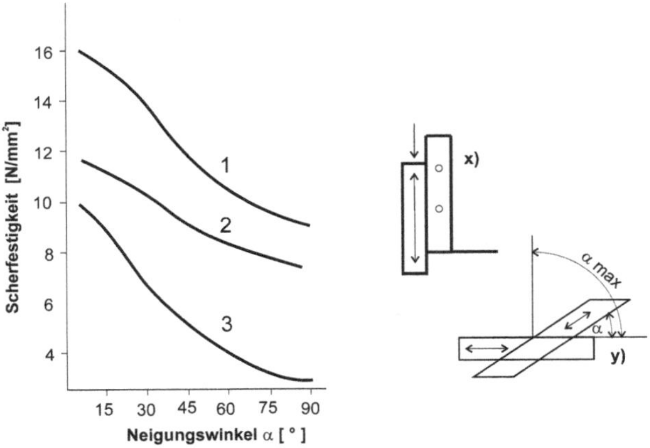

Bild 2.6: Scherfestigkeit von Holzverbindungen in Abhängigkeit vom Neigungswinkel der Fasern [4]
1 – Rotbuche, 2 – Eiche, 3 – Kiefer

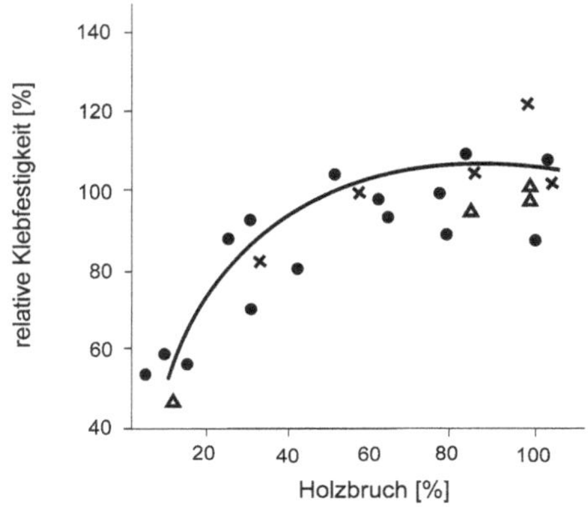

Bild 2.7: Beziehungen zwischen dem Anteil an Holzbruch und der relativen Fugenfestigkeit [4]

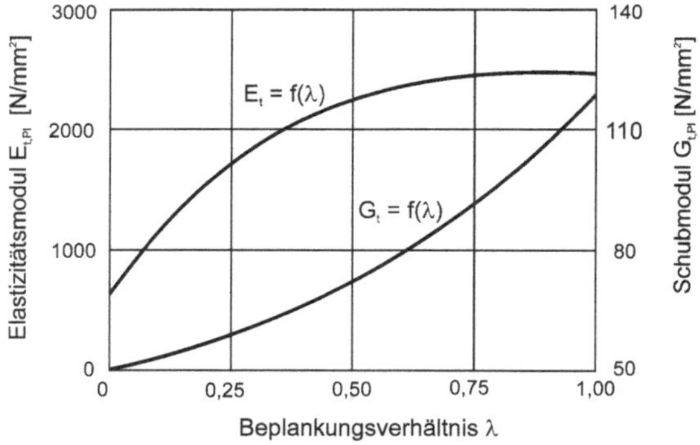

Bild 2.8: Einfluss des Beplankungsgrades auf den Biege-E-Modul und den Schubmodul einer dreischichtigen Spanplatte bei Biegung senkrecht zur Plattenebene, Kennwerte um Kriechverfomung abgemindert [5]
$E_{Deckschicht}$: 2500 N/mm², $G_{Deckschicht}$: 120 N/mm², $E_{Mittellage}$: 700 N/mm², $G_{Mittellage}$: 40 N/mm²

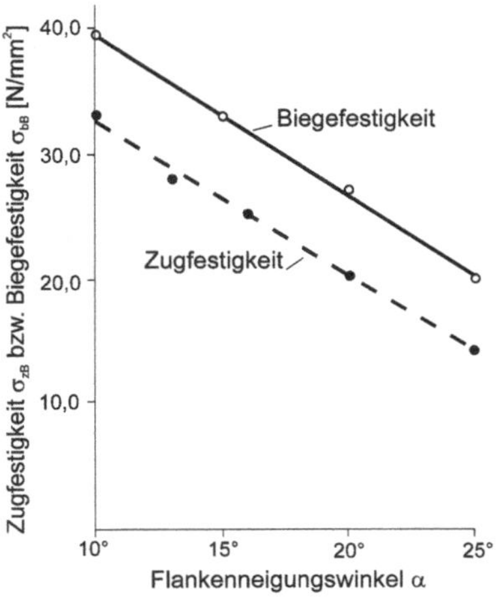

Bild 2.9: Zug- und Biegefestigkeit von Keilzinkenverbindungen (Kiefer) in Abhängigkeit vom Flankenneigungswinkel

Hohe Bedeutung hat der Schichtenaufbau in Bezug auf den E-Modul und die Festigkeit. So kann der Biege-E-Modul eines dreischichtigen Elements z. B. wie folgt aus den Eigenschaften der Schichten berechnet werden:

$$E_{\mathrm{Pl}} = E_{\mathrm{De}}\left[1 - \left(1 - \frac{E_{\mathrm{Mi}}}{E_{\mathrm{De}}}\right) \cdot (1 - \lambda)^3\right] \qquad (2.1)$$

$$\lambda = \frac{2 \cdot a_{\mathrm{De}}}{a_{\mathrm{Pl}}}$$

λ Beplankungsgrad, E_{Pl} E-Modul der Platte, E_{De} E-Modul der Deckschicht, E_{Mi} E-Modul der Mittelschicht, a_{Pl} Dicke der Platte, a_{De} Dicke der Deckschicht

2.2.2 Klebstoffe

Zur Herstellung von Holzwerkstoffen wird in den meisten Fällen ein Klebstoff benötigt. Ausnahme sind im Nassverfahren hergestellte Faserplatten oder durch Nageln oder Dübeln verbundene Brettelemente, wie sie z. B. für Brettstapelbauweise eingesetzt werden.

Klebstoffe sind Materialien, die Werkstoffe ohne mechanisch wirkende Verbindungsmittel (Nägel, Dübel, Schrauben etc.) fest verbinden können [6].

Es handelt sich also um nichtmetallische Werkstoffe, die andere Werkstoffe durch **Oberflächenhaftung** (Adhäsion) und ihre **innere Festigkeit**

(Kohäsion) verbinden können, ohne dass sich das Gefüge der zu verbindenden Körper wesentlich ändert. Je nach Holzwerkstoff und Einsatzzweck werden unterschiedliche **Klebstofftypen** verwendet. Hier soll eine grundsätzliche Übersicht über verschiedene Klebstofftypen und deren Einsatzmöglichkeiten gegeben werden.

Klebstoffe setzen sich im Allgemeinen zusammen aus [6]:

- nichtflüchtigen Bestandteilen (Bindemittel, Pigmente, Füllstoffe, Streckmittel, Hilfsstoffe [Härter, Beschleuniger, Verzögerer]),
- flüchtigen Bestandteilen (Lösungsmittel, Dispersionsmittel, Verdünnungsmittel).

Bild 2.10 zeigt eine Einteilung der Klebstoffe nach der Art des Abbindens bzw. Aushärtens.

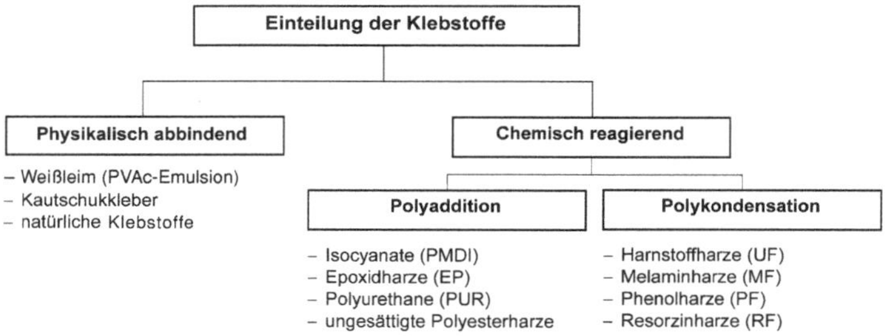

Bild 2.10: Einteilung der Klebstoffe

Nach neueren Arbeiten ist eine Verbindung von Holzelementen auch durch Reibschweißen sowohl in der Kombination Holz – Holz als auch Holz – Thermoplast möglich. Dazu wird meist Leistungsultraschall verwendet, um die notwendige Energie einzubringen.

2.2.2.1 Physikalisch abbindende Klebstoffe

Die physikalisch abbindenden Klebstoffe zeichnen sich dadurch aus, dass bei der Aushärtung das Lösungsmittel aus der Leimfuge entfernt wird, damit der Klebstoff seine Wirkung entfalten kann.

Beispiele:

- Weißleim (PVAc-Emulsion),
- Kautschukkleber,
- Heißklebstoffe,
- natürliche Klebstoffe (auf Eiweißbasis, auf Kohlenhydratbasis).

PVAc-Leim (Weißleim) wird häufig in der Schreinerei und der Möbelindustrie verwendet. Weißleime sind die neben den UF-Harzen am häufigsten verwendeten Klebstoffe für Holz. Sie werden meist anwendungsfertig geliefert, können gut gelagert und verarbeitet werden und sind mit Wasser verdünnbar. Damit der Leim seine Wirkung entfalten kann, muss das Wasser aus der Dispersion entweichen (Verdunsten oder in den Werkstoff eindringen). Eine gute Klebfuge kann nur unter Pressdruck entstehen. Der Weißpunkt (Mindest-Filmbildungstemperatur) liegt bei 4 ... 18 °C. Weißleime sind nicht hitzebeständig und neigen zum Kriechen [7].

2.2.2.2 Chemisch reagierende Klebstoffe

Polyaddition

Verschiedenartige Moleküle mit mindestens zwei funktionellen Gruppen werden unter Übertragung von Protonen verknüpft.

Polyurethane

Polyurethan-Bindemittel entstehen durch die Reaktion von verschiedenen Isocyanattypen mit Polyolverbindungen. Je nach den an den Polymerketten vorhandenen Endgruppen ergeben sich reaktive oder physikalisch abbindende Klebstoffe. Polyurethane können im Nassbereich eingesetzt werden.

Im Holzbau (Brettschichtholz, Massivholzplatten) werden zunehmend Einkomponenten-Polyurethane eingesetzt, die mit dem im Holz enthaltenen Wasser reagieren. Dazu ist eine Mindestfeuchte des Holzes von etwa 8 % notwendig. 1K-PUR-Systeme sind mit sehr unterschiedlich langer Presszeit lieferbar (auch für Keilverzinkung) und farblos.

Isocyanate

Isocyanat-Bindemittel auf Basis von PMDI (Polymeres Diphenylmethandiisocyanat) werden in der Holzwerkstoffindustrie vorwiegend für die Herstellung von Holzwerkstoffen für den Einsatz im Feuchtbereich, aber auch für „formaldehydfrei“ verleimte Platten eingesetzt. PMDI zeichnet sich durch sein gutes Benetzungsverhalten einer Holzoberfläche im Vergleich zu den verschiedenen wässrigen Kondensationsharzen aus. Dadurch können besonders stabile Leimfugen hergestellt werden. PMDI klebt nicht nur Holz gut, sondern auch Pressbleche und Werkzeuge, was aufwendigere Vorkehrungen notwendig macht. Monomeres MDI ist toxisch und hat einen niedrigen Dampfdruck, was ebenfalls besondere Maßnahmen bei der Verarbeitung erfordert.

Die wesentliche Härtungsreaktion verläuft über Wasser zur Amidbildung unter gleichzeitiger Abspaltung von Kohlendioxid; das Amid seinerseits reagiert wieder mit einer weiteren Isocyanatgruppe zur Polyharnstoffstruktur weiter.

Polykondensation

Bei der Polykondensation werden Makromoleküle aus niedermolekularen Molekülen unter Abspaltung von Wasser oder anderen Spaltprodukten gebildet. Zu dieser Gruppe gehören Harnstoffharze, Phenolharze, Polyester oder Polyamide.

Beispiele:

- Harnstoffharze (UF),
- Melaminharze (MF),
- Phenolharze (PF),
- Resorzinharze (RF).

UF und MF bzw. Kombinationen derselben (MUF) kommen bei der Produktion von Span- und Faserplatten sowie Sperrholz am häufigsten (für 90 % aller Holzwerkstoffe) zum Einsatz. Die preiswerten UF-Harze werden durch Kombination mit (wesentlich teurerem) Melamin besser feuchtebeständig. Auch Kombinationen mit Phenolharzen werden verwendet (MUPF). In Europa sind Holzwerkstoffe der Emissionsklasse E1 (Formaldehyd-Ausgleichskonzentration unter 0,1 ppm) vorgeschrieben. PMDI-gebundene Platten werden oft unkorrekt als EO bezeichnet.

Bei Spanplatten mit einem Perforatorwert von 5 mg/100 g Spaneinwaage wird der Grenzwert von 0,1 ppm eingehalten. Bedeutung gewinnen zudem VOC-(Volatile Organic Compounds)Emissionen. Diese sind flüchtige organische Verbindungen.

Harnstoffharze

Harnstoffharze stellen die wichtigste Gruppe von Klebstoffen für die Holzwerkstoffindustrie dar. Nachfolgend werden einige Vor- und Nachteile aufgezählt.

Tabelle 2.3: Vor- und Nachteile der Harnstoffharze

Vorteile	Nachteile
■ einfache Handhabung und Verarbeitung ■ für verschiedenste Holzarten geeignet ■ duroplastisches Verhalten der ausgehärteten Leimfuge ■ farblose Leimfuge ■ unbrennbar ■ weit verbreitete und gesicherte Verfügbarkeit ■ niedriger Preis im Vergleich zu anderen Bindemitteln ■ schnelle, vollständige Aushärtung	■ Empfindlichkeit gegen Einwirkung von Feuchtigkeit und Wasser, insbesondere bei höheren Temperaturen (Hydrolyse) ■ Abspaltung von Formaldehyd während der Verarbeitung ■ nachträgliche Formaldehydabgabe: heute weitgehend gelöst durch Herabsetzung des Molverhältnisses (Harnstoff/Formaldehyd) und Zugabe von Fängern

Die Aushärtung des Harzes (**Kondensation**) wird entweder durch die Reaktion des freien Formaldehyds im UF-Harz mit **Härtern** (u. a. Ammoniumsalzen) oder durch direkte Zugabe von Säuren gestartet und durch den pH-Wert gesteuert: Je niedriger der pH-Wert der Leimflotte ist, desto kürzer ist die erforderliche Aushärtezeit.

Melaminharze

Durch die Verwendung von Melaminharzen können bei Holzwerkstoffen bessere Eigenschaften in Bezug auf Feuchtebeständigkeit und Quellverhalten erreicht werden. Da Melamin im Vergleich zu Harnstoff wesentlich teurer ist, wird es vorwiegend in Kombination mit demselben verwendet.

Phenolharze

Phenolharze werden für feuchtebeständige Verleimungen eingesetzt. Für die Herstellung von Span- und Faserplatten sowie OSB und Sperrholz verwendet man überwiegend heißhärtende PF-Leime. Sie zeichnen sich durch geringe Formaldehydabgabe und niedrige Dickenquellung aus und sind an der dunklen Leimfuge zu erkennen.

Resorzinharze

Resorcinformaldehyd- (RF) und Phenolresorcinformaldehydharze (PRF) werden als kalthärtende Bindemittel vor allem im konstruktiven Holzleimbau, für Keilzinkenverbindungen und andere Verleimungen für den Einsatz im Außenbereich eingesetzt. Der Einbau von Resorcin bewirkt eine deutliche Erhöhung der **Reaktivität**. Dadurch werden auch kalthärtende Harze herstellbar. Die ausgehärteten Leimfugen zeichnen sich durch eine hohe Festigkeit und durch eine sehr gute Wasser- und Wetterbeständigkeit aus. Da Resorcin teuer und nur beschränkt verfügbar ist, wird es in Kombination mit Phenolharzen eingesetzt. Reine RF-Harze werden nur in speziellen Fällen verwendet.

Je nach Feuchtebeanspruchung werden unterschiedliche Klebstoffe benutzt. Während Harnstoffharze überwiegend für Produkte im Innenbereich bei niedriger relativer Luftfeuchte Verwendung finden, werden Phenolharze und Isocyanate sowie auch Melaminharze für erhöhte Feuchtebelastung (z. B. Fußbodenbereich, Dachplatten) eingesetzt.

Folgende Holzfeuchten gelten für die einzelnen Verleimungsklassen nach DIN 68800-2:

- Nutzungsklasse 1 (Trockenbereich): Holzfeuchte < 15 % (Faserplatten 12 %),
- Nutzungsklasse 2 (Feuchtbereich): Holzfeuchte < 18 %,

- Nutzungsklasse 3 (Außenbereich): Holzfeuchte bis 21 % (mit Pilzschutzmitteln).

2.2.3 Werkstoffe auf Vollholzbasis

Werkstoffe auf Vollholzbasis gewinnen seit dem Ende der Achtzigerjahre zunehmend an Bedeutung. Bild 2.11 zeigt eine Einteilung der Werkstoffe auf Vollholzbasis. Zu dieser Gruppe gehören:

- **Massivholzplatten:** ein- oder mehrschichtig, oft auch als **Leimholzplatten** oder auch als **Brettsperrholz** bezeichnet; für das Bauwesen werden Platten im Format bis zu 3 m × 12 m × 0,5 m (Dicke) gefertigt, über 12 cm Dicke werden die Platten meist als Hohlraumkonstruktion ausgeführt,
- Elemente in **Brettstapelkonstruktion:** genagelt, gedübelt, geklebt, Schwalbenschwanz, Bild 2.12,
- **stabförmige verklebte Elemente:** lamelliertes Holz, Brettschichtholz, Profile; zunehmend im Bauwesen eingesetzt,
- **Verbundelemente:** wie Kastenträger,
- **Massive Elemente** aus kreuzweise geschichteten Brettern, die senkrecht zur Plattenebene entweder vernagelt oder verdübelt sind, werden angeboten (z. B. Fa. Thoma, Österreich; Fa. Nägeli, Schweiz), dabei werden ganze Wände massiv aus Holz vorgefertigt und Fenster- und Türenöffnungen herausgeschnitten.

Verbundelemente gewinnen im Holzbau als Leichtbauprinzip an Bedeutung. Dabei werden die Hohlräume teilweise mit Sand (Erhöhung der Schalldämmung) oder mit Faserdämmplatten (Erzielung einer erhöhten Wärmedämmung) ausgefüllt.

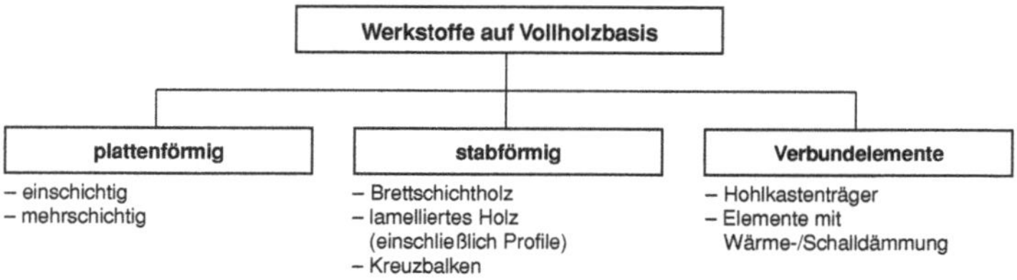

Bild 2.11: Einteilung von Werkstoffen auf Vollholzbasis

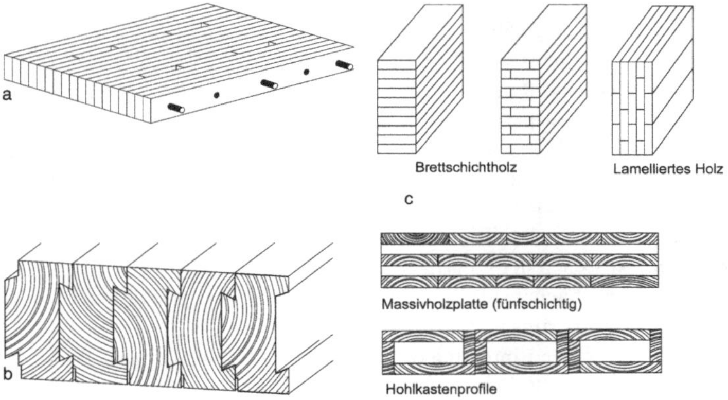

Bild 2.12: Struktureller Aufbau ausgewählter Werkstoffe auf Vollholzbasis. a) Brettstapelbauweise gedübelt, b) Brettstapelbauweise, Schwalbenschwanzverbindung, c) Massivholzplatten, Brettschichtholz, Hohlkastenprofile aus Holz

Wichtigste Einflussgrößen auf die Eigenschaften von Holzwerkstoffen auf Vollholzbasis sind:

- die **Güte des eingesetzten Holzes** (Bei Brettschichtholz mit Festigkeitssortierung der Lamellen ist eine Anordnung der Bretter mit der höheren Festigkeit in den Außenlagen möglich, dadurch kann die Tragfähigkeit erhöht werden.),
- die **Art der Längsverbindung** der Elemente (stumpfer Stoß, Keilzinkung),
- der **Schichtaufbau** (z. B. Verhältnis der Dicke der Decklage zur Dicke der Mittellagen bei Massivholzplatten, vgl. Gl. 2.1, die Orientierung der Lagen bei Massivholzplatten),
- die **Schnittrichtung** der Lagen (Bei Massivholzplatten kann durch eine entsprechende Schnittführung – z. B. Riftschnitt = stehende Jahrringe, Halbriftschnitt – die Formbeständigkeit der Platten deutlich erhöht werden. Die geringsten Spannungen werden bei Halbrift in den Decklagen erreicht, da der E-Modul bei Fichte unter 45° am geringsten ist),
- **technologische Parameter** wie Pressdruck und Klebstoffanteil.

2.2.4 Werkstoffe auf Furnierbasis

Werkstoffe auf Furnierbasis gehören zu den ältesten Holzwerkstoffen. In den letzten Jahren werden **Furnierschichtholz** (Laminated Veneer Lumber, LVL) und **Furnierstreifenholz** (PSL, z. B. Parallam) vermehrt eingesetzt. Mehrere neue Sperrholzwerke werden in Südamerika gebaut (Kapazität je Anlage 500 000 m^3/a).

Nach EN 313-1 wird Sperrholz unterteilt nach:

- dem Plattenaufbau (Furniersperrholz, Mittellagen-Sperrholz, Stab- und Stäbchensperrholz, Verbundsperrholz),
- der Form (eben, geformt),
- den Haupteigenschaften (Verwendung im Trockenbereich/im Feuchtbereich/im Außenbereich),
- den mechanischen Eigenschaften,
- dem Aussehen der Oberfläche,
- dem Oberflächenzustand (z. B. nicht geschliffen, geschliffen),
- den Anforderungen des Verbrauchers.

Bild 2.13 zeigt eine Einteilung der Werkstoffe auf Furnierbasis, Bild 2.14 typische Strukturmodelle.

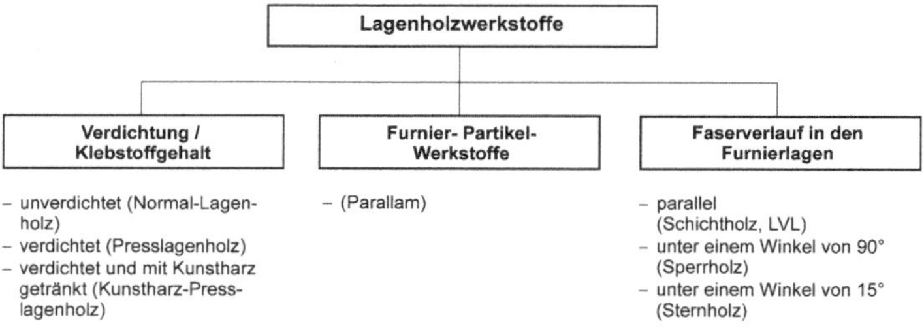

Bild 2.13: Einteilung von Werkstoffen auf Furnierbasis [8]

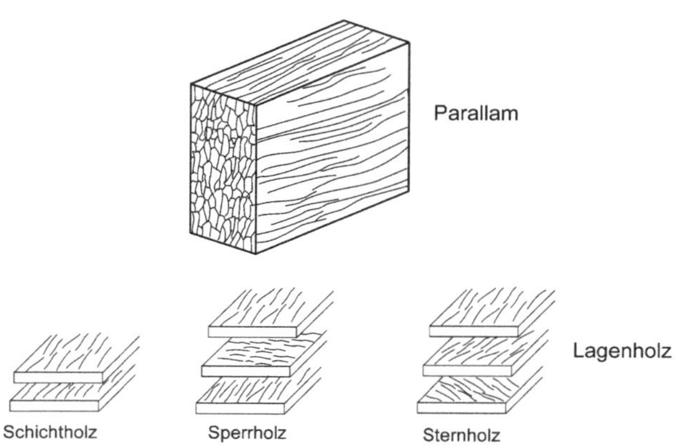

Bild 2.14: Strukturmodelle von Furnierwerkstoffen

Die Eigenschaften können durch Furnierdicke (Aufbaufaktor), Dichte und Leimgehalt wesentlich beeinflusst werden (Bild 2.15). Sperrholz wird für Spezialzwecke auch in großen Dicken gefertigt.

Neben dem konventionellen Sperrholz werden hochverdichtete und kunstharzimprägnierte Sperrhölzer für den Formenbau hergestellt und Spezialprodukte wie **Ski-** und **Snowboard-Kerne** sowie Formteile aus Sperrholz für die Möbelindustrie und den Fahrzeugbau gefertigt.

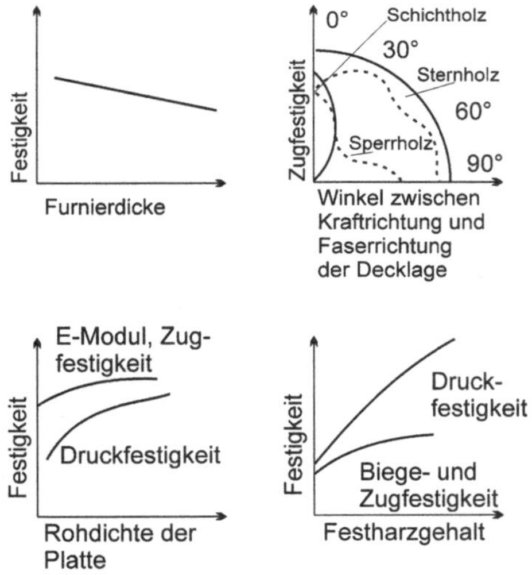

Bild 2.15: Wesentliche Einflussfaktoren auf die Eigenschaften von Lagenholz [8]

2.2.5 Werkstoffe auf Spanbasis

Werkstoffe auf Spanbasis dominieren heute weltweit. Bild 2.16 zeigt eine Übersicht, Bild 2.17 ein Strukturmodell dieser Werkstoffe und Bild 2.18 beschreibt wesentliche Einflussfaktoren auf die Eigenschaften. Die Klassifizierung erfolgt nach EN 309.

Klassifizierungsmerkmale sind:

- das **Herstellungsverfahren** (flachgepresst, kalandergepresst, stranggepresst),
- die **Oberflächenbeschaffenheit** (roh, geschliffen, flüssig beschichtet, pressbeschichtet),
- die **Form** (flach, profilierte Oberfläche, profilierter Rand),

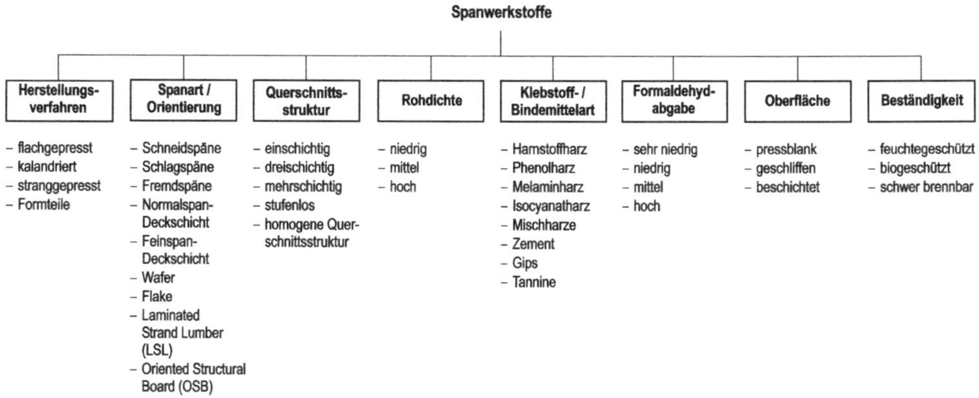

Bild 2.16: Einteilung von Werkstoffen auf Spanbasis [8]

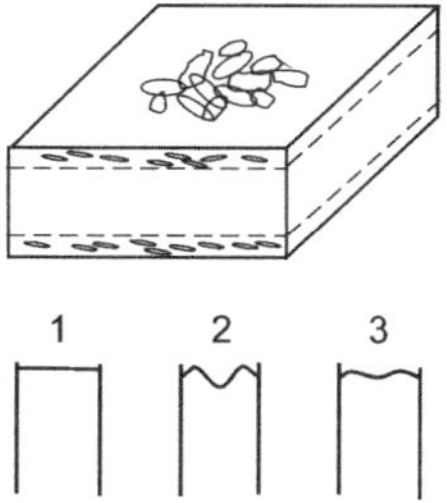

Bild 2.17: Strukturmodell von Spanplatten [8]
Typische Rohdichteprofile: 1 Homogene Spanplatte, 2 Spanplatte mit deutlicher Differenzierung zwischen Deck- und Mittelschicht, 3 Spanplatte mit geringer Differenzierung zwischen Deck- und Mittelschicht

- die **Größe der Strukturelemente** (Spanplatte, großflächige Späne – Wafer –, lange schlanke Späne – OSB –, andere Späne),
- der **Plattenaufbau** (einschichtig, mehrschichtig usw.),
- der **Verwendungszweck** (allgemeine Zwecke, tragende oder aussteifende Zwecke, spezielle Zwecke).

Neben konventionellen Spanplatten (EN 312) und OSB (EN 300) wird heute eine Vielzahl von Spezialplatten kundenspezifisch in kleinen Mengen gefertigt. Auf diesem Gebiet hat es ebenso große Fortschritte gegeben wie im Bereich der Engineered Wood Products.

Beispiele:

- Platten mit reduziertem elektrischem Widerstand (Zugabe von Ruß) zur Verminderung dielektrischer Aufladungen (z. B. für Fußböden in Computerarbeitsräumen),
- Platten mit homogener Mittelschicht für Profilierungen,
- Platten mit besonders heller Deckschicht (entrindetes Holz) für Möbelfronten,
- extrem leichte, nach dem Flachpressverfahren hergestellte Spanplatten mit Rohdichten von 300 … 400 kg/m^3,
- höher verdichtete Platten aus Laubholz für Bodenplatten,
- extrem dicke, nach dem Flachpressverfahren gefertigte Platten für den Hausbau (z. B. Homogen 80, 80 mm dick), im Block verklebte OSB-Platten (Magnumboard),

Vielfach werden von den Herstellern **Komplettsysteme** für das Bauwesen angeboten.

Klassische Spanplatten sind heute in großer Variabilität in einem breiten Rohdichtebereich verfügbar. Dünne, nach dem Kalanderverfahren hergestellte Spanplatten und stranggepresste Spanplatten haben für Spezialzwecke einen festen Markt gefunden.

Zahlreiche Hersteller haben eine bauaufsichtliche Zulassung und für den Hersteller spezifische Kennwerte zur statischen Berechnung.

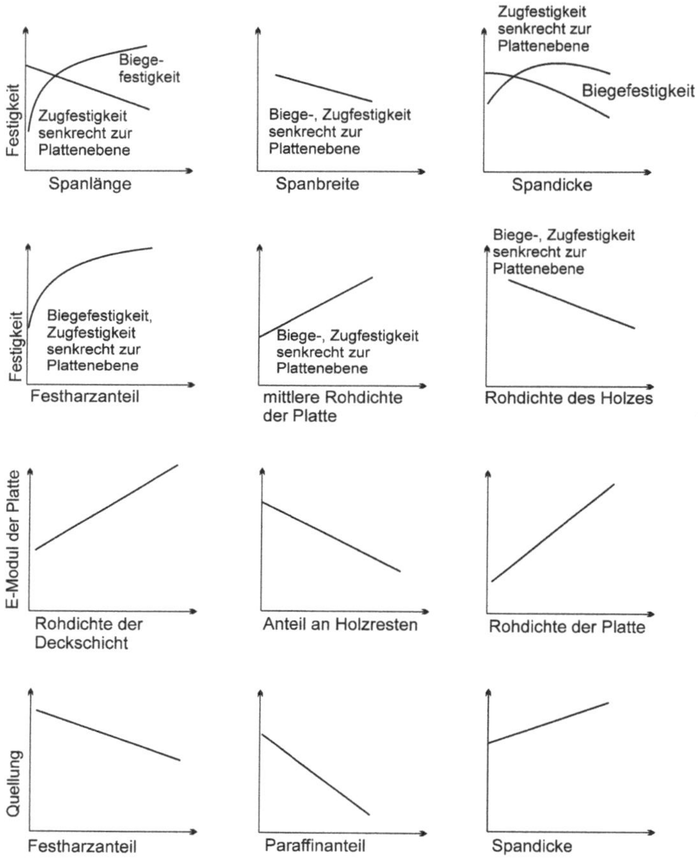

Bild 2.18: Wesentliche Einflussfaktoren auf die Eigenschaften von Spanplatten [8]

2.2.6 Werkstoffe auf Faserbasis

Nach EN 316 werden Faserplatten wie folgt unterteilt:

- poröse Faserplatten (SB),
- poröse Faserplatten mit zusätzlichen Eigenschaften (SB.I),
- mittelharte Faserplatten geringer Dichte (MB.L),
- mittelharte Faserplatten hoher Dichte (MB.H),

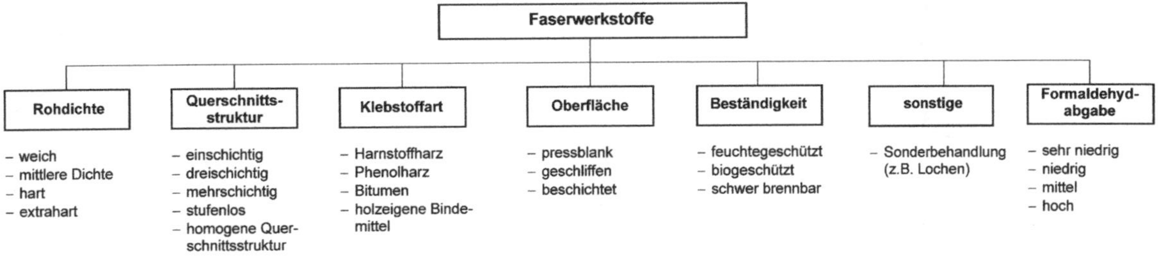

Bild 2.19: Einteilung von Werkstoffen auf Faserstoffbasis [8]

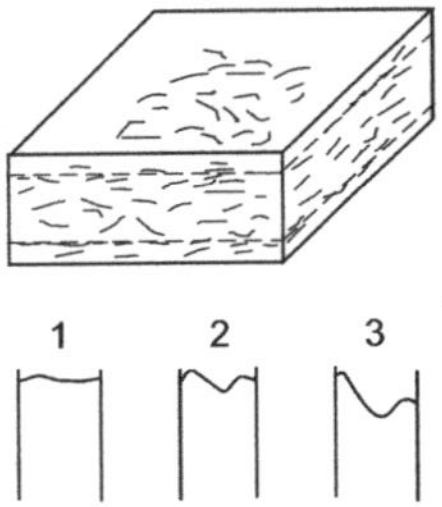

Bild 2.20: Strukturmodell von Faserplatten [8]
Typische Rohdichteprofile: 1 Faserplatte mittlerer Dichte mit homogenem Aufbau, 2 Faserplatte mittlerer Dichte mit ausgeprägter Dichtedifferenzierung, 3 Harte Faserplatte (Nassverfahren), links: glatte Seite, rechts: Siebseite

- mittelharte Faserplatten hoher Dichte mit zusätzlichen Eigenschaften (MB.I),
- harte Faserplatten (HB),
- harte Faserplatten mit zusätzlichen Eigenschaften (HB.I),
- mitteldichte Faserplatten (MDF),
- mitteldichte Faserplatten mit zusätzlichen Eigenschaften (MDF.I).

Auch auf diesem Gebiet wurden wesentliche Fortschritte im Bereich von Spezialprodukten erreicht. Zu nennen sind hier insbesondere **MDF** (Medium Density Fiberboard). Es gelang, die Rohdichte für spezielle Einsatzbereiche (Dachplatten, Wandplatten) auf bis zu 350 kg/m^3 zu reduzieren. Der Vorteil liegt neben der geringen Dichte in einem niedrigen Diffusionswiderstand.

Auch Dämmplatten auf der Basis der MDF-Technologie (Trockenverfahren) mit noch wesentlich niedrigerer Dichte (bis zu 150 kg/m^3) sind im Angebot. Nach dem Trockenverfahren gefertigte Dämmplatten haben im Vergleich zu den nach dem Nassverfahren gefertigten eine höhere Druckfestigkeit und eine verbesserte Oberflächenqualität. Teilweise werden thermoplastische Fasern beigegeben, um eine erhöhte Elastizität der Platten zu erreichen. Aus Radiata Pine (*Pinus Radiata*) wird seit Langem in Südamerika industriell MDF in den drei Dichtegruppen

- superleicht (480 kg/m^3),
- leicht (600 kg/m^3) und
- standard (725 kg/m^3)

gefertigt.

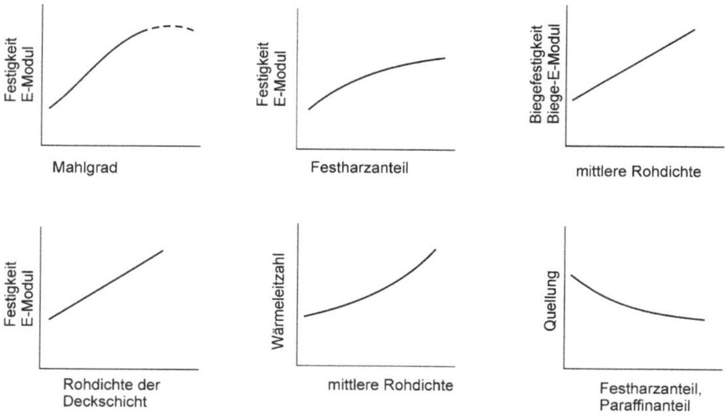

Bild 2.21: Wesentliche Einflussfaktoren auf die Eigenschaften von Faserplatten [8]

Im Bereich des Nassverfahrens haben Platten niedriger Dichte als **Dämmplatten** (ohne Klebstoffzugabe hergestellt) großen Zuspruch. Ebenso werden Hartfaserplatten als Spezialprodukte (z.T. mehrere verleimte Hartfaserplatten) im Bereich Bodenplatte für hochbelastete Zwecke oder auch als Schuhabsätze verwendet. Je nach Anwendungsbereich werden dabei die mechanischen Eigenschaften und auch der Diffusionswiderstand variiert.

2.2.7 Verbundwerkstoffe

Bei Verbundwerkstoffen handelt es sich um ein mehrschichtiges Material, mit meist hochfesten Decklagen und einer Mittellage aus einem leichteren Kern. **Wabenplatten** gewinnen heute wegen der erforderlichen Reduzierung der Gewichte der Pakete für Mitnahmemöbel an Bedeutung. Auch im Fahrzeugbau werden diese Platten eingesetzt. Folgende Werkstoffe werden angeboten:

- Träger aus Holz und Holzwerkstoffen,
- Verbundplatten mit Decklagen aus Holz oder Holzwerkstoffen und Kernen aus Holzwerkstoffen, Schaumstoffen, Waben oder auch Balsaholz,
- OSB mit MDF (HDF)-Decklagen,
- mehrschichtig aufgebaute Parkettböden,
- lamellierte Fensterkanteln (zum Teil mit Innenlagen aus Schaumstoffen) und
- vorgespannte Bauteile aus Massivholz oder auch Holzwerkstoffen.

Bild 2.22 zeigt eine Einteilung von Verbundwerkstoffen, Bild 2.23 Strukturmodelle und Bild 2.24 wesentliche Einflussfaktoren auf die Eigenschaften der Verbundwerkstoffe.

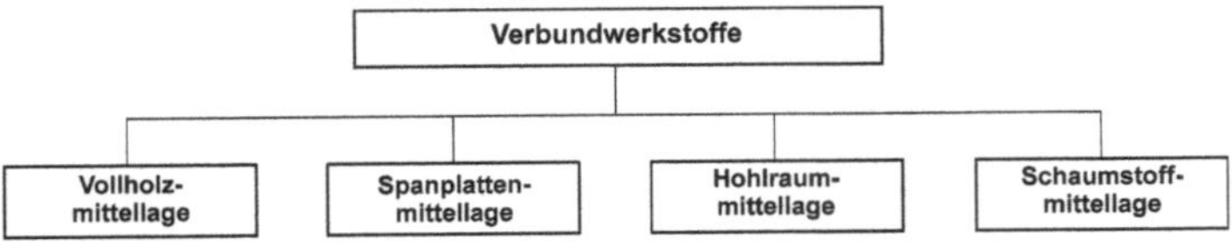

Bild 2.22: Einteilung von Verbundwerkstoffen

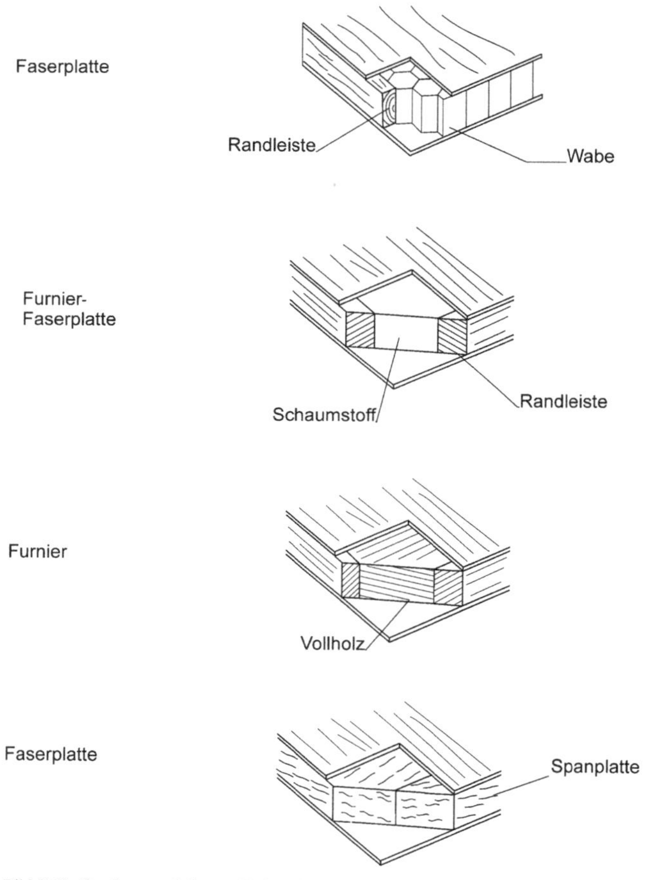

Bild 2.23: Strukturmodelle von Verbundwerkstoffen (verschiedene Kombinationen von Deck- und Mittellagen)

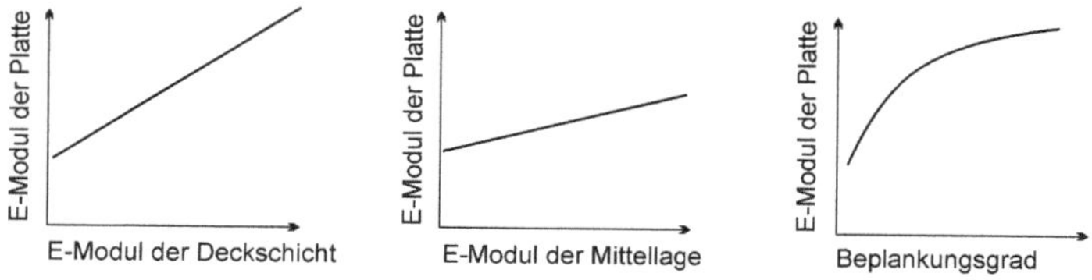

Bild 2.24: Wesentliche Einflussfaktoren auf die Eigenschaften von Verbundwerkstoffen

Leichtbauwerkstoffe

Leichtbau wird von *Wiedemann* [9] wie folgt definiert:

> „Leichtbau ist zunächst eine Absichtserklärung, aus funktionalen oder ökonomischen Gründen das Gewicht einer Konstruktion zu reduzieren oder zu minimieren, ohne die Tragfähigkeit, die Steifigkeit oder andere Funktionen der Konstruktion zu schmälern oder, was schließlich dasselbe bedeutet: die Tragfunktionen ohne Gewichtszunahme zu verbessern."

Leichtbauwerkstoffe sind in der Holztechnik entweder gewichtsreduzierte oder gestaltoptimierte Holz- und Verbundwerkstoffe. Die Herstellung, Auswahl und Optimierung der Werkstoffeigenschaften hängen entscheidend vom Anforderungsprofil der Konstruktion bzw. des Bauteils ab.

Aus der Türenherstellung sind stranggepresste Röhrenspanplatten bekannt, die der Anforderung „guter Schallschutz bei geringem Gewicht" besonders Rechnung tragen.

Leichte **Partikelwerkstoffe** aus Holz oder anderen pflanzlichen Rohstoffen werden auch in Form **leichter Strohplatten** (ebenfalls als Füllmaterial für Türen) oder **leichter Holzfaserplatten** hergestellt. Strohplatten, z. B. auf der Basis von Rapsstroh, können Rohdichten deutlich unter 450 kg/m^3 aufweisen. Die Rohdichten von Holzfaserplatten können nach EN 316 nach dem Trockenverfahren (MDF) im Fall der **Leicht-MDF** bei ≤ 650 kg/m^3 und im Fall der **Ultraleicht-MDF** bei ≤ 550 kg/m^3 liegen. Durch die Verwendung leichter außereuropäischer Holzarten sind auch Ultraleicht-MDF, z. B. mit einer Rohdichte von 450 kg/m^3, verfügbar. Als Bindemittel wird meist PMDI verwendet. Poröse Holzfaserplatten für Dämmzwecke werden im Nassverfahren (Rohdichten zwischen 160 und 280 kg/m^3) und im Trockenverfahren (Rohdichten zwischen 230 und 400 kg/m^3) hergestellt.

Dasselbe Prinzip der Gewichtseinsparung gilt für **Lagenholz** aus Furnieren leichter, z. T. schnellwachsender Holzarten (z. B. Pappel-Sperrholz). Bekannt sind auch leichte Tischlerplatten mit Stäben/Stäbchen aus Holzarten wie Balsa und Okoumé (= Gabun).

Die einfachste Art, bei Verbundwerkstoffen Gewicht zu sparen, ist die Reduzierung der Dichte. Eine gängige Leichtbaulösung zu diesem Dimensionierungsproblem ist die **Sandwichbauweise**. Das Prinzip der Sandwichbauweise ist die Auflösung des Querschnittes, sodass nur in den höher belasteten Bereichen Material hoher Dichte angeordnet werden muss.

Ein **Sandwich** besteht in der Regel aus dünnen, relativ festen Deckschichten und einem dicken Kern. Dabei wird so konstruiert, dass die Deckschichten eine hohe Zug- und Druckfestigkeit aufweisen, sich aber aufgrund der geringen Dicke in einem reinen Scheibenzustand befinden, während der Kern vor allem Schubspannungen überträgt und die Deckschichten abstützt. Hierzu muss er relativ druckfest sein. Letzterer übernimmt dann die Aufgabe, die Deckschichten zu verbinden und zu stützen und vor allem mit hohem spezifischem Volumen bei kleinem spezifischen Gewicht für einen großen Abstand der dehnfesten Deckschichten zu sorgen [10]. Bei einer Querkraftbelastung von Sandwichbauteilen ist die Schubverformung des Sandwichbauteils hauptsächlich durch die Schubeigenschaften des Kerns bestimmt.

Als Kernmaterialien für Sandwich-Leichtbauplatten für holztechnische Anwendungen werden z. B. leichtes Holz (wie Balsa), organische und anorganische Schäume, Kork und Waben (Röhrchen-, Honigwaben- oder Wellstegstruktur) aus Papier/Pappe, Kunststoff oder Metall verwendet (Bild 2.25).

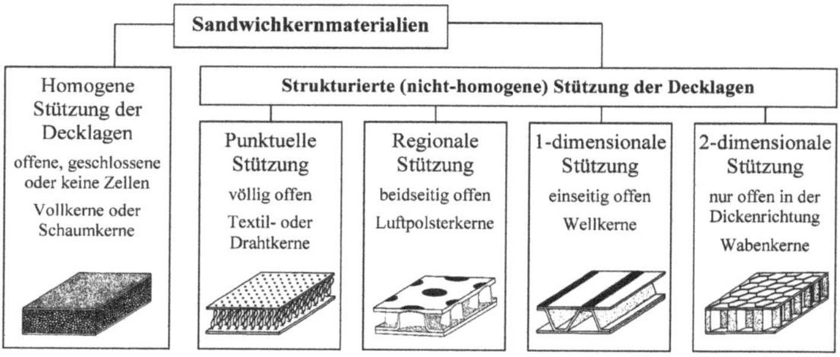

Bild 2.25: Klassifizierung der Sandwichkernwerkstoffe (basierend auf der Kernstruktur und der Art der Stützung der Decklagen) nach *Pflug* (2003), Katholieke Universiteit Leuven, Department of Metallurgy and Materials Engineering

Als Deckschichtmaterial werden Holzwerkstoffe, wie dünne MDF, HDF, Lagenholz (z. B. dreilagiges Furnier-Sperrholz), aber auch Schichtpressstoffe (HPL = High Pressure Laminate, CPL = Continuously Pressed Laminate) oder Faserverbundwerkstoffe auf Kohle-, Glas- oder Naturfaserbasis verarbeitet.

Papierwabenplatten mit Rahmen aus Vollholz oder Holzwerkstoffen werden seit Jahrzehnten im Türen- und Möbelbau verwendet. Gegenwärtig sind rahmenlose Wabenplatten zur weiteren Gewichtsreduzierung im Möbel- und Innenausbau in (halb-)kontinuierlicher Fertigung im Trend bzw. in der Entwicklung.

Eine besondere, der Natur entlehnte Leichtbauweise (Schalenbauweise) ist der **Formleichtbau**. Hier gelang es bereits zu Beginn des Automobilbaus und der Luftfahrt, biegesteife, dünnwandige Sperrholzformteile, mit kunstharzgetränkten Papieren verleimt, witterungsbeständig zu verarbeiten. Noch heute wird **Kunstharz-Pressholz**, ein Schichtpressstoff aus Rotbuchenfurnieren und härtbarem Kunstharz, wegen seiner leichten Bearbeitbarkeit (Bearbeitungszeit im Verhältnis zu Stahl wie 1 : 2,2), seinem geringen Gewicht (Gewichtsvorteil im Verhältnis zu Stahl wie 1 : 6) und seiner hohen Festigkeit sowie Steifigkeit (z. B. Biegefestigkeit zwischen 169 und 190 N/mm^2 und Biege-E-Moduln zwischen 16 und 19 kN/mm^2) im Prototypen- und Werkzeugbau sowie im Fahrzeugbau für Bodenplatten eingesetzt [10].

2.2.8 Engineered Wood Products

Unter **Engineered Wood Products** wird eine Gruppe von Holzwerkstoffen verstanden, die primär dem Ersatz von Vollholz im Bauwesen dient. Sie werden als stabförmige (überwiegend Scrimber, PSL) oder auch flächige Elemente (LSL, LVL) angeboten, die auch zu stabförmigen Elementen aufgetrennt werden können.

Als Vorteile im Vergleich zu Vollholz werden genannt:

- sehr große und variable Abmessungen (insbesondere Längen), da endlos gefertigt,
- keine Verformungen durch Trocknungsspannungen,
- eine z. T. höhere Festigkeit als Vollholz, da keine Defekte (wie Äste) die Festigkeit vermindern.

Die unter der Bezeichnung Engineered Wood Products gefertigten Produkte werden überwiegend mit Phenolharz oder Isocyanat feuchtebeständig verklebt.

Tabelle 2.4 zeigt ausgewählte strukturelle Parameter von Engineered Wood Products.

Tabelle 2.4: Typische Strukturmerkmale von Engineered Wood Products (*Niemz* 1999) [62]

Produkt	Strukturelemente	Überwiegende Anwendung
OSB = Spanwerkstoff	lange Späne l = 75 … 100 mm b = 5 … 30 mm d = 0,3 … 0,65 mm	Platten differenzierter Dicke und Qualität
LSL = Spanwerkstoff	extra lange Späne l = 300 mm b = 25 mm d = 0,8 … 1 mm	Platten (bis 140 mm Dicke), Profile, Balken

Fortsetzung Tabelle 2.4

Produkt	Strukturelemente	Überwiegende Anwendung
Structure Frame = Spanwerkstoff	Wafer l = 20 … 30 mm b = 20 … 30 mm d = 1 mm	Platten
Scrimber = Spanwerkstoff	durch Quetschen gefertigte Partikel	Balken
LVL = Lagenholz	Furnierlagen d = 2,5 … 4 mm	Platten, Balken
PSL = Lagenholz	Furnierstreifen b =13 mm l = 0,6 … 2,5 m	Balken
COM-PLY = Verbundwerkstoff	Spanplatte Beplankt mit Schichtholzlagen	Balken

Strukturell handelt es sich dabei um Weiterentwicklungen von bekannten Werkstoffen auf der Basis von Spänen (LSL) oder Furnier (LVL, PSL). Für diese Werkstoffe gelten weitgehend die wissenschaftlichen Grundlagen von Spanplatten und Lagenholz. Die mechanischen Eigenschaften von Engineered Wood Products liegen im Bereich von Vollholz oder darüber. Bei diesen Produkten ist ein deutlicher Einfluss der Belastungsrichtung vorhanden (z. B. Biegung in und senkrecht zur Plattenebene).

2.2.8.1 Furnierschichtholz (Laminated Veneer Lumber, LVL)

Furnierschichtholz wird aus weitgehend faserparallel verklebten Furnierlagen (meist aus Nadelholz hergestelltes Schälfurnier, Furnierdicke bis ca. 3 mm) gefertigt.

Teilweise werden einige Lagen senkrecht orientiert, um die Festigkeit senkrecht zur Faserrichtung der Decklagen zu erhöhen.

Kerto-Schichtholz ist in diese Gruppe einzuordnen, welches in den Sorten S (alle Lagen faserparallel) und Q (einige Lagen senkrecht angeordnet, um die Festigkeit senkrecht zur Faserrichtung zu erhöhen) hergestellt wird.

Teilweise erfolgt bei LVL eine Vorsortierung der Furnierlagen nach der Festigkeit.

Das Material wird sowohl als Plattenmaterial als auch für Balken (Brücken, Treppenbau) verwendet. Auch Hohlprofile auf LVL-Basis sind bekannt [11]. Dadurch wird eine wesentliche Verminderung des Materialeinsatzes erreicht.

2.2.8.2 Furnierstreifenholz (Parallel Strand Lumber – PSL)

Furnierstreifenholz ist ein Furnierwerkstoff, der aus Schälfurnier gefertigt wird, z. B. Parallam. Das Furnier (ca. 3 mm dick) wird in ca. 13 mm breite und bis zu 2,5 m lange Streifen geschnitten, beleimt und zu Profilen verklebt.

Das Material wird für Balken, vielfach auch für Verstärkungen z. B. zur Aufnahme von Druckkräften eingesetzt.

2.2.8.3 Spanstreifenholz (Laminated Strand Lumber – LSL)

Spanstreifenholz ist ein Spezialprodukt von OSB (Oriented Structural Board) mit extrem langen (ca. 300 mm) Spänen.

Als Rohstoff wird meist Aspe verwendet. Der Einsatz erfolgt überwiegend im Holzbau für statisch belastete Elemente (Ersatz für zu konstruktiven Zwecken eingesetztes Schnittholz).

2.2.8.4 Scrimber

Scrimber ist ein Werkstoff, bei dem durch nicht zerspanendes Zerlegen von Holz (Zerquetschen von Rundholz) erzeugte Partikel unter Anwendung von Druck und Wärme verleimt sind. Die Partikel sind relativ lang und schwer manipulierbar.

Der Einsatz erfolgt wie beim Schnittholz.

2.2.8.5 Verbundsysteme

Unter **Verbundsystemen** werden z. B. die im Bauwesen eingesetzten Träger mit Stegen aus Spanplatten und Zug- oder Druckgurten aus Furnierschichtholz oder auch Vollholz (zum Teil auch aus OSB) verstanden.

Auch Verbundplatten mit Kernen aus Holz und Holzwerkstoffen sowie hochfeste Decklagen können in diese Gruppe eingeordnet werden.

2.2.9 Wood Plastic Composites (WPC)

Bei **Wood Plastic Composites** (WPC) sind kleine Holzpartikel bzw. Fasern, auch anderer pflanzlicher Rohstoffe, in einer thermo- oder duroplastischen Kunststoffmatrix eingebettet.

WPC stellen einen relativ neuen Holz-Kunststoff-Verbundwerkstoff dar, der in Nordamerika bereits ein beträchtliches Marktpotenzial besitzt. Bei diesen Verbundwerkstoffen sind prozessbedingt bzw. im Hinblick auf die gewünschten Produkteigenschaften **Additive** nötig. Dieses Gemisch aus Holzpartikeln, Kunststoff und Additiven wird dann in einem ein- oder mehrstufigen Prozess entweder zu einem **Endloshalbzeug** extrudiert oder in einem Spritzgussprozess zu **Formteilen** gefertigt [12]. In der Praxis dominiert das zweistufige Extrusionsverfahren der Kunststoffindustrie, bei dem zunächst Granulate aus Kunststoff und Holz (oder einem anderen pflanzlichen Rohstoff) hergestellt und anschließend zu den eigentlichen Formteilen verarbeitet werden.

Teischinger u. a. geben in [12] folgende Vorteile von WPC an:

- Die Holzkomponente verbilligt den Rohstoffmix (Holzreste!).
- Holzfasern/-partikel geben dem Holz-Kunststoffverbund holzähnliche haptische und optische Eigenschaften.
- Mit Holzfasern/-partikeln lassen sich bestimmte gewünschte Eigenschaften erreichen, wie z. B. Erhöhung der Steifigkeit, der Wärmeformbeständigkeit gegenüber reinen Thermoplasten wie Polypropylen (PP) oder Polyethylen (PE) etc.
- Komplexe Formen sind ohne oder mit nur geringer Nachbearbeitung herstellbar.

Nachteilig sind z. B. die begrenzten Festigkeitswerte, die eingeschränkte temperaturabhängige Dimensionsstabilität bei Thermoplastmatrix und die relativ hohen Maschinen- bzw. Werkzeugkosten. Andererseits sind WPC mit Thermoplastmatrix plastifizierbar und damit nachformbar.

Als Polymerkomponente werden überwiegend PVC und Polyolefine (Polypropylen und Polyethylen) verwendet. Der Kunststoffanteil kann bei Sonderprodukten durch Beimengungen einer polymeren Naturmatrix (z. B. Stärke und Lignin) reduziert bzw. substituiert werden.

Die Größe der eingesetzten Holzpartikel bzw. Fasern liegt zwischen ca. 0,1 und 2,1 mm und muss entsprechend fraktioniert und getrocknet werden. Der Holz- bzw. Lignozelluloseanteil variiert verfahrensbedingt zwischen 20 und 85 m%.

Als **Additive** kommen insbesondere Haftvermittler (wie Maleinsäureanhydrid, Organosilane, Isocyanate) für eine ausreichende Bindung zwischen der hydrophilen Holzoberfläche und der hydrophoben Matrixoberfläche, aber auch Schmierstoffe zur Verbesserung des Fließverhaltens im Extruder bzw. am Werkzeug, Schaumbildner zur Gewichtsreduzierung, Pigmente, Lichtstabilisatoren sowie u. U. Flammschutz- und Holzschutzmittel zum Einsatz.

Die Eigenschaften von WPC sind aufgrund der großen Variationsmöglichkeiten im Rohstoffmix und der Prozessparameter sehr breit gefächert (Tabelle 2.5).

Tabelle 2.5: Ausgewählte Eigenschaften von extrudierten WPC, orientierende Übersicht nach verschiedenen Quellen der unten genannten Literatur, gerundete Zahlenwerte (nach *Teischinger u. a.* [12])

Materialbeschreibung	Biegefestigkeit (N/mm^2)	Biege-E-Modul (N/mm^2)
Polypropylen (PP)	38	1190
Polypropylen (PP) + 40 % Holzmehl	44	3000
Polypropylen (PP) + 40 % Holzfasern + 3 % Haftvermittler	72	3220
Polypropylen (PP) + 70 % Holzfasern + 3 % Haftvermittler	58	7000
15 % PP und Additive, 10 % Stärke; 75 % Holzfasern (Lex 468)	40 … 52	4600 … 6800
PVC + Additive, 70 % Buchenmehl	58	6500

Aus Tabelle 2.5 wird deutlich, dass insbesondere die Steifigkeit (Biege-E-Modul) mit Zunahme von Holzfasern unter Beigabe eines Haftvermittlers gegenüber dem Ausgangskunststoff zunimmt, die mechanischen Kennwerte jedoch schlechter sind und im Bereich der Holzwerkstoffe liegen.

WPC werden in den USA überwiegend im Außenbereich für Gebäudeverkleidungen, Veranden, Terrassen, und Bootsstege, aber auch für Fenster, Türen und Teile für den Automobilinnenausbau eingesetzt. In Europa dominieren Einsatzbereiche im Innenausbau (Fenster, Türen, Ausbauteile etc.) und Möbelbau sowie auch im Automobilbau.

In Nordamerika existieren bereits spezielle Normen für WPC. In Europa sind sie in Vorbereitung (DIN CEN 15534).

2.3 Eigenschaften von Holzwerkstoffen

2.3.1 Übersicht

Alle Eigenschaften des Holzes werden beeinflusst durch

- den strukturellen Aufbau,
- die Umweltbedingungen (insbesondere Feuchte und Temperatur) und
- die Vorgeschichte (z. B. mechanische oder klimatische Vorbeanspruchung, Schädigung durch Pilze oder Insekten).

Ferner ist die Prüfmethodik (Probengeometrie, Belastungsgeschwindigkeit, Beanspruchungsart: Zug, Druck, Biegung, Schub) von entscheidendem Einfluss auf das Prüfergebnis.

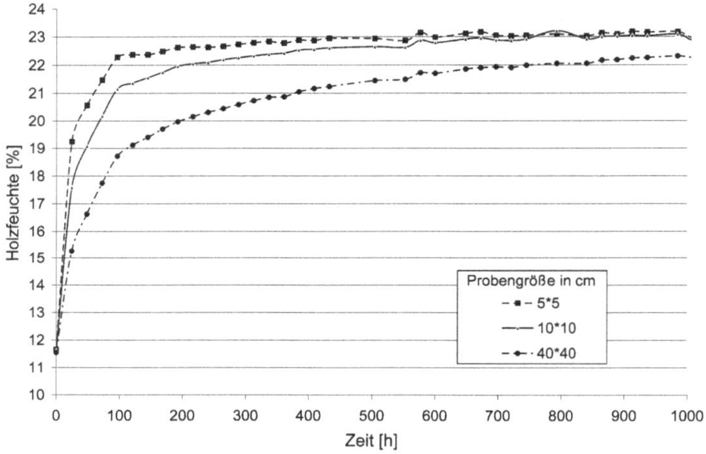

Bild 2.26: Einfluss der Probengröße und der Zeit auf die mittlere Holzfeuchte einer dreischichtigen Massivholzplatte (60 mm dick) nach Konditionierung im Normalklima (20 °C und 65 % relative Luftfeuchte) und anschließende Lagerung bei 20 °C und 95 % relative Luftfeuchte

Die an kleinen, fehlerfreien Proben bestimmten Eigenschaften sind meist nicht direkt auf Bauteile übertragbar. So hat z. B. die Bauteilgröße einen deutlichen Einfluss auf die Festigkeit (vgl. Abschn. 2.3.3.1, Gl. 2.7), aber auch auf das Quell- und Schwindverhalten und die Gleichgewichtsfeuchte. Bei großen Abmessungen, z. B. bei Brettschichtholz, wird bei einem Klimawechsel die dem Klima entsprechende Gleichgewichtsfeuchte meist nur in den Randzonen erreicht. Dadurch ist die Dimensionsänderung der Bauteile deutlich geringer als jene kleiner Proben bei Erreichen der Gleichgewichtsfeuchte über dem Probenquerschnitt (Bild 2.26). Im Ergebnis eines sich über dem Holzquerschnitt einstellenden Feuchteprofils entstehen Spannungen, die beim Überschreiten der Festigkeit zu Rissen führen. Auch der Einfluss solcher Feuchtigkeitsschwankungen auf die Festigkeit ist geringer als bei kleinen Proben, bei denen die Gleichgewichtsfeuchte erreicht wurde. Es kann aber durch Eigenspannungen auch zu einer Beeinträchtigung der Tragfähigkeit kommen (z. B. bei Überlagerung von durch äußere Spannungen bewirkten Zugspannungen mit durch Trocknung bewirkten Zugspannungen). Dieser Effekt ist auch beim mechanosorptiven Kriechen vorhanden (siehe Abschn. 1.4).

2.3.2 Physikalische Eigenschaften

2.3.2.1 Verhalten gegenüber Feuchte

Feuchtegehalt

Die Kenngröße zur Beurteilung des Wasseranteils ist der Feuchtigkeitsgehalt (DIN EN 13183-1). Dieser berechnet sich zu:

$$\omega = \frac{m_1 - m_0}{m_0} \cdot 100\,\% \qquad (2.2)$$

ω Feuchtegehalt, m_1 Masse des Holzes im feuchten Zustand, m_0 Masse des Holzes im darrtrockenen Zustand (ohne Wasser)

Sorptionsverhalten (siehe auch Abschn. 1.4)

Holzwerkstoffe sind wie Vollholz poröse Materialien. Sie nehmen daher Wasser aus der Luft durch Sorption und – oberhalb des Fasersättigungsbereiches – tropfbar flüssiges Wasser durch Kapillarkräfte auf. Zwischen der Holzfeuchte und der relativen Luftfeuchte stellt sich eine materialspezifische **Gleichgewichtsfeuchte** ein. Ist das Mikrosystem maximal mit Wasser gefüllt, spricht man vom **Fasersättigungsbereich**.

Im Bereich der Kapillarkondensation (etwa ab 65 % relativer Luftfeuchte) kommt es dabei zu einer deutlichen Differenzierung im Sorptionsverhalten verschiedener Werkstoffe (Bild 2.27).

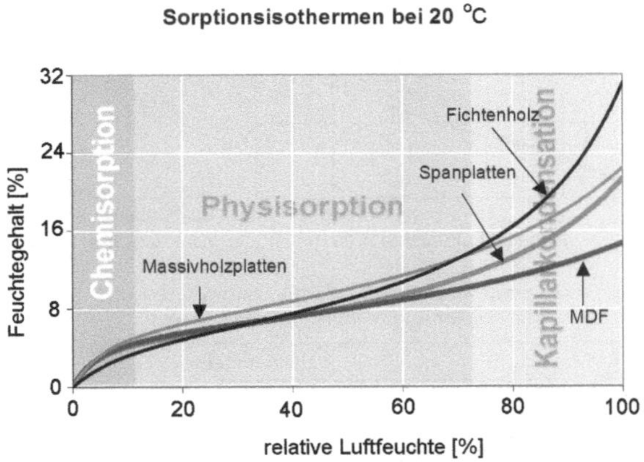

Bild 2.27: Sorptionsverhalten von HF-gebundenen Spanplatten, MDF, Massivholzplatten aus Fichte und Fichten-Vollholz bei 20 °C

Die Gleichgewichtsfeuchte bei Desorption (Trocknung) ist um ca. 1 … 2 % höher als bei der Adsorption (Befeuchtung). Wie aus Bild 2.27 ersichtlich, ist die Gleichgewichtsfeuchte von Holzpartikelwerkstoffen (Spanplatten, MDF) deutlich niedriger als die von Vollholz. Die Ursache dafür liegt unter anderem in der thermischen Behandlung des Holzes beim Zerfasern (Dämpfen), Trocknen und Pressen.

Da Holzwerkstoffe meist Kleb- und Zusatzstoffe enthalten, wird die Feuchteaufnahme auch durch diese mit beeinflusst. So ist die Gleichgewichtsfeuchte phenolharzverleimter Werkstoffe höher als die harnstoffharzverleimter (bedingt durch das hygroskopische Verhalten des im Phenolharz enthaltenen Alkalis). Bild 2.28 zeigt typische Sorptionsisothermen von Holz und Holzwerkstoffen. Bei PF-gebundenen Holzwerkstoffen steigt oberhalb von 65 % relativer Luftfeuchte die Gleichgewichtsfeuchte deutlich stärker an als bei UF-gebundenen. Bei MDF ist sie in diesem Bereich meist etwas niedriger als bei Spanplatten (vergleiche Bild 2.27 [13]).

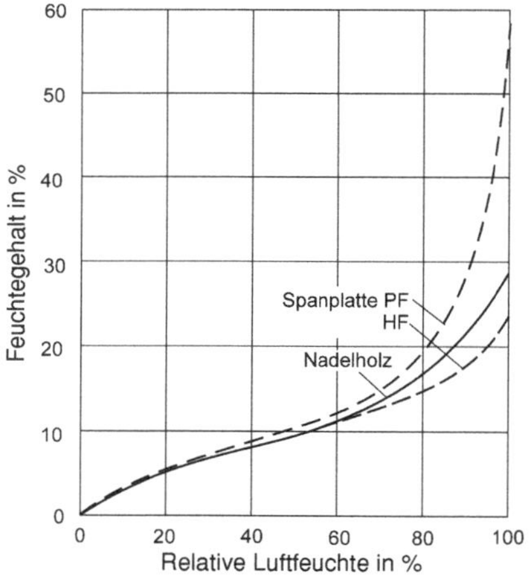

Bild 2.28: Sorptionsverhalten von Vollholz und Spanplatten, nach *Schneider*, zitiert in [8]

Tabelle 2.6: Feuchtegehalt von Holzwerkstoffen für Bauzwecke im Lieferzustand (Zusammenstellung der Angaben verschiedener Autoren)

Material	**Holzfeuchte (%)**
Sperrholz	5 … 15
Flachpressspanplatten	9 ± 4
Strangpressplatten	9 ± 4
Hartfaserplatten	5 ± 3
MDF	9 ± 4
Fichte (bei 20 °C/65 % rel. L.)	12
Brettschichtholz (Feuchte ab Werk)	10 ± 2

Durch thermische oder hydrothermische Vorbehandlung kann die Gleichgewichtsfeuchte des Holzes reduziert werden. Nach *Burmester* [14] führt eine Wärme-Druckbehandlung zu einer Verminderung des Hemicellulosengehaltes und dadurch zu einer verbesserten Formbeständigkeit. So werden z. B. durch thermische Behandlung bei 180 ... 240 °C die Gleichgewichtsfeuchte und das Schwindverhalten um bis zu 50 % reduziert. Dabei tritt auch eine Verminderung der Festigkeit ein.

Auch durch **Acetylierung** und **Phthalierung** können eine wesentliche Reduzierung der Gleichgewichtsfeuchte und eine Dimensionsstabilisierung erreicht werden. Gleichzeitig wird die Beständigkeit gegen holzzerstörende Pilze teilweise verbessert. Bei der Acetylierung wird die sorptiv aktive Oberfläche reduziert [15, 16, 17]. Eine weitere Möglichkeit ist das Ausfüllen der Zellwandhohlräume (z. B. mit Polyethylenglykol).

Thermomechanisch verdichtetes Holz hat eine etwas geringere Gleichgewichtsfeuchte als natives Vollholz. Erfolgt eine hydrothermische Vorbehandlung und Verdichtung, wird die Gleichgewichtsfeuchte gegenüber normalem Holz deutlich verringert [18].

Unterhalb des Fasersättigungsbereiches erfolgt der Feuchtetransport im Holz durch **Diffusion**. Diffusion tritt auch in Baukonstruktionen bei Differenzen in der relativen Luftfeuchtigkeit zwischen zwei Seiten eines Elements auf. Kenngröße ist die **Wasserdampf-Diffusionswiderstandszahl** (nach DIN 4108-4). Diese steigt deutlich mit abnehmender Holzfeuchte und zunehmender Rohdichte (Tabellen 2.7 und 2.8). Leimfugen oder Oberflächenbeschichtungen können zu einem Feuchtestau führen. Bei Massivholzplatten ist ein Einfluss der Anzahl der Schichten vorhanden, die Diffu-

Tabelle 2.7: Diffusionswiderstand verschiedener Holzwerkstoffe (*Jensen* und *Krug* 1999 sowie *Merz, Fischer, Brunner* und *Baumberger* 1997)

Werkstoff		**Rohdichte (kg/m³)**	**Diffusionswiderstandszahl**
Kiefer	radial	470	55
	tangential	–	100
MDF		470 900	20 50
Spanplatte		470 900	20 360
Spanplatte aus Strands		470 900	65 1400
Massivholzplatte [1)]			40/400
Faserdämmplatte		175	5
Hartfaserplatte		1000	120

[1)] 1. Zahl Nassbereich, 2. Zahl Trockenbereich

Tabelle 2.8: Einfluss der Feuchte auf die Diffusionswiderstandszahl von Fichte (*Cammerer* in [8])

Feuchte (%)	Diffusionswiderstandszahl
4	230
6	160
8	110
10	80
16	18

sionswiderstandszahl steigt mit zunehmender Anzahl an Schichten resp. an Klebfugen.

Wasseraufnahme durch Kapillarkräfte

Holzwerkstoffe können auch Wasser durch Kapillarkräfte aufnehmen. Die Geschwindigkeit der Wasseraufnahme wird dabei entscheidend beeinflusst durch:

- die Dichte des Materials (mit zunehmender Dichte sinkt die Aufnahmegeschwindigkeit),
- die Holzart (bei Massivholzplatten),
- eine vorhandene Oberflächenbeschichtung,
- die Abmessungen der Bauteile (Bild 2.26).

Kenngröße für die Wasseraufnahme durch kapillare Zugspannungen (tropfbar flüssiges Wasser wie Schlagregen) ist der **Wasseraufnahmekoeffizient**. Dieser wird nach DIN EN ISO 15148 bestimmt und in $kg/m^2 \cdot s^{0,5}$ angegeben. Er beträgt nach eigenen Messungen:

Tabelle 2.9: Wasseraufnahmekoeffizienten verschiedener Werkstoffe (nach *Niemz*, 2001)

Holzwerkstoff	Dicke (mm)	Parallel zur Plattenebene		Senkrecht zur Plattenebene	
		Dichte (g/cm^3)	Aw ($kg/m^2 \cdot s^{0,5}$)	Dichte (g/cm^3)	Aw ($kg/m^2 \cdot s^{0,5}$)
Massivholzplatte	27	0,44	0,0115	0,42	0,0022
Sperrholz	15	0,51	0,0381	0,50	0,0026
Spanplatte (V20)	19	0,67	0,0254	0,69	0,0014
MDF	22	0,69	0,0556	0,69	0,0125
OSB		0,65	0,0234	0,68	0,0018

Die Wasseraufnahme ist in Faserrichtung pro Zeiteinheit deutlich höher als senkrecht. Diese Differenzierung gilt auch für die Feuchteaufnahme aus der Luft. Bei großen Querschnitten, wie sie z. B. im Bauwesen (Brettschichtholz) vorkommen, wird nur nach einer sehr langen Lagerdauer die Gleichgewichtsfeuchte über dem gesamten Querschnitt erreicht. Dies gilt auch für die Feuchteaufnahme bei Wasserlagerung.

Unter realen Bedingungen schwankt die Feuchte meist nur in den Randzonen stärker. Es kommt infolgedessen in diesen Zonen auch bevorzugt zur **Spannungsausbildung**. Bild 2.29 zeigt die Feuchtigkeitsänderung von Fichte bei Wasseraufnahme durch Sorption und bei Wasserlagerung sowie die Feuchteänderung einer Massivholzplatte aus Fichtenholz des Formats 1 m × 1 m × 0,06 m in Abhängigkeit von der Zeit.

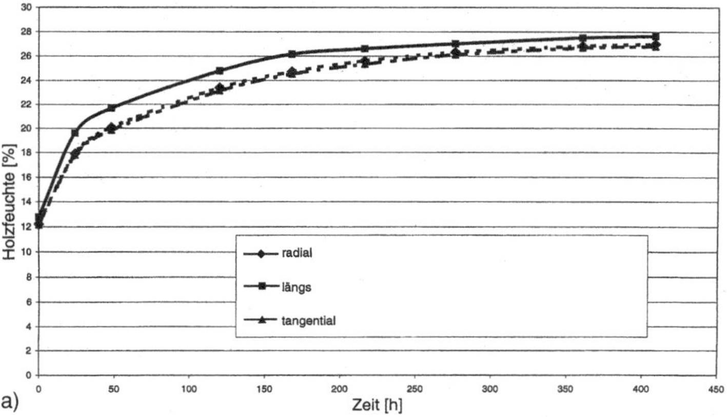

a)

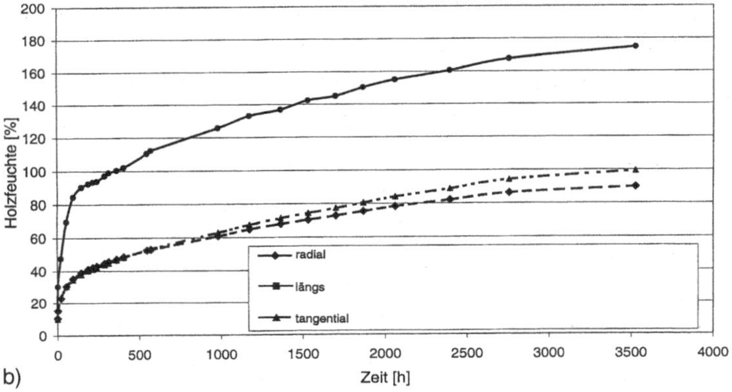

b)

Bild 2.29: Feuchteänderung von Holz. a) Wasseraufnahme durch Sorption bei Fichtenholz (an Würfeln von 5 cm Kantenlänge, jeweils vier Flächen isoliert) bei Lagerung bei 20 °C/95 % rel. Luftfeuchte. b) Wasseraufnahme durch Kapillarkräfte (Lagerung unter Wasser) bei Fichtenholz

Quellen und Schwinden

Bei der Feuchteänderung kommt es innerhalb des hygroskopischen Bereiches zum **Quellen** (Feuchteaufnahme) bzw. **Schwinden** (Feuchteabgabe). Es treten Längen- und Dickenquellungen auf. Die **Längenquellung** von MDF ist etwas geringer als die von Spanplatten. Bei OSB in Orientierungsrichtung der Späne ist sie niedriger als senkrecht dazu. Senkrecht zur Plattenebene ist die Quellung **(Dickenquellung)** bei Spanplatten und MDF deutlich höher als bei Vollholz senkrecht zur Faserrichtung. Sie wird durch die Verleimungsgüte und den Anteil an Hydrophobierungsmittel bestimmt. Dies ist auf das Rückquellen der beim Pressen verdichteten Partikel zurückzuführen („spring back"-Effekt). Dieser Effekt tritt auch bei der Befeuchtung von verdichtetem Vollholz (Pressvollholz) auf. Auch dieses Holz quillt bei Wasserlagerung stärker als unverdichtetes Holz, wenn es nicht spezifisch modifiziert wurde. *Navi* und *Girardet* [18] geben an, dass die maximale Quellung senkrecht zur Faserrichtung bei Wasserlagerung auf ca. 50 % steigt (unbehandeltes Holz ca. 8 %). Bei hydrothermischer Vorbehandlung und Verdichtung betrug das Rückquellen nach Wasserlagerung dagegen nur noch ca. 11 %.

Wird die Probe am freien Quellen/Schwinden gehindert (z. B. auch bei senkrecht zueinander verklebten Schichten in Massivholzplatten), entstehen **innere Spannungen**, die zu plastischen Verformungen und bei Überschreiten der Festigkeit schließlich zu Rissen führen können. So markieren sich beispielsweise bei Massivholzplatten die senkrecht zu Decklage liegenden Lagen (Radial- oder Tangentialschnitt) bei Befeuchtung oder Trocknung durch das wesentlich größere Quell- bzw. Schwindmaß und eintretende plastische Verformungen. Bei extremen klimatischen Bedingungen (feucht/trocken) kommt es zur **Rissbildung** senkrecht zur Faserrichtung in diesen Lagen.

Neben den inneren Spannungen entstehen bei fester Einspannung der Proben auch erhebliche **Quelldrücke**. Ein hoher Anteil des durch die Einlagerung des Wassers in das Mikrosystem des Holzes auftretenden Quelldruckes wird durch innere Reibung und plastische Verformungen abgebaut. Der an der Gesamtprobe messbare Quelldruck ist daher deutlich niedriger als der theoretisch berechenbare. Eigene Messungen ergaben einen Quelldruck von 0,25 … 0,40 N/mm^2 für MDF mit 600 kg/m^3. Der Quelldruck ist in feuchter Luft höher als bei Wasserlagerung. Mit zunehmender Dichte des Holzes steigt der Quelldruck, er ist in Faserrichtung höher als senkrecht dazu.

Tabelle 2.10 zeigt die differenzielle Quellung (prozentuale Quellung in % / % Feuchteänderung) für ausgewählte Holzwerkstoffe.

Bei Partikelwerkstoffen gibt es keinen linearen Zusammenhang zwischen der relativen Luftfeuchte und der Quellung über den gesamten Feuchtebereich.

Tabelle 2.10: Prozentuale Quellung in % / % Feuchteänderung für ausgewählte Holzwerkstoffe (nach Sonderegger und Niemz, 2006)

Werkstoff		Quell-/Schwindmaß (% / %)	
		in Plattenebene/ Länge (35 ... 80 %)	senkrecht zur Plattenebene/ Faserrichtung (65 % / 95 %)
Sperrholz		0,014 ... 0,024	0,22 ... 0,40
Brettschichtholz		0,01	0,24
Spanplatte		0,040 ... 0,050	0,9 ... 1,22
MDF		0,04	1,07
OSB	parallel	0,028	0,98
	senkrecht	0,034	0,9
Massiv-holzplatte	parallel	0,012 ... 0,018	0,30 ... 0,45
	senkrecht	0,016 ... 0,030	

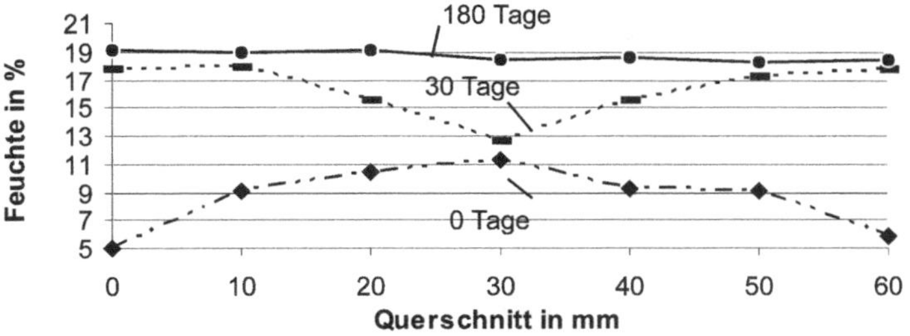

Bild 2.30: Feuchteänderung einer Massivholzplatte (1 m × 1 m × 0,06 m) bei Lagerung in einem Klima von 2 °C und 90 % relativer Luftfeuchte (Kühlraum)

Einfluss der Holzfeuchte

Formbeständigkeit: Neben der Dicken- und Längenquellung bei Feuchteänderung kommt es bei Lagerung von Holzwerkstoffen in einem Differenzklima (z. B. die eine Seite feucht, die andere trocken) zu Spannungen und Verformungen (Plattenverzug). Ursache dafür ist die unterschiedliche Gleichgewichtsfeuchte und damit das differenzierte Quellen der Schichten. Insbesondere bei einem asymmetrischen Plattenaufbau (z. B. Postforming-Platten, Laminatböden, unterschiedlich beschichtete Möbelfronten) treten diese Probleme auf, aber auch bei Spanplatten oder MDF mit einem asymmetrischen Rohdichteprofil oder Massivholzplatten mit deutlichen Differenzen in der Jahrringlage zwischen den beiden Decklagen. Die Spannungen können durch Freischneiden und Messung der Dehnung sowie des E-Moduls der Schichten bestimmt werden [19]. Der Widerstand gegen solche klimabedingten Formänderungen wird auch als **Formbeständigkeit** bezeichnet. Die Formänderung bei Differenzklima wird entscheidend beeinflusst durch:

- Plattendicke,
- Symmetrie des Plattenaufbaus,
- Gleichgewichtsfeuchte und die Längenquellung,
- Lage und Orientierung der Partikel (bei OSB und LSL),
- Faserorientierung (Jahrringlage) und den Plattenaufbau.

MDF erwiesen sich dabei nach Untersuchungen von *Jensen* [20], (Bild 2.31) als deutlich formstabiler als Spanplatten, was mit der geringeren Feuchteänderung (niedrigere Gleichgewichtsfeuchte, Bild 2.27) und Längenquellung begründet wurde. Zudem erwies sich die Verformung bei MDF im Vergleich zur Spanplatte als stärker reversibel. OSB haben eine deutliche Richtungsabhängigkeit. Beschichtungen bewirken durch die reduzierte Feuchteaufnahme eine Erhöhung der Formbeständigkeit.

Die Rangordnung bezüglich der Formbeständigkeit, Verformung von oben nach unten zunehmend [20, 21], ist:

- MDF,
- Spanplatte,
- Massivholzplatte,
- LSL.

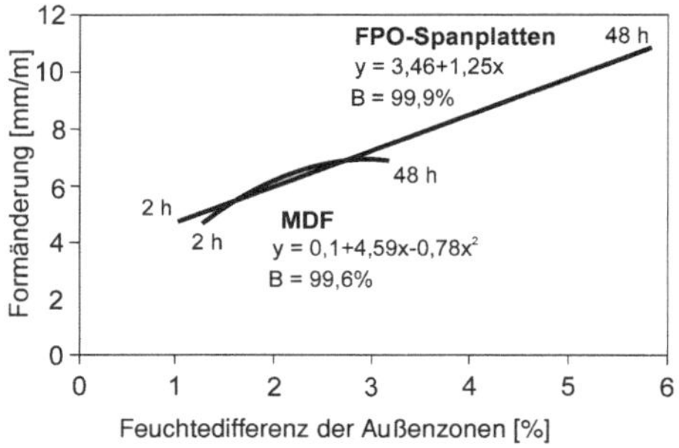

Bild 2.31: Formänderung von Spanplatten und MDF in Abhängigkeit von der Feuchtedifferenz der Außenzonen (*Jensen* und *Kehr* 1995). *B* Bestimmtheitsmaß

Mechanisch-physikalische Eigenschaften

Die Holzfeuchte beeinflusst (wie bei Vollholz) alle mechanisch-physikalischen Eigenschaften. Die Festigkeit und der E-Modul steigen vom darrtrockenen Zustand bis etwa 10 % Holzfeuchte etwas an, danach kommt es innerhalb des hygroskopischen Bereiches zu einem deutlichen Abfall (Bild 2.32).

Ferner ergeben sich folgende Auswirkungen:

- Die Wärmeleitzahl steigt mit zunehmender Holzfeuchte.
- Die Schallgeschwindigkeit fällt mit zunehmender Holzfeuchte.
- Bei Klimawechsel kann es, insbesondere bei mit Harnstoffharz verleimten Materialien, zu einer Zerstörung der Leimfuge durch Hydrolyse oder mechanische Spannungen kommen.

Mit erhöhter Holzfeuchtigkeit steigt die Gefahr des Befalls durch Pilze (abhängig von Pilzart und Umgebungsbedingungen).

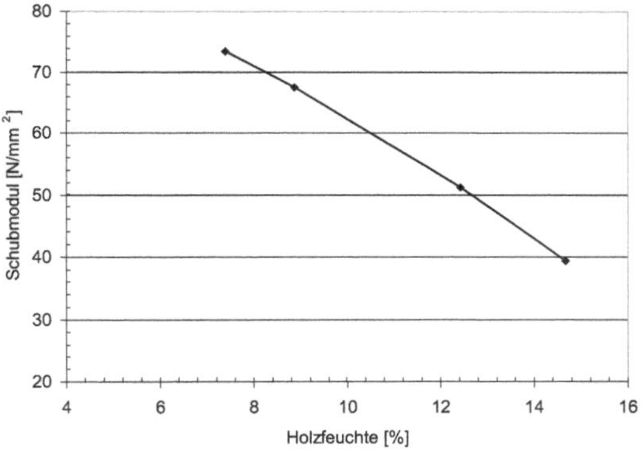

Bild 2.32: Einfluss der Holzfeuchte auf den Schubmodul G_{zx}, G_{zy} von OSB

2.3.2.2 Rohdichte

Grundlagen

$$\varrho = \frac{m}{V} \quad \text{in kg/m}^3 \tag{2.3}$$

ϱ Rohdichte, m Masse, V Volumen

Für Span- und Faserplatten wird zu Kontrollzwecken meist die Flächendichte m_{F} verwendet (A Fläche):

$$m_{\mathrm{F}} = \frac{m}{A} \quad \text{in kg/m}^2 \tag{2.4}$$

Die Rohdichte wird meist gravimetrisch bestimmt. Die Flächenmasse wird in der Fertigung online durch Messung der Absorption von Röntgen- oder γ-Strahlen [22, 8] ermittelt. Unter Berücksichtigung der Dicke kann daraus die Rohdichte berechnet werden. Mit der Röntgenmethode wird durch schichtweises Durchstrahlen (Messung der Schwächung der

Strahlung) auch das Rohdichteprofil senkrecht zur Plattenebene im Labor bestimmt. Bei der Online-Messung des Rohdichteprofils wird dafür der Rückstreueffekt der Strahlung genutzt.

Spanplatten und MDF haben ein typisches **Rohdichteprofil** senkrecht zur Plattenebene, das durch Partikelstruktur, Feuchte und Presstechnik in weiten Grenzen variiert werden kann. Das Verhältnis von Mittelschicht-/Deckschichtrohdichte kann zwischen 1 : 1,3 … 1 : 1,5 bei MDF und 1 : 1,7 … 1 : 2 bei Spanplatten liegen [23].

Die Rohdichte von Brettschichtholz und Sperrholz liegt im Bereich der Dichte des eingesetzten Holzes. Bei Partikelwerkstoffen kann die Rohdichte von 150 kg/m³ bis 1 050 kg/m³ variieren. Bild 2.33 zeigt ein typisches Rohdichteprofil senkrecht zur Plattenebene von Spanplatten.

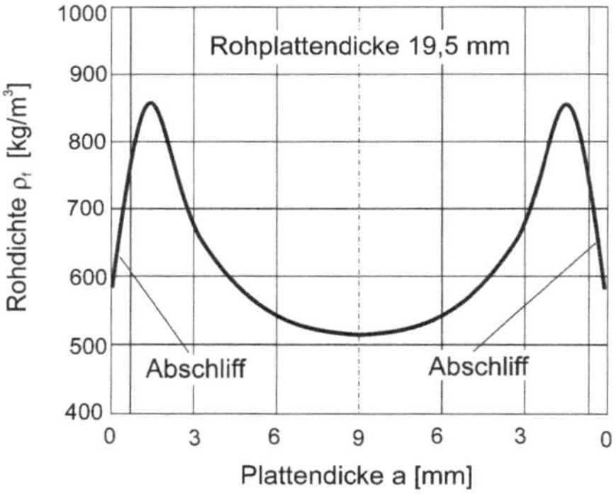

Bild 2.33: Typisches Rohdichteprofil senkrecht zur Plattenebene einer Spanplatte

Einfluss von Rohdichte und Rohdichteprofil

Die Rohdichte beeinflusst alle mechanisch-physikalischen Eigenschaften. So steigen z. B. die Festigkeit und die Schallgeschwindigkeit mit Erhöhung der Dichte, die Wärmeleitfähigkeit sinkt.

Durch Erhöhung der Deckschichtrohdichte bei Holzwerkstoffen können die Biegefestigkeit und der Biege-E-Modul erhöht werden, gleichzeitig wirkt sich eine geschlossene Deckschicht positiv auf die Beschichtbarkeit aus. Für die Schmalflächenbearbeitung wird meist ein relativ homogenes Rohdichteprofil mit einer geschlossenen, nicht zu porigen Mittelschicht angestrebt. Bild 2.34 zeigt den Einfluss der mittleren Rohdichte auf die Biegefestigkeit von Spanplatten. Die Rohdichte ist eine der dominierenden Einflussgrößen.

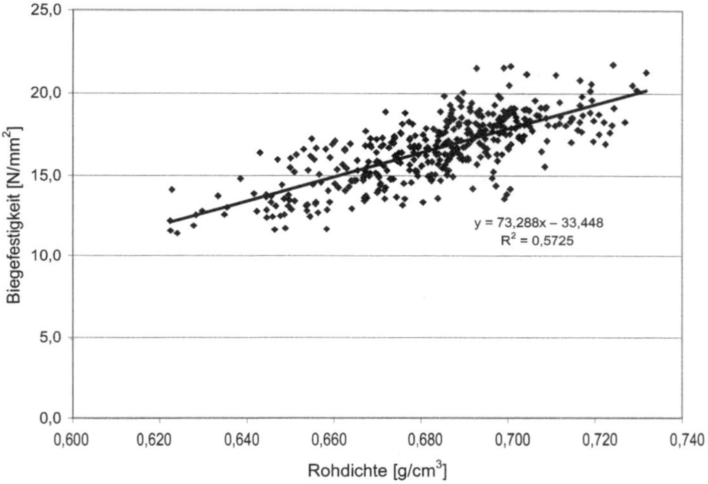

Bild 2.34: Einfluss der Rohdichte auf die Biegefestigkeit von Spanplatten (*Grundström*, *Niemz* und *Kucera*, 1999)

2.3.2.3 Sonstige Eigenschaften

Thermische Eigenschaften

Die **Wärmeleitfähigkeit** λ [W/(m · K)] ist die Wärmemenge, die durch einen Würfel mit 1 m Kantenlänge bei einer Temperaturdifferenz von 1 K in einer Stunde hindurchfließt. Sie steigt mit zunehmender Holzfeuchte und Rohdichte.

Holz und Holzwerkstoffe sind schlechte Wärmeleiter. Faserstoff, Späne (als Schüttstoff) und vor allem Faserplatten geringer Dichte sind gut als Wärmedämmstoff geeignet und werden daher zunehmend zur Wärmeisolation eingesetzt. Tabelle 2.11 zeigt die Wärmeleitfähigkeit ausgewählter Holzwerkstoffe.

Die **spezifische Wärmekapazität** [kJ/(kg · K)] ist die Wärmemenge, die erforderlich ist, um 1 kg des Materials um 1 K zu erwärmen.

Sie ist bei Holz und Holzwerkstoffen vergleichsweise hoch. Sie beträgt im Raumklima bei 20 °C/50 % rel. Luftfeuchte bei einer Dichte von 136 kg/m³ 1,361 kJ/(kg · K) [58]. Mineralwolle (Dichte 37 kg/m³) 0,879 kJ/(kg · K), Faserdämmplatten (Dichte 269 kg/m³) 1,632 kJ/(kg · K). Dies bringt in Verbindung mit der geringen Wärmeleitzahl bei der Verwendung von Holzwerkstoffen zur Wärmedämmung deutliche Vorteile im Vergleich zu Schaumstoffen oder Mineralwolle. Bild 2.35 zeigt den Temperaturverlauf durch eine Konstruktion mit Faserdämmmaterial und Mineralwolle. Die effektiven Temperaturschwankungen sind also bei Dämmmaterialien auf Holzbasis geringer. Ebenso kommt es zu einer Phasenverschiebung. Dies ist besonders für den Wärmeschutz im Sommer von Bedeutung.

Die **Wärmeausdehnung** ist im Vergleich zur Ausdehnung durch Feuchteänderungen gering, kann aber z. B. bei Parkett durchaus eine gewisse Bedeutung haben. Sie beträgt nach Sonderegger und Niemz (2006)

- bei MDF $6{,}8 \cdot 10^{-6}$ m/(m · K),
- bei Spanplatten $(6{,}2 \ldots 7{,}2) \cdot 10^{-6}$ m/(m · K),
- bei OSB $6{,}3 \cdot 10^{-6}$ m/(m · K),
- bei Sperrholz $4{,}2 \cdot 10^{-6}$ m/(m · K),
- bei Vollholz in Abhängigkeit von der Holzart und der Faserrichtung in Faserrichtung $(3{,}15 \ldots 4) \cdot 10^{-6}$ m/(m · K), senkrecht zur Faserrichtung $(16 \ldots 40) \cdot 10^{-6}$ m/(m · K).

Tabelle 2.11: Thermische Eigenschaften von Holzwerkstoffen
a) Wärmeleitfähigkeit von Holzwerkstoffen (Richtwerte)

Material	Wärmeleitfähigkeit [W/(m · K)]
Spanplatte	0,12 … 0,14
Sperrholz	0,14
Faserdämmplatte	0,05
MDF	0,125
Zementgebundene Spanplatte	0,24 … 0,28
Massivholzplatte	0,090 … 0,11

b) Prozentuale Veränderung der Werte gegenüber den Werten bei 20 °C (eigene Messungen)

Holzwerkstoff	Biegefestigkeit (Δ %)		Biege-E-Modul (Δ %)	
	– 20 °C	60 °C	– 20 °C	60 °C
MDF, 16 mm	18	– 34	14	– 40
Spanplatte, 16 mm	6	– 26	17	– 37
Spanplatte, 18 mm	8	– 26	27	– 43
OSB 3, 18 mm	6	– 33	11	– 31
Sperrholz Bu längs, 19 mm	15	– 24	6	– 16
Sperrholz Bu quer, 19 mm	12	– 30	16	– 20
Sperrholz Fi längs, 15 mm	14	– 12	11	– 14
Massivholzplatte Fi längs, 16 mm	5	– 39	6	– 46
Massivholzplatte Fi quer, 16 mm	22	– 28	9	– 16

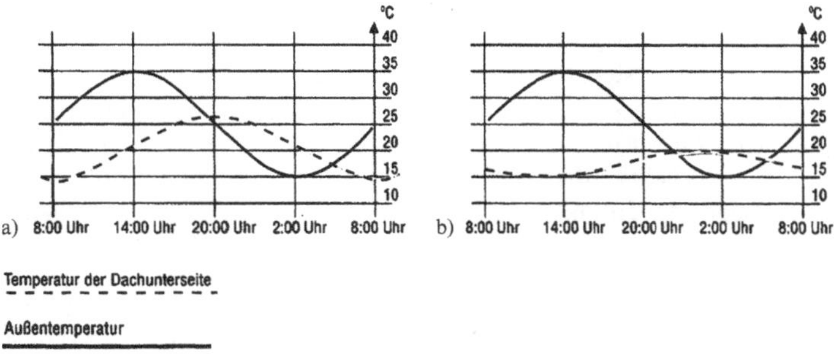

Bild 2.35: Temperaturverlauf in einer Dachkonstruktion beim Einsatz von Cellulosefasern im Vergleich zu Mineralwolle als Dämmmaterial
a) 40 mm Mineralwolle; b) 40 mm Cellulosefasern

Holz und Holzwerkstoffe sind **brennbar** (meist Baustoffklasse B2, normal entflammbar oder B1, schwer entflammbar, z. B. Holzwolleleichtbauplatten). Zementgebundene Span- oder Faserplatten und andere speziell geschützte Holzwerkstoffe gehören zur Baustoffklasse A2 (nicht brennbar).

Holzstäube, wie sie bei der Span- und insbesondere bei der Faserplattenherstellung im Trockenverfahren auftreten, sind je nach Zusammensetzung des Staub-Luftgemisches **hochexplosiv** [8].

Bei Erhöhung der Temperatur von Holzwerkstoffen nimmt die Festigkeit ab [8]. Bei relativ großen Querschnitten (Brettschichtholz) erreicht die Temperatur im Brandfall im Inneren maximal 100 °C, da sich außen eine Holzkohleschicht bildet. So kann z. B. bei Wandelementen aus kreuzweise verdübelten Brettern ein sehr hoher Feuerwiderstand erreicht werden (bis zu F150 bei Thoma Holz 100).

Die geringe Wärmeleitung und -ausdehnung des Holzes sowie die Ausbildung einer Holzkohleschicht am Rand wirken sich bei großen Querschnittsabmessungen positiv auf den **Feuerwiderstand** aus. Bei entsprechenden Dimensionen können sich daher Holzkonstruktionen vorteilhafter verhalten als solche aus nichtbrennbaren Baustoffen, da sich z. B. Stahl bei hohen Temperaturen stark ausdehnt und an Festigkeit verliert.

Elektrische Eigenschaften

Der elektrische Widerstand und auch die dielektrischen Eigenschaften des Holzes werden bei Holzwerkstoffen genutzt zur

- Bestimmung der **Holzfeuchte** (elektrischer Widerstand, Dielektrizitätskonstanten),

- **Vorwärmung** von Vliesen (dielektrische Eigenschaften) mit HF-Energie (Umpolarisation der Wassermoleküle im Hochfrequenz-Feld, durch die entstehende Reibung kommt es zur Erwärmung),
- Fertigung von Platten mit reduziertem elektrischen **Widerstand**; dabei wird Ruß zugegeben und der elektrische Widerstand auf $10^5 \dots 10^9\ \Omega$ reduziert. (EN 10001T1/T2, Messspannung 100 V).

Zunehmende Bedeutung gewinnt das Verhalten gegenüber elektromagnetischen Wellen, wie sie z. B. von Mobilfunkgeräten oder Rundfunksendern erzeugt werden. Die Frequenz der Wellen liegt im Bereich von 10… 100 kHz bis zu 150 … 300 GHz. Im kHz-Bereich arbeiten Lang- und Mittelwellensender, im MHz-Bereich Kurz- und Ultrakurzwellensender sowie das Fernsehen. Mobilfunkgeräte arbeiten im unteren GHz-Bereich.

Hochfrequente elektromagnetische Wellen verhalten sich ähnlich wie Licht, das von Materialien gespiegelt werden kann (Reflexion) oder durch diese hindurchdringt (Transmission). Beides ist abhängig von der Art und der Struktur des Materials, aber auch von der Polarisation der elektromagnetischen Welle. *Pauli* und *Moldan* [24] führten umfangreiche Untersuchungen zum Abschirmverhalten verschiedener Baustoffe durch.

Die **Dämpfung** der elektromagnetischen Wellen steigt mit der Frequenz. Dabei wurde festgestellt, dass konventionelle Leichtbauweisen (Dichte 170 kg/m^3) den hochfrequenten Wellen keinen Widerstand leisten. Eine Wand aus massivem Holz, Lehmsteinen und Dämmung aus Faserdämmplatten (400 kg/m^3) hat eine analoge Dämpfung wie eine Wand aus 160 mm dickem Tannenholz.

Die Dämpfung beträgt im MHz-Bereich zwischen 3 und 11 dB und steigt bei 10 GHz auf 38 dB. Zur Transmissionsdämpfung können Metallgewebe, metallische Beschichtungen oder auch spezielle textile Materialien (z. B. Baumwolle mit eingearbeiteten Metallfasern) verwendet werden. Durch Einarbeitung entsprechender Materialien in Holzkonstruktionen kann also die Abschirmwirkung erhöht werden.

Oberflächeneigenschaften

Kenngrößen sind hier die **Rauigkeit** (Bild 2.36) und die **Welligkeit** (Bild 2.37). Als Richtwerte für die zulässige Rautiefe nach Wasserlagerung und erneuter Trocknung gibt *Böhme* [25] für Frontflächen von Möbeln bei Furnierbeschichtung 60 … 80 µm, bei Dekorfolien mit Finisheffekt 40 … 60 µm an (Frontflächen). Für die Prüfung dieser Eigenschaften werden **Tastschnittgeräte** (optisch oder mechanisch abtastend) eingesetzt. Die wichtigsten Kenngrößen für die Oberflächeneigenschaften enthält ISO 4287/1. Die **Welligkeit** ist insbesondere an polierten Fronten deutlich erkennbar (großwellige Dickenschwankungen). Sie wird z. B. hervorgerufen durch Dichteschwankungen und Schwankungen im Quell- und Schwindverhalten.

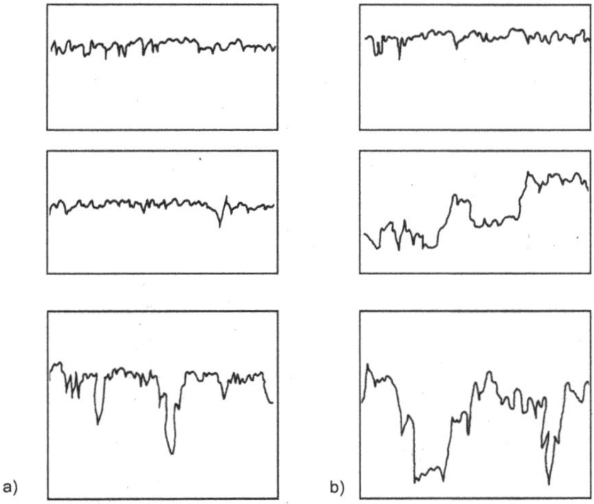

Bild 2.36: Rauigkeit verschiedener Spanplatten im trockenen (a) und nassen (b) Zustand [25]

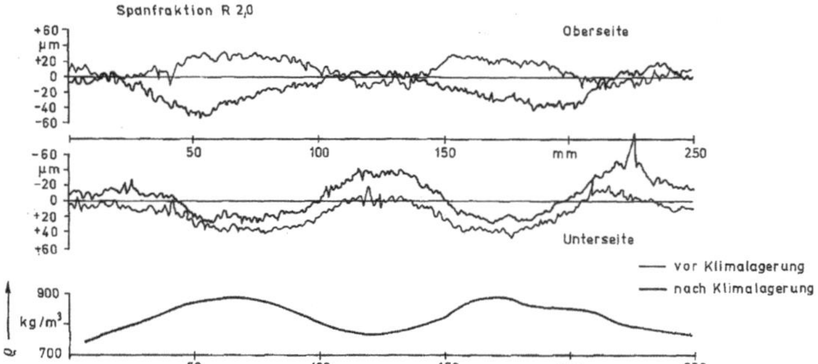

Bild 2.37: Einfluss von Rohdichteschwankungen auf die Welligkeit von Spanplatten [26]

Akustische Eigenschaften von Holzwerkstoffen

Kenngrößen sind hier

- Schallgeschwindigkeit,
- Schallabsorption,
- Schalldämmung.

Die **Schallgeschwindigkeit** kann zur Ermittlung des dynamischen E-Moduls benutzt werden. Dabei gilt stark vereinfacht für Longitudinalwellen:

$$v = \sqrt{\frac{E}{\varrho}} \qquad (2.5)$$

$$E = v^2 \cdot \varrho$$

E dynamischer E-Modul (N/mm²), v Schallgeschwindigkeit (m/s), ϱ Rohdichte (kg/m³)

Untersuchungen dazu führten u. a. *Grundström*, *Niemz* und *Kucera* [27] sowie *Burmester* [28] durch. Es konnte eine straffe Korrelation zwischen Schallgeschwindigkeit und E-Modul sowie Querzugfestigkeit festgestellt werden. Die Güte der Korrelation schwankt je nach Plattenstruktur.

Umfangreiche Untersuchungen zur Nutzung von Schallgeschwindigkeit und Eigenfrequenz für die Bestimmung der Eigenschaften von Holzwerkstoffen wurden u. a. von *Kruse* [29] und *Schulte* [30] durchgeführt.

Zur Bestimmung von Plattenreißern (durch Dampfdruck entstehende Innenrisse) wird bei der Herstellung von Holzwerkstoffen die Schallschwächung beim Übergang Luft-Festkörper industriell genutzt. Ist ein Riss in der Platte vorhanden, so tritt die Schallschwächung zweifach auf [22, 8]. Das Verhältnis der am Empfänger ankommenden Schallenergie beträgt daher zwischen einer fehlerfreien und einer fehlerhaften Platte etwa 10 : 1.

Bild 2.38 zeigt die Korrelation zwischen dem aus der Schallgeschwindigkeit berechneten E-Modul und dem nach EN 310 am Biegestab bestimmten E-Modul für Spanplatten.

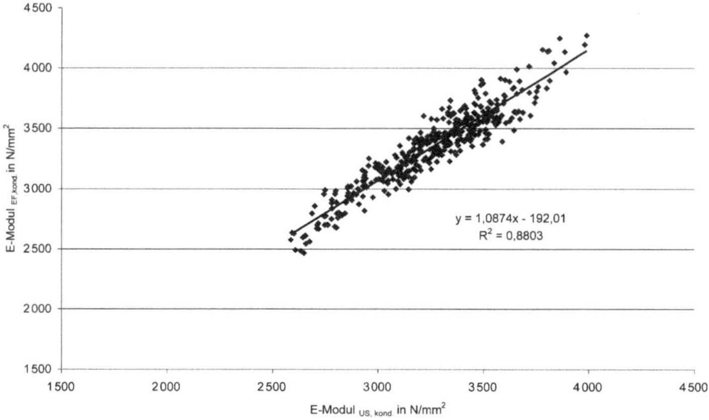

Bild 2.38: Korrelation zwischen dem aus der Schallgeschwindigkeit berechneten E-Modul und dem nach EN 310 am Biegestab bestimmten E-Modul für Spanplatten [27]

Für die **Schallgeschwindigkeit** von Holzwerkstoffen gelten folgende Richtwerte:

- Spanplatte: in Plattenebene ca. 2 000 … 2 500 m/s, senkrecht zur Plattenebene ca. 500 … 700 m/s,
- MDF: ca. 2 500 m/s in Plattenebene,
- Sperrholz: ca. 4 000 m/s in Plattenebene,
- Massivholzplatten: 4 000 … 5 000 m/s in Plattenebene.

Die Werte sind stark abhängig von der Struktur und variieren in einem breiten Bereich.

Der **Schallabsorptionsgrad** (Verhältnis der nicht reflektierten zur auftreffenden Schallleistung) liegt bei Spanplatten bei 30 %, bei Vollholz (Kiefer) bei 10 … 11 %, bei Hartfaserplatten bei 5 … 8 %, bei Faserplatten niedriger Dichte bei 20 … 30 %. Er kann durch Lochen und Schlitzen auf 60 … 80 % erhöht werden. Auch Spanplatten mit spezieller Oberflächenstruktur (gelocht) sind bekannt.

Der **dynamische E-Modul** kann auch aus der Eigenfrequenz einer zum Schwingen angeregten Probe bestimmt werden.

Für die **Eigenschwingung** gilt bei Biegeschwingungen erster Ordnung:

$$E = \frac{4 \cdot \pi^2 \cdot l^4 \cdot f^2 \cdot \varrho}{m_n^4 \cdot i^2} \left(1 + \frac{i^2}{l^2} \cdot K_1\right) \cdot 10^{-9} \tag{2.6}$$

E E-Modul in N/mm², ϱ Rohdichte in kg/m³, l Stablänge in mm, f Eigenfrequenz in s^{-1}, i Trägheitsradius; $i^2 = h^2/12$ in mm², h Probendicke in mm, K_1 Konstante (abhängig von Ordnung der Schwingung), m_n Konstante (abhängig von Ordnung der Schwingung)

Dabei gilt für Biegeschwingungen erster Ordnung:

$K_1 = 49{,}8$; $m_n^4 = 500{,}6$

Alterung und Beständigkeit

Durch klimatische Einwirkung (UV-Strahlen der Sonne, Klimawechsel, Niederschläge) kommt es zu **Farbveränderungen** in der Oberfläche und durch die Kombination von Befeuchtung (Regen) und Trocknung (Sonnenstrahlen) zur **Rissbildung**. Lignin wird durch die UV-Strahlung abgebaut, die Oberfläche vergraut. Zusätzlich kommt es durch Pilze bei hoher Holzfeuchte zu Farbveränderungen, die Oberfläche färbt sich grau bis schwarz [31]. Risse treten bei Überschreiten der Querzugfestigkeit oder der Bruchdehnung auf. Holzwerkstoffe werden zunehmend auch für Fassaden eingesetzt. *Sell* [32] gibt dabei folgende Richtwerte für die Einsetzbarkeit als Fassade an:

- nicht anwendbar: einschichtige Massivholzplatten, Spanplatten mit synthetischen Klebstoffen, LVL,

- anwendbar mit Schutz der Schmalflächen: dreischichtige Massivholzplatten,
- anwendbar bei Schutz von Schmal- und Breitflächen: Sperrholz, Faserplatten.

Industriell werden auch teilweise hochverdichtete und lackierte Spanplatten als Fassade eingesetzt.

Zu beachten ist auch das **Quellverhalten**. Bei Massivholzplatten kommt es insbesondere bei breiten Lamellen und tangentialen (liegenden) Jahrringen (z. B. Seitenbretter) zu Rissen. Die Risse sind in Tangentialrichtung stärker ausgeprägt und länger als in Radialrichtung. Teilweise werden daher Platten mit stehenden Jahrringen in den Randzonen verwendet. Aber auch die Längenquellung ist durch Ausgleichsfugen zu berücksichtigen. Die Rissbildung kann durch die Holzfeuchte bei der Verklebung wesentlich beeinflusst werden.

2.3.3 Elastomechanische und rheologische Eigenschaften

2.3.3.1 Übersicht

Es wird unterteilt in

- elastische Eigenschaften (E-Modul, Schubmodul, *Poisson-Zahlen*),
- Festigkeitseigenschaften und
- rheologische Eigenschaften.

Bedingt durch den orthotropen Aufbau des Holzes (unterschiedliche Eigenschaften in den Hauptschnittrichtungen längs, radial, tangential) sind, je nach Auflösungsgrad der Struktur des nativen Holzes und der Struktur des daraus gefertigten Holzwerkstoffes, auch die Eigenschaften von Holzwerkstoffen mehr oder weniger orthotrop. Bei Furnierschichtholz, Massivholzplatten und auch bei OSB ist ein deutlicher Einfluss in der Orientierung der Decklagen zur Belastungsrichtung vorhanden. Senkrecht zur Faserrichtung der Decklage belastete Proben haben eine deutlich niedrigere Festigkeit als in Faserrichtung belastete. Bei Werkstoffen auf Vollholzbasis (Sperrholz, Massivholzplatten) sind die Mittellagen empfindlich gegen Schub und gegen Zug senkrecht zur Faser.

Bei konventionellen Span- und Faserplatten sind in Fertigungsrichtung herstellungsbedingt etwa um 10% höhere mechanische Eigenschaften und eine niedrigere Quellung vorhanden als senkrecht dazu. Dies ist auf eine gewisse **Partikelorientierung** beim Streuvorgang zurückzuführen. Bild 2.39 zeigt die Hauptrichtungen der Belastung bei Holzwerkstoffen.

Infolge des viskoelastischen Charakters von Holzwerkstoffen sind alle Eigenschaften zusätzlich zeitabhängig. Dies gilt sowohl für die Kenngrößen des elastischen Verhaltens (E-Modul, Schubmodul) als auch für die Festigkeit (z. B. Biege-, Zug-, Druckfestigkeit).

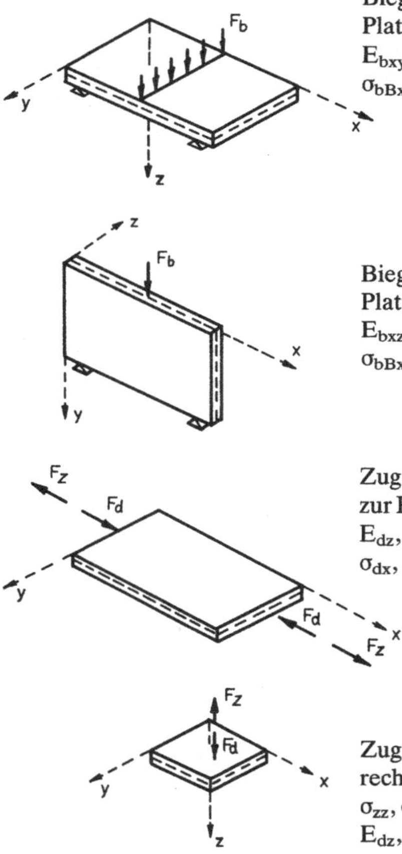

Biegung senkrecht zur Plattenebene (flach)
E_{bxy}, G_{zx}
σ_{bBxy}, τ_{zx}

Biegung parallel zur Plattenebene (hochkant)
E_{bxz}, G_{yx}
σ_{bBxz}, τ_{yz}

Zug und Druck parallel zur Plattenebene
E_{dz}, E_{zx}
σ_{dx}, σ_{zx}

Zug und Druck senkrecht zur Plattenebene
σ_{zz}, σ_{dz}
E_{dz}, E_{zz}

F_b, F_z, F_d – Biege-, Zug- bzw. Druckkraft
x, y, z – Koordinatenachsen

Bild 2.39: Belastungsrichtungen bei Holzwerkstoffen [8]

In Abhängigkeit von der Geschwindigkeit der Lasteinwirkung wird zwischen **statischer** und **dynamischer Beanspruchung** unterschieden. Der Zeiteinfluss ist auch bei allen klassischen mechanischen Prüfungen vorhanden (Bild 2.40). Daher ist die Zeitdauer bis zum Bruch genormt (z. B. nach EN 310 bei der Biegeprüfung 60 s ± 30 s).

Zusätzlich werden alle mechanischen Eigenschaften durch folgende Parameter beeinflusst:

- Holzfeuchte (mit zunehmender Holzfeuchte, oberhalb von 5 … 8 %, sinkt die Festigkeit, vgl. Bild 2.32),
- Temperatur (die Festigkeit sinkt mit steigender Temperatur),
- mechanische oder klimatische Vorbeanspruchungen (z. B. bei Lagerung im Wechselklima),
- Bauteilgröße (Bild 2.41).

Madson und *Buchanan* geben für Holz folgende Beziehung für die Bauteilgröße an:

$$\frac{\sigma^2}{\sigma_1} = \left(\frac{V_1}{V_2}\right)^m \cong \left(\frac{l_1}{l_2}\right)^{ml} \cdot \left(\frac{b_1}{b_2}\right)^{mb} \cdot \left(\frac{d_1}{d_2}\right)^{md} \qquad (2.7)$$

V Volumen des Prüfkörpers, σ vorhandene Spannungen, l, b, d Länge, Breite, Dicke des Prüfkörpers

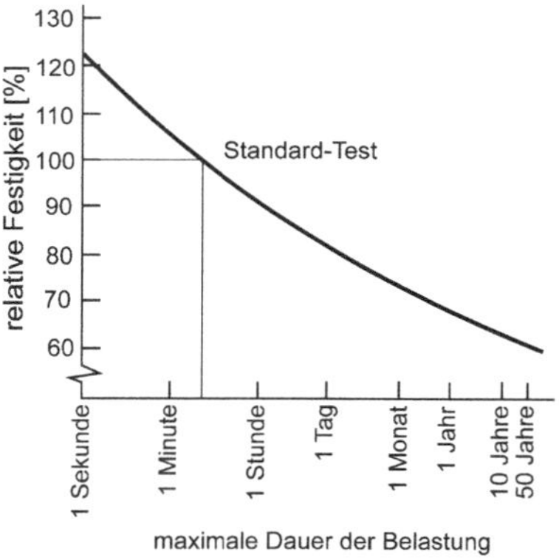

Bild 2.40: Einfluss der Dauer der Lasteinwirkung auf die Festigkeit [33]

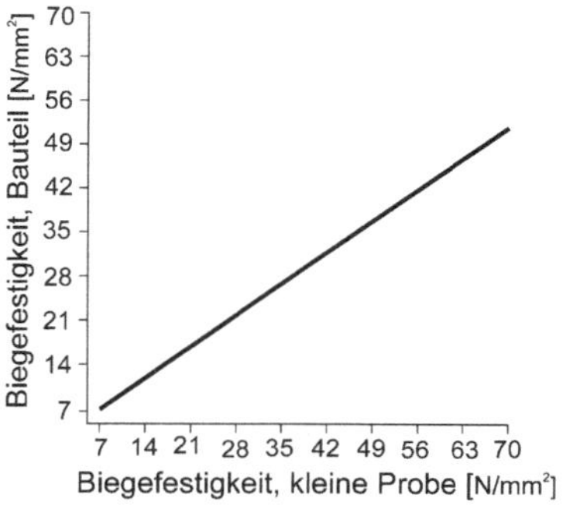

Bild 2.41: Beziehungen zwischen der Biegefestigkeit kleiner und großer Proben für Spanplatten (*Dobbin* in [8])

Für die 10-%-Quantile gilt beispielsweise:

$m_l = 0{,}15$; $m_b = 0{,}10$.

Bei Bauholz sinkt die Festigkeit mit zunehmender Länge der Proben [34]. Da breitere Proben einen geringeren Astanteil haben, steigt die Festigkeit mit zunehmender Breite.

Nach *Weibull* (Theorie des schwächsten Kettengliedes) ergibt sich:

$$\frac{\sigma^2}{\sigma_1} = \left(\frac{V_1}{V_2}\right)^{1/k} = \left(\frac{V_1}{V_2}\right)^{m} \quad (2.8)$$

σ vorhandene Spannungen, k Formparameter der *Weibull*-Verteilung, m Exponent

Gehri [35] gibt bei Furnierschichtholz für den Einfluss der Höhe für m einen Wert von 0,2 an.

Für Spanplatten ermittelte *Böhme* [56] folgende Eigenschaftsänderungen bei mittelgroßen Proben gegenüber kleinen Proben:

- Verringerung der Biegefestigkeit um 10 %,
- Erhöhung des Biege-E-Moduls um 11 … 12 %,
- Verringerung der Zugfestigkeit um 1 %,
- Erhöhung der Druckfestigkeit um 18 %,
- Reduzierung der Scherfestigkeit parallel zur Plattenebene um 28 %,
- Reduzierung der Scherfestigkeit senkrecht zur Plattenebene um 4 %.

Nachfolgend werden, weitgehend materialunabhängig, die Grundlagen der Bestimmung der mechanischen Eigenschaften von Holzwerkstoffen vorgestellt.

Für Holzwerkstoffe im konstruktiven Einsatz sind in Deutschland bauaufsichtliche Zulassungen vom Deutschen Institut für Bautechnik, Berlin erforderlich. Dabei gelten dann herstellerspezifische Daten, die über den in den Normen fixierten Mindestwerten liegen.

Elastizitätsgesetz/Spannungs-Dehnungs-Diagramm

Die Elastizität ist die Eigenschaft fester Körper, eine durch äußere Kräfte bewirkte Verformung wieder rückgängig zu machen. Geht diese Verformung nach Entlastung vollständig zurück, so spricht man von einem **ideal elastischen Körper**. Zwischen Spannung und Dehnung besteht bei ideal elastischen Körpern ein linearer Zusammenhang (*Hooke*sches Gesetz). Bild 2.42 zeigt das Spannungs-Dehnungs-Diagramm für Spanplatten. Für die Dehnung gilt bei Normalspannungen:

$$\varepsilon = \frac{\Delta l}{l} \tag{2.9}$$

ε Dehnung, Δl Längenänderung, l Anfangslänge

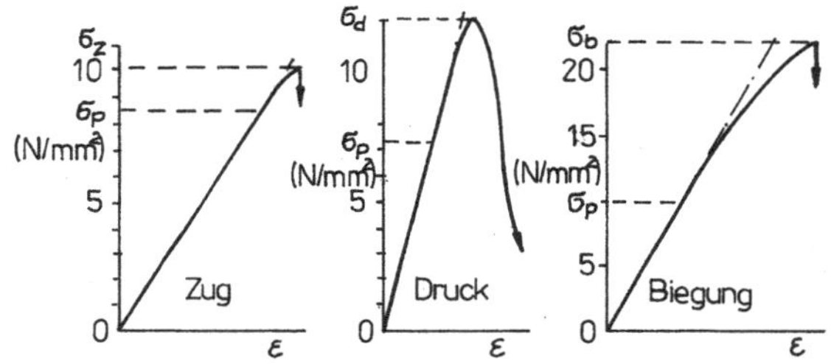

Bild 2.42: Spannungs-Dehnungs-Diagramm einer Spanplatte (nach *Plath* [8])

Innerhalb des linear elastischen Bereiches gilt (*Hooke*sches Gesetz):

$$\sigma = \varepsilon \cdot E \tag{2.10}$$

σ Spannung (in N/mm^2), ε Dehnung (in %), E Elastizitätsmodul (in N/mm^2)

Streng genommen gilt nach der Theorie der orthotropen Elastizität das verallgemeinerte *Hooke*sche Gesetz. Bild 2.43 zeigt die Koordinatenachsen am Beispiel einer dreischichtigen Massivholzplatte.

Es gibt also 3 E-Moduln, 3 Schubmoduln und 6 *Poisson-Zahlen* (davon sind drei voneinander unabhängig).

Die **Proportionalitätsgrenze** liegt für Spanplatten unter Zugbelastung bei 90%, unter Druck bei 70%, unter Biegung bei 40% der Bruchlast. Es handelt sich hierbei um Richtwerte, abhängig von der Struktur und der Holzfeuchte [8].

Bei Holzwerkstoffen kann die Dehnung bei Biegebelastung in der äußeren Randzone nach Gl. 2.11 bestimmt werden.

Es gilt:

$$\varepsilon = \frac{6 \cdot d \cdot f_{max}}{l_s^2} \cdot 100 \quad \text{(in \%)} \tag{2.11}$$

ε Randfaserdehnung, f_{max} maximale Durchbiegung, l_s Stützweite, d Plattendicke

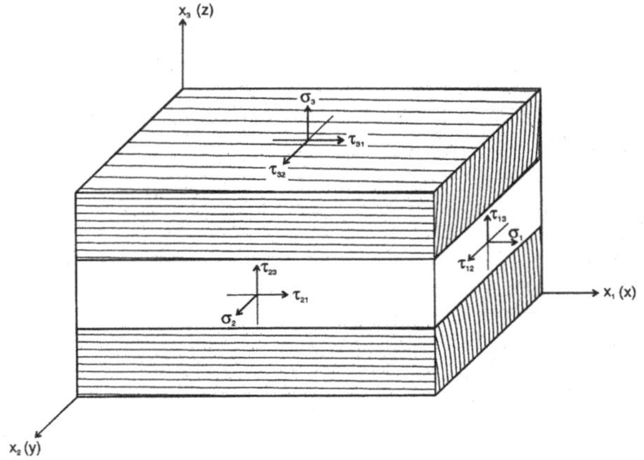

Bild 2.43: Zuordnung der Koordinatenachsen am Beispiel einer Massivholzplatte (häufig gilt für die Indizes auch:
$x_1 \triangleq x$ = in Herstellungsrichtung oder in Faserrichtung der Decklagen;
$x_2 \triangleq y$ = senkrecht zur Herstellungsrichtung oder zur Faserichtung der Decklagen;
$x_3 \triangleq z$ = senkrecht zur Plattenebene)

2.3.3.2 Kenngrößen und deren Bestimmung

Die meist genutzten Kenngrößen sind der Elastizitäts- und der Schubmodul.

E-Modul

Der Elastizitätsmodul wird bei Normalspannungen (Zug, Druck) aus der Gl. 2.10 nach dem *Hooke*schen Gesetz bestimmt. Die Prüfkraft muss dabei unterhalb der Proportionalitätsgrenze liegen. Häufig wird er durch **Biegebelastung** (Drei- oder Vierpunkt) ermittelt. Bei Dreipunktbelastung ist der bestimmte E-Modul vom Verhältnis Stützweite zu Dicke abhängig. Er steigt mit zunehmendem Verhältnis Stützweite/Dicke bis auf ein Verhältnis von etwa 15 … 20 an. Bei geringerem Verhältnis treten starke Schubverformungen auf (siehe Gl. 2.12).

Der E-Modul kann auch durch Messung der Schallgeschwindigkeit (Gl. 2.5) oder der Eigenfrequenz (Gl. 2.6) bestimmt werden; diese Werte sind meist 10 … 20 % höher als die im statischen Versuch ermittelten. Bei geschichteten Holzwerkstoffen treten stärkere Abweichungen auf, da die Gln. 2.5 und 2.6 streng genommen nur für homogene Werkstoffe gültig sind (vgl. Kapitel 2.3.2.3 unter Akustische Eigenschaften von Holzwerkstoffen).

Schubmodul (G)

Wirkt ein Kräftepaar analog Bild 2.44a, treten **Schubspannungen** auf. Schubspannungen sind auch bei Biegung vorhanden, wenn Querkräfte auftreten (z. B. bei Dreipunktbelastung, Flächenlast).

Schubspannungen können insbesondere bei sandwichartig aufgebauten Werkstoffen (diese haben im Vergleich zur Deckschicht wesentlich schubweichere Mittellagen) zum **Schubbruch** führen. Bei Holzwerkstoffen tritt dies zum Teil bei extremen Unterschieden in der Festigkeit von Deck- und Mittelschicht auf. Aber auch bei Sperrholz und bei Massivholzplatten kommt es bei kurzen Stützweiten und schmalen Proben zum sogenannten **Rollschub** in den senkrecht zur Probenlängsachse liegenden Lagen (Auftreten von Rollschub in der RT-Ebene durch Abgleiten der Jahrringe an der Grenze Früh-Spätholz; siehe Bild 2.45). Auch bei Brettschichtholz kann es zu Schubbrüchen kommen.

Die Bestimmung des Schubmoduls kann an Schubwürfeln (Bild 2.44a), aber auch am Biegestab bei einseitiger Einspannung (Bild 2.44b), oder

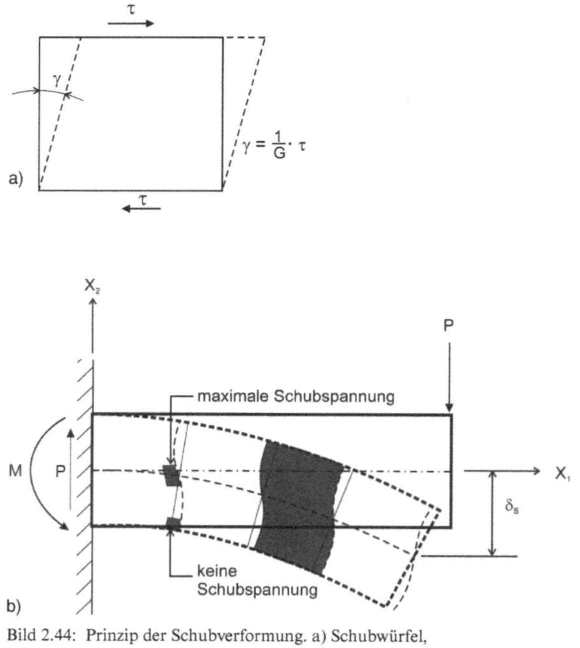

Bild 2.44: Prinzip der Schubverformung. a) Schubwürfel,
b) Schubspannung in einem einseitig eingespannten Biegebalken [33]

bei Dreipunktbiegung durch Reduzierung der Stützweite und Berechnung nach *Timoshenko* erfolgen. Dabei gilt:

$$f_{\text{ges}} = f_{\text{B}} + f_{\text{S}}$$

$$f_{\text{ges}} = \frac{F \cdot l^3}{48 \cdot E \cdot I} + \frac{3}{10} \cdot \frac{F \cdot l_{\text{s}}}{G \cdot A} \qquad (2.12)$$

f_{B} Durchbiegung aus reiner Biegung, f_{S} Durchbiegung aus Schub, G Schubmodul (in N/mm^2), F Kraft (in N), l_{s} Stützweite (in mm), I Trägheitsmoment (in mm^4), E E-Modul bei reiner Biegung (in N/mm^2), A Probenquerschnitt (in mm^2)

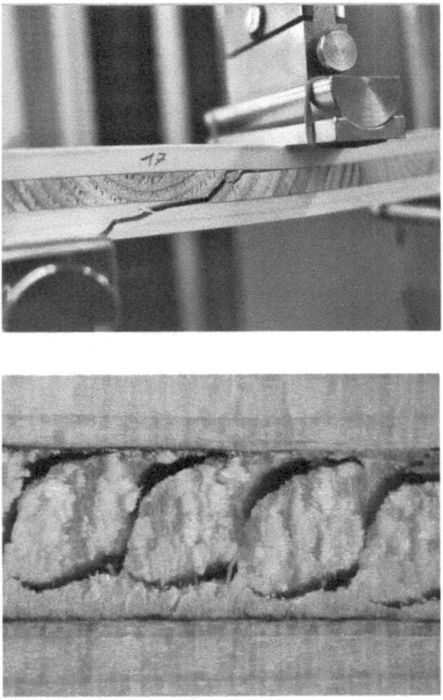

a)

b)

Bild 2.45: Versagen von Holzwerkstoffen durch Schubspannungen senkrecht zur Faserrichtung (Rollschub in RT-Ebene, rolling shear). a) Massivholzplatte bei Dreipunkt-Biegung, b) Sperrholz

Die bei Dreipunktbiegung ermittelte Durchbiegung beinhaltet auch Querkräfte. Sie setzt sich daher stets aus den beiden Komponenten reine Biegung und Schub zusammen (Gl. 2.12). Durch Variation dieses Verhältnisses Stützweite/Dicke können die beiden Komponenten Schubmodul und E-Modul bei reiner Biegung über eine Bestimmung des komplexen E-Moduls (bestimmt bei Dreipunktbiegung) erfasst werden (siehe z. B. DIN EN 408).

Bodig und *Jayne* [33] geben für den Schubeinfluss auf den Biege-E-Modul folgende Beziehung für verschiedene Belastungsfälle an:

$$\frac{E_{\text{komplex}}}{E} = \frac{\left(\frac{l}{h}\right)^2}{\left(\frac{l}{h}\right)^2 + C} \tag{2.13}$$

E_{komplex} E-Modul unter Berücksichtigung des Schubanteils, E E-Modul bei reiner Biegung, l/h Verhältnis Stützweite zu Dicke der Probe, C belastungsabhängige Konstante (C = 19,20 für Dreipunktbiegung, C = 15,05 für Vierpunktbiegung [l/3]).

Tabelle 2.12: Ausgewählte Kenngrößen von Holzwerkstoffen (Fa. Siempelkamp u. a.)

Eigenschaft	**Spanplatte**	**MDF**	**OSB (Europa)**	**LVL**	**LSL**	**Massivholzplatte**	**PSL**
Rohdichte (kg/m^3)	680 … 700	760 … 790	660 … 700	660 … 700	650	450	660
E-Modul (N/mm^2)	2600 … 3200	4000 … 4500	–	–	12000	–	14000 … 15500
– parallel[1)]	–	–	7000	13000 … 16000	–	5000 … 7000	–
– senkrecht[1)]	–	–	1850	–	–	1000 … 3000	–
Biegefestigkeit (N/mm^2)	20 … 22	33 … 38		–	–	–	–
– parallel[1)]	–	–	36	–	–	30 … 50	60 … 65
– senkrecht[1)]	–	–	20 … 25	–	–	10 … 30	–
Schubmodul (N/mm^2)	–	–	–	–	–	–	–
– flach	100 … 180	100 … 200	ca. 300	ca. 500	–	ca. 200	700 … 800
– hochkant	1000 … 1500	600 … 1000	1100	ca. 500	ca. 2300	600 … 700	–

[1)] Biegung jeweils senkrecht zur Plattenebene, parallel = in Herstellungsrichtung (Faserrichtung der Decklagen, Orientierungsrichtung der Partikel), senkrecht = Faserrichtung senkrecht zur Herstellungsrichtung (Faserrichtung der Decklagen, Orientierungsrichtung der Partikel)

2.3.3.3 Rheologische Eigenschaften

Holzwerkstoffe sind viskoelastische Materialien. Alle Eigenschaften sind also zeitabhängig. Es wird unterschieden zwischen

- Kriechen,
- Spannungsrelaxation und
- Dauerstandfestigkeit.

Die **Kriechzahl** (siehe Abschn. 1.4) steigt mit zunehmender Auflösung der Strukturelemente. Das Verhältnis der **Kriechverformung** zwischen Vollholz : Spanplatte : Faserplatte beträgt 1 : 4 : 5. Die Grundlagen sind in Kapitel 1.4 beschrieben.

Tabelle 2.13: Kriechzahlen von Holzwerkstoffen im Normalklima (20 °C / 65 % rel. Luftfeuchte)

Werkstoff		Kriechzahl
Vollholz	in Faserrichtung	0,1 … 0,3
	senkrecht zur Faserrichtung	0,8 … 1,3 … 1,6
Spanplatten		0,4 … 0,6
MDF		0,4 … 0,6
Hartfaserplatten		0,5 … 0,7
Massivholzplatte (einschichtig)		0,20
Massivholzplatte (dreischichtig)		0,25 … 0,30
Sperrholz		0,3 … 0,5

Tabelle 2.14: Korrekturfaktoren für den Klimaeinfluss auf die Kriechverformung

Klima	Vollholz	Spanplatte	Massivholzplatte
Konstantklima	Korrekturfaktor		
50 % r. L.	1	1	1
60 % r. L.	1,2 … 1,3	1,4 … 1,5	k. A.[1]
70 % r. L.	1,4 … 1,5	2,0 … 2,5	k. A.
80 % r. L.	1,8 … 2,0	3,0 … 4,0	k. A.
Natürliches Wechselklima			
Freibewitterung	3,0 … 4,0	4,0 … 10,0	4,0 … 10,0
im geschlossenen Raum	1,4 … 1,6	2,0 … 3,0	2,0 … 2,5

[1] k. A.: keine Angaben, Schätzwert etwa Mittelwert zwischen Spanplatte und Vollholz

Durch eine Oberflächenbeschichtung und die damit einhergehende Reduzierung der Feuchteaufnahme kann das Kriechverhalten vermindert werden.

2.3.3.4 Festigkeitseigenschaften

Die **Festigkeit** ist die Grenzspannung, bei welcher ein Prüfkörper unter Belastung bricht. Es wird nach der Geschwindigkeit des Lasteintrages unterschieden zwischen

- statischer Festigkeit (langsamer Kraftanstieg bis zum Bruch) und
- dynamischer Festigkeit (schlagartige Krafteinwirkung oder wechselnde Belastung).

Nach der Richtung der Krafteinleitung wird ferner unterteilt in

- Zugfestigkeit,
- Druckfestigkeit,
- Biegefestigkeit,
- Scherfestigkeit,
- Spaltfestigkeit,
- Torsionsfestigkeit und
- Haltevermögen von Verbindungsmitteln (Schrauben, Nägel usw.).

Die Grundlagen sind in Abschnitt 1.4 beschrieben.

Da Holzwerkstoffe eine erhebliche Streuung der Eigenschaften aufweisen, wird in der Praxis mit **Sicherheitszugaben** gearbeitet. Im Bauwesen wird meist die 5-%-Quantile (charakteristischer Wert) verwendet. Die Grundlagen sind in Abschnitt 1.4 zusammengestellt.

Zugfestigkeit

Die Zugfestigkeit berechnet sich nach Gl. 2.14 zu:

$$\sigma_{zB} = \frac{F_{max}}{A} \tag{2.14}$$

F_{max} Bruchkraft, A Querschnittsfläche der Probe (Länge × Breite), σ_{zB} Zugfestigkeit in N/mm^2

Bei Holzwerkstoffen wird die Zugfestigkeit in Plattenebene (z. B. ASTM D 1037-72a, DIN 52377 für Sperrholz, Bild 2.46a) und insbesondere senkrecht zur Plattenebene (z. B. bei Spanplatten, MDF, Bild 2.46b) geprüft. Bei Prüfung der Zugfestigkeit in Plattenebene sind sogenannte **Schulterstäbe** (mit Verjüngung, d. h. Sollbruchstelle in Probenmitte) zu verwenden (Bild 2.46a).

Die Zugfestigkeit senkrecht zur Plattenebene wird bei Span- und Faserplatten durch Verleimung der Probe zwischen zwei Klötzen geprüft (z. B. EN 319 (Trockenbereich), Bild 2.46b). Zur Prüfung feuchtebeständiger Verklebungen wird die Querzugfestigkeit nach Lagerung in kochendem

Wasser ermittelt (EN 1087-1). Dazu werden die mit zwei Jochen (z. B. Holz, Aluminium) verklebten Proben bei 20 ± 5 °C in Wasser gelagert, das in 1 … 2 Stunden auf 100 °C erhitzt wird. Danach erfolgt die eigentliche zweistündige Lagerung in kochendem Wasser. Dann werden die Proben in Wasser bei 20 ± 5 °C eine Stunde abgekühlt und anschließend im feuchten Zustand geprüft.

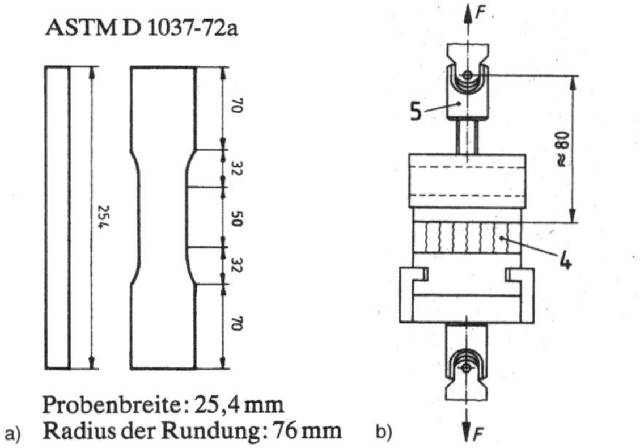

Bild 2.46: Prüfkörper zur Ermittlung der Zugfestigkeit [8]. a) in Plattenebene, b) senkrecht zur Plattenebene: 4 – Prüfkörper, 5 – kardanische Aufhängung

Die Zugfestigkeit wird, bedingt durch die Anisotropie der Eigenschaften des Vollholzes, wesentlich durch die Orientierung der Strukturelemente beeinflusst. Sind diese in Belastungsrichtung orientiert (z. B. bei Furnierschichtholz in Richtung der Lagen, bei OSB in Orientierungsrichtung der Späne), wird eine deutlich höhere Festigkeit erreicht als senkrecht dazu. Senkrecht zur Plattenebene ist die Festigkeit deutlich geringer als parallel dazu. *Schulte* [36] ermittelte für Spanplatten einen Wert von 0,44 bis 0,68 N/mm², bei MDF von 0,47 … 0,99 N/mm².

Die Querzugfestigkeit korreliert straff mit der Scherfestigkeit parallel zur Plattenebene.

Druckfestigkeit

Die Druckfestigkeit (σ_{dB}) berechnet sich analog Gl. 2.14. Bei Druckbelastung ist zwischen der Belastung in und senkrecht zur Plattenebene (Pressrichtung) zu unterscheiden. Bei Druck **senkrecht zur Plattenebene** wird meist die Spannung bei einer bestimmten Verformung (z. B. 5 %) geprüft, da sich Holzwerkstoffe und Holz stark zusammendrücken lassen (Versagen des Frühholzes) und kein eigentlicher Bruch entsteht. Die Druckfestigkeit senkrecht zur Plattenebene liegt bei Werkstoffen auf Partikelbasis (Spanplatte, MDF, PSL) über der von Vollholz (insbesondere Nadelholz). Die Ursache liegt in der höheren Rohdichte der Holzwerkstoffe im Vergleich zu Nadelholz. Bei pressvergütetem Sperrholz können extrem hohe Druckfestigkeiten erreicht werden. PSL (z. B. Parallam) wird im Holzbau teilweise auch zur Übertragung von Druckkräften senkrecht zur Faser verwendet, da die Druckfestigkeit bei Vollholz sehr gering ist. Bei der Beschichtung von Spanplatten mit Kunstharzlaminaten kommt es durch die geringe Druckfestigkeit zu Dickenänderungen. Auch bei Faserdämmplatten ist eine Mindestdruckfestigkeit aus verarbeitungstechnischer Sicht erforderlich.

Biegefestigkeit

Die Biegefestigkeit berechnet sich nach Gl. 2.15 zu:

$$\sigma_{\mathrm{bB}} = \frac{M_{\mathrm{b}}}{W_{\mathrm{b}}} \tag{2.15}$$

M_{b} Biegemoment, W_{b} Widerstandsmoment, σ_{bB} Biegefestigkeit in N/mm²

Tabelle 2.15: Festigkeitseigenschaften ausgewählter Holzwerkstoffe

	Spanplatte	**MDF**	**Kunstharzvergütetes Presslagenholz**	**Sperrholz**	**Vollholz (Fichte)**	**Massivholzplatte**
Rohdichte (kg/m³)	700	750	1360 … 1370	500 … 600	450	450
Zugfestigkeit (N/mm²)	8 … 10	22,8	130 … 210	30 … 60	80	15 … 30
Druckfestigkeit Plattenebene (N/mm²)	8 … 16	23,3	150 … 320	20 … 40	40	18 … 30
Biegefestigkeit (N/mm²)	15 … 25	34,5	170 … 260	30 … 60	68	35 … 70

Die gebräuchlichsten Belastungsfälle sind der **Dreipunktversuch** (Träger auf zwei Stützen mit mittiger Einzellast) und der **Vierpunktversuch** (Träger auf zwei Stützen und Krafteinleitung über zwei Kräfte). Bei Biegung treten Zug- und Druckspannungen in den Randzonen auf. Je nach Belastungsfall sind bei Vorhandensein von Querkräften Schubspannungen existent, die in der neutralen Faser das Maximum erreichen.

Bei der Vierpunktbelastung ist der mittlere Bereich zwischen den beiden Kräften schubspannungsfrei. Schubspannungen treten dort nur in den

Randbereichen zwischen Auflager und Krafteintrag auf. Daher kann bei Vierpunktbelastung unter Zugrundelegung der Durchbiegung im schubspannungsfreien Bereich ein E-Modul bei reiner Biegung ermittelt werden.

Da bei **Holzpartikelwerkstoffen** (Spanplatten, MDF) die Druckfestigkeit größer oder gleich der Zugfestigkeit ist, kommt es nicht zu einer Verschiebung der Spannungs-Nulllinie wie bei Vollholz (siehe Bild 2.47). Erste Brucherscheinungen sind bereits bei einem Belastungsgrad von 20 % der Bruchlast mittels Schallemissionsanalyse nachweisbar [8]. Bei Spanplatten ist die Biegefestigkeit deutlich höher als die Zug- und Druckfestigkeit.

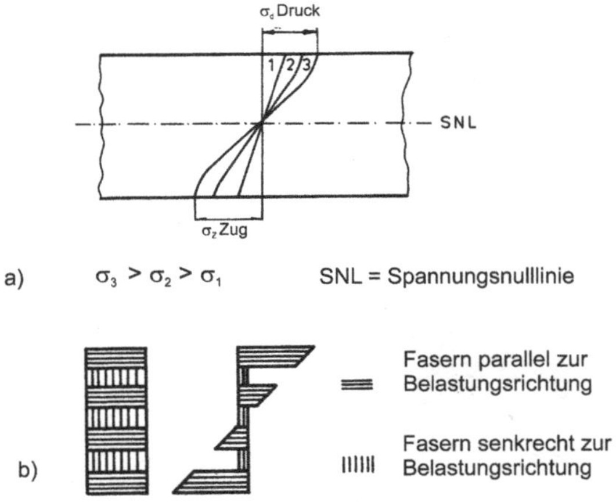

Bild 2.47: Spannungsverteilung über der Plattendicke bei Biegung von Holzwerkstoffen. a) bei Spanplatten, b) bei geschichteten Holzwerkstoffen (Lagenhölzer, Massivholzplatten)

Folgende Verhältnisse wurden ermittelt:

- Biegefestigkeit: Zugfestigkeit in Plattenebene = 1,7 ... 2,0 : 1
- Biegefestigkeit: Druckfestigkeit in Plattenebene = 1,3 ... 1,5 : 1

Bei durch Schichten aufgebauten Holzwerkstoffen wie LVL, Sperrholz und Massivholzplatten kommt es durch die stark unterschiedlichen Schichteigenschaften parallel und senkrecht zur Faser zu der in Bild 2.47b dargestellten **Spannungsverteilung**.

Bei Massivholzplatten und Sperrholz kann es in den senkrecht zur Faserrichtung belasteten Lagen zum **Schubbruch** kommen (vgl. Bild 2.45). Teilweise kommt dies auch bei Spanplatten und MDF mit unzureichender Querzugfestigkeit vor. Bei der Prüfung von vierseitig gelagerten Massivholzplatten (2,45 m × 2,45 m) wurde dagegen kein Schubbruch ermittelt. Es ist ein Einfluss der Probenbreite nachweisbar (Bild 2.48c).

Der Anteil der Schubverformung steigt bei Reduzierung der Stützweite. Ebenso kommt es teilweise zum Zugbruch der Keilzinkenverbindung oder des Holzes (Bild 2.48).

Im **Biegeversuch** ist bei geschichteten Werkstoffen wie Massivholz oder Sperrholz im Spannungs-Dehnungs-Diagramm auch deutlich der Bruch der Lagen zu erkennen.

a

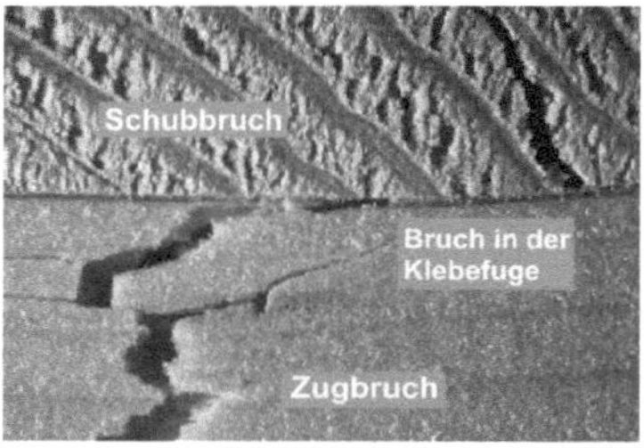

b

c

Bild 2.48: Typische Bruchbilder bei einer Massivholzplatte. a) Versagen in Keilzinken, b) Zugbruch in Deck- und Schubbruch in Mittellage, c) Versagen einer allseitig gelagerten Platte (Fotos: Empa)

Scherfestigkeit

Die **Scherfestigkeit** ist der Widerstand, den ein Körper einer Verschiebung zweier aneinander liegender Flächen entgegensetzt.

Bei Scherbelastung wirken zwei gegenläufig angreifende Kräfte (Bild 2.49). Die Scherfestigkeit parallel zur Plattenebene korreliert mit der Querzugfestigkeit. *Schulte* [36] ermittelte für Spanplatten und MDF eine Scherfestigkeit von 1,13 ... 3,91 N/mm². Der Mittelwert aller geprüften Möbelspanplatten lag bei 1,63 N/mm², bei MDF bei 2,5 N/mm². Die Bruchstelle lag bei Spanplatten zwischen 10 und 90%, bei MDF zwischen 15 und 85% der Plattendicke.

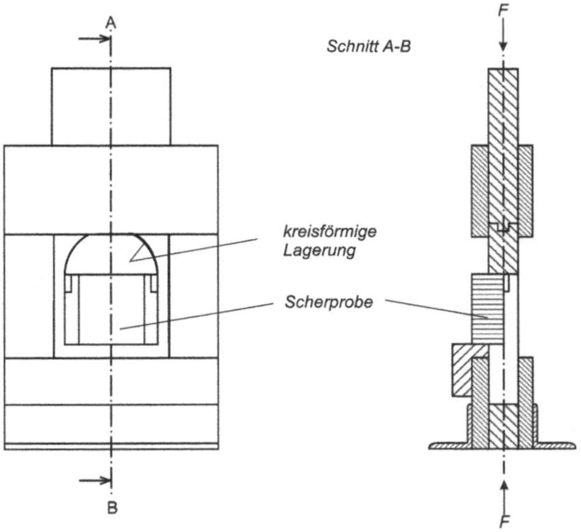

Bild 2.49: Prinzip zur Bestimmung der Scherfestigkeit (DIN 52367)

Die Scherfestigkeit berechnet sich nach Gl. 2.16 zu:

$$\sigma_{\text{scher}} = \frac{F_{\max}}{a \cdot b} \tag{2.16}$$

σ_{scher} Scherfestigkeit (in N/mm²), $F_{\max}$ Bruchlast (in N), a, b Querschnittsabmessungen (in mm)

Die Scherfestigkeit korreliert mit dem Schubmodul parallel zur Plattenebene ebenso wie die Zugfestigkeit senkrecht zur Plattenebene.

Ausziehwiderstand von Nägeln und Schrauben

Der Schrauben- bzw. Nagelausziehwiderstand ist die Kraft, die zum Herausziehen einer Schraube oder eines Nagels aus dem Holz unter definierten Bedingungen (Vorbohren, Einschraub- oder Einschlagtiefe) erforderlich ist. Wichtige Einflussgrößen sind u. a. die Rohdichte, das Rohdichteprofil senkrecht zur Plattenebene und die Verbindungsmittelart. Der Schraubenausziehwiderstand korreliert mit der Querzugfestigkeit bei Spanplatten und MDF.

Härte

Die Härte ist der Widerstand, den Holz dem Eindringen eines härteren Materials entgegensetzt.

Tabelle 2.16: *Brinell*-Härte von HDF-Platten und Laminatböden (*Sonderegger/Niemz* 2002) [66]

Material	Plattendicke (mm)	Rohdichte (kg/m^3)	H_B (N/mm^2) bei $F_p = 500$ N	H_B (N/mm^2) bei $F_p = 750$ N	H_B (N/mm^2) bei $F_p = 1000$ N
HDF unbeschichtet (Nadelholz)	6,5	821 ... 836 ... 857 v = 1,2 %	34,8 ... 48,9 ... 63,7 v = 12,1 %	38,4 ... 47,4 ... 59,3 v = 10,4 %	37,1 ... 47,8 ... 65,6 v = 10,1 %
HDF unbeschichtet (Nadelholz)	7,5	802 ... 821 ... 835 v = 1,3 %	37,9 ... 49,0 ... 67,3 v = 13,2 %	36,9 ... 47,2 ... 60,2 v = 11,0 %	35,6 ... 46,3 ... 56,1 v = 8,4 %
MDF unbeschichtet (Buche)	18	780 ... 800 ... 807 v = 1,0 %	50,8 ... 62,6 ... 74,3 v = 8,7 %	50,1 ... 61,5 ... 76,0 v = 8,8 %	51,9 ... 60,7 ... 75,5 v = 8,5 %
HDF laminiert (glatt)	7	901 ... 917 ... 927 v = 0,9 %	51,5 ... 71,3 ... 98,4 v = 12,8 %	53,1 ... 69,2 ...96,5 v = 12,4 %	52,2 ... 67,6 ... 86,8 v = 10,7 %
Spanplatte laminiert	7	851...857 ...872 v = 0,8 %	32,3...40,3 ...51,0 v = 9,2 %	29,2...36,0 ...43,6 v = 8,4 %	30,9...35,0 ...39,5 v = 6,0 %

F_p Prüfkraft, v Variationskoeffizient

Die am häufigsten benutzte Methode ist die **Prüfung nach *Brinell***. Dabei wird eine Stahlkugel (z. B. 2,5 oder 10 mm Durchmesser) mit einer materialabhängigen, konstanten Kraft belastet und der Durchmesser des Kugeleindruckes nach Entlastung bestimmt. Moderne Messgeräte erlauben es, durch Messung der Kraft und der Eindringtiefe die *Brinell*-Härte zu berechnen [37].

Bei Holzwerkstoffen beeinflusst auch das Rohdichteprofil senkrecht zur Plattenebene die gemessene Härte. Tabelle 2.16 zeigt einige Größenordnungen bezüglich der *Brinell*-Härte.

2.4 Technologie der Herstellung von Holzwerkstoffen

2.4.1 Allgemeine Entwicklungstendenzen

Die Holzwerkstoffindustrie ist innerhalb der Holzindustrie einer der am weitesten entwickelten und automatisierten Bereiche. So hat eine kostenoptimale Spanplattenanlage heute eine Kapazität von ca. 1 500 bis 2 000 m^3/Tag und darüber. In modernen Einetagenpressen können bis zu 270 000 m^3/a, in kontinuierlichen Pressen (48 m Länge) bis zu 890 000 m^3/a gefertigt werden. Dabei wurde eine Laufzeit von 23 h/Tag und eine Produktion über 330 Tage (19,6 mm Plattendicke) angesetzt.

Bild 2.50 zeigt die Struktur der europäischen Holzwerkstoffindustrie. Es ist deutlich zu erkennen, dass die Möbel-, Bauelemente- und Holzwerkstoffindustrie dominieren. Innerhalb der Holzwerkstoffe kommt den **Spanplatten** eine führende Rolle zu (Bild 2.51).

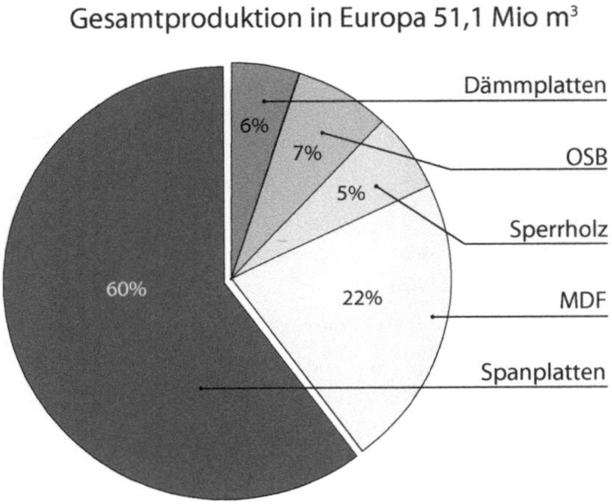

Bild 2.50: Struktur der europäischen Holzwerkstoffindustrie 2010 ohne Russland und Türkei (Quelle: VHI)

Der generelle Trend geht zur Diversifizierung und zur Fertigung von Produkten mit hoher Wertschöpfung. Dabei gewinnen MDF, OSB und insbesondere auch Werkstoffe auf Massivholzbasis sowie Dämmstoffe auf Basis von Holzfaserstoff aufgrund ökologischer Anforderungen an Bedeutung. Tabelle 2.17 zeigt die Holzausnutzung für ausgewählte Produkte.

Im Jahre 2010 wurden in Europa (ohne Russland und Türkei) 51,1 Mio m^3 Holzwerkstoffe hergestellt. Der Klebstoffeinsatz in der Holzwerkstoffindustrie betrug dabei ca. 3,4 Mio t/a.

Insbesondere im Bereich der Massivholzplatten und der Spezialplatten liegt ein großes Entwicklungspotenzial.

Ursachen für die zunehmende **Bedeutung der Holzwerkstoffproduktion** sind auch

- die relativ hohe Holzausnutzung,
- die Möglichkeit der Verwertung von Holzresten, insbesondere bei Spanplatten, und
- die Möglichkeit, die Eigenschaften in weiten Bereichen zu variieren sowie vollholzanaloge Eigenschaften zu erreichen.

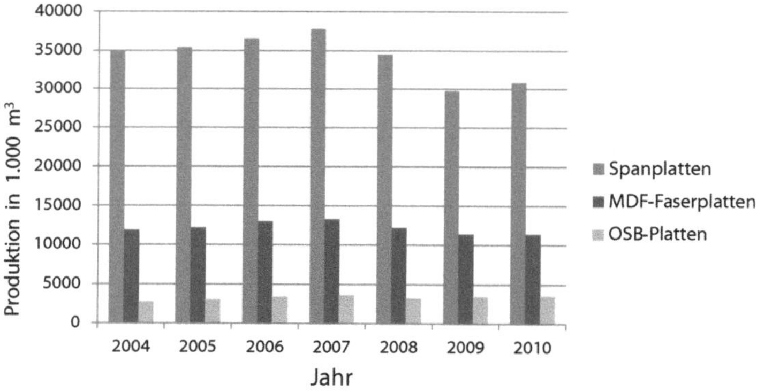

Bild 2.51: Produktion von Holzwerkstoffen in Europa

Tabelle 2.17: Holzausnutzung für verschiedene Holzwerkstoffe (Fa. Siempelkamp)

Material	Holzausnutzung (%)
Sägeholz	40 … 50
Sperrholz	50 … 60
Spanplatte (mit Rinde)	88 … 93
OSB	80 … 85
MDF	87 … 90
LSL	80 … 85

2.4.2 Werkstoffe auf Vollholzbasis

2.4.2.1 Brettschichtholz

Als Ausgangsrohstoff zur Herstellung von **Brettschichtholz** dienen Bretter (Holzfeuchte ca. 10 ± 2 %). Diese werden in einigen Anlagen nach der Festigkeit sortiert (z. B. nach EN 338 nach den Klassen C 14, C 18, C 22,

C 24, C 27 für Nadelholz oder D 50, D 60, D 70 für Laubholz) und gehobelt. Anschließend wird durch Keilzinkung eine Längsverbindung der Bretter vorgenommen. Bei Brettern mit einer Breite über 220 mm wird eine durchgehende Entlastungsnut eingebracht. Die Größe und die Orientierung der Keilzinken können variieren. Als Klebstoff werden PUR- und PF-Harze eingesetzt. Die verklebten Lamellen werden dann abgelängt und gehobelt. Die am häufigsten verwendete Holzart ist Fichte.

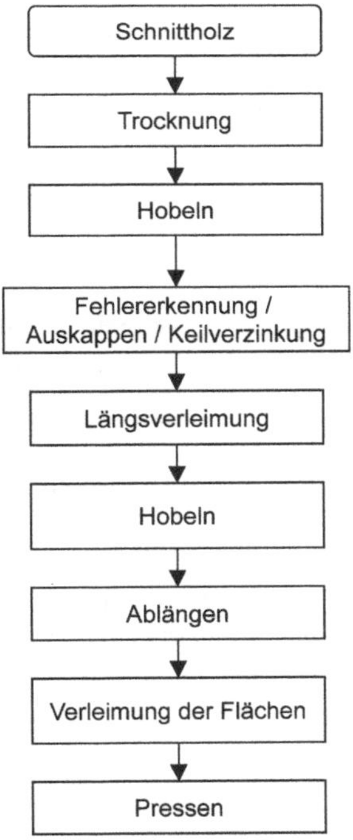

Bild 2.52: Technologischer Ablauf der Fertigung von Brettschichtholz (BSH)

Das Brettschichtholz wird unter Verwendung der genannten Klebstoffe in

- Vertikalpressen,
- Horizontalpressen oder
- Formpressen

verklebt. Der Aufbau wird zweckmäßigerweise so vorgenommen, dass in den hochbeanspruchten Randzonen die festeren Lamellen eingesetzt werden. Der Druck von etwa 7 bar wird mechanisch oder hydraulisch aufgebracht. Wird bei Raumtemperatur gepresst, beträgt die Presszeit 4 … 8 Stunden, bei 1 K-PUR teilweise auch deutlich länger.

Nach einer ähnlichen Technologie werden **lamellierte Profile** (z. B. für Fensterkanteln, Kreuzbalken) hergestellt.

Generell ist bei der Verklebung von Lamellen zu statisch beanspruchten Elementen zu berücksichtigen, dass ein **Versatz** der Klebfugen der Längsverbindung (Keilzinkung) erfolgt.

2.4.2.2 Massivholzplatten

Massivholzplatten werden nach zwei grundsätzlichen Methoden hergestellt:

- Blockverfahren,
- Durchlaufverfahren.

Beim **Blockverfahren** werden analog zur Fertigung der Mittellagen von Tischlerplatten (Stäbchensperrholz) zunächst Bretter in Blockpressen verklebt (Bild 2.53). Bild 2.54 zeigt den technologischen Ablauf beim Blockverfahren. Anschließend werden diese Blöcke parallel zur Pressrichtung mit Bandsägen oder Dünnschnittgattern aufgetrennt. Die Brettdicke entspricht dann der Breite der Lagen. Bei Verwendung von Seitenbrettern erhält man dadurch in den Massivholzplatten weitgehend stehende Jahrringe und sehr schmale Lagen (2 … 3 cm Breite). Dadurch wird die Formbeständigkeit erhöht, und es erfolgt auch eine stärkere Homogenisierung. Für die Verklebung werden Rahmenpressen und auch Vakuumpressen eingesetzt.

Die Lagen werden in Etagenpressen zu Platten verpresst, danach formatiert und geschliffen. Als Klebstoffe kommen je nach klimatischen Anforderungen Harnstoffharze, PUR, PVAc oder auch Melaminharze zum Einsatz.

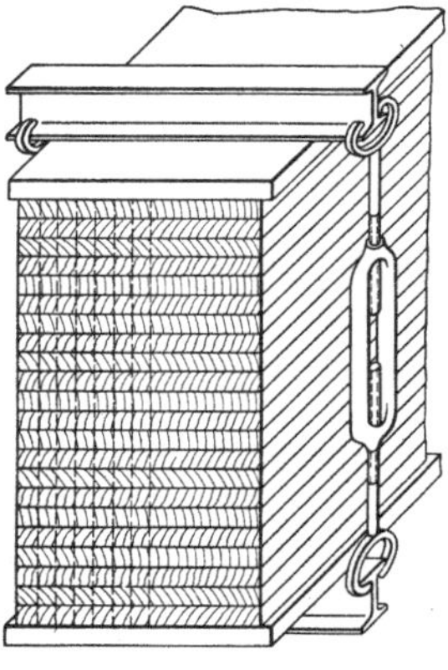

Bild 2.53: Prinzip der Blockpresse (meist wird in Rahmenpressen verpresst) (nach *Kollmann* [3])

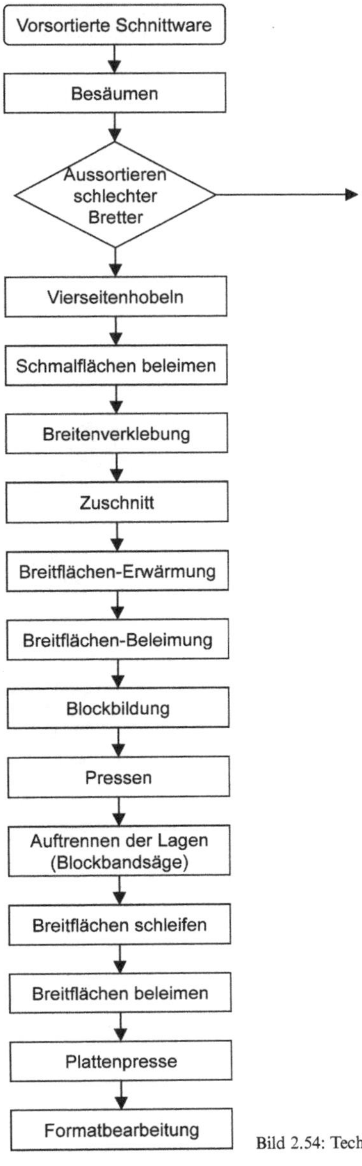

Bild 2.54: Technologischer Ablauf beim Blockverfahren

Beim **Durchlaufverfahren** (Bild 2.55) werden einzelne Bretter an den Schmalflächen beleimt, dann unter Einwirkung von Druck und Wärme (teilweise mit Hochfrequenzpressen) verklebt und abgelängt. Die Verklebung kann kontinuierlich oder taktweise erfolgen. Je nach Presstechnik werden anschließend die Lagen teilweise geschliffen (Dickenkalibrierung zwecks Vermeidung des Absatzes an den Stoßfugen) oder auch ungeschliffen (bei exaktem Fügen der Bretter) mit den Mittellagen verklebt.

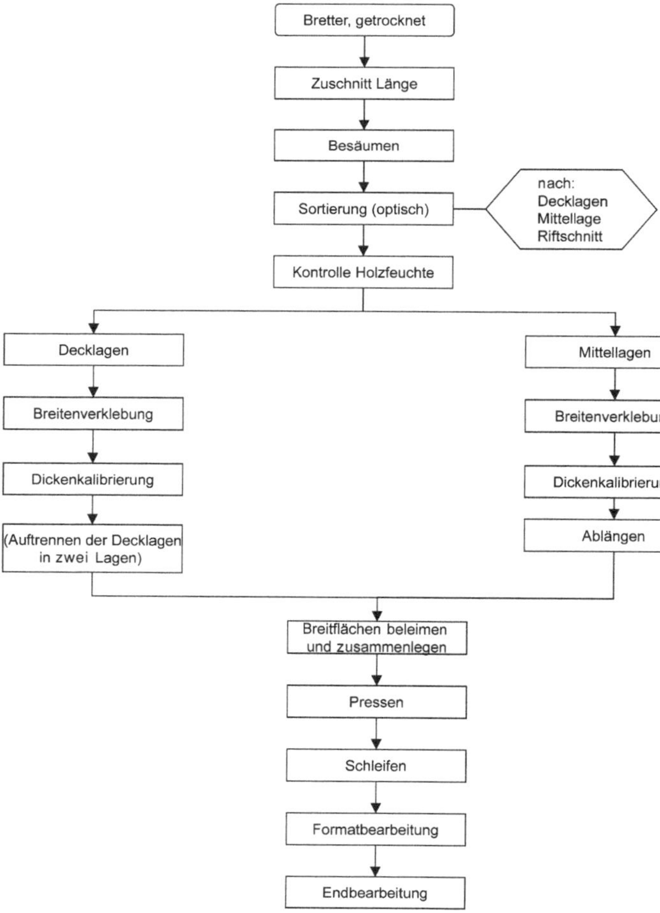

Bild 2.55: Technologischer Ablauf beim Durchlaufverfahren

Dazu setzt man Etagenpressen, teilweise auch Vakuumpressen ein. Der Pressdruck beträgt 4 ... 10 bar, bei Vakuumpressen maximal 1 bar. Dann werden die Platten formatiert und geschliffen. Zur Erhöhung der Formbeständigkeit wenden einzelne Hersteller folgende Maßnahmen an:

- Verwendung weitgehend stehender Jahrringe, d.h. Rift- oder besser Halbriftbretter,
- Auftrennen einer dickeren Platte in zwei Decklagen,
- Schlitzen der Mittellage (senkrecht zur Plattenebene).

Teilweise werden die Lamellen keilverzinkt, um die erforderlichen Längen zu erhalten. Einige Hersteller verkleben lediglich die Deckschichtlamellen in der Breite, die Mittelschichtlamellen werden nicht breitenverklebt. Die Holzfeuchte vor der Verklebung sollte der im späteren Einsatz weitgehend angepasst werden, um Rissbildungen (insbesondere beim Einsatz der Platten im Rauminneren) zu vermeiden.

Vielfach werden auch Bauelemente größerer Dicke als **Hohlkastensystem** gefertigt. Dabei werden die Hohlräume zur Schalldämmung teilweise mit Sand oder zur Wärmedämmung mit Fasermaterial verfüllt. Das Verpressen solcher Elemente (bis zu 50 cm dick und mehr) erfolgt durch **Etagenpressen** oder **Vakuumpressen**. Bei letzterem Verfahren wird eine Kunststoffmatte aufgelegt und durch Vakuum der Pressdruck aufgebracht.

2.4.3 Werkstoffe auf Furnierbasis (Lagenhölzer)

2.4.3.1 Technologische Grundoperationen

Als Basismaterial für die Herstellung von Lagenhölzern dient **Schälfurnier**. Als Rohstoffe werden eingesetzt:

- Nadelhölzer (z.B. Fichte, Radiata Pine, Lärche),
- Laubhölzer hoher Dichte (z.B. Buche) für Baufurniersperrholz, Laubhölzer niedriger Dichte (z.B. Pappel) für Ski- oder Snowboardkerne.

Rundholzlagerung

Die Rundholzlagerung dient dem Feuchteausgleich von Lieferschwankungen. Insbesondere in warmen Jahreszeiten muss das Holz z.B. durch Berieselung geschützt werden, um Rissbildung und Pilzbefall zu vermeiden.

Dämpfen

Das Dämpfen erfüllt im Wesentlichen folgende Funktionen:

- Plastifizierung des Holzes, um eine gute Qualität des Schälfurniers zu erreichen,
- Abbau innerer Spannungen,
- Ausgleich von Farbveränderungen bzw. Erreichen einer gewünschten Farbgebung.

Der Furnierblock wird durch den Dämpfprozess oder auch durch Kochen im Inneren erwärmt und plastifiziert (Bild 2.57).

Es gibt zwei grundsätzliche Dämpfverfahren:

- **direktes Dämpfen**: Dabei wird entölter Wasserdampf unmittelbar in die Dämpfgruben eingeleitet (Bild 2.56a).
- **indirektes Dämpfen**: Dabei wird das in der Dämpfkammer befindliche Wasserbad über einem Heizsystem erhitzt und dadurch das über dem Wasserbad gestapelte Holz erwärmt (Bild 2.56b).

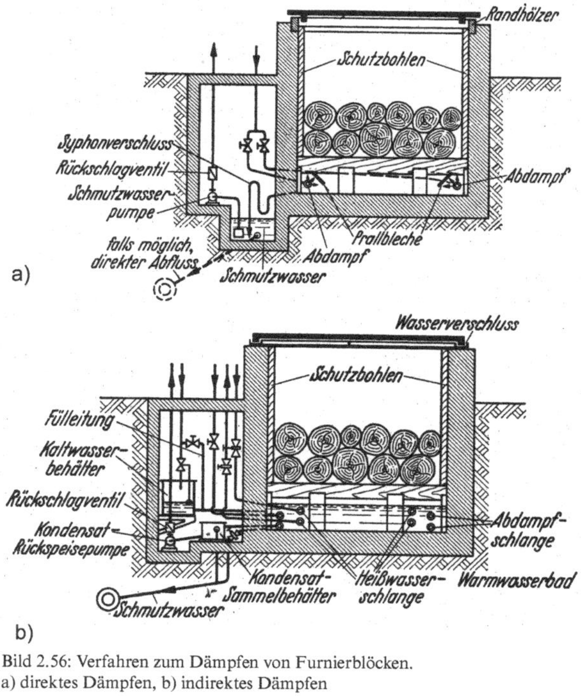

Bild 2.56: Verfahren zum Dämpfen von Furnierblöcken.
a) direktes Dämpfen, b) indirektes Dämpfen

Das Dämpfen wird auch zur Farbänderung bzw. Farbhomogenisierung von Holz, teilweise auch zur künstlichen Alterung (Vergrauung) eingesetzt.

Zuschnitt

Nach dem Dämpfen werden die Blöcke abgelängt, um den schälfähigen Teil des Holzes herauszutrennen.

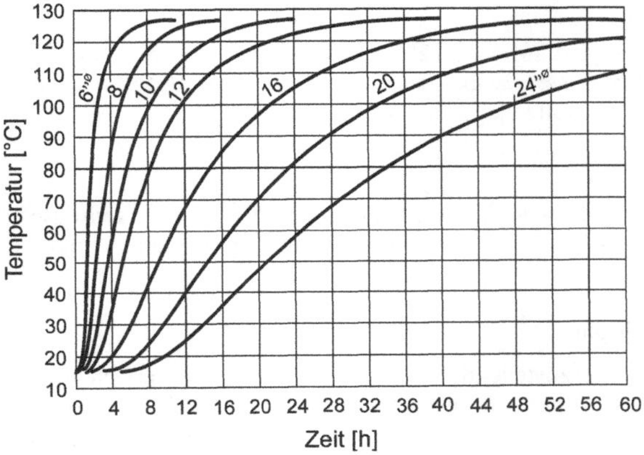

Bild 2.57: Temperaturverlauf in der Mitte eines Furnierblocks beim Dämpfen eines Furnierblocks bei variablem Stammdurchmesser in Zoll [39]

Schälen

Beim Schälen wird ein endloses Furnierband erzeugt. Bild 2.58 zeigt den Aufbau einer Schälmaschine. Die Qualität des Furniers wird wesentlich durch die Winkel am Messer beeinflusst. Das Vorspalten des Holzes wird über eine Druckleiste vermindert.

Die Furnierdicke beträgt bis zu einigen Millimetern. Das Furnier wird in bestimmten Abständen abgelängt und Fehler werden herausgeschnitten (ausgeklippt).

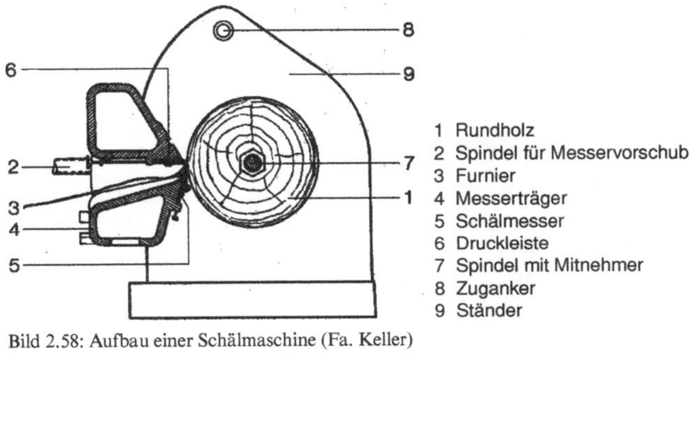

Bild 2.58: Aufbau einer Schälmaschine (Fa. Keller)

Trocknen

Das Furnier wird auf 8 ... 12% Holzfeuchte getrocknet. Dies erfolgt in Durchlauftrocknern, wobei das Furnier entweder auf Bändern (Bandtrockner) oder Rollen gefördert wird.

Beleimen

Durch Leimauftragwalzen werden die Furniere beleimt. Teilweise erfolgt zusätzlich ein Beleimen der Schmalflächen (Breitenverleimung der Furniere).

Zusammenlegen

Je nach dem herzustellenden Material (Schichtholz, weitgehend faserparallele Lagen; Sperrholz, Lagen abwechselnd senkrecht zueinander orientiert) erfolgt ein Zusammenlegen der Furniere. Bei LVL werden die Lagen zum Teil geschäftet, um eine höhere Festigkeit zu erreichen.

Verpressen

Nach dem Zusammenlegen werden die Lagen zunächst (meist kalt) vorverpresst. Zum Pressen werden **Einetagenpressen**, **Mehretagenpressen** und für LVL auch **kontinuierliche Pressen** eingesetzt. Formteile (Formsperrholz) werden in speziell gefertigten **Pressgesenken** hergestellt. Die Formen werden schrittweise optimiert. Der Pressdruck beträgt bei Formteilen etwa 30 bar [40].

Folgende spezifische Pressdrücke werden verwendet:

Tabelle 2.18: Spezifischer Pressdruck und Temperatur bei der Sperrholz-Herstellung [6]

Holzart	Weichholz	Hartholz
Spezifischer Pressdruck	8 ... 12 bar	12 ... 18 bar
Klebstoff	Harnstoffharz	Phenolharz
Temperatur	90 ... 110 °C	135 ... 165 °C

Durch Erhöhung des Pressdruckes kann verdichtetes Lagenholz gefertigt werden (Dichte bis zu 1300 kg/m^3, bei Kunstharzpresslagenholz bis 1400 kg/m^3). Bei Presslagenholz beträgt der spezifische Pressdruck 80 ... 200 bar, bei kunstharzvergütetem Presslagenholz 100 ... 250 bar.

2.4.3.2 Fertigungsablauf

Die folgenden Abbildungen zeigen den technologischen Ablauf der Herstellung von **Furnier** (Bild 2.59), **Sperrholz** (Bild 2.60), **Furnierschichtholz** (Laminated Veneer Lumber, LVL, Bild 2.61) und **Furnierstreifenholz** (Parallel Strand Lumber, PSL, z. B. Parallam, Bild 2.62).

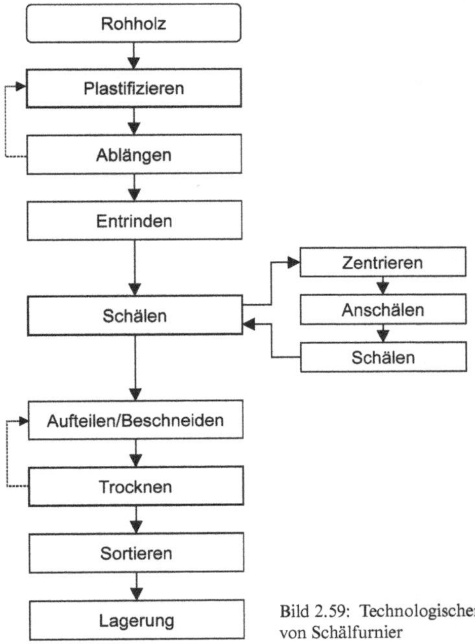

Bild 2.59: Technologischer Ablauf zur Herstellung von Schälfurnier

Bei LVL erfolgt teilweise eine Sortierung der Lagen nach der Festigkeit mit Ultraschall. Die Lagen werden auch geschäftet, um eine hohe Festigkeit zu erreichen.

Bei PSL wird das getrocknete Furnier in Streifen geschnitten, mit PF-Harz beleimt (Eintauchen, Festharzanteil 5 … 6 %), zusammengelegt und verpresst. Die Streifen müssen dabei ebenso wie bei LVL so angeordnet werden, dass die Stöße versetzt sind, um eine Schwächung zu verhindern. Danach werden mit Bandsägen die gewünschten Elemente herausgeschnitten.

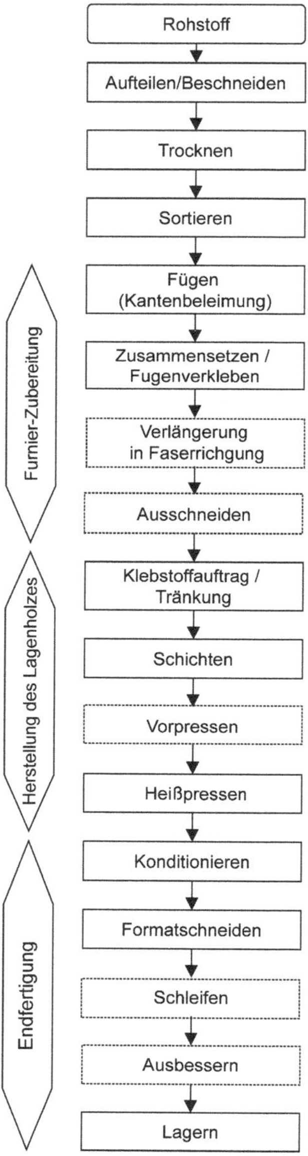

Bild 2.60: Technologischer Ablauf zur Herstellung von Sperrholz

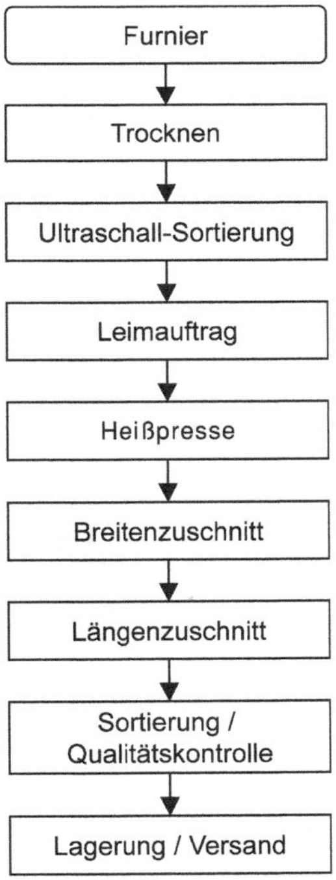

Bild 2.61: Technologischer Ablauf zur Herstellung von LVL

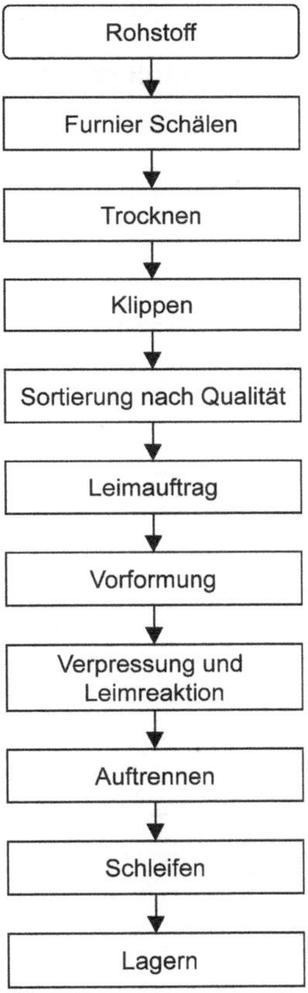

Bild 2.62: Technologischer Ablauf zur Herstellung von PSL (z. B. Parallam)

2.4.4 Werkstoffe auf Spanbasis

2.4.4.1 Technologische Grundoperationen

Allgemeine Grundlagen

Tabelle 2.19: Kenngrößen von Spänen (Richtwerte)

Partikelart	Span-länge *l* (mm)	Span-breite *b* (mm)	Span-dicke *d* (mm)	Schlank-heitsgrad ($\lambda = l/d$)	Streu-dichte (kg/m³)
Sonderwerkstoffe					
Strands für LSL	300	25	0,8 … 1	300	50 … 70
Strands für OSB	40 … 80	4 … 10	0,3 … 0,8	50 … 130	30 … 50
Wafer	36 … 72	12 … 35	k. A.	45 … 90	40 … 60
Scrimber	k. A.	k. A.	k. A.	k. A.	k. A.
Übliche Spanplatten					
De-Normalspäne	5 … 10	–	0,2 … 0,3	20 … 50	60 … 120
De-Feinstspäne	3 … 6	–	0,1 … 0,25	15 … 40	120 … 180
Schleifstaub	0,4 … 0,6	–	–	–	160 … 200
Mi-Einheitsspäne	8 … 15	1,5 … 3,5	0,25 … 0,4	30 … 60	40 … 140
Mi-Schneidspäne	8 … 15	2,0 … 4,0	0,4 … 0,6	20 … 40	48 … 180
Mi-Schlagspäne	8 … 15	1,5 … 3,5	0,5 … 2,0	5 … 50	100 … 180
Abfallspäne					
Fräs-/, Hobelspäne	5 … 15	2,5 … 5	0,25 … 0,8	5 … 60	50 … 130
Gattersägespäne	2 … 5	1,0 … 2	0,4 … 1	2 … 10	120 … 180

k. A. keine Angaben, De Deckschicht, Mi Mittelschicht

Als Basismaterial für Holzwerkstoffe auf Spanbasis dienen Partikel unterschiedlicher Größe. Diese reichen von 300 mm Länge bei Laminated Strand Lumber (LSL) bis zu einigen Zehntel mm bei Spanplatten mit feinspaniger Oberfläche für den Möbelbau.

Tabelle 2.19 zeigt eine Übersicht spanförmiger Partikel (zusammengestellt von *Niemz*).

Rohstoffe

Als Rohstoff werden Holz und verholzte Pflanzen (z. B. Bagasse, Stroh, Flachs) eingesetzt.

Die Biegefestigkeit von Spanplatten ist bei gleicher Rohdichte umso höher, je niedriger die Rohdichte des eingesetzten Holzes ist. Der für die Erzielung einer gleichen Plattenqualität erforderliche Materialeinsatz steigt daher mit abnehmender Rohdichte des eingesetzten Holzes. *Kehr* [41] gibt folgende Richtwerte an (Tabelle 2.20):

Tabelle 2.20: Richtwerte für die Rohdichte wichtiger Holzarten, Eigenschaften der daraus gefertigten Spanplatten und der Holzverbrauch (*Kehr* in [6])

Holzart	Pappel	Fichte	Kiefer	Erle	Birke	Eiche	Rotbuche
Darrdichte (kg/m³)	390	430	490	490	610	650	680
pH-Wert	6,1 … 8,1	5,3 … 5,7	4,7 … 5,1	5,3 … 5,8	4,9 … 5,8	3,9 … 4,6	5,5 … 5,9
Biegefestigkeit (N/mm²)	27,0 … 32,0	27,0 … 30,0	29,0 … 32,0	25,0 … 29,0	23,0 … 27,0	19,0 … 23,0	18,0 … 22,0
Querzugfestigkeit (N/mm²)	0,30 … 0,60	0,55 … 0,65	0,60 … 0.75	0,65 … 0,85	0,50 … 0,85	0,50 … 0,70	0,80 … 1,10
Holzverbrauch je m³ Spanplatte (Fm)	2,0 … 2,2	1,6 … 1,8	1,5 … 1,7	1,5 … 1,7	1,2 … 1,4	1,1 … 1,4	1,1 … 1,3

Während für OSB und LSL hochwertige Holzsortimente (Waldholz) üblich sind, gewinnt bei konventionellen Spanplatten die Verwendung von **Holzresten** (Späne, Spreißel, Hackschnitzel aus der Schnittholzproduktion) und **Altholz** (Recyclingholz) an Bedeutung. Bild 2.63 zeigt die Entwicklung des Holzeinsatzes für Spanplatten nach *Marutzky* in [38].

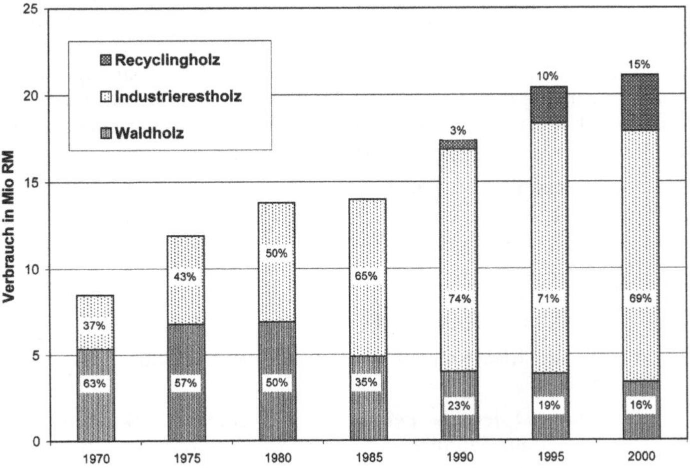

Bild 2.63: Entwicklung des Rohstoffeinsatzes für Spanplatten (*Marutzky* in [38])

Der erhöhte Einsatz von **Recyclingholz** ist auf die deutlich niedrigeren Preise zurückzuführen. Nach *Rümler* [42] betrug 1998 der Preis je Tonne atro für

- Waldindustrieholz 95 DM (48,57 €),
- Industrierestholz 75 DM (38,35 €),
- Recyclingholz 30 DM (15,34 €).

Auch die Verwertung der im Haushaltsmüll vorhandenen Holz- und Papieranteile ist prinzipiell möglich. Derzeit laufen erhebliche Bemühungen zur stofflichen Wiederverwertung von **Gebrauchtholz** [38].

Folgende Verfahren zur Verwertung von Altholz sind bekannt:

1. Verfahren ohne Auflösung des Holzgefüges

- *Sandberg* (1963): Mit Dampf zerkleinerte Reste; 2 ... 10 bar Überdruck, während 0,5 ... 4 h behandeln; nur für UF-Harze. [43]
- *Michanikl* und *Böhme* (zitiert in *Roffael* [44]): Imprägnierung mit Lösung (u. a. Harnstoff), danach Dampfbehandlung; industriell eingesetzt.

2. Verfahren mit Auflösung des Holzgefüges

- *Roffael* und *Dix* [45]: Chemische oder chemo-mechanische Behandlung von Holzstücken analog Zellstoffherstellung, Gewinnung von Fasermaterial und Ablauge (Streckmittel für Leim).

Holzlagerung

Das Holz wird sortimentspezifisch (Rundholz, Schwarten und Spreißel, Hackschnitzel, Späne) gelagert. Dabei ist zu beachten, dass bei zu langer Lagerdauer mit Lagerverlusten zu rechnen ist. Zudem steigt bei trockenem Holz der erforderliche Energieaufwand für die Zerspanung. Späne werden zweckmäßigerweise in überdachten Hallen oder Bunkern gelagert. Durch die Verwendung trocknerer Säge- oder Frässpäne aus der Holzbearbeitung kann Trocknungsenergie eingespart werden.

Die Rohstofflagerung dient auch dem Abbau von Zuckern im Holz bei der Herstellung von zementgebundenen Platten. Bei diesem Einsatzbereich ist auch der Fällzeitpunkt (Jahreszeit) von Bedeutung.

Bindemittel

Als Bindemittel können eingesetzt werden:

- **synthetische Klebstoffe** (Phenolharz, Harnstoffharz, Isocyanat, Mischharze),
- **pflanzliche und tierische Leime** (Tannine, Glutin, Stärke, Proteine), wobei bisher nur Tannine eine größere Bedeutung erlangt haben. Im Rahmen des zunehmenden ökologischen Aspekts gewinnt jedoch

die Verwendung dieser Klebstoffe zumindest forschungsseitig an Bedeutung. 90% der für Holzwerkstoffe eingesetzten Klebstoffe sind Aminoplaste, 4% Phenoplaste, 3% PMDI und 3% andere Klebstoffe.

Zerspanung

Die Güte der Späne beeinflusst entscheidend die Qualität der Spanplatten (siehe Tabelle 2.19).

Dies gilt sowohl für die Festigkeit als auch für die Oberflächenqualität. Für eine hohe Biegefestigkeit müssen Späne mit einem großen Schlankheitsgrad (Verhältnis Länge/Dicke), für eine hohe Querzugfestigkeit eher kubische Späne und für eine hohe Oberflächenqualität sehr dünne Späne eingesetzt werden. Bild 2.64 zeigt eine Klassifizierung der Partikel.

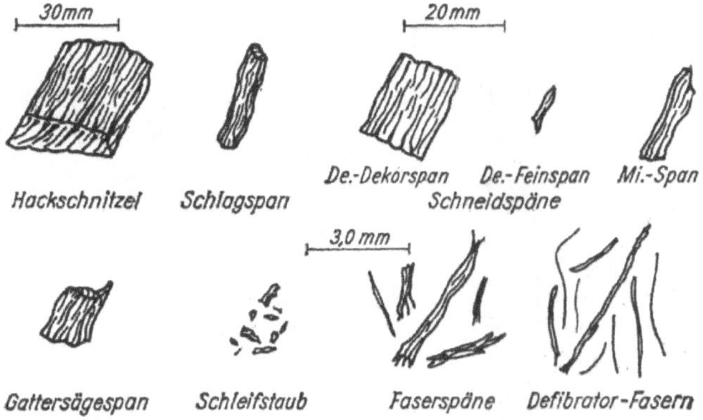

Bild 2.64: Klassifizierung von Partikeln (*Kehr* in [6])

Zur Zerspanung werden eingesetzt:

- Bei **Rundholz** (Schichtholz): Langholz, Schwarten und Spreißeln als Ausgangsmaterial:
  1. Messerwellenzerspaner (es wird abgelängtes Holz der Messerwelle zugeführt, z. B. 2 m lang; siehe Bild 2.65b),
  2. Messerscheibenzerspaner (es wird abgelängtes Rundholz einer Messerscheibe zugeführt, siehe Bild 2.65a; Bedeutung heute nur noch für Spezialprodukte, z. B. auch für LSL),
  3. Messerkopfzerspaner (für Langholz, Schwarten und Spreißel); dabei fräst entweder der bewegliche Messerkopf abschnittsweise das Holz oder der mit Holz beladene Trog wird auf den festste-

henden Messerkopf abgesenkt. Es erfolgt jeweils eine abschnittsweise Zerspanung.

4. Eine neue Möglichkeit der Herstellung von Spänen für OSB ist auch die Zerspanung von Rundholz in einem Messerringzerspaner. Dabei wird das Langholz abschnittsweise im Messerring zerspant (analog Messerkopfzerspaner). Der Durchmesser des Messerrings ist deutlich größer (2,5 m Durchmesser, Messerringtiefe 725 mm).

- Bei **Hackschnitzeln**: Messerringzerspaner (Bild 2.66 und 2.67), das vorherige Hacken erfolgt mit Messerscheiben- oder Messerwellenhackern (Bild 2.68). In speziellen Messerringzerspanern können auch Strands für OSB hergestellt werden.

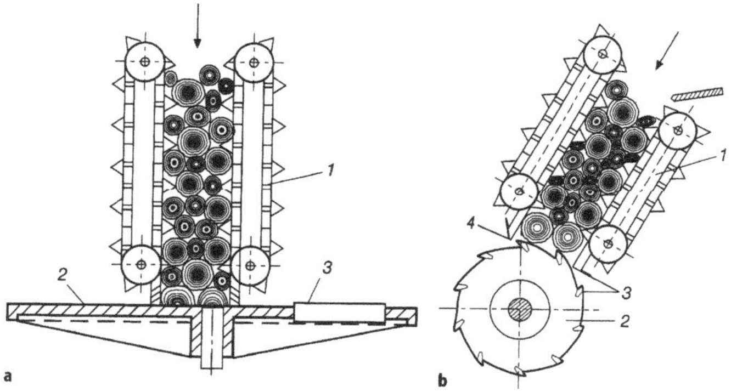

Bild 2.65: Zerspaner. a) Messerscheibenzerspaner: 1 Zuführungseinrichtung, 2 Messerscheibe, 3 Messer; b) Wellenzerspaner: 1 Zuführungseinrichtung, 2 Messerwelle, 3 Messer, 4 Gegenmesser [6]

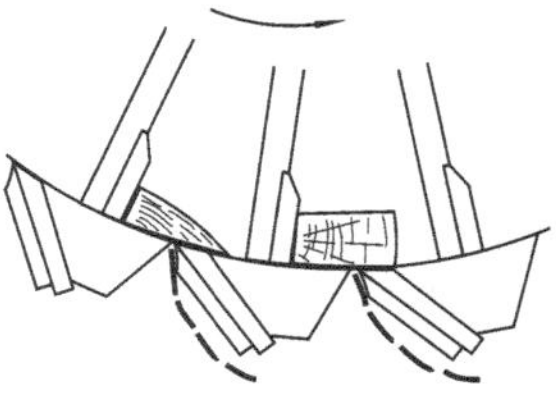

Bild 2.66: Messerringzerspaner, schematische Darstellung

Bild 2.67: Messerringzerspaner (Maier)

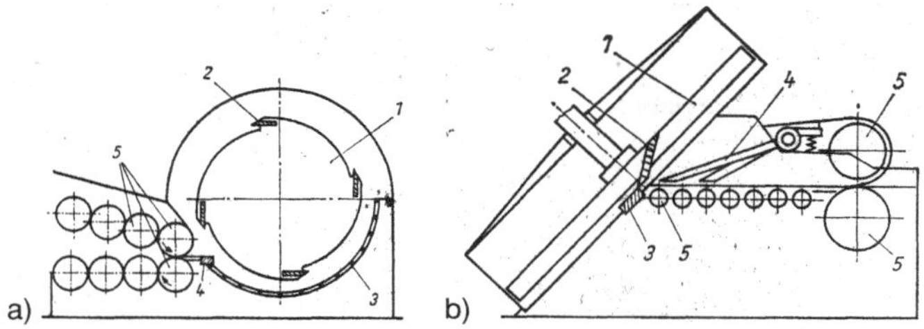

Bild 2.68: Hacker. a) Zylinderhacker: 1 Rotor, 2 Hackmesser, 3 Nachzerkleinerungsrost, 4 Gegenmesser, 5 Einzugswalzen; b) Scheibenhacker: 1 Messerscheibe, 2 Hackmesser, 3 Gegenmesser, 4 Niederhalter, 5 Einzugswalzen

Zur Nachzerkleinerung werden Mühlen, z. B. Hammermühlen, Schlagkreuzmühlen (Bild 2.69), Zahnscheibenmühlen oder Refiner verwendet. Altholz wird in der Regel zunächst durch **Brecher** vorzerkleinert und mit **Prallhammermühlen** nachzerkleinert. Danach werden Fremdstoffe über **Sichter** und **Metallabscheider** ausgeschieden. Bild 2.70 zeigt einen Walzenbrecher.

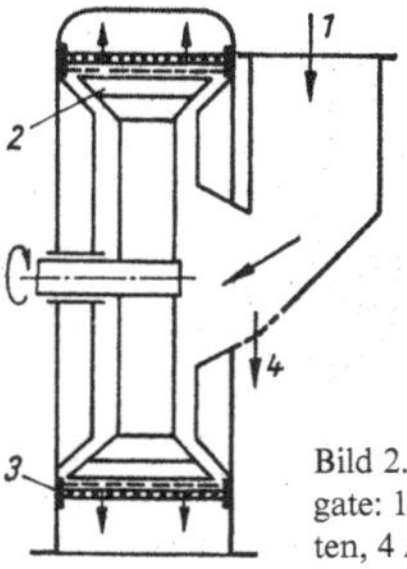

Bild 2.69: Schlagkreuzmühle (Bauart Condux). Wichtigste Aggregate: 1 Materialzugabe, 2 Schlagkreuz, 3 Siebkorb mit Reibelementen, 4 Abscheidung von Fremdkörpern

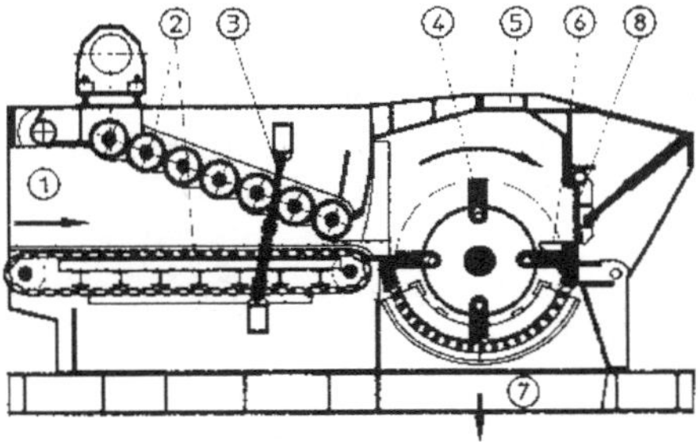

Bild 2.70: Walzenbrecher (Bauart Pallmann). Wichtigste Aggregate: 1 Förderrichtung, 2 Einzugseinrichtung, 4 Rotor

Trocknung

Bei der Trocknung werden die Späne auf die für die Verklebung erforderliche Sollfeuchte gebracht. Diese wird durch den Klebstoff und die gewählte Verfahrenstechnologie beeinflusst. Als Richtwerte gelten (*Kehr* in [41]):

- für die Decklagen 1 ... 8 %,
- für die Mittellagen ca. 4 ... 6 %.

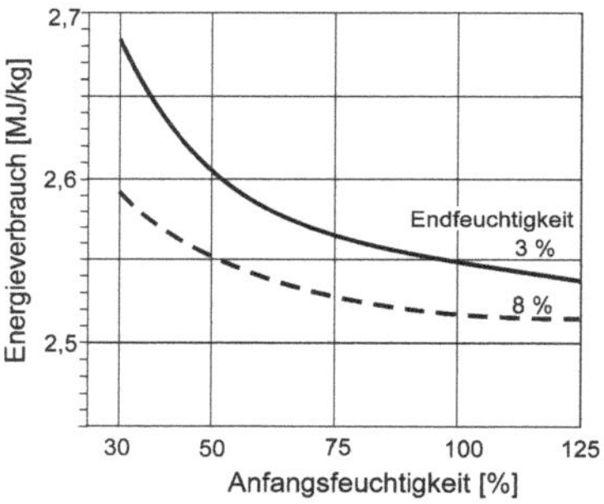

Bild 2.71: Energieverbrauch je kg Wasserverdunstung bei der Spantrocknung in Abhängigkeit von der Anfangs- und der Endfeuchte [46]

Bild 2.71 zeigt den erforderlichen Energieverbrauch für die Trocknung pro kg verdunstetes Wasser in Abhängigkeit von der Anfangs- und der Endfeuchte der Späne.

Die Holzfeuchte nach der Trocknung beeinflusst auch die Festigkeit der daraus gefertigten Platten.

Man unterscheidet folgende **Trocknertypen** (Bild 2.73):

- Stromtrockner (z. B. für MDF eingesetzt),
- Düsenrohrtrockner, direkt beheizt, derzeit kaum noch eingesetzt,
- Zug-Trommeltrockner,
- Röhren-Trommeltrockner, indirekt beheizt.

OSB-Späne müssen sehr schonend getrocknet werden (relativ geringe Durchlaufgeschwindigkeit), um eine Nachzerkleinerung durch den Transport zu vermeiden.

Trockner werden mit umfangreichen Abgasreinigungsanlagen betrieben, um Staub- und Geruchsemissionen zu reduzieren. Üblich sind (nach *Gfeller* [46]):

- Zyklonentstaubung (in der Regel nicht genügend),
- Nasswaschanlagen (keine ausreichende Entfernung von Aerosolen),

- Gewebefilter (nur bei indirekt beheizten Trocknern),
- Elektronassfilter.

Auch geschlossene Systeme im Umluftbetrieb (**ecoDry-System**) sind im Einsatz.

Bedingt durch die hohen Temperaturen besteht Brand- und Explosionsgefahr. Entsprechende Messsysteme (z. B. Funkenerkennung) sind daher erforderlich.

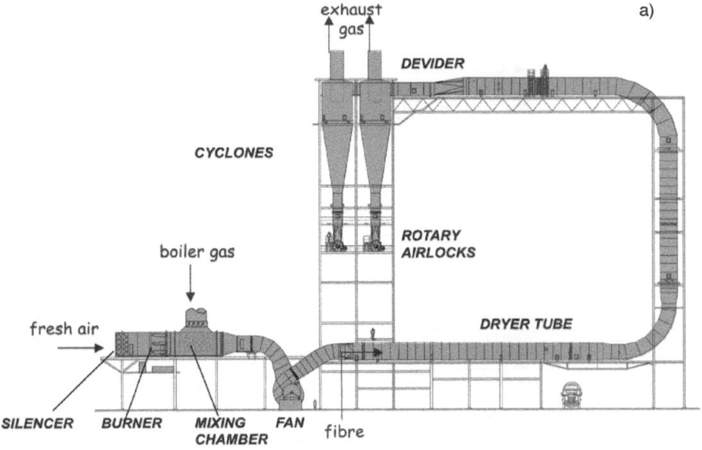

a)

b)

Bild 2.72: Stromtrockner für MDF (Fa. Büttner). a) Prinzipskizze, b) Ansicht

Trocknertyp	Schema	Temp.-bereich	Verweilzeit	Verdampf.-leistung
Rohrbündeltrockner	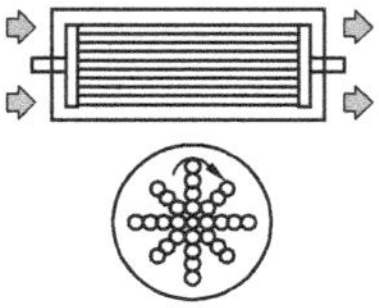	bis 200 °C	bis 30 min	1–9 t/h
Röhrentrommeltrockner	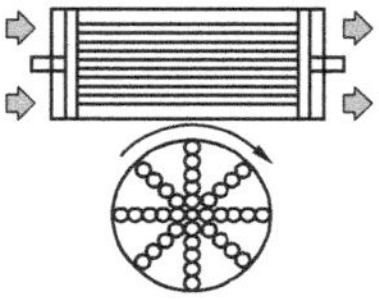	bis 160 °C	k. A.	10–18 t/h
Einwegtrommeltrockner	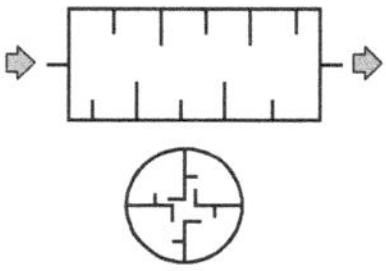	bis 400 °C	20 bis 30 min	bis 40 t/h
Dreiwegtrommeltrockner	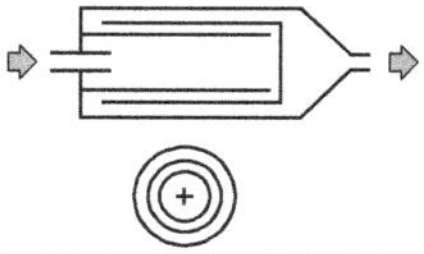	bis 400 °C	5–7 min	bis 25 t/h
Stromtrockner	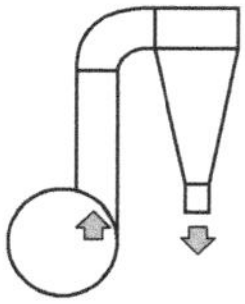	bis 500 °C	ca. 20 s	2–14 t/h
Düsenrohrtrockner	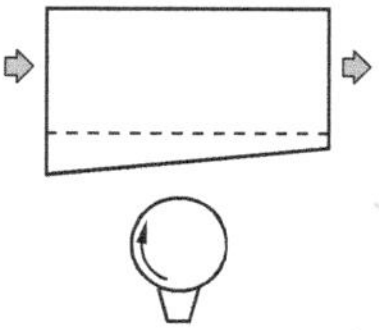	ca. 500 °C	0,5–3 min	bis 10 t/h

Bild 2.73: Übersicht zu Trocknertypen (WKI, Braunschweig)

Sortieren der Späne

Die nachfolgende Sichtung dient der Entfernung von Grob- und Feinanteilen, welche die Plattenqualität oder den Leimanteil (Feingut) beeinflussen. Bild 2.74 zeigt Grenzen für Grob- und Feingut nach *Jensen* (zitiert in [41]).

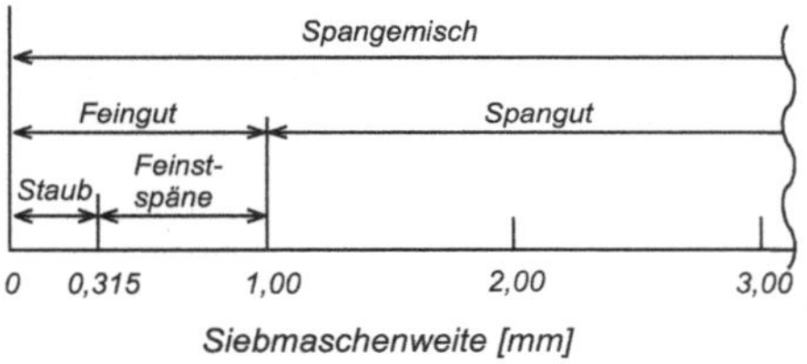

Bild 2.74: Staub- und Feingutgrenzen [41]

Das Sortieren erfolgt durch Sieben (Plan- oder Wurfsiebmaschinen, Sortierung nach der Maschenweite der Siebe) oder Sichten im Luftstrom.

Beim Sichten werden die Späne durch ihre unterschiedliche Schwebegeschwindigkeit im aufsteigenden Luftstrom getrennt. Die **Schwebegeschwindigkeit** ergibt sich nach *Rackwitz* [47] zu:

$$v_s = 0{,}135 \cdot \sqrt{\varrho \cdot d} \tag{2.17}$$

v_s Schwebegeschwindigkeit, ϱ Dichte des Spanes, d Dicke des Spanes

Bild 2.75 zeigt schematisch einige Sichtverfahren.

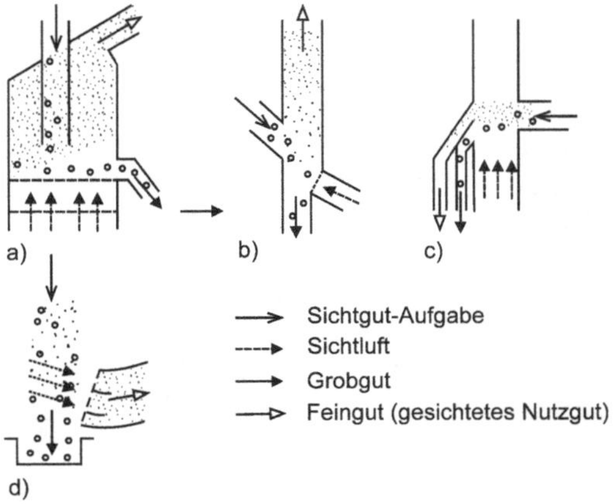

Bild 2.75: Sichtverfahren, schematisch [23]. a) Schwebesichter, b) Steigrohrsichter, c) Querstromsichter, d) Schwergutsichter

Dabei werden Grobgut oder auch mineralische Verunreinigungen ausgeschieden. Es erfolgt weitgehend eine Sortierung nach der Partikeldicke (siehe Gl. 2.17).

Siebsichtmaschinen dienen dem Ausscheiden großflächiger Späne. Meist sind Siebe mit unterschiedlicher Maschenweite übereinander angeordnet. Die Charakterisierung der Späne erfolgt durch **Siebfraktionierung** (Siebkennlinien) oder durch Messung der **Spangeometrie** (insbesondere der Spandicke). Bei der Siebfraktionierung wird die Summenhäufigkeit des Siebdurchganges über der Maschenweite (0,1 … 4 mm Maschenweite [23]) aufgetragen.

Beleimen

Die Beleimung umfasst die Prozessstufen

- Herstellung der Leimflotte = Mischen von Leim, Wasser, Paraffin, Härter und Zusatzstoffen (z. B. Puffermittel, Fungizide),
- Dosierung der Leimflotte,
- Dosierung der zu beleimenden Späne,
- Leimauftrag und Vermischen von Spänen und Leim.

Der Leim muss dabei möglichst gleichmäßig auf die relativ große spezifische Oberfläche der Späne aufgebracht werden. Es erfolgt nur ein punkt- bzw. stellenweiser Leimauftrag. Dies wird durch Zerteilen (z. B. Sprühen) und Verteilen (Abreiben durch Reibeffekte der Partikel untereinander) erreicht.

Die Spanoberfläche von 100 g darrtrockener Späne berechnet sich nach *Klauditz* (ohne Berücksichtigung der Randflächen) nach Gl. 2.18.

$$A_{sp} = \frac{0{,}2}{\varrho_{dtr} \cdot d} \tag{2.18}$$

A_{sp} spezifische Oberfläche von 100 g Holz (darrtrocken) (in $m^2/100\,g$), d Spandicke in mm, ϱ_{dtr} Darrdichte in g/cm^3

Folgende Leimauftragsmengen gelten als Richtlinien (Tabelle 2.21a).

Tabelle 2.21: Leimauftragsmengen und Verteilung des Leimes auf den Spänen
a) Leimauftragsmengen in % Festharz bez. auf darrtrockene (dtr.) Späne [46]

Verleimungsart	Harnstoffharz		Phenolharz		Isocyanat	
	De	Mi	De	Mi	De	Mi
V 20	10 … 12	6 … 8	9 … 10	6 … 7	3 … 4	2 … 3,5
V 100	–	–	9 … 12	7 … 9	6 … 8	5 … 7

b) Festharzauftragsmasse in g/m² dtr. Späne in Abhängigkeit von Festharzanteil und Spandicke [46]

Holzart	**Festharzabteil in g/100g dtr. Späne**	**Festharz in g/m² bei Spandicke in mm**		
		0,2	0,4	0,6
Kiefer	7 10	3,4 4,9	6,9 9,8	10,3 14,7
Rotbuche	7 10	4,8 6,8	9,5 13,6	14,3 20,4

Bei gleicher Festharzdosierung (Festharz, bezogen auf die Masse darrtrockene Späne) sinkt mit abnehmender Spangröße die Menge des aufgetragenen Klebstoffes je m² Spanoberfläche. Dies ist darauf zurückzuführen, dass die spezifische Oberfläche mit abnehmender Spandicke und Rohdichte des Holzes steigt (Tabelle 2.21b).

Zudem wird Feingut in Beleimmaschinen, bezogen auf die Partikelmasse, stark überbeleimt. So wurden z. B. bei 8 % Festharzanteil an großen Partikeln 2 ... 3 % Festharz, bei kleinen bis über 40 % Festharz bestimmt.

Für die Beleimung sind folgende Systeme bekannt:

- schnell laufende Ringmischer mit Leimzugabe über Hohlwelle (Innenbeleimung, Zentrifugalprinzip),
- schnell laufende Ringmischer mit Leimzugabe von außen (Außenbeleimung, Versprühen über Düsen).

Der Leim wird bei schnell laufenden Mischern durch Mischwerkzeuge gleichmäßig verteilt (Wischeffekt).

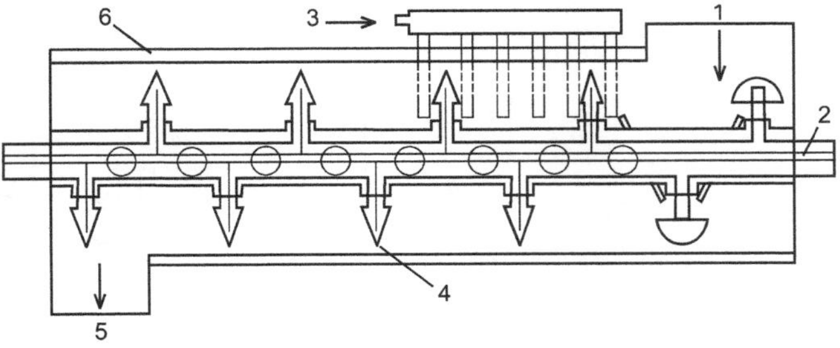

Bild 2.76: Beleimmaschine. Prinzip des Ringmischers.
1 Spaneintrag, 2 gekühlte Mischerwelle, 3 Leimgabe (von außen, aber auch von innen möglich), 4 Mischwerkzeug, 5 Spanaustrag, 6 gekühlter Trogmantel des Mischers

Die Mischer werden gekühlt, um Verschmutzungen der Wände und Werkzeuge zu vermeiden. Für Wafer und OSB werden langsam laufende, großvolumige Mischer eingesetzt. Dabei wird der Leim pulverförmig oder flüssig zugegeben. Es wird eine möglichst geringe Nachzerkleinerung der Partikel angestrebt.

Streuung (Vliesbildung)

Nach der Beleimung und Dosierung erfolgt das Streuen. Dabei wird die für die spätere Platte erforderliche Masse an beleimten Partikeln gleichmäßig verteilt. Regelgröße ist die Flächenmasse. **Streumaschinen** bestehen aus

- Dosiervorrichtungen,
- Verteilvorrichtungen,
- Vorrichtungen zum Werfen (Streuen) der Späne,
- Streuunterlagen (z. B. Bleche, Stahlbänder, Siebbänder, Textilbänder).

Es werden zwei grundsätzliche **Prinzipien der Streuung** unterschieden:

- **Wurfsichtstreuung** (z. B. Rollenstreusysteme mit speziell profilierten Walzen, um die Partikel nach der Größe zu separieren): Die Partikel erhalten einen kinetischen Impuls, größere Partikel fallen weiter als kleinere Partikel (Bild 2.77). Bekannte Prinzipien sind z. B. das **Walzensieb** (SpiRoll von Rauma) oder strukturierte **Walzen Face C**

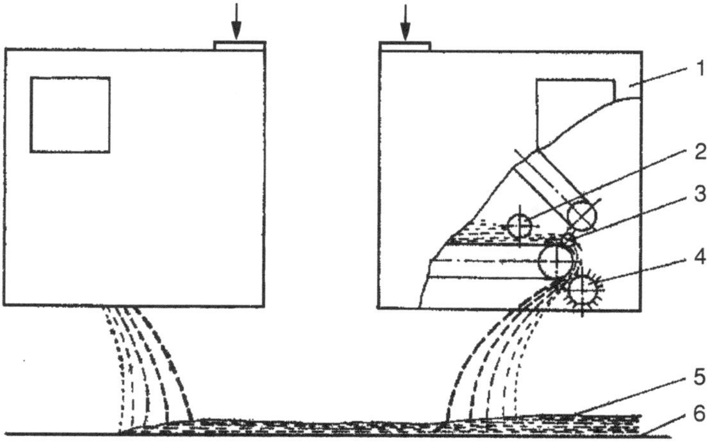

Bild 2.77: Prinzip der Wurfsichtstreuung. 1 Streumaschine, 2 Egalisierwalze, 3 Abwurfbürstenwalze, 4 Streuwalze, 5 Spanvlies, 6 Formband

(Dieffenbacher). Auch kombinierte Wurf- und Walzensichtung (Classiformer) sind im Einsatz. Der Feinheitsgrad der Separierung wird durch die Anzahl der Wurfwalzen gesteuert.

- **Windsichtstreuung**: Es erfolgt eine Separierung der Späne nach der spezifischen Oberfläche; kleine Partikel werden vom Windstrom weiter transportiert als große Partikel (Bild 2.78).

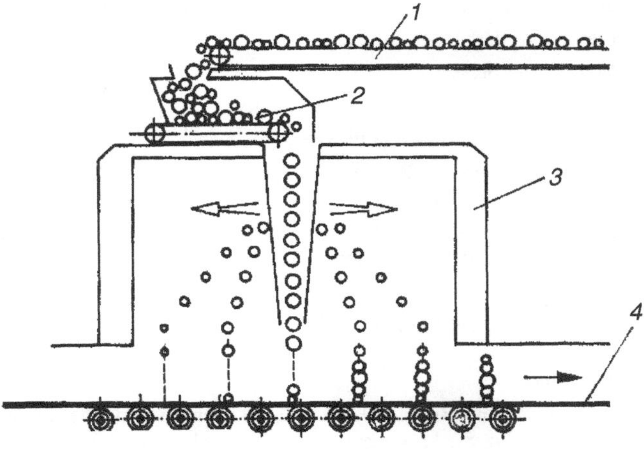

Bild 2.78: Windsichtstreuprinzip. 1 Spangemischzuführung, 2 Spandosierung, 3 Windstreukammer, 4 Formkammer

Häufig werden auch kombinierte, mechanisch und nach dem Windsichtverfahren arbeitende Systeme eingesetzt.

In der Mittellage werden z. T. nur Auflösewalzen eingesetzt, da hier keine separierende Streuung notwendig ist. Teilweise erfolgt eine zusätzliche Steuerung des Querprofils.

Pressen

Beim Pressen ist zwischen **Vor-** und **Hauptpressen** (Heißpressen) zu unterscheiden. **Vorpressen** dienen der Erzielung einer Mindestfestigkeit des Spanvlieses und der Reduzierung der Presszeit beim Heißpressen. Sie können taktweise oder kontinuierlich arbeiten. Der spezifische Pressdruck liegt bei 10 … 35 bar. Durch den **Heißpressvorgang** wird das Bindemittel ausgehärtet und die Platte in ihrer Struktur fixiert. Durch Variation von Vliesfeuchte, Schließgeschwindigkeit, Presstemperatur und Partikelgeometrie kann das Rohdichteprofil senkrecht zur Plattenebene und damit die Plattenqualität in weiten Bereichen variiert werden. Der Pressprozess gliedert sich in

- **Druckaufbauphase** (Schließzeit der Presse, durch diese wird das Dichteprofil beeinflusst),
- **Druckhaltungsphase** (in der Plattenmitte muss eine Temperatur von ca. 100 °C erreicht werden, um das Wasser zu verdampfen),
- **Druckentlastungsphase**, schrittweise (in Abhängigkeit vom Gegendruck, der durch das verdampfende Wasser entsteht).

Heißpressen werden ausgeführt als

- Mehretagenpressen,
- Einetagenpressen und insbesondere als
- kontinuierlich arbeitende Pressen.

Kontinuierlich arbeitende Pressen erzeugen eine endlose Platte. Folgende Systeme sind im Einsatz:

- Konti-Pressen auf der Basis der Einetagenpresse mit kontinuierlichem Durchlauf der Platten,
- Kalanderpressen (für dünne Platten, Bild 2.79),
- Strangpressen (nach dem Kreibaum-Prinzip).

Mehretagenpressen

Mehretagenpressen (Bild 2.80, Bild 2.99) werden mit Breiten bis zu 2650 mm gefertigt. Sie haben meist Simultanschließeinrichtungen. Richtwerte für die spezifische Presszeit bei 180 °C Presstemperatur nach [46]:

- UF- und MUF-Leime: 0,18 ... 0,22 min/mm Plattendicke,
- PF-Leime: 0,20 ... 0,22 min/mm Plattendicke,
- MDI: 0,18 ... 0,20 min/mm Plattendicke.

Diese Werte beziehen sich auf die Plattenrohdicke mit Schleifzugabe. Diese beinhaltet Dickentoleranzen der Platten und die sogenannte **Press-**

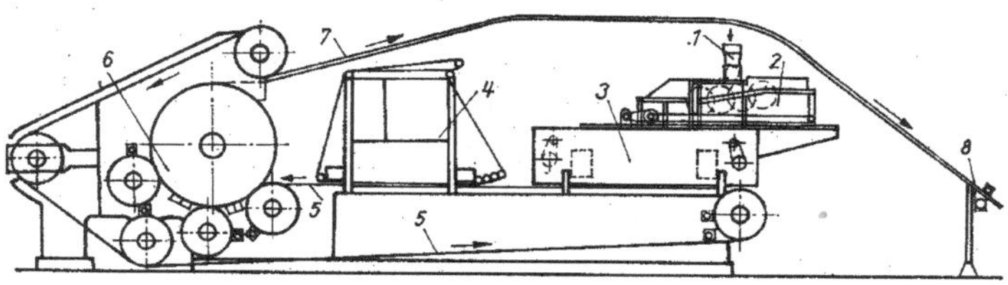

Bild 2.79: Kalanderpresse (Fa. Bison). 1 Zufuhr beleimter Partikel, 2 Dosierbunker, 3 Vliesbildung nach Windsichtstreuverfahren, 4 Hochfrequenzvorwärmung, 5 Stahlband, 6 Walzenpresse, 7 Überführung der fertigen Platte, 8 Besäumsäge

haut. Sie ist bei Mehretagenpressen immer größer als bei Einetagen- und kontinuierlich arbeitenden Pressen und beträgt ca. 0,7 … 2 mm.

Als Transportunterlagen dienen Bleche oder Stahlsiebe.

Mehretagenpressen werden in Nordamerika vielfach für OSB eingesetzt, da dort die Siebmuster der „Flexoplansiebe" bevorzugt werden (Begründung: bessere Begehbarkeit bei geneigten Dächern).

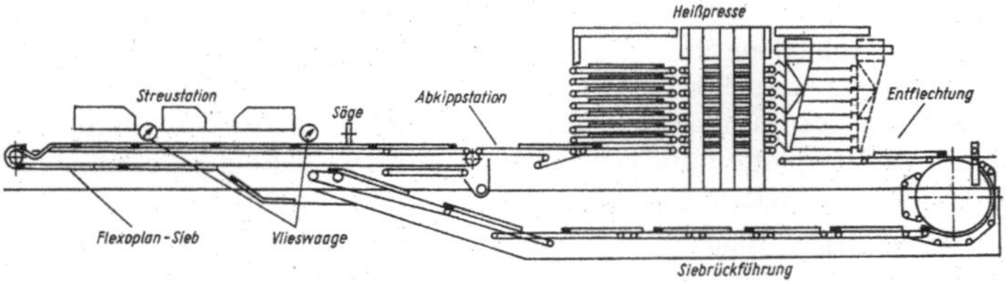

Bild 2.80: Mehretagenpresse (Flexoplan, Schenk)

Einetagenpressen

Einetagenpressen werden in der Regel mit obenliegender Hydraulik ausgeführt. Die Breite beträgt bis zu 2650 mm, die Länge bis über 60 m. Bei 220 °C gelten nach [46] folgende Richtwerte für die spezifische Presszeit:

- UF- und MUF-Leime: 0,12 … 0,14 min/mm Plattendicke,
- PF-Leime: 0,15 … 0,18 min/mm Plattendicke,
- MDI: 0,12 … 0,14 min/mm Plattendicke.

Die Schleifzugaben sind wesentlich geringer (30 … 50 %) als bei Mehretagenpressen, da die Dicke über die Ansteuerung der einzelnen Presszylinder gesteuert werden kann. Sie werden heute nur noch selten eingesetzt.

Kontinuierlich arbeitende Pressen (CPS-Presssystem)

Diese sind heute in neuen Anlagen am häufigsten im Einsatz. Sie ermöglichen sehr geringe Dickentoleranzen. Die Produktivität hängt von der Heizzeit ab, die zur Aushärtung des Leimes erforderlich ist. Um eine hohe Produktivität zu erreichen, benötigt man eine möglichst lange Presse. So beträgt die Pressenlänge je nach Kapazität derzeit bei Spanplatten (1500 … 3000 m^3/Tag) 45 … 62 m, bei MDF (800 … 1500 m^3/Tag) 35 … 50 m, bei OSB (1000 … 2000 m^3/Tag) 40 … 60 m. Bei dünnen MDF beträgt die Länge 15 … 25 m. Kontinuierliche Pressen ersetzen zunehmend Kalanderpressen für dünne Platten. In Spezialanlagen sind Platten von 1,2 … 12 mm Plattendicke mit einer Dichte von 600 … 1050 kg/m^3 herstellbar. In Kalanderpressen beträgt die maximale Plattendichte nur etwa 830 kg/m^3. Das Prinzip kontinuierlich arbeitender

Pressen beruht darauf, dass das Vlies auf einer Transportunterlage in die Presse eingeführt wird und durch Pressplatten ein Druck auf die sich durch die Presse bewegende Pressunterlage ausgeübt wird. Die Wärme wird von den Pressplatten über die Transportunterlage auf das Vlies übertragen. Die Pressen unterteilen sich in den Hochdruckbereich, den Kalibrierbereich und die Entgasung. Die Kraft wird über einzeln ansteuerbare Presszylinder eingebracht. Das Rohdichteprofil ist mit diesen Anlagen in einem weiten Bereich variabel.

Es gibt verschiedene Systeme, denen das Prinzip endloser Stahlbänder, die auf stationären Pressplatten abgestützt sind, gemeinsam ist. Unterschiedlich gelöst ist die Verminderung der Reibung zwischen Stahlbändern und Pressplatten und der Abbau thermisch bedingter Spannungen in den Pressen. Bekannt sind die Systeme

- **Hydrodyn-Verfahren** (zur Wärmeübertragung und als Gleitmittel dient ein Ölfilm, nur wenig eingesetzt) und
- **Kettenausführung** (durchlaufende Stahlbänder und Abstützung über kalibrierte Stahlstangen, Bild 2.83).

Die Fa. Metso setzt das Küsters Press®-System mit Rückkühlung im zweiten Drittel der Presse ein (Bild 2.81). Dabei werden Heiz- und Kühlzone getrennt. Kontinuierliche Pressen ermöglichen die geringsten Dickenschwankungen. Sie dominieren heute in modernen Anlagen.

Vorteile sind u. a. [48]:

- 10 ... 20 % Kapazitätssteigerung,
- geringere Gefahr von Plattenreissern,
- einstellbare Plattenfeuchte, verbesserte Weiterverarbeitung,
- Reduzierung des Energieverbrauches (bis zu 40 %),
- Reduzierung der Formaldehydemission der Presse,
- geringere Brandgefahr.

Pressen von Spezialprodukten (LSL, OSB)

Zum Pressen werden heute Taktpressen und auch kontinuierliche Pressen eingesetzt. Teilweise werden bei großen Plattendicken (z. B. bei LSL) **Dampfinjektionspressen** (Bild 2.84) verwendet. Dabei wird über Bohrungen in den Pressplatten Heißdampf eingebracht, um die Aushärtung zu beschleunigen. Zur Beschleunigung des Pressvorganges werden auch Bandvorpressen eingesetzt (Conti-Therm, Fa. Siempelkamp, Bild 2.82), die eine wesentliche Beschleunigung der Durchwärmung des Vlieses ermöglichen.

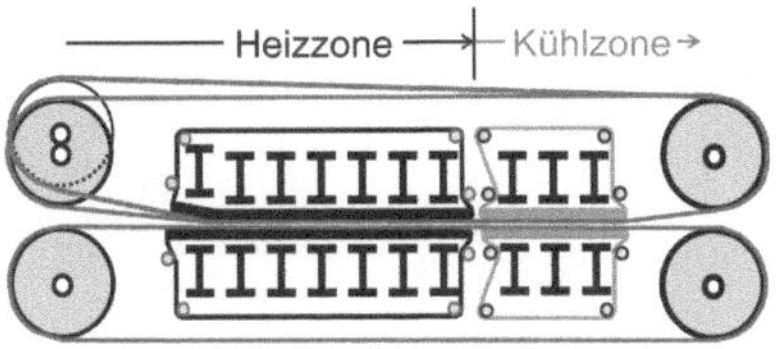

Bild 2.81: Küsters Press® mit Kühlzone (Fa. Metso)

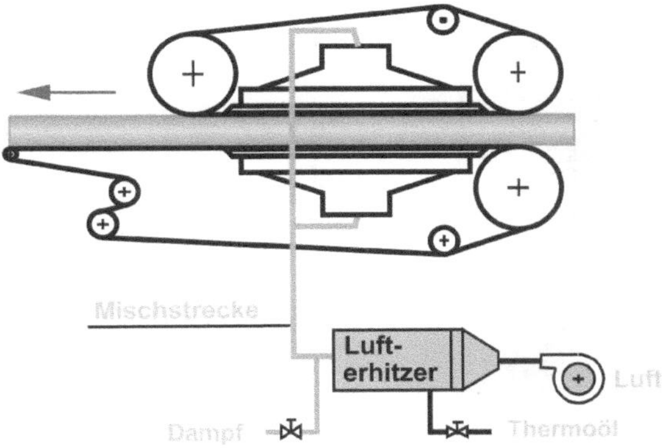

Bild 2.82: Conti-Therm (Vliesvorwärmung), (Fa. Siempelkamp)

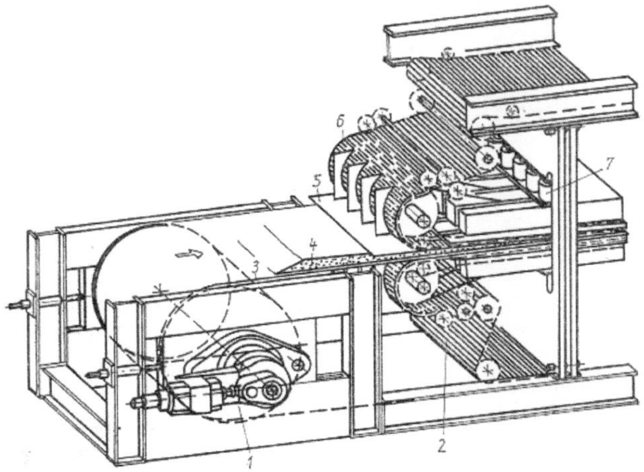

Bild 2.83: Kontinuierlich arbeitende Presse (Fa. Siempelkamp, nach [23]). 1 Umlenkwalze, 2 Oberer Stabteppich, 3 Unteres Heizband, 4 Spanvlies, 5 Oberes Heizband, 6 Oberer Stabteppich, 7 Presshydraulik über der oberen Heizplatte

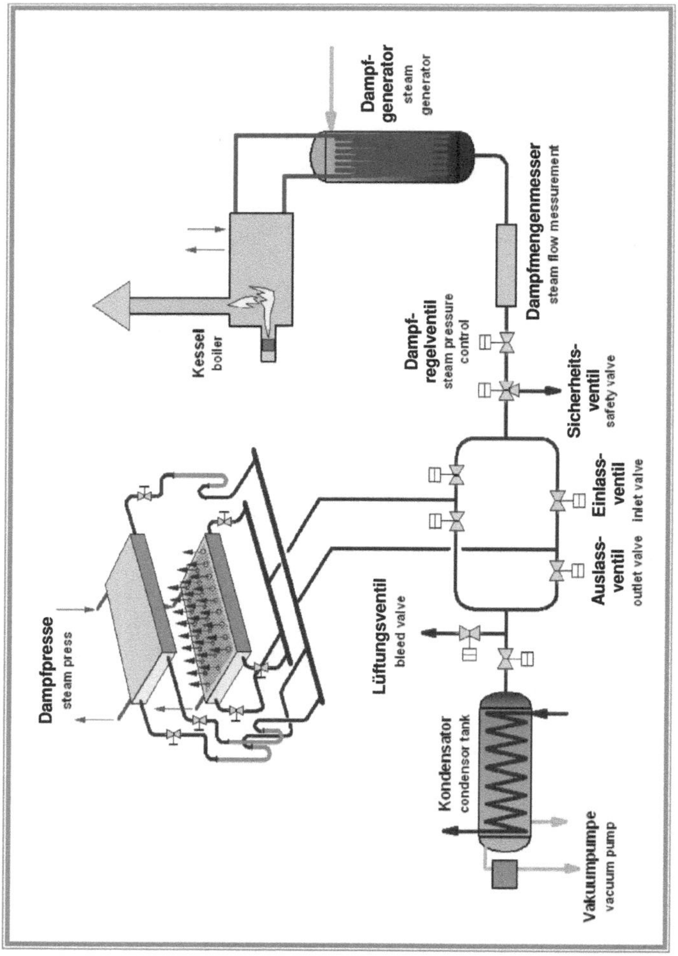

Bild 2.84: Funktionsprinzip der Dampfinjektionspresse (Fa. Siempelkamp)

Kühlen und Konditionieren

Die Temperatur der Platten nach dem Pressen beträgt über 100 °C, wobei in den Randzonen Temperaturen bis zu 150 °C, in der Plattenmitte etwa 120 °C erreicht werden (*Kehr*, in [6]). Es ist ein deutliches **Feuchteprofil** über der Plattendicke vorhanden (Bild 2.85). Bei Lagerung der heißen Platten kommt es bei Harnstoffharzverleimung zur Hydrolyse. Die

Platten müssen daher in Kühlsternen gekühlt werden (auf 70 °C). Bei PF-verleimten Platten wird dagegen auf das Kühlen verzichtet, da durch die Lagerung bei erhöhter Temperatur ein Vergütungseffekt erzielt wird.

Das Feuchteprofil sollte vor dem Schleifen ausgeglichen werden, um die Oberflächengüte zu verbessern und Spannungen abzubauen. Nach dem Kühlen erfolgt meist eine mehrtägige Konditionierung.

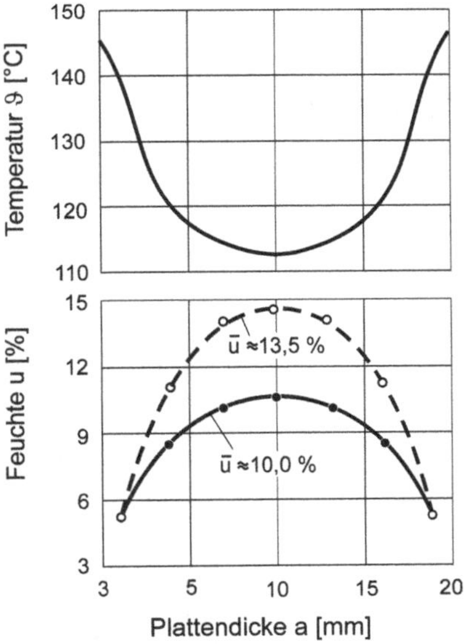

Bild 2.85: Feuchte- und Temperaturprofil einer Spanplatte nach dem Pressen (*Kehr* in [6]). Heizplattentemperatur 155 °C, Presszeit 7 min, Rohdichte der Platten 600 … 650 kg/m³

Besäumen, Schleifen

Die Platten werden anschließend besäumt und auf die endgültige Dicke geschliffen. Dabei wird die Presshaut entfernt und eine Dickenkalibrierung (Ausgleich von Dickenschwankungen) vorgenommen.

2.4.4.2 Fertigungsablauf

In den Bildern 2.86 und 2.87 ist der Fertigungsablauf von Spanplatten nach dem Flach- und Strangpressverfahren schematisch dargestellt.

Die kostenoptimale Fertigungskapazität einer Spanplattenanlage liegt heute bei ca. 1 500 … 2 000 m³ Tagesleistung.

Folgende Material- und Energieverbräuche können als Richtwerte für Spanplatten und MDF gelten:

Tabelle 2.22: Material- und Energieverbrauch für Spanplatten und MDF (Richtwerte)

Kostenquelle	Spanplatte	MDF
Energieverbrauch	110 kWh/m^3	300 … 400 kWh/m^3
Leim (Festharz)	50 … 60 kg/m^3	70 kg/m^3
Holz	1,8 … 1,9 m^3/m^3	2 m^3/m^3

2.4.4.3 Spezielle Holzspanwerkstoffe

Dazu zählen

- Spanformteile,
- anorganisch gebundene Holzwerkstoffe, wobei als Bindemittel Gips oder Zement eingesetzt wird,
- Waferboard,
- Oriented Structural Board (OSB),
- Laminated Strand Lumber (LSL),
- Scrimber.

Die Grundoperationen für die Herstellung dieser Holzwerkstoffe sind denen der klassischen Spanplatten ähnlich.

Spanformteile

Spanformteile (zwei- oder dreidimensional) sind meist oberflächenbeschichtet. Sie werden durch den Streu- und den Pressvorgang in ihre endgültige Form (z. B. Tischplatte, Balkonbrüstung) gebracht. Der Festharzanteil liegt bei 15 … 30 %, eine Steigfähigkeit des Span-Leimgemisches wie bei Kunstharzpressmassen ist daher nicht gegeben. Die Dichte liegt bei 700 … 900 kg/m^3. Die Herstellung ist im Vergleich zur Spanplatte weniger automatisiert.

Anorganisch gebundene Holzwerkstoffe

Dazu zählen z. B. zement- und gipsgebundene Holzwerkstoffe. Es werden span- oder faserförmige (auch Holzwolle-) Partikel eingesetzt. Der Anteil an Holz beträgt 30 … 70 Masseprozent, der Anteil an mineralischen Bindemitteln 20 … 60 %. Die Späne werden mit den Bindemitteln gemischt, gestreut und später in Paketen bei erhöhter Temperatur (60 … 70 °C) ausgehärtet. Gipsgebundene Platten gelten als feuer-, zementgebundene Platten als feuer- und wasserfest.

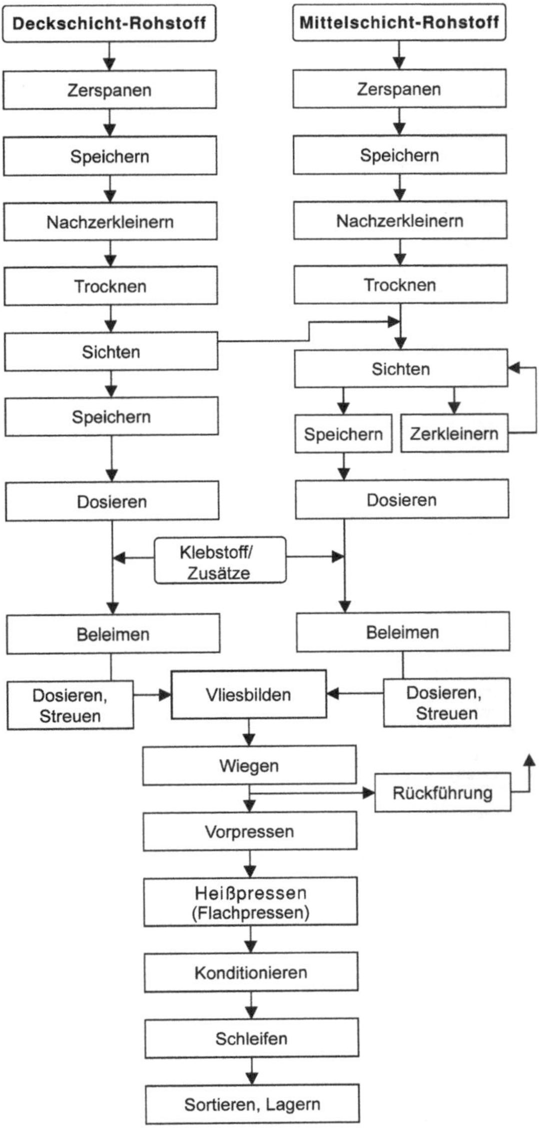

Bild 2.86: Fertigungsablauf für Spanplatten nach dem Flachpressverfahren

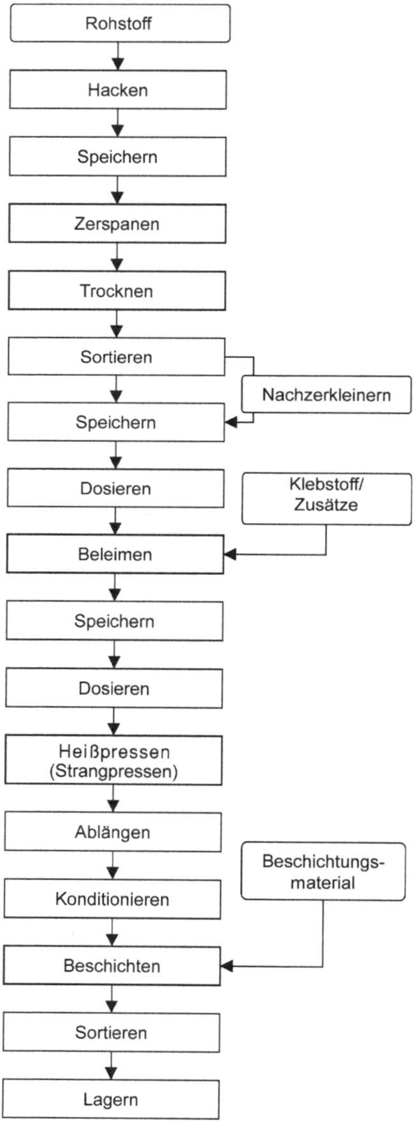

Bild 2.87: Fertigungsablauf für Spanplatten nach dem Strangpressverfahren

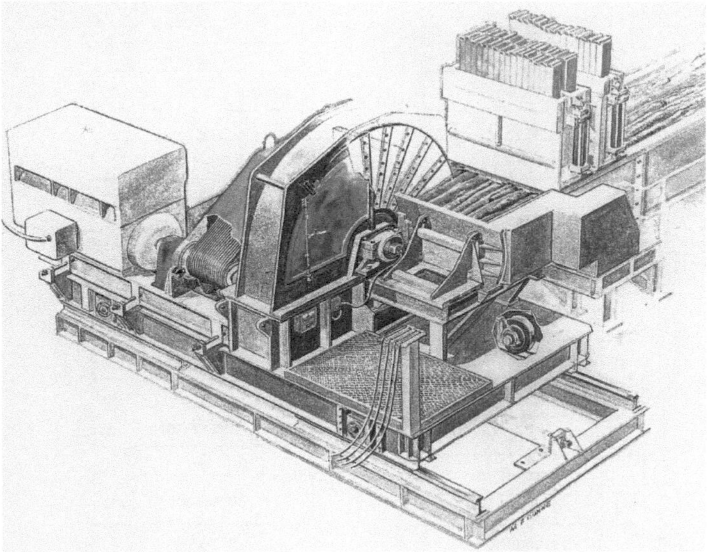

Bild 2.88: Disc type longflaker (Scheibenzerspaner) für die Herstellung von Strands für OSB (Fa. CAE)

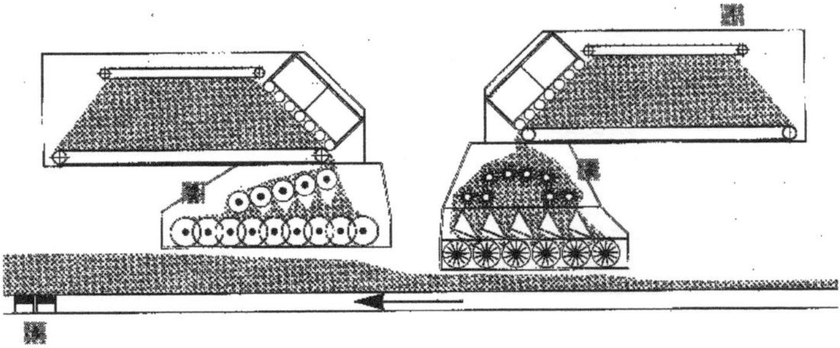

Bild 2.89: Spanorientierung bei der OSB-Herstellung (Fa. Dieffenbacher), links: Längsrichtung durch Schlitzsiebe oder Scheibenstreuköpfe, rechts: Querorientierung durch Scheibensegmente

Waferboard/Scrimber

Bei der Herstellung von Waferboards werden flächige Partikel meist auf Scheibenzerspanern gefertigt. Bei Scrimber werden durch Quetschen von Rundholz langfasrige Partikel erzeugt und anschließend wieder zu Profilen verklebt.

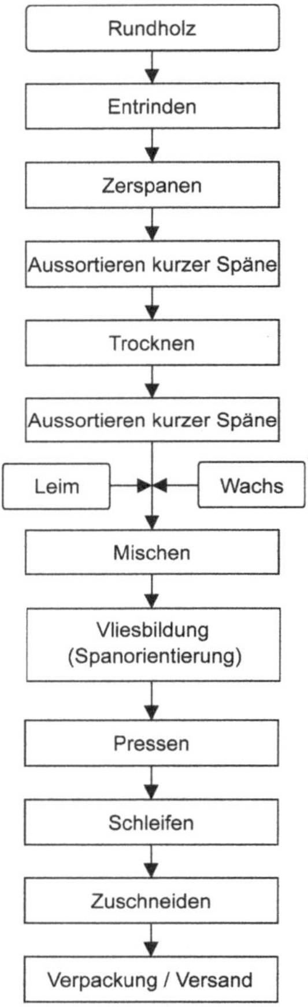

Bild 2.90: Vereinfachtes Schema der Herstellung von OSB

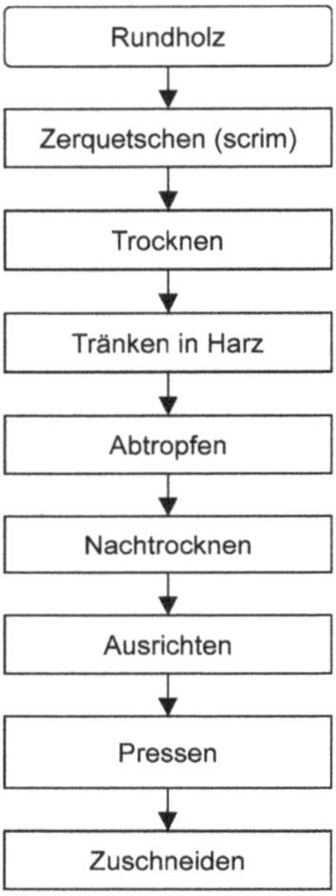

Bild 2.91: Vereinfachtes Schema der Herstellung von Scrimber

OSB/LSL

Als Ausgangsmaterial dient entrindetes Rundholz. Zur Zerspanung werden Trommel-, Scheiben- (Bild 2.88) oder Messerringzerspaner eingesetzt. Auch Systeme auf Basis der Verarbeitung von Altholz (Fa. Maier) auf Messerringbasis werden verwendet. Entstehendes Feingut wird ausgesondert. Es kommt Holz mit einer Dichte von 400 … 700 kg/m³ zum

Einsatz. Die Holzfeuchte muss über 60 % liegen, um den Feingutanteil zu reduzieren. Das Feingut wird ausgesiebt.

Die Trocknung erfolgt spanschonend in Trommeltrocknern. Die Beleimung erfolgt in langsam laufenden Mischern, wobei häufig auch Pulverleim zugegeben wird.

Die Spanorientierung beim Streuen erfolgt in Längsrichtung durch Schlitzsiebe oder Scheibenstreuköpfe (Bild 2.89), die Querorientierung durch Scheibensegmente.

Zum Pressen werden heute meist kontinuierliche Pressen, bei großen Dicken Dampfinjektionspressen (Bild 2.84) und teilweise spezielle Vorpressen (Bild 2.82) verwendet (vgl. Abschnitt Pressen).

2.4.5 Werkstoffe auf Faserbasis

2.4.5.1 Technologische Grundoperationen

Allgemeine Grundlagen

Allen Produkten gemeinsam ist, dass das Holz bis hin zu Fasern, Faserbündeln oder Faserbruchstücken aufgeschlossen wird. Bild 2.92 zeigt Defibratorfaserstoff und vergleichsweise dazu andere Partikel.

Man unterscheidet zwei grundsätzlich verschiedene Verfahren:

1. **Nassverfahren:** Dabei erfolgt die Vliesbildung im wässrigen Medium durch Sedimentation aus einer Fasersuspension. Zu dieser Gruppe zählen:
   - poröse Faserplatten (Dämmplatten, Rohdichte unter 350 kg/m^3),
   - harte Faserplatten (Rohdichte 950 ... 1050 kg/m^3).
2. **Trockenverfahren:** Dabei erfolgt die Vliesbildung mit trockenem Faserstoff (ca. 6 ... 12 % Holzfeuchte der beleimten Fasern) mechanisch oder pneumatisch.
   - MDF (Medium Density Fiberboard, Rohdichte 150 ... 700 bis 800 kg/m^3),
   - HDF (High Density Fiberboard, Rohdichte 800 ... > 1050 kg/m^3).

Im Trockenverfahren werden auch **Faserdämmplatten** (Rohdichte 80 ... 240 kg/m^3) gefertigt. Dabei werden entweder Klebstoffe oder aber thermoplastische Fasern zugegeben, um die erforderliche Festigkeit zu erreichen. Bei Nutzung der Technologie des Faserplatten-Trockenverfahrens beträgt die Dicke der Platten 20 ... 240 mm (Siempelkamp). Es werden 4 ... 5 % PMDI zugegeben. Die Aushärtung erfolgt über ein Dampf-Luft-Gemisch. Bei Zugabe thermoplastischer Fasern erfolgt die Vliesbildung nach Verfahren der Textilindustrie.

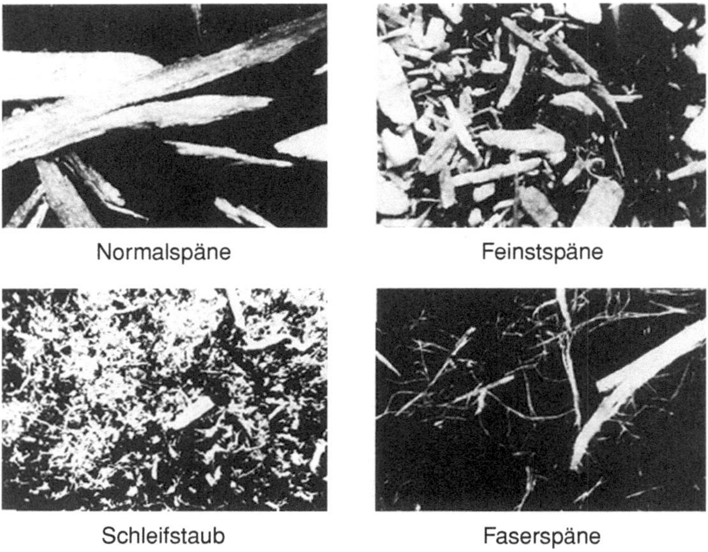

Bild 2.92: Faserstoff und Späne verschiedener Abmessungen

Die Dichte von MDF variiert heute in einem weiten Bereich. Es sind für Spezialzwecke Rohdichten von ca. 150 kg/m³ (Dämmplatten) und ca. 350 ... 380 kg/m³ (Dach- oder Wandplatten) im Einsatz bzw. in Entwicklung. In Südamerika werden aus Radiata Pine (*Pinus Radiata*) Platten für die Möbelindustrie in den folgenden Dichtestufen gefertigt:

- super leicht 480 kg/m³,
- leicht 600 kg/m³,
- Standard 725 kg/m³.

Rohstoffe

Als Rohstoff für Faserplatten können Holz und holzhaltige Materialien (Einjahrespflanzen) eingesetzt werden. Als Ausgangsmaterial dienen meist Hackschnitzel aus entrindetem Holz. Diese werden durch Schneid- und Mahlprozesse nach meist hydrothermischer Vorbehandlung hergestellt. Die Streudichte der Fasern beträgt je nach Aufschlussgrad zwischen 15 ... 25 ... 30 kg/m³.

Für die Faserstoffausbeute ist der Anteil an Festigkeitsgeweben entscheidend: **Libriformfasern** der Laubhölzer, **Spätholztracheiden** der Nadelhölzer [49]. Bei Einjahrespflanzen ist der Faseranteil deutlich geringer als bei

Holz. Aus Nadelhölzern werden längere Fasern als aus Laubhölzern erzeugt. *Jaeger* (in [49]) gibt folgende Werte für die Faserlänge an:

- **Nadelholz:** Fichte: 3,5 ... 5 mm; Kiefer: 3,5 ... 6 mm; Tanne: 3,5 ... 6 mm,
- **Laubholz:** Aspe: 1 ... 1,25 mm; Pappel: 1,5 mm; Birke: 1,2 ... 1,5 mm; Buche 1,0 ... 1,2 mm.

Der **Schlankheitsgrad** der Fasern (Verhältnis Länge zu Dicke) liegt bei Nadelhölzern etwa bei 100, teilweise auch deutlich höher. Bei Laubholz liegen die Werte darunter, z. B. bei Buche bei 38 ... 60. Die **Faserdicke** ist für die Kompressibilität (Zusammendrückung bei Beschichtung, z. B. bei Laminatböden) von Bedeutung [50].

Die **Faserlängen** variieren mit der Baumhöhe und dem Baumalter. So gibt *Trendelenburg* [49] für Buche nach 5 Jahren Faserlängen von 580 µm, nach 45 Jahren von 1250 µm an. Mit steigender Baumhöhe nimmt z. B. bei Kiefer die Faserlänge ab. Mit zunehmendem Alter steigt sie bis zu einem Maximum an (das etwa bei 50 ... 80 Jahren erreicht wird), danach fällt sie. *Lampert* gibt z. B. im 1. Jahrring für Kiefer Faserlängen von 0,9 ... 1 mm, im 10. bis 20. Jahrring von 2,5 ... 3,0 mm und im 50. Jahrring von 3,5 ... 4,5 mm an. Dies verdeutlicht den Einfluss von relativ jungem (juvenilem) Holz, das insbesondere in der Plantagenwirtschaft (z. B. Radiata Pine) verwendet wird.

Beim Nassverfahren wird eine starke Fibrillierung und damit Verfilzung der Fasern angestrebt, beim Trockenverfahren dagegen eher eine geringe Fibrillierung. Daher sind Laubholzfasern sehr gut für das Trockenverfahren geeignet, wobei heute sowohl Laub- als auch Nadelhölzer beim Trockenverfahren eingesetzt werden. Tabelle 2.23 zeigt die Abmessungen und die Streudichte von Faserstoff (hydrothermisch vorbehandelt) und vergleichsweise von anderen Feinstpartikeln.

Tabelle 2.24 zeigt ausgewählte Verbrauchskennziffern für Span- und Faserplatten.

Bei MDF (Trockenverfahren) wird in der Regel Harnstoffharz als Klebstoff und Paraffin als Hydrophobierungsmittel verwendet. Teilweise kommen auch Melamin und Phenolharz oder Isocyanate zum Einsatz. Die Verwendung holzeigener Bindekräfte durch spezielle Zerfaserungsverfahren (Aktivierung der Hemicellulosen durch spezielle Druck-Wärme-Vorbehandlung) und enzymatische Vorbehandlung des Holzes ist in der Anfangsphase [51]. Prinzipiell sind auch Tannine im industriellen Einsatz. Ferner werden Härter oder Puffermittel eingesetzt.

Tabelle 2.23: Abmessungen von Partikeln [23]

Partikelart	Streudichte in kg/m³	Abmessungen Länge in mm	Dicke in mm	Schlankheit (*l*/*d*)	Streuverhalten
Faserstoff (hydrothermische Plastifizierung)	15 … 40	4 … 7	0,04 … 0,25	–	nicht rieselfähig
Normalspäne	70 … 180	5 … 10	0,2 … 0,3	20 … 50	rieselfähig
Feinstspäne	120 … 240	3 … 6	0,1 … 0,25	15 … 40	rieselfähig
Faserspäne (Spanfaserstoff)					
geringer Zerfaserungsgrad	80 … 160	3 … 6	0,1 … 0,25	15 … 40	rieselfähig
starker Zerfaserungsgrad	40 … 100	3 … 6	0,08 … 0,2	20 … 40	bedingt rieselfähig
Schleifstaub	160 … 200	0,4 … 0,6	–	–	rieselfähig

Tabelle 2.24: Ausbeute bei der Herstellung verschiedener Werkstoffe nach (*Kehr* in [6])

Spanplatten

Holzart	Fichte	Kiefer	Eiche	Rotbuche
Rohdichte Holz (kg/m³)	440	490	650	680
Rohdichte Platte (kg/m³)	600 … 700	600 … 700	700	700
Holzverbrauch (rm/m³)	2,4 … 2,8	2,1 … 2,4	2,0	1,8

rm Raummeter (Holzvolumen einschließlich Hohlräume im Stapel)

Harte Faserplatten

Verfahren	Nassverfahren	Trockenverfahren
Holzeinsatz in t atro, Holz mit Rinde pro t Faserplatten	1,15	1,10
Holzverbrauch in m³ Holz pro t Faserplatten	2,3 … 2,9	2,1 … 2,2

Bei MDF sind folgende Klebstoffanteile, bezogen auf darrtrockene Partikel, üblich:

- **Harnstoffharz:** 10 … 12 % (bei HDF und Spezialplatten, z. B. mit geringer Rohdichte, teilweise deutlich darüber; bis zu 16 %),
- **Melaminharz:** 10 … 12 %,
- **PUR/MDI:** 2 … 6 %,
- **Phenolharz:** 6 … 8 %.

Bei Einsatz von Harnstoffharz wird dieses zweckmäßigerweise mit 2 … 8 % Melaminharz modifiziert.

Als Härter dient meist Ammoniumsulfat [50].

Paraffin wird als Flüssigparaffin bei der Zerfaserung oder als Dispersion (bei Harnstoffharzen, Melaminharzen) der Leimflotte zugegeben. Der Paraffinanteil beträgt 0,3 ... 2 % bezogen auf darrtrockene Partikel. Der erforderliche Zusatz an Feuerschutzmitteln beträgt 12 ... 20 % bezogen auf darrtrockene Fasern [50].

Zerfasern

Die Zerfaserung erfolgt beim Nass- und beim Trockenverfahren nach den gleichen Grundprinzipien.

Als Ausgangsmaterial wird größtenteils entrindetes Holz verwendet. Dieses wird zunächst gehackt. Danach werden die **Hackschnitzel** gewaschen. Bei der Zerfaserung (Defibrierung) erfolgt eine schonende Zerlegung des vorzerkleinerten Holzes in einzelne Fasern und Faserbündel. Dazu werden die Hackschnitzel hydrothermisch plastifiziert, wodurch eine Erweichung der Mittellamelle erfolgt. Die Zerfaserung geschieht meist nach dem sogenannten Defibratorprinzip (Bild 2.94) zwischen einer rotierenden und einer feststehenden Mahlscheibe.

Bild 2.93 zeigt eine Übersicht zu verschiedenen Zerfaserungsaggregaten (Refinern).

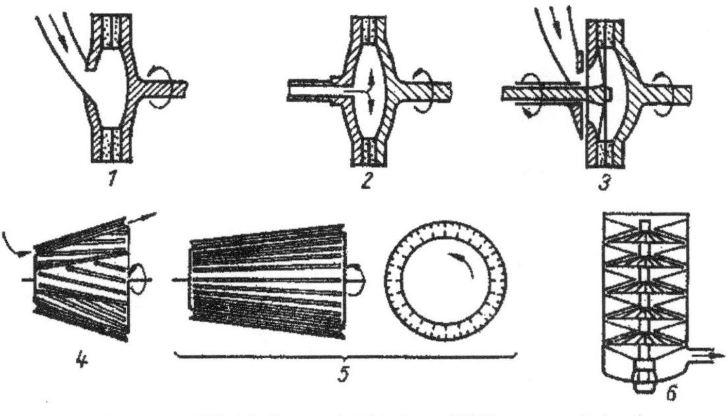

Bild 2.93: Refiner-Typen [23]. 1 Refiner nach Voith, Sprout-Waldron u. a. mit einer beweglichen Scheibe, 2 Southerland-Refiner mit Hohlachse und einer beweglichen Scheibe, 3 Bauer-Refiner mit zwei sich entgegengesetzt drehenden Scheiben, 4 Clafin-Refiner, 5 Hydrorefiner mit Stoffzufuhr am schmalen Ende, 6 Fritz-Refiner mit 10 Mahlscheiben

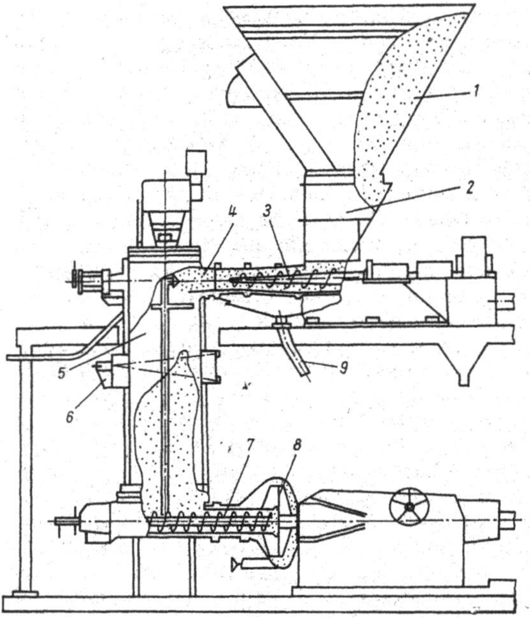

Bild 2.94: Defibrator. 1 Hackschnitzelbunker, 2 Hackschnitzelrinne, 3 Pfropfen- und Speiseschnecke, 4 Hackschnitzelpfropfen, 5 Vorwärmer, 6 Füllstandsregelung, 7 Förderschnecke, 8 Mahlscheiben, 9 Abführung des abgepressten Wassers (nach *Lampert* [52])

In der Praxis wird meist der **Defibrator** eingesetzt (Einscheibenverfahren, Bild 2.94).

Wesentliche Einflussgrößen auf die Faserstoffqualität sind [6]:

- Zeit und Dampfdruck im Vorwärmer,
- Zerfaserungsdruck,
- Abstand der Mahlscheiben (bestimmt Faserdicke),
- Drehzahl und Zustand der Zerfaserungsscheiben,
- Rohstoffart und -feuchte.

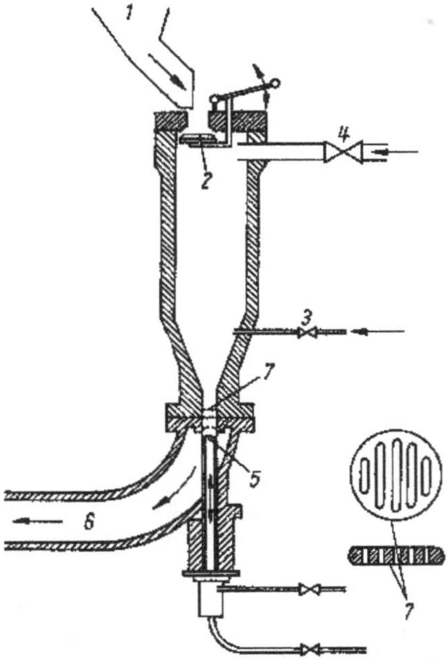

Bild 2.95: Masonite-Verfahren [23]. 1 Hackschnitzelzuführung, 2 Einlassventil, 3 Dampfventil, 4 Hochdruckdampfventil, 5 Bodenventil, 6 Faserstoff-Transportleitung, 7 geschlitzte Platte

Sonstige **Zerfaserungsverfahren**:

- **Masonite-Verfahren** (Dämpfen und explosionsartige Druckentlastung; Bild 2.95),
- **Bauer-Verfahren** (Dämpfen und Zerfasern mit zwei gegenläufig arbeitenden Mahlscheiben; Bild 2.96, auch als Doppel-Scheibenverfahren bezeichnet),
- **Biffar-Verfahren** (Verfahren des chemischen Holzaufschlusses); diese haben eine geringere Bedeutung.

Als Kenngrößen für die Beurteilung des Faserstoffes dienen z. B.:

- beim **Nassverfahren** der Mahlgrad (Zerfaserungsgrad) nach Schopper-Riegeler (°SR); (Messung des Entwässerungsverhaltens),
- beim **Trockenverfahren** (MDF) die trockene Siebfraktionierung (Holzfeuchte 5 … 10 %, meist unter Verwendung von Siebhilfen, um ein Agglomerieren der Partikel zu vermeiden).

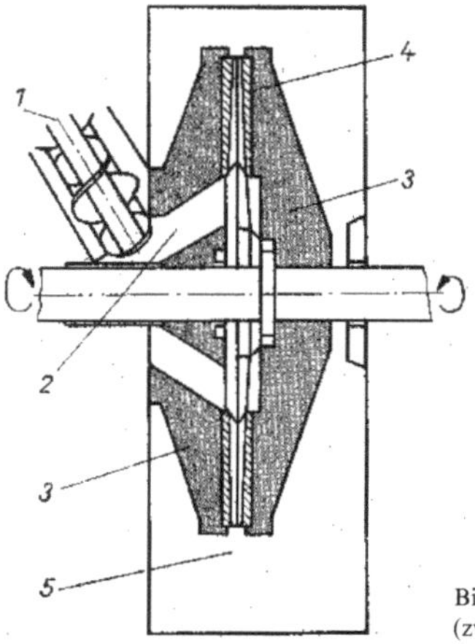

Bild 2.96: Bauer-Mühle
(zwei gegenläufige Mahlscheiben)

Nach der Zerfaserung wird beim Nass- und beim Trockenverfahren eine grundsätzlich unterschiedliche Technologie der Vliesbildung angewendet.

Nassverfahren

Im Nassverfahren werden **harte Faserplatten** und **Faserdämmplatten** gefertigt. Die Produktion harter Faserplatten nach dem Nassverfahren ist rückläufig, gefertigt werden zunehmend Spezialprodukte für den Dachbereich (z. B. diffusionsoffene, diffusionsdichte, mehrlagig verklebte Faserplatten für Fußbodenplatten oder Schuhabsätze). Faserplatten niedriger Dichte gewinnen als Dämmplatten im Rahmen der Verwendung ökologischer Baustoffe wieder zunehmend an Gewicht.

Aufbereiten des Faserstoffes

In dem der Zerfaserung (ggf. Nachzerfaserung) angeschlossenen System von Bütten wird der Faserstoff gemischt, bevorratet und mit Wasser auf eine Stoffkonzentration von 0,8 … 1,5 … 2,5 % bei 30 … 60 °C aufgeschwemmt. Gleichzeitig werden je nach Technologie Klebstoff, Fällmittel und Zusatzstoffe zugegeben.

Vliesbilden

Die Vliesbildung erfolgt kontinuierlich durch Sedimentation der Fasern aus der Suspension auf ein umlaufendes Siebband. Das Entwässern geschieht durch freien Ablauf des Wassers sowie Absaugen und Abpressen des Wassers bis auf einen Trockengehalt von 40 … 25 % (Feuchtegehalt der Holzfasern von 150 … 300 %), nach *Lampert* [49].

Als Formmaschine wird dabei meist das Langsieb (Bild 2.97) verwendet. Die Geschwindigkeit der Entwässerung wird entscheidend durch den Mahlgrad des Faserstoffes beeinflusst.

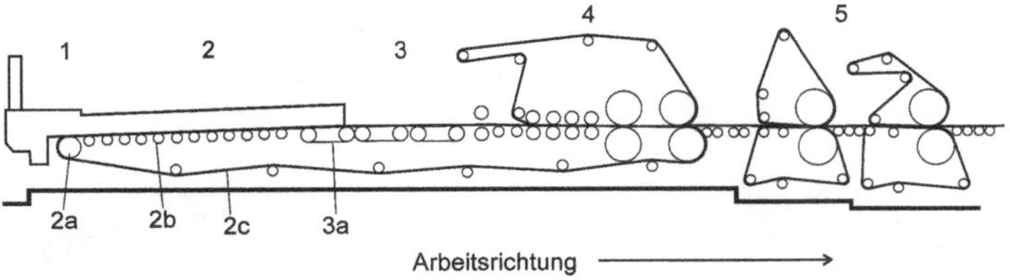

Bild 2.97: Langsiebmaschine [6]. 1 Stoffauflauf, 2 Registerpartie, 2a Brustwalze, 2b Rollenbahn, 2c Langsieb, 3 Saugpartie mit Sauger, 3a mehrere Sauger mit perforiertem Gummituch, 4 Gautschpartie (Vorpressen), 5 Presspartie mit Walzenpressen

Trocknen und Pressen

Poröse Faserplatten (Dämmplatten) werden in Mehretagen- oder Einbahntrocknern bei 150 ... 170 °C (max. 250 °C) auf 1 ... 4 % Feuchtegehalt getrocknet.

Werden Hartfaserplatten gefertigt, so werden die Faservliese in Mehretagenpressen unter Einwirkung von Druck weiter entwässert, verdichtet und durch Aushärtung des Klebstoffes oder Wirkung holzeigener Bindekräfte ausgehärtet. Das Beilagesieb in der Presse ist für die Entwässerung erforderlich. Bild 2.98 zeigt ein typisches Pressdiagramm, Bild 2.99 eine Mehretagenpresse.

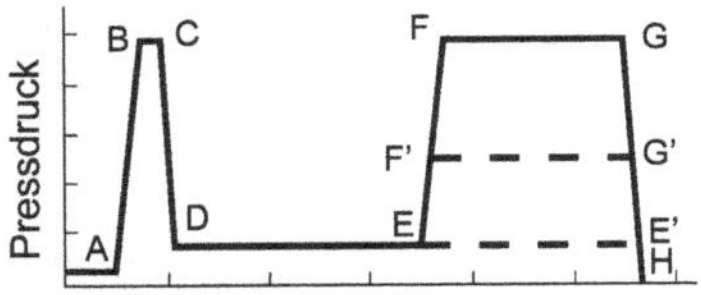

Bild 2.98: Pressdiagramm für harte Faserplatten nach dem Nassverfahren. 0A – Schließen der Presse, AB – 1. Verdichtungsstufe, BC – 1. Hochdruckstufe (A-C Entwässerung), CD – Druckreduzierung, DE – Trocknungsstufe, EF – 2. Verdichtungsstufe, FG – 2. Hochdruckstufe (Härten), GH – Öffnen der Presse

Vergüten, Konditionieren, Lagern

Die Vergütung kann durch thermische Nachbehandlung (bei 160 bis 180 °C in Kammern) oder durch Imprägnieren erfolgen. Extraharte Platten werden durch erhöhten Klebstoffanteil und/oder nachträgliches Imprägnieren mit oxydierbaren Harzen und anschließende thermische

Behandlung hergestellt. Auch eine Imprägnierung durch Tauchen oder Aufwalzen ist möglich [6].

Konditionieren und Lagern

Aufgrund der geringen Feuchte der Platten nach dem Pressen oder Vergüten müssen die Platten auf die Auslieferungsfeuchte von 4 ... 7 ... 10 % konditioniert werden (Konvektions- oder Kontaktbefeuchtung).

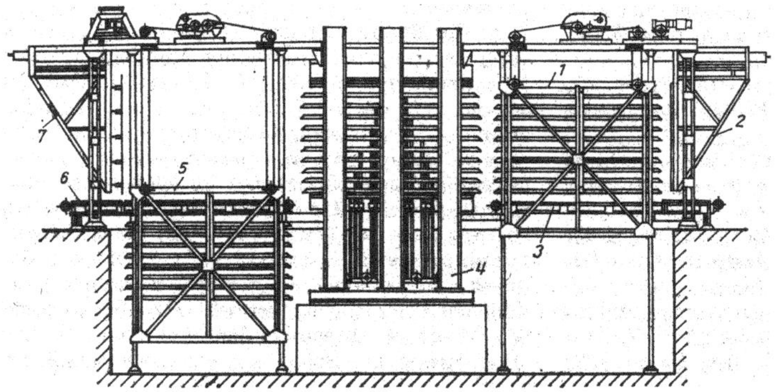

Bild 2.99: Mehretagenpresse [23]. 1 Beschickkorb, 2 Einschubarm, 3 Kettenförderer, 4 Heißpresse, 5 Entleerungskorb, 6 Kettenförderer, 7 Auszugsarm

Trockenverfahren (MDF-Technologie)

Die Technologie des Trockenverfahrens ähnelt der des Nassverfahrens. MDF sind deutlich kostenintensiver als Spanplatten (vgl. Tabelle 2.22).

Beleimung der Fasern

Die Beleimung der Fasern erfolgt meist nach dem **Blowline-System** (Blasleitungs-Beleimung) (Bild 2.100). Das Prinzip des Verfahrens besteht darin, dass der Leim nach der Zerfaserung in den Faserstrom eingedüst wird, welcher sich mit hoher Geschwindigkeit (150 ... 500 m/s) bewegt. Der Dampfdruck im Mahlscheibengehäuse drückt den Faserstoff durch ein Ventil und weiter durch die Blasleitung in den Trockner. Wegen der hohen Turbulenzen in der Leitung kommt es zu einer gleichmäßigen Leimverteilung. Durch Verringerung des Rohrquerschnittes an der Eindüsstelle kann die Geschwindigkeit des Faserstoffes weiter erhöht werden. Bild 2.100 zeigt das Prinzip, mit dem eine leimfleckenfreie Beleimung ermöglicht wird. Da der Leim auf die 100 ... 110 °C heißen Fasern auftrifft und der pH-Wert der Fasern unter 7 liegt (saurer Bereich), beginnt die Aushärtung des Leimes beim Auftreffen auf die Fasern. Diese

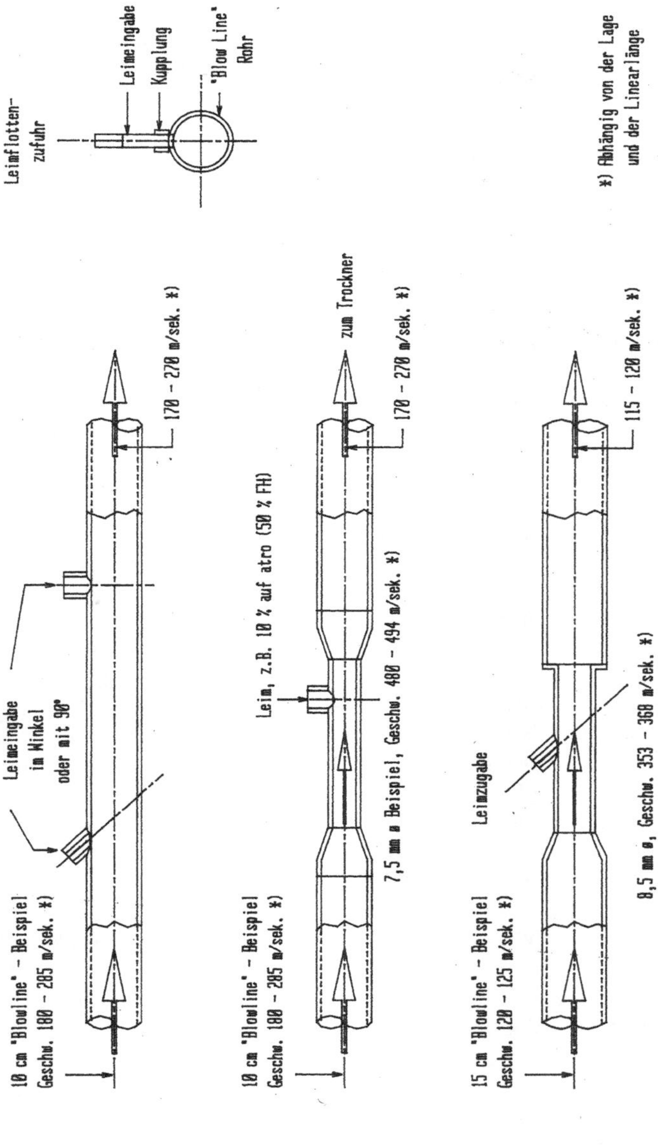

Bild 2.100: Blowline-System [50]

kann durch Zugabe von Puffermitteln (z. B. Alkali) reduziert werden (*Deppe* und *Ernst* 2000). Der Faserstoff durchläuft danach im beleimten Zustand den Trockner. Dadurch ist im Vergleich zu den ebenfalls eingesetzten Ringmischern ein um ca. 10 % höherer Leimanteil notwendig.

Zunehmend werden aus Kostengründen (geringerer Leimverbrauch) auch **Ringmischer** (Bild 2.76) analog der Spanbeleimung eingesetzt. Bis in die 80er-Jahre war allerdings der Einsatz von speziellen Ringmischern zur Faserbeleimung auch schon üblich, wurde dann aber wegen der Bildung von Leimflecken reduziert.

Trocknung

Die Trocknung der Fasern erfolgt meist in **Stromtrocknern** (Bild 2.102). Dies erlaubt den Einsatz relativ niedriger Temperaturen von 160 °C.

Es werden Ein- und Zweistufentrockner eingesetzt. Der Faserstoff wird auf 5 ... 10 % Feuchtegehalt getrocknet. Beim **Einstufentrockner** erfolgt eine sehr schnelle Erwärmung, sodass oft eine Übertrocknung der Oberfläche auftritt, während der Kern feucht bleibt. Zur Vermeidung derartiger Effekte dient der **Zweistufentrockner**. Dabei wird der Faserstoff in der ersten Phase weniger stark heruntergetrocknet.

Vliesbildung

Da Faserstoff nicht rieselfähig ist, müssen andere Streusysteme als bei Spänen eingesetzt werden. Folgende Prinzipien haben sich bewährt:

- **pneumatische Vliesbildung** (Bild 2.101) mit nachgeschalteten mechanischen Rakelwalzen zum Vergleichmäßigen des überschüssigen Fasermaterials (Prinzip der kombinierten Masse- und Volumendosierung), auch als Felterprinzip bezeichnet (z. B. System Weyerhaueser, System Meiler, Pendistor-System der Fa. Fläkt) [23].
- **mechanische Vliesbildung** (Bild 2.102), Faseragglomerate werden zunächst aufgelöst. Die Vergleichmäßigung erfolgt analog dem Felterprinzip durch Abrakeln überschüssigen Faserstoffes (Volumendosierung).

Zusätzlich wird auf dem Sieb ein Vakuum erzeugt. Dieses Verfahren dominiert heute.

Die Technologie in diesen Prozessstufen erfolgt analog der Spanplattenherstellung (vgl. Abschn. 2.4.4).

Zunehmend werden nach einem der MDF-Technologie angepassten Verfahren Dämmplatten nach dem Trockenverfahren gefertigt. Zur Verfestigung des Faservlieses werden dabei thermoplastische Fasern zugegeben, wodurch die Fasermatten relativ elastisch werden.

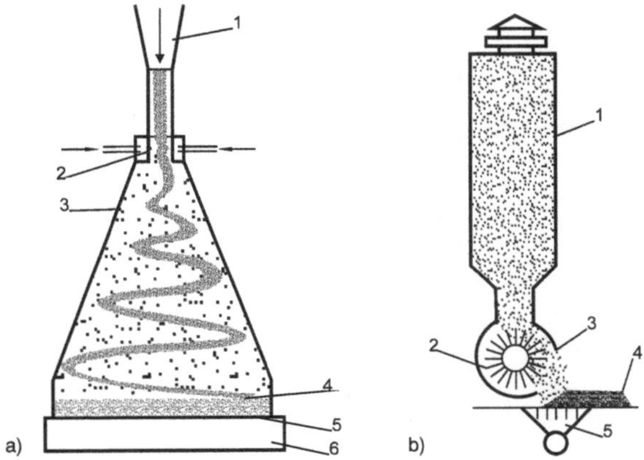

Bild 2.101: Pneumatische Vliesbildung [23]. a) Pendistor (Fa. Fläkt), 1 primärer Luftstrom mit Faserzuführung, 2 Blaskästen mit Düsen für Impuls-Steuer-Luftstrahlen, 3 Faserstoff, 4 Faservlies, 5 Langsieb, 6 Saugkasten; b) Felter nach Weyerhaeuser, 1 Felterschacht zum Verteilen des Faserstoffes, 2 Bürstenwalze, 3 Metallsieb, 4 Faservlies, 5 Absaugung

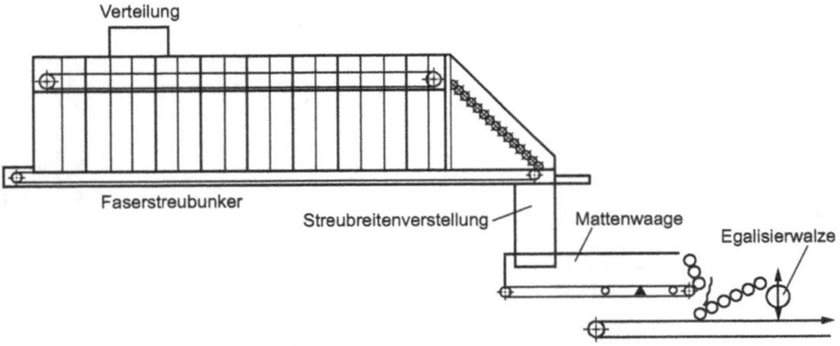

Bild 2.102: Mechanische Vliesbildung (Fa. Dieffenbacher)

2.4.5.2 Fertigungsablauf

Bild 2.103a zeigt den Fertigungsablauf für die Herstellung von Faserplatten nach dem Nassverfahren, Bild 2.103b nach dem Trockenverfahren (MDF).

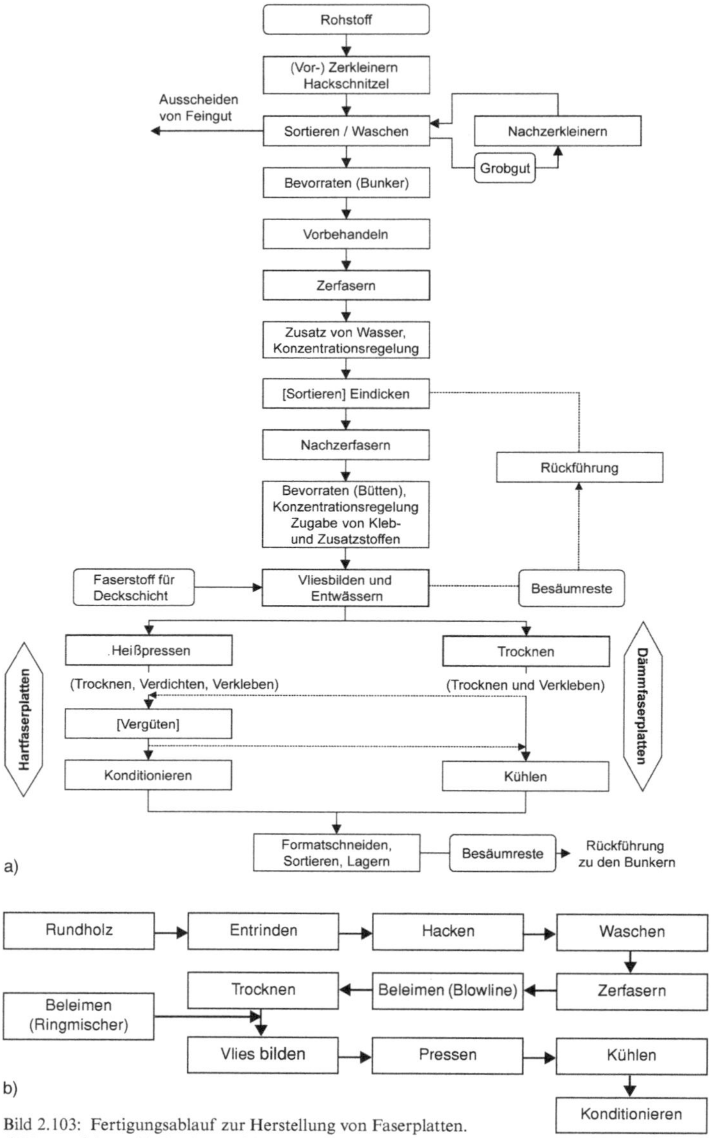

Bild 2.103: Fertigungsablauf zur Herstellung von Faserplatten.
a) Nassverfahren, b) Trockenverfahren

2.4.5.3 Sonderverfahren

Auf Basis der Faserstofftechnologie können auch Formteile nach

- der Urformtechnologie,
- der Umformtechnologie oder
- durch Extrusion hergestellt werden.

Bei der **Urformtechnologie** werden die beleimten Partikel in ein Gesenk gestreut und unter Einwirkung von Druck und Wärme wird das Formteil gebildet.

Bei der **Umformtechnologie** werden ebene Platten nach Vorbehandlung durch Befeuchten bzw. Dämpfen in Presswerkzeugen unter Einwirkung von Druck und Wärme geformt. Auch ein Prägen ist möglich, um die Oberflächenstruktur zu beeinflussen.

Möglich ist auch die Zugabe von 10 ... 25% eines thermoplastischen Klebstoffes (teils in Kombination mit Duroplasten) und eine anschließende Verformung.

2.4.6 Verbundwerkstoffe

2.4.6.1 Technologische Grundoperationen

Verbundwerkstoffe bestehen meistens aus folgenden Materialkombinationen:

- Kombinationen hochfester Decklagen mit einer weniger festen Mittellage (z. B. Span- oder Faserplatten niedriger Dichte, Schaumstoffe, Waben); genutzt wird hier das Sandwichprinzip bei Verbundplatten (Beschichtung mit Glasfasern oder Kohlenfasern, TJI-Träger mit Furnierschichtholz-Zuggurten und OSB-Steg), da bei Biegung die Maximalspannungen in den Decklagen auftreten.
- Kombination mehrerer Schichten unterschiedlicher Materialien, um spezifische Eigenschaften zu erzielen (z. B. Verwendung härterer Decklagen bei Parkett, Verbindung weicher und harter Holzlagen zur Optimierung der Dichte und des Schwingungsverhaltens von Ski- und Snowboardkernen).
- Vorspannung oder Verstärkung von Brettschichtholz im Bauwesen (eingeklebte, vorgespannte Stahlstäbe zur Erhöhung der Stützweite oder der tragenden Breite bei Brettschichtholzkonstruktionen, Aufbringen von Glasfaserlaminaten zur Erhöhung der Tragfähigkeit).

Die Grundoperationen bestehen aus

- der Herstellung der Deck- und Mittellagen,
- der Verbindung (Verklebung der Lagen).

Herstellung der Lagen

Soweit klassische Holzwerkstoffe (Spanplatten, Faserplatten, Stabmittellagen bei Tischlerplatten) eingesetzt werden, erfolgt deren Fertigung nach den in den Abschnitten 2.4.2 bis 2.4.5 beschriebenen Technologien.

Als Sonderwerkstoffe für extrem leichte Mittellagen kommen z. B. in Frage:

- Papier- oder auch Kunststoffwaben,
- Schaumstoffe,
- Balsa,
- spezielle Hohlraumkonstruktionen (Bild 2.105).

Als Decklagen werden auch Glas- oder Kohlefasern, verbunden mit Polyester oder anderen Klebstoffen, eingesetzt, wenn ein sehr hoher E-Modul und hohe Festigkeiten erreicht werden sollen.

Die Wabensysteme müssen hohen Druck und je nach Belastung auch Schubkräfte übertragen. Waben auf Papierbasis (Wellen- oder Sechseckform) können aus kunstharzimprägnierten Papieren gefertigt werden. Dabei werden die Papiere imprägniert, getrocknet, gekühlt und in einer Maschine mit Stirnradwalzen zu halben Waben geformt. Die Parallelflächen werden dann beleimt, zugeschnitten und anschließend zu den gewünschten Mittellagen geformt. Bild 2.104 zeigt ein solches Verfahrensschema. Auch Mittellagen aus Balsa sind für Verbundkonstruktionen üblich, da Holz eine bessere Schwingungsdämpfung aufweist als Kunststoff.

Die Fertigung von Verbundplatten wurde in den letzten Jahren automatisiert.

Beim **Pep-Core-System** werden thermoplastische Kunststoffe erhitzt und auf das bis zu 20-Fache der ursprünglichen Dicke axial verstreckt.

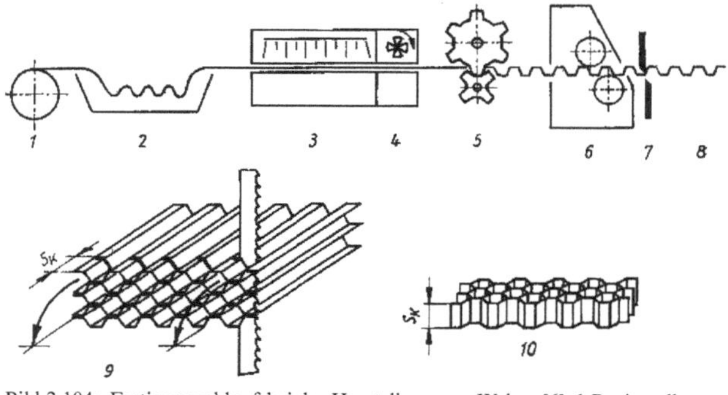

Bild 2.104: Fertigungsablauf bei der Herstellung von Waben [6]. 1 Papierrolle, 2 Imprägnierung, 3 Trocknung, 4 Kühlen, 5 Stirnradwalzen, 6 Beleimung, 7 Schere, 8 vorgeformte Papierbahn, 9 Zusammenlegen und Verleimen der Bahnen zum Block und Auftrennen des Blocks in 10 Waben der gewünschten Dicke

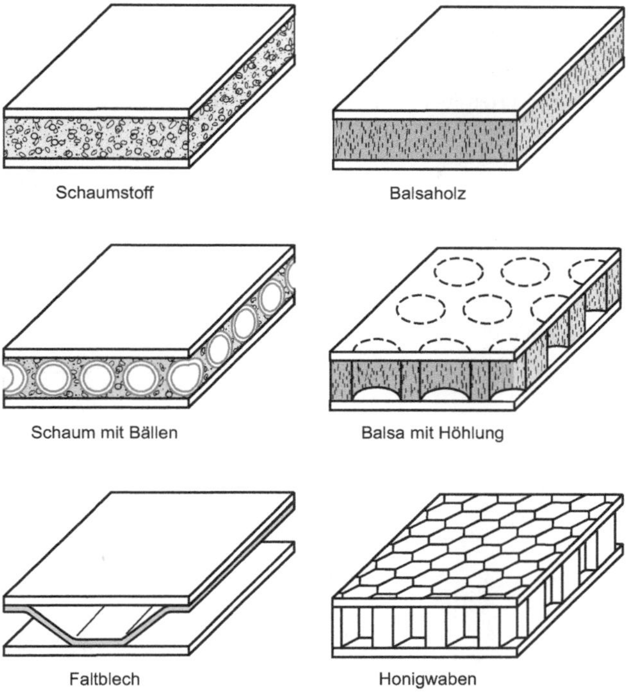

Bild 2.105: Ausgewählte Verbundsysteme

Klebstoffe

Je nach den klimatischen Anforderungen werden unterschiedliche **Verleimungsarten** eingesetzt. Bei der Verstärkung mit Glas- oder Kohlefasern werden meist Polyester oder Epoxidharze verwendet. Vielfach stellt die Kraftübertragung, insbesondere bei Einwirkung von Schubspannungen, ein Problem dar. Dies ist beispielsweise bei Wabenverbindungen von der Klebnahtbreite abhängig. Die Berechnung kann über die Sandwichtheorie erfolgen [53].

Dies gilt u. a. auch bei der Herstellung von Doppel-T-Trägern, bei denen sich Gurte und Steg wesentlich in den Eigenschaften unterscheiden.

Bei Verstärkungen mit Glas- oder Kohlefasern wird die Festigkeit des Verbundes entscheidend durch das Verhältnis der Bewehrungsdicke zur Holzdicke und den Eigenschaften der Bewehrung beeinflusst.

2.4.6.2 Fertigungsablauf

Die Fertigung von Verbundelementen erfolgt kontinuierlich oder diskontinuierlich. Bild 2.106 zeigt den Fertigungsablauf für die Herstellung von Trägern mit Gurten aus Furnierschichtholz und Stegen aus OSB (TJI-Träger).

Weiterhin sind Anlagen zur Herstellung von Verbundplatten mit Wabenmittellage im Einsatz. Der Fertigungsablauf ist trivial und wird hauptsächlich durch Füge- und Pressprozesse bestimmt.

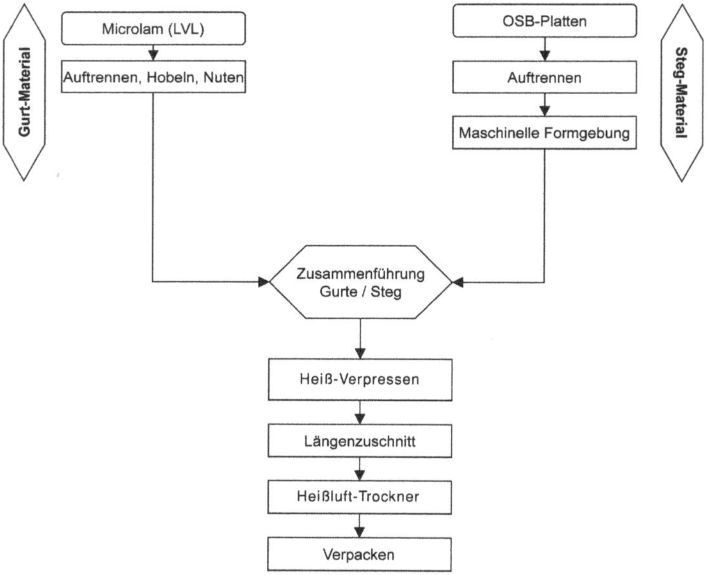

Bild 2.106: Herstellung von TJI-Trägern

2.5 Anlagen zur Prozesssteuerung und -überwachung

Zur Überwachung und Steuerung von Holzwerkstoffanlagen werden heute eine Vielzahl von Messgeräten eingesetzt, die online arbeiten (Tabelle 2.25). Die Holzwerkstoffindustrie ist einer der am weitesten automatisierten Bereiche der Holzindustrie. Gesamte Anlagen werden meist durch Prozessleitsysteme überwacht und gesteuert, welche folgende Aufgaben übernehmen:

- Überwachung relevanter Messgrößen (Trendanzeige),
- Verwaltung von Rezepturdaten für automatischen Sortimentwechsel,
- Vorausberechnung der Platteneigenschaften mittels Regression, Klassifikation und Fuzzy-Logik, wobei meist das erstgenannte Verfahren eingesetzt wird. Dabei erfolgt auf der Basis einer kontinuierlichen, zeitlich synchronisierten Datenerfassung eine Abschätzung der zu erwartenden Qualität.

Teilweise werden diese Daten auch für die Prozessoptimierung und die Kostenrechnung genutzt.

Die folgenden Online-Messgeräte gehören heute zum Stand der Technik.

Tabelle 2.25: Auswahl in der Span- und Faserplattenindustrie eingesetzter Online-Messgeräte

Messgröße	Messprinzip
Holzfeuchtigkeit	elektrischer Widerstand, dielektrisch, NIR-Spektroskopie, Mikrowellen
Flächendichte	Röntgenstrahlen
Dicke	Lasertechnik, inkrementale Wegmessung
Plattenreißer	Ultraschall
Querzugfestigkeit	Ultraschall (nur bedingt im Einsatz)
Oberflächenfehler	optisches Abtasten (CCD-Technik)
Rohdichteprofil (senkrecht)	Röntgenrückstreuung
Brand- und Explosionsschutzsysteme	Infrarotstrahlung
Formaldehyd	NIR-Spektroskopie

Eine Übersicht zu den Messgeräten ist in Abschnitt 3.4 vorhanden.

2.6 Einsatzmöglichkeiten von Holzwerkstoffen

Holzwerkstoffe werden in der Möbelindustrie und in zunehmendem Umfang auch im Bauwesen eingesetzt (Bild 2.107, Tabelle 2.26 und 2.27).

Tabelle 2.26 zeigt eine Übersicht.

Tabelle 2.26: Produktion von Holzwerkstoffen in Europa (in 1000 m^3)

Werkstoff	Jahr						
	1991	1993	1995	1997	2000	2004	2010
Spanplatte	25 200	26 100	28 400	29 700	32 800	34 300	30 660
OSB	–	–	303	690	1 200	2 800	3 577
Sperrholz	2 200	2 400	2 600	2 300	2 300	4 100	2 555
HFH	1 400	1 600	1 700	1 900	N.N.	N.N.	N.N.
MDF	2 000	2 700	3 800	5 500	10 900	12 800	11 242

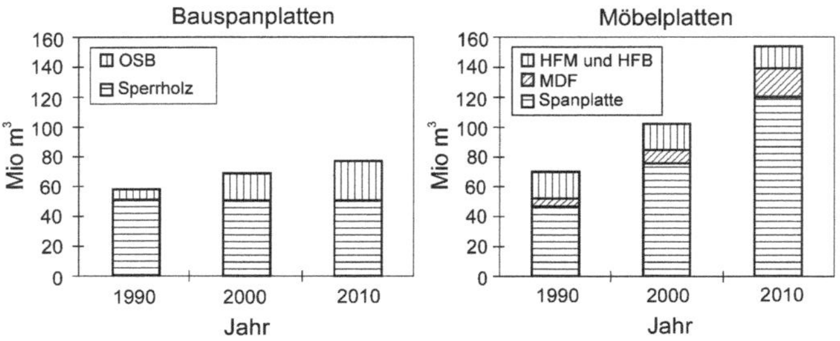

Bild 2.107: Produktion von Bau- und Möbelplatten in den USA [38]

Tabelle 2.27: Einsatzmöglichkeiten plattenförmiger Holzwerkstoffe im Bauwesen (*Merz*, *Fischer*, *Brunner* und *Baumberger*, Lignum 1997)

	Faserplatten	MDF	Spanplatten	Spanplatte	Homogen 80	Triply OSB/4	Intrallam	Sperrholz	Bau-Furniersperrholz	Kerto-Q	Massivholzplatten	Rohrex 3S/5S	Schuler 3S/5S	K1 Multiplan 3S	WIEHAG-Profilplan 3S/5S
Konstruktiver Holzbau															
Biegeträger										●					
Knotenplatten						●	●		●	●		●	●	●	●
Decken-, Dach-, Wandbeplankungen		●		●		●	●		●	●		●	●	●	●
Aussteifende Scheiben		●		●	●	●	●		●	●		●	●	●	●
Tragende Wände (ohne Unterkonstruktion)					●		●			●		●	●	●	●
Tragende Beplankungen (Tafelelemente)						●	●			●		●	●	●	●
Stege für zusammengesetzte Querschnitte				●		●	●		●	●		●	●	●	●
Bewitterte Bauteile										●					
Verkleidung, Ausbau															
Fassaden									●	●		●		●	●
Innenverkleidungen		●		●		●	●		●						
Bodenplatten, Verlegeplatten		●		●		●				●					

Tabelle 2.28: Einsatzmöglichkeiten stabförmiger Elemente im Bauwesen (*Merz*, *Fischer*, *Brunner* und *Baumberger*, Lignum 1998)

	Brett- bzw. Kantholzbasis	Vollholz gemäß SIA 164	Schilliger SKV Kreuzbalken	Seubert Kreuzbalken	BSH gemäß Norm SIA 164	BSH gemäß DIN 1052-1/A1	Furnierbasis	Kerto-S Furnierschichtholz	Swedlam-S Furnierschichtholz	Zusammengesetzte Träger	LIGNATUR LKT Kastenträger	Welsteg-Träger	KIT Stegträger
Bauteile													
Vollwandträger					●	●		●	●				
Unterzüge		●	●	●	●	●		●	●		●		
Pfetten		●	●	●	●	●		●	●		●		
Sparren/ Sparrenpfetten		●	●	●	●	●		●	●		●	●	●
Balken		●	●	●	●	●		●	●		●	●	●
Stützen		●	●	●	●	●		●	●		●		
Ständer im Holzrahmenbau		●			●							●	●
Fachwerkstäbe		●	●	●	●	●		●	●		●		
Gurte von zusammengesetzten Trägern		●			●	●		●	●				
Stege von zusammengesetzten Trägern					●	●		●	●		●		
Rippen für Rippenplatten		●	●	●	●	●		●	●		●	●	●
Gebogene Bauteile					●	●							
Klimabereich													
direkt bewitterte Bauteile (Klimabereich 1)*		●	●	●	●	●		●					

* nur mit entsprechendem chemischem Holzschutz

Für beide Bereiche werden Platten mit spezifischen Eigenschaften produziert. Während in der **Möbelindustrie** Anforderungen an Oberflächenqualität (z. B. Rauigkeit, Welligkeit, Wegschlagvermögen von Klebstoffen, Kaschierfähigkeit), Profilierbarkeit und Lackierbarkeit wichtig sind, kommt es bei den im **Bauwesen** eingesetzten Platten auf statische Eigenschaften, Klimabeständigkeit und z.T. auch auf das Brandverhalten an [54, 55].

Der überwiegende Anteil der Platten wird bereits beim Hersteller veredelt (oberflächenbeschichtet, zu Bauteilen verarbeitet), um eine hohe Wertschöpfung zu erzielen. Dabei wird zunehmend versucht, neue Produktnischen in den Bereichen Bau und Möbel zu erschließen. Die größten Absatzsteigerungen verzeichnen **MDF** und **OSB**.

Engineered Wood Products haben, ausgenommen Furnierschichtholz (LVL), in Europa noch eine relativ geringe Bedeutung. Sie werden aber verstärkt im Bauwesen für Spezialzwecke (z. B. PSL – Parallam als Verstärkung von Brettschichtholz zur Aufnahme von Druckkräften, LVL für den statischen Einsatz im Bauwesen) eingesetzt. Folgende Produkte konnten weiterhin am Markt positioniert werden:

- Spezialsperrholz (Kunstharz-Presslagenhölzer für den Formenbau, mit Dichten von 1050 ... 1400 kg/m^3; Bild 2.112),
- Spanplatten mit reduziertem elektrischen Widerstand, mit erhöhter Dichte und erhöhtem Klebstoffanteil für Betonschaltafeln,
- leichte Spanplatten und MDF, nach dem Trockenverfahren oder dem Nassverfahren gefertigte Faserdämmplatten,
- Spanplatten hoher Dicke, z. B. Homogen 80 (80 mm dick, Fa. Pfleiderer Industrie GmbH) für den Hausbau,
- Massivholzplatten für tragende Zwecke im Bauwesen (Bild 2.109, Bild 2.110, Bild 2.111, Bild 2.113),
- Bausysteme aus Holz und Holzwerkstoffen, z. B. Hohlkastensysteme, Steko-System (Bild 2.113), Träger aus OSB bzw. OSB-LVL,
- Verstärktes Brettschichtholz (z. B. mit Glas- oder Kohlenfasern verstärkte Decklagen, Verstärkung mit Stahl oder Hartholzstäben),
- Hohlprofile auf der Basis von LVL (Bild 2.108). Diese ermöglichen eine wesentliche Reduzierung des Materialeinsatzes.

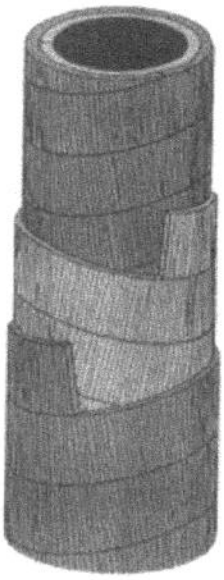

Bild 2.108: Rohrförmiges LVL (nach [11])

Bild 2.114 zeigt Massivholzplatten im Einsatz als Träger.

Von vielen Firmen werden heute komplette Bausysteme für den Fertighausbau (zunehmend mehrgeschossig) angeboten.

Im Bereich MDF und OSB wird versucht, neue Absatzmärkte zu erschließen (MDF mit extrem niedriger Dichte als Dämmmaterial, diffusionsoffene und diffusionsdichte Platten).

a)

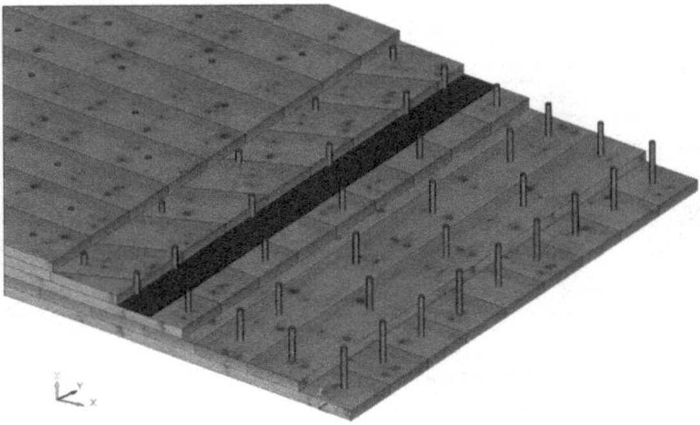

b)

Bild 2.109: Haus in Massivbauweise (mit Dübeln verbundene Bretter, Mittellagen diagonal angeordnet). a) Haus (Fa. Nägeli, Schweiz), b) Funktionsprinzip des Wandaufbaus

Bild 2.110: Haus aus Massivholzplatten (Fa. Pius Schuler AG, Schweiz)

Bild 2.111: Salzlagerhalle Saldome bei Rheinfelden/Schweiz
(Fa. Häring & Co. AG, Schweiz). Verwendung von Brettschichtholz

Hierbei ist zu bemerken, dass auch Sperrholzanlagen mit großer Produktionskapazität in den letzten Jahren wieder gebaut werden. Dabei wird Radiata-Kiefer eingesetzt.

Durch die Nutzung von Holzwerkstoffen wird CO_2 gebunden. Die Nettosenke an Kohlendioxid (Bruttosenke abzüglich CO_2-Emission bei der Produktion) beträgt für Spanplatten 900 … 950 kg CO_2/m^3, für Faserplatten 608 kg/m^3. Weiterführende Arbeiten in [59] bis [61].

Bild 2.112: Einsatz von Kunstharz-Presslagenholz (obo-Festholz) im Formenbau (Fa. Otto Bosse, Deutschland)

Bild 2.113: Hausbau in Rahmenbauweise (USA)

Bild 2.114: Dachstuhl aus Massivholzplatten
(Fa. Schilliger Holz AG, Schweiz)

Quellen und weiterführende Literatur

[1] *Paulitsch, M.:* Moderne Holzwerkstoffe – Grundlagen, Technologie, Anwendungen. Berlin, Heidelberg, New York: Springer, 1989

[2] *Pozgaj, A.; Chonovec, D.; Kurjatko, D. et al.:* „Struktura a vlasnosti dreva." 2. Aufl. Bratislava: Proroda, 1997

[3] *Kollmann, F.:* Technologie des Holzes und der Holzwerkstoffe. Band 2. Berlin: Springer, 1955

[4] *Zeppenfeld, G.:* Klebstoffe in der Holz- und Möbelindustrie. Leipzig: Fachbuchverlag, 1991

[5] *Niemz, P.:* Effect of board structure on the properties of particleboards. 1. Particle dimensions, density, synthetic resin content, and wax content. Holztechnologie 23 (1982) 4, S. 206–213

[6] *Autorenkollektiv:* Werkstoffe aus Holz. Leipzig: Fachbuchverlag, 1975

[7] *Dunky, M.; Niemz, P.:* Holzwerkstoffe und Leime: Technologie und Einflussfaktoren. Berlin, Heidelberg, New York: Springer-Verlag, 2002

[8] *Niemz, P.:* Physik des Holzes und der Holzwerkstoffe. Leinfelden-Echterdingen: DRW-Verlag Weinbrenner GmbH & Co., 1993

[9] *Wiedemann, J.:* Leichtbau. Band 1: Elemente. 2. Aufl. Berlin: Springer, 1996

[10] *Wagenführ, A.:* Möbelleichtbau: Innovationsquelle und Wettbewerbsfaktor. HK Holz- und Kunststoffverarbeitung 38. (2003) 1, S. 44–47

[11] *Kawi, S.; Sasaki, H.; Yamauchi, H.:* Bio-mimetic Approach for the development of New Composite products. Proceedings, First International Conference of the European Society of Wood Mechanics. Lausanne 19.–21.4.2001

[12] *Teischinger, A.; Müller, U.; Korte, H.:* Holz-Kunststoff-Verbundwerkstoffe (WPC) – Leistungsvergleich für eine neue Werkstoffgeneration mit vielfältigem Profil. Holztechnologie 46 (2005) 2, S. 30–34

[13] *Popper, R.; Niemz, P.; Eberle, G.:* Festigkeits- und Feuchteverformänderungen entlang der Sorptionsisotherme. Holzforschung und Holzverwertung (2001) 1, S. 16–18

[14] *Burmester, A.:* Zur Dimensionsstabilisierung von Holz. Holz als Roh- und Werkstoff 33 (1975) 4, S. 335

[15] *Popper, R.; Bariska, M.:* Acylation of wood. I. Water vapour sorption properties. Holz als Roh- und Werkstoff 30 (1972) 8, S. 289–294

[16] *Popper, R.; Bariska, M.:* Acylation of wood. II. Thermodynamics of water vapour sorption. Holz als Roh- und Werkstoff 31 (1973) 2, S. 65–70

[17] *Popper, R.; Bariska, M.:* Acylation of wood. III. Swelling and shrinkage behaviour. Holz als Roh- und Werkstoff 33 (1975) 11, S. 415–419

[18] *Navi, P.; Girardet, F.:* Effects of Thermo-Hydromechanical Treatment on the Structure and Properties of Wood. Holzprodukte im statischen Einsatz. Holzforschung 54 (2000) 3, S. 287–293

[19] *Niemz, P.:* Determination of internal stresses in wood and wood-based materials. Holz-Zentralblatt 123 (1997) 5, S. 84–86

[20] *Jensen, U.:* Ermittlungen und Vergleich des Stehvermögens von MDF und Spanplatten. Mobil Oil Holzwerkstoff Symposium, Bad Wildungen, 1994

[21] *Jensen, U.; Krug, D.:* Vergleich von Holzwerkstoffen für den Bau. Holz-Zentralblatt: 125 (1999), S. 30–32

[22] *Niemz, P.; Sander, D.:* Prozeßmeßtechnik in der Holzindustrie. Leipzig: Fachbuchverlag, 1990

[23] *Autorenkollektiv:* Lexikon der Holztechnik. Leipzig: Fachbuchverlag, 1990

[24] *Pauli, P.; Moldan, D.:* Reduzierung hochfrequenter Strahlung im Bauwesen. Neubiberg: Universität der Bundeswehr, 2000

[25] *Böhme, C.:* Industrielle Oberflächenbehandlung von plattenförmigen Holzwerkstoffen. Leipzig: Fachbuchverlag, 1980

[26] *Devantier, B.; Niemz, P.:* Determination of structural factors influencing surface irregularities of particleboards. Holz als Roh- und Werkstoff 47 (1989) 1, S. 21–26

[27] *Grundström, F.; Niemz, P.; Kucera, L.J.:* Schalluntersuchungen an Spanplatten. Bestimmung der Platteneigenschaften durch eine Kombination aus Schallgeschwindigkeit und Eigenfrequenz. Holz-Zentralblatt: 124 (1999), S. 1734–1736

[28] *Burmester, A.:* Untersuchungen über den Zusammenhang zwischen Schallgeschwindigkeit und Rohdichte, Querzug- sowie Biegefestigkeit von Spanplatten. Holz als Roh- und Werkstoff 26 (1968) 4, S. 113–117

[29] *Kruse, K.:* Entwicklung eines Verfahrens der berührungslosen Ermittlung von Schallgeschwindigkeiten zur Bestimmung mechanischer Eigenschaften an Holzwerkstoffplatten und dessen Integration in die Prozesskontrolle. Dissertation, Universität Hamburg, 1997

[30] *Schulte, M.:* Zerstörungsfreie Prüfung elastomechanischer Eigenschaften von Holzwerkstoffplatten durch Auswertung des Eigenschwingungsverhaltens und Vergleich mit zerstörenden Prüfmethoden. Dissertation, Universität Hamburg, 1997

[31] *Sell, J.; Richter, S. et al.:* Oberflächenschutz von Holzfassaden. Lignatec Zürich, 2001

[32] *Sell, J.:* Coastings of wood based panels. 2. Europäisches Holzwerkstoffsymposium, Hannover, 1999

[33] *Bodig, J.; Jayne, A.:* Mechanics of wood and wood composites. Krieger, Florida, 1993

[34] *Burger, N.; Glos, P.:* Einfluß der Holzabmessungen auf die Zugfestigkeit von Bauschnittholz. Holz als Roh- und Werkstoff 54 (1996) 5, S. 333–340
[35] *Gehri, E.:* Holztragwerke: Entwurfs- und Konstruktionslösungen. Lignatec Zürich, 1995
[36] *Schulte, M.:* Zerstörungsfreie Prüfung elastomechanischer Eigenschaften von Holzwerkstoffplatten durch Auswertung des Eigenschwingungsverhaltens und Vergleich mit zerstörenden Prüfmethoden. Dissertation, Universität Hamburg, 1997
[37] *Stübi, T.; Niemz, P.:* Neues Messgerät zur Bestimmung der Härte. Holz-Zentralblatt 126 (2000), S. 1524–1526
[38] *Deppe, H.-J.; Ernst, K.:* Taschenbuch der Spanplattentechnik. 4. Aufl. Leinfelden-Echterdingen: DRW-Verlag Weinbrenner GmbH & Co, 2000
[39] *Kollmann, F.:* Furniere, Lagenhölzer und Tischlerplatten. Berlin, Göttingen, Heidelberg: Springer, 1962
[40] *Soiné, H.:* Holzwerkstoffe. Leinfelden-Echterdingen: DRW-Verlag, 1995
[41] *Autorenkollektiv:* Taschenbuch der Holztechnologie. Leipzig: Fachbuchverlag, 1969
[42] *Rümler, R.:* Aufbereitung/Verwertung von Gebrauchtholz für die Holzwerkstoffindustrie. Mobil Oil Holzwerkstoffsymposium, Stuttgart, 1998
[43] *Sandberg, G.:* Verfahren der Wiedergewinnung von Spanmaterial aus mit Bindemitteln ausgehärteten Abfällen, Sägespänen usw. zur Herstellung von Spanplatten und ähnlichen geleimten Holzkonstruktionen. (DE-S 1201045) 1963
[44] *Roffael, E.:* Zur stofflichen Verwertung von Holzwerkstoffen. Vortrag Mobil Oil Holzwerkstoffsymposium, Bonn, 1997
[45] *Roffael, E.; Dix, B. et al.:* The plant cell wall as a pattern for wood-based materials. Nature-orientated manufacture of particleboards and fibreboards: current status and prospects. Schriften aus der Forstlichen Fakultät der Universität Göttingen und der Niedersachsischen Forstlichen Versuchsanstalt, No. 113. Frankfurt am Main: J. D. Sauerländer's Verlag, 1993
[46] *Gfeller, B.:* Vorlesungsskript Holztechnologie. Biel/Zürich, 2000
[47] *Rackwitz, G.:* Die Sichtung der Holzspäne. Holz als Roh- und Werkstoff 26 (1967), S. 188–193
[48] *Beck, P.; Bluthardt, G.:* Metso Kühlungstechnologie. Firmenschrift, Metso, 2001
[49] *Lampert, H.:* Faserplatten. Leipzig: Fachbuchverlag, 1967
[50] *Deppe, H.-J.; Ernst, K.:* MDF – Mitteldichte Faserplatten. 4. Auflage. Leinfelden-Echterdingen: DRW-Verlag, 2000
[51] *Wagenführ, A.; Pecina, H.; Kühne, G.:* Enzymatische Hackschnitzelmodifizierung für die Holzwerkstoffherstellung. Holztechnologie 30 (1989) 2, S. 62–65
[52] *Lampert, H.:* Die Entwicklung der Faserplattenherstellung, insbesondere unter Gegenüberstellung des Nass- und Trockenverfahrens. Holztechnologie 6 (1965), S. 167–175
[53] *Altenbacher, H.; Altenbacher, J.; Rikards, R.:* Einführung in die Mechanik der Laminat- und Sandwichtragwerke. Stuttgart: Deutscher Verlag für Grundstoffindustrie, 1996
[54] *Niemz, P.; Bauer, S.:* Beziehungen zwischen Struktur und Eigenschaften von Spanplatten. Teil 2. Schubmodul, Scherfestigkeit, Biegefestigkeit, Korrelation der Eigenschaften untereinander. Holzforschung und Holzverwertung 43 (1991) 3, S. 68–70

[55] *Niemz, P.; Bauer, S.; Fuchs, I.:* Beziehungen zwischen Struktur und Eigenschaften von Spanplatten. Teil 3. Zerspanungsverhalten. Holzforschung und Holzverwertung 44 (1992) 1, S. 12–14

[56] *Böhme, Ch.:* Einfluß der Prüfkörperabmessungen bei Spanplatten. WKI-Mitteilung Nr. 757/2000

[57] *Maloney, T. M.:* Modern Particleboard and Dry-Process Fiberboard Manufacturing. Miller Freeman, San Francisco, 1993

[58] *Ghazi Wakili, K.; Binder, B.; Vonbank, R.:* A simple method to determine the specific heat capacity of thermal insulations used in building construction. Energy an Building 23 (2003) S. 413–415

[59] *Hasch, J.:* Ökologische Betrachtung von Holzwerkstoffen. Diss., Universität Hamburg (2002), 301 S.

[60] *Frühwald, A.; Pohlmann, C. M.:* Holz – Rohstoff der Zukunft, nachhaltig verfügbar und umweltgerecht. Informationsdienst Holz, DGfH (2001)

[61] *Marutzky, R.:* Votile organische Verbindungen aus Holzwerkstoffen und Möglichkeiten der Verminderung. Holz als Roh- und Werkstoff. Tagungsband, Göttingen, 1998

[62] *Niemz, P.:* Entwicklungstendenzen bei Holzwerkstoffen. Holz-Zentralblatt 124 (1999), S. 1726–1727

[63] *Jensen, U.; Krug, D.:* Vergleich von Holzwertstoffen für den Bau. Holz-Zentralblatt 124 (1999) 25, S. 350

[64] *Merz, K.; Fischer, J.; Brunner, R.; Baumberger, M.:* Holzprodukte für den statischen Einsatz. Zürich: Lignatec 1997, Nr. 5

[65] *Sonderegger, W.; Niemz, P.:* Untersuchungen zur Quellung und Wärmeausdehnung von Faser-, Span- und Sperrholzplatten. Holz als Roh- und Werkstoff, 64 (2006), S. 10–20

[66] *Sonderegger, W.; Niemz, P.:* Untersuchungen zur Härtemessung an MDF- und HDF-Platten. Holzforschung und Holzverwertung (2002), S. 12–15

3 Holzbearbeitung

Rico Emmler
Hans-Jürgen Gittel
Thorsten Leps
Maximilian Ober
Frieder Scholz
André Wagenführ

3.1 Umformen

Unter **Umformen** versteht man die Überführung einer gegebenen Roh- oder Werkstückform in eine bestimmte, andere Zwischen- oder Fertigteilform (DIN 8580 [1]).

Dabei werden in dieser fertigungstechnischen und insbesondere von der Metall- sowie Kunststoffverarbeitung geprägten Technologie die Stoffteilchen so verschoben, dass der Stoffzusammenhalt und die Masse unverändert bleiben. Diese plastische Formgebung ist aber für das nicht fließfähige Holz und für Holzwerkstoffe nicht oder nur in stark begrenztem Maße möglich. Deshalb werden Formteile aus Holz oder Holzwerkstoffen meist durch Biegen oder Pressen hergestellt.

Das **Biegen** dient vorzugsweise dem Herstellen gekrümmter Profile und Flächen, das Pressen dem Verdichten und Herstellen sphärisch verformter, dünnwandiger Körper. Zur Herstellung von Sperrholzformteilen wird ein Biegepressen durchgeführt, das Biegeverformungen der Furnierlagen bewirkt. Das **Pressen** ist auch die bevorzugte Technologie zum Herstellen von Span- und Faserformteilen. Nach dem Aushärten des Bindemittels ist eine bleibende Verformung, d.h. Umformung, vollzogen.

Formteile aus Lagenholz (z.B. Sperrholzformteile) und aus Spänen (z.B. Formteile nach dem **Werzalit-Verfahren**) werden überwiegend urgeformt und für den Einsatz bei Sitzmöbeln verwendet, Formteile aus Holzfasern werden im Gegensatz dazu primär durch Umformverfahren gebildet. Zweidimensional nachverformte Holzwerkstoffplatten können z.B. aus mehrlagigen, dünnen, mitteldichten Faserplatten (MDF) gefertigt werden, wobei während der Pressumformung zusätzlich eine Verdichtung und Prägeformung der Decklagen erfolgen kann. Aus dünnen, im Nassverfahren gefertigten Faserplatten hoher Dichte können auch durch Umformung Formteile, z. B. als Türinnenverkleidung im Automobilbau, hergestellt werden.

Elastisch umformbare Holzwerkstoffe erhält man u. a. durch mehrfaches Einsägen, z. B. als geschlitzte MDF.

Im Folgenden wird auf zwei spezielle Umformverfahren näher eingegangen: das **Biegeumformen** und das **Zugdruckumformen**, hier am Beispiel des Tiefziehens.

3.1.1 Holzbiegen

Das **Biegen von Vollholz** ist im Bereich der Holzbearbeitung ein besonders wirtschaftliches und werkstoffgerechtes Verfahren, denn es werden bei der Formteilherstellung Schnittverluste und bei der Formteilbeanspruchung Scherkräfte an den Holzfasern vermieden. Das Holzbiegen kann durch drei Verfahrensschritte beschrieben werden:

- das Plastfizieren (mit Wasser, Wasserdampf, Ammoniak oder durch Erwärmung im hochfrequenten Wechselfeld),
- das eigentliche Biegen und
- das Trocknen im verformten Zustand.

Um das Holz um engere Biegeradien verformen zu können, ist eine Entlastung der kritischen Zugseite notwendig.

Thonet hat dazu die Biegetechnik grundlegend revolutioniert. Er fand heraus, dass es ab einem Verhältnis Biegeradius zu Holzdicke von über 30 zwingend zu Holzbrüchen kommt und dass die Brüche immer auf der konvexen Zugseite als Folge von zu hohen Zugdehnungen auftreten, während an der konkaven Druckseite lediglich Stauchfalten zu beobachten sind. Da sich das Problem des Aufreißens der Zugzone infolge einer Überdehnung des Holzes nicht lösen ließ, kam *Thonet* 1837 auf die geniale Idee, das Biegen über ein **Biegeband** an der konvexen Zugseite durchzuführen. Dabei wird das Biegeband über die Zugseite gespannt, wodurch es auch oft Zugband genannt wird, und an den Holzenden befestigt (Bild 3.1).

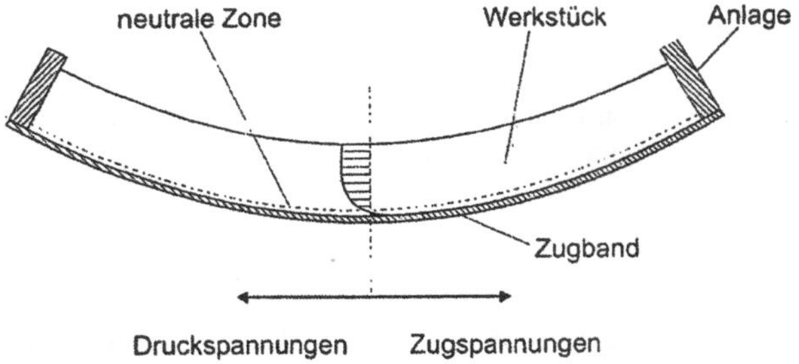

Bild 3.1: Schema Biegen mit Biegeband (nach [2])

Damit verringert sich dort die Dehnung auf ein Geringes und die neutrale (spannungsfreie) Schicht wandert zwangsläufig in die Nähe der rissgefährdeten konvexen Oberfläche. So wird fast der gesamte Holzkörper beim Biegen nunmehr gestaucht. Das druckspannungsbedingte Stauchen führt damit lediglich zu einem Verdichten der porösen Zellstruktur, der Zellverbund bleibt aber intakt. Durch die Entwicklung der Biegeband-Technologie ist es möglich geworden, industriell Bugholzteile für Stühle herzustellen.

3.1.2 Tiefziehen von Holz und Holzwerkstoffen

Flache oder tiefe Hohlformen aus Furnier oder Sperrholz herstellen zu wollen, ist ein uralter Wunsch. Die Ergebnisse waren aber bislang ernüchternd, da dem Werkstoff Holz die bei Metall ausgeprägte Fähigkeit des Fließens fehlt. Erste Untersuchungen zum Tiefziehen von „Holzblech" sind von *Müller* bekannt. Dabei wurden 0,5 ... 2,0 mm dicke Sperrholzplatten mit üblichen Tiefziehvorrichtungen für Metalle zu Hohlkörpern bis 40 mm Tiefe verformt [3], wobei betont werden muss, dass auch solch dünne „Platten" nicht plastisch verformbar sind.

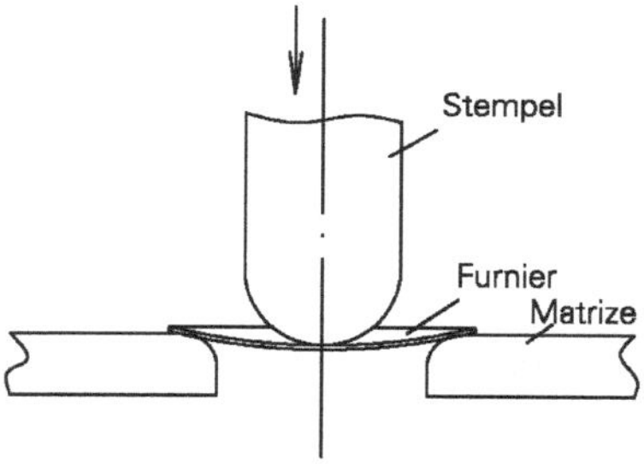

Bild 3.2: Tiefungsversuch nach Erichsen

Tiefziehen wird in der DIN 8584 [4] als Zugdruckumformen eines Blechzuschnittes (je nach Werkstoff auch einer Folie oder Platte, einer Tafel, eines Zuschnittes oder Abschnittes) zu einem Hohlkörper ohne beabsichtigte Veränderung der Blechdicke definiert.

Während des Tiefziehprozesses treten in verschiedenen Zonen des Werkstücks Zug- oder Druckspannungen auf. Dementsprechend erfolgt auch das Versagen des umzuformenden Werkstücks (Furnier bzw. Sperrholz), das einer Tiefziehbeanspruchung unterliegt (Bild 3.3). Für einen runden Furnierzuschnitt, der in der in Bild 3.2 dargestellten Einrichtung umgeformt wird, kommt es infolge von Zugspannungen σ_Z zur Rissbildung im Bereich des Radius, die Druckspannungen σ_D verursachen eine Faltenbildung am Rand des Furniers.

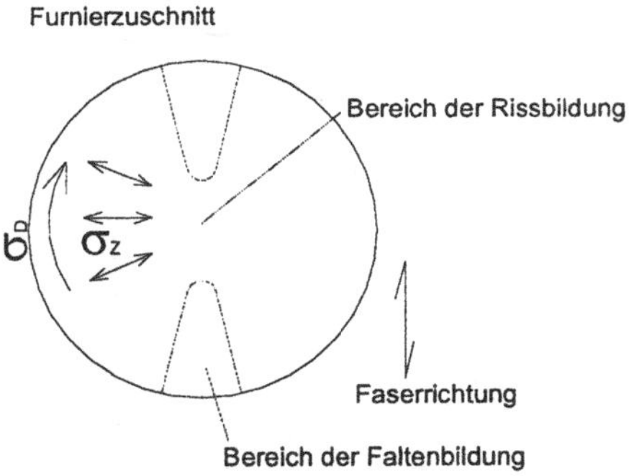

Bild 3.3: Spannungen und Versagensbereiche am Furnierzuschnitt

Aufgrund der starken Anisotropie des Holzes können die Versagensstellen gut vorhergesagt werden. Bei **Zugbeanspruchungen** werden immer die Stellen zuerst versagen, die senkrecht zur Faser belastet werden, da die Zugfestigkeit in dieser Richtung nur ein Bruchteil der Zugfestigkeit in Faserlängsrichtung beträgt. Infolge der **Druckbeanspruchung** versagen zuerst die Bereiche, die senkrecht zur Faser in der Furnierebene auf Druck beansprucht werden. Sie beulen aus bzw. bilden Falten (markierte Bereiche im Bild 3.3). Wird die Verformung dennoch weiter fortgesetzt, so werden sich auch alle anderen Bereiche falten.

3.2 Oberflächen bildende Bearbeitungsverfahren

3.2.1 Begriffe

Vorbemerkung: Die Betrachtung der Verhältnisse an einer Schneide erfolgt grundsätzlich punktweise (Sprechweise: „im ausgewählten Schneidenpunkt"). Die in den Normen enthaltenen Verweise auf diesen Umstand wurden wegen der besseren Verständlichkeit in den Einzeldefinitionen weggelassen.

Tabelle 3.1: Wichtige Größen (Auswahl) [5, 6, 7, 8]

Formelzeichen	Maßeinheit	Größe	Erklärung
a_e	mm	Arbeitseingriff	Größe des Eingriffes des Werkzeugs, gemessen in der Arbeitsebene und senkrecht zur Vorschubrichtung (DIN 6580)
a_p	mm	Schnittbreite bzw. -tiefe	Breite bzw. Tiefe des Eingriffes des Werkzeugs, gemessen senkrecht in der Arbeitsebene und senkrecht zur Vorschubrichtung (DIN 6580)
b	mm	Spanungsbreite	Breite des Spanungsquerschnitts (DIN 6580)
d, r	mm	Flugkreisdurchmesser, -radius	Bewegungskreis der Schneidenkante in Bezug auf die Rotationsachse

Fortsetzung Tabelle 3.1

Formel-zeichen	Maß-einheit	Größe	Erklärung
f	mm	Vorschub	Vorschubweg pro Werkzeugperiode, gemessen in der Arbeitsebene (DIN 6580)
F, F_z	N	Zerspankraft	bei einem Zerspanvorgang von einem Schneidteil auf das Werkstück wirkende Gesamtkraft (DIN 6584)
F_a	N	Aktivkraft	Komponente der Zerspankraft in der Arbeitsebene (DIN 6584)
F_c	N	Schnittkraft	Komponente der Aktivkraft F_a in Schnittrichtung (DIN 6584)
F_{cN}	N	Schnitt-Normal-kraft	Komponente der Aktivkraft F_a senkrecht zur Schnittrichtung (DIN 6584)
$F_{c\,tot}$	N	Gesamtschnitt-kraft	Summe der Schnittkräfte der im Eingriff befindlichen Schneiden
F_e	N	Wirkkraft	Komponente der Aktivkraft F_a in Wirkrichtung (DIN 6584)
F_f	N	Vorschubkraft	Komponente der Aktivkraft F_a in Vorschubrichtung (DIN 6584)
F_p	N	Passivkraft	Komponente der Zerspankraft F senkrecht zur Arbeitsebene (DIN 6584)
f_z	mm	Zahnvorschub	Vorschubweg pro Schneide, gemessen in der Arbeitsebene (DIN 6580)
h	mm	Spanungsdicke	Dicke des Spanungsquerschnitts, gemessen in der Arbeitsebene und senkrecht zur Schnittrichtung (DIN 6580)
h_m	mm	Mittlere Spanungsdicke	mittlere Dicke des Spanungsquerschnitts, gemessen in der Arbeitsebene und senkrecht zur Schnittrichtung (DIN 6580)
k_c	N/mm²	Spezifische Schnittkraft	Verhältnis der Schnittkraft F_c zum Nenn-Spanungsquerschnitt A_D $k_c = \frac{F_c}{A_D}$
$k_{c0,5}$	$N/mm^{1,5}$	Schnittkraft-konstante	Konstante für empirische Formeln zur Berechnung der Schnittkraft F_c
l_a	mm	Anstellweg	Weg, der vor dem Zerspanvorgang durch die Anstellbewegung zurückgelegt wird, um das Werkzeug an das Werkstück heranzuführen (DIN 8580)
l_c	mm	Schnittweg	Weg bzw. Summe der Wegelemente, den der ausgewählte Schneidenpunkt durch die Schnittbewegung spanend zurücklegt (DIN 6580)
L_c	m	Standschnittweg	Schnittweg, der bis zum Erreichen eines Standkriteriums unter gewählten Bedingungen spanend erzielt wird (DIN 6583)
$l_{c\,tot}$	mm	Gesamt-Schnitt-weg	Summe der Einzelschnittwege aller Schneiden eines Werkzeugs $l_{c\,tot} = l_c \cdot z \cdot n \cdot t_c$
l_e	mm	Wirkweg	Weg bzw. Summe der Wegelemente, den der ausgewählte Schneidenpunkt durch die Wirkbewegung spanend zurücklegt (DIN 6580)

Fortsetzung Tabelle 3.1

Formelzeichen	Maßeinheit	Größe	Erklärung
l_f	mm	Vorschubweg	Weg bzw. Summe der Wegelemente, den der ausgewählte Schneidenpunkt durch die Vorschubbewegung spanend zurücklegt (DIN 6580)
L_f	m	Standvorschubweg	Vorschubweg, der bis zum Erreichen eines Standkriteriums unter gewählten Bedingungen spanend erzielt wird (DIN 6583)
n	min^{-1}	Werkzeugdrehzahl	Anzahl der Werkzeugumdrehungen pro Zeiteinheit
P_c	kW	Schnittleistung	Produkt aus Schnittgeschwindigkeit v_c und Schnittkraft F_c (DIN 6584) $P_c = F_c \cdot v_c$
P_e	kW	Wirkleistung	Produkt aus Wirkgeschwindigkeit v_e und Wirkkraft F_e (DIN 6584) $P_e = F_e \cdot v_e$
P_f	kW	Vorschubleistung	Produkt aus Vorschubgeschwindigkeit v_c und Vorschubkraft F_f (DIN 6584) $P_f = F_f \cdot v_f$
P_{fe} (AE)		Arbeitsebene	Ebene, welche die Schnitt- und die Vorschubrichtung enthält (DIN 6581)
P_n (KE)		Werkzeug-Schneidennormalebene (Keilmessebene)	Ebene senkrecht zur Schneide S (DIN 6581)
P_r (BE)		Werkzeug-Bezugsebene	Ebene senkrecht zur angenommenen Schnittrichtung, enthält zumeist die Werkzeugachse (DIN 6581)
P_S (SE)		Werkzeug-Schneidenebene	Ebene tangential zur Schneide S und senkrecht zur Werkzeugbezugsebene (DIN 6581)
Q	mm^3/s	Zeitspanungsvolumen	auf Zeiteinheit bezogenes Spanungsvolumen (DIN 6580)
t_c	s	Schnittzeit	Hauptnutzungszeit, Dauer des Schnittvorganges
$ü$	mm	Überstand	Überstand des Flugkreises über die der Rotationsachse abgewandte Werkstückseite, gemessen in AE ⊥ zur Werkstückoberfläche
v_a	m/min	Anstellgeschwindigkeit	momentane Geschwindigkeit der Anstellbewegung im ausgewählten Schneidenpunkt (DIN 8580)
v_c	m/s	Schnittgeschwindigkeit	momentane Geschwindigkeit der Schnittbewegung (DIN 6580)
v_e	m/s	Wirkgeschwindigkeit	momentane Geschwindigkeit der Wirkbewegung (DIN 8580) $\vec{v}_e = \vec{v}_c + \vec{v}_f$
v_f	m/min	Vorschubgeschwindigkeit	momentane Geschwindigkeit der Vorschubbewegung (DIN 6580)
z		Schneidenzahl	Anzahl der Schneiden pro Werkzeug
z_e		Schneideneingriffsverhältnis	Anzahl der Schneiden bzw. der Zähne, die gleichzeitig im Eingriff sind
α	°	Freiwinkel	Winkel zwischen der Freifläche und der Schneidenebene (DIN 6581)
β	°	Keilwinkel	Winkel zwischen der Spanfläche und der Freifläche (DIN 6581)

Fortsetzung Tabelle 3.1

Formelzeichen	Maßeinheit	Größe	Erklärung
δ	°	Schnittwinkel	Winkel zwischen der Spanfläche und der Schneidenebene
ε	°	Eckenwinkel	Winkel zwischen den jeweiligen Schneidenebenen der Hauptschneide und der Nebenschneide, gemessen in der Bezugsebene (DIN 6581)
φ_e	°, rad	Zentriwinkel	Zentriwinkel des Kreisbogens, den die Schneide während des Eingriffs zurücklegt
φ_1	°, rad	Zentriwinkel	Zentriwinkel des Kreisbogens bis zum Schneideneintrittspunkt
φ_2	°, rad	Zentriwinkel	Zentriwinkel des Kreisbogens bis zum Schneidenaustrittspunkt
γ	°	Spanwinkel	Winkel zwischen der Spanfläche und der Bezugsebene (DIN 6581)
$\varkappa$	°	Einstellwinkel	Winkel zwischen der Schneidenebene und der angenommenen Arbeitsebene, gemessen in der Bezugsebene (DIN 6581)
λ	°	Neigungswinkel	Winkel zwischen der Schneide und der Bezugsebene, gemessen in der Schneidenebene (DIN 6581)

3.2.2 Einführung und Grundlagen

Die mechanischen Bearbeitungsverfahren von Holz und Holzwerkstoffen erzeugen Oberflächen durch das Entfernen oder Abtrennen von Material, wobei entweder eine oder beide entstehenden Schnittflächen der unmittelbaren Nutzung dienen. Man unterscheidet hierbei Trennverfahren **mit** und **ohne Schneidkeil**, und bei den ersteren wiederum **spanabhebende** und **spanlose Bearbeitungsarten**.

3.2.2.1 Trennen ohne Schneidkeil

Laserstrahlschneiden

Das Verfahren stammt ursprünglich aus der Metallbearbeitung. Das Material wird dabei durch einen **Laserstrahl** verbrannt oder verdampft und mit einem Gasstrom abgeführt. Durch Vorschubgeschwindigkeit und Strahlintensität kann die Schnitttiefe gesteuert werden. Die Grenzen liegen bei ca. 40 mm Materialdicke, wobei die Strahldivergenz mit zunehmender Materialstärke zunimmt. Vorteile sind die sehr geringen Prozesskräfte, die gute Steuerbarkeit des Strahls durch Spiegelsysteme sowie sehr kleine Minimalradien. Es lassen sich auch dünne Schichten abtragen oder Oberflächen thermisch behandeln. Nachteile sind die geringe Schnittleistung und geringe Vorschubgeschwindigkeit, der relativ hohe Energieverbrauch und die mehr oder minder stark ausgeprägte Schwärzung der Schnittfläche. Bislang hat sich das Laserschneiden in der Holzbearbeitung nur für Sonderanwendungen durchgesetzt. Beispiele sind:

- Schlitzen dünner Brettchen (Kartonagenindustrie),
- 2D-Muster für Intarsien, Parkett, Figuren,
- Abtragen von Schichten.

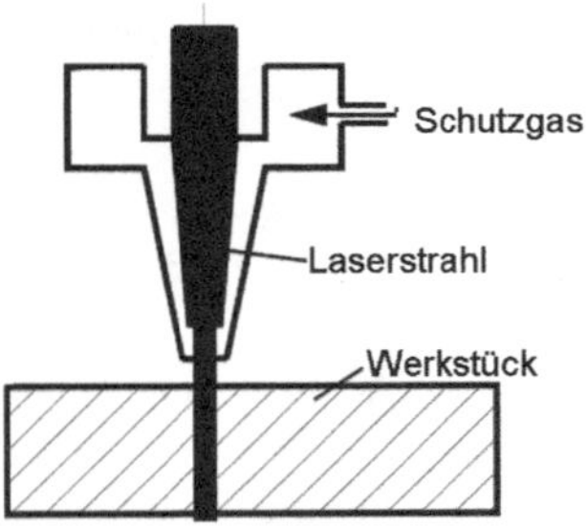

Bild 3.4: Laserstrahlschneiden

Wasserstrahlschneiden

Das Trennen des Materials erfolgt durch einen dünnen **Wasserstrahl** bei Drücken bis 4000 bar. Die Anwendung ähnelt dem Laserstrahlschneiden, wobei das Verfahren sehr energieaufwendig ist. Bei dickeren Werkstücken tritt eine starke Strahldivergenz auf, und das Werkstück wird nass. In der Holzbearbeitung wird das Wasserstrahltrennen bislang kaum angewendet, es wird allenfalls im angrenzenden Gewerbe, z. B. beim Formatieren von zementgebundenen Hartfaserplatten, eingesetzt.

3.2.2.2 Trennen mit Schneidkeil

Bei schneidender Bearbeitung wird der **Schneidkeil** mit einer ausreichend großen Kraft in das Material gedrückt, wobei vor der **Schneidkante** (gekrümmte Fläche mit einer Breite von ca. 2…20 µm) die dabei einge-

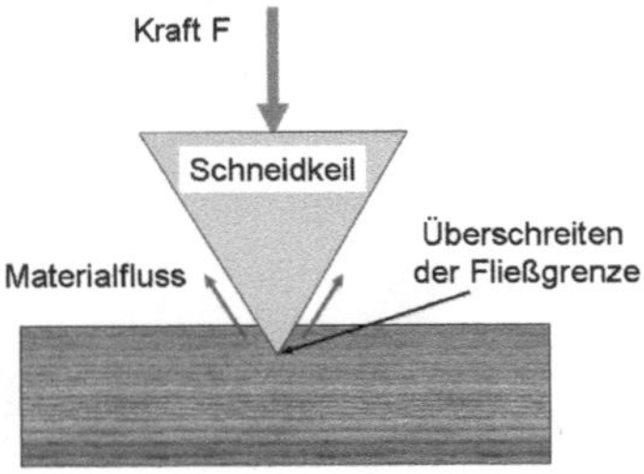

Bild 3.5: Prinzip des Trennens mit einem Keil

prägten Spannungen die Festigkeit des Materials überschreiten und die entstandenen Teile zu beiden Seiten des Schneidkeils abfließen. **Spanabhebend** wird dieser Vorgang genannt, wenn einseitig ein dünner, biegsamer **Span** abgehoben wird, während die Gegenseite relativ dick und relativ starr bleibt.

Kräfte

Die **Widerstandskraft**, die der Körper dem Schneidvorgang entgegensetzt besteht aus den Komponenten:

- Quetschkraft vor der Schneide,
- Umlenkkraft für den Materialfluss auf beiden Seiten des Schneidkeils, bestehend aus der Druckkraft senkrecht zu den jeweiligen Oberflächen und den zugehörigen Reibkräften,
- gegebenenfalls sonstige Reibkräfte an der Rückseite und den Seitenflächen des Schneidkeils.

Wird ein Span abgehoben, so sind die Umlenkkräfte am dünnen Span vergleichsweise gering. Der Schneidkeil wird dann i. d. R. durch den sogenannten **Freiwinkel** so gestaltet, dass seine Rückseite mit dem Material nicht mehr in Berührung kommt, es entstehen **Spannungszonen** gemäß Bild 3.6.

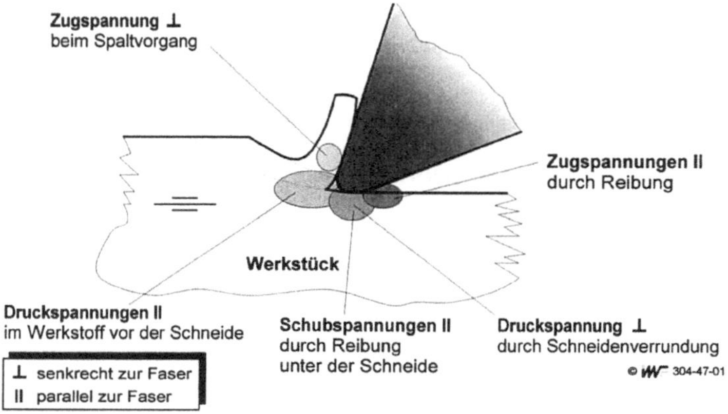

Bild 3.6: Spannungen am Schneidkeil (*IWF Braunschweig*)

Zerspanung und spanloses Trennen

a) Beim **spanlosen Trennen** sind beide entstehenden Teile Werkstücke. Es fällt kein Materialverlust durch eine Schnittfuge o. ä. an. Das Problem besteht darin, dass durch elastische Verformung eines oder beider Werkstücke Platz für den Schneidkeil geschaffen werden muss, was hohe Biege- und Reibkräfte erzeugt und die Tendenz zur Vorspaltung begünstigt. Voraussetzung sind somit hinreichend flexible Werkstücke. Dies erfordert begrenzte Werkstückdicken und ggf. Temperaturbehandlung. Wichtigste Anwendungen sind:

- Schälen und Messern von Furnieren,
- Spalten von Lamellen.

Flächen, die durch reine Spaltung entstehen, sind i. Allg. sehr uneben und für technische Belange unbrauchbar. Beispiele sind:

- das Spalten von Brennholz, bei dem die raue Oberfläche erwünscht ist, und
- das Schlagen von Schindeln, bei dem eine zur Faser parallele Trennfläche erzeugt werden muss, um das Eindringen von Wasser zu erschweren.

b) Beim **Zerspanungsprozess** wird der Span gezielt dünn gehalten, um geringen Biegewiderstand zu erhalten. Die anfallenden Späne können entweder selbst Hauptprodukt sein oder im Prozess anfallendes Nebenprodukt, das sekundären Prozessen zugeführt werden kann oder entsorgt werden muss.

Bezüglich der **Abmessungen der Späne** unterscheidet man zwischen

1. den **Spanungsgrößen**, den theoretischen Dimensionen der Späne aufgrund der Kinematik, und
2. den **Spangrößen**, die von ersteren wegen sekundärer Bruchprozesse abweichen und die die (statistisch streuenden) tatsächlichen Abmessungen der Partikel des Spanguts darstellen.

Im Folgenden werden ausschließlich die **Spanungsgrößen** behandelt.

3.2.2.3 Kinematik und Geometrie des Spanens mit geometrisch bestimmten Schneiden

Die Schneide bewegt sich in Relation zum Werkstück mit der Wirkgeschwindigkeit v_e, der Vektorsumme aus Schnittgeschwindigkeit v_c und Vorschubgeschwindigkeit v_f:

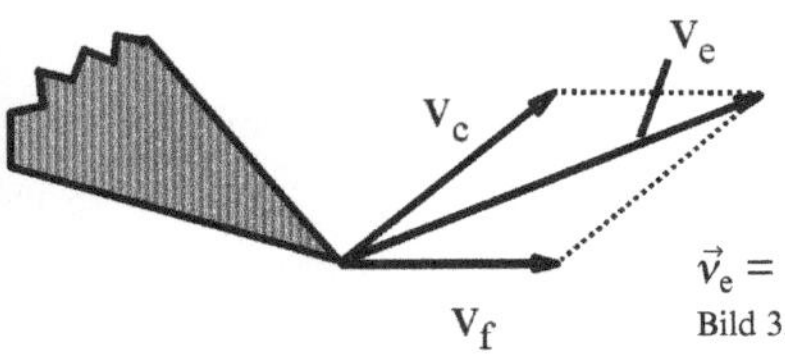

$\vec{v}_e = \vec{v}_c + \vec{v}_f$ mit φ = Winkel ($\vec{v}_c$; $\vec{v}_f$)

Bild 3.7: Geschwindigkeiten bei der Zerspanung

Da beim Zerspanen von Holz oder Holzwerkstoffen in der Regel $v_c \gg v_f$ gilt, kann meist mit guter Näherung $|\vec{v}_e| \approx |\vec{v}_c|$ angenommen werden.

Alle relevanten Schnittprozesse lassen sich in Bezug auf die Erzeugung der Schnittgeschwindigkeit v_c folgenden Gruppen zuordnen:

1. rotierendes Werkzeug,
2. linear bewegtes Werkzeug,
3. rotierendes Werkstück,
4. linear bewegtes Werkstück.

Die Betrachtung des Schnittes bzw. der Schnittbedingungen erfolgt grundsätzlich punktweise, d. h., die zu bildende Schnittfläche wird einerseits in Punkte entlang der Schneidkante, andererseits entlang der Bewegungsbahn aufgelöst. In komplexen Fällen können sich die definierten Größen von Punkt zu Punkt ändern, in vielen relevanten Fällen lassen sich aber große Bereiche gleicher Bedingungen zusammenfassen.

Rotatorische Schnittbewegung

Beim Zerspanen mit rotierendem Werkzeug bewegt sich die Schneide in Relation zum Werkstück auf **Zykloidenbahnen**. Die Vorschubbewegung kann hierbei sowohl vom Werkzeug als auch vom Werkstück ausgeführt werden. Das Koordinatensystem (d. h. der Betrachterstandpunkt) wird aber stets als mit dem Werkstück verbunden aufgefasst. Man unterscheidet hierbei die Fälle **Gleich-** und **Gegenlauf** (vgl. Bild 3.8). Der Bewegungskreis der Schneide wird **Flugkreis** genannt.

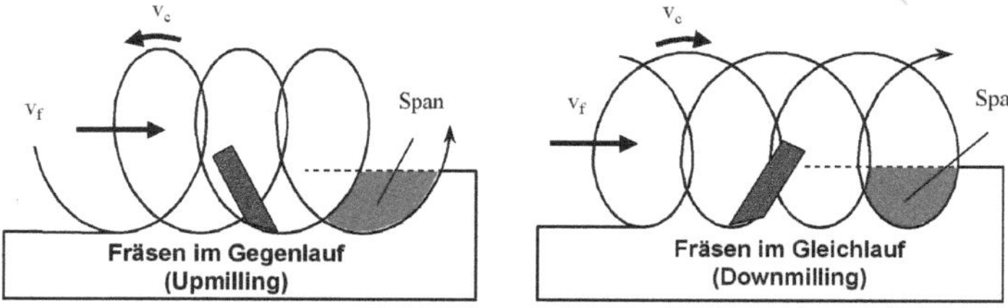

Bild 3.8: Zykloiden bei Bearbeitung im Gleich- und Gegenlauf (in der Realität weichen die Zykloiden von Kreisen nur wenig ab)

Die **Schnittgeschwindigkeit** bei rotierender Zerspanung berechnet sich mit

$$v_c = r \cdot \omega = d \cdot n \cdot \pi \qquad (3.1)$$

r, d Flugkreisradius bzw. -durchmesser, n Drehzahl, ω Winkelgeschwindigkeit.

Sie kann mit guter Näherung auch mit der Größenwertgleichung abgeschätzt werden:

$$v_c \approx r \cdot n \qquad (3.1a)$$

v_c in m/s, r in cm, n in 1000 min^{-1}

Anhaltswerte für die Geschwindigkeiten sind:

v_c Schnittgeschwindigkeit ca. 10...80 m/s, v_f Vorschubgeschwindigkeit ca. 5...80 m/min (z. Z. max. 600 m/min)

Lineare Schnittbewegung

Bei linearer Schnittbewegung gibt es zwei Fälle:

1. umlaufende Werkzeuge (Bandsäge, Schleifbänder, Kettensäge). In diesem Fall wird die Schnittgeschwindigkeit durch eine rotierende Antriebsrolle erzeugt, Gl. 3.1 gilt analog.
2. Kurbeltrieb

$$v_c \approx r \cdot \omega \cdot \sin \alpha \quad \text{mit} \quad \omega = 2 \cdot \pi \cdot n \qquad (3.1b)$$

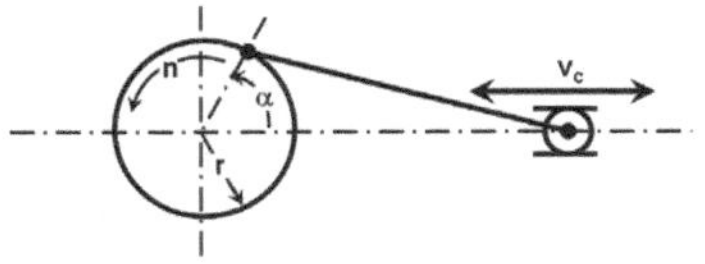

Bild 3.9: Kurbeltrieb

Schneidkeilgeometrie

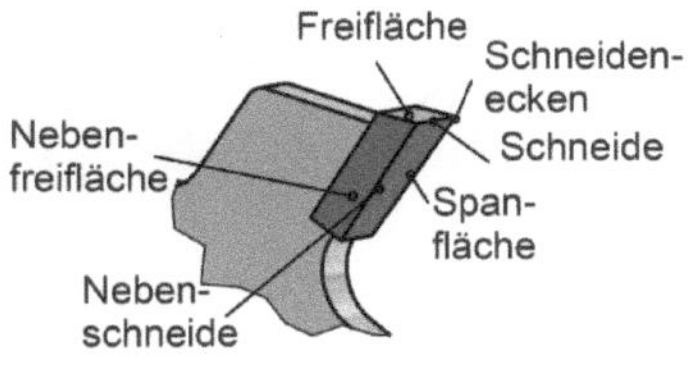

Bild 3.10: Flächen und Schneidkanten des Schneidkeils

Die Bilder 3.10 bis 3.12 definieren Flächen, Winkel und Ebenen an der Schneide bzw. am Schneidteil (orthogonales Schneiden).

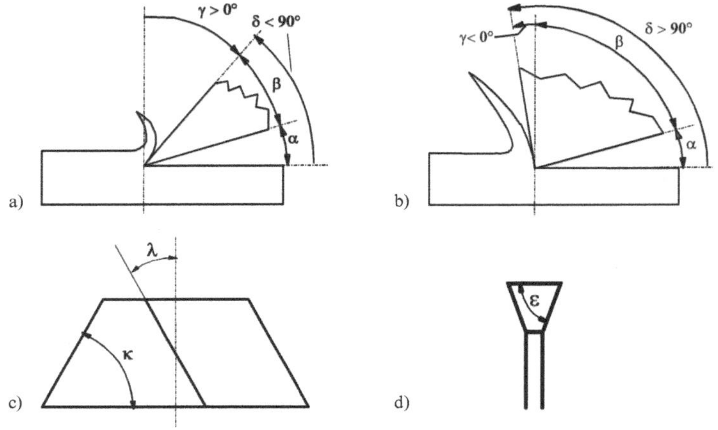

Bild 3.11: Definition der Hauptwinkel des Schneidkeils. a) Situation mit positivem Spanwinkel, b) Situation mit negativem Spanwinkel, c) Seitenansicht eines Fasefräsers, d) Vorderansicht eines Sägezahns (Flachzahn)

Definitionen

α Freiwinkel, β Keilwinkel, γ Spanwinkel, δ Schnittwinkel, $\varkappa$ Einstellwinkel, λ Neigungs- oder Achswinkel, ε Eck- oder Kröpfungswinkel

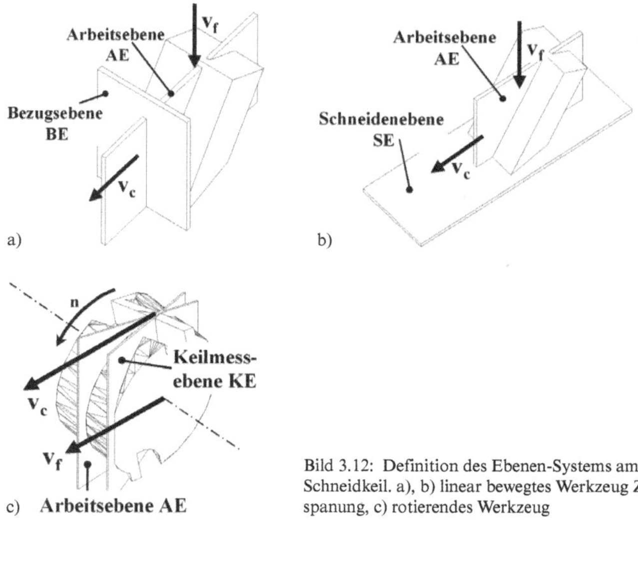

Bild 3.12: Definition des Ebenen-Systems am Schneidkeil. a), b) linear bewegtes Werkzeug Zerspanung, c) rotierendes Werkzeug

Ziehender Schnitt

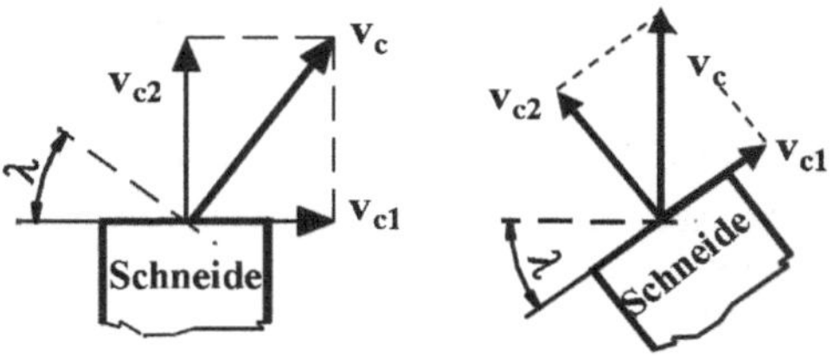

Bild 3.13: Ziehender Schnitt durch Geschwindigkeitskomponente v_{c1} parallel zur Schneidkante bzw. durch Anstellen der Schneidkante gegenüber der Schnittrichtung

Weicht der **Neigungswinkel** λ von 0° ab, so ergibt sich eine Bewegungskomponente parallel zur Schneidkante. Man spricht dann vom **ziehenden Schnitt** (vgl. Bild 3.13). Durch den schrägen Anschnitt sind die wirksamen Schnitt- bzw. Keilwinkel für Span bzw. Werkstück (gemessen in der Arbeitsebene) kleiner als die am Schneidkeil angeschliffenen (messbar in der Keilmessebene). Die Verkleinerung macht sich aber erst bei relativ großen Neigungswinkeln (über 45°) bemerkbar.

Die Winkel in der Arbeitsebene (Index „x") berechnen sich nach den Formeln:

$$
\begin{aligned}
\alpha_x &= \arctan(\tan\alpha \cdot \cos\lambda) \\
\beta_x &= \arctan[\tan(\alpha + \beta) \cdot \cos\lambda] - \arctan(\tan\alpha \cdot \cos\lambda) \qquad (3.2) \\
\gamma_x &= 90° - (\alpha_x + \beta_x) \\
\delta_x &= \alpha_x + \beta_x
\end{aligned}
$$

Ein weiterer, auch bei kleinen Winkeln λ bemerkbarer Effekt ist der **kontinuierliche Eingriff**, da die Schneide nicht über die gesamte Breite gleichzeitig auf das Werkstück auftrifft. Es ergeben sich ein deutlich ruhigerer Lauf und geringere Lärmentwicklung. Außerdem entstehen achsparallele Zerspankraftkomponenten, die gezielt für Spanabfuhr bzw. zum Andruck von Beschichtungen genutzt werden können.

Von Nachteil ist die komplizierte Geometrie. Bei runden Werkzeugen ist die Schneidkante eine **Schraubenlinie**, die eine sehr aufwendige Schleiftechnologie erfordert.

Spanungsgrößen

Meistens ist es ausreichend, die Fälle „geradlinige Zerspanung" und „rotatorische Zerspanung" zu betrachten:

Der **Zahnvorschub** f_z ist die Strecke, die in Vorschubrichtung zwischen zwei Schneideneingriffen zurückgelegt wird:

$$f_z = t_z \cdot v_f = s_z \cdot \frac{v_f}{v_c} = \frac{v_f}{n \cdot z} \tag{3.3}$$

t_z Zeit zwischen zwei Zahneingriffen, s_z Zahnteilung, z Zähnezahl

Die **Spanungsdicke** h, die Abmessung des Spans senkrecht zu seiner Oberfläche, berechnet sich aus:

$$h = f_z \cdot \sin(\varphi) \cdot \sin(\varkappa) \tag{3.4}$$

φ Vorschubrichtungswinkel (Winkel zwischen Vorschub- und Schnittrichtung), $\varkappa$ Einstellwinkel

Für die Berechnung von Kräften und Schnittleistungen ist die **mittlere Spanungsdicke** h_m maßgebend. Sie berechnet sich nach dem *Cavalieri*'schen Prinzip aus der Spangeometrie:

$$h_m = \frac{\alpha_e \cdot f_z}{l_b} \cdot \sin(\varkappa) = \frac{\alpha_e \cdot f_z}{r \cdot \varphi_e} \cdot \sin(\varkappa) = \frac{f_z}{\varphi_e} \cdot \cos(\varphi_1 - \varphi_2) \sin(\varkappa) \tag{3.5}$$

l_b Spanungslänge (Bogenlänge des Spans)

Gängige Näherungsformeln sind auch:

$$h_m = f_z \cdot \sqrt{\frac{\alpha_e}{d}} \cdot \sin(\varkappa) \quad \text{und} \quad h_m \approx f_z \cdot \sin\left(\frac{\varphi_e}{2}\right) \cdot \sin(\varkappa) \tag{3.6}$$

Beide sind gültig für $\varphi_1 = 0°$ und $\varphi_e < 90°$.

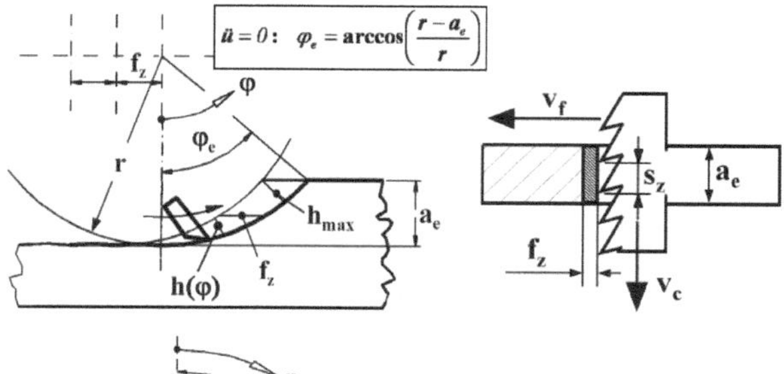

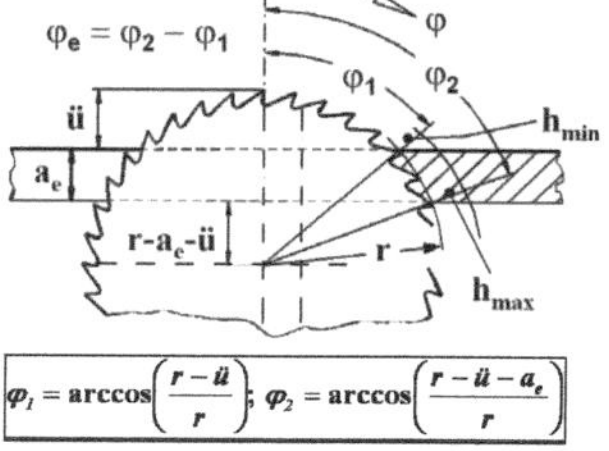

Bild 3.14: Spanungsgeometrie bei Spanung mit rotierendem und linear bewegtem Werkzeug.

φ Winkel, laufende Koordinate, φ_e Eingriffswinkel, φ_1 Eintrittswinkel, φ_2 Austrittswinkel, α_e Arbeitseingriff (Hobeldicke, Brettdicke), $h(\varphi)$ lokale Spanungsdicke (Dicke des Spans), h_{min} minimale Spanungsdicke, h_{max} maximale Spanungsdicke

Messerschläge

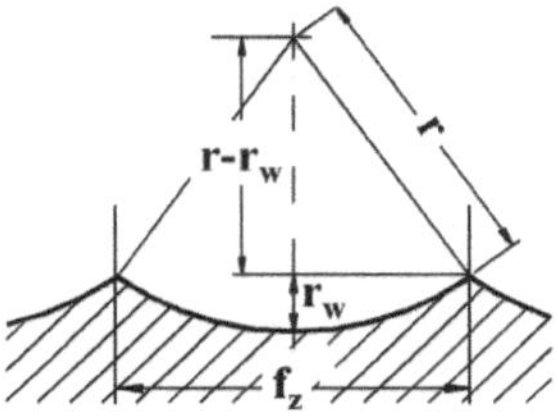

Bild 3.15: Definition der Messerschlagtiefe r_w

Wird ein Werkstück durch Umfangsfräsen oder Hobeln hergestellt, so bleiben Mulden der rotierenden Schnittbewegung, die **Messerschläge**, auf der Oberfläche. Deren Sichtbarkeit hängt von ihrer Tiefe r_w und ihrer Länge f_z ab. Zur Beurteilung kann der sogenannte *Talquotient* T nach *Neusser*, das Verhältnis von Tiefe und Länge der Messerschläge, herangezogen werden. Messerschläge unter 0,3 mm Länge sind auf Holzoberflächen mit bloßem Auge i. Allg. nicht mehr erkennbar:

$$r_w = \frac{f_z^2}{4 \cdot d} \quad \text{Messerschlagtiefe} \quad (3.7\,a)$$

$$T = \frac{r_w}{f_z} = \frac{f_z}{4 \cdot d} \quad \text{Talquotient} \quad (3.7\,b)$$

Faserschnittrichtungen

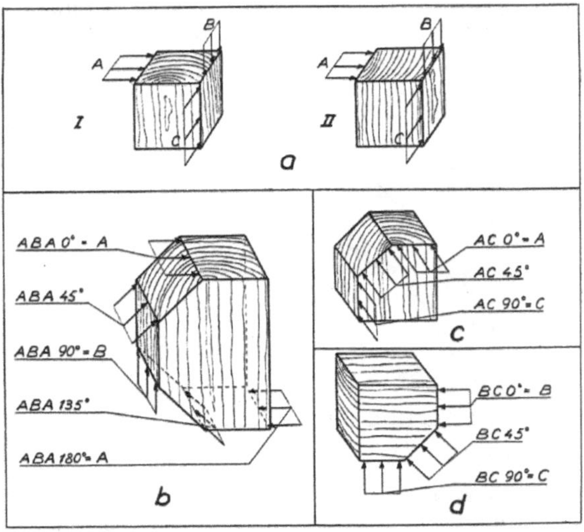

Bild 3.16: Faserschnittrichtungen nach *Kivimaa* (*Ettelt*/*Gittel*)

Bei Massivholz werden die Schnittrichtung und die Richtung der Schneidkante in Bezug zur Faserrichtung definiert. Gängige Festlegungen wurden von *Kivimaa* (A, B, C) und *Koch* (90–90, 0–90 etc.) getroffen [9, 10].

Faser-schnitt rich-tung	Bezeich-nung	Lage zur Faser	
		Schnitt-richtung	Schnei-dentan-gente
A 90 - 90	Hirn-schnitt	⊥	⊥
B 0 - 90	Längs-schnitt	II	⊥
C 90 - 0	Quer-schnitt	⊥	II

Bild 3.17: Faserschnittrichtungen nach *Kivimaa* und *Koch*

Vorspaltung

Die Zerspankraft *F* weist eine senkrecht zur Oberfläche des Spans gerichtete Komponente auf, die umso größer ist, je steifer der Span und je größer der Verrundungsradius der Schneidkante ist. Diese Druckkraft auf den Span erzeugt eine Zugspannung quer zur Schnittrichtung an der Spitze des Schneidkeils. Liegt die Festigkeit des Materials unter dieser Zugspannung, so entsteht ein der Schneidenspitze vorauseilender Riss.

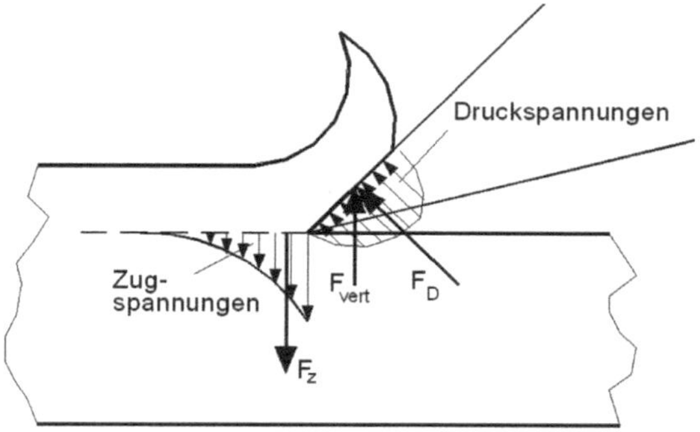

Bild 3.18: Spannungen am Span

Dieser Effekt wird **Vorspaltung** genannt. Flach gestellte Schneiden (große Spanwinkel γ) begünstigen die Vorspaltung ebenfalls, bei Spanwinkeln ≥ 90° kann keine Vorspaltung auftreten.

Die Vorspaltung entsteht vornehmlich in Faserschnittrichtung B, da hier der Span wegen des Faserverlaufes längs zu seiner Erstreckung besonders biegesteif ist und in der Richtung quer zur Faser die geringste Zugfestigkeit vorliegt. Da der Riss i. Allg. der natürlichen Maserung des Holzes folgt, entsteht eine unebene Oberfläche, die nicht genau in Schnittrichtung liegt. Man unterscheidet den Schnitt **mit** und **gegen die Faser**, wobei lediglich bei letzterer Ausrisse auf der Oberfläche verbleiben.

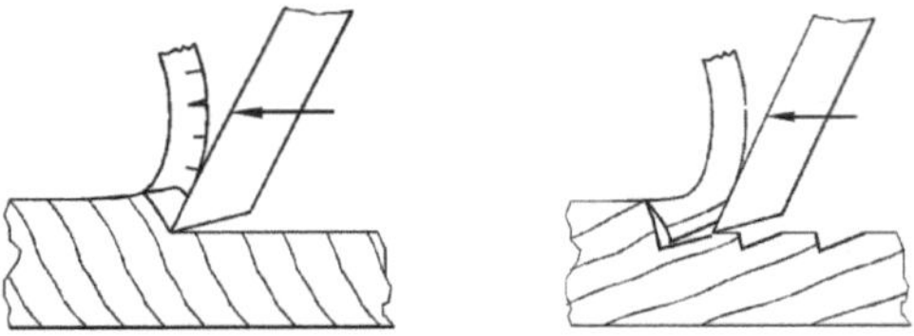

Bild 3.19: Schnitt mit und gegen die Faser

In Faserschnittrichtung C sind die Späne deutlich biegeweicher, die Tendenz zur Vorspaltung ist daher geringer. In Faserschnittrichtung A ist die Vorspaltung unbekannt, da die Fasern mit ihrer hohen Festigkeit senkrecht zur entstehenden Oberfläche verlaufen. In dieser Richtung kann es allerdings zu Biegebrüchen der Fasern unter der Oberfläche kommen, die ebenfalls zu unebenen Oberflächen führen [10] und ein ähnliches Bild wie die Vorspaltung erzeugen.

3.2.2.4 Zerspanungskräfte und Zerspanungsleistung

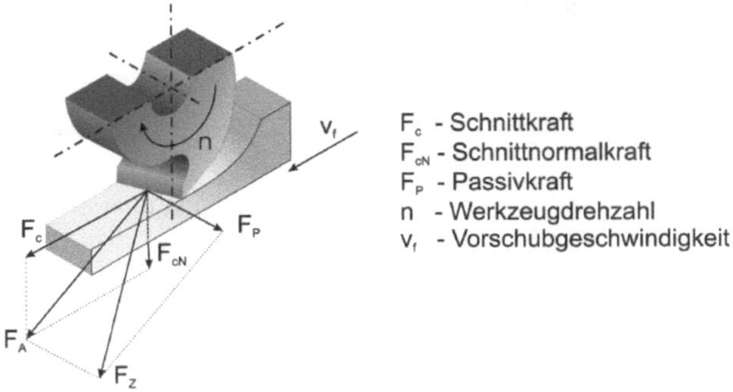

Bild 3.20: Kräfte am Schneidkeil und ihre Komponenten (*IfW Stuttgart*)

Die **Zerspankraft** F_Z ist die zwischen Werkstück und Schneidkeil übertragene Kraft. Sie besteht ursächlich aus den Teilkräften:

- Zerquetschkraft vor der Schneidkante,

- Umlenkkraft für Span oder Werkstück an der Spanfläche,
- Reibkraft an der Spanfläche,
- Reibkraft an der Freifläche.

Sie wird üblicherweise in die an der Schnittrichtung orientierten Komponenten zerlegt:

- **Schnittkraft** F_c: Komponente der Zerspankraft F_z in Schnittrichtung, verursacht Arbeit in Schnittrichtung,
- **Schnitt-Normalkraft** oder Eindringkraft F_{cN}: Komponente der Zerspankraft F_z senkrecht zur Schnittrichtung in der Arbeitsebene, sie verrichtet keine Arbeit. Die Schnitt-Normalkraft hängt sehr stark vom Schneidenzustand, der Spanungsdicke und dem Spanwinkel der Schneide ab. Bei sehr scharfen Schneiden mit großem Spanwinkel können negative Werte auftreten, d. h., die Schneide wird in das Werkstück hineingezogen.
- **Passivkraft** F_p: seitliche Abdrängkraft, Komponente der Zerspankraft F, senkrecht zur Arbeitsebene, bei rotierenden Werkzeugen parallel zur Achse, entsteht bei $\varkappa < 90°$ und $\lambda \neq 0°$, belastet Lager der Welle axial, verursacht keine Arbeit.

Berechnung der Komponenten von F_z

a) **Schnittkraft** F_c
Die Schnittkraft F_c hängt primär von der Spanungsbreite b und der Spanungsdicke h ab. Zur rechnerischen Abschätzung wird dabei üblicherweise die mittlere Schnittkraft F_c mit der mittleren Spanungdicke h_m verknüpft. Die am weitesten verbreitete Formel wurde von *Kivimaa* und *Palitzsch* [9] angegeben:

$$F_c = k_c \cdot h_m \cdot b \tag{3.8}$$

k_c spezifische Schnittkraft (in N/mm²), h, b Spanungsdicke und Spanungsbreite

Die **bezogene Schnittkraft** k_c ist bei dieser Darstellung ihrerseits von der mittleren Spanungsdicke abhängig:

$$k_c = \frac{F_c}{h_m \cdot b} = w_0 + \frac{K}{h_m} \tag{3.9}$$

Die Konstanten w_0 und K müssen aus Versuchen bestimmt werden (Vgl. Tab. 3.1).

Koch und *Ettelt* [11], [10] u.a. geben eine etwas einfacher zu handhabende, wenn auch insbesondere bei kleinen Spanungsdicken ungenauere einparametrige Formel an:

$$F_c = k_{c05} \cdot b \cdot \sqrt{h_m} \tag{3.10}$$

Die experimentell zu bestimmenden Schnittkraftkonstanten k_{c05} (in $N/mm^{1,5}$) kann näherungsweise als unabhängig von h_m angesehen werden.

Zeitverlauf der Schnittkraft

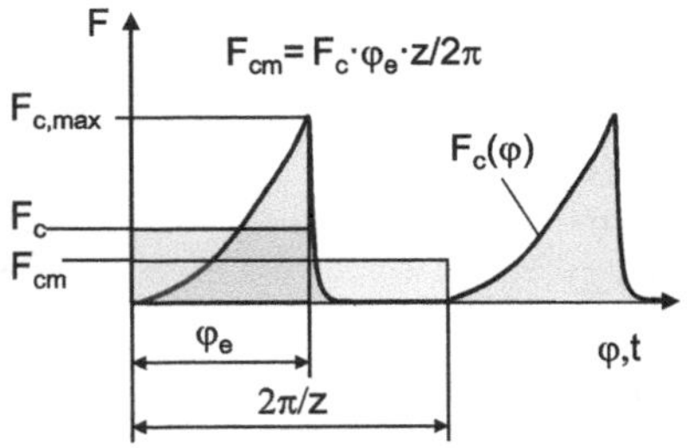

Bild 3.21: Verlauf der Schnittkraft $F_c(\varphi)$ beim Fräsen im Gegenlauf. F_c ist die über die Eingriffsdauer und F_{cm} die über eine gesamte Umdrehung gemittelte Schnittkraft

Das **Eingriffsverhältnis** z_e gibt die mittlere Anzahl der gleichzeitig im Eingriff befindlichen Zähne an.

$$z_e = \frac{\varphi_e \cdot z}{2\pi} \tag{3.11}$$

z Schneidenzahl des Werkzeugs, φ_e Eingriffswinkel

b) **Schnitt-Normalkraft** F_{cN}

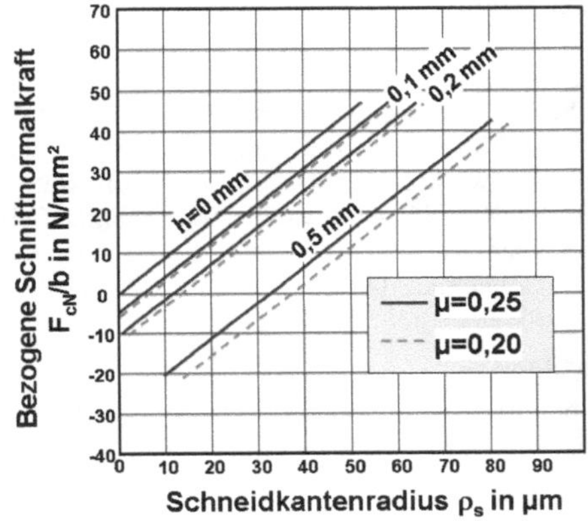

Bild 3.22: Bezogene Schnitt-Normalkraft in Abhängigkeit von Spanungsdicke h und Schneidkantenradius ϱ_s nach *Sitkei* [12]

Die Schnitt-Normalkraft F_{cN} ist schwieriger und ungenauer als die Schnittkraft zu ermitteln, da sie wesentlich stärker von der Schneidkantenverrundung abhängt und im Laufe der Abstumpfung ihr Vorzeichen wechseln kann. *Sitkei* [12] gibt die Verläufe in Bild 3.22 für unterschiedliche Schneidenverrundungen an.

c) **Passivkraft** F_p
Die Passivkraft tritt auf, wenn der Neigungswinkel $\lambda \neq 0°$ oder der Einstellwinkel $\varkappa \neq 90°$ ist. Sie kann bei Vernachlässigung der Reibung wie folgt abgeschätzt werden:

$$F_p \approx F_c \cdot \tan(\lambda) \quad \text{für} \quad \lambda \neq 0° \quad \text{und} \tag{3.12}$$

$$F_p \approx F_{cN} \cdot \cot(\varkappa) \quad \text{für} \quad \varkappa \neq 90° \tag{3.13}$$

Einfluss weiterer Parameter auf die Schnittkraft

a) **Rohdichte**
Die Schnittkraft und damit auch die von ihr abgeleiteten Kennwerte k_c und k_{c05} sind bei Massivholz nach *Kivimaa* näherungsweise proportional zur Rohdichte. Die Holzart spielt dabei nur eine untergeordnete Rolle.

b) **Temperatur**
Die Schnittkraft sinkt mit steigender Temperatur, bei Unterschreiten von 0 °C ergibt sich aufgrund des gefrorenen Holzes ein Sprung von ca. 10 %.

c) **Feuchtigkeit**
Zunehmende Feuchtigkeit setzt ebenfalls den Schnittwiderstand herunter, wobei bei ca. 10 % ein Maximum liegt und ab der Fasersättigung keine Änderung mehr eintritt. Der Unterschied zwischen dem Maximal- und dem Minimalwert der Schnittkraft beträgt 20 ... 40 %.

d) **Winkel am Schneidkeil**
Schneiden mit kleinem Spanwinkel weisen einen höheren Schnittwiderstand auf, wobei sich eine Erhöhung des Keilwinkels β stärker auswirkt als eine Vergrößerung des Freiwinkels α. Das Verhältnis von Maximum zu Minimum im Bereich $\beta = 30 \ldots 85°$ ist etwa 2:1. Zu schlanke Schneiden haben einen zu geringen Verschleißwiderstand und neigen zum sofortigen Ausbrechen der Schneidkante.

Berechnung der Schnittleistung P_c

Die für die Zerspanung benötigte Schnittleistung berechnet sich aus:

$$P_c = F_{cm} \cdot v_c = F_c \cdot z_e \cdot v_c = F_c \cdot \omega \cdot \frac{d}{2} \cdot z_e \tag{3.14}$$

Nach *Ettelt* kann mit einigen Vereinfachungen eine Potenzformel für die Schnittleistungsberechnung abgeleitet werden:

$$P_c \approx k_{c0,5} \cdot b \cdot v_f^{0,5} \cdot \alpha_e^{0,75} \cdot z^{0,5} \cdot d^{0,25} \cdot n^{0,5} \cdot (\sin \varkappa)^{0,5} \quad (3.15a)$$

für den typischen Span beim Umfangsfräsen und

$$P_c \approx k_{c0,5} \cdot b \cdot v_f^{0,5} \cdot z_e^{0,5} \cdot d^{0,25} \cdot n^{0,5} \cdot (\sin \varkappa)^{0,5} \cdot [(\alpha_e + \ddot{u})^{0,75} - \ddot{u}^{0,75}] \quad (3.15b)$$

für den typischen Span beim Kreissägen.

Damit ergibt sich für den Vergleich zweier Zustände eine einfache Abschätzmöglichkeit. Es gilt z. B.:

$$\frac{P_{c1}}{P_{c2}} \approx \frac{v_{f1}^{0,5}}{v_{f2}^{0,5}} \text{ bei Änderung der Vorschubgeschwindigkeit } v_f \quad (3.16a)$$

$$\frac{P_{c1}}{P_{c2}} \approx \frac{z_1^{0,5}}{z_2^{0,5}} \text{ bei Änderung der Zähnezahl } z \text{ und} \quad (3.16b)$$

$$\frac{P_{c1}}{P_{c2}} \approx \frac{a_{e1}^{0,75}}{a_{e2}^{0,75}} \text{ bei Änderung des Arbeitseingriffes } a_e \quad (3.16c)$$

Weitere Verhältnisse für andere zu ändernde Parameter können analog gebildet werden. Die Formel quantifiziert insbesondere auch die allgemein bekannte Tatsache, dass bei Erhöhung der Schneidenzahl am Werkzeug die benötigte Schnittleistung ansteigt.

Tabelle 3.2: Anhaltswerte für Konstanten w_0 und K nach Gleichung 3.9

Autor/Quelle	**w_0 in Ws/cm³**	**K in Ws · mm/cm³**
Kivimaa	8,0	1,6
IHF Dresden	37,0	2,05
IHF Dresden	13,0	1,0
Pahlitzsch, Jostmeier	13,80	1,45…4,3
Stühmeier (Fräsen)	50,0	13,5
Fischer, Tröger, Läuter	23,0	1,7
Scholz	48,0	1,5
Kröppelin, Tröger	7,0	2,4
Tröger, Läuter	13,0	1,0

Tabelle 3.3: Anhaltswerte für Schnittkraftkonstanten k_{c05} nach *Ettelt*

Holzart bzw. Holzwerkstoff	**k_{c05} in N/mm^{1,5} für Faserschnittrichtung**		
	A	B	C
Ahorn	23 ... 35	12	9
Balsaholz	4 ... 9	6	3
Birke	23 ... 35	10	6
Buche	26 ... 40	12	7,5
Eiche	22 ... 44	10	7
Esche	22 ... 42	11	7,5
Fichte	15 ... 28	9	6
Kiefer	14 ... 31	7,5	5
Mahagoni	24 ... 46	9	7
Pockholz	48 ... 60	15	9
Spanplatte	12 ... 18		
MDF	20 ... 25		

3.2.3 Baugruppen von Holzbearbeitungsmaschinen

3.2.3.1 Maschinengestelle

Maschinengestelle tragen Aggregate, Werkzeuge und Werkstücke und leiten die entstehenden Bearbeitungs- und Massenkräfte ab. Ihr Aufbau und die verwendeten Materialien entscheiden über die Präzision der Bearbeitung und die Güte der erzeugten Oberflächen. Insbesondere bestehen hohe Anforderungen an die Schwingungsarmut. Die wesentlichen Eigenschaften, um dies zu gewährleisten, sind:

- Genauigkeit,
- hohe Steifigkeit,
- gute Dämpfung.

Masse vermindert ähnlich der Dämpfung ebenfalls die Schwingungsamplituden, erhöht aber die Beharrungskräfte. Bei Aufstellung und Umbau ist das Gewicht ebenfalls ungünstig. Masse ist i. Allg. bei ruhenden Teilen günstig, bei bewegten Teilen ungünstig und zu minimieren. Sie kann durch Einbringen von Sand, Beton oder Polymerbeton in Hohlräume der Gestelle gezielt erhöht werden. Diese Maßnahmen verbessern zugleich auch die Dämpfung.

Zunehmender Kostendruck, Umweltauflagen und kleinere Serien verschieben die Verbreitung der eingesetzten Konstruktionen zugunsten der flexibleren Bauarten (Stahl-Schweißkonstruktionen, Aluminium-Baukastenprofile) und erzwingen vermehrt den Einsatz von Kunststoffen an nicht tragenden Teilen.

Durch die heute wesentlich verbesserte Laufruhe der Antriebe sind die Anforderungen an Dämpfung und Entkopplung gesunken. Die Motoren werden heute i. d. R. direkt in die Gestelle eingebaut.

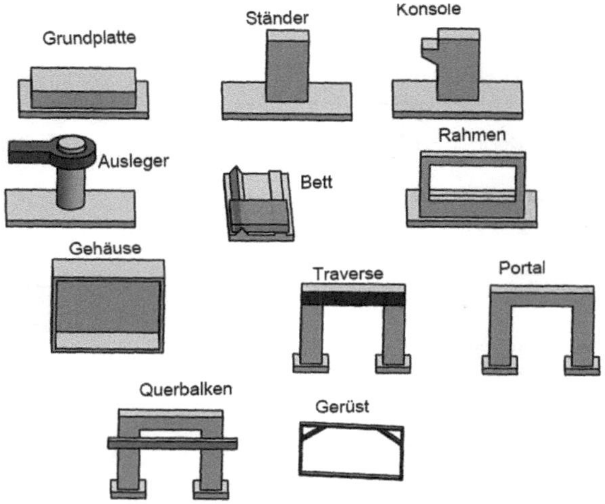

Bild 3.23: Gestell-Strukturelemente

Bauweisen von Gestellen bzw. Gestellkomponenten

Tabelle 3.4: Materialien und Eigenschaften zum Gestellbau

Eigenschaften	
+	–
Grauguss Gestelle (größere Anzahl), Gleitführungen, Tische	
gute Dämpfung schwere, steife Konstruktionen gute Gleiteigenschaften $E = 160000$ N/mm^2 schwerer als Schweißkonstruktion	relativ teuer (1,5 … 2,5 €/kg) geringe Zugfestigkeit $R_m \approx 150 \dots 200$ N/mm^2 spröde schlagempfindlich unflexibel (teure Formen)
Stahl-Schweißkonstruktionen, Blechbiegeteile Gestellteile, Gleitführungen, am weitesten verbreitet	
Blechdicken 6, 8, 10, (bis 20) mm 1,5…2,5 €/kg, aber leichter als Grauguss hohe Festigkeit, zäh, schlagunempfindlich steif: $E = 210000$ N/mm^2 $R_m = 400 \dots 500$ N/mm^2 Leichtbau möglich flexibel	schlechtere Dämpfung häufig zu leicht und zu wenig steif konstruiert (zu geringe Materialstärken)

Fortsetzung Tabelle 3.4

Eigenschaften	
+	–
Stahl-Beton-Verbund Auffüllen von Gestell-Hohlräumen mit Beton	
schwer gute Dämpfung (schlechter als Guss, besser als reiner Stahl)	aufwendig teuer
Aluminium Strangpressprofile, Baukästen, Druckgussteile	
flexibel, genau relativ preisgünstig (Druckguss) Prototypenbau, Einzelanfertigung $R_m = 200 \ldots 600$ N/mm² leicht $\varrho = 270$ kg/m³ korrosionsbeständig	weich: $E = 70\,000$ N/mm² schlechte Dämpfung (aber besser als Stahl) verschleißanfällig
Polymerbeton Montagekern als Block, Füllmaterial für Hohlräume	
gute Dämpfung schwere Konstruktion (Blöcke)	$E < 40\,000$ N/mm² teuer aufwändige Verarbeitung
Kunststoff Abdeckungen und gering beanspruchte Führungen, Teile von Handmaschinen	
gute Gleiteigenschaften sehr preisgünstig (Spritzguss) korrosionsbeständig	sehr weich, $E = 500 \ldots 5\,000$ N/mm² geringe Festigkeit geringer Verschleißwiderstand hitzeempfindlich bruchgefährdet altert, versprödet

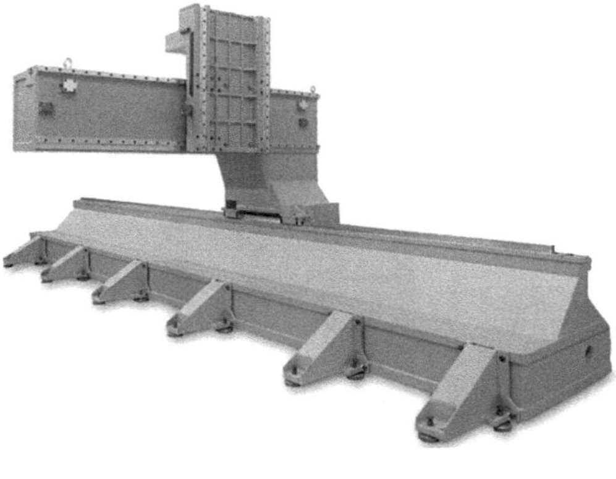

Bild 3.24: Gestell, Ausleger und Aggregatträger eines Bearbeitungszentrums in Stahlschweißkonstruktion mit Führungen (*CMS*)

3.2.3.2 Antriebe

Es werden unterschieden:

- Hauptantriebe für die Erzeugung der Schnittbewegung,
- Vorschubantriebe für die Vorschubbewegung,
- Einstellantriebe für die Zustellbewegungen o. ä.

Die folgenden Tabellen geben einen groben Überblick. Asynchronmotoren werden zunehmend für alle Zwecke eingesetzt.

Hauptantriebe

Hauptantriebe arbeiten i. d. R. mit konstanter Drehzahl. Änderungen sind meist nur in größeren Intervallen zur Anpassung an den Werkzeugdurchmesser bzw. das Material notwendig. Auch die Anforderungen an die Einhaltung eines bestimmten Wertes sind meist mäßig. Maschinen mit zugänglichen Aggregaten erfordern Bremsen, welche die Maschine in weniger als 10 s zum Stillstand bringen.

Tabelle 3.5: Motoren für Hauptantriebe

Kennlinie	Eigenschaften	Anwendung
Drehstrom-Asynchronmotor		
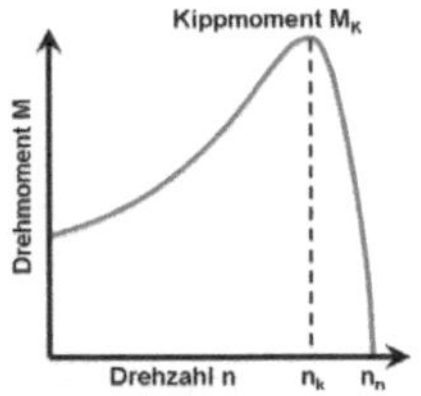	robust, wenige Verschleißteile Drehzahl ≈ Netzfrequenz Kennlinie sehr steif kein Stillstandsmoment Drehzahlregelung über Frequenzrichter	Hauptantriebe für stationäre Maschinen und schwere Handmaschinen Vorschubantriebe vorwiegend für v_f = const
Reihenschlussmotor, Universalmotor (Gleich- und Wechselstrom)		
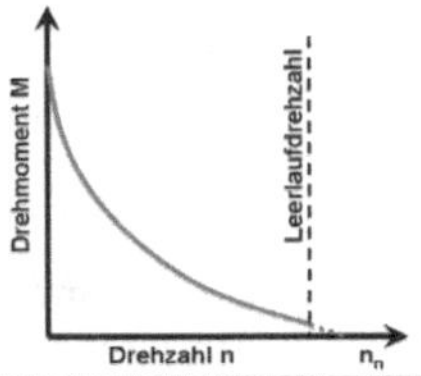	Drehzahl spannungsabhängig sehr hohe Drehzahlen und Leistungsdichte sehr kompakt hohes Anzugsmoment Verschleißteile	Handmaschinen Maschinen mit Drehzahlregelung

Die Motoren sind häufig als Bremsmotoren oder mit elektronischen Bremsen ausgeführt. Die weiteren Motortypen (Synchron-, Kondensator- oder Gleichstrommotoren) spielen nur eine untergeordnete Rolle in Sonderfällen. Verbrennungsmotoren werden ausschließlich bei trag- oder fahrbaren Maschinen im Feld eingesetzt.

Drehzahlanpassung

Tabelle 3.6: Getriebe für Hauptantriebe (*Bosch*)

<table>
<tr><th colspan="3">Getriebe</th></tr>
<tr><td colspan="3">Riemen
Flachriemen, Poly-V-Riemen, Keilriemen, Zahnriemen
(Reihenfolge in abnehmender Laufruhe)
</td></tr>
<tr><td>Übersetzung</td><td>Eigenschaften</td><td>Anwendung</td></tr>
<tr><td>diskret, eine oder mehrere Übersetzungsstufen</td><td>gute Dämpfung, gute Laufruhe, preisgünstig, Rutschkupplung, relativ geringe Lebensdauer</td><td>in allen gängigen Holzbearbeitungsmaschinen</td></tr>
<tr><td colspan="3">Zahnradgetriebe
Stirnradgetriebe, Planetengetriebe, Kegelräder, alle schrägverzahnt
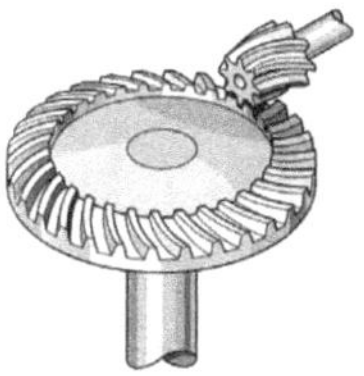 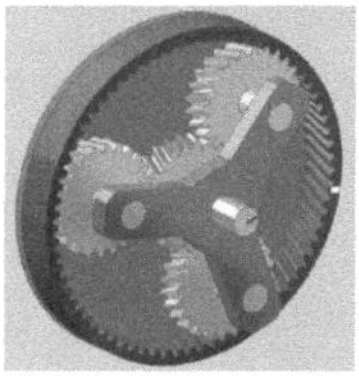</td></tr>
<tr><td>Übersetzung</td><td>Eigenschaften</td><td>Anwendung</td></tr>
<tr><td>diskret, eine oder mehrere Übersetzungsstufen</td><td>kompakt, hohe Leistung, Kräfte und Momente, hohe Drehzahlen, winkel- und drehzahlgenau, teurer als Riemen, hohe Lebensdauer, Schmierung erforderlich</td><td>Winkelgetriebe für Bearbeitungszentren und Plattensägen, Handmaschinen, Stirnradgetriebe für Reihenbohrgetriebe</td></tr>
</table>

Elektronische Regelungsmöglichkeiten für die Drehzahl werden ständig preisgünstiger und leistungsfähiger, was insbesondere den Anwendungsbereich des kostengünstigen Asynchronmotors stark erweitert. Dennoch sind für die Drehzahlanpassung **Getriebe** weiterhin weit verbreitet, wobei die Riementriebe wegen ihrer Laufruhe und guten Dämpfung nach wie vor eine Vorrangstellung einnehmen. Die traditionellen Flachriemen als laufruhigste Variante werden allerdings zunehmend von den kompakteren Poly-V- und Keilriemen verdrängt. Auch Zahnriemen finden sich vereinzelt in Hauptantrieben. Zahnradgetriebe werden bei sehr beengten Bauräumen und gewinkelten Antriebsachsen eingesetzt.

Vorschubantriebe

Vorschubantriebe haben verschiedene Anforderungen zu erfüllen, die teilweise auch gleichzeitig auftreten können:

a) Vorschubgeschwindigkeit v_f konstant,

b) Vorschubgeschwindigkeit v_f veränderlich,

c) positionsgenaues Anfahren.

Abhängig von diesen Anforderungen kommen unterschiedliche Motorentypen und Getriebe zum Einsatz. Im Fall a) sind dies fast ausschließlich Asynchronmotoren. Sie finden dank der Fortschritte in der Regelungstechnik (insbesondere der digitalen Technik) aber auch in den anderen Fällen immer weitere Verbreitung. Weitere eingesetzte Motorentypen:

- Schrittmotoren,
- Asynchron- und Synchron-Servomotoren,
- Linearmotoren (synchron oder asynchron),
- Torquemotoren.

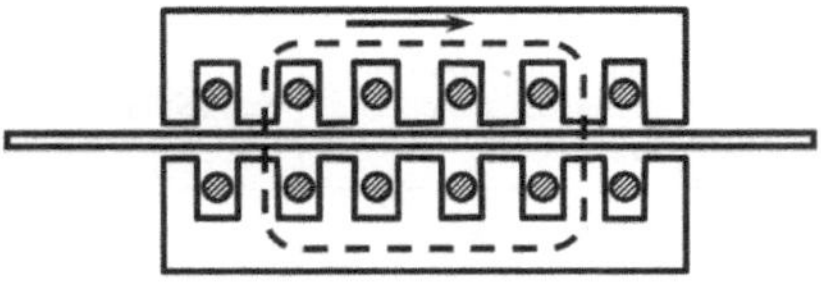

Bild 3.25: Schema eines Kurzstator-Linearmotors

Für viele Vorschubmotoren sind elektronische Regelungen erforderlich, die teilweise auch die Drehzahlanpassung übernehmen. Dennoch sind Getriebe (meist Zahnradgetriebe) zur Einstellung des generellen Drehzahlbereichs sehr verbreitet.

Drehzahlanpassung

Zur Drehzahlanpassung sind Getriebe unerlässlich. Im Unterschied zu den Hauptantrieben sind hier auch Lösungen mit kontinuierlich verstellbarer Drehzahl verbreitet.

Tabelle 3.7: Anpassung der Vorschubgeschwindigkeit

Getriebe, Drehzahlanpassung	**Eigenschaften, Anwendung (Beispiele)**	
Zahnradgetriebe 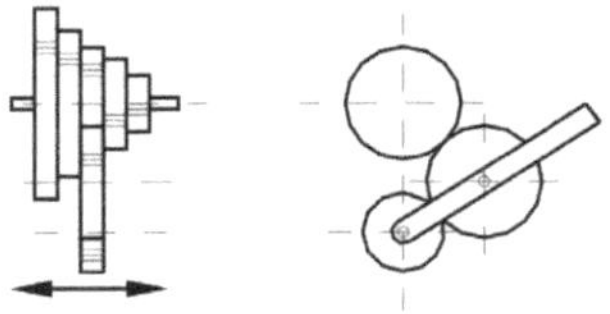	gestuft, **Schwenkradgetriebe** (Bild), Schieberadgetriebe, Vorschubapparat, **Stirnradgetriebe**: Drehmaschine, Transportbahnen, Sägewerksmaschinen usw.	
Regelscheibengetriebe 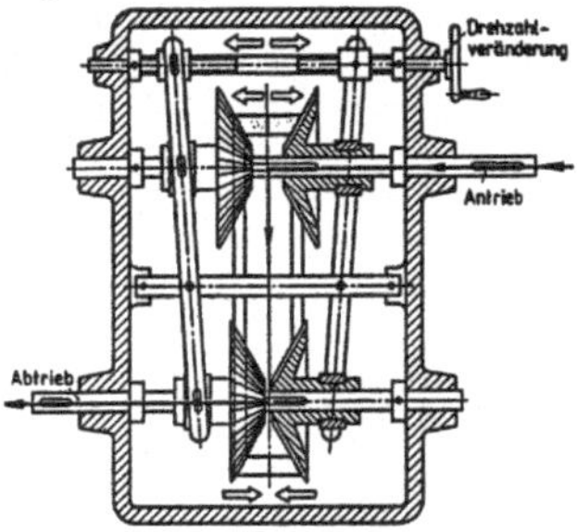	stufenlos, preisgünstig, begrenzte Leistung	Hobelmaschinen, Kehlmaschinen, Kreissägen mit mechanischem Vorschub, Doppelendprofiler, Kantenanleimmaschinen
Frequenzrichter mit Drehstrommotor (Asynchron- oder Synchron-)	stufenlos, zunehmend preisgünstig und verbreitet	zunehmend alle Holzbearbeitungsmaschinen
Servo- oder Schrittmotoren mit Regelung	stufenlos, positionsgenau	Bearbeitungszentrum, Bohrmaschinen, Abkürzsägen, allgemeine Positionierungsaufgaben
Hydraulisches Getriebe 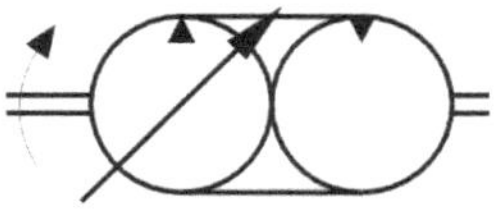	stufenlos, sehr hohe Leistung, sehr teuer	schwere Hobel- und Kehlmaschinen, Sägewerksmaschinen
Riemen	s. o.	Transportbahnen, Abbundzentren, Kehlmaschinen u. a.
Ketten	preisgünstig, geringe Steifigkeit, Polygoneffekt	

Erzeugung von Linearbewegungen

Die meisten Motoren erzeugen eine Rotationsbewegung, die für Vorschübe i. d. R. in eine lineare Bewegung umgesetzt werden muss. Kinematische Prinzipien sind der Gewindetrieb und das Abgreifen der Umfangsgeschwindigkeit (Zahnstange, Ketten, Seile etc.).

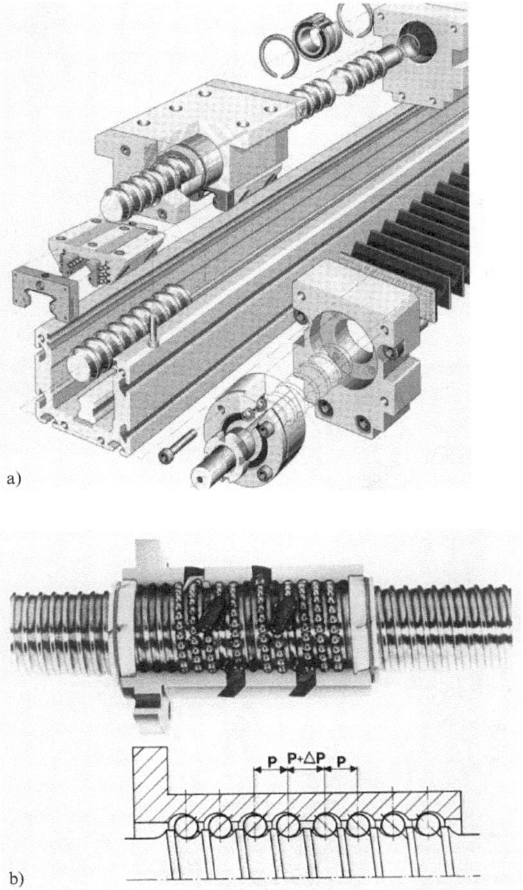

Bild 3.26: Möglichkeiten zur Erzeugung einer Linearbewegung

a) Kugelgewindespindel mit Führung (*INA*), b) spielfreie Konstruktion durch innere Vorspannung (*THK*),

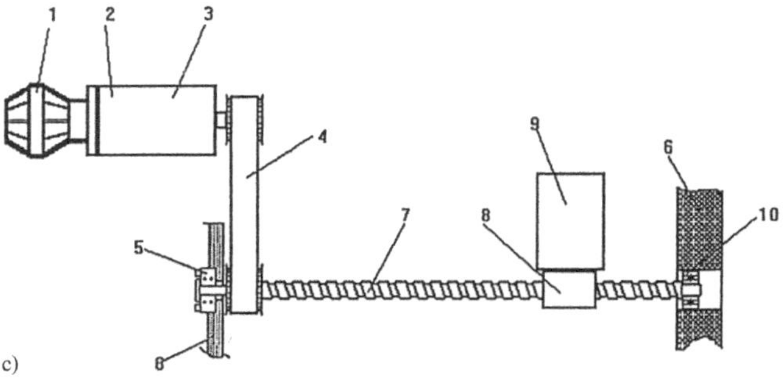

c)

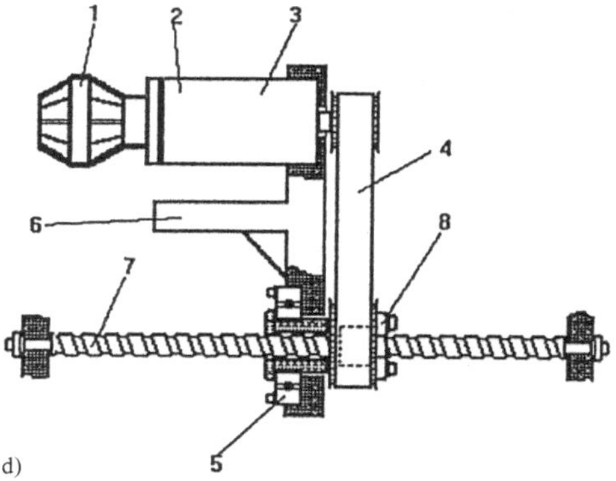

d)

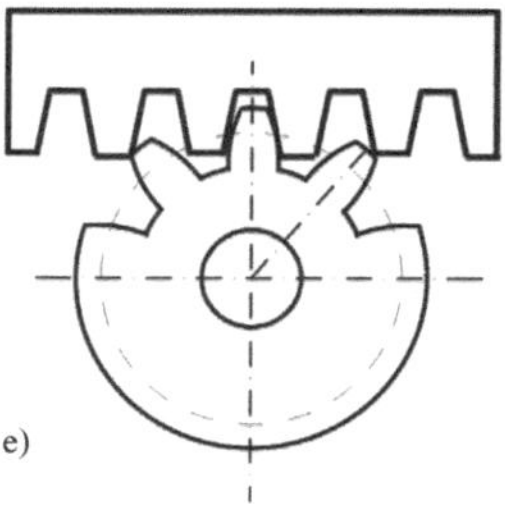

e)

Bild 3.26: Möglichkeiten zur Erzeugung einer Linearbewegung

c) mit Mutter angetrieben, d) mit Spindel angetrieben – Anwendung in Bearbeitungszentren, Doppelendprofiler (*IMA*), e) Zahnstange (vorgespannt): teuer, steif, präzise, unbeschränkte Länge, Eintrag von Vibrationen (Zahneingriffe) – Anwendung in Bearbeitungszentren, Doppelendprofiler, Abbundzentren, Plattensägen

Weitere Möglichkeiten

Ketten sind preisgünstig, erzeugen aber eine nicht konstante Geschwindigkeit (Polygoneffekt). Sie sind schwingungsanfällig, relativ weich, erreichen eine mittlere Genauigkeit und ermöglichen große Längen. Außerdem sind sie wartungsintensiv und haben eine beschränkte Lebensdauer. Anwendungen in Doppelendprofilern, Kantenanleimmaschinen und Plattensägen und in Transporteinrichtungen.

Seile sind preisgünstig, ermöglichen große Längen, sind dabei ähnlich den Ketten schwingungsanfällig, weniger präzise und weisen eine beschränkte Lebensdauer auf. Anwendungen in Plattensägen (ältere Konstruktion), Blockbandsägen und in Transporteinrichtungen.

Zahnriemen (mit Stahllitzen armiert) sind preisgünstig, bezüglich der Präzision (+/– 0,02 ... 0,04 mm) beschränkt, relativ weich und ermöglichen lange Wege. Ihre Lebensdauer ist beschränkt. Anwendungen in Abbundzentren und Transporteinrichtungen. Neueste Entwicklung sind die CFK-armierten Zahnriemen, die eine sehr hohe Steifigkeit aufweisen und Beschleunigungen bis 50 m/s^2 ermöglichen!

Linear-Direktantriebe (Linearmotor) sind sehr teuer, hochdynamisch, dabei sehr gut regelbar und präzise. Bislang haben sie lediglich bei Versuchsmaschinen und Prototypen Anwendung gefunden.

Druckluftzylinder arbeiten schnell, dabei aber relativ ungenau, sie sind preisgünstig, wenig steif und nur für kurze Wege geeignet. Bei genauer Positionierung benötigen sie zusätzlich Anschläge. Luftdruckzylinder sind in Holzbearbeitungsmaschinen nahezu aller Typen weit verbreitet, besonders oft werden sie in Doppelendprofilern und Kantenanleimmaschinen, bei Vorrichtungen, Halterungen sowie Werkstück-Klemmungen eingesetzt.

Hydraulikzylinder sind im Gegensatz zu den Luftdruckzylindern teuer, aber sehr genau und sehr gut regelbar. Sie erreichen nur begrenzte Geschwindigkeiten. Bei Schwingbewegungen ist die Maximalfrequenz damit amplitudenabhängig. Ähnlich den Luftdruckzylindern eignen sie sich nur für kurze Wege. Sie finden in Abbundzentren und schweren Hobelmaschinen Anwendung.

3.2.3.3 Führungen

Zugeordnet zu den Antrieben muss eine vorgegebene Bahn eingehalten werden. Diese Funktion wird durch **Führungen** sichergestellt. Aufgrund der Möglichkeit, mit numerischen Steuerungen komplexe Bahnen durch die Überlagerung mehrerer geradliniger Bewegungen zu erzeugen, kommt man heute in der Regel mit geradlinigen oder kreisbogenförmigen Führungen aus. Für letztere werden in der Regel Drehachsen verwendet.

Anforderungen an Führungen sind:

- steife Konstruktionen,
- Leichtgängigkeit, kein bzw. geringer Losbrecheffekt,
- möglichst spielarm bzw. spielfrei.

Spielfreiheit von Führungen ist durch Vorspannung realisierbar. Nachteilig ist dabei, dass zwei Teile nötig sind, die verspannt werden. Damit herrscht ständig eine hohe Last. Diese Führungen sind deshalb schwergängiger und unterliegen höherem Verschleiß. Man unterscheidet Gleit- und Wälzführungen.

Linear-Gleitführungen werden üblicherweise in den Materialpaarungen Stahl – Stahl bzw. Stahl – Guss oder Metall – Kunststoff ausgeführt. Sie weisen meist keine Vorspannung auf (Reibung!), können aber bisweilen durch Betriebslast spielfrei sein, sofern diese ihre Richtung nicht wechselt. Der Losbrecheffekt ist relativ ausgeprägt. Linear-Gleitführungen werden bei langsamen Bewegungen (Stellbewegung) eingesetzt.

Tabelle 3.8: Gleitführungen

Typ	Vor- und Nachteile	Anwendung
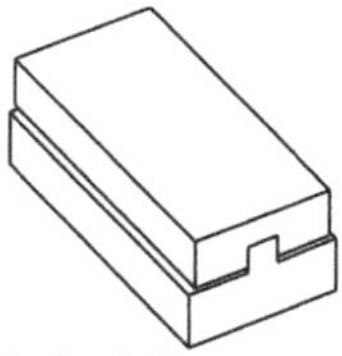 Rechteckführung	billig, geringe Wartung, Spiel, geringe Lebensdauer (Verschleiß)	z. B. Anschläge bei Tischkreissägen
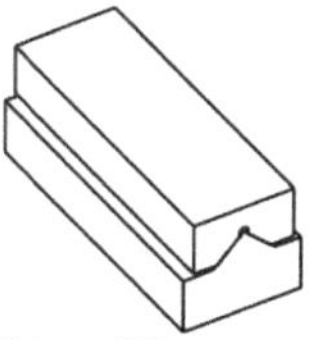 Prismenführung	selbst nachstellend, spielfrei, kein Verschleißeinfluss, aufwendig herzustellen	z. B. Support bei Drehmaschinen
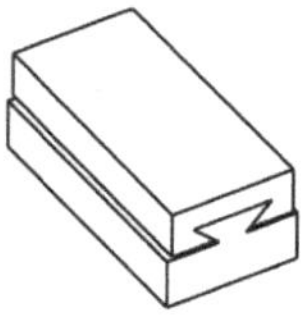 Schwalbenschwanz	beliebig gerichtete Kräfte, relativ teuer	z. B. verstellbare Aggregate bei Doppelendprofilern und Kreissägemaschinen

Fortsetzung Tabelle 3.8

Typ	Vor- und Nachteile	Anwendung
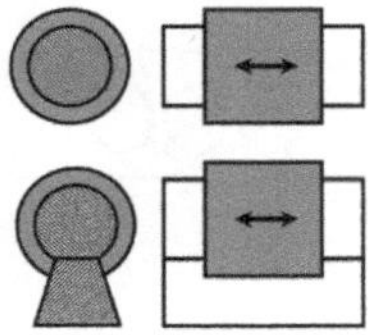 Rundführungen	Kräfte in zwei Richtungen, preisgünstig, geschlossener Typ: begrenzte Baulänge, offener Typ: beliebige Länge, Nabe weicher, weniger tragfähig	z. B. Verstellungen: Säulenführung, Hobelmaschinen und Kreissägemaschinen, Vorrichtungen

Linear-Wälzführungen sind gewöhnlich spielfrei, da vorgespannt konstruiert. Sie sind positionsgenau, verschleißarm, leichtgängig, aber relativ teuer. Der Einbau erfolgt justiert und statisch überbestimmt (beide Seiten werden nach Spureinstellung angeschraubt und gegebenenfalls verstiftet). Anwendungen sind in Bearbeitungszentren und an geregelten Achsen in allen Maschinen der Holzbearbeitung zu finden.

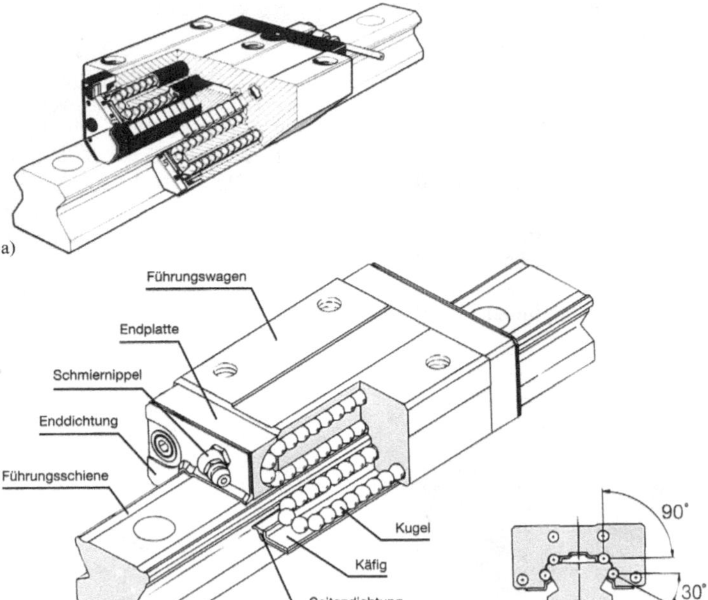

Bild 3.27: Formen linearer Wälzführungen

a) Profilschienen-Rollenführung (*INA*), b) Profilschienen-Kugelführung mit Kugelkette (*THK*)

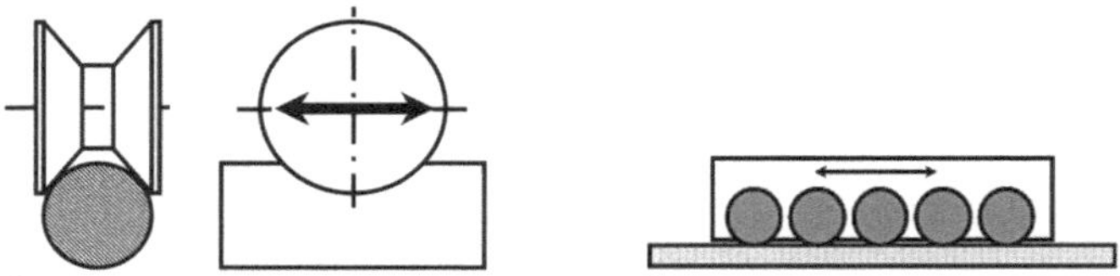

c) d)

Bild 3.27: Formen linearer Wälzführungen

c) Rollenführung z. B. bei Plattensägen und d) Rollenschuh einer Portalsäge, Doppelendprofiler-Breitenverstellung

3.2.3.4 Wellen und Lagerungen

Die Lagerung von **Wellen** ist eine wichtige, in nahezu allen Maschinen wiederkehrende Baugruppe. Anforderungen an diese sind:

- ausreichende Steifigkeit,
- Laufruhe, Schwingungsarmut,
- Drehzahlfestigkeit, hohe Lebensdauer.

Letztere sind insbesondere bei schnell laufenden Spindeln ein Problem. Aufgrund der in der Holztechnik üblichen hohen Drehzahlen werden nahezu ausschließlich Kugellager eingesetzt, für Drehzahlen oberhalb 18000 min^{-1} üblicherweise **Hybridlager** mit Keramikwälzkörpern und Stahllaufflächen. Aus Preisgründern sind in der Holztechnik Lagerungen mit Dauerfettschmierung üblich, was die Maximaldrehzahl begrenzt. Die Obergrenze liegt derzeit für **HSC-Spindeln** (High Speed Cutting) in Bearbeitungszentren bei ca. 35000 min^{-1}. Höherwertige Lagerungen werden ebenfalls vorgespannt, um Spielfreiheit und höhere Steifigkeit zu erreichen. Für Spindeln ab 15000 min^{-1} ist dies der Standard.

Beispiele

Bild 3.28: „Klassische" Fest-Los-Lagerung einer Kreissägewelle mit Multirippenriemen und Flansch

Bild 3.29: Hybrid-Kugellager (*Fischer*)

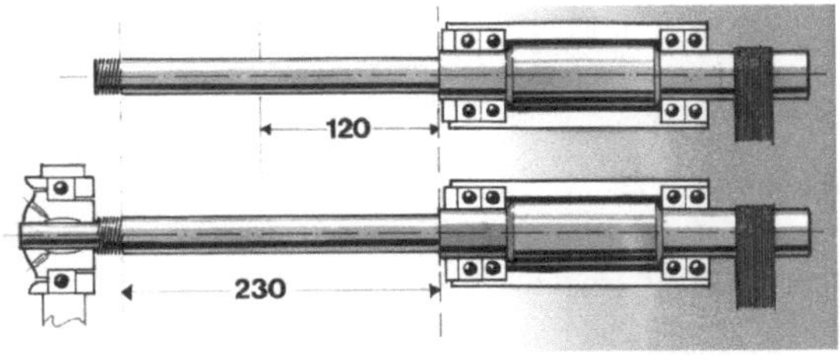

Bild 3.30: Wellenlagerung mit Pinole, eingesetzt u. a. in Kehlmaschinen und Tischfräsen (*Weinig*)

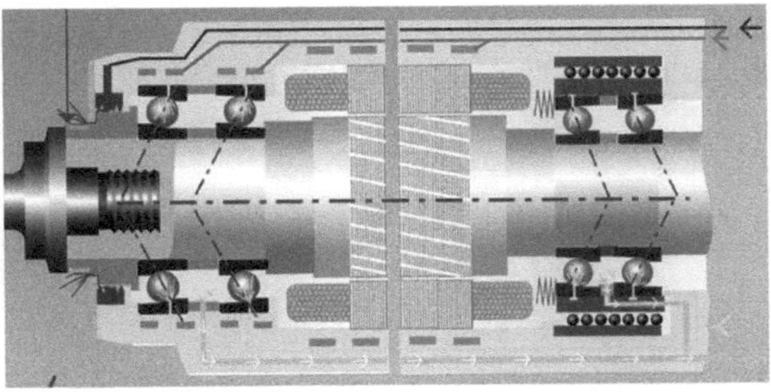

Bild 3.31: Motorspindel, Wellenlagerung mit Vorspannung (*Fischer*)

3.2.3.5 Lagemessung, Regelung

Zum Anfahren von definierten Positionen sind Anschläge oder Taster bzw. bei flexiblen Systemen Lagemessungen und Regelungen oder Steuerungen erforderlich, wobei heute fast ausnahmslos digitale Systeme Verwendung finden.

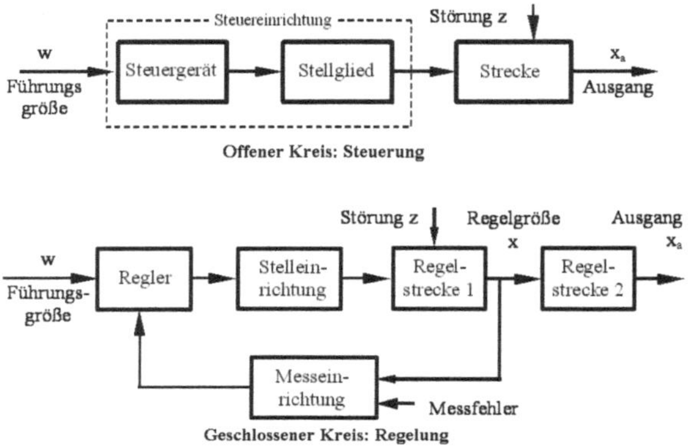

Bild 3.32: Offener Kreis: Steuerung (oben); geschlossener Kreis: Regelung (unten)

Lagemessung (digital)

Man unterscheidet **Drehgeber**, die Umdrehungen bzw. Winkelinkremente zählen, und lineare **Digitalmaßstäbe** zur Wegmessung:

- inkrementale Geber, die pro zurückgelegter Strecke bzw. Drehung eine bestimmte Anzahl von Impulsen abgeben. Ein Zähler errechnet die aktuelle Position durch Addition bzw. Subtraktion dieser Inkremente. Bei Maschinenstart und in gewissen Intervallen muss eine Referenzposition angefahren werden.
- absolute Geber, die eine codierte Information über die absolute Position ausgeben. Das Anfahren einer Referenzposition kann dann entfallen.

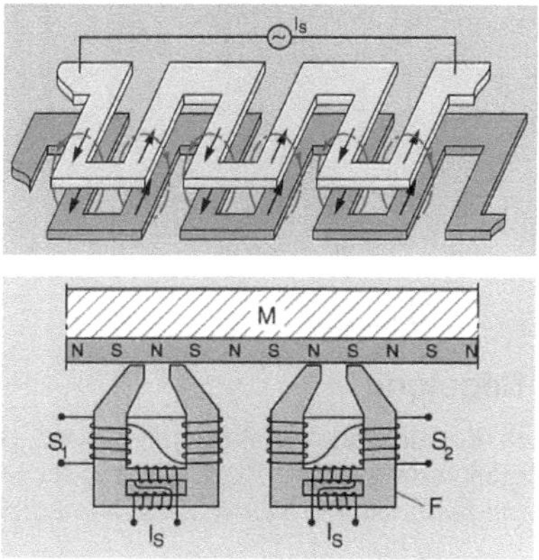

Bild 3.33: Abtastprinzipien von linearen Digitalgebern (*Heidenhain*)

3.2.3.6 Schneidwerkstoffe und Verschleiß

Der Auswahl von Schneidwerkstoffen kommt in der Zerspanungstechnik eine entscheidende Rolle zu. Die Tendenz der letzten Jahre geht zu sehr harten, hoch verschleißfesten Werkstoffen, was z. T. auch durch die Verwendung stark beanspruchender Materialien (Spanplatte, MDF oder Laminatbeschichtungen) erzwungen wurde. Die Härte wird aber in der Regel durch Verlust an Zähigkeit erkauft, was größere Keilwinkel erfordert. Eine stark körnige Struktur, wie sie Hartmetalle und PKD aufweisen, begrenzt zudem die minimale Schneidkantenbreite, die präpariert werden kann, und somit die maximale Schärfe. Dadurch ist der Einsatz **verschleißfester Schneidwerkstoffe** bei weichen Materialien wie Nadelhölzern nur eingeschränkt möglich. Die Lebensdauern der höher verschleißfesten Werkstoffe können ebenso wie der Preis das Mehrhundertfache von Stahl betragen.

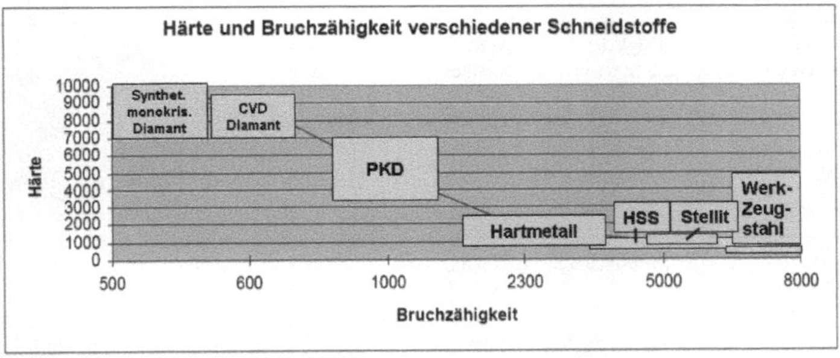

Keilwinkel: 75-70° 70-60° 55 - 40° 45-30° -15°

Bild 3.34: Bruchzähigkeit und Härte der wichtigsten Schneidwerkstoffe [Gittel]

Tabelle 3.9: Übersicht über wichtige Schneidstoffe und ihre Eigenschaften (*De Beers, Ettelt/Gittel*)

Material	Zusammensetzung	Herstellung Applikation	Anwendung	
Werkzeugstahl (WS, SP, HL)	0,5 … 1 % C, W, Co, V, Cr < 5 %	Gießen, ganze Werkzeuge, Messer	Sägen, Weich- und Hartholz	
Hochgeschwindigkeits-Schnellarbeitsstahl (HSS)	0,8 … 1,5 % C, 2 … 10 % Cr, Co, W, V	Ganze Werkzeuge Hartlöten	Sägen, Fräsen, Messer, Holz	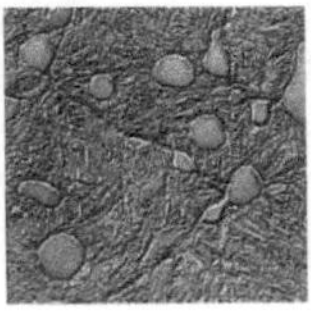

Fortsetzung Tabelle 3.9

Material	Zusammen-setzung	Herstellung Applikation	Anwendung	
Stellit	CrC + Co	Gießen, Schweißen	Sägewerks-technik	
Hartmetall HM	WoC + Co	Sintern, Hartlöten	Fräser, Sägen, Holz, Spanplatte, MDF	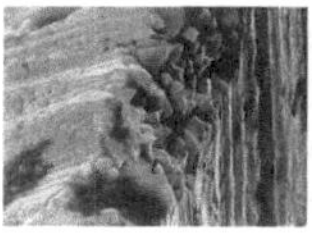
Polykristal-liner Dia-mant, PKD	C, Polykristalle mit Co-Binder	Hochdruck-Synthese	Fräsen, Sägen, Spanplatte, MDF etc.	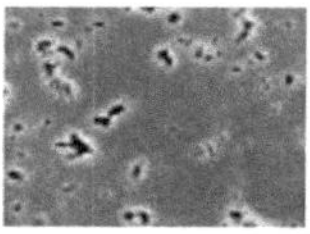
CVD-Diamant	C, Polykristall ohne Binder	Vakuum-synthese, Sin-tern auf HM, Hartlöten	Fräsen, Spanplatte, MDF, Laminat	
Monodite MKD-Diamant	C-Monokristall	Hochdruck-Synthese	Glanz-fräsungen, Laminat	

Verschleiß

Der Verschleiß von Werkzeugen in der Holztechnik ist in der Regel abrasiv, d. h., die Verrundung der Schneidkante erfolgt durch harte Partikel bzw. durch thermisch-mechanische Überbeanspruchung.

Der Verschleißabtrag verläuft degressiv. *Fischer* nimmt an, dass das abgetragene Volumen proportional zum Schnittweg ist. Die Spandicke spielt nur eine untergeordnete Rolle. Wichtig sind der Druck auf die Schneide und die Relativgeschwindigkeit. Wegen der härteren Eintrittsstöße nimmt die Lebensdauer mit steigender Schnittgeschwindigkeit ab. Der Schneidkantenradius beträgt bei einem frisch geschärften Werkzeug ca. 2 … 10 μm und am Erliegenspunkt 10 … 30 μm für Fräser und 20 … 100 μm für Sägen.

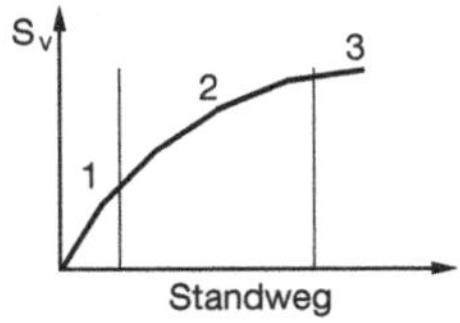

Bild 3.35: Verlauf des Verschleißes. 1 Zurichtschärfe (Überschärfe), 2 Arbeitsschärfe, 3 stumpf (Erliegenspunkt)

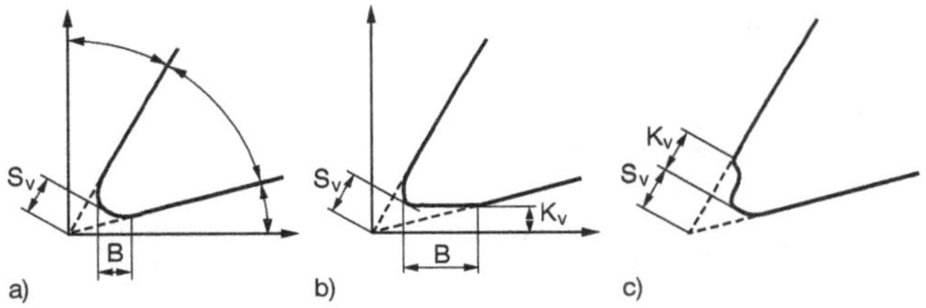

Bild 3.36: Verschleißformen

a) Verrundungsverschleiß, b) Freiflächenverschleiß, c) Kolkverschleiß

Der Schnittweg l_c ist der im Werkstück schneidend zurückgelegte Weg, er ist gleich der Summe der Spanbögen l_B.

Der Standschnittweg L_c (pro Zahn) ist der innerhalb der Lebensdauer zurückgelegte Schnittweg,

Der Standvorschubweg L_v (pro Werkzeug) ist der im Laufe der Lebensdauer zurückgelegte Vorschubweg.

Es gilt folgende Beziehung:

$$\frac{L_v}{L_c} = \frac{z \cdot f_z}{l_b} = \frac{z \cdot f_z}{r \cdot \varphi_e} \tag{3.17}$$

3.2.4 Sägen

Sägen ist ein Fertigungsverfahren der Hauptgruppe Trennen, bei dem mit einem mehrschneidigen Werkzeug Werkstücke abgetrennt und/oder geschlitzt werden.

3.2.4.1 Kreissägen

Das Kreissägen ist eine sehr vielseitige Technologiegruppe mit zahllosen Verfahrensvarianten. Hier können deshalb nur die verbreitetsten Verfahren vorgestellt werden. Die grundsätzlichen Gestaltungsregeln für

Kreissägemaschinen sind in der DIN EN 1870 festgelegt. Darin geht es insbesondere um die sicherheitsrelevanten Bauteile der Maschinen, wie die **Tischgröße** zur Gewährleistung einer sicheren Auflage, die Gestaltung der **Tischlippen**, **Spaltkeile**, **Schutzeinrichtungen** sowie um Gestaltungsregeln für die **Steuerungen** automatischer Maschinen. Gespannt werden die Kreissägeblätter meist zwischen Flanschen. Daraus resultiert eine Begrenzung der Schnitttiefe auf ca. ein Drittel des Durchmessers. Die **Planlaufgenauigkeit** von Flanschen ist von großer Bedeutung, da ihr Planlauffehler nicht nur auf das Sägeblatt übertragen, sondern ähnlich der Hebelwirkung nach außen hin sogar noch vergrößert wird.

Kreissägeblätter können mehrere der in Bild 3.37 gezeigten Gestaltungselemente aufweisen. Die Zahngestaltung (Schneidteil) ist im Grunde bei allen Sägeblättern ähnlich, jedoch sind die Größen der einzelnen Winkel je nach Verwendungszweck unterschiedlich. Das **Stammblatt** weist zahlreiche Gestaltungsmöglichkeiten auf. Meist hat es eine konstante Dicke. Insbesondere bei der Massivholzbearbeitung kann es jedoch auch zur

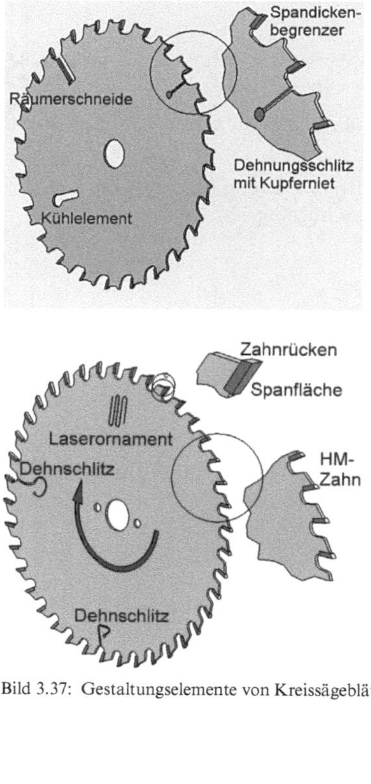

Bild 3.37: Gestaltungselemente von Kreissägeblättern, Prinzipdarstellung

Mitte hin (meist in Stufen) dicker werden (abgesetztes Stammblatt), was die Steifigkeit erhöht. Die **Spanräume** dienen zur Aufnahme und zum Abtransport des größten Teiles der Späne. Ihre Größe ist vor allem bei Sägeblättern für große Schnitttiefen von Bedeutung. **Dehnungsschlitze** dienen der teilweisen Kompensation der thermischen Dehnung (Erwärmung durch Abfuhr der Schnittwärme und durch Reibung mit Spänen) des Sägeblattäußeren während der Bearbeitung. **Kühlelemente** dienen bei Plattenaufteil-Kreissägeblättern zur Verbesserung des Spantransportes und damit zur Reibungsverminderung. **Laserornamente** brechen die Körperschallwellen im Stammblatt und sind bei Sägeblättern im Leerlauf und beim Trennen von Werkstücken mit kleinem Querschnitt zur Lärmminderung nützlich. Wischer-/Räumer-/Seitenschneiden dienen bei der Bearbeitung von Massivholz zum Räumen der Schnittfuge von Spangut und zur Vermeidung von Berührungen zwischen Stammblatt und Werkstück. Eingesetzt werden Sägeblätter in allen denkbaren Positionen gegenüber dem Werkstück, wobei der **Gegenlauf** am meisten verbreitet ist.

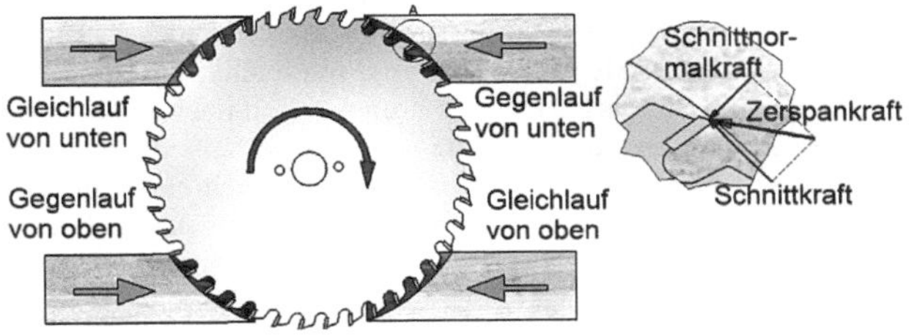

Bild 3.38: Gleich- und Gegenlauf, von oben und von unten

Die von der Maschinentechnik her einfachste Form des Kreissägens findet auf der **Tischsäge** statt. Das Sägeblatt wird unterhalb des Tisches

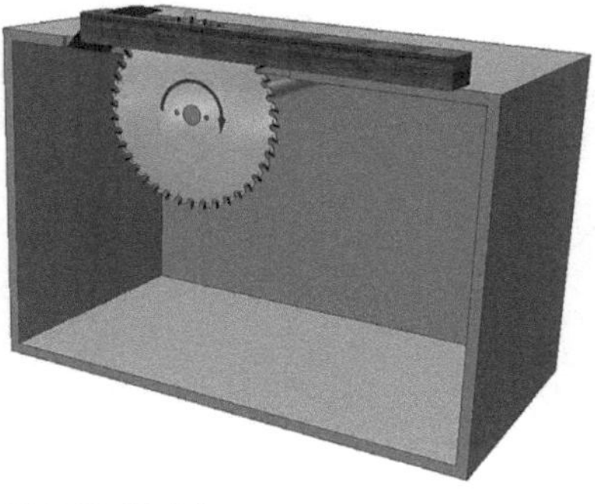

Bild 3.39: Tischsäge

befestigt und schneidet im Gegenlauf von unten. Das Werkstück wird auf den Tisch aufgelegt und im Handvorschub mit oder ohne seitlichen Anschlag dem Sägeblatt zugeführt. Die Geradheit und Winkelgenauigkeit der Schnitte ist dadurch sehr eingeschränkt. Im Prinzip lässt sich die **Handkreissäge** als eine „umgekehrte Tischsäge" betrachten, bei der statt des Materials die Maschine bewegt wird. Gelegentlich wird für Handkreissägen als Zubehör ein Tisch angeboten, unter dem die Maschine befestigt und als Tischsäge benutzt werden kann.

Die **Formatkreissäge** löst das Problem der Geradheit und Winkligkeit der Schnitte, indem das Werkstück auf einen Tisch aufgelegt wird, der mit Parallel- und Winkelanschlag versehen ist. Dieser Tisch wird im Handvorschub parallel zum Sägeblatt bewegt. Die Einsatzart des Sägeblattes ist ebenfalls Gegenlauf von unten. Optional können diese Maschinen mit zahlreichen weiteren Eigenschaften ausgestattet werden. Die wichtigsten sind die Vorrichtung für **Gehrungsschnitte** und das Vorritzaggregat. Das **Vorritzaggregat** ist zur Bearbeitung von beschichteten Holzwerkstoffen empfehlenswert. Kreissägeblätter erzeugen auf der Eintrittsseite (bei Formatkreissägen oben) des Zahnes in das Material in der Regel eine gute, auf der Austrittsseite jedoch oft eine mangelhafte Schnittkantenqualität, da die Schnittkräfte zu einem hohen Anteil nach unten gerichtet sind und ein Ausreißen oder Abplatzen von Deckschichten des Werkstücks bewirken. Dem wird vorgebeugt, indem fluchtend zum Hauptsägeblatt ein Ritzsägeblatt die Unterseite des Werkstücks im Gleichlauf von unten bearbeitet und eine Nut mit einer geringfügig größeren Schnittbreite als das Hauptsägeblatt erzeugt. Die Zähne des Hauptsägeblattes berühren somit die Kante der Austrittsseite nicht mehr. Da an die Kante beschichteter Holzwerkstoffe üblicherweise noch ein **Beschich-**

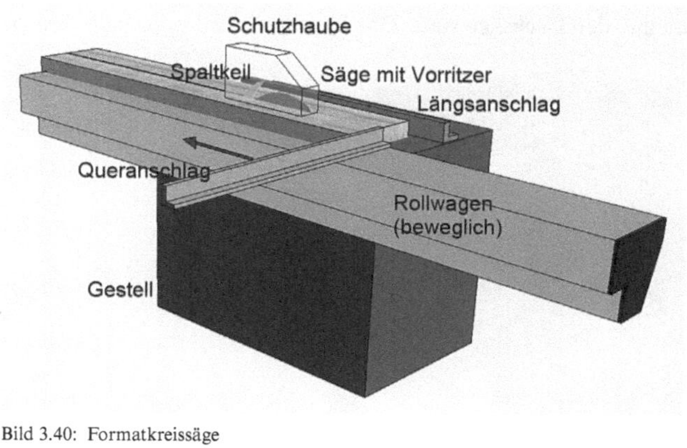

Bild 3.40: Formatkreissäge

tungsband angeleimt wird, stört der kleine Absatz in der Schnittfläche normalerweise nicht. Das Ritzsägeblatt wird üblicherweise zweiteilig ausgeführt, um die Schnittbreite der Ritzsäge an die der Hauptsäge anpassen zu können.

Eine weitere Verbesserung der Parallelität von Schnitten ermöglicht die **Doppelabkürzsäge**. Dazu werden zwei Sägeaggregate an einem Führungssystem oberhalb des Maschinentisches befestigt und parallel im Gegenlauf von oben mit Handvorschub eingesetzt. Ungünstig ist dabei, dass der Spänestrahl nach oben gerichtet ist und kein Vorritzaggregat für beschichtete Holzwerkstoffe eingesetzt werden kann. Bei fester Aufspannung des Werkstücks kann das Vorritzen simuliert werden, indem das Sägeblatt zunächst nur die Beschichtung der Oberseite im Gleichlauf anritzt und in einem zweiten Schnitt im Gegenlauf den Restquerschnitt trennt. Durch die dynamischen Laufungenauigkeiten der Sägeblätter ist jedoch mit einem im Vergleich zum regulären Vorritzen schlechteren Bearbeitungsergebnis zu rechnen. Daneben gibt es auch Doppelabkürzsägen nach dem Prinzip der Formatkreissäge mit unten liegenden Aggregaten und Vorritzern.

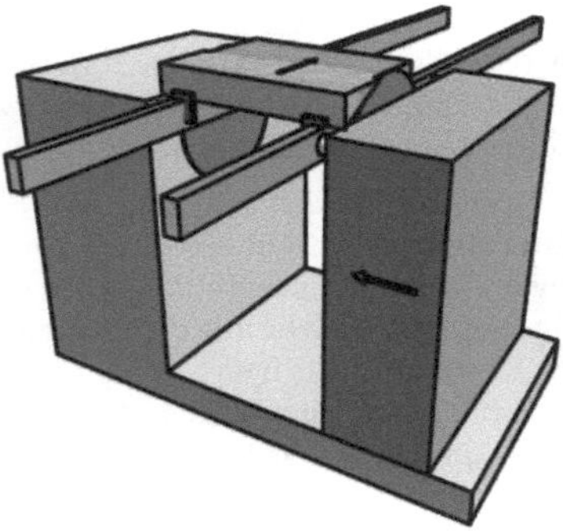

Bild 3.41: Doppelabkürzsäge

Formatkreissägemaschinen haben durch ihren großen verfahrbaren Tisch einen hohen Platzbedarf. Eine Alternative ist die **vertikale Plattenaufteilsäge**. Das Werkstück steht hierbei fast senkrecht, und das Sägeaggregat wird im Gegenlauf von oben an einer vertikalen Führung parallel zum Werkstück von Hand oder mit mechanischem Vorschub von oben nach unten bewegt. Das Problem des Vorritzens ist hier ähnlich wie bei der Doppelabkürzsäge. Deshalb werden für vertikale Plattenaufteilsägen meist sehr aufwendige Sägeblätter verwendet (oft Hohlzahn-Dachzahn-Kombinationen), die in der Lage sind, auch auf der Austrittsseite der Zähne eine gute Schnittqualität zu erzeugen.

Bild 3.42: Vertikale Plattenaufteilsäge

Die gelegentlich anzutreffenden Vorritzaggregate arbeiten mit Sägensätzen, die auch im Betrieb nur Schnittbreitenabweichungen im Mikrometerbereich aufweisen und dadurch mit der gegenwärtigen Fertigungstechnik nicht prozesssicher hergestellt werden können. Bestimmte Fabrikate sind so gebaut, dass das Sägeaggregat um 90° geschwenkt werden kann, sodass auch horizontale Schnitte möglich sind.

Insbesondere zur Bearbeitung von Holzwerkstoffplatten im Stapel empfiehlt sich die **horizontale Plattenaufteilsäge**. Auf einem großen Tisch wird der Stapel durch Spannzangen fixiert und programmgesteuert dem Sägeaggregat zugeführt. Das Sägeaggregat besteht aus dem Sägewagen, der unter dem Tisch fährt und die Sägeblätter zur Bearbeitung von unten durch den Tisch auftauchen lässt, und dem Druckbalken, der von oben den Werkstückstapel auf den Tisch presst. Im Sägewagen arbeitet das

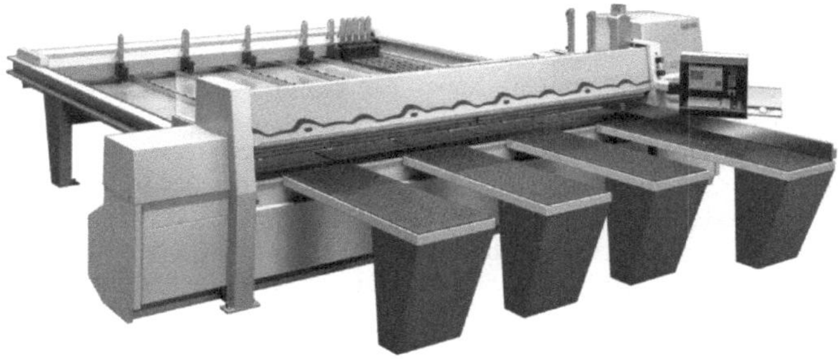

Bild 3.43: Horizontale Plattenaufteilsäge (*Holzma*)

Hauptsägeblatt im Gegenlauf von unten und vorgeschaltet das Ritzsägeblatt im Gleichlauf von unten. Da der Werkstückstapel auf den Tisch gepresst wird und damit auch bei verzogenen Platten eine definierte Lage der Oberfläche gegeben ist, wird normalerweise ein konisches Ritzsägeblatt eingesetzt, bei dem die Ritzbreite einfach durch eine Veränderung der Ritztiefe angepasst werden kann. Sollen Werkstückstapel bearbeitet werden, bei denen bereits quer zur Schnittrichtung Kantenbeschichtungen angeleimt wurden, muss die Maschine mit einer auftauchenden oder vertikalen Ritzsäge ausgestattet sein. Das **Ritzsägeblatt** ist dann ein normales Sägeblatt, dessen Schnittbreite exakt auf die Schnittbreite des Hauptsägeblattes abgestimmt ist.

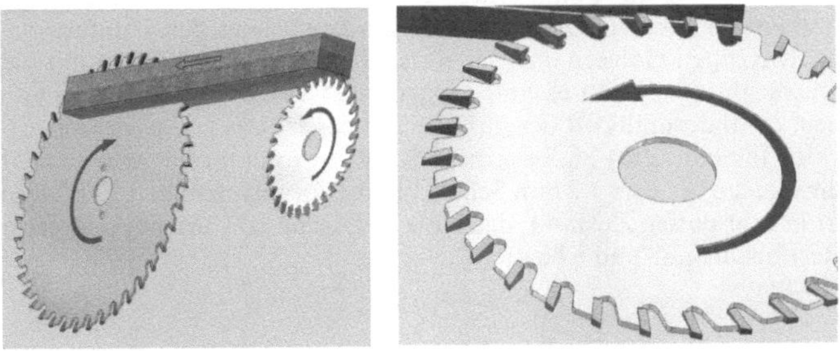

Bild 3.44: Konische Ritzsäge

Etwas anders als die Bearbeitung plattenförmiger Holzwerkstoffe erfolgt die **Massivholzbearbeitung**. Am Beginn der Massivholzbearbeitung steht meist die Bearbeitung des noch schlagfeuchten Holzes im Sägewerk. Dabei wird der Stamm mit einem Spaner oder zwei Bandsägen in eine vorwiegend rechteckige Form gebracht. Im Anschluss können mit einer Sägeblatt-Fräser-Kombination Seitenbretter erzeugt werden (**Modelschnitt**). Der verbleibende rechteckige Querschnitt wird meist auf seine breitere Seite gelegt und in einer **Vielblattsäge** (**Nachschnittsäge**) zu Bret-

Bild 3.45: Sägewerksspaner mit Modelschnitt (*Linck*)

tern und Balken verarbeitet. Zur schnellen Anpassung der Werkstückdicken sind viele Anlagen mit verstellbaren Wellen ausgestattet, die nach dem Teleskop-Prinzip arbeiten und so von Model zu Model eine Veränderung – Optimierung der Werkstückdicken im Kernbereich – ermöglichen. Dafür ist die Schnittpräzision tendenziell etwas schlechter, da die Verstellung naturgemäß ein gewisses Spiel zwischen den Wellen verlangt.

Eine andere **Mehrblattsäge** wird überwiegend zur Bearbeitung getrockneter Hölzer verwendet. Meist werden die Sägeblätter auf eine Hauptwelle (**Königswelle**) montiert und durch Distanzringe (**Spacer**) auf den richtigen Abstand eingestellt. Diesen Distanzringen kommt die Rolle der Flansche zu, sodass durch die Summation von geometrischen Fehlern hier besonders auf Planlaufgenauigkeit, Sauberkeit und Beschädigungsfreiheit geachtet werden muss. Insbesondere bei der Bearbeitung von sehr hochwertigen Hölzern und der Herstellung von Werkstücken mit kleinen Querschnitten macht es Sinn, sogenannte **Dünnschnittsägen** zu verwenden, da andernfalls oft der größere Teil des Holzes zu Spänen verarbeitet wird. Im Jahr 2004 lag bei einem Sägeblattdurchmesser von ca. 220 mm die Grenze bei etwa 1,2 mm Schnittbreite (Voraussetzungen: Die Maschine ist in sehr gutem Zustand, das Holz weist eine zur Bearbeitung geeignete Restfeuchte auf und ist astfrei).

Bild 3.46: Mehrblattsäge mit verstellbaren Teleskopwellen

Vielblattkreissägen sind spezielle Mehrblattkreissägen und für Auftrenn- und Besäumschnitte an Brettware sehr verbreitet. Durch den Vorschub mit einer Plattenkette gewährleisten sie eine sehr gute Werkstückführung und damit gute Schnittqualität. Weiteres Merkmal ist die einseitige Lagerung der Sägewelle, was einerseits leichten Werkzeugwechsel ermöglicht, aber andererseits die maximale Werkstückbreite beschränkt. Die Sägen

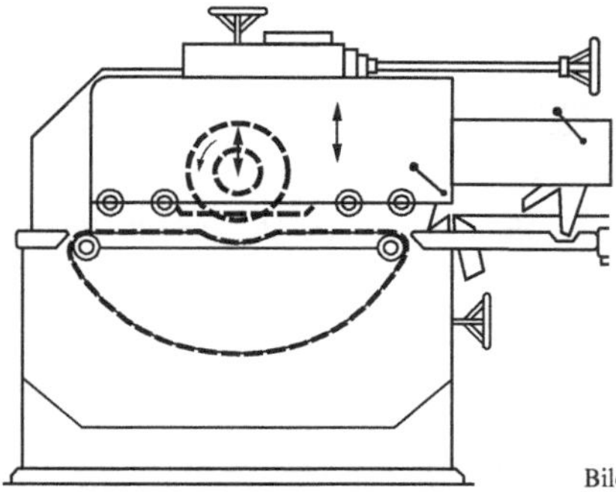

Bild 3.47: Vielblattkreissäge (*Stojan*)

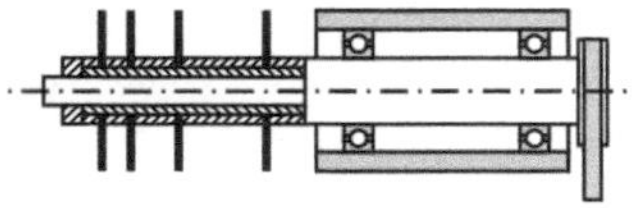

Bild 3.48: Prinzip der Sägewelle in Vielblattkreissägen mit fliegender Lagerung und Sägebüchse

sind i. d. R. auf Büchsen montiert. Neuere Entwicklungen sind bisweilen auch mit einzeln verschiebbaren Sägeblättern ausgestattet.

Eine sehr große und heterogene Gruppe stellen die Kapp- und Gehrungssägen dar. **Kappsägen** werden verwendet, um Massivholz auf Länge zu schneiden. **Gehrungssägen** erzeugen einen montagegerechten Winkelschnitt im Wesentlichen über Hirn. Das Kappen beginnt bereits im Sägewerk und erfordert Sägeblattdurchmesser bis über zwei Meter. Gemeinsames Merkmal der Kapp- und Gehrungssägeblätter ist der meist negative Spanwinkel, der die Schnittqualität an der Austrittsseite des

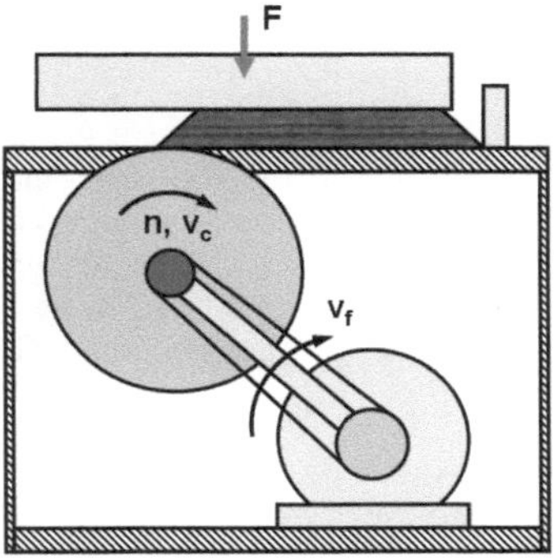

Bild 3.49: Prinzip einer Kappsäge

Sägeblattes verbessert und bei Handvorschub- und handgeführten Maschinen die Rückschlaggefahr vermindert. Neben den Anwendungen im Sägewerk und auf der Baustelle spielt das sogenannte **Optimierungskappen**, bei dem fehlerhafte Stücke aus Massivholzleisten und -brettern ausgeschnitten werden, eine wesentliche Rolle.

Eine Besonderheit in Durchlaufanlagen stellen **dynamische Sägeaggregate** dar. Dabei sind sowohl Doppelendprofiler als auch holzwerkstofferzeugende Anlagen gemeint, bei denen Sägeschnitte im durchlaufenden Material erzeugt werden müssen. Solche Aggregate werden häufig als **Diagonalsäge** bezeichnet. Auf einer Führung wird das Sägeaggregat in einem Winkel, der eine Synchronisation zwischen den Vorschubgeschwindigkeiten von Werkstück und Sägeaggregat gewährleistet, mitgeführt, sodass gerade Schnitte entstehen. Diese können wie beim Kappsägen von angeleimten Kantenbändern[1] in Doppelendprofilern vertikal oder wie bei Holzwerkstoffanlagen zum Aufteilen eines endlosen Stranges horizontal angeordnet sein.

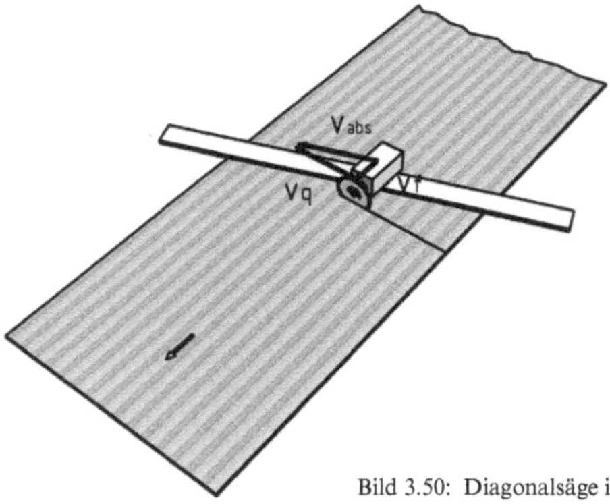

Bild 3.50: Diagonalsäge in einer Holzwerkstoffanlage

3.2.4.2 Zerspanen

Zerspanen ist ein sägeähnlicher Bearbeitungsprozess, bei dem eine saubere Schnittfläche erzeugt und der Säumling in gröbere Späne zerkleinert wird. Bei der ersten Stammverarbeitung im Sägewerk stellen dabei diese hackschnitzelähnlichen Späne ein wesentliches Produkt dar, da sie wegen ihrer genau definierten Form ein wertvolles Ausgangsprodukt für die Gewinnung von Zellulosefasern sind.

[1] Die Schmalfläche eines plattenförmigen Werkstücks wird üblicherweise als **Kante** bezeichnet. Dieser Begriff soll im Folgenden wegen der allgemeinen Verbreitung in dieser Weise verwendet werden, obwohl er nicht der strengen Definition entspricht.

Bild 3.51: Spaner einer Sägewerksanlage

In **Vielblattsägen** dienen Zerspaner häufig zum „Beseitigen“ des undefiniert breiten Säumlings auf der Losseite (gegenüber dem Führungslineal gelegen). Das ist auch der bevorzugte Zweck aller weiteren Zerspaner: den Säumling in eine durch die Absaugung der Maschine entsorgbare Form zu überführen und dabei eine Kante in guter Qualität zu erzeugen. Typischerweise sind Zerspaner in Doppelendprofilern anzutreffen, da sie dort das wichtigste formatgebende Werkzeug darstellen. Meist werden sie im **Halbe-Halbe-Verfahren** eingesetzt, bei dem zwei Zerspaner im Gleichlauf arbeiten und jeweils etwa die Hälfte der zu bearbeitenden Werkstückdicke zerspanen. Dabei werden die beiden Werkzeuge meist an einem gemeinsamen Support aufgehängt, sodass sie bei einem Wechsel der zu bearbeitenden Werkstückdicke gemeinsam auf die neue Halbe-Halbe-Aufteilung verfahren werden können. In ihrer Eingriffsposition bearbeiten die Werkzeuge sehr viel geringere Spandicken, was zu einer guten Schnittqualität und hohen Standwegen trotz stärkerer Abstumpfung durch die langen Schnittwege (pro Vorschubweg) führt.

Nachteilig ist ihre Eigenschaft, bei der Querbearbeitung an der Vorderseite des Werkstücks die frisch angeleimte Längskantenbeschichtung abzureißen, da die Schnittkräfte im Wesentlichen parallel zur Vorschubbewegung verlaufen. Das erfordert die Verwendung eines **Einsetzfügefräsers**, der vor dem Zerspanaggregat angeordnet ist. Auf den ersten Zentimetern des Werkstücks wird dieser so eingeschwenkt oder zugestellt, dass er die Kante im Gegenlauf etwas tiefer anfräst, als die Zerspaner positioniert sind, sodass die Zerspaner mit der Vorderkante des Werkstücks nicht in Berührung kommen. Der Absatz mit 0,2...0,5 mm Tiefe fällt nach dem Anleimen der Kantenbeschichtung kaum auf.

Die Alternative dazu stellt das **Ritzen-Zerspanen** dar, bei dem – ähnlich wie bei einer Formatkreissäge – vor dem Zerspaner eine Ritzsäge arbeitet, die an der Unterseite des Werkstücks die Gutkante erzeugt. Der Zer-

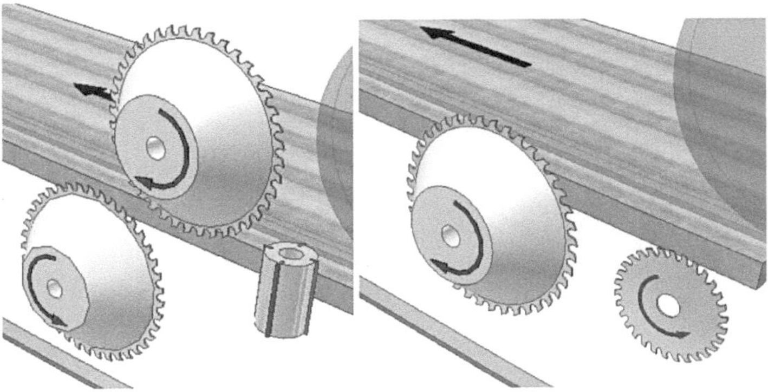

Bild 3.52: Halbe-Halbe-Zerspanen (links) und Ritzen-Zerspanen (rechts)

spaner wird mit seiner Rotationsachse meist etwas oberhalb der Werkstückoberseite angeordnet, sodass er leicht im Gleichlauf arbeitet. Damit ist die Mittenspandicke fast mit dem Zahnvorschub identisch und die resultierende Schnittqualität nicht optimal, sodass sich auch tendenziell geringere Standwege ergeben.

Sehr vorteilhaft ist das Ritzen-Zerspanen bei der Querbearbeitung, da die Schnittkräfte des Zerspaners im Wesentlichen nach unten gerichtet sind und so ein Abreißen der Kante vermieden wird. Für Maschinen mit Werkstückrückführung und ohne **Einsetzfügefräsen** stellt diese Technik meist die einzige Lösung dar.

Einen weiteren Vorteil stellt die Möglichkeit der Verwendung eines **Einschnittbrettes** dar. Dazu wird ein Stück bearbeitbarer, aber verschleißbeständiger Holzwerkstoff (z. B. Pressschichtholz) als Werkstückauflagetisch in der Maschine montiert und mit dem aktuellen Werkzeug „eingeschnitten", sodass die Kontur des Einschnittbrettes die Kontur des Zerspaners eng umschließt. Bei der Bearbeitung von furnierten Holzwerkstoffen und spröden Materialien, z. B. Gipsplatten, können so das Abreißen von Furnierstreifen (Verstopfung der Absaughaube und nachfolgende Brandgefahr) und das Abbrechen größerer Werkstückbrocken (Mitdrehen in der Absaughaube und Zerschlagen von Schneiden) vermieden werden.

Nach der Bauweise der Zerspaner unterscheidet man zwischen **Sägenzerspanern** und **Kompaktzerspanern**. Bei ersteren wird ein Zerspanerkreissägeblatt an einem Zerspanerkörper befestigt. Obwohl die Befestigung auf dem größtmöglichen Teilkreis erfolgt, ist dieser Verbund nicht so steif wie ein kompakter Grundkörper. Dafür ergeben sich Kostenvorteile bei der Instandsetzung und bei einem Ersatz des Sägeblattes nach Verschleiß oder Beschädigung. Bei Kompaktzerspanern wird mit einem massiven Grundkörper gearbeitet, der neben den Vorteilen der Steifigkeit für die Schnittqualität zahlreiche Gestaltungsmöglichkeiten zur Funktionsoptimierung gestattet.

3.2.4.3 Bandsägen

Bandsägen können in zwei wesentliche Gruppen unterschieden werden:

- Blockbandsägen,
- Tischlerei- bzw. Schreinerbandsägen.

Insbesondere in Sägewerken werden **Blockbandsägen** verwendet. Die Breite des Sägebandes beträgt hierbei etwa 60...300 mm, die Dicke 1,0...1,65 mm, wobei die üblichen Abmessungen im Bereich von 150 mm Breite und 1,25...1,47 mm Dicke liegen. Im Allgemeinen gilt die Regel, dass der Durchmesser des Antriebsrades der Maschine mindestens das Eintausendfache der Sägebanddicke betragen soll, sodass sich aus den Abmessungen des Sägebandes die Maschinendimensionen bestimmen lassen. Die Antriebsräder sind leicht ballig. Die Vorspannung der Sägebänder bewirkt, dass sich das Sägeband an diese Kontur anlegt. Dadurch wird eine Führung des Bandes in Vorschubrichtung erzeugt, sodass meist keine weitere Führung in dieser Richtung notwendig ist.

Zum Erzeugen eines sicheren Reibschlusses zwischen Band und Rolle wird das Sägeband außerdem über die Rollen gespannt. Zusätzlich können die Rotationsachsen der Rollen in ihren horizontalen Ebenen noch leicht gegeneinander verdreht werden, was ein zusätzliches Torsionsmoment im Sägeband erzeugt und es weiter versteift. Bei allen Spannungseinleitungen sollten die Angaben des Maschinenherstellers beachtet werden, um ein Reißen des Sägebandes zu vermeiden.

Blocksägebänder werden üblicherweise seitlich geführt. Das kann durch einfache Klötzchen oder Rollen erfolgen, die dicht hinter der Verzahnung positioniert werden. Bei der Bearbeitung feuchter Hölzer wird die Führung häufig mit Wasser „geschmiert" und gekühlt. Gelegentlich werden die Führungen auch zur schnellen Schnittpositionsanpassung genutzt. Die Verzahnungen der Sägebänder können wie bei CV-Kreissägeblättern geschränkt sein. Üblicher ist es jedoch, Bandsägezähne zu stauchen. Durch die Kaltverformung erhöht sich die Härte des Zahnes gegenüber dem Grundmaterial um bis zu 8 HRC. Das ermöglicht es, Sägebänder niedrigerer Härte und damit höherer Zähigkeit zu verwenden. Nach dem Stauchen wird der Zahn noch geschliffen. Für die industrielle Fertigung sind die Standwege geschränkter und gestauchter Sägebänder jedoch zu gering. Hier kommen meist **stellitierte Sägebänder** zur Anwendung, die etwa den vierfachen Standweg eines gestauchten Sägebandes aufweisen. Blockbandsägen werden meist in Transferstraßen eingegliedert. Gelegent-

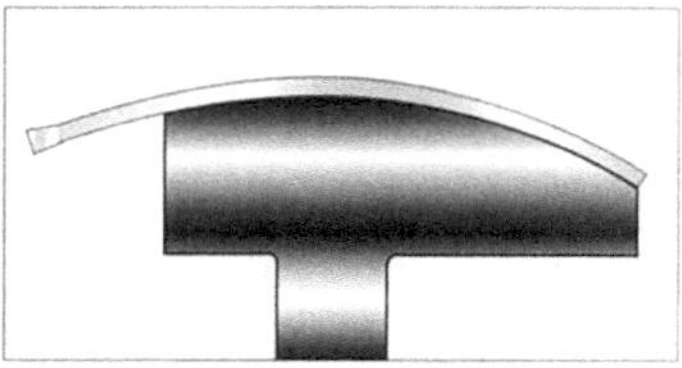

Bild 3.53: Blocksägeband auf der Antriebsrolle (*Sandvik*)

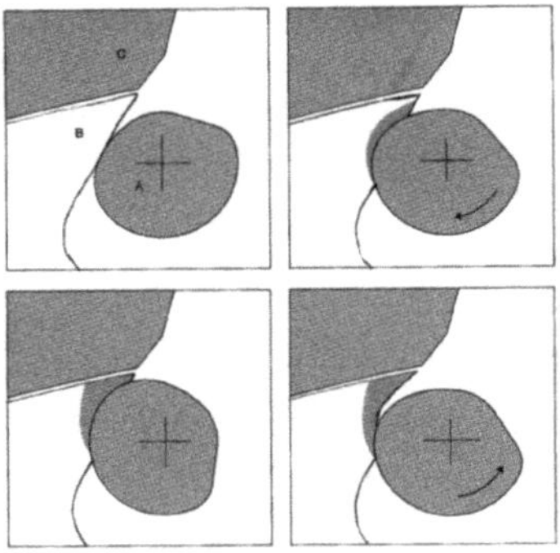

Bild 3.54: Stauchen von Bandsägezähnen (*Vollmer*)

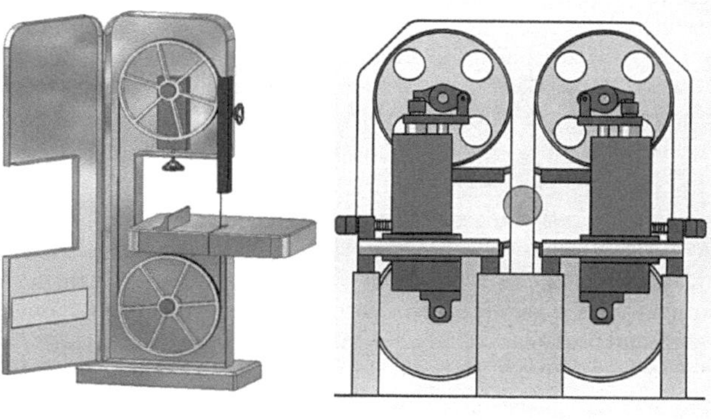

Bild 3.55: Schreiner- und Sägewerksbandsäge (rechts *EWD*)

lich wird aber das Holz auch über einen **Reverser** zurückgeführt, gedreht und nochmals bearbeitet oder über eine **Vorschubumkehr** „rückwärts" bearbeitet. Dazu sind Sägebänder mit beidseitiger Verzahnung verfügbar. Abhängig von Sägebandquerschnitt und Schnitthöhe können Blockbandsägeanlagen bei Schnittgeschwindigkeiten von 35 ... 75 m/s und Vorschubgeschwindigkeiten von bis zu 120 m/min bei der Bearbeitung von schlagfeuchten Weichhölzern eingesetzt werden.

Anders ausgerichtet sind die **Tischlerei-** bzw. **Schreinerbandsägen**. Bei Sägebandabmessungen von 5 ... 50 mm Breite und 0,6 ... 0,9 mm Dicke ist es möglich, Freiformschnitte zu erzeugen. Da die Stabilität dieser filigranen Bänder deutlich geringer ist, werden sie gegen die Vorschubrichtung abgestützt. Darüber hinaus ist es praktisch fast unmöglich, den Zahnkranz des Sägebandes außerhalb der Rolle zu halten, sodass die Rollen oft mit einem Elastomer belegt sind, um Beschädigungen an Rolle und Sägeband zu vermeiden. Die Sägebänder sind geschränkt oder gestaucht, bessere Qualitäten werden danach noch induktiv gehärtet.

3.2.4.4 Kettensägen

Kettensägen werden vor allem im Holzeinschlag eingesetzt. Die verbreitetste Zahnform der Sägeketten ist der **Hobelzahn**. Durch den sehr großen Spanwinkel neigt die Sägekette dazu, sich selbst in das Holz zu ziehen. Dem wird durch einen **Spandickenbegrenzer** vor dem Zahn entgegengewirkt. Da der Freiwinkel beim Kettensägen relativ klein ist, muss auf die richtige Kettenspannung geachtet werden. Ist die Sägenspannung zu gering, „baucht" die Sägekette aus, entwickelt eine hohe Reibung und hohe Temperaturen, welche die Schneidhaltigkeit des üblichen Zahnes aus Kaltarbeitsstahl stark negativ beeinflussen. Eine zu hohe Kettenvorspannung führt dagegen zu einer hohen Reibung im Kettenschwert mit analoger Nebenwirkung. Für Spezialanwendungen kann die Sägekette auch mit Hartmetallzähnen bestückt sein. Neben den mobilen Kettensägen haben sich insbesondere für Kappschnitte im Sägewerk auch **stationäre Kettensägen** bewährt. Sie sind in der Lage, die großen Kappsägeblätter mit ca. 2 m Durchmesser zu ersetzen, deren Handling beim Werkzeugwechsel und Nachschärfen recht kompliziert ist. Ein Sonderfall der Kettensägen sind die **Fräs-** bzw. **Stemmketten**. Im Prinzip stellen sie

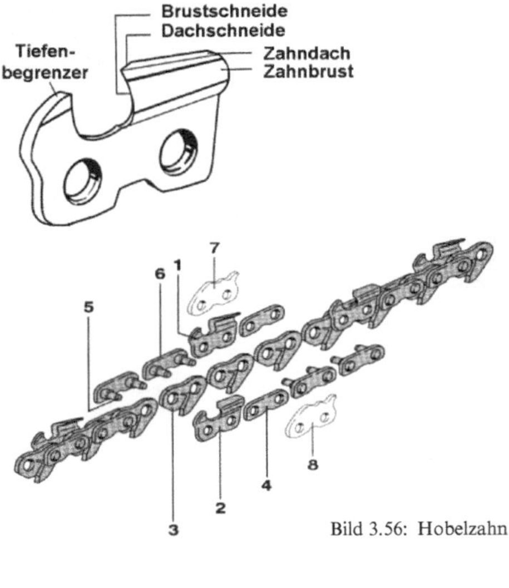

Bild 3.56: Hobelzahn und Hobelzahnkette (*Stihl*)

breite Sägeketten oder Kombinationen von mehreren Sägeketten nebeneinander dar. Das Stemmen war eine wichtige Technologie beim Abbund und in der Zimmerei, wird aber vor allem aus Gründen der Arbeitssicherheit mehr und mehr durch Fräsoperationen ersetzt.

3.2.4.5 Gattersägen

Das Gattersägen ist eines der ältesten maschinellen Holzbearbeitungsverfahren. Abgeleitet aus den manuellen Trumsägen wird der Stamm mit einer hin- und hergehenden (oszillierenden) Bewegung des Gatterrahmens und eingebauten Sägeblättern in ein vorgegebenes Aufteilbild gesägt. Problematisch ist dabei, dass üblicherweise die Zähne des Gattersägeblattes in eine Richtung stehen, sodass auf den Lasthub ein Leerhub folgen muss. Das erfordert aber gegenüber dem Sägeblatt einen **diskontinuierlichen Vorschub**. Gelegentlich sind Gattersägeblätter mit Verzahnung in beide Richtungen zu finden, die allerdings aufgrund der großen Zahnabstände nur für geringe Vorschübe geeignet sind. Ebenfalls nur gelegentlich zu finden sind Gattersägen mit diskontinuierlichem Vorschub, da Beschleunigen und Abbremsen des Stammes bei jedem Hub reine Energievernichtung darstellen und mit hinreichender Bewegungsgenauigkeit nicht ganz einfach zu bewerkstelligen sind. Üblich ist es, das Gatter mit **Sägeblattüberhang** (Bild 3.57) zu betreiben. Dazu werden die Gattersägeblätter am Rahmen oben gegen die Vorschubrichtung verschoben. Das führt dazu, dass diese beim Leerhub im Schnittspalt abheben. Idealerweise haben das Abheben und der Vorschub pro Hub den gleichen Betrag, sodass das Sägeblatt beim Arbeitshub sofort wieder in das Holz eingreift.

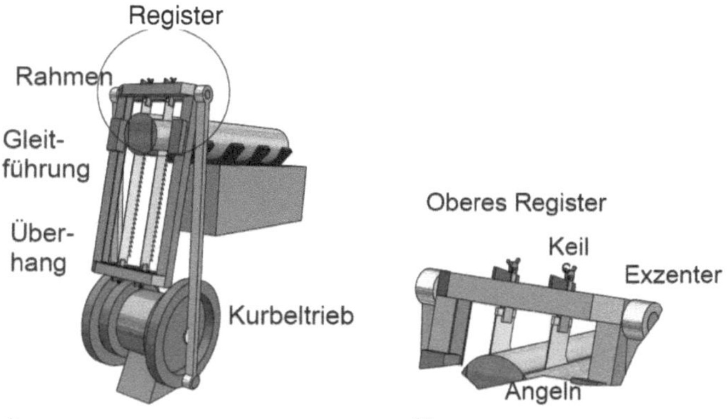

a) b)

Bild 3.57: Sägeblattüberhang (a) und Gatterrahmen (b)

Eine andere, technisch aufwendigere Lösung stellen die **Schwinggatter** dar, bei denen das Abheben der Sägeblätter in der Schnittfuge durch eine Bewegung des Gatterrahmens gewährleistet wird. Der Vorteil besteht darin, dass das aufwendige Nachjustieren des Überhanges bei Änderungen der Vorschubgeschwindigkeit entfallen kann. Insgesamt sind Gattersägen Maschinen mit relativ niedriger Vorschubgeschwindigkeit. Üblich sind Werte zwischen 6 und 12 m/min, Hochleistungsgatter erreichen ca. 20 m/min. Dafür entstehen bei einem Durchgang komplette Aufteilbilder. Allerdings erfordert der Wechsel der Aufteilbilder erhebliche Rüstzeiten. Das Spannen der Gattersägeblätter erfolgt durch Einschlagen von Keilen in die Angel oder eleganter durch hydraulische Spannelemente. Die Bedeutung von Gattersägen ergibt sich insbesondere aus den großen erzielbaren Schnitttiefen. Diese sind bei Laubhölzern und tropischen Hölzern, aber auch zunehmend bei Nadelhölzern, wichtig, da die Bearbeitung mit Kreissägeblättern sehr große Werkzeugdurchmesser erfordert und die damit verbundenen großen Schnittbreiten die Holzausbeute erheblich schmälern würden. Gattersägeblätter bestehen meist aus Kaltarbeitsstahl und werden geschränkt. Die Dicke der Gattersägeblätter liegt bei ca. 1,8 ... 2,4 mm, die Schnittbreite bei etwa 3 ... 3,6 mm.

Zur **Standwegverbesserung** können Gattersägeblätter hartverchromt oder mit Stellitzähnen ausgestattet werden. Gelegentlich haben Gattersägeblätter Durchbrüche im mittleren Bereich, die für eine bessere Spannungsverteilung im Blatt und damit für geradere Schnitte sorgen.

Eine Sonderform der Gattersägen stellen die **Dünnschnittgatter** dar. Mit ihnen werden vor allem Hartholzkanteln zu Parkettfriesen aufgetrennt. Ihr Vorteil gegenüber Kreissägen liegt in der geringen Schnittbreite von 1,0 ... 1,3 mm, was die Ausbeute bei diesen wertvollen Hölzern und damit die Wirtschaftlichkeit der Parkettherstellung verbessert.

3.2.5 Fräsen und Hobeln

Fräsen ist ein Fertigungsverfahren der Hauptgruppe Trennen, bei dem mit einer kreis- bzw. bogenförmigen Schnittbewegung glatte, ebene, parallele, geschweifte und profilierte Flächen sowie Nuten, Schlitze, Federn, Zapfen, Langlöcher u. a. hergestellt werden.

3.2.5.1 Planhobeln (Planfräsen)

Hobeln im Sinne dieses Kapitels ist ein Fräsprozess bei der Massivholzbearbeitung. Aus dem ursprünglichen linear spanenden Handhobeln ist der Begriff Hobeln auf ein Bearbeitungsverfahren mit rotierendem Werkzeug übertragen worden. Dadurch sind die Abgrenzungen des Verfahrens fließend. Geblieben ist vor allem der Bezug zur Bearbeitung längs der Faser. Üblich ist es, dass das Werkstück durch Vorschubrollen über einen Maschinentisch gefördert wird, an dessen einer Seite sich ein Führungslineal befindet. Da die Vorschubrollen keine hinreichende Sicherheit gegen das Mitreißen („Rückschlag") des Werkstücks bieten, wird grundsätzlich im **Gegenlauf** gearbeitet.

Das verbreitetste Hobelverfahren ist das **Abricht-** bzw. **Dickenhobeln**, bei dem der Trocknungsverzug eines Holzwerkstücks egalisiert und/oder das Werkstück auf die gewünschte Dicke kalibriert wird (Bilder 3.58 bis 3.60). Dabei kann das Hobelwerkzeug durch Vorrichtungen, Schneiden oder zusätzliche Spindeln und Werkzeuge zum Formatieren, Anfasen oder Abrunden ergänzt werden. Entsprechend dem Verfahrensprinzip erzeugt das Werkzeug an der Oberfläche grundsätzlich **Messerschläge**. Ihr Abstand ist ein wesentliches Qualitätsmerkmal. Als „**Hobeloberfläche**" gelten dabei Abstände von ca. 1,7 mm. Eine Verringerung des Vorschubes führt neben einer Verfeinerung der Oberfläche allerdings auch zu einer mindestens proportionalen Verringerung des Standweges der Hobelmesser.

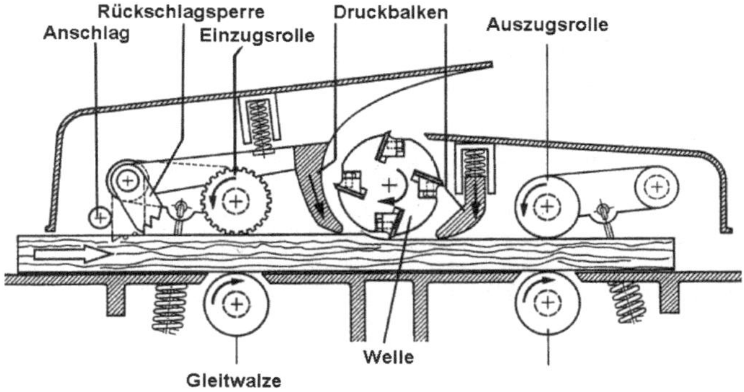

Bild 3.58: Prinzip einer Dickenhobelmaschine

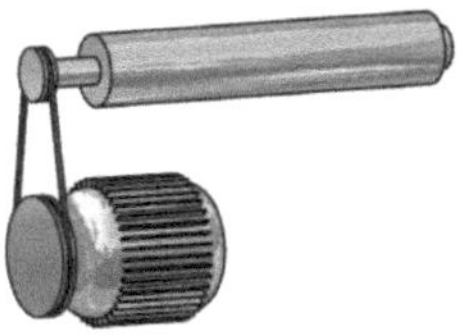

Bild 3.59: Aggregat: Motor, Riementrieb und Hobelwelle

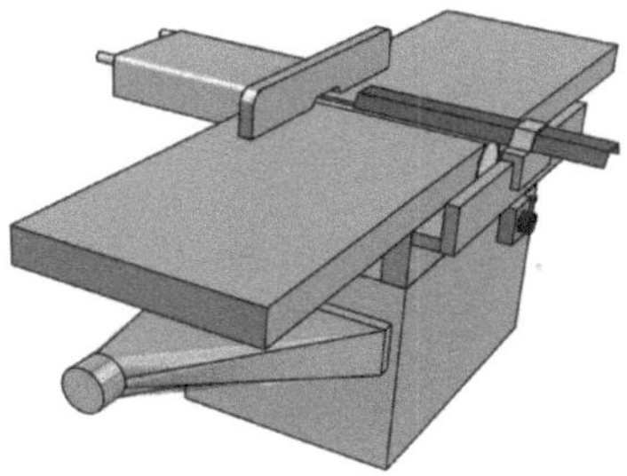

Bild 3.60: Abrichthobelmaschine

Eine Erhöhung des Vorschubes hat in beiden Aspekten die gegenteilige Wirkung. Charakteristisch ist, dass für die Einstellung der **Messerschlagabstände** nicht der Zahnvorschub, sondern der Vorschub pro Umdrehung herangezogen werden muss. Das liegt an der im Vergleich zum Rundlauffehler der Schneiden (60 ... 100 µm) geringen Hobelschlagtiefe (1 ... 5 µm).

In der Praxis wird die Oberfläche immer nur durch das am weitesten vorstehende Messer geformt, obwohl alle Messer am Spanungsprozess teilnehmen. Die zulässige **Zustelltiefe** hängt von dem jeweils verwendeten Hobelkopfsystem ab. Ein Überschreiten führt meist zu einer starken Zunahme von **Vorspaltungen** und damit zu einer deutlichen Verschlechterung der Hobelqualität. Während das Abricht- und Dickenhobeln vorwiegend in kleineren Betrieben zu finden ist, erfolgt die industrielle Herstellung von Hobelware und Massivholz- oder Leimholzplatten überwiegend auf hochspezialisierten Anlagen, die mit Vorschubgeschwindigkeiten bis 600 m/min betrieben werden. Dabei kann die Arbeitsbreite bis 3,5 m betragen. Bei großen Arbeitsbreiten sind die Werkzeuge als sogenannte **Hobelwellen** in die Maschinen fest eingebaut. Obwohl auf solchen Anlagen mit Schnittgeschwindigkeiten bis etwa 100 m/s gearbeitet wird, würde das **Ein-Messer-Finish** der Abricht- und Dickenhobelmaschinen mit Messerschlagabständen von bis zu etwa 100 mm zu inakzeptablen Oberflächenqualitäten führen. Eine Verbesserung wird durch das sogenannte Hydrohobeln erreicht. Dazu wird der Hobelkopf im Bereich seiner Aufnahmebohrung mit Kammern ausgestattet, die mit Öl oder Fett befüllt werden. Wird das Öl bzw. Fett mit Druck beaufschlagt, dehnt es die Bohrungswandung über den gesamten Umfang radial etwas aus und kompensiert damit das zur Montage notwendige Spiel zwischen Welle und Bohrung. Auf diese Weise lässt sich die Rundlaufgenauigkeit der Schneiden auf 10 ... 20 µm verbessern.

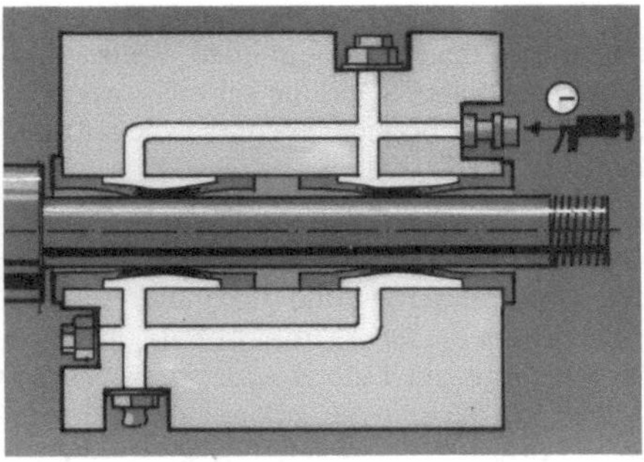

Bild 3.61: Hydrospannung (*Weinig*)

Eine weitere Möglichkeit zur Eliminierung von Rundlaufabweichungen ist das **Jointen**. Dazu wird der Hobelkopf in Arbeitsposition gebracht und auf Betriebsdrehzahl eingestellt. Über die Jointvorrichtung wird ein sogenannter Jointstein zugeführt, der für HSS-Messer aus mineralischem Schleifmittel und für Hartmetallmesser aus einem diamanthaltigen Schleifkörper besteht. Dieser „richtet den Hobelkopf ab“ und bringt damit alle Messer in einen nahezu absoluten Rundlauf. Allerdings erzeugt er dabei die **Jointfase**, eine Facette in der Rückenfreifläche des Messers, die unmittelbar dem Flugkreis entspricht und damit keinen Freiwinkel ($\alpha = 0°$) hat. Geringe Beträge dieser Jointfase sind geeignet, die Oberflächenqualität durch die entstehende Reibung und Glättung leicht zu verbessern. Wenn nach wiederholtem Jointen die Jointfasenbreite jedoch 0,5 ... 0,7 mm überschreitet, wird die Oberfläche inakzeptabel verschlechtert, und das Messer muss neu geschärft werden.

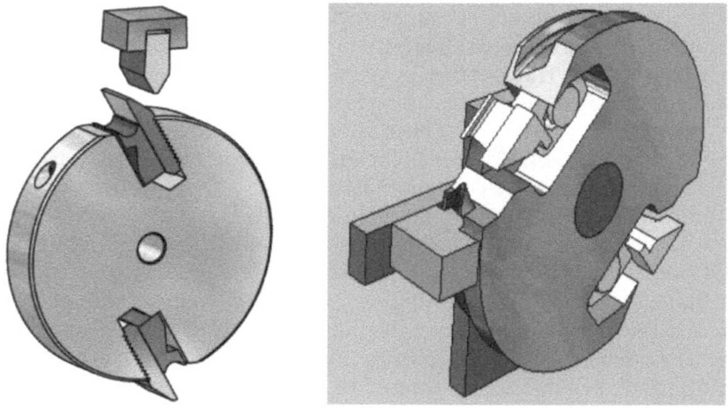

Bild 3.62: Gerade- und Profiljointen

Alternativ gibt es Lösungen, bei denen die gesamten Wellen inklusive Lagerung ausgebaut und auf die Schärfmaschine gebracht werden. Dieses **Schärfen** in einer Aufspannung ermöglicht ebenfalls, die erforderliche Rundlaufgenauigkeit kleiner 5 µm zu erhalten.

Einen anderen Weg zur Erzeugung einer ebenen Holzoberfläche stellt das **Stirnplanfräsen** (**Rotoles-Prinzip**) dar. Mit einer etwa rechtwinklig zur Holzoberfläche stehenden Rotationsachse (Bild 3.63) und einem Rotor, dessen Durchmesser größer ist als die Bearbeitungsbreite, kann sowohl das Abricht- und Dickenhobeln als auch die Hochleistungsbearbeitung im Hobelwerk erfolgen. Die Oberfläche wird bei diesem Verfahren ähnlich dem Sägen mit der **Nebenschneide** erzeugt. Die plastische Verformung des Holzes erfolgt jedoch weitgehend durch die Hauptschneiden.

Bild 3.63: Stirnplanfräsen

Die durch die Nebenschneiden erzeugte Oberfläche ist daher weitgehend verformungs- und vorspaltungsfrei. Die Anzahl und Größe der Oberflächenfehler an kritischen Stellen (Ästen und Harzgallen) ist deutlich geringer. Besonders vorteilhaft ist jedoch die Erzeugung von zu verleimenden Oberflächen. Die fehlende Verformungszone und die (bei entsprechender Planlaufgenauigkeit des Werkzeugs) sehr gute Ebenheit der Oberfläche bewirken eine Reduzierung des Leimbedarfes und gestatten dennoch höhere Verleimfestigkeiten.

Problematisch, weil zeitaufwendig, an dem Verfahren ist jedoch das Justieren der Schneiden beim Messerwechsel, da sich Planlauffehler schnell in einer inakzeptablen Welligkeit der Oberfläche auswirken.

3.2.5.2 Universal- und Profilhobeln (Profilfräsen)

Neben der Erzeugung flächiger Holzwerkstücke spielt auch die Herstellung von Werkstücken mit einer im Vergleich zum Querschnitt großen Länge (Balken, Leisten und Latten) eine wichtige Rolle. Im Allgemeinen werden solche Bearbeitungen als **Vierseitenhobeln** bezeichnet. Aus der früheren großen Verbreitung von Kehlleisten (Fußboden- und Deckenkehlleisten in Wohnräumen) resultiert die ebenfalls gebräuchliche Maschinenbezeichnung „**Kehlautomat**". Beim Vierseitenhobel wird sowohl plangehobelt als auch profiliert. Da das **Profiljointen** ein relativ aufwendiger Prozess ist und andererseits die zu profilierenden Losgrößen tendenziell immer kleiner werden, verfügt die überwiegende Mehrzahl der Maschinen nicht über Jointvorrichtungen.

Eine Spindeldrehzahl von 6 000 min^{-1} begrenzt z. Z. die mit Hobelqualität erreichbaren Vorschubgeschwindigkeiten auf etwa 10 ... 12 m/min. Eine Steigerung der Produktivität ist also in erster Linie über eine Erhöhung der Drehzahlen zu erzielen. Da eine Erhöhung der Drehzahl andererseits zu höheren Unwuchtkräften und damit Maschinenschwingungen und Lagerbelastungen führt, ist eine Verbesserung der Aufspannverhältnisse von Werkzeugen dringend geboten. Erfolg verspricht dabei die Verwendung von hochgenauen **Hohlschaft-Kegelschnittstellen** an den Maschinenspindeln.

Die Spindelkonfigurationen an **Vierseitenhobelmaschinen** (Bild 3.64) sind sehr vielfältig und individuell. Das Minimum sind meist fünf Spindeln. Dabei dient die erste Spindel als **Abrichtspindel**. Gegebenenfalls kann das Abrichten durch eine Nutenbettfräsung erfolgen, die eine bessere Führung des Holzes auf dem (dann mit passenden Nuten versehenen) Maschinentisch bei der Profilierung von der Seite bewirkt.

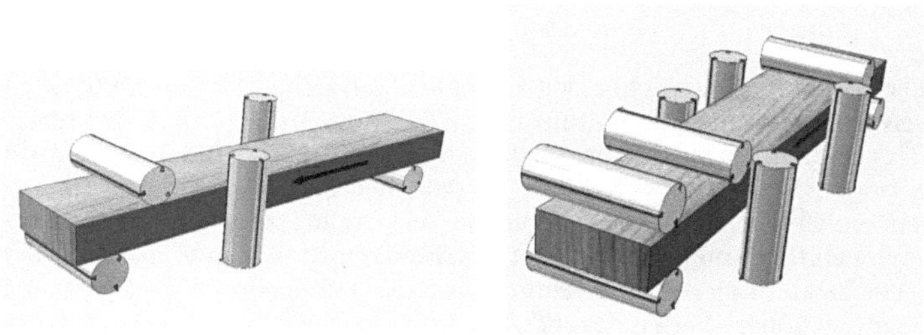

Bild 3.64: Mögliche Spindelkonfigurationen an Vierseitenhobelmaschinen

Eine Besonderheit stellen die **Hubspindeln** dar, die insbesondere bei der Herstellung von Fensterkanteln verbreitet sind. Um häufige Rüstvorgänge zu vermeiden, werden die Spindeln sehr lang gestaltet und mit einer Vorrichtung versehen, die eine maschinelle Höhenverstellung gestattet. So können zahlreiche verschiedene Werkzeuge bzw. Werkzeugsätze aufgebaut und wahlweise eingesetzt werden. Empfehlenswert sind auf solchen Maschinen **Messerkopfsysteme**, die einen Messerwechsel in radialer Richtung und ohne Ausbau des Werkzeugs gestatten.

Die Herstellung von **Verbindungsprofilen**, insbesondere Minizinkenverbindungen (Bild 3.65), erfordert ebenfalls Profilfräsprozesse. Da Leimholz im Vergleich zu Massivholz in der Regel eine höhere Festigkeit aufweist und durch die Verwendung optimiert gekappter Rohware eine bessere Ressourcennutzung gestattet, hat die Verwendung von Leimholz in den letzten Jahren kontinuierlich zugenommen. Insbesondere für statisch tragende Bauteile ist die **Profilierung** ein sehr anspruchsvoller Prozess, bei dem viele Parameter gleichzeitig einzuhalten sind. Neben den tragenden Verbindungen werden zahlreiche Profile für nichttragende Verbindungen (im Gestellmöbelbau) oder als Profil-Konterprofil-Verbindung (im Möbel- und Innenausbau) verwendet. Nicht zuletzt werden Vierseitenhobelmaschinen für die Herstellung von **Nut-Feder-Verbindungen**, z. B. bei Hobeldielen im Längsbereich, genutzt.

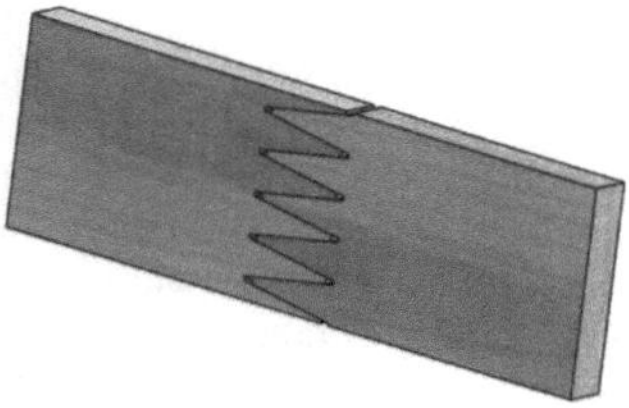

Bild 3.65: Statisch tragende Minizinkenverbindung

3.2.5.3 Tischfräsen

Zu den sehr verbreiteten Maschinen der Holzbearbeitung gehören die **Tischfräsmaschinen** (Bild 3.66), die mit ihrem relativ einfachen Aufbau preisgünstig und vielseitig sind. Allerdings gehören diese Maschinen zu den gefährlichsten in der Holzbearbeitung, da sich beim üblichen Handvorschub sowohl die Hände selbst als auch der gesamte Oberkörper des Maschinenbedieners im unmittelbaren Gefährdungsbereich befinden.

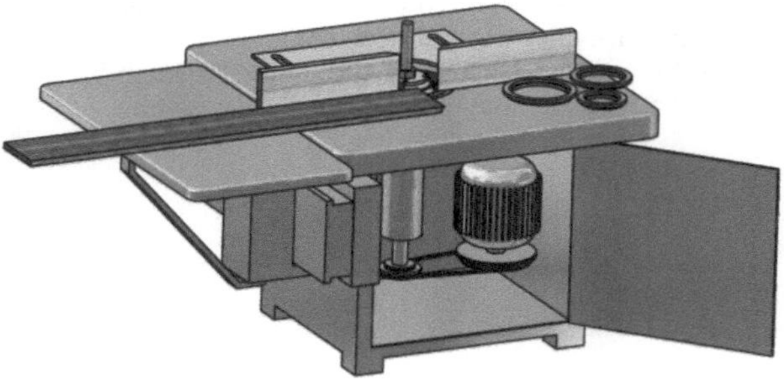

Bild 3.66: Tischfräsmaschine

Werkzeuge auf Tischfräsmaschinen werden grundsätzlich im **Gegenlauf** zum Einsatz gebracht. Sollte eine Einsetzfräsung notwendig sein, muss das Werkstück durch ein stabiles Gegenlager vor dem Mitreißen geschützt werden. Neben der Verwendung der Schutzvorrichtungen an den Maschinen ist insbesondere auf die ausschließliche Verwendung von **Handvorschubwerkzeugen**, die mit der Codierung „MAN" versehen sind, zu achten. Zusätzlich kann ein entsprechendes Prüfzeichen, zum Beispiel das „BG-Test"-Zeichen der deutschen Holz-Berufsgenossenschaft, angebracht sein, das die Konformität des Werkzeugs mit den geltenden Gestaltungsregeln bestätigt.

Die wichtigsten Gestaltungsregeln für Handvorschubwerkzeuge betreffen den Schneidenüberstand und die Spanlückenweite. Der **Schneidenüberstand** ist das maßgebliche Kriterium für die Rückschlageigenschaften eines Werkzeugs. Von **Rückschlag** spricht man, wenn ein Werkzeug ganz oder teilweise im Gleichlauf eingreift, dabei das Werkstück an den Schneiden fixiert und entgegen der ursprünglichen Vorschubrichtung – und damit auf den Bediener zu – beschleunigt. Dazu kann es beispielsweise beim Einsetzfräsen kommen, wenn das Widerlager nicht hält, wenn beim Fräsen der Kontakt zum Führungslineal verloren geht und das Werkstück auf dem Werkzeug „schwimmt" oder ein Werkstück bei der Bearbeitung reißt und Teilstücke im Gleichlaufbereich in das Werkzeug geraten. Im ungünstigsten Falle kann das Werkstück dabei bis auf die Umfangsgeschwindigkeit des Werkzeugs, die mit maximal 70 m/s begrenzt ist, beschleunigt werden. Ein Werkstück mit ca. 250 km/h im „Gegenverkehr" stellt nicht selten eine tödliche Waffe dar. Durch die Begrenzung des Schneidenüberstandes auf 1,1 mm ist es nach allgemeiner Erfahrung möglich, die **Rückschlaggeschwindigkeit** des Werkstücks auf weniger als ein Viertel der Umfangsgeschwindigkeit des Werkzeugs zu reduzieren. Abhängig von der Gestaltung des Werkzeugs ist darüber hinaus die zulässige Schneidenzahl festgelegt. Für **Nichtrundformwerkzeuge** (Bild 3.67) gilt $z = 2$, während für **Rundformwerkzeuge** bis zu $z = 4$ (und für Rundform-Nuter noch höhere Zähnezahlen) zulässig sind. Bei Rundformwerkzeugen ist es zulässig, den Zahnüberstand bis auf 3 mm zu erhöhen, allerdings ist dann nur noch $z = 3$ zugelassen.

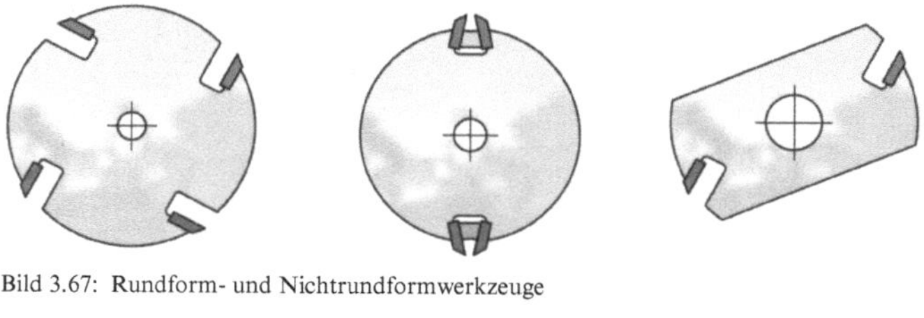

Bild 3.67: Rundform- und Nichtrundformwerkzeuge

Die Gestaltungsregeln für die **Spanlückenweite** dienen der Begrenzung der Schwere der Verletzungen, falls es doch zu einer Berührung der Hand mit dem rotierenden Werkzeug kommt. Bei Einhaltung der Regeln bleibt der Verlust in der Regel auf ein Fingerglied begrenzt. Modernere Tischfräsmaschinen bieten häufig verschiedene Spindeldrehzahlen, die durch Umlegen des Antriebsriemens auf unterschiedliche Riemenscheiben gewechselt werden können. Es ist deshalb jedes Mal vor der Inbetriebnahme zu prüfen, ob die Spindeldrehzahl kleiner oder maximal gleich der auf dem Werkzeug markierten Höchstdrehzahl ist.

3.2.5.4 CNC-Oberfräsen

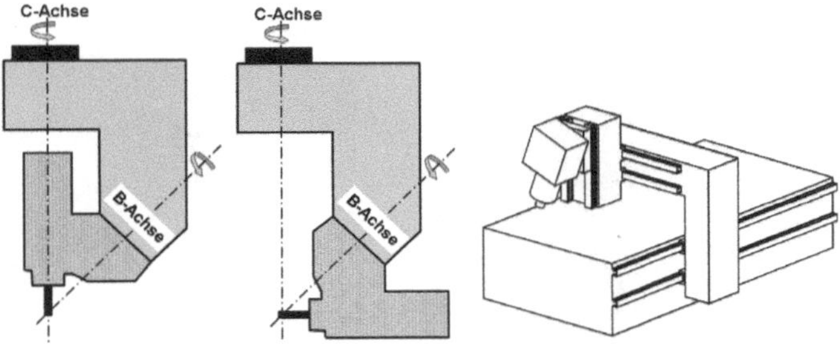

Bild 3.68: CNC-Oberfräse in Auslegerbauweise und Fünfachsaggregat in kardanischer Bauweise (*Raimann*)

In den letzten Jahren haben sich **CNC-Oberfräsen** bzw. **-Bearbeitungszentren** (Bild 3.68) einen festen Platz in anspruchsvollen Schreinereien, Innenausbaubetrieben und Möbelfabriken erobert. Die Gründe dafür sind neben der Eignung für beliebig geformte Werkstücke vor allem in der hohen Flexibilität und der hohen Fertigungsqualität dieser Maschinen zu suchen. Letztere hängt insbesondere damit zusammen, dass die hohen Drehzahlen der Antriebsspindeln im praktischen Betrieb zu Zahnvorschubwerten im Bereich von 0,2 ... 0,3 mm führen und die Messerschläge dadurch mit dem menschlichen Auge nicht mehr wahrgenommen werden können. Allerdings verursacht das höhere Werkzeugkosten im Vergleich zu Bearbeitungen auf Tischfräsen oder Durchlaufanlagen. Am häufigsten werden Maschinen mit drei (X, Y und Z) bzw. vier (zusätzliche C-Achse an der Spindel) CNC-Achsen verwendet.

Das Formatieren von Werkstücken erfolgt meist mit **Schaftfräsern** mit einem Durchmesser von 12 ... 25 mm, abhängig von der Dicke und dem Wert des Materials. Werkstücke mit geraden Kanten werden häufig durch Kreissägen vorformatiert, da das schneller geht und kostengünstiger ist. Eine zunehmende Bedeutung hat das sogenannte **Nesting** (Bild 3.69), bei dem Werkstücke geometrisch in eine große Platte hinein „verschachtelt" werden und so die Materialaufteilung verschnittoptimiert wird. Bei großen Hauptspindeldrehzahlen und/oder hohen Vorschüben verdient die **Spanentsorgung** besondere Aufmerksamkeit. Der „Späneschweif" eines Formatiervorgangs kann mehrere Meter lang sein und die Umgebung der Maschine innerhalb kurzer Zeit stark verschmutzen. Empfehlenswert sind in solchen Fällen Werkzeuge, bei denen die Schneiden spiralig angeordnet sind und die Spirale nach oben zieht. So erfolgt der Spanauswurf vorwiegend in Richtung der Absaughaube. Allerdings verursachen diese Werkzeuge auch Schnittkraftkomponenten, die ver-

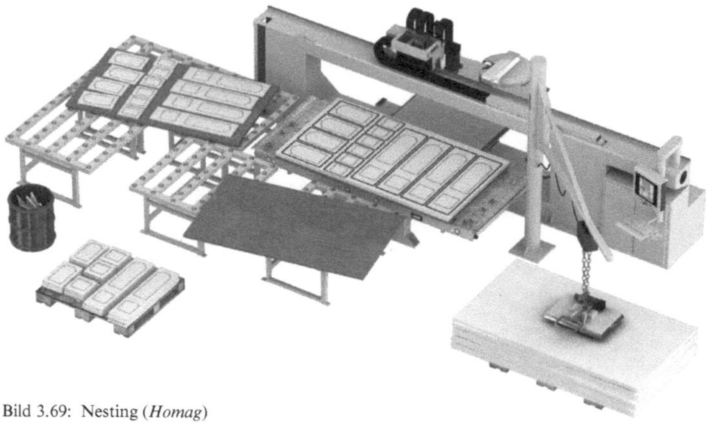

Bild 3.69: Nesting (*Homag*)

suchen, das Werkstück abzuheben, sodass auf ausreichende Werkstückhaltekräfte zu achten ist.

Massivholzwerkstücke werden auf CNC-Oberfräsen oft an ihrer Außenkontur profiliert. Da die Bearbeitung in einer Aufspannung erfolgt, ist die Konturgenauigkeit an den Ecken problemlos erzielbar. Problematisch ist dagegen, dass bei dieser Bearbeitung das Werkzeug sowohl zur Bearbeitung von Holz längs der Faser als auch über Hirn geeignet sein muss, was gelegentlich zu Kompromissen zwingt. Das Profilieren von Innenkonturen ist nur dann möglich, wenn keine scharfen Ecken vorgesehen sind. Oft werden zum Profilieren Werkzeuge mit großem Durchmesser verwendet. Dabei ist der Platzbedarf im Werkzeugwechsler zu beachten, da solche Werkzeuge oft mehrere Wechslerplätze blockieren und ein häufigeres Umrüsten erfordern. Bei Werkstücken aus Massivholz oder MDF wird häufig auch eine Profilierung in der Fläche vorgenommen. **Ziernutfräsungen** sollten dabei nach Möglichkeit nach unten nicht spitz auslaufen, da an diesem Punkt des Profils die Schnittgeschwindigkeit null ist, was die Bearbeitung problematisch macht. In Bauteile aus MDF werden gern Kassetten oder ähnliche Profile eingefräst, die dann durch Vakuumummantelung oder Lackierung beschichtet werden. In beiden Fällen wirken sich die zulässigen Materialdickentoleranzen ungünstig auf die Konturgenauigkeit der Werkstücke aus. Um das zu kompensieren, haben sich sogenannte **Tastaggregate** bewährt, bei denen das Werkzeugspannsystem in der Lage ist, das Werkzeug mit einer Tastvorrichtung in der Z-Achse schwebend zu führen und damit eine konstante Profiltiefe von der Oberfläche aus gemessen herzustellen.

a) b)

c) d)

Bild 3.70: a) Winkelsäge- und -fräsaggregat, b) Schwenksäge, c) getastetes Fräsen von Profilen, d) Reihenbohrgetriebe (*Grotefeld*)

Oberfräsen mit weiteren Bearbeitungsmöglichkeiten (Bohren, Sägen usw.) werden gemeinhin als **Bearbeitungszentren (BAZ)** bezeichnet. Auf ihnen kann an Werkstücken aus Holzwerkstoffen eine Kantenbeschichtung aus Kunststoff angeleimt werden. Die **Kantenanleimaggregate** werden in die Hauptspindel eingewechselt oder sind am Ausleger oder der Brücke befestigt. Die **Kantennachbearbeitung** erfolgt ähnlich wie bei Durchlaufanlagen, nur dass hier die einzelnen Aggregate jeweils in die Hauptspindel eingewechselt werden müssen. Es ist empfehlenswert, die Kantennachbearbeitungsaggregate vom Hersteller des Kantenanleimaggregates zu benutzen, da die steuerungsseitige Abstimmung der Arbeitspositionen sonst Probleme bereiten kann.

Für nicht flächige Werkstücke kommt neben der üblichen Technik die **Fünfachsbearbeitung** infrage. Hier werden Profile und Konturen meist mit universellen Werkzeugen durch entsprechende Achsbewegungen erzeugt. Allerdings ist der finanzielle und programmiertechnische Aufwand für diese Technik nicht unerheblich. In vielen Fällen können Bearbeitungsvorgänge, die eine fünfte Achse erfordern, durch Fräsaggregate übernommen werden, die man in die Hauptspindel einwechselt. Die wichtigste Gruppe dieser Aggregate sind **Winkelgetriebe**, die sowohl horizontale Bohrungen und Fräsungen als auch den Betrieb von Sägeblättern in der horizontalen Achse ermöglichen. Für den Betrieb solcher Aggregate ist meist das Vorhandensein der C-Achse notwendig.

Die überwiegende Mehrheit der CNC-Oberfräsmaschinen ist heute mit **automatischen Werkzeugwechslern** ausgestattet. Das erfordert an der Hauptspindel eine wechslerfähige Schnittstelle. Gebräuchlich sind dabei in Europa die **HSK 63 F**-, die **SK 30**- und die **SK 40**-Schnittstellen. Da es zu aufwendig und zu teuer wäre, alle Werkzeuge mit diesen Schnittstellen auszustatten, ist es üblich, **Spannfutter** zu verwenden, die über die entsprechenden Schnittstellen verfügen und das Werkzeug an einem zylindrischen Schaft aufnehmen. Allerdings verursachen die Spannsysteme zusätzliche Rundlauffehler, welche die Schnittqualität und Werkzeuglebensdauer negativ beeinflussen. Während neue Spannsysteme in der Regel sehr genau sind, verlieren Systeme mit mechanisch beweglichen Teilen (wie Spannzangenfutter) ihre Präzision relativ rasch und unterliegen einem gewissen Verschleiß. **Weldonfutter** bestehen aus einer einfachen zylindrischen Aufnahme für den Werkzeugschaft, der eine Schlüsselfläche aufweisen muss, und einer rechtwinklig dazu wirkenden Spannschraube, die den Schaft an der Schlüsselfläche fixiert und ihn an die Bohrungswandung des Futters presst. Diese einfach gebauten Futter zeichnen sich durch eine große Steifigkeit und eine kompakte Bauweise aus. Dafür sind sie nicht besonders genau, sodass sie in erster Linie für Schruppbearbeitungen empfehlenswert sind. **Spannzangenfutter** bestehen aus einer Aufnahme, der Spannzange und der Spannzangenmutter. Die Aufnahme für die Spannzange ist konisch. Durch das Anziehen der Spannzangenmutter wird die geschlitzte Spannzange in den Konus gepresst und verformt. Dabei entwickelt sie eine hohe Spannkraft gegenüber dem Schaft des Werkzeugs. Aufgrund ihres besseren Verformungsverhaltens sollten vorwiegend doppelseitig geschlitzte Spannzangen verwendet werden. Zum Anziehen der Spannzangenmutter sind bei größeren Baugrößen hohe Anzugsmomente notwendig, sodass die Verwendung von kugelgelagerten Spannzangenmuttern empfehlenswert ist. Da es beim Spannen und Entspannen von Spannzangenfuttern zu Gleitbewegungen an der Oberfläche der Spannzange kommt und diese das weichere Teil ist, unterliegt sie einem gewissen Verschleiß und sollte in regelmäßigen Abständen ausgetauscht werden. Ansonsten sind Spannzangenfutter die flexibelsten Spannsysteme, da durch den einfachen und preisgünstigen Austausch der Spannzangen Schäfte mit anderen Durchmessern gespannt werden können.

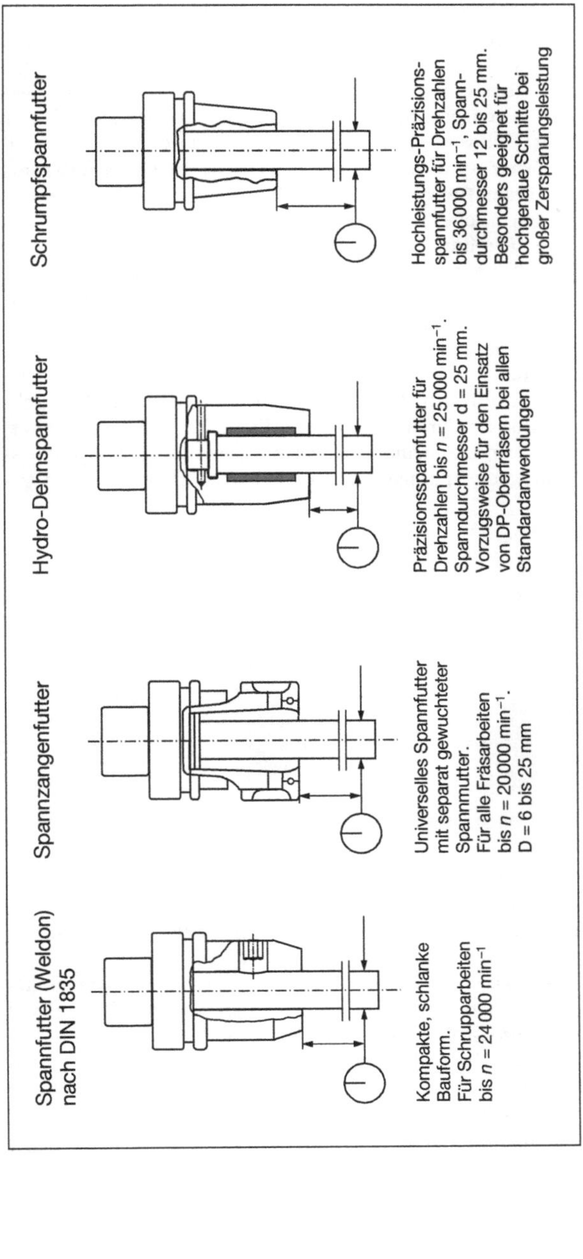

Bild 3.71: Futterarten: a) Weldonfutter, b) Spannzangenfutter, c) Hydro-Dehnspannfutter und d) Schrumpfspannfutter (*Leitz*)

Hydro-Dehnspannfutter enthalten ein Hydrauliksystem, mit dem in zwei ringförmigen Kammern Öl unter hohen Druck gesetzt und die Wandung zur Werkzeugaufnahmebohrung hin ausgedehnt wird. Durch die doppelte Fixierung ist die Einspannung sehr steif und durch die „Öllagerung“ in gewissen Grenzen schwingungsdämpfend, sodass diese Futter insbesondere für schwere Fräsbearbeitungen zu empfehlen sind. **Schrumpf(spann)futter** sind sowohl als **thermische Schrumpffutter** als auch als **Kraftschrumpffutter** verfügbar. Bei thermischen Schrumpffuttern wird die thermische Ausdehnung bei der Erwärmung des Futters genutzt. Diese Erwärmung wird induktiv erzeugt und betrifft nur die Außenzone des Futters, welche die Spannbohrung elastisch aufweitet. Diese Futter erzeugen sehr hohe Spannkräfte und übertragbare Drehmomente. Sie sind sehr kompakt gebaut und dennoch sehr steif. Kraftschrumpffutter haben eine Innenkontur in Form eines sphärischen Dreiecks. Wird durch eine hydraulische Presse auf die Spitzen des Dreiecks gedrückt, verformt sich dieses zu einem Kreis mit einem Durchmesser, der größer ist als der Innenkreis des Dreiecks, sodass der Schaft eingeführt werden kann. Schrumpffutter sind gegenwärtig die genauesten und dauerhaftesten Spannsysteme und für alle Anwendungen geeignet.

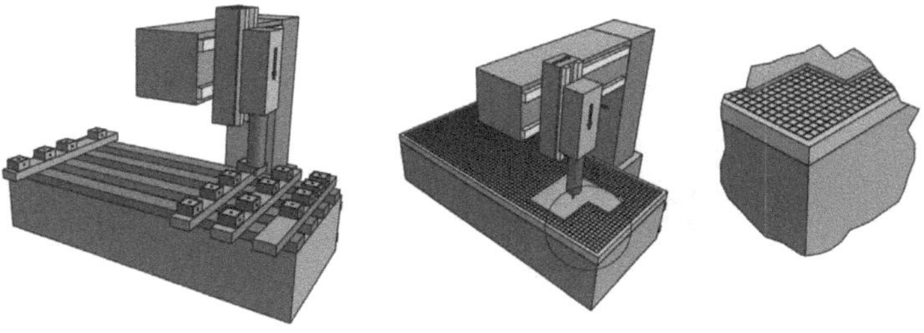

Bild 3.72: Konsolentisch mit Saugnäpfen und Rastertisch

Neben der Werkzeugbefestigung spielt die **Werkstückbefestigung** auf CNC-Oberfräsmaschinen eine bedeutsame Rolle. Meist erfolgt sie mit **Vakuumsystemen**. Aufgrund ihrer Flexibilität sind dabei die Konsolentische mit **Saugnäpfen** die am meisten verbreiteten Systeme. Um schwere Zerstörungen im Falle einer Kollision des Werkzeugs mit einem Saugnapf zu vermeiden, werden diese aus einem zerspanbaren Material wie Aluminium oder Kunststoff hergestellt. Das fördert natürlich nicht unbedingt die Steifigkeit der Aufspannung, ist aber im Sinne der Arbeitssicherheit zweckmäßig. Zumindest sollten die Saugnäpfe nicht unnötig hoch sein. Die Aufnahme der Schnittkräfte in der Tischebene erfolgt durch die Gummidichtlippen der Saugnäpfe, was bei einer zu geringen

Anzahl von Saugnäpfen Werkstückschwingungen begünstigt. Aufwendiger, aber steifer ist die Aufspannung auf einem **Rastertisch**, bei dem die Gummidichtlippen entsprechend der Fertigkontur des Werkstücks in ein im Tisch vorgefrästes Raster eingelegt werden. Die Werkstücke werden dann vollflächig angesaugt und steifer gehalten. Problematisch ist dabei, dass das Werkzeug insbesondere beim Formatieren nur wenig durch die Platte durchfräsen kann, ohne den Tisch zu beschädigen. Für die Serienfertigung hat sich bewährt, separate Spannvorrichtungen nach dem Prinzip eines Rastertisches zu bauen und diese zum Einsatz auf dem Maschinentisch zu fixieren. Für kleine oder schmale Werkstücke kommen meist **Spannpratzen** zur Anwendung, da nur so ausreichende Haltekräfte erzeugt werden können.

3.2.5.5 Kantenbearbeitungen

Werkstücke aus Spanplatten werden an ihren Schmalseiten aus optischen wie funktionalen Gründen in der Regel mit einem Kantenband oder einer anderen Beschichtung aufgewertet. Dafür wurden nach dem Maschinenprinzip des **Doppelendprofilers** seit ca. 1960 eine Reihe von Verfahren und Maschinen entwickelt, die sich heute insbesondere durch ihre Eignung für die handwerkliche oder industrielle Produktion unterscheiden.

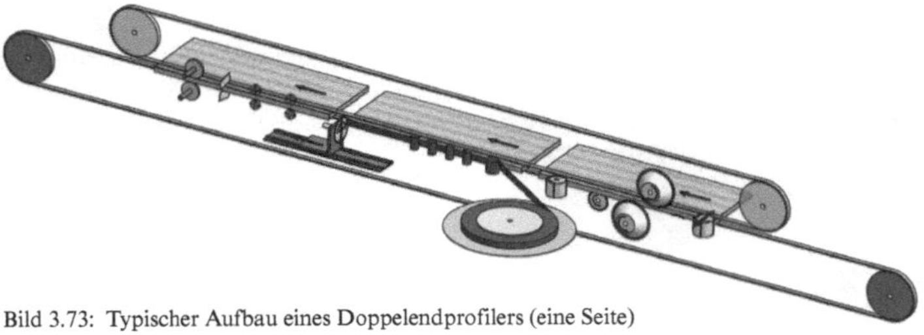

Bild 3.73: Typischer Aufbau eines Doppelendprofilers (eine Seite)

Für den handwerklichen und Kleinserienbetrieb empfehlen sich die **Kantenanleimmaschinen** mit maximalen Vorschubgeschwindigkeiten im Bereich von 20 ... 32 m/min. Diese Maschinen sind für die einseitige Bearbeitung ausgelegt und haben gewöhnlich einen optionalen **Formatbearbeitungsteil** mit Fügefräsern, den **Kantenanleimteil** sowie die **Kantennachbearbeitung**, die ein Kappaggregat, ein Vorfräsaggregat, wahlweise ein Profil- oder Formfräsaggregat und Ziehklingen-, Schleif- oder Schwabbelaggregate zur Erzeugung des Kantenfinishs enthalten können. Im Formatbearbeitungsteil arbeiten zwei Fügefräser im Gleichlauf und im Gegenlauf. Der zuerst platzierte Gleichlauffräser wird nur für die Bearbeitung der letzten Zentimeter eines Werkstücks so eingeschwenkt oder pneumatisch eingesteuert, dass er, bezogen auf das Werkstück, etwas tiefer arbeitet. So wird vermieden, dass der an der Querkante austretende Gegenlauffräser die Ecke beschädigt oder eine frisch angeleimte Querkante abreißt. Etwas problematisch ist, dass diese Station meist außerhalb der Kabine angeordnet und mit einfachen Absaughauben gegenüber der Umgebung gekapselt ist. Das führte zur Entwicklung von **lärmoptimierten Werkzeugen**, die allerdings bedingt durch ihre kleineren Spanräume nur begrenzte Zustelltiefen erlauben. Im Allgemeinen sind diese Aggregate für Zustelltiefen von 2 ... 5 mm ausgelegt. Die Aggregate der Kantennachbearbeitung sind prinzipiell mit denen der Doppelendprofiler identisch und werden im folgenden Abschnitt beschrieben.

Doppelendprofiler im klassischen Sinne bestehen aus zwei parallel angeordneten und über ein Verstellsystem zueinander verschiebbaren Kantenanleimmaschinen. Die projektierten maximalen Vorschubgeschwindigkeiten hängen insbesondere von der Art des anzuleimenden Kantenbandes ab und reichen von ca. 20 m/min bei **Massivholzanleimern** und anspruchsvollen **Softformingkanten** über ca. 40 ... 60 m/min bei **Kunststoffdickkanten** (2 ... 3 mm) bis zu 120 m/min bei **Kunststoffdünnkanten** (Melaminpapierkanten mit 0,3 ... 0,4 mm Dicke). Insbesondere bei den hohen Vorschubgeschwindigkeiten spielt auch die Art des Leims bzw. Klebers eine bedeutende Rolle, da auch kurze Abbinde- bzw. Aushärtzeiten vor der nächsten Bearbeitung relativ lange Strecken in der Maschine erfordern. Entsprechend der Vielfalt der Kantenbeschichtungsmaterialien für Möbel sind auch die Maschinenkonfigurationen bei Doppelendprofilern sehr verschieden, sodass hier ohne Anspruch auf Vollständigkeit nur auf die wichtigsten Aggregate und Verfahren verwiesen werden kann (Bild 3.74).

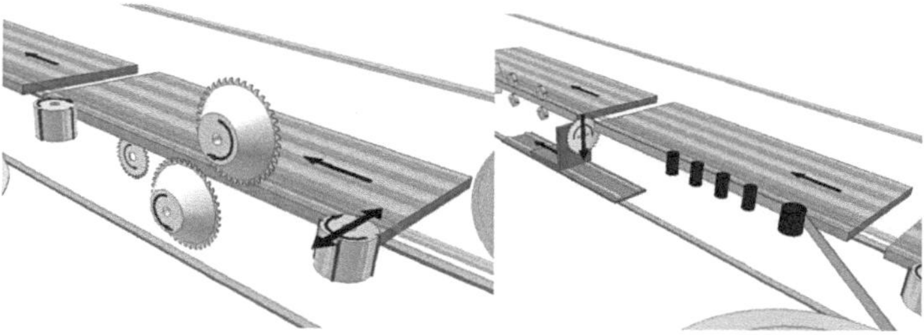

Bild 3.74: Formatierungs- und Anleimstation eines Doppelendprofilers

Die **Formatbearbeitung** erfolgt meist mit **Zerspanern**. Bei neuen Maschinen wird meist das Verfahren **Halbe-Halbe-Zerspanen** angewendet (siehe auch Abschn. 3.2.4.2). Bei einseitigen Maschinen, der Bearbeitung von Längs- und Querkanten in einer Maschine und furnierten oder sehr spröden Materialien sollte jedoch auch das Verfahren **Ritzen-Zerspanen** in Betracht gezogen werden. Zumindest sollte beim Halbe-Halbe-Zerspanen vor dem Zerspanaggregat ein einsteuerbarer Schutzfräser angeordnet werden, der die Vorderkante des Werkstücks im Gegenlauf und in etwas größerer Zustellung als die Zerspaner anfräst und damit eine Berührung der Zerspaner mit der Werkstückvorderkante (Austrittsseite der im Gleichlauf arbeitenden Zerspaner) verhindert. Als sägeähnliche Werkzeuge erzeugen Zerspaner die Schnittqualität an der Werkstückkante und der Kante ausschließlich mit ihrer axial am weitesten vorstehenden Zahnecke. Da diese Ecken im Laufe des Einsatzes verrunden, erzeugen sie einen gewissen Druck auf das Werkstück, der bei empfindlichen Beschichtungen wie **Polyesterlack** (Hochglanzbeschichtungen) rasch zu Qualitätsmängeln führt, obwohl das Werkzeug noch nicht wirklich stumpf ist. Hier hat sich die Anordnung eines **Feinfräsaggregates** nach der Zerspanstation bewährt. Durch eine Fräsbearbeitung mit 0,5 … 1 mm Zustelltiefe, ausschließlich bei empfindlichen Materialien, lässt sich die Wirtschaftlichkeit der Formatbearbeitung deutlich verbessern. Der Formatbearbeitung zugerechnet, obwohl nicht unmittelbar zugehörig, werden meist **Nutstationen**, da die in ihnen entstehenden Späne sinnvollerweise gemeinsam mit den Holzwerkstoffspänen der Formatbearbeitung entsorgt werden und der **Kantennachbearbeitungsteil** dadurch frei von Holzspänen bleibt. Das Nuten auf Doppelendprofilern erfolgt in der Regel im Gleichlauf, da so die Zähne des Nuters die Schnittqualität mit dem eintretenden Zahn erzeugen, die damit deutlich besser ausfällt. Das gilt sowohl für das Nuten in die Deckschicht als auch für das Nuten in die Kante, da die geringere Verleimfestigkeit der Mittellage von Spanplatten beim Gegenlaufnuten zu starken Ausrissen von Spänen führen würde. Das **Nutfräsen** im Gleichlauf ist allerdings von der Späneerfassung her kritisch, da der Spänestrahl die gleiche Richtung wie der Werkstückvorschub aufweist und oft zumindest teilweise in der Nut verbleibt. Verschiedene spezielle Nuterbauweisen haben das Problem gemildert, jedoch noch nicht lösen können. In Verbindung mit einer Reinigung der Nut durch Druckluft oder auf mechanischem Wege sind die Nuterstationen häufig stark verschmutzt und werden deshalb meist durch Trennwände in der Maschine von den anderen Aggregaten separiert.

Bei Maschinen für das Softforming- und Postformingverfahren schließt sich an den Formatbearbeitungsteil das Profilieren an. Während beim **Softformingverfahren** eine separate Kante an das profilierte Werkstück angeleimt und durch Profilrollen oder Rollensätze an die Form der Kante angedrückt wird, wird beim **Postformingverfahren** die Beschichtung der Werkstückoberfläche an der Kante „freigefräst“, das Werkstück profiliert und anschließend die Kante durch Erwärmung plastifiziert und an die Kante angeleimt, sodass bei solchen Werkstücken nur eine Nahtstelle (i. d. R. an der Plattenunterseite) zu finden ist. Alternativ zum Freifräsen werden auch Platten mit überstehender Beschichtung verwendet.

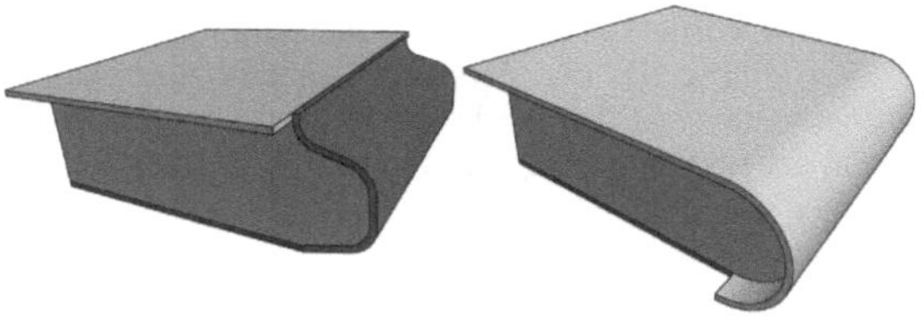

Bild 3.75: Typische Softforming- und Postformingkanten

Die **Kantennachbearbeitung** (Bild 3.76) beginnt in der Regel mit dem **Kappen** der überstehenden Abschnitte des Kantenbandes, bei dem eine Bündigkeit zwischen Kantenband und Querkante erzielt werden soll. Dazu werden meist kleine Sägeblätter mit relativ großer Schnittbreite und einseitig spitzen Zähnen verwendet. Bei Drehzahlen über 12000 min^{-1} muss das Sägeblatt präzise auf den Maschinentyp abgestimmt sein, um Schwingungsprobleme mit hoher Lärmentwicklung zu vermeiden. Das Kappen erfolgt mit einem „mitfahrenden" Aggregat, das mit der Vorschubgeschwindigkeit des Werkstücks synchronisiert ist. Die geometrischen Verhältnisse beim Kappen erschweren die Erfassung von Spänen und Reststücken von Kantenbändern erheblich. Es gibt bis heute noch kein Konzept zur sicheren Erfassung. Dieser Teil der Maschine ist deshalb meist nur mit einer **Raumabsaugung** ausgestattet.

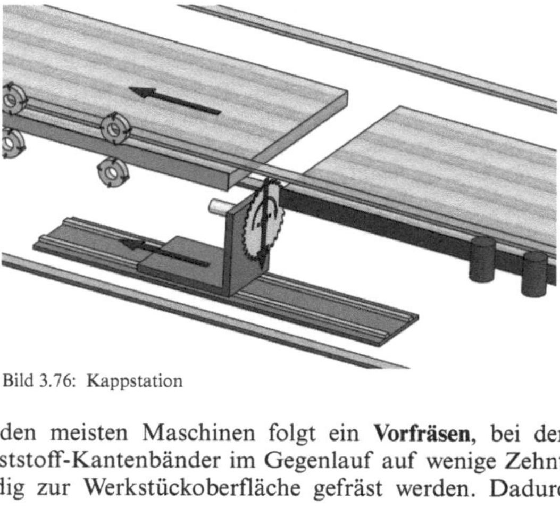

Bild 3.76: Kappstation

Bei den meisten Maschinen folgt ein **Vorfräsen**, bei dem angeleimte Kunststoff-Kantenbänder im Gegenlauf auf wenige Zehntel Millimeter bündig zur Werkstückoberfläche gefräst werden. Dadurch wird trotz eines meist leicht asymmetrisch angeleimten Bandes eine gleichmäßige Zustelltiefe der Werkzeuge der nachfolgenden Profilierung erreicht. Durch unterschiedliche Zustelltiefen und damit wirkenden Schnittkräften bei der Profilierung können sich Werkzeuge bzw. Aggregate geringfügig verformen, sodass die Qualität der Profilierung gemindert würde. Bei Massivholzanleimern wird diese Station zum **Bündigfräsen** und/oder **Anfasen** benutzt. Dazu ist ein Einsatz des Werkzeugs im Gleichlauf und mit Tastung empfehlenswert.

Das **Profilieren** der Kante erfolgt nach zwei verschiedenen Verfahren. Das **einfache Profilieren** oder **Feinfräsen** erzeugt eine Fase oder Abrundung der Kante längs des Werkstücks. Um die Dickentoleranz der Werkstücke auszugleichen, erfolgt diese Bearbeitung in der Regel mit getasteten Aggregaten. Wichtig ist die präzise Abstimmung des Werkzeugs mit der Tastgeometrie. Meist werden für die Werkzeuge deshalb Referenzdurchmesser und -maße festgelegt. Das Profilieren kann neben der üblichen Einsatzart mit horizontaler Spindel auch mit geschwenkter Spindel erfolgen. Da die Messerschläge im umfangsfräsenden Teil eines Werkzeugprofils an stärksten ausgeprägt sind, führt das dazu, dass sie unter dem Schwenkwinkel der Spindel besonders ausgeprägt sind, dort aber auch am leichtesten zu entfernen sind. Bei horizontalen und vertikalen Wellen finden sich die Messerschläge besonders ausgeprägt, wo ein möglichst sauberer Übergang von der Kante zur Werkstückoberfläche erzeugt werden soll und eine Entfernung mit einer gewissen Gefahr der Oberflächenbeschädigung einhergeht. Das anspruchsvollere Verfahren ist das sogenannte **Formfräsen**, bei dem neben der Profilierung längs des Werkstücks auch die vertikalen Kanten an den Ecken des Werkstücks profiliert werden. Dazu ist wieder ein mitfahrendes Aggregat erforderlich. Die notwendigen Beschleunigungen an den Ecken begrenzt Maschinen mit solchen Aggregaten gegenwärtig auf Vorschubgeschwindigkeiten von maximal ca. 50 m/min.

Das Finish der Kanten wird durch sehr unterschiedliche Verfahren einzeln oder in Kombination erzeugt. Sehr verbreitet ist die Anwendung von **Ziehklingen** zur Beseitigung der Messerschläge (Profilziehklinge) und überstehender Leimfugen (Flachziehklinge). **Ziehklingenaggregate** arbeiten ebenfalls getastet und erfordern eine sehr genaue Justierung, da Fehler meist unvermeidbar zu Ausschuss führen. Bei Polypropylenkanten kann die Ziehklinge durch das Verformungsverhalten dieses teilkristallinen Kunststoffes gelegentlich zu Problemen mit sogenanntem **Weißbruch** – schmale weiße Streifen quer zur Kante – führen. Dafür gibt es spezielle Ziehklingengeometrien oder die Möglichkeit, diese Materialveränderung durch Wärme „auszuheilen“. Ebenfalls verbreitet sind **Schwabbelaggregate**, bei denen textile Scheiben mit moderatem Druck auf der Kante reiben und eine gewisse Glättung bewirken. Neben den textilen Scheiben sind auch Bürsten mit Anteilen von abrasiven Stoffen im Einsatz. Gelegentlich erhalten die Kanten ihr Finish durch längs der Kante arbeitende **Schleifbänder**.

Neben diesen sehr verbreiteten Verfahren gibt es noch verschiedene spezielle Problemlösungen. Die Notwendigkeit, ein Werkstück durch ein **Kantenband** zu „veredeln", besteht insbesondere für Werkstücke aus Spanplatten, da die Schmalseiten auf Grund ihrer offenen Porosität wenig attraktiv, wasserempfindlich und zur Direktbeschichtung (z. B. durch Lackierung) ungeeignet sind. Das kann durch eine Beschichtung der Schmalseite mit Kunststoff, eine sogenannte **Kantenverdichtung**, beseitigt werden. Dieses Verfahren verursacht zwar relativ hohe Kosten, verbessert jedoch die Gebrauchseigenschaften der Werkstücke beträchtlich. Ein weiteres Sonderverfahren stellt die Verarbeitung von **Leichtbauplatten** ohne Rahmen dar. Hier kann mangels beleimbarer Fläche keine konventionelle Kantenbeschichtung angeleimt werden. Lösungsmöglichkeiten ergeben sich durch das Einfräsen eines Falzes in die Deckschichten mit nachfolgender Verleimung eines an der Rückseite entsprechend profilierten Kantenbandes oder das Einleimen eines dicken Bandes zwischen die Deckschichten mit anschließendem Überfräsen und konventionellem Kantenanleimen.

3.2.5.6 Weitere Fräsverfahren

Für Spezial- und Kopieraufgaben gibt es eine Reihe weiterer Fräsmaschinen wie Längskopier-, Doppelspindel- oder die Karussellfräsmaschine, auf die hier nicht näher eingegangen werden soll (z. B. [13, 14]).

3.2.6 Bohren

Bohren ist ein Fertigungsverfahren der Hauptgruppe Trennen, bei dem mittels geometrisch bestimmter Schneiden Löcher hergestellt werden.

3.2.6.1 Bohrwerkzeuge

Bohrer sind Werkzeuge mit rotierender Schnittbewegung, wobei die Vorschubbewegung im Gegensatz zum Fräsen oder Kreissägen in Achsrichtung erfolgt (Bild 3.77). Die Hauptschneiden liegen an der Stirn-, die Nebenschneiden an der Umfangsfläche. Die Oberfläche wird durch die Schneidenecke bzw. die Nebenschneide erzeugt, von besonderer Bedeutung ist dabei die Qualität der Eintritts- bzw. Austrittskanten. Der Spantransport erfolgt entgegen der Vorschubrichtung in einer **Spiralnut**. In tiefen Bohrungen entstehen deshalb erhebliche Reibkräfte an der Bohrungswandung.

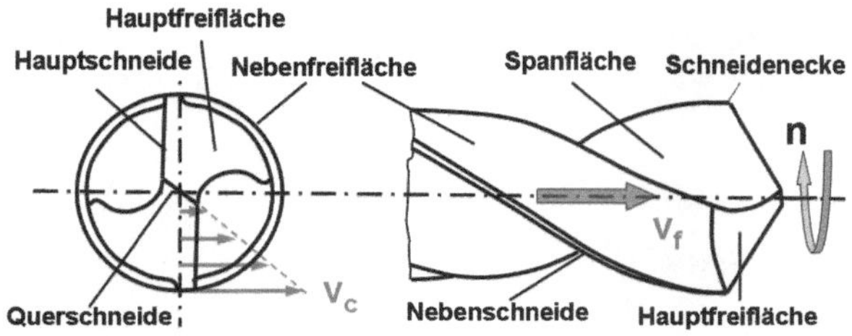

Bild 3.77: Spangeometrie und Geschwindigkeitsverhältnisse an einem Spiralbohrer (Metallbearbeitung)

Wegen der hohen Reibung an den Nebenfreiflächen und der geringen Kühlmöglichkeiten ist die Drehzahl begrenzt (< 6 000 min^{-1}). Je nach Durchmesser ergeben sich relativ niedrige Umfangsgeschwindigkeiten von ca. 0,5 ... 5 m/s, optimale Zerspanungsbedingungen werden damit nicht erreicht.

Um das Anschnittbild zu verbessern, haben viele Bohrer **Vorritzschneiden**, üblich sind auch **Zentrierspitzen** für eine bessere Führung. Bei Durchgangsbohrungen ist besonders die Austrittskante ausbruchgefährdet. **Durchgangsbohrer** sind daher sehr spitz (60°), u. U. auch mit zwei Fasen versehen. **Vorritzer** verbessern bei Massivholz auch das Ausbruchsverhalten am Austritt, allerdings ist ihre Leistungsfähigkeit begrenzt.

Levinbohrer	Bohrer für Durchgangsloch	Dübellochbohrer mit Gewindeschaft	Dübellochbohrer für Weldonfutter	Zylinderkopfbohrer

Bild 3.78: Verschiedene Bohrertypen (*Leitz*)

3.2.6.2 Bohrmaschinen

Bohrer werden in der Holzbearbeitung sowohl mit Einzelaggregaten als auch in **Reihenbohrgetrieben** eingesetzt. Erstere sind flexibler einzusetzen, insbesondere in Handmaschinen oder numerisch gesteuerten **Point-to-point-Bohrautomaten**. Letztere sind leistungsfähiger und besonders für Lochreihen geeignet. Um Reihenbohrgetrieben dennoch eine gewisse Flexibilität zu geben, sind sie häufig mit Vorlegemechanismen und Einzelspindelansteuerung ausgestattet.

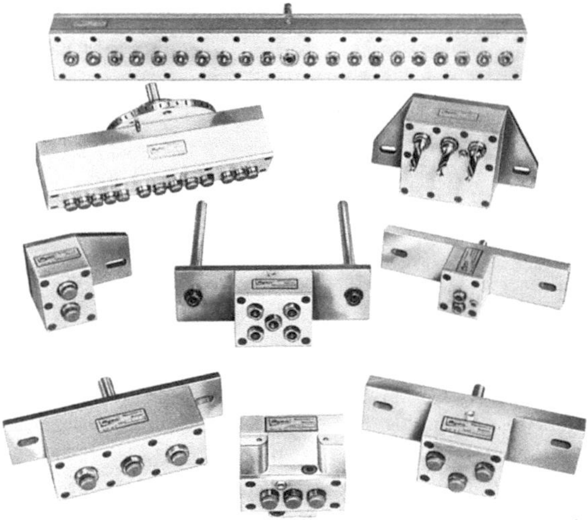

Bild 3.79: Reihenbohrgetriebe (*Ayen*)

Beim Bohren muss das Werkstück quer zur Achsrichtung sicher ruhen. In Durchlaufmaschinen geschieht dies in der Regel durch getaktete Arbeitsweise. Die Positionierung erfolgt mit Anschlägen.

Bild 3.80: Einzel-Bohraggregat mit Pneumatik-Vorschubeinheit (*Grotefeld*)

Wichtige Maschinentypen

a) Mehrspindel-Tischbohrmaschine

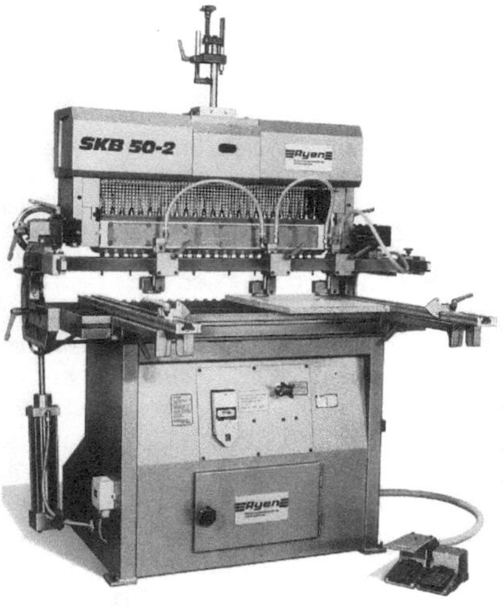

Bild 3.81: Mehrspindel-Tischbohrmaschine
Maschinenaufbau: Gestell (Kasten), Tisch mit Anschlägen, Bohrbalken (hier schwenkbar für Vertikal- und Horizontalbohrungen), pneumatischer Bohrhub, manuell ausgelöst (*Ayen*)

b) Durchlaufbohrmaschine bzw. -automat

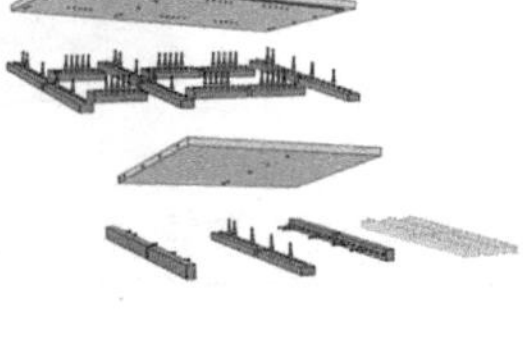

Bild 3.82: Durchlaufbohrautomat mit Bohrbild (*Weeke*)

Für Serienproduktion werden **Durchlaufbohrmaschinen** eingesetzt, die häufig mit der Produktionsmaschine verkettet sind. Die Werkstücke laufen auf Riemen durch die Maschine hindurch, werden für den Bohrhub gestoppt, mit beweglichen Anschlagleisten positioniert und von oben und unten geklemmt. **Auflageleisten** gewährleisten eine ausreichende Steifigkeit. Alle Aggregate für den Vorschub, das Reihenbohrgetriebe, die Positionierung und die Klemmung sind verschiebbar am Grundrahmen befestigt und ggf. automatisch positionierbar.

c) CNC-Bohrautomaten
Diese Maschinen sind im Wesentlichen Spezialausführungen von Bearbeitungszentren (siehe Abschn. 3.2.5.4).

3.2.7 Drehen und Drechseln

Beim **Drehen** oder **Drechseln**, als Fertigungsverfahren der Hauptgruppe Trennen, wird mit einem rotierenden Werkstück gearbeitet, das auch die Schnittgeschwindigkeit erzeugt.

Das Werkzeug, der Drehstahl bzw. das Drechseleisen führt die **Vorschubbewegung** und die **Zustellung** aus. Damit unterscheidet sich diese Bearbeitungsart grundsätzlich von den meisten anderen, die umgekehrte Verhältnisse aufweisen. Vom Drechseln spricht man, wenn das Werkzeug von Hand geführt ist, andernfalls vom Drehen. Breite, flache Werkstücke werden in Futter oder auf Scheiben aufgespannt, lange Werkstücke an den Enden zwischen Spitzen. Lange dünne Werkstücke können zusätzlich neben dem Werkzeug durch eine **Lünette** abgestützt werden. Durch Drehen können rotationssymmetrische Werkstücke und Spiralen hergestellt werden. Bei **Kopierdrehmaschinen** (Bild 3.83) lässt sich die Vorschubbewegung von einer Schablone abnehmen oder numerisch steuern. Mit Zusatzeinrichtungen lassen sich auch von der Rundform abweichende Querschnitte erzeugen (Ovale usw.). Wird der Drehstahl durch einen Fräser ersetzt, dann erweitern sich die Bearbeitungsmöglichkeiten noch einmal (Bild 3.84). Man spricht dann von **Kanneliermaschinen**.

Bild 3.83: Kopierdrehmaschine

Bild 3.84: Kannelieren (*HAPFO*)

3.2.8 Schleifen

Schleifen ist ein Fertigungsverfahren der Hauptgruppe Trennen, bei dem mittels geometrisch unbestimmter Schneiden Oberflächenunebenheiten bzw. Spuren vorangegangener Bearbeitungsvorgänge (Messerschläge, größere Rauheiten) egalisiert, bestimmte Werkstückdicken (**Kalibrierschleifen**) erzielt, bestimmte Oberflächenprofile (**Profilschleifen**) erzeugt, Oberflächen aufgeraut, Schichten entfernt und Lacke geschliffen werden können.

Das Schleifen ist einer der maschinentechnisch kostenintensivsten Produktionsschritte. Mit dem Schleifen werden mehrere Ziele verfolgt:

- Verbesserung der Oberfläche bzw. Beseitigung von unerwünschten Spuren vorangegangener Bearbeitungsschritte,
- Vorbereitung der Oberfläche für weitere Produktionsschritte,
- Dimensionierung, Formgebung.

Die Dimensionierung bzw. Formgebung erfordert einen harten Eingriff, der alle Unebenheiten beseitigt. Für die Verbesserung der Oberfläche muss eine Schicht konstanter Dicke abgetragen werden. Das Schleifmittel soll der vorgegebenen Kontur möglichst gut folgen. Bei dünnen Schichten (Furnier, Lack) ist ein **Durchschleifen** zu vermeiden. Dazu ist ein weicher Eingriff erforderlich.

Typische **Fehler beim Schleifen** und ihre Ursachen sind:

- Nadelstreifen (erhaben) – ausgebrochene Körner,
- Rillenmarkierungen (Eindruck) – Rollkörner,
- Längsstreifen – schadhafte Stützelemente,
- Schatten – nicht ausreichende Parallelität von Auflagetisch und Schleifelement,

- Rattermarken – schadhaftes Schleifband oder schadhafte Stützwalze, selbsterregte Schwingungen durch mangelnde Steifigkeit von Aggregat und/oder Auflagetisch.

3.2.8.1 Grundlagen

Das Schleifen ist ein spanender Vorgang mit geometrisch nicht bestimmter Schneide. Die Größen am Schneidkeil sind nur statistisch definiert. Die geschliffene Oberfläche besteht aus feinen nebeneinander liegenden **Riefen**, die fein genug sein müssen, um entweder gegenüber der Holzstruktur zurückzutreten oder die Anforderungen an die Rauheit zu erfüllen (z. B. für Beschichtung oder Verleimung). Häufig sind dabei auch Mindestwerte für die Rauheit einzuhalten. Der Vorgang ist iterativ, wobei von gröberen zu feineren Körnungen des Schleifmittels vorgegangen wird. Die Sprünge erfolgen üblicherweise in 30- ... 50-%-Schritten. Gängig sind 2 ... 6 Stufen bis zum Endergebnis.

Definition des Schleifbildes [15, 16]

Wie aus den Bildern 3.86 und 3.87 zu erkennen ist, liegen beim Schleifen in der Regel **negative Spanwinkel** vor. Gemeinsam mit den sehr feinen Spänen wird damit ein **vorspaltungsfreier Spanvorgang** erreicht. Die **Ein-**

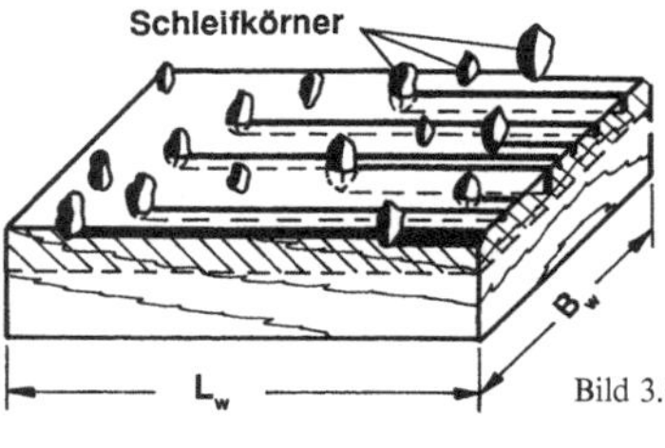

Bild 3.85: Entstehung des Schleifbildes (*Argyropoulos*)

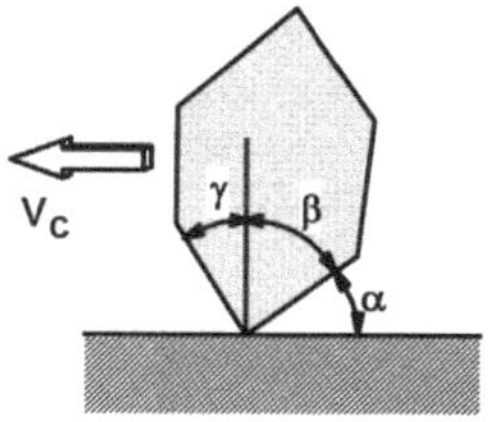

Bild 3.86: Schneidvorgang beim Schleifen

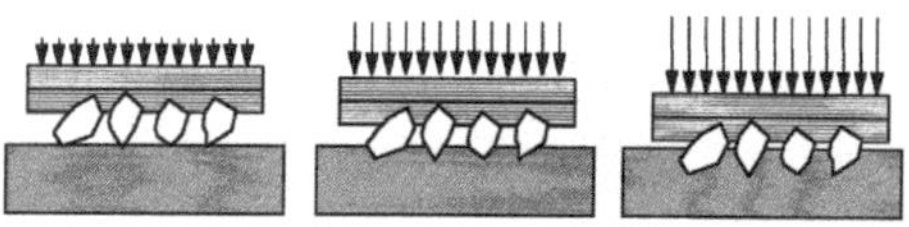

Bild 3.87: Eindringtiefe in Abhängigkeit vom Druck

dringtiefe und somit der **Abtrag** der einzelnen Körner hängen neben der Härte des Werkstücks vom Druck, von der Körnung und der Streudichte ab. Die Oberfläche wird durch den Druck verdichtet, was insbesondere bei späteren Verleimungen problematisch ist. Da die Spanräume die Zwischenräume der einzelnen Körner sind, besteht bei zu hohem Druck die Gefahr des Zusetzens. Offen gestreute Schleifmittel sind leistungsfähiger und setzen weniger leicht zu, erzeugen jedoch rauere Oberflächen.

Das Schleifergebnis wird außerdem von der Schnittgeschwindigkeit und der Faserschnittrichtung beeinflusst. Die Eigenschaften in verschiedenen Faserschnittrichtungen sind:

- A (**Hirnschliff**): hoher Energieverbrauch (Neigung zum Brennen), geringer Abtrag, glatte Oberfläche
- B (**Längsschliff**): mittlerer Abtrag, glatte Oberfläche
- C (**Querschliff**): hoher Abtrag, raue Oberfläche

Schleifabtrag

Nach *Riegel* folgt der **Schleifabtrag** bei Holz der Regel:

$$a_e = C \cdot p \cdot l_c \cdot \frac{v_c}{v_f} = C \cdot F'_N \cdot \frac{v_c}{v_f} \quad \text{mit} \quad F'_N = \frac{F_N}{b} \tag{3.18}$$

a_e (in mm) Schleifabtrag, C (in mm^2/N) Konstante, hängt von Körnung, Streudichte und Werkstoff ab; p (in N/mm^2) Pressung (flächenbezogen) $p = \frac{F_n}{b \cdot l_c}$, F_N (in N) Andruckkraft, b (in mm) Eingriffsbreite, l_c (in mm) Eingriffslänge

Dies gilt in guter Näherung sowohl für ebenen als auch für zylindrischen Eingriff, sofern sich ein konstanter Druck in der Andruckfläche einstellt. Bei den üblichen kleinen Eingriffswinkeln kann das mit guter Näherung angenommen werden. Der Vergleich ist jedoch nur bei gleichen Bedingungen zulässig, Rückschlüsse von ebenem auf zylindrischen Eingriff sind nicht möglich.

Tabelle 3.10: Anhaltswerte für Schnitt- und Vorschubgeschwindigkeiten beim Schleifen

	Spanplatte, MDF	**Massivholz**	**Furnier**	**Lack (Zwischenschliff)**	**Feinstschliff**
v_f (in m/min)	20 ... 30	5 ... 30	5 ... 20	10 ... 20	5 ... 10
v_c (in m/s)	20 ... 40	10 ... 25	20 ... 30	5 ... 15	10 ... 20

3.2.8.2 Schleifmittel

Man unterscheidet:

- gebundene Schleifmittel,
- Schleifmittel auf Unterlagen sowie
- Bürsten, Vliese usw.

Bürsten werden hauptsächlich für spezielle Oberflächeneffekte oder zum Reinigen eingesetzt. Für Holz werden gebundene Schleifmittel nur selten angewendet. Zum Vorkalibrieren von Rohplatten sind im ersten Aggregat auch **Schleifwalzen** üblich.

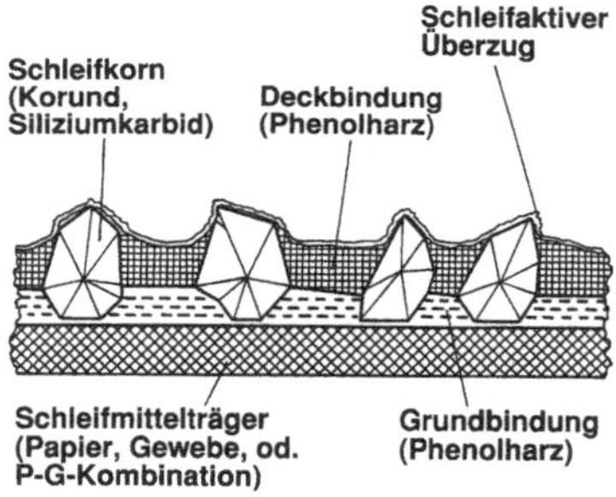

Bild 3.88: Aufbau von Schleifmitteln auf Unterlagen (*Argyropoulos*)

Bild 3.89: Verschiedene Bürstenwalzen (*Argyropoulos*)

Kornmaterialien und Körnungseigenschaften

Als **Schleifkorn** wird für die Holzbearbeitung und zur Bearbeitung härterer Lacke Korund (Al_2O_3) eingesetzt. Für Holzwerkstoffplatten und weiche Lacke ist Siliziumcarbid (SiC) üblich [15].

Gröbere Körnungen werden elektrostatisch gestreut, feine (ab P600) mit der Schwerkraft auf das Trägermaterial aufgebracht. Als Trägermaterialien dienen Gewebe oder Papiere unterschiedlichen Gewichts. Je nach Anwendung wird das Schleifmittel nach der Herstellung in einer oder mehreren Richtungen „geflext“ (d. h. gebrochen, um Flexibilität zu erhalten). Für den ebenen Schliff ist **eindimensionales**, für Profil-Bandschliff **volles Flexen** in drei Richtungen erforderlich.

Die **Nummer der Körnung** ist die Anzahl von Maschen pro Zoll in den Klassiersieben [16].

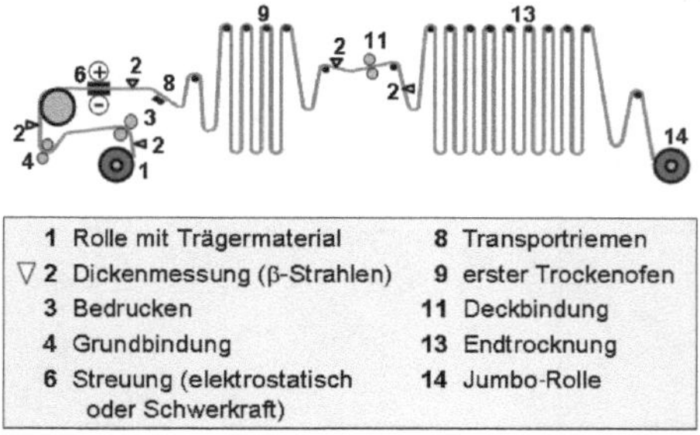

Bild 3.90: Herstellung von Schleifmitteln auf Unterlagen (*sia*)

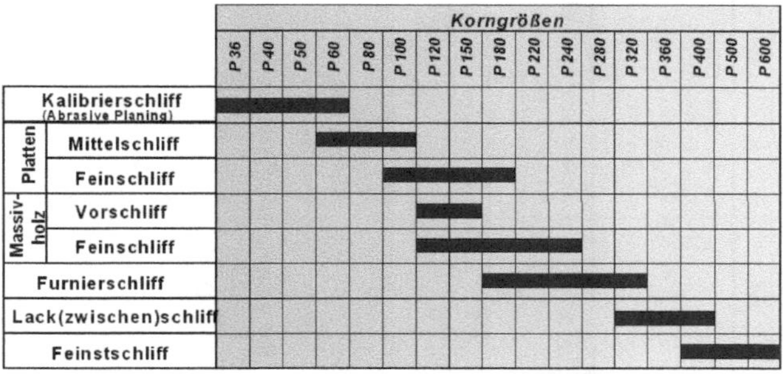

Bild 3.91: Anhaltswerte für Körnungen (*IWF Schnettker*)

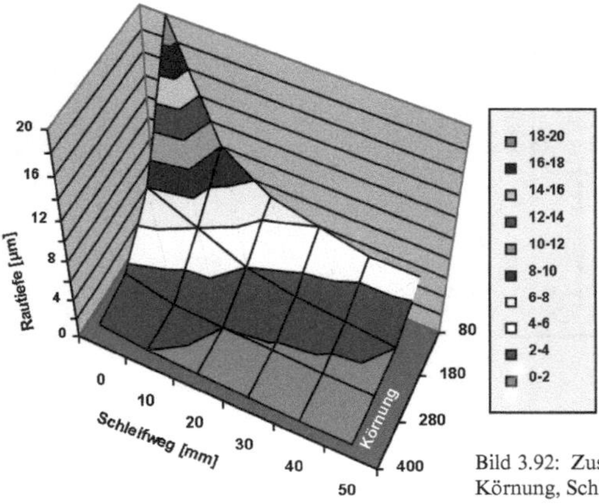

Bild 3.92: Zusammenhang zwischen Körnung, Schleifweg und Rautiefe

3.2.8.3 Maschinenkonzepte

1	Ebene Kontaktzone	2	Zylindrische Kontaktzone	3	Profilierte Kontaktzone
Art	Erläuterung	Art	Erläuterung	Art	Erläuterung
1.1 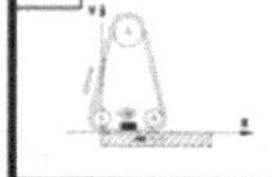	Schleifen mit Stützbalken Breitband, gute Oberfläche, kein Maßschliff	2.1 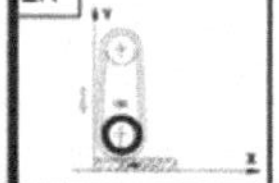	Schleifen mit Stützrolle, Maßschliff mit Toleranz +/- 0,1 mm i.d.R. keine Finishbearbeitung	3.1 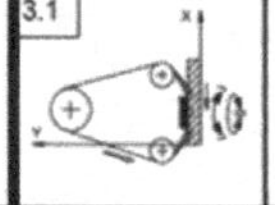	Schleifen von komplexen Profilen mit Stützschuhen, je nach Ausführung Maß- bzw. Finishschliff
1.2 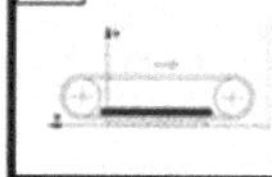	Schleifen mit Stützbalken Langband, gute Oberfläche, kein Maßschliff	2.2 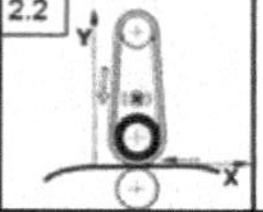	Schleifen mit Stützrolle und Gegendruckrolle, Maßschliff mit Toleranz +/- 0,1 mm, kein Finishschliff	3.2 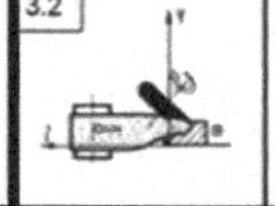	Schleifen von einfachen Profilen mit profilierten Stützrollen, kein Maßschliff, mittlere Oberflächen
1.3 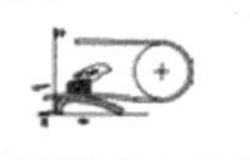	Schleifen mit Stützschuhen am freien Band, gute Oberflächen, kein Maßschliff	2.3 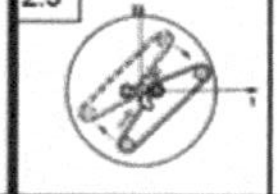	Schleifen von Rundstäben ohne definierte Maßhaltigkeit	3.3 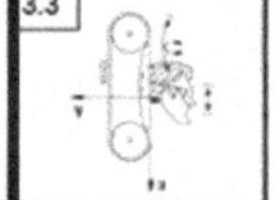	Schleifen am freien Band, kein Maßschliff, i.d.R. gute Oberflächen
1.4 	Schleifen mit Stützplatte(horizontal), Maßschliff möglich, gute Oberfläche	2.4 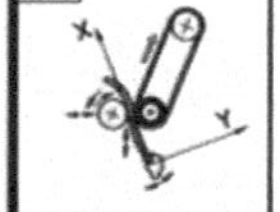	Schleifen mit Stützrolle und Gegendruckrolle, Maßschliff mit Toleranz +/- 0,1 mm, kein Finishschliff	3.4 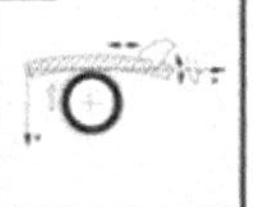	Schleifen mit Stützrolle, bei weicher Abstützung (Lufttrommel) Profilschliff ohne Maßhaltigkeit gute Oberflächen
1.5 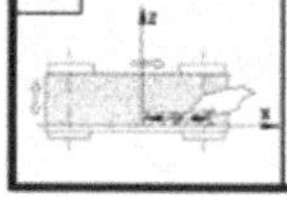	Schleifen mit Stützplatte (vertikal), Maßschliff möglich, gute Oberfläche	2.5 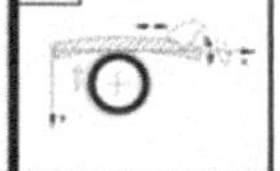	Schleifen mit Stützrolle ohne definierte Maßhaltigkeit	3.5 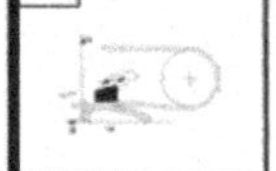	Schleifen mit Stützschuhen am freien Band, gute Oberflächen, kein Maßschliff

Bild 3.93: Verschiedene Bandschleifverfahren [15]

Schleifen von Platten

Zum Schleifen ebener Flächen können **zylindrische** oder **ebene Kontaktgeometrien** verwendet werden, wobei die zylindrischen Bauformen höheren Abtrag aufweisen, aber rauere Oberflächen erzeugen. Bei der ebenen Kontaktgeometrie wird das **Walzenschleifverfahren** zunehmend vom **Breitbandschleifen** mit Kontaktwalze verdrängt. Bei den Verfahren mit ebenem Eingriff unterscheidet man das **Langband-** und das **Breitbandschleifen**. Manuelle Geräte werden üblicherweise als **Schmalbandschleifmaschinen** bezeichnet.

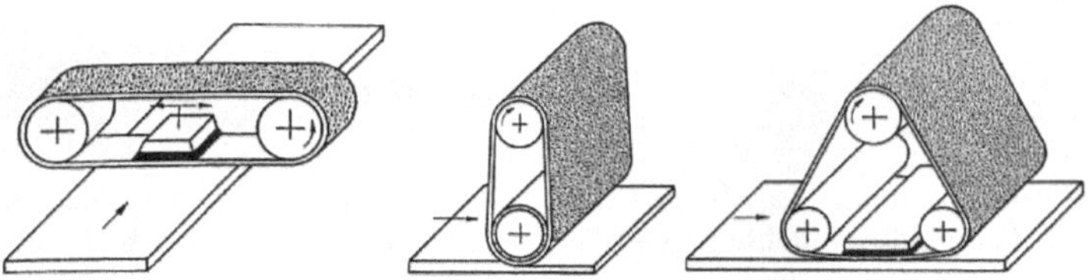

a) b) c)

Bild 3.94: (a) Langbandschleifen mit Druckschuh, (b) Breitbandschleifen mit Kontaktwalze, (c) Breitbandschleifen mit Druckbalken (*Argyropoulos*)

In **Schleifautomaten** werden Langbänder mit Druckbalken eingesetzt. Um die Spanlänge zu begrenzen, liegt zwischen Druckbalken und Schleifband ein Filzrippenband, das gegenüber dem Schleifband eine Relativgeschwindigkeit aufweist. Unter den Nuten wird das Schleifband nicht mehr gestützt und geht außer Eingriff, die Nuten dienen außerdem der Kühlung. Die Technik der Rippenbänder wird neuerdings auch mit gutem Erfolg bei Breitbandaggregaten mit Druckbalken angewendet, wobei die Bewegung des Rippenbandes in Längs- oder in Querrichtung erfolgen kann. Neuerdings werden Filzrippenbänder auch beim Breitbandschleifen eingesetzt.

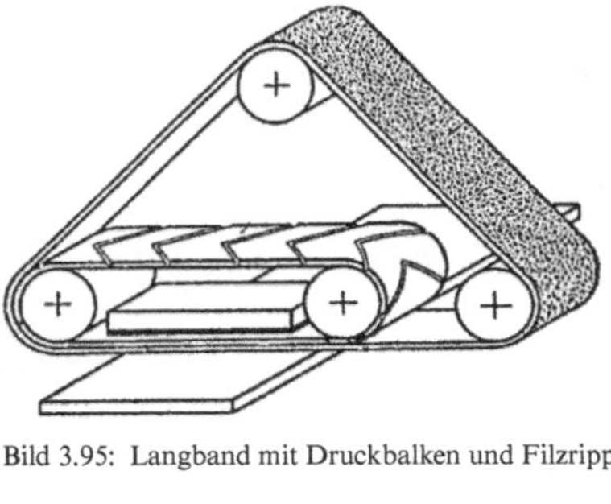

Bild 3.95: Langband mit Druckbalken und Filzrippenband (*Argyropoulos*)

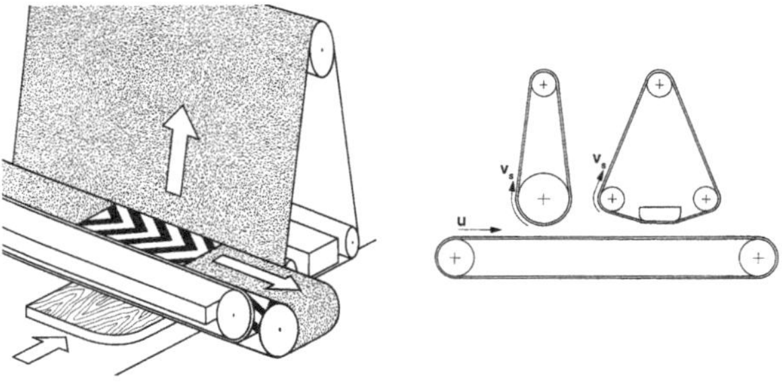

a) b)

Bild 3.96: Kombinierte Breitbandschleifverfahren. a) Kreuzbandschleifen, b) kombiniertes Breitbandschleifen (*Argyropoulos*)

Für ein optimales Bearbeitungsergebnis empfiehlt sich im Allgemeinen die Kombination mehrerer Verfahren, wobei das Schleifen mit Kontaktwalze bzw. das Langbandschleifen in Querrichtung hohen Abtrag erzeugen und das in Längsrichtung schleifende Breitband eine gute Oberfläche garantiert. Ein **Querband** sorgt außerdem dafür, dass Fasern besser abgeschert werden und sich insbesondere beim Lackieren mit Wasserlacken nicht wieder aufrichten können. Übliche Verfahren arbeiten zwei- bis sechsstufig. Für Sonderzwecke existieren weitere Aggregate (**Schwingschleifer** zum Entfernen von Fasern, **Bürstenwalzen** zum Reinigen oder **Schleifwalzen** zum Vorkalibrieren von Rohplatten).

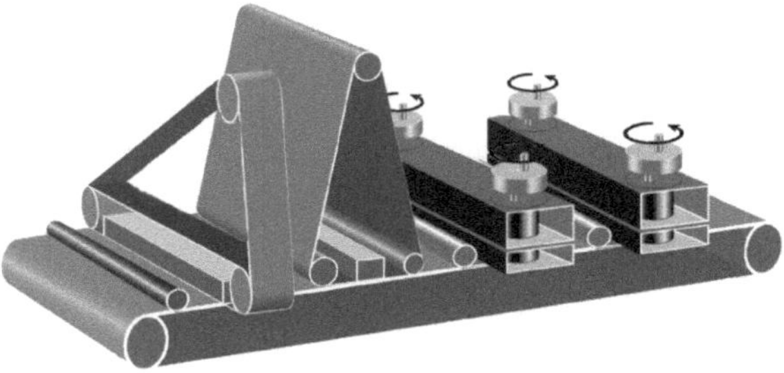

Bild 3.97: Maschinenkonzept mit Querband, Breitband und zwei Schwingschleifaggregaten (*Heesemann*)

Konstruktion der Stützelemente

Die Konstruktion der Stützelemente orientiert sich an der Schleifaufgabe. **Stützwalzen** weisen tendenziell einen härteren Eingriff auf als **Druckbalken** oder **Druckschuhe**.

Bild 3.98: Stützwalzen mit Stahl- und Kautschukbeschichtung. Die Spiralrillen dienen der Kühlung und dem besseren Spantransport (*sia*)

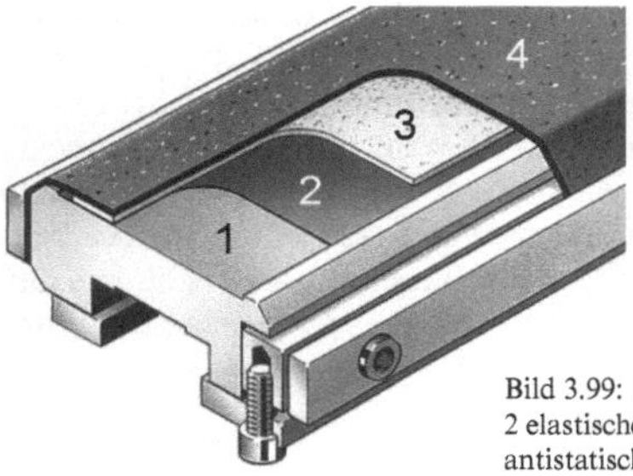

Bild 3.99: Starrer Druckbalken. 1 Trägerprofil, 2 elastische Schicht, 3 Stahlband, 4 Gleitschicht – antistatisch (*sia*)

Bei weichem Eingriff besteht die Gefahr des Rundschleifens von Kanten (sog. Kantenabfall), da sich der Anpressdruck an den Rändern konzentriert. Dieser Effekt wird durch gesteuerte **Segmentdruckbalken** vermieden. Das Werkstück wird dazu in Rastern mit 16 ... 50 mm Breite abgetastet.

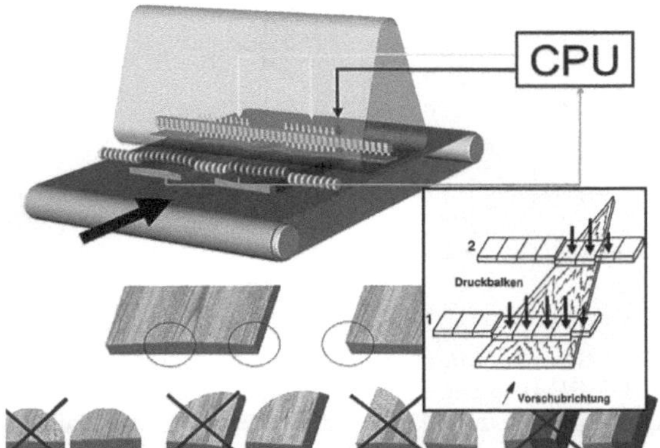

Bild 3.100: System eines elektronisch gesteuerten Segmentdruckbalkens (*Heesemann, Argyropoulos*)

Die Segmentbreiten betragen 30 ... 50 mm. Jedem Segment sind ein bis zwei **Taster** zugeordnet. Als Prinzipien für den Andruck sind bekannt: Pneumatikzylinder, Elektromagnete und Pneumatikschläuche.

Eine Alternative zu dem gesteuerten Segmentdruckbalken stellt die **aerostatische Schleifbandabstützung** dar, bei der mit einem ortsunabhängigen Gasdruck gearbeitet wird, der überall den gleichen Abtrag gewährleisten soll.

Bandstabilisierung

Die Bandstabilisierung, d. h. der sichere Lauf der Bänder auf den Rollen, wird bei Langbändern durch eine **bombierte Rolle** sichergestellt. Breitbänder werden durch die gesteuerte Oszillation stabilisiert: Eine – in der Regel die obere – Umlenkwalze ist horizontal oder vertikal schwenkbar. Damit kann die Bandablaufgeschwindigkeit in eine bestimmte Richtung gesteuert werden. Am Rand der Aggregate sitzen optische oder barometrische Sensoren, die das Umsteuern der Bewegung auslösen. Die Oszillation erzeugt leicht gewellte Schleiflinien, die dem Schleifbild in aller Regel zuträglich sind.

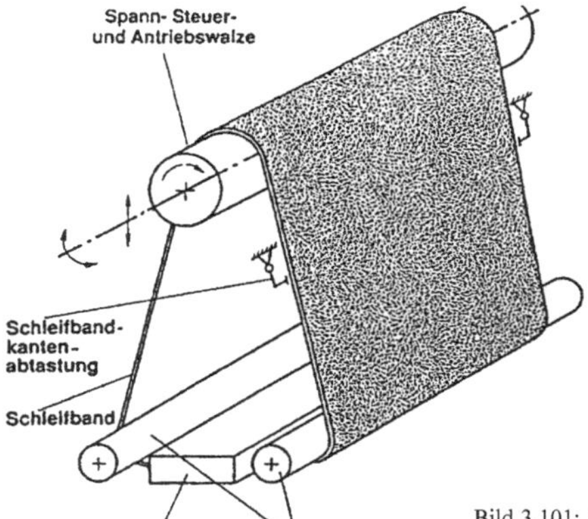

Bild 3.101: Bandstabilisierung bei einem Aggregat mit Druckbalken (*Argyropoulos*)

Auflagetisch, Transportband

Bei einseitig arbeitenden Maschinen sitzen die Aggregate meist oben (Bild 3.100). Die Werkstücke liegen auf einem Transportteppich, der unter den Aggregaten hindurchläuft und für kleine Werkstücke optional mit einer Vakuumansaugung ausgestattet wird. Die Abstützung dieses Teppichs erfolgt durch einen gefederten, höhenverstellbaren Stahltisch, der seinerseits wieder segmentiert sein kann.

Profilschliff

Profilschliff ist in den meisten Fällen zweidimensional, der Transport der Materialien durch die Maschine erfolgt meist mit Rollen. Die Maschinen sind modular aufgebaute Gestelle, welche die Aggregate in sequenzieller Anordnung tragen. Grundtechnologien sind:

- **Bandschleifgeräte** mit profilierten Schleifschuhen,
- profilierte **Schwingschleifer** oder
- **Rotationskörper** mit Schleifbesatz bzw.
- profilierte **Schleifscheiben** aus gebundenem Schleifmaterial.

Bild 3.102: Rotationskörper mit Schleifbesatz (*Arminius*)

Bild 3.103: Profil-Bandschleifaggregat

Für den Zwischen- und Endschliff von lackierten Oberflächen werden rotierende Scheiben aus Streifen von Schleifleinen, Bürsten und Schwinggefäße mit Schleifpellets eingesetzt.

Dreidimensional geformte Profile lassen sich mit Spezialaggregaten auf CNC-Bearbeitungszentren oder mit Robotern bearbeiten, die entweder das Werkzeug oder das Werkstück führen.

Bild 3.104: Roboter beim Schleifen einer Sitzfläche mit einer Schleifwalze aus Schleifmittelstreifen (*FHR-Friedl*)

3.2.9 Spanloses Trennen

Alternativ zur spanenden Bearbeitung können nachgiebige Werkstoffe auch **spanlos** getrennt werden, was dann ohne Materialverlust erfolgt. Da sich der Umformwiderstand von Massivholz durch höhere Temperatur und Feuchtigkeit verringert, werden die Werkstücke zur Vorbereitung häufig gekocht oder gedämpft. Weitere Voraussetzungen sind vergleichsweise schlanke Schneidkeile (Keilwinkel β bis unter 20°) und sehr scharfe Schneiden. Die kleinen Standwege dieser Schneiden werden teilweise dadurch ausgeglichen, dass der Schnittweg gleich dem Vorschubweg ist. Dennoch sind eher kurze Standzeiten die Regel. Um **Vorspaltung** zu vermeiden, sind gewöhnlich vor den Messern Druckbalken oder Druckrollen notwendig, die einen hohen Querdruck erzeugen und so das Einreißen vermeiden (Vorspaltung).

3.2.9.1 Spalten

Das Spalten eignet sich zur Herstellung von Lamellen bis 15 mm Dicke (Bild 3.105). Die Materialien werden vorher gedämpft. Dies bedingt einen hohen Energieeinsatz und zieht Trocknungsverzüge nach sich. Um Vorspaltung zu vermeiden, muss das Material durch Rollen oder Ketten unter hohem Querdruck auf die Schneide gepresst werden, was hohe Schnittkräfte und damit trotz des kleinen Schnittweges einen relativ hohen Energieeinsatz erfordert. Die Schnittrichtung ist längs zur Faser (B).

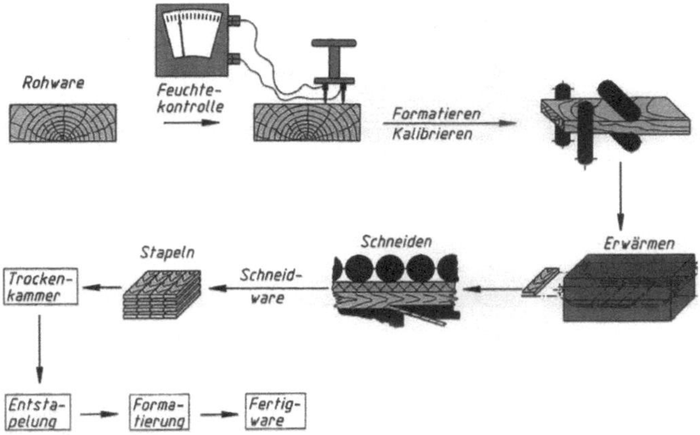

Bild 3.105: Spaltverfahren für Lamellen (*Linck*)

3.2.9.2 Schälen und Messern

Furniere als sehr dünne Werkstücke werden zumeist spanlos durch Schälen oder Messern hergestellt. Die Rohware (Stämme oder Flitche) wird entweder schlagfeucht verwendet oder muss gekocht bzw. gedämpft werden. Beide Verfahren arbeiten mit Schnittrichtungen quer zur Faser (C). Das Schälen erfolgt jedoch parallel zu den Wuchsringen, das Messern hingegen unter gewissen Winkeln quer zu den Jahrringen. Das erzeugt deutliche Unterschiede in den Maserungen und in der Steifigkeit der Furniere.

Um bei der **Furniererzeugung** der Vorspaltung entgegenzuwirken, werden **Druckbalken** bzw. **-leisten** eingesetzt.

Furnierschälen

Die Schnittgeschwindigkeit beim Furnierschälen wird wie beim Drehen durch die Rotation des Werkstücks erzeugt. Dazu wird der Stamm stirnseitig zwischen zwei hydraulisch ausfahrbare Teleskopwellen geklemmt. Moderne Maschinen verfügen über eine **Stammvermessung** mit Ausbeuteoptimierung, welche die optimale Lage der Drehachse errechnet. Der Vorschub wird über die kontinuierliche radiale Zustellung des Schälmessers vorgenommen und bestimmt die Furnierstärke.

Bild 3.106: Furnierschälmaschine (Rundschälen) (*Cremona*)

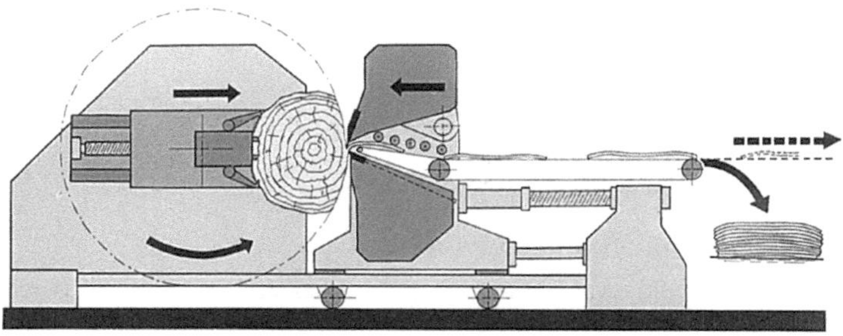

Bild 3.107: Furnierschälmaschine (Exzentrischschälen) (*Cremona*)

Furniermessern

Hochwertige Furniere werden wegen der schöneren Maserung gemessert. Die Schnittbewegung liegt beim horizontalen Messern im Werkzeug, beim vertikalen Messern im Werkstück. Diese Bewegung erfolgt linear (horizontal oder vertikal) und wird durch einen Kurbeltrieb erzeugt. Die Vorschubbewegung wird über die getaktete Zustellung des Werkstücks realisiert. Diese bestimmt die Furnierdicke. Um Furnier mit bestimmten Maserungsbildern zu erhalten und die Zerspanung zu großer unbrauchbarer Randzonen zu vermeiden, werden die Rohstämme vorab aufgeteilt und am Rand zugeschnitten (**Flitche**).

3.2.9.3 Stanzen – Schneiden

Flächige Werkstücke können sehr wirtschaftlich durch **Stanzen** oder **Schneiden** hergestellt werden. Die bekanntesten Beispiele sind das Ausstanzen von Formen und das Zuschneiden von Furnieren (**Furnierclippen**).

Das **Stanzen** erfordert zwei zusammenarbeitende Werkzeuge – **Matrize** und **Patrize** –, zwischen denen die Schnittfläche durch Abscheren erzeugt wird. Formwerkzeuge sind teuer in der Herstellung und erfordern hohe Stückzahlen, um wirtschaftlich zu sein.

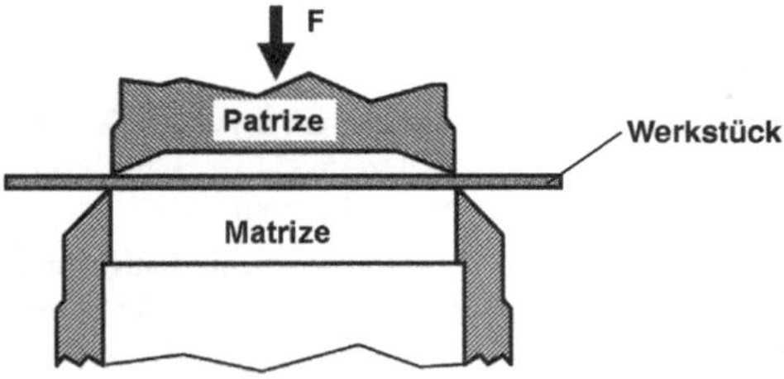

Bild 3.108: Stanzen

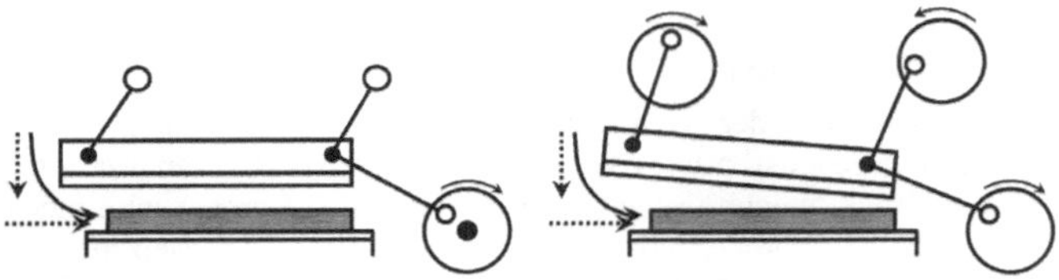

Bild 3.109: Furnierclipper, links mit, rechts ohne ziehendem Schnitt (nach *Stojan*)

Das **Schneiden** in der Holztechnik kann durch Abscheren mit einer Gegenschneide in der Regel mit leicht ziehendem Schnitt erfolgen (Schneidkanten sind nicht parallel zur Werkstückoberfläche) oder ohne Gegenschneide auf einer zerspanbaren Unterlage, was beim Furnierzuschnitt (Furnierclippen) angewendet wird. Die Furnierpakete werden dabei durch **Druckbalken** fixiert und zusammengedrückt.

3.3 Oberflächenbeschichtung

3.3.1 Oberflächenbeschichtung mit flüssigen Materialien

Die **Oberflächenbehandlung** ist einer der letzten Arbeitsgänge bei der Fertigung von Produkten aus Holz und Holzwerkstoffen im Außenbereich und im Möbel- und Innenausbau.

Sowohl bei Neubauten als auch bei der Sanierung von Altbauten wird Holz als tragendes, als nichttragendes maßhaltiges und nichtmaßhaltiges sowie als dekoratives Baumaterial eingesetzt.

Holz wird durch Umwelteinflüsse und Organismen abgebaut und in den Kreislauf der Natur eingefügt, wobei das Wasser zu den wichtigsten Umwelteinflüssen gehört. Als **Holzschutz** dienen:

- der natürliche Holzschutz,
- der konstruktive Holzschutz,
- der chemische Holzschutz,
- die Oberflächenbeschichtung sowie
- Kombinationen daraus.

Die Einwirkung von UV-Strahlung und ein schneller Angleich der Holzfeuchtigkeit infolge von Bewitterung zerstören das Holz. Um dies zu vermeiden, ist Holz für den Außenbereich zu beschichten.

Die Gestaltung und die Qualität der **Oberflächenbeschichtung** von Möbeln und Inneneinrichtungen sind wichtig, da neben der Erhöhung der Gebrauchseigenschaften der Produkte eine gute Oberfläche auch ein starkes Verkaufsargument darstellt. Die Kundenwünsche führen zu einer immer weiteren Produktdiversifizierung, bei der die Oberflächenbehandlung einen erheblichen Anteil hat.

Gründe für Behandlung der Oberfläche von Holz und Holzwerkstoffen:

- **Verbesserung der Gebrauchseigenschaften**: Werkstücke oder Gebrauchsgegenstände aus Holz oder Holzwerkstoffen werden beim Gebrauch mechanischen und chemischen Beanspruchungen ausgesetzt. Zur Werterhaltung, zur Verbesserung der Gebrauchseigenschaften und zum Schutz vor Zerstörung muss die Oberfläche je nach vorgesehenem Einsatz des Werkstücks eine der Beanspruchung entsprechende Behandlung erfahren.
- **Optische Gestaltung der Holzoberfläche**: Die optische und haptische Wirkung der Holzoberfläche lässt sich in sehr weiten Bereichen beeinflussen oder verändern. Die natürliche Optik des Holzes kann durch Anfeuern hervorgehoben oder im Kontrast gemildert werden. Das Empfinden kann durch Lackdicke, Lackfarbe und Glanzgrad sehr stark beeinflusst werden.

3.3.1.1 Voraussetzungen für gute Oberflächenqualität

Wahl geeigneter Materialien

a) Holzauswahl

Um abweichende Farbtöne zu vermeiden, müssen die Hölzer und Furniere eine ähnliche Farbe und Struktur aufweisen. Sind Farbabweichungen wie Einläufe, Flecken oder Splint vorhanden, so sind diese nicht oder nur mit großem Aufwand zu beseitigen. Die Oberflächenbehandlung muss dem Trägermaterial angepasst sein. Holzwerkstoffe müssen in Saugvermögen und Stehvermögen der Oberflächenbehandlung entsprechen.

b) Oberflächenmaterialien

Beschichtungen bestehen in der Regel aus verschiedenen Schichten. Die Materialien der einzelnen Schichten müssen aufeinander abgestimmt sein. Jede Schicht hat ihre Aufgabe. Die Schichten dürfen sich gegenseitig weder chemisch noch mechanisch beeinträchtigen oder verändern. Holzinhaltsstoffe dürfen die Schichten der Beschichtung nicht stören. Oberflächenmaterialien sind so auszuwählen, dass Einflüsse von innen, von den einzelnen Schichten und von außen die Beschichtung nicht negativ beeinflussen. Wenn möglich, sollten alle Materialien einer Beschichtung von einem Hersteller bezogen werden.

Richtige Verarbeitung

Für eine richtige Verarbeitung sind geeignete Räume notwendig. Die Lufttemperatur darf je nach Lacksystem nicht zu niedrig sein (meist nicht unter 18 °C, bei Wasserlacken nicht unter 20 °C), damit ein **Grauschleier** verhindert und eine gute **Filmbildung** erreicht wird. Die Luftfeuchtigkeit darf für verschiedene Lacksysteme nicht zu hoch und die Luft und die Umgebung müssen staubarm sein.

Die Holzfeuchte der Werkstücke soll vor der Oberflächenbeschichtung der späteren Gebrauchsfeuchte entsprechen. Dadurch tritt beim Gebrauch kein übermäßiges Quellen oder Schwinden auf, was häufig zu Oberflächenschäden führt. Besonders in den Wintermonaten – der Heizperiode – ist auf eine ausreichende Luftfeuchtigkeit und damit geeignete Holzfeuchte zu achten.

Neben den allgemeinen Verarbeitungsrichtlinien sind die Verarbeitungsvorschriften der Beschichtungsmaterialhersteller besonders zu beachten.

Vorbehandlung des Untergrundes

Je nach Verwendungszweck und Weiterverarbeitung, Herkunft und Ausgangszustand der zu behandelnden Trägermaterialien aus Holz und Holzwerkstoffen sind verschiedene **Vorbehandlungen** notwendig:

- Durch **Trocknen** bzw. **Konditionieren** des Holzes wird die später zu erwartende Ausgleichsfeuchte eingestellt.
- Die Oberfläche des Trägermaterials ist entsprechend zu profilieren, zu schleifen, zu glätten und zu spachteln.
- Meist zählt das Schaffen von Strukturen (Gebrauchsspuren) und Strukturieren durch Sandstrahlen oder Bürsten zur Aufgabe der Oberflächenbehandlung.

- Selten wird zum Aufschließen der Poren, zum Aufquellen von Druckstellen und zum Aufstellen der Fasern gewässert. Nach dem **Wässern** muss getrocknet und dann fein geschliffen werden.
- Zum Verbessern der Benetzung durch die Beize und den Lack ist je nach Beschichtungsmaterialien bei harzhaltigen Hölzern ein **Entharzen** notwendig.
- **Bleichen** ist notwendig, um Einläufe und Farbflecken anzugleichen oder um das ganze Werkstück aufzuhellen bzw. auf einen gleichmäßigen Farbton zu bringen.
- Durch **Beizen** erfolgt ein Einfärben der Holzoberfläche auf den gewünschten Farbton.
- **Imprägnieren** mit Holzschutzmitteln bei häufiger oder dauerhafter Feuchtebelastung.

3.3.1.2 Lackrohstoffe

Bindemittelkomponenten

a) Filmbildner

Häufig werden Bindemittel als Filmbildner bezeichnet. Filmbildner stellen die Grundlage des betreffenden Beschichtungsstoffes dar. Sie sind meist organisch-chemischer Natur, bei der Lackhärtung polymerisierende Oligomere oder Polymere. Die Filmbildner sollen einen zusammenhängenden und auf dem Trägermaterial haftenden Lackfilm bilden und weitere nicht flüchtige Lackbestandteile, wie Pigmente, Additive und Füllstoffe, in den Lackfilm einbauen, um die gewünschten Eigenschaften zu erreichen.

Die Filmbildner können nach ihrer Herkunft eingeteilt werden in:

- Naturstoffe,
- modifizierte Naturstoffe und
- synthetische Stoffe.

Unmodifizierte Naturstoffe werden nur noch in wenigen Beschichtungsstoffen eingesetzt. Bei Naturstoffen kommen noch weitere Filmbildner hinzu. Vor allem in den **Biolacken** finden sich die natürlichen Filmbildner.

b) Weichmacher

Die Aufgabe der Weichmacher ist es, plastifizierbare Bindemittel dauerhaft elastisch einzustellen. Weichmacher sind flüssige, schwer- oder nichtflüchtige Additive, die je nach Bedarf dem Lacksystem zugegeben werden. Nach der chemischen Struktur können Weichmacher auch das Bindemittel lösen. Kombinationen mit Weichmachern, die das Bindmittel nicht anlösen, werden häufig angewendet.

Folgende Weichmachertypen werden in Holzlacken eingesetzt:

- natürliche Öle (Rizinusöl, Phthalsäureester mit unterschiedlichen Alkoholkomponenten) und
- flüssige Stearatsysteme.

Weichmacher sollen nicht flüchtig sein, sind jedoch zum Teil wenigstens schwerflüchtig. Durch langsame Verdunstung treten Konzentrationsänderungen und damit auch Versprödungen ein. Wärme kann die Verdunstung erheblich beschleunigen.

Um eine **Weichmacherwanderung** zwischen den Lackschichten zu vermeiden und damit ein mögliches Erweichen oder Quellen, ist zum eingesetzten Bindemittel der richtige Weichmacher auszuwählen.

c) Harze

Die Eigenschaften sind je nach Rohstoffkomponente sehr unterschiedlich. Funktionelle Hydroxylgruppen sind für Polyurethanreaktionen geeignet. Die ungesättigten **Polyesterharze** gehören zu den Polykondensationsharzen.

Alkydharze aus der Polykondensationsharzgruppe

Reaktionsprodukt aus Phthalsäure oder anderen Säuren mit Fettsäuren aus trocknenden bzw. halbtrocknenden Ölen mit mehrwertigen Alkoholen

Wachse

Bienenwachs, Carnaubawachs, synthetische Wachse wie Polyethylenwachse

Natürliche Öle

Leinöl/Holzöl und deren Kombinationen, behandelte Öle (Standöl)

Natürliche Harze

Dammar, Copalharze

Acrylharze

Acrylharze gehören zu einer Gruppe von Harzen auf der Basis von Acrylsäure und deren Derivaten. Eine außergewöhnlich große Anwendungsbreite mit guten Beständigkeiten zeichnet sie aus. Zu unterscheiden sind thermoplastische Typen, isocyanatvernetzbare Typen für PUR-Lacke und strahlenhärtende (UV-) Typen.

Harnstoffharze

besonders für CN-Lacke oder für säurehärtende Lacksysteme. Säurehärtende Lacke werden wegen ihrer Formaldehydabgabe in Deutschland nicht mehr verwendet.

Ketonharze

Basis sind cycloaliphatische Ketone mit verschiedenen Umsetzungskomponenten und großer Anwendungsbreite.

Wasserverdünnbare und wasserlösliche Rohstoffe, z. B. Dispersionen verschiedener Rohstoffbasis (Acrylate, Polyurethane, Mischpolymerisate) haben besonders an Bedeutung gewonnen.

d) Lösemittel

Aufgabe des Lösemittels ist es, den Beschichtungsstoff auf eine applizierbare Viskosität einzustellen und nach dem Auftragen einen guten Verlauf und eine geregelte Trocknung zu gewährleisten. Nach dem Auftragen soll das Lösemittel schnell, rückstandsfrei und ohne Umweltbelastung aus dem Lackfilm austreten. Die meisten Beschichtungsstoffe enthalten Lösemittel, flüchtige Verbindungen, die unterschiedlich schnell flüchtig sind und somit den Verlauf und die Filmbildung regulieren.

So hat die Zusammensetzung eines Lösemittelgemisches weit größere Auswirkungen auf die Eigenschaften der fertigen Beschichtung, als zunächst vermutet wird. Bei der Auswahl der Lösemittel müssen deshalb Faktoren wie Flüchtigkeit, rheologisches Verhalten, Oberflächenspannung, Brennbarkeit, Giftigkeit, Geruch, Umweltverträglichkeit und die Kosten beachtet werden.

Nach DIN 55945:

Lösemittel ist eine aus einer oder mehreren Komponente(n) bestehende Flüssigkeit, die Bindemittel ohne chemische Umsetzung zu lösen vermag. Lösemittel müssen unter den jeweiligen Bedingungen der Filmbildung flüchtig sein.

Verdünnungsmittel ist eine aus einer oder mehreren Komponente(n) bestehende Flüssigkeit, die Beschichtungsstoffen während der Herstellung oder vor der Anwendung zugesetzt wird, um ihre Eigenschaften der Verarbeitung anzupassen. Verdünnungsmittel müssen mit dem jeweiligen Beschichtungsstoff verträglich und unter den jeweiligen Filmbildebedingungen flüchtig sein.

Verschnittmittel ist für Lösemittel eine aus einer oder mehreren Komponente(n) bestehende Flüssigkeit, die für sich allein die Bindemittel nicht aufzulösen vermag und nur mit Lösemitteln verwendet wird.

Reaktives Lösemittel ist ein Lösemittel, das bei der Filmbildung durch chemische Reaktion Bestandteil des Bindemittels wird und dadurch seine Eigenschaften als Lösemittel verliert. Ein reaktives Verdünnungsmittel verhält sich zu einem reaktiven Lösemittel wie ein Verdünnungsmittel zu einem Lösemittel.

Deutlich zu unterscheiden von den Lösemitteln ist das Wasser im **Wasserlack**. Das Wasser ist nicht lösend, sondern nur verdünnend.

e) Pigmente und Füllstoffe

Das **Farbmittel** ist der Oberbegriff für alle farbgebenden Substanzen (DIN 55943). Die Farbmittel können sein:

- **Farbstoffe** (im Anwendungsfall lösliches Farbmittel),
- **Pigmente** und Pigmentmischungen (nichtlösliche bunte oder unbunte Farbmittel),
- **farbbildende Stoffe** (bei der Anwendung wird die Farbe erst durch eine chemische Reaktion gebildet),
- **Füllstoffe** (pulverförmige, im Anwendungsmedium unlösliche Substanzen). Ihre Aufgabe sind die Veränderung des Filmvolumens, die raummäßige Füllung der Beschichtungen mit Gerüstmaterial und die Verbesserung der mechanischen Eigenschaften der Beschichtung.

f) Additive

Ein **Additiv** ist eine Substanz, die einem Beschichtungsstoff in geringen Mengen zugesetzt wird (meist < 1 % mit Ausnahme der Weichmacher), um diesem oder der daraus hergestellten Beschichtung spezifische Eigenschaften zu verleihen (DIN 55945 A1). Beschichtungsstoffe bestehen aus Lösemitteln, Filmbildnern, Pigmenten, Füllstoffen und Additiven. Die nichtflüchtigen Anteile der Additive gehen zusammen mit den Filmbildnern in das Bindemittel der Lacke ein. Die Additive lassen sich von den anderen Lackbestandteilen nicht eindeutig differenzieren, da einige Pigmente, Füllstoffe, Lösemittel und Filmbildner (in Aufgabe und Menge) wie Additive verwendet werden. Die Additive lassen sich je nach Aufgabe im Beschichtungsstoff in folgende Gruppen einteilen:

- Glanz- oder Mattierungsmittel,
- Netz- und Dispergiermittel,
- Entschäumer und Entlüfter,
- Rheologieadditive und Verlaufsmittel,
- Gleitmittel,
- Lichtschutzmittel,
- Trockenstoffe,

- Oberflächenadditive,
- Biozide,
- Leitmittel.

3.3.1.3 Lacksysteme

Lacke bestehen entsprechend ihrer Funktion aus Filmbildnern, Pigmenten, Füllstoffen, Lösemitteln und Additiven. Der wichtigste Teil des Lackes ist der **Filmbildner**. Wenn er auch häufig volumenmäßig nicht der wesentliche Teil des Beschichtungsstoffes ist, so ist er für das Zustandekommen des Films entscheidend (nach DIN 55945). Vorbedingungen, Forderungen und Einflüsse bestimmen die Zusammensetzung des Beschichtungsstoffes. Von unterschiedlichen Standpunkten und verschiedenen Richtungen wirken sie auf die Formulierung des Rezepts ein. Da bezüglich der Zusammensetzung eines Beschichtungsstoffes verschiedene Wünsche bestehen, kann es globale Lösungen, die alle nur denkbaren Bedingungen erfüllen, auf dem Lackgebiet nicht geben.

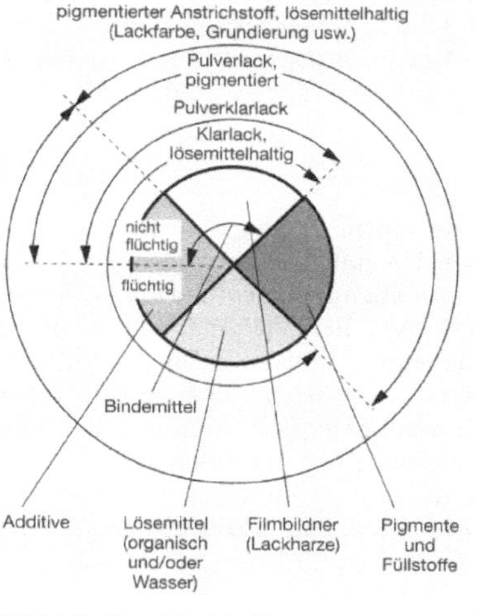

Bild 3.110: Grundsätzliche Zusammensetzung von Beschichtungsstoffen [17]

Jede Beschichtung ist als System anzusehen, dessen Einzelkomponenten verschiedene Teilaufgaben übernehmen und in jedem Fall stofflich zusammenpassen müssen. Lacksysteme sollen umweltfreundlich, ungefährlich, wirtschaftlich, einfach zu verarbeiten und qualitativ hochwertig sein. Nach Anspruch und Produkt werden an eine Lackierung unterschiedliche Anforderungen gestellt.

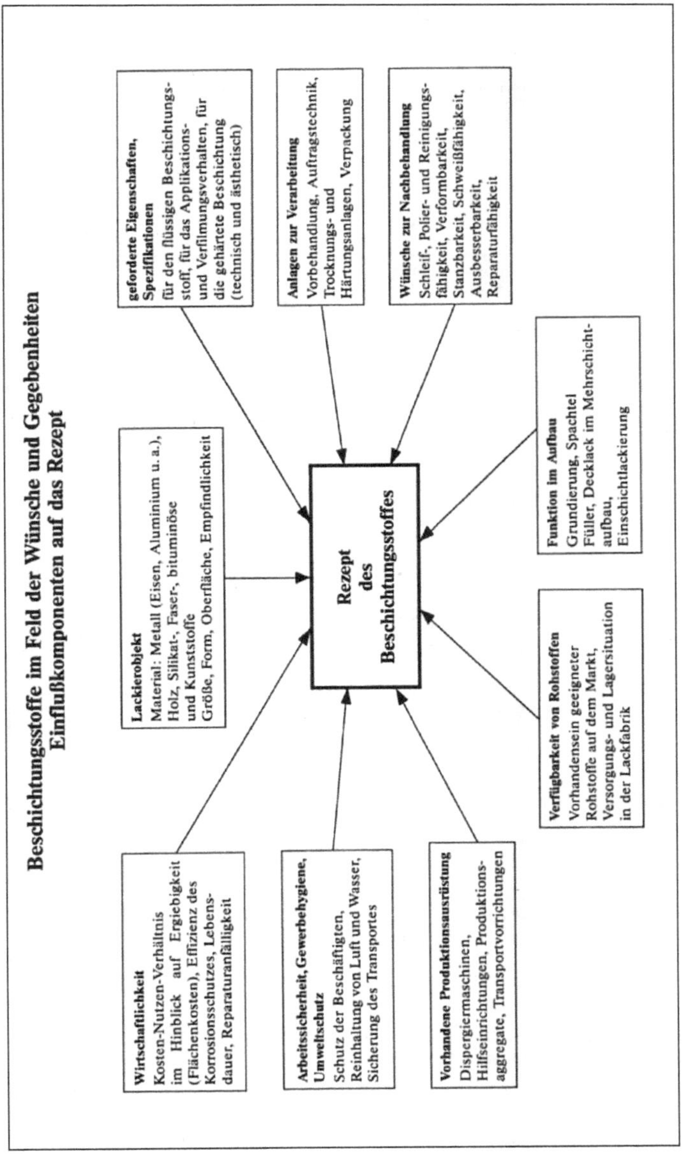

Bild 3.111: Beschichtungsstoffe im Feld der Wünsche und Gegebenheiten [18]

3.3.1.4 Applikationsverfahren

Tabelle 3.11: Bindemittelsysteme und ihre Eigenschaften bei der Holzlackierung [17]

System	Verwendung	Vorteile	Nachteile	Einsatztendenz
Nitrolacke („NC-Lacke") physikalisch trocknend	Innenmöbel	glänzend schnelltrocknend kratzfest alkoholbeständig dünne Schichten möglich	geringe Licht- und Lösemittelbeständigkeit geringe nfA hoher Lösemittelanteil	rückläufig
2K-PUR („DD-Lacke")	(Küchenmöbel, Außenanwendungen, Bootslacke	mechanisch und chemisch sehr beständig elastisch	relativ hoher Preis, begrenzte Topfzeit	zunehmend
Säurehärtende („SH"-)Lacke, Harnstoff/Formaldehydharz + Alkydharz	ähnlich 2K-PUR		Formaldehyd-Emission	rückläufig
Öllacke (Alkydharz)	Außenanwendungen	guter Glanz u. Verlauf, Wetter- u. Chemikalien-Beständigkeit	langsame Härtung oft Versprödung	rückläufig
Ungesättigte Polyesterlacke (UP-Lacke)	hochwertige, glänzende Oberflächen, z. B. Klaviere, Spachtel	kratzfest Hochglanz lösemittelarm, große Schichtdicken möglich	geringe Lichtbeständigkeit, kurze Verarbeitungszeit (2K) geringe Lagerfähigkeit	weiterhin für spezielle Anwendungen
Wasserlacke: Acrylat- u. PUR-Dispensionen	Wohn- u. Büromöbel	lösemittelarm, lichtecht, widerstandsfähig	langsame Trocknung, starkes Aufrauhen der Oberfläche	zunehmend
UV-härtende Lacke, auch Elektronenstrahlhärtung	Möbel, speziell Schulmöbel Parkett	extrem schnelle und belastbare Vernetzung, sehr lösemittelarm	UV, geringe Pigmentierbarkeit	stark zunehmend
Pulverlacke (z. B. IR-Schmelzung + UV-Härtung)	(Vielseitigkeit erwartet)	lösemittelfrei, schnelle Härtung	Erwärmung des Werkstücks	gute Chancen (Zukunft)

Um aus dem Beschichtungsstoff die gewünschte Beschichtung zu bekommen, welche die gestellten Anforderungen erfüllt, steht eine Reihe verschiedener Verfahren zur Verfügung. Diese sind abgestimmt auf die Materialart, die Abmessungen, die Form und die Anzahl der zu beschichtenden Teile, auf die Eigenheit des zu verarbeitenden Lackmaterials und auf die Anforderungen, die an die Beschichtung gestellt werden. Danach wird das geeignete **Applikationsverfahren** ausgewählt. Besonders zu berücksichtigen ist der Aufwand, der zur Herstellung einer gebrauchsfertigen Beschichtung (Applikation, Trocknung und Härtung) notwendig ist.

Tabelle 3.12: Übersicht über Lackauftragsverfahren und ihre Charakteristiken [18]

Auftragsverfahren	**Anwendungsgebiete**			**Einschränkungen**			**Fertigungsart**	
	Heißlackierung	automatisierbar	kontinuierlich verarbeitbar	Dimensionen	Geometrie	Sonstiges	Einzelobjekt	Serie
Trommeln	nein	ja	nein	nur für Kleinstteile	keine knäuelfähigen Teile		nein	ja
Tauchen	ja	ja	ja	begrenztes Arbeitsvolumen	keine schöpfenden Teile	geringe Kantendeckung	nein	ja
Fluten (Flow Coating)	ja	ja	ja	begrenzte Arbeitsbreite	keine schöpfenden Teile	geringe Kantendeckung	nein	ja
Gießen	nein	ja	ja	begrenzte Arbeitsbreite	nur ebene Flächen		nein	ja
Walzen	nein	ja	ja	begrenzte Arbeitsbreite	nur ebene Flächen		nein	ja
Luftzerstäubung Niederdruck	ja	ja	ja				ja	ja
Luftzerstäubung Hochdruck	ja	ja	ja				ja	ja
Airless-Zerstäubung	ja	ja	ja			keine dekorativen Oberflächen	ja	ja
Airmix-Zerstäubung	ja	ja	ja				ja	ja
Elektrostatisch unterstützte Zerstäubung	nein	ja	ja				ja	ja

Fortsetzung Tabelle 3.12

Auftrags-verfahren	Anwendungs-gebiete			Einschränkungen		Fertigungsart		
	Heißlackierung	automatisierbar	kontinuierlich verarbeitbar	Dimensionen	Geometrie	Sonstiges	Einzelobjekt	Serie
Hoch-rotations-zerstäu-bung	nein	ja	ja			keine Faradayschen Käfige	nein	ja
Vakuum-lackieren	ja	ja	ja	begrenzte Arbeitsbreite	nur längs profilierte Teile		nein	ja

Trommeln

Eingesetzt wird das **Trommeln** bei kleinen Massenartikeln (Spielwaren, Knöpfe, Griffe und ähnliche Werkstücke) ohne gehobenen Qualitätsanspruch. Die Werkstücke werden dazu in eine runde oder achteckige Trommel von bis zu 1 m Durchmesser und 1 m Länge gegeben. Die Trommel kann auf der Längsseite geöffnet werden, oder die Achse ist um 30 ... 45° in der Vertikalen ausgelenkt und stirnseitig offen. Über diese Öffnungen werden die Trommeln beschickt. Je nach Form der Werkstücke können gleiche Teile oder aber gemischte Teile in die Trommel gegeben werden. Beim **Beizen** wird die Beize während des Drehens der Trommel von der Stirnseite eingesprüht. Beim **Lackieren** wird der Lack bei stehender Trommel eingefüllt. Die Trommeln drehen sich je nach Teileart mit 40 ... 200 min^{-1}. Dabei ergibt sich eine intensive Lackverteilung. Eingesetzt werden sowohl **Zweikomponentenlacke** mit langer offener Zeit als auch **physikalisch trocknende Lacke**. Die Trommelzeit kann, je nachdem, ob in der Trommel ganz getrocknet wird oder anschließend außerhalb noch nachgetrocknet wird, wenige Minuten bis zu mehrere Stunden betragen. Vor dem Trocknen wird der überschüssige Lack abgeschleudert, dann werden die Werkstücke in einen Gitterkorb gefüllt, der während des Trockenvorganges geschüttelt wird. Scharfkantige Werkstücke sind nicht geeignet, da die scharfen Kanten nicht genügend beschichtet werden und andere Werkstücke beschädigen.

Tauchen

Das Tauchen von Werkstücken in flüssigen Beschichtungen gehört zu den ältesten Beschichtungsverfahren. Getaucht werden Werkstücke zum **Beizen**, **Imprägnieren**, **Grundieren** und **Decklackieren**. Werkstücke mit nicht zu hohem Qualitätsanspruch und einer nicht schöpfenden Form wie Hinterschneidungen und Bohrungen werden von Hand oder mit Anlagen getaucht. Die Viskosität hängt von der gewünschten Schichtdicke ab.

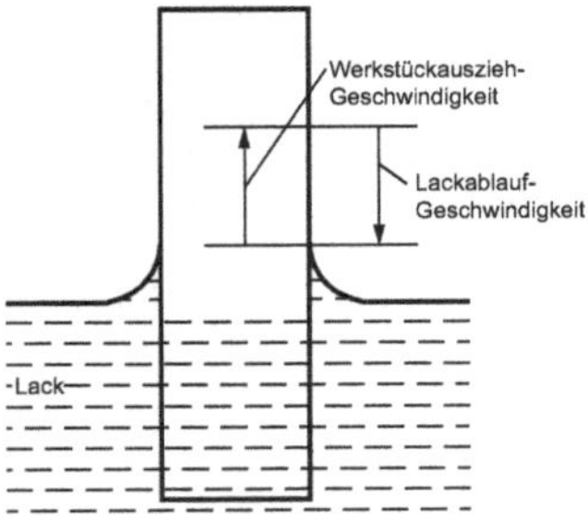

Bild 3.112: Werkstückauszieh- und Ablaufgeschwindigkeit beim Tauchen [19]

Imprägnierungen und Beizen werden mit 15 ... 30 s im DIN-4-Becher eingestellt. Grundierungen und Decklackierungen werden mit 300... 600 s im DIN-4-Becher (dies gilt nur als Anhalt, die Messung mit dem DIN-4-Becher ist nur bis 200 s zugelassen) getaucht. Bei den hohen Viskositäten ist eine Eintauchgeschwindigkeit von 0,1 ... 1,0 m/min zu wählen, damit unter dem Lack keine Luft eingeschlossen wird. Die Austauchgeschwindigkeit ist so zu wählen, dass der Lack vom Werkstück je nach Bedarf abgezogen wird. Das geschieht bei einer Ausziehgeschwindigkeit von 0,1 ... 0,3 m/min. So wird auch eine **Läuferbildung** vermieden. Getaucht werden billige Stühle, Gestelle, Möbelfüße und Massenartikel wie Kleiderbügel, Rundstäbe und Leisten. Je nach Größe der Teile ist die Größe des Tauchbeckens zu wählen. Da große Mengen Lack im Becken vorgehalten werden, können nur physikalisch trocknende Lacke eingesetzt werden. Die Tauchviskosität ist durch das Nachfüllen von Lösemitteln einzuhalten. Verluste entstehen durch das Verdunsten des Lösemittels und durch das Abtropfen des Lackes nach dem Beschichten. Teilweise kann der abtropfende Lack aufgefangen und zurück ins Tauchbecken geführt werden.

Fluten (Flow Coating)

Da die Nachteile des Tauchens (wie große Lackvorräte und das Aufschwimmen der Werkstücke aus Holz) umgangen werden sollten, wurde das **Fluten** entwickelt. Große Werkstücke wie Fenster werden durch Fluten beschichtet. Die Werkstücke werden an einem **Flutstock** vorbeigeführt. Eine oder mehrere **Flutdüsen** sind an einem lackführenden Rohr angebracht. Für Wasserlacke werden **Sprühdüsen**, für Lösemittellacke **Löffeldüsen** eingesetzt.

Beim Fluten werden die Werkstücke entweder durch Absenken oder (heute üblich) durch eine horizontale Bewegung, meist mit einer **Power-and-Free-Anlage** an **Flutdüsen** (auch Flutstock genannt) vorbeitransportiert und mit einem groben Flutstrahl besprüht. Das überschüssige Beschichtungsmaterial läuft vom Werkstück ab und wird im Auffangbecken gesammelt, von dem es ein Umwälzsystem dem Flutstock wieder zuführt. Fluten ist heute eine der am häufigsten eingesetzten Methoden zur Applikation von Grundierungen und Zwischenbeschichtungen bei der Fensterherstellung. Technisch ist es derzeit nur im Versuchsaufbau möglich, auch Schlussbeschichtungen mit einem guten Oberflächenbild im Flutverfahren herzustellen. Für die Beschichtung von Möbeln ist die Qualität nicht ausreichend.

Gießen

Plane und quasiplane Flächen (wie Schrankseiten, leicht profilierte Fronten und Türen, aber auch Holzwerkstoffplatten – vor dem Auftrennen) werden im **Gießverfahren** beschichtet. Da das Gießverfahren ein kontaktloses Verfahren ist, können die Werkstücke leichte Profilierungen und Stärketoleranzen aufweisen. Es lassen sich alle Lacke im Viskositätsbereich von 20 ... 80 s im DIN-4-Becher gießen. Beizenmaterialien lassen sich nur gießen, wenn sie verdickt sind, 2K-Lacke nur bei langen Topfzeiten. Zum Gießen wird ein offener oder geschlossener Gießkopf mit zwei untenliegenden Gießlippen eingesetzt. Je nach Lackviskosität und gewünschter Auftragsmenge sind die Gießlippen auf eine Gießspaltbreite von 0,6 ... 1,2 mm geöffnet. Dabei entsteht ein stabiler **Lackvorhang**, der

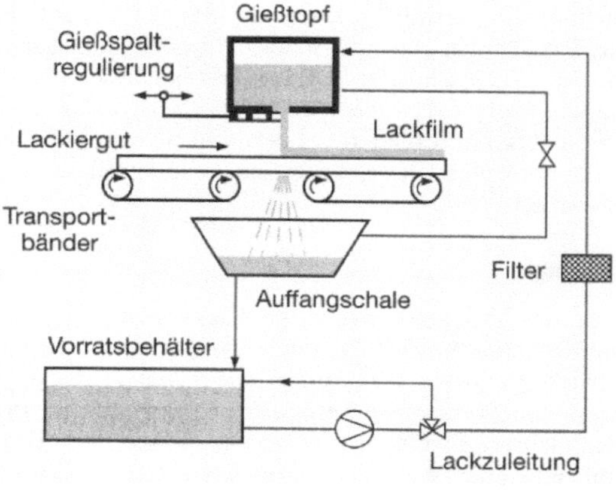

Bild 3.113: Gießlackierung [17]

unten zwischen zwei Transportbändern über eine Auffangwanne aufgefangen und dem Lackvorratsbehälter zugeführt wird. Beim Zulauf zum Vorratsbehälter kann er gefiltert werden, und im Lackvorratsbehälter ist die Viskosität nachzustellen. Der Lack wird bei Bedarf gekühlt oder erwärmt und ergänzt. Anschließend führt eine geregelte Pumpe den Lack dem Gießkopf zu. Beim Gießen kann ein Auftragswirkungsgrad von 90 ... 95 % erreicht werden. Die Vorschubgeschwindigkeit der Transportbänder hängt von der Auftragsmenge ab und bewegt sich im Bereich von 40 ... 90 m/min. Zusätzlich ist die Vorschubgeschwindigkeit nach oben durch die Handhabung der Werkstücke begrenzt. Die minimalen Auftragsmengen liegen bei ca. 30 g/m^2 und sind nach oben bei 400 ... 500 g/m^2 begrenzt. Darüber läuft der Lack vom Werkstück ab. Der Viskositätsbereich ist durch den Einsatz von einem geschlossenen Gießkopf zu erweitern, der je nach Viskosität des Lackes mit Überdruck oder mit Unterdruck arbeitet.

Die Arbeitsbreiten reichen von 400 mm bei Labormaschinen über die übliche Breite von 1300 mm für die Möbelindustrie bis zu Sonderbreiten von 2000 mm. Das **Gießsystem** (Gießkopf, Auffangwanne und Lackbehälter) kann seitlich aus der Linie ausgefahren werden. Während ein zweites Gießsystem mit einem anderen Lack beschichtet, wird das erste System umgerüstet (gereinigt und neu eingestellt). Häufig wird mit dem Gießverfahren ungesättigter Polyesterlack (also ein 2K-Lack mit kurzer Topfzeit) gegossen. Dazu werden die notwendigen Komponenten mit den zwei Köpfen der Zweikopfgießmaschine aufgetragen. Im ersten Gießkopf wird der Polyesterstammlack mit dem Härter (Peroxid) gemischt, im zweiten Gießkopf der Polyesterstammlack mit dem Beschleuniger und im **Nass-in-Nass-Verfahren** gegossen. Dieses Verfahren ist möglich, weil beim ungesättigten Polyester das Mischungsverhältnis wichtig ist, nicht aber eine gute Untermischung der Komponenten.

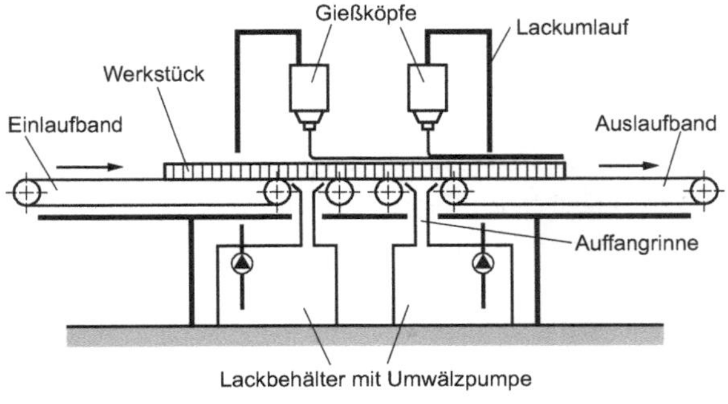

Bild 3.114: Schema einer Zweikopfgießmaschine [19]

Walzen

Das Walzverfahren wird zur Beschichtung von flächigen Werkstücken eingesetzt. Es ist ein **Kontaktauftragsverfahren**, das je nach Walzenausführung nur geringe Dickentoleranzen der Werkstücke zulässt. Mit dem Walzverfahren können Lacke, Beizen, Öle, Wachse und Spachtel in einem weiten Viskositätsbereich von ca. 10 ... 250 s (DIN-4-Becher) aufgebracht werden.

Durch den Zwang zur Reduzierung von Lösemittelemissionen hat das Walzen erheblich an Bedeutung gewonnen, da mit diesem Verfahren hochviskose lösemittelarme bzw. lösemittelfreie Lacke in Schichten von 3 ... 80 g/m^2 aufgetragen werden können.

Besonders die Weiterentwicklung von UV-Walzlacken mit 100% Festkörpergehalt hat das Walzen für viele Anwender attraktiv gemacht, da in wenigen Sekunden eine ausgehärtete hochwertige Oberfläche erzeugt werden kann. Die Vorschubgeschwindigkeit kann an die vor- und nachgeschalteten Maschinen angepasst sein und liegt zwischen 6 und 40 m/min.

Beim Walzen der Breitfläche werden die Schmalflächen nicht beschichtet und nicht verschmutzt.

a) Prinzip des Walzauftrages

Beim Walzen wird das Beschichtungsmaterial aus einem Vorratsbehälter über eine Umwälzpumpe (i. d. R. Membranpumpe) in den Walzenstock gepumpt. Der **Walzenstock** besteht aus der Auftragswalze, der Dosierwalze und den zugehörigen Rakeln. Der Lack gelangt in den Spalt zwischen Dosier- und Auftragswalze, von wo er sich gleichmäßig auf die ganze Arbeitsbreite verteilt.

Mit der Auftragswalze wird dann das Material auf das auf dem Förderband laufende Werkstück appliziert.

Ein oszillierendes Gummirakel streift je nach Drehrichtung der Auftrags- und Dosierwalze den Lack ab.

b) Vorteile

- geringe Materialverluste (Verdunstung, Reinigung),
- hoher Viskositätsbereich (Beize – Spachtel),
- keine Kantenverschmutzung,
- sehr dünne Schichten möglich,
- festkörperreiche Lacke sind verarbeitbar,
- intensive Benetzung (Grundierungen),
- beidseitig Beschichtung der Werkstücke möglich (Paneele).

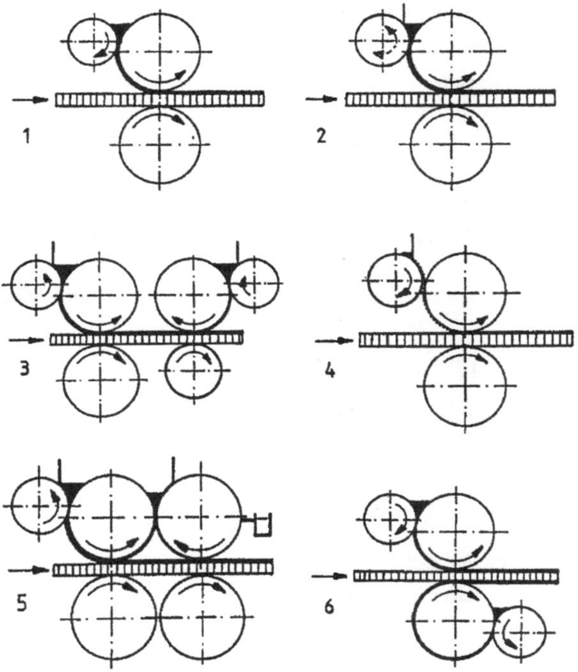

Bild 3.115: Schema verschiedener Walzenauftragsverfahren (nach [19])

1 *Gleichlaufwalzen* (Auftragswalze und Dosierwalze laufen im Gleichlauf),
2 *Revers-Lauf* der Dosierwalze für höhere Auftragsqualität (Auftragswalze läuft im Gleichlauf, Dosierwalze läuft im Gegenlauf),
3 *Doppelwalzenverfahren*: Erstes Auftragsaggregat mit Gleichlauf, zweites Auftragsaggregat mit Reverslauf der Auftragswalze für hohe Auftragsqualität,
4 *Rasterwalze* für definierte Auftragmengen (Die Dosierwalze ist als Rasterwalze ausgebildet),
5 *Spachtelwalze* mit Gleichlauf der Auftragwalze und hochglanzverchromter, befeuchteter Glättwalze,
6 Walzverfahren für beidseitiges Beschichten

c) Nachteile

- nur plane Werkstücke beschichtbar,
- Walzstruktur auf der Oberfläche,
- hohe Dickengenauigkeit der Werkstücke nötig.

d) Ausführung der Walzmaschinen

Walzenoberflächen

- Moosgummi: Beizen großporiger Hölzer (mit Vertreiberbürsten),
- Vollgummi 40 Shore: Beizen feinporiger Hölzer (ohne Vertreiberbürsten),
- Vollgummi 50 Shore: Grundierung, Decklack,
- Gummi mit Rillung: Auftrag großer Lackmengen mit geringer Walzstruktur,
- Verchromte Stahlwalzen: Zum Glätten von Lacken und Spachtelmaterial.

Oszillierende Rakel

- an Auftrags- und Dosierwalze.

Einstellung der Beschichtungsstärke

- Walzenoberfläche,
- Andruck,
- Laufrichtung der Auftrags- und Dosierwalze,
- Abstand der Auftragswalze zur Dosierwalze.

Nutzbreite

- 400 ... 1600 mm, überwiegend 1300 mm.

Auftragswirkungsgrad

- ca. 98 %.
- Einzelantrieb der Dosier- und Auftragswalze,
- ausfahrbare Walzaggregate zum schnellen Lackwechsel,
- nachgeschaltete Vertreibereinheit für das Beizen,
- motorische Höhenverstellung der Walzen,
- Abhebung des Auftragsaggregates bei Not-Stopp.

Spritzverfahren

Die **Spritzapplikation** ist die universelle und verbreitetste Lackauftragsart. Mit dem Spritzen ist eine hohe Oberflächenqualität erreichbar, bei, je nach Verfahren, geringen Anforderungen an Investitionen und Anlagentechnik. Der wesentliche Nachteil besteht in den relativ großen Lacknebelverlusten (Overspray, Verschmutzungen, Lacknebel). Daher gab es und gibt es zahlreiche Entwicklungen mit dem Ziel, diese Verluste auch bei herkömmlicher Zerstäubungstechnik zu minimieren.

Heute existiert eine Vielzahl von **Zerstäubungsmethoden**, die sich grob wie folgt einteilen lassen:

- pneumatische Zerstäubung (mittels Druckluft),
- hydraulische Zerstäubung (Druckentspannung des Flüssiglackes),
- hydraulische Zerstäubung mit Luftunterstützung,
- Zerstäubung durch Rotation (Zentrifugalkräfte),
- elektrostatische Unterstützung der Zerstäubung.

Die Zerstäubung von Lackmaterialien ohne elektrostatische Aufladung erfolgt allein durch mechanische Kräfte. Ausgenutzt werden dabei die Wirkungen der Geschwindigkeit.

a) Hochdruckspritzen, pneumatisch

Druckluftpistolen sind wegen folgender Vorteile weit verbreitet:

- sehr feine Zerstäubung und somit eine hohe Oberflächenqualität,
- gleichmäßige Schichtdicke und nahezu strukturfreie Oberflächen,
- gute Benetzung stark profilierter Teile.

Nachteile der Druckluftpistolen sind:

- hoher Materialverlust besonders bei kleinen Flächen oder Stäben,
- hohe Emissionen flüchtiger Lackbestandteile wegen des hohen Löse- oder Verdünnungsmittelanteils,
- hohe Emissionen flüchtiger Lackbestandteile wegen des intensiven Luftkontaktes und wegen des Oversprayanteils.

Funktionsweise

Wie Bild 3.116 zeigt, ist im Zentrum um die Lackdüse ein Luftkreis. Wenn der Abzug der Pistole halb getätigt wird, strömt daraus Luft. Wird der Abzug ganz betätigt, fließt zusätzlich aus der Lackdüse der Lack aus. Der Lack wird nur durch die Schwerkraft des Lackes aus dem Becher der Pistole zugeführt. Die hohe Luftgeschwindigkeit aus dem Luftkreis saugt den Lack heraus und zerstäubt ihn in kleine Tropfen (10 ... 100 µm). Dabei entsteht ein runder Strahl. Wird zusätzlich Luft aus den Hornbohrungen zugeführt, dann wird der Strahl zu einem Oval geformt. Mit diesem Oval lassen sich bessere Oberflächen erzielen, zumal das Oval noch mit einem weichen „Saum“ umrandet ist.

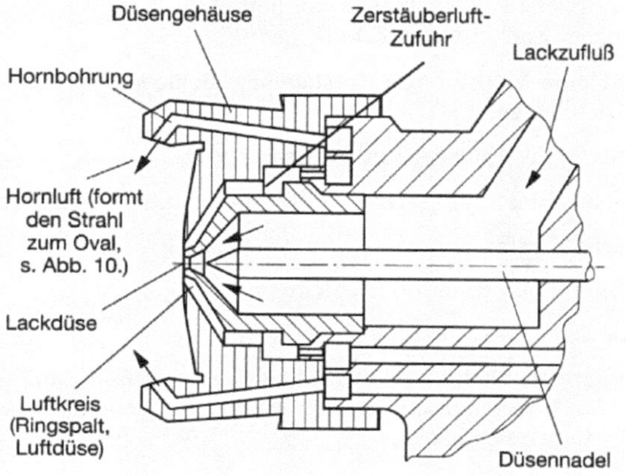

Bild 3.116: Schnitt durch einen pneumatischen Zerstäuber [17]

Übliche Lackdüsen-Durchmesser sind:

- 1,2 mm bei dünnflüssigen Materialien wie Beizen,
- 1,3 ... 1,5 mm bei üblichen Grund- und Decklacken,
- > 1,5 mm bei Materialien wie Füller.

Beim **pneumatischen Hochdruckspritzen** wird mit einem Druck von 1,5 ... 7 bar, i. d. R. mit 3,5 bar Luftdruck gespritzt. Der Luftverbrauch liegt zwischen 200 und 600 l/min, meist sind es 400 l/min. Die Austrittsgeschwindigkeit des Luft-Lack-Gemisches beträgt ewa 10 m/s.

b) Niederdruckspritzen, pneumatisch (HVLP)

Durch die verschärfte Umweltgesetzgebung in den USA in den 80er-Jahren wurde ein maximaler Düseninnendruck von 0,7 bar gefordert. Daraus entstand die Generation von Niederdruck-Spritzpistolen mit der Bezeichnung „HVLP“ (High Volume Low Pressure). Diese sagt bereits, dass zu einer guten Zerstäubung ein geringer Düseninnendruck verwendet wird, aber auch ein großes Volumen Luft notwendig ist.

Der Düseninnendruck von 0,2 ... 0,7 bar, meist 0,7 bar, wird entweder durch eine Turbine erzeugt oder durch einen **Airconverter** im Pistolengriff erreicht, der den Pistoleneingangsdruck von ca. 5 bar entsprechend reduziert. Der Luftverbrauch liegt zwischen 400 und 1000 l/min, in der Praxis sind 750 l/min üblich. Die HVLP-Pistole erreicht eine fast ebenso gleichwertige Zerstäubung wie die konventionelle Hochdruckpistole. Dabei ist aber der Overspray deutlich reduziert (ca. 10 ... 30 %). Beim Lackieren entsteht ein geringerer Rückprall des Luft-Lack-Gemisches.

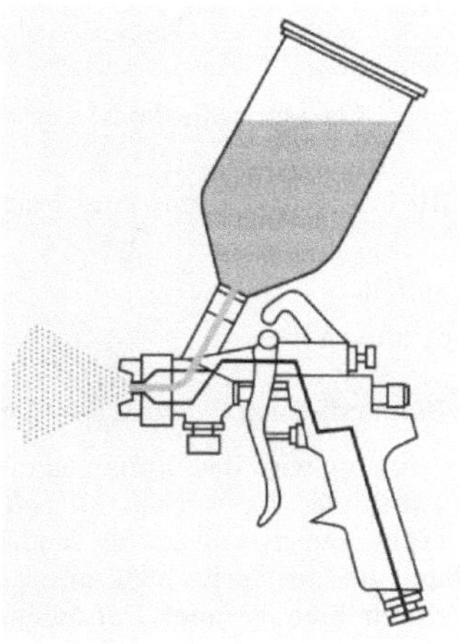

Bild 3.117: Querschnitt durch eine Fließbecher-Druckluftspritzpistole [17]

c) Hydraulische Zerstäubung, Airless-Verfahren

Beim **Airless-Verfahren** handelt es sich um ein luftlos zerstäubendes Spritzverfahren. Eine elektrisch, pneumatisch oder mit einem Benzinmotor betriebene Pumpe fördert das angesaugte Spritzmedium zur Düse. Das Lackmaterial wird mit Drücken von 100 ... 500 bar (in der Praxis häufig um 200 bar) durch eine Düse (1, Bild 3.118) gedrückt. Durch den hohen Turbulenzgrad des Lackstroms wird dieser sofort nach Verlassen der Düse zerrissen. Zur Erzeugung eines Breitstrahls ist die Düse im Regelfall als Schlitzdüse ausgebildet.

Im Gegensatz zum Druckluftspritzen muss zum Verändern des Spritzstrahls die Düse gewechselt werden. Durch die **Vorzerstäuberdüse** (2) wird über die Ausbildung von Ein- und Auslaufwirbeln der Turbulenzgrad des Lackstroms erhöht und damit die Zerstäubung verfeinert. Die Düsen sind aus Sintermetall und haben Bohrungen von 0,13 ... 1,3 mm.

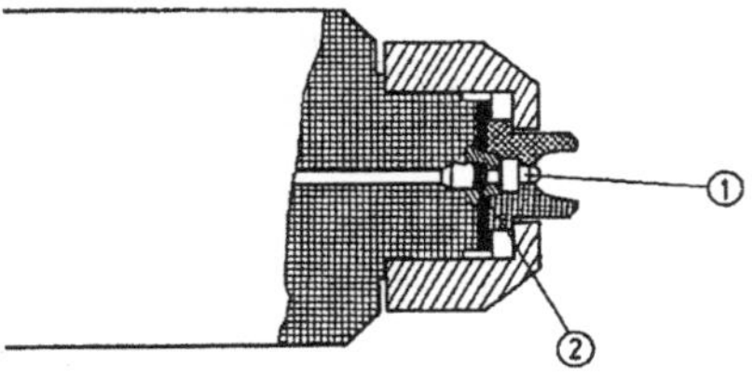

Bild 3.118: Querschnitt durch einen Airless-Zerstäuber [18]

Die Vorteile des Airless-Verfahrens sind:

- auch tiefporiger Untergrund ist benetzbar,
- geringe Spritznebelbildung (weniger Overspray, hohe Materialausbeute),
- großer Materialdurchsatz (2 ... 10 l/min) und somit gute Flächenleistung,
- Arbeiten aus Liefergebinden ist möglich,
- auch mit weniger Spritzerfahrung anwendbar.

d) Hydraulische Zerstäubung mit Luftunterstützung (Airmix, Aircoat)

Beim **Airless-Verfahren** mit Luftunterstützung wird das Spritzmedium bei einem Betriebsdruck ab ca. 20 ... 100 bar (in der Praxis meist 40 ... 60 bar) durch die Düse (1, Bild 3.119) zerstäubt. Bei diesem relativ niedrigem Materialdruck ist die Basis-Zerstäubung gut, am Spritzstrahlrand jedoch entsteht eine Streifenbildung, die durch eine geringe Luftmenge ab 70 l/min mit niedrigem Druck ab 0,4 ... max. 2,5 bar aufgelöst wird. Durch die zentrale, unmittelbar an der Düsenbohrung und am Horn (2, Bild 3.119) angeordnete Luftzuführung wird die Zerstäubung unterstützt und auf der gesamten Breite zusätzlich verbessert. Die im Vergleich zum **Airless-Spritzen** (100 ... 200 bar) extrem geringe Einstellung des Betriebsdruckes ergibt beim **Aircoat-Verfahren** den Vorteil, dass sich die Farbpartikel mit geringerer Vorwärtsenergie bewegen, also einen „weichen" Sprühstrahl mit vermindertem Overspray bilden. Dieser Effekt wird verstärkt durch die nur mäßige Zudosierung von Druckluft, die den Zerstäubervorgang unterstützt.

Vorteile gegenüber dem Airless-Verfahren:

- kontrolliertes und gezieltes Spritzen,
- weicher Spritzstrahl mit reduzierter Vorwärtsenergie,
- weniger Overspray,
- Farbersparnis bis ca. 15 %,
- keine Randstreifen bei hochviskosen Medien,
- weniger Pumpen- und Düsenverschleiß.

Vorteile gegenüber dem Hochdruckspritzen, pneumatisch:

- weniger Overspray,
- höhere Spritzgeschwindigkeit,
- Materialersparnis bis ca. 40 %,
- hochviskose Materialien verarbeitbar,
- bis zu 75 % weniger Luftbedarf.

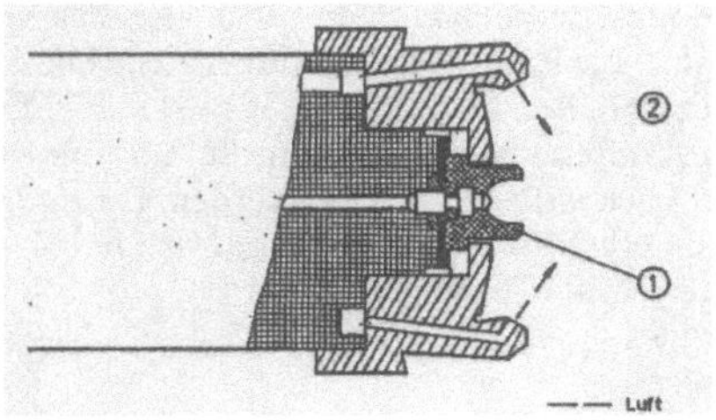

Bild 3.119: Querschnitt durch einen Airmix-Zerstäuber [18]

e) Elektrostatisch unterstützte Zerstäubung (ESTA-Anlage)

Luftzerstäubende Sprühsysteme (ESTA-Systeme) sind wie konventionelle Systeme aufgebaut. Im Lackkanal ist zusätzlich eine Hochspannungselektrode (50 ... 100 kV, meist 80 ... 90 kV) eingebaut, die um ca. 10 mm über die Düse herausragt. Am Ende der Hochspannungselektrode entsteht eine **Koronaentladung** (Aufladung über die Luft). Dadurch wird

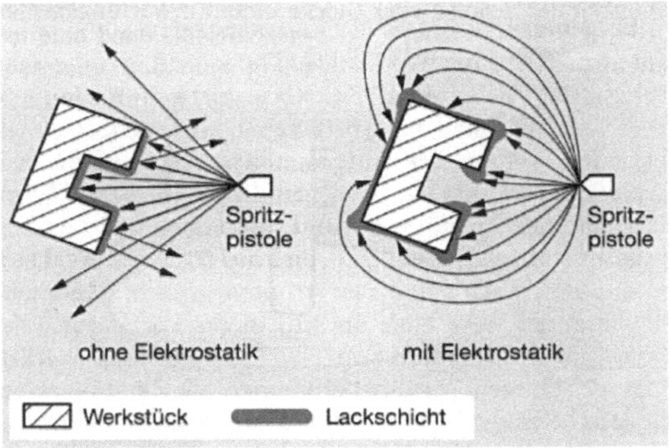

Bild 3.120: Lacktropfenabscheidung ohne/mit elektrostatischer Aufladung [20]

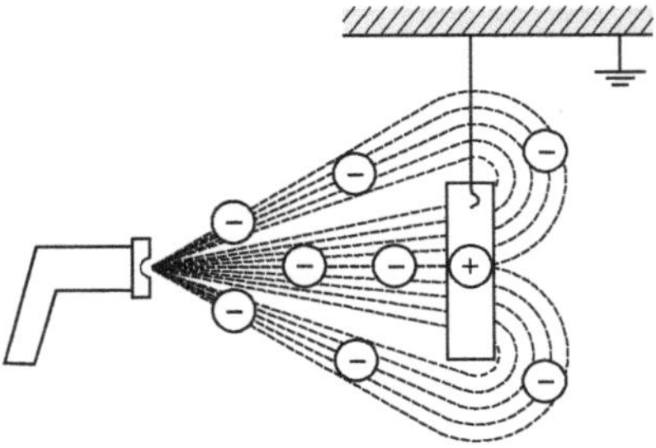

Bild 3.121: Feldlinienverlauf beim elektrostatischen Spritzen

zusätzlich zur Innenaufladung (Leitungsaufladung) in der Pistole der pneumatisch schon zerstäubte Lack noch weiter aufgeladen. Die Lacktröpfchen folgen nun den elektrischen Feldlinien zum Werkstück. Durch die elektrischen Anziehungskräfte entsteht ein Umgriff. So können filigrane Bauteile mit geringen Lackverlusten lackiert werden. Damit Werkstücke aus Holz oder Holzwerkstoffen elektrostatisch lackierbar sind, muss die Holzfeuchte mindestens 8 % betragen.

f) Hochrotationszerstäubung

Bei der Hochrotationszerstäubung wird der Lack rein mechanisch zerstäubt. Als Sprühsysteme kommen **Glockensprühsysteme** oder **Scheibensprühsysteme** zum Einsatz. Über die Innenfläche gelangt der Lackfilm an den Rand der rotierenden Glocke oder Scheibe und wird dort mechanisch durch aerodynamische und Fliehkräfte zerstäubt. Nun bewegen sich die abgeschleuderten Lacktropfen radial von der Glocke bzw. Scheibe weg und würden somit niemals das axial dem Zerstäuber gegenüber befindliche Werkstück erreichen. Um dieses überwiegend bei der Glocke zu bewerkstelligen, benutzt man eine sogenannte **Lenkluft**. Diese tritt aus einem Bohrungskreis hinter der Zerstäuberglocke aus und führt somit die Tropfen in Richtung Werkstück. Diese Luft hat die unangenehme Eigenschaft, dass sie an dem Werkstück vorbei in Richtung einer Absauganlage strömt. Da sich im Sprühnebel auch sehr viele kleine Lacktropfen befinden, werden diese aufgrund ihrer relativ geringen Trägheit mit der Abluft am Werkstück vorbeigeführt. Um diesen Effekt zu verhindern, setzt man den Zerstäuber – und somit auch den Lacknebel – auf ein hohes elektrostatisches Potenzial von etwa 60 ... 100 kV. Dadurch lagern sich die nun elektrisch geladenen Tropfen in ihrer Mehrzahl auf dem elektrisch geerdeten Werkstück ab. Mit dieser Verfahrensweise erreicht man Auftragswirkungsgrade von über 90% je nach Werkstückform. Durch den gerichteten Sprühnebel können die Zerstäuber an Bewegungsmaschinen befestigt werden und wie bei den pneumatischen Zerstäubern auch komplexe Werkstückkonturen lackieren. Einschränkungen ergeben sich lediglich bei Vertiefungen im Werkstück, da dort durch die Ausbildung eines Faraday'schen Käfigs die elektrostatischen Kräfte ausgeblendet werden.

Es gibt zwei Möglichkeiten zur **Aufladung des Lackes**:

- **Koronaaufladung** – sie kommt in erster Linie bei Wasserlacken zum Einsatz, weil bei deren hoher Leitfähigkeit bei der Innenaufladung eine Kurzschlussgefahr besteht. Erzeugt wird diese Koronaaufladung durch einen Kranz von Auslegerelektroden, die um die Glocke angeordnet sind.
- **Innenaufladung** – sie wird bei lösemittelbasierenden Lacken mit nicht zu hoher elektrischer Leitfähigkeit angewendet.

Die Glocke und die Scheibe unterscheiden sich in Durchmesser, Drehzahl und Anwendung:

- Beim elektrostatischen Scheibensprühsystem werden Scheibendurchmesser von 150 ... 250 mm und Drehzahlen bis 30000 min^{-1} eingesetzt.
- Beim elektrostatischen Glockensprühsystem haben die Glocken einem Durchmesser von 30 ... 80 mm und eine Drehzahl bis 60000 min^{-1}.

Die Scheibe wird häufig in der **Omega-Schleife** eingesetzt, bei der die Werkstücke auf einer omegaförmigen Bahn um die Sprühscheibe herumgeführt werden. Je nach Werkstückhöhe führt die Scheibe dabei vertikale Hubbewegungen aus. Die Werkstücke drehen sich dabei um die eigene Achse.

Vorteile:

- sehr hoher Auftragswirkungsgrad, daher ein wirtschaftliches System,
- sehr feine Zerstäubung, dadurch sehr hohe Oberflächenqualität.

Nachteile:

- hohe Investitionskosten,
- nicht geeignet für hochviskose Lacke.

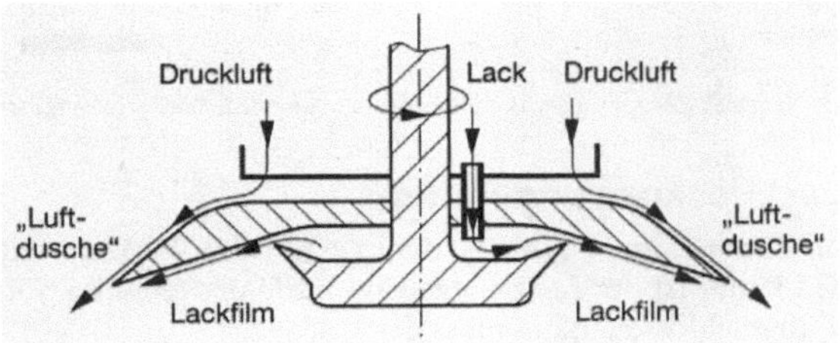

Bild 3.122: Schema einer Hochrotationszerstäubung [17]

Bild 3.123: Hochrotationszerstäubungsglocke

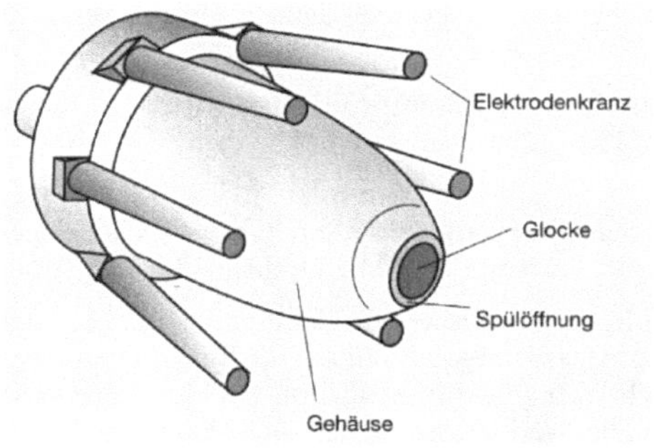

Bild 3.124: Hochrotationszerstäuber mit Außenaufladung (nach [17])

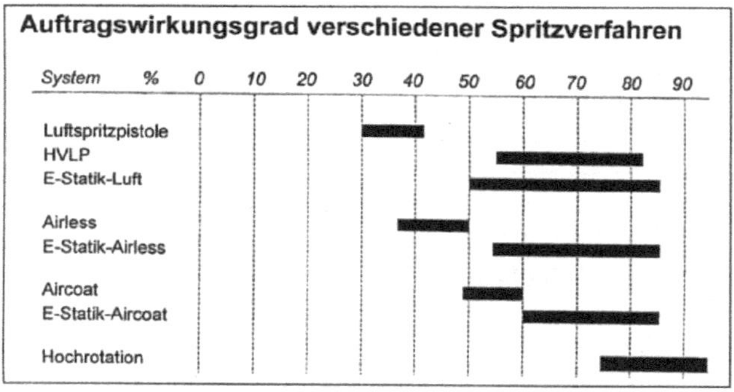

Bild 3.125: Vergleich des Auftragswirkungsgrades der verschiedenen Spritzverfahren

3.3.1.5 Lacktrocknen und Härten

Das Beschichtungsmaterial ist flüssig, damit es auf das Werkstück aufgetragen werden kann. Ist der Lack aufgetragen und der teilweise notwendige Verlauf abgeschlossen, dann muss der Lack

- rasch,
- mit geringem Kapitalaufwand,
- energiesparend,
- staubfrei und
- umweltschonend

trocknen und härten. Dabei ist zu unterscheiden zwischen:

- **physikalischer Trocknung** durch Verdunstung von Lösemitteln oder Wasser,
- **Härtung** durch chemische Reaktion, d. h. durch eine Molekülvergrößerung, z. B. bei 2K-Lacken.

Die Trocknung geschieht rein physikalisch, die Härtung rein chemisch. Die Trocknung kann z. B. bei Nitrolacken allein ablaufen, Trocknung und Härtung können z. B. bei 2K-Lacken auch parallel oder bei wasserverdünntem UV-Lack nacheinander ablaufen. Dabei muss erst das Wasser verdunsten, anschließend kann die Beschichtung mit UV-Strahlen gehärtet werden. Die Härtung kann ebenfalls allein ablaufen, z. B. bei unverdünnten UV-Lacken.

Umluft-(Konvektions-)Trocknung

Konvektionstrockner sind universell einsetzbar. Sie eignen sich zum Trocknen von Lösemittel- und Wasserlacken. Die über die beschichteten Werkstücke im Gegenstrom oder Querstrom (längs- oder querbelüftet) vorbeiströmende Luft nimmt die Lösemittel oder Verdünnungsmittel auf. Diese mit Lösemittel (organische Lösemittel oder Wasser) angereicherte Luft wird ins Freie abgeführt. Durch die Erwärmung der Luft werden die Verdunstung des Lösemittels und die Härtung bei Reaktionslacken beschleunigt.

Derartige Trockenanlagen bestehen aus:

- **Abdunstzone** 20 ... 40 °C ansteigend, Luftgeschwindigkeit 0,2 ... 2,0 m/s,
- **Trockenzone** bis 80 °C, Luftgeschwindigkeit 0,8 ... 3,0 m/s,
- **Kühlzone** mit Außenluft, Luftgeschwindigkeit 10 ... 12 m/s.

Die Trockenzone kann auch als Düsentrockner ausgebildet sein. Durch die deutlich höhere Luftmenge und hohe Luftgeschwindigkeit (15 ... 25 m/s) beim Düsentrockner reduzieren sich die Trockenzeiten erheblich. Der Trockner kann als Flachkanaltrockner, als Etagentrockner oder als Hordenwagentrockner ausgebildet sein.

Flachkanaltrockner

Flächige Teile, wie Fronten, Seiten, Böden, Rahmen usw. werden bei kurzen Trockenzeiten (in Minuten) in Flachkanaltrocknern getrocknet. Diese werden zum Trocknen von Beizen und schnell trocknenden Lacken eingesetzt.

Bild 3.126: Querstabförderer

Die **Abdunstzone** ist meist nicht wärmegedämmt. In ihr kann mit Frischluft/Abluft, aber auch mit Teilumluftstrom abgedunstet werden. Durch den Teilumluftstrom wird Wärme eingespart, und die in der Umluft verbleibenden Lösemittel- oder Wasserdämpfe verhindern ein zu schnelles Trocknen. In der **Trockenzone** wird die Luft mit größerer Geschwindigkeit und mit erhöhter geregelter Temperatur über die Werkstücke geführt. Der Trockenkanal ist zur Vermeidung von Wärmeverlusten und unnötigem Aufheizen der Produktionshalle mit einem wärmegedämmten Gehäuse ausgestattet. Auch hier ist ein Frischluft- Abluft-Teilstrom vorgesehen, damit die zündfähige Lösemittelkonzentration nicht überschritten wird und die nicht gesättigte Luft mehr Lösemittel- oder Wasserdampf aufnehmen kann.

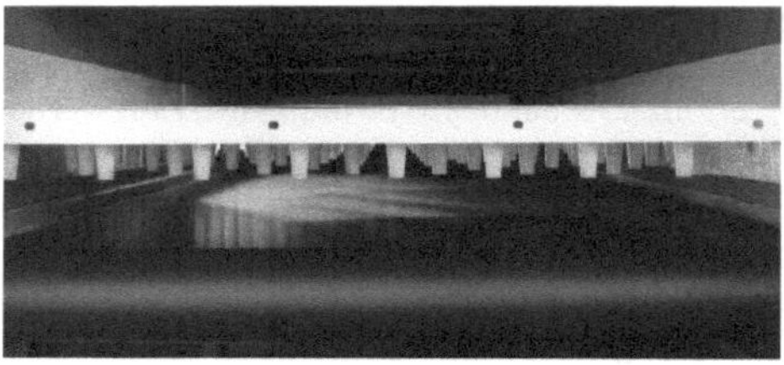

Bild 3.127: Gurtbandförderer

Tabelle 3.13: Methoden der Trocknungsbeschleunigung, in Anlehnung an [17]

Trocknungsverfahren	**Verfahrensbeschreibung**	**Praxisanwendung**		**Anlagen**
		Beschichtungsstoff	**Werkstück**	
Trocknen und Härten mit einem Wärmeträger				
LUFT (Umluft) (Konvektionstrockner)	zirkulierender Heißluftstrom, 0,2 … 0,3 m/s, Handlackierung bis 0,5 m/s	wärme- und hitzehärtende Systeme, lösemittelhaltig oder lösemittelfrei, keine Begrenzung hinsichtlich Schichtdicke oder Pigmentierung, Trocknungszeit 3 … 60 min, Einfluss auf Beschichtungsqualität: Temperatur und Zeit, dabei Gefahr von Schmutzeinschlüssen im noch offenen Lackfilm	alle wärmeunempfindlichen Materialien, bedingt Kunststoff und Holz, alle Werkstückgeometrien trockenbar, da gute Wärmeübertragung	lange Trockenzeiten, d. h. großer Platzbedarf, relativ hoher Energieverbrauch, vor allem durch Isolations- und Öffnungsverluste und durch Wärmeaustrag, zu minimieren durch konstruktive Maßnahmen (A-Schleusen, Wärmetauscher etc.)

Fortsetzung Tabelle 3.13

Trocknungsverfahren	**Verfahrensbeschreibung**	**Praxisanwendung**		**Anlagen**
		Beschichtungsstoff	**Werkstück**	
Trocknen und Härten mit Strahlen				
IR (Infrarot-Strahlen)	elektromagnetische Wellen: kurz-/mittel-/langwellig, λ ca. 1 µm … 1 mm IR-Absorbtion im Lackfilm abhängig von Pigmentierung und Wellenlänge, Trocknung von innen nach außen	wie bei Umlufttrocknung, Lösemittelzusammensetzung ist auf Strahlungsenergie abzustimmen, kurzfristige Übertemperatur erlaubt schnelleres Aufheizen, dadurch kürzere Trockenzeiten, gute Aushärtung von Pulverlacken, keine Begrenzung hinsichtlich Schichtdicke oder Pigmentierung, nach Optimierung verbesserte Oberflächenqualität möglich	wie bei Umlufttrocknung, bedingt: transparente Materialien (Glas und Kunststoff) sowie vergilbungsempfindliche Materialien, Schattenbildung an zugänglichen Innenräumen und Nischen, Lack kann höhere Temperatur annehmen als der Untergrund	verschiedene Strahlerbauarten für kurz-, mittel- und langwellige Strahlen, Standgeräte, Durchlaufanlagen, programmgeregelte Anlagen, je nach Flächen- und Trocknungsanforderungen
UV (Ultraviolette Strahlung)	Absorption von UV(A)-Strahlung (λ = 0,32 … 0,4 mm), fotochemische Reaktion: radikalische Polymerisation, Dauer: wenige Sekunden	ungesättigte Polyester, Polyacrylate etc. als Bindemittel, Klar- und Lasurlacke dickschichtig möglich, pigmentierte Systeme: teilweise nur dünnschichtig, gute Oberflächenqualität, wenn Verlaufzeit ausreichend	Trocknung nur auf den der Strahlung direkt zugänglichen Stellen (vorwiegend Flachteile), Holz- und Kunststoff: Vergilbung und Versprödung möglich	Hg-Niederdruck- und Hochdruckstrahler, geringer Platzbedarf und Energieverbrauch, geringe Investitionskosten umweltfreundlich, da kaum VOC-Emissionen, Ozonabsorption erforderlich
IST^{R} Impuls-Strahlungshärtung	UV-Impulse mit λ = 0,1974 mm, (= Resonanzfrequenz C=C), sehr schnelle Polymerisation	siehe UV	siehe UV, auch für komplizierte Geometrien geeignet (z. B. Stühle)	siehe UV

Fortsetzung Tabelle 3.13

Trock-nungs-verfahren	Verfahrens-beschreibung	Praxisanwendung		Anlagen
		Beschichtungs-stoff	Werkstück	
ESH (Elektronen-strahlen)	Elektronen-strahlung aus 150 … 400 kV-Glühkathoden-system, sehr schnelle radika-lische Polymeri-sation	ungesättigte Poly-acrylate, Polyester und andere Binde-mittel, keine Be-grenzung von Schichtdicke und Pigmentierung, gute Beschich-tungsqualität, keine Fotoinitia-toren erforderlich im Gegensatz zur UV-Härtung	alle Substrate teil-weise Versprö-dungsgefahr, Schattenbildung, für Papier, Folien und Holzbe-schichtung	sehr geringer Platzbedarf, sehr hohe Investitions-kosten (Strahlen-schutz, Lüftung), geringer Energie-verbrauch, hoher Automatisierungs-grad, nur für sehr große Flächen-durchsätze
Trocknen mithilfe elektrischer Verfahren				
Mikro-wellen-Trocknung	Erwärmung durch elektro-magnetische Wellen	Lacke mit Löse-mitteln mit Dipol-charakter (vor-wiegend Wasser-lacke)	nur nichtmetalli-sche Substrate	Sonderanlagen

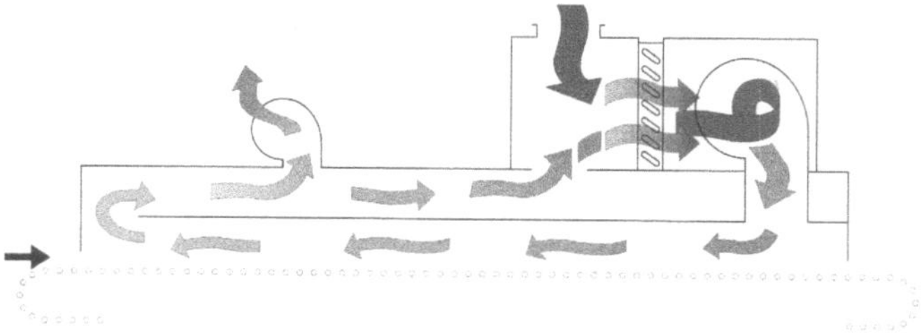

Bild 3.128: Flachkanaltrockner mit einem Teil Frischluft/Abluft und einem Teil Umluft

Hydrex, Dryair, Kältetrocknen oder Trocknung mit entfeuchteter Luft

Bei der Trocknung von Wasserlacken muss das im Lack enthaltene Wasser von der Luft aufgenommen werden. In der herkömmlichen Konvektionstrocknung wird die feuchte Umgebungsluft auf hohe Temperaturen erwärmt, um eine zusätzliche und rasche Wasseraufnahme zu ermöglichen. Wird die Luft hingegen getrocknet, so entsteht eine trocknungseffektive Prozessluft, die den Wasserlacken bei niederen Temperaturen das Wasser wirkungsvoll entziehen kann.

Als Trockner werden klassische **Konvektionstrockner** eingesetzt. Die eingesetzte Luft wird auf ca. –7 °C abgekühlt, dabei verbleiben noch ca. 2 g/kg Wasser in der Luft. Anschließend wird die Luft auf 20 ... 40 °C erwärmt. Die Luft nimmt dadurch schneller mehr Wasser auf, sie wird als Umluft gefahren. Dieses Verfahren ist ein schonendes und schnelles Verfahren zur Trocknung von **wasserbasierenden Lacksystemen**. Das veränderte Klima zwischen Sommer und Winter beeinflusst den Trockenvorgang nicht.

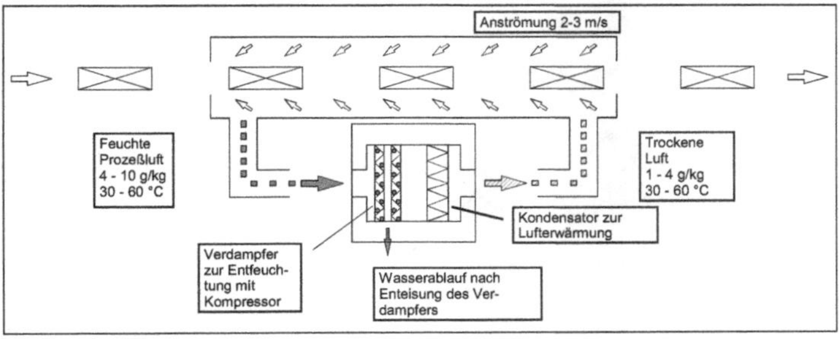

Bild 3.129: Prinzip der Lacktrocknung (Wasserlack) im Gegenstrom mit trockener Luft: Entfeuchtung durch Kondensation

Etagentrockner (Turmtrockner, Hochtrockner, Senkrechttrockner)

Erfordert ein Lack eine lange Trockenzeit, das heißt wird ein Flachkanaltrockner zu lang (z. B. benötigt ein Lack eine Trocknungszeit von 40 min und hat die Anlage eine Vorschubgeschwindigkeit von 6 m/min, so ist eine Flachkanallänge von 240 m motwendig), und erlaubt es die Art der Fertigung, pulkweise zur Beschichtung aufzulegen, dann ist es sinnvoll, nach dem Beschichten einen **Etagentrockner** einzusetzen. In den Etagentrockner werden die Werkstücke pulkweise auf Bandpaletten mit ca. 5 m Länge gefahren. Liegt oben beschriebener Fall (240 m Bandlänge) vor, dann sind 48 Bandpaletten im Etagentrockner notwendig. Die gefüllten Bandpaletten werden taktweise nach oben gefördert. Eine Querverschiebung am oberen Anlagenende führt die Paletten zum Abtransport nach unten. Unten laufen die Teile aus dem Trockner heraus, und die Bandpalette wird zur neuen Befüllung quer verschoben. Der nach oben geförderte Stapel durchläuft erst eine **Abdunstzone** (Frischluft-Abluft), dann eine **Trockenzone** (meist mit erhöhter Temperatur). Der nach unten geförderte Stapel durchläuft erst eine zweite **Trockenzone** (mit gleichen oder veränderten Temperatureinstellungen) und anschließend bei Bedarf eine **Kühlzone**. Etagentrockner lassen sich für alle lufttrocknenden Lacke einsetzen. Dadurch wird eine lange Trockenzeit (bis zu einer Stunde und mehr) möglich. Die Ausführung der Paletten als angetriebene Transportbänder erlaubt das Trocknen kleiner Werkstücke, ohne dass herabfallende Teile oder Staub die unteren, frisch lackierten Teile beeinträchtigen. Durch die geschlossenen Paletten ist eine exakte Luftführung möglich.

Bild 3.130: Schema eines Etagentrockners

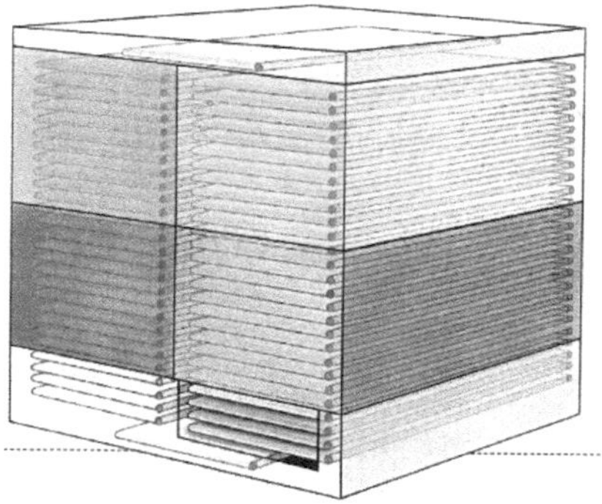

Bild 3.131: Der Etagentrockner kann in vier Trockenzonen eingeteilt werden

Strahlungstrocknung und Strahlungshärtung

Konvektionstrockner geben sehr viel Energie an die Luft und die Werkstücke ab. Die Energieübertragung ist nicht besonders effektiv. Bei der gezielten Strahlung der Strahlungstrockner ist die Energieübertragung wesentlich besser.

Die chemische Strahlenhärtung von Beschichtungsstoffen ergibt:

- extrem kurze Härtungszeiten,
- hohe Durchsatzgeschwindigkeit,

- sofortige und vollständige Aushärtung des Lackfilms,
- geringen Energiebedarf,
- geringen Platzbedarf und
- qualitativ hochwertige Oberflächen.

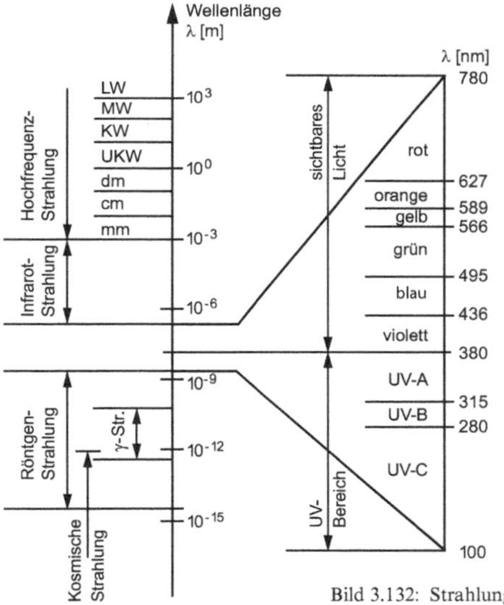

Bild 3.132: Strahlungsbereich nach DIN 5031 [19]

IR-Trocknung

Bei der IR-Trocknung findet keine Vernetzung statt, die durch Strahlen angestoßen wird. Vielmehr wird das Werkstück, besser nur die Beschichtung, durch die Absorption von IR-Strahlung erwärmt. Das Wellenspektrum und damit die Strahlertemperatur sind verantwortlich für die Intensität der IR-Strahlung. Zu unterscheiden ist dabei zwischen lang-, mittel- und kurzwelliger Strahlung (Tabelle 3.14).

Tabelle 3.14: IR-Strahlung

IR-Strahlung	Strahlertyp	Wellenlänge (in mm)	Temperatur (in °C)	Strahler-Aufheizzeit (in s)
Langwellige	Keramik	3,0 … 6,0	200 … 700	120
Mittelwellige	Quarzrohr	1,5 … 2,5	750 … 1 500	30[1)]
Kurzwellige	Quarzrohr	1,0 … 1,5	1 500 … 2 700	1

1) Neuerdings werden auch mittelwellige IR-Strahler mit Aufheizzeiten von ca. 1 s angeboten. [17]

Von der zu trocknenden Beschichtung wird ein Anteil der Strahlung absorbiert, ein anderer Anteil reflektiert. Je mehr Strahlung absorbiert wird, desto mehr wirksame Wärme entsteht. Die Wellenlänge des Strahlenmaximums des Infrarotstrahlers muss deshalb im Absorptionsmaximum des eingesetzten Lackes liegen.

Die Strahlentemperatur von 800 °C, was einem Wellenlängenbereich von 2300 ... 2700 nm, also einer mittelwelligen IR-Strahlung, entspricht, ist das Absorptionsmaximum der für die Beschichtung von Holz und Holzwerkstoffen eingesetzten Lacke.

Die notwendige Strahlerleistung lässt sich durch Zu- und Abschalten bzw. durch ein Verstellen der Strahler in der Höhe dem Bedarf anpassen. Meist werden etwa 15 kW/m^2 Strahlerleistung gebraucht. Die Schmalflächen der Werkstücke und auch größere Profile werden nur unzureichend getrocknet, da die Strahlen sie nicht erreichen. Zur Abführung der Lösemittel und zur Reduzierung der entstehenden Temperatur muss Luft zu- und abgeführt werden.

Die kurzen Einwirkzeiten bei Infrarot-Trocknern ergeben nur an der Oberfläche eine intensive Erwärmung, ohne dass die Werkstücke im Innern aufgeheizt werden.

Strahlenhärtung

Im Gegensatz zur Lacktrocknung ist es bei der Lackhärtung nicht notwendig, Lösemittel oder Wasser aus dem Lack zu holen. Hierbei dient die Strahlung der meist radikalischen Auslösung einer chemischen Vernetzungsreaktion. Die Lacke sind speziell für diese Härtung formuliert. Zur Vernetzung der Lacke werden UV- und Elektronenstrahlen eingesetzt. Die Elektronenstrahlhärtung arbeitet mit wesentlich höheren Energien und ist dadurch wesentlich schneller. Sie benötigt auch keine Initiatoren zum Start der Vernetzung. Die UV-Härtung benötigt dagegen Fotoinitiatoren, die mit Beginn der Strahleneinwirkung in Startradikale zerfallen und dadurch die Vernetzung anstoßen. Für die strahlenhärtenden Lacke können Epoxide, Acrylate, Vinylether und ungesättigte Polyester als Bindemittel eingesetzt werden. Die Elektronenstrahlhärtung ist schneller, braucht keine Fotoinitiatoren, dafür aber eine hohe Investition für die Anlage und die Arbeitssicherheit.

UV-Härtung

Die Fotoinitiatoren im UV-Lack zerfallen, angeregt durch die Absorption entsprechender Wellenlängen im UV-Bereich, in hochreaktive Spaltprodukte und lösen dadurch eine Kettenreaktion aus. Bei dieser Radikalketten-Polymerisation werden praktisch keine Teile emittiert, da alle enthaltenen Materialien in die Beschichtung eingebunden werden. Im

Sekundenbereich (5 ... 15 s) ist die Reaktionszeit abhängig vom Material und den Fotoinitiatoren.

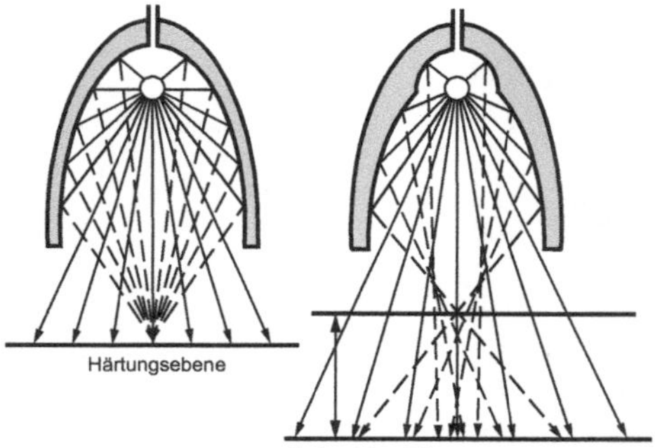

Bild 3.133: Reflektor-Profile und ihre Wirkung auf die Entfernung der UV-Strahler zum Werkstück [19]

Je nach Lackart, Pigmentlack oder Klarlack, werden verschiedene **Fotoinitiatoren** zugesetzt. Die verschiedenen Fotoinitiatoren absorbieren die Lichtenergie bei verschiedenen Wellenlängen und lösen so die Härtung aus. Da unterschiedliche Wellenlängen notwendig sind, werden die Strahler mit unterschiedlichen Medien dotiert. **Quecksilberdotierte Strahler** haben ihre größte Energie im Bereich von 200 ... 370 nm und eignen sich besonders zum Härten von Klarlacken. In diesem Bereich werden die meisten Strahlen von Pigmenten reflektiert. Für Pigmentlacke sind Wellenlängen im Bereich von 380 ... 460 nm notwendig (Bild 3.136).

Die **UV-Strahler** bestehen aus einer Lichtquelle (Röhre mit entsprechender Dotierung), einem Reflektor und einem Frischluft-Abluft-System. Die Röhren besitzen Leistungen von 80 ... 160 W je cm Lampenlänge. Die Lebensdauer einer Röhre beträgt etwa 2000 Stunden. Da aus den Röhren auch ein großer Teil der Energie als IR-Strahlung freigesetzt wird, was zu einer erheblichen Wärmeentwicklung führt und bei der Be-

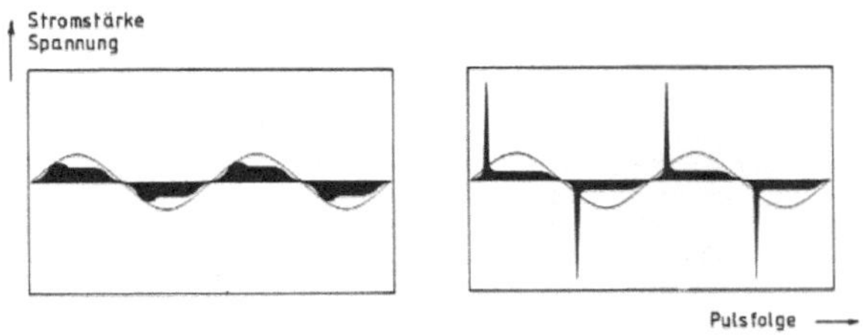

Bild 3.134: Spannung und Stromstärke einer normalen Quecksilberdampf-Hochdrucklampe und eines IST-Strahlers [19]

strahlung durch UV-Strahlen in der Atmosphäre zur Ozonbildung führt, werden die Lampen mit Frischluft belüftet. Die Abluft muss ins Freie abgeführt werden.

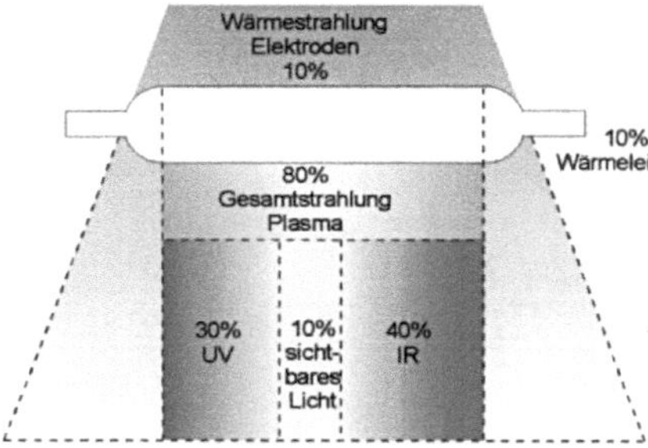

Bild 3.135: Leistungsbilanz Gasentladungslampe

IST-Strahler sind UV-Strahler, die bei normaler Frequenz durch eine eigene Schaltung besonders hohe Strahlungsimpulse abgeben, welche die Radikalbildung intensivieren und zu noch kürzeren Härtungszeiten führen (Bild 3.134).

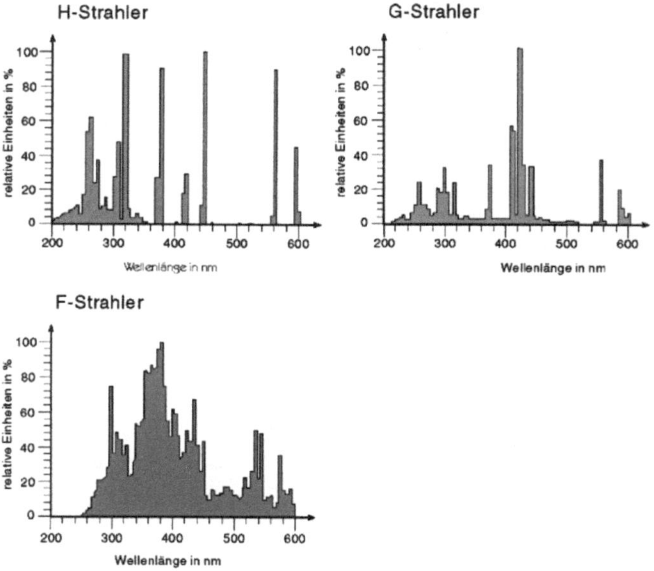

Bild 3.136: Energieverteilung eines quecksilber- (H), gallium- (G) und eisendotierten (F) Strahlers

UV-Härtung unter Inertgas

Durch den in der Luft enthaltenen Sauerstoff wird die radikalische Polymerisation bei der UV-Härtung inhibiert. Zu einem großen Teil wird das unterbunden, indem eine erhöhte Menge an Fotoinitiatoren zugegeben wird. Der Nachteil dabei ist, dass die nicht umgesetzten Fotoinitiatoren im Lack verbleiben und durch langsame Diffusion an die Oberfläche gelangen können und zur Geruchsbelästigung führen. Wird der Luftsauerstoff entfernt und durch ein inertes Gas ersetzt, so können erheblich weniger Fotoinitiatoren zugegeben und wesentlich höhere Vorschubgeschwindigkeiten gefahren werden. Der gesamte Strahlungsbereich ist inertisiert. Durch den fehlenden Sauerstoff kann sich kein Ozon bilden (Bild 3.137).

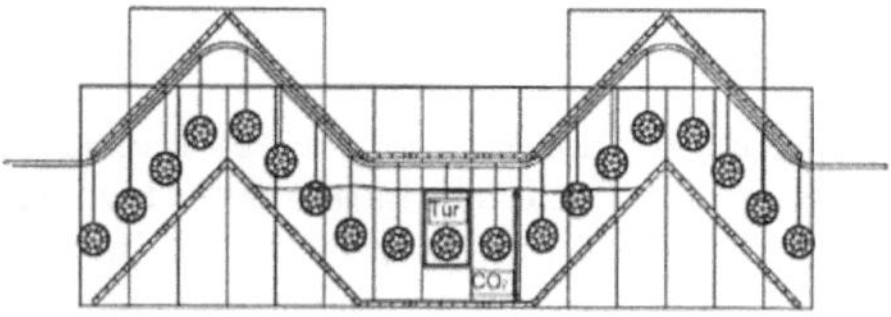

Bild 3.137: In der Senke der Durchlaufanlage befinden sich CO_2 und die UV-Strahler

Elektronenstrahlhärtung (ESH)

Lacke können auch durch Elektronenstrahlen gehärtet werden. Dazu sind keine Fotoinitiatoren notwendig. Durch ESH können sowohl Klarlacke als auch Pigmentlacke gehärtet werden. Durch eine Beschleunigungsspannung von 150 ... 400 kV werden die Strahlen an einer Glühkathode erzeugt. Die Elektronen werden unter Vakuum beschleunigt und dringen durch eine dünne Titanfolie (das Fenster) in die unter Normaldruck stehende Bestrahlungszone ein. An dieser wird das Werkstück vorbeigeführt. Beim Auftreffen der Strahlen auf das Werkstück entstehen neben der Primärstrahlung auch Sekundärelektronenstrahlen und Röntgenstrahlen. Die Röntgenstrahlen sind abzuschirmen, meist durch

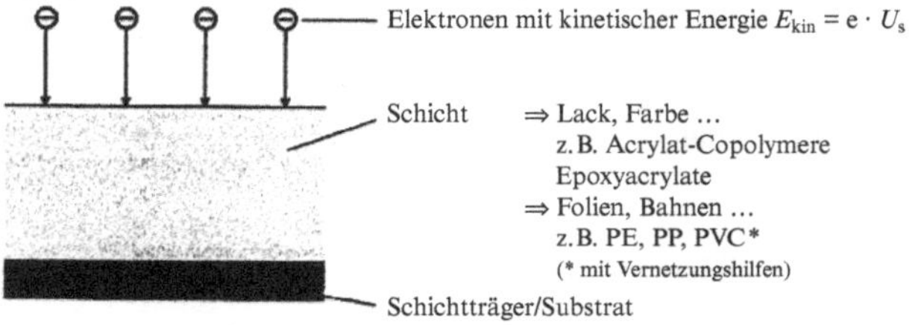

- Der Elektronenstrahl wird an Luft oder Schutzgas auf die Schicht geführt.
- Die Elektronen geben ihre kinetische Energie beim Eindringen in die Schicht ab.
- In die Schicht wird eine Energiedosis eingebracht.
- Es erfolgt Anregung und Ionisation der Moleküle + Erzeugung von Radikalen.

Bild 3.138: Grundprinzip der Elektronenstrahlhärtung (ESH)

Bild 3.139: Schematische Darstellung der Elektronenstrahlhärtung (ESH)

Blei. Um eine Sauerstoffinhibierung der Lackoberfläche zu vermeiden, wird dieser Bereich mit Inertgas gespült. Die Lacke härten unter Inertgas in ca. 0,1 s aus. Die Werkstücke emittieren selbst keinerlei gefährliche Strahlung und werden beim Härtungsvorgang nicht erwärmt. Die Eindringtiefe des Elektronenstrahls wird mit der Beschleunigungsspannung eingestellt. Für die Qualität des Endproduktes sind die Dosis an der Oberfläche und die Beschleunigungsspannung entscheidend.

Trocknen mittels elektrischer Verfahren, Mikrowellentrocknung

Mikrowellen sind hochfrequente elektromagnetische Wellen. Mikrowellen zum Trocknen von Holzlacken haben eine Frequenz von ca. 2,45 GHz und eine Wellenlänge von 2 ... 30 mm. Sie werden in einer **Magnetfeldröhre** (Magnetron) erzeugt. Da die Mikrowellen als diffuse Strahlen auftreten und die Trockner als Durchlauftrockner gebaut sind, werden **Absorptionselemente** oder Reflexionsvorhänge am Ein- und Ausgang als Strahlenabschirmung benötigt. Die am Markt angebotenen Durchlaufanlagen sind aus Modulen zusammengesetzt. Je nach notwendiger Trockenzeit des Lackes und Vorschubgeschwindigkeit der Anlage wird die Anzahl der notwendigen Elemente festgelegt und eingebaut. Bei der Trocknung werden die Elemente je nach Bedarf aktiviert. Zusätzlich ist eine Absaugung notwendig, um das ausgetrocknete Wasser abzuführen.

Durchlaufzeiten (abhängig von der Lackauftragsmenge) am Beispiel der Lackauftragsmenge 80 ... 100 g/m^2:

- Abdunstung 2 min,
- Mikrowellentrocknung 4 min,
- Kühlung 2 min.

Technische Merkmale der Mikrowelle:

- Frequenz 2,5 GHz,
- Trocknung von innen nach außen,
- Trocknung unabhängig von der Geometrie,
- Kombination mit Konvektion wegen Abtransport der Feuchtigkeit,
- u. U. in Kombination mit IR-Strahlern,
- kein Einsatz bei Metallen und bestimmten Kunststoffen,
- Arbeitssicherheit: Abschirmung der Mikrowelle durch Absorber, max. 2,5 mW/cm^2 gemessen in 5 cm Abstand.

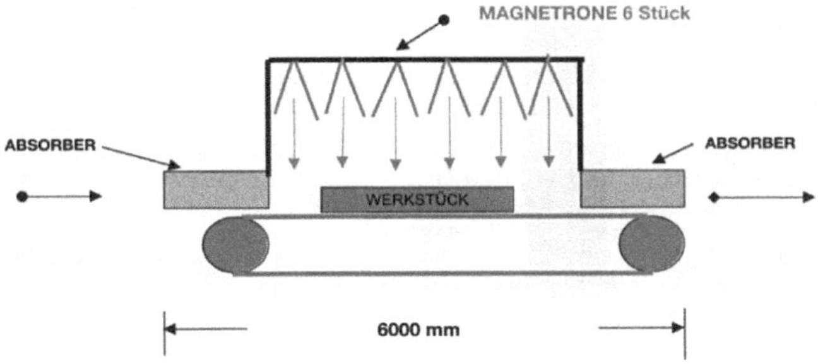

Bild 3.140: Mikrowellenanlage [21]

Im elektrischen Feld erwärmen sich die Lösemittel, sofern sie dipolig sind. Besonders geeignet sind **Wasserlacke**. Die elektrische Energie bringt die Dipole zum Schwingen und erzeugt hauptsächlich Wärme im Substrat. Dadurch trocknen die Lacke von innen nach außen. Das Wasser wird durch die Konvektion (Frischluft-Abluft) abtransportiert.

3.3.2 Beschichtung mit festen und pulverförmigen Stoffen

3.3.2.1 Vorbehandlungsverfahren

Für die Applikation von festen und pulverförmigen Beschichtungen zu einer gebrauchsfertigen Oberfläche werden meistens Holz- oder Verbundwerkstoffe als Substrate verwendet:

- **Spanplatten** mit Feinstdeckschicht, insbesondere für Melaminbeschichtungen und Finishfolien für die Möbelherstellung und den Innenausbau,
- **mitteldichte Faserplatten,** oft in Tieffräsqualität für PVC-Folienbeschichtungen und Pulverlackierungen für Möbelbauteile,
- **harte** und **hochdichte Faserplatten** für Möbelrückwände mit Finishfolien und Laminatfußböden,

- **Sperrhölzer** für Beschichtung mit HPL oder Phenolfilmen für die Anwendung im Schiff- oder Nutzfahrzeugbau,
- leichte **Verbundwerkstoffe** für Finishfolien- oder Melaminbeschichtungen im Möbelbau.

Die Anforderung, dass Holz bei der Verarbeitung eine Materialfeuchte aufweisen sollten, die der späteren Ausgleichsfeuchte bei der praktischen Nutzung entspricht (Innenbereich ca. 7 ... 10 %, Außenbereich ca. 12 ... 15 %), gilt prinzipiell auch für die eingesetzten Holzwerkstoffe. Es existieren jedoch technologische Grenzen, die dies teilweise verhindern. So können z. B. Materialfeuchten von mehr als 7 % bei der Melaminbeschichtung von Holzwerkstoffen zu **Blasenbildungen** und **Delaminierungen** führen. Auch bei der Beschichtung von MDF durch Pulverlackierungen ist es bei Materialfeuchten oberhalb von 6 % möglich, dass unerwünschte Blasenbildungen in der Lackschicht auftreten [22].

Mechanische Vorbehandlungsverfahren für die Substrate sind Sägen, Fräsen, Schleifen und Glätten (Bild 3.141). Die Bearbeitungsparameter müssen auf die nachfolgenden Applikationsverfahren abgestimmt werden. Es ist oft sinnvoll, bestimmte Vorbehandlungs- und Applikationsverfahren zu kombinieren. So stellt eine geglättete profilierte MDF-Oberfläche ein optimales Substrat für eine anschließende Pulverlackierung dar [23].

Neben allgemeinen Anforderungen an die Substratoberflächen, wie geringe Oberflächenporosität und gute Benetzbarkeit (ausführlich siehe [24]), sind oft spezielle Oberflächeneigenschaften, wie eine ausreichende elektrische Leitfähigkeit für die Pulverlackierung (vgl. Abschn. 3.3.2.3), erforderlich.

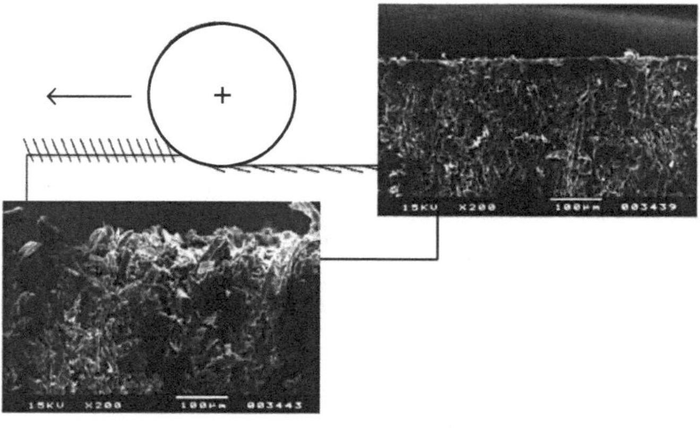

Bild 3.141: Prinzip des Thermoglättens (elektronenmikroskopische Schnittbilder der Oberflächenschicht vor (links) und nach dem Glätten (rechts)

3.3.2.2 Materialien

Die festen Beschichtungen lassen sich im Wesentlichen in folgende Kategorien einteilen:

- Melaminbeschichtungen (DPL, HPL, CPL),
- elektronenstrahlgehärtete Laminatbeschichtungen (ELESGO,-Verfahren),
- thermoplastische Folien (z. B. PVC-Folien),
- duroplastische Folien (Dekorfinishfolien).

Melaminbeschichtungen

Melaminbeschichtungen lassen sich unterteilen in:

- DPL oder MFB = Direktbeschichtungen (Direct Pressed Laminate nach EN 13329 oder Melamine Faced Board nach EN 14322),
- HPL = Hochdruck-Schichtpressstoffe (High Pressure Laminate nach EN 438),
- CPL = dekoratives Endlos-Laminat (Continuous Pressed Laminate).

Die **melaminbeschichtete Platte** (DPL oder MFB) ist eine Holzwerkstoffplatte, die ein- oder beidseitig durch direktes Verpressen mit harzgetränkten Papieren beschichtet wird. Durch Druck und Wärmeeinwirkung erfolgen die Aushärtung und die Verbindung mit der Trägerplatte ohne Zugabe eines zusätzlichen Klebstoffes. Das Harz der Deckschicht ist ein Aminoplastharz (überwiegend Melaminharz). Die Platte wird mit Spanplatten oder MDF als Trägerwerkstoff für den Möbelbau eingesetzt. Aus der Kombination mit HDF werden ca. 90 % aller Laminatfußböden hergestellt.

Dekorative Hochdruck-Schichtpressstoffplatten (HPL) bestehen aus Schichten von Faserstoffbahnen (z. B. Papier), die mit thermisch härtbaren Harzen imprägniert sind und bei hoher Temperatur sowie einem Druck von mindestens 7 MPa verpresst werden. HPL werden mit Kernschichten, imprägniert mit Phenol- und/oder Aminoplastharzen, sowie einer oder mehreren Deckschichten, imprägniert mit Aminoplastharzen (hauptsächlich Melaminharz), hergestellt. HPL können auch als nachformbare oder flammengeschützte Blattware ausgeführt werden. Dieser Werkstoff wird in Anwendungsfällen eingesetzt, bei denen höchste Anforderungen an die Gebrauchstauglichkeit bestehen (z. B. bei Arbeitsplatten oder im Schiffsinnenausbau).

CPL ist ein Material aus Schichten von Faserbahnen (z. B. Papier), das mit härtbaren Harzen imprägniert und bei hoher Temperatur sowie hohem Druck kontinuierlich verpresst wird, wobei die äußere Schicht oder die Schichten auf einer Seite dekorative Farben oder Muster tragen. Das Produkt liegt als Rollenware vor und kann als spezieller Typ zur späteren Verformung geeignet sein. Der Schichtenaufbau sowie der Anwendungsbereich sind ähnlich wie bei HPL. Da eine Produktnorm fehlt, werden Eigenschaften oft nach EN 438 deklariert.

Laminate nach dem ELESGO-Verfahren

Diese Produkte sind CPL-ähnliche Materialien, die nach EN 14978 auch Electron-Beam Pressed Laminates (EPL) genannt werden. Das Dekorpapier ist mit Acrylatharzen getränkt. Durch Anwendung hochenergetischer Elektronenstrahlen werden aus dem monomeren Acrylatharz Radikale abgespaltet. Diese verbinden sich mit anderen, ebenfalls monomeren Acrylatharzen zu einem makromokularen Acrylatharz. Bei der Aushärtung wird die Struktur der Oberfläche durch Abdeckung mit einer Kunststofffolie bestimmt. Auch dieses Produkt liegt rollenförmig vor.

Thermoplastische Folien

Thermoplastische Folien zur Breitflächenbeschichtung von Holzwerkstoffen, insbesondere von Fronten, sind fast ausschließlich PVC-Folien, die im Kalanderverfahren in Dicken von 0,1 ... 0,6 mm hergestellt werden. Der Einsatz von PET-, ABS- und PO-Folien hat sich bisher nicht durchsetzen können.

Duroplastische Folien

Zur Herstellung von duroplastischen Dekorfinishfolien können Dekorpapiere im Tiefdruckverfahren bedruckt und mit aushärtenden Harzen imprägniert werden. Anschließend werden dünne Lackschichten als Schutzschicht (Finish) auf die rollenförmigen Materialien aufgetragen. Auch der Farbdruck auf vorimprägnierte Papiere (Vorimprägnate) ist möglich (Bild 3.142). Diese Finishfolien finden vielfältige Verwendung bei Möbeln, sind jedoch mechanisch nicht so hoch belastbar wie Melaminbeschichtungen.

Kantenmaterialien

Es kommen HPL- und CPL-Streifen, Melamin-, PVC-, PP- und ABS-Kanten, Vollholzanleimer sowie Furniere zum Einsatz. Als Schmelzklebstoff werden, je nach gewünschter Temperatur- und Feuchtebeständigkeit, EVA- und PUR-Schmelzklebstoffe verwendet, auch PVAc-Kleber.

Pulverlacke

Pulverlacke sind in der Metallbeschichtung seit Anfang der 1960er-Jahre bekannt. In der Möbelindustrie erfolgte der erste Einsatz 1994. Der lösemittelfreie Beschichtungsstoff wird als trockenes Pulver elektrostatisch auf die Werkstückoberfläche gesprüht, wo er aufgrund elektrischer Kräfte haftet, bis die Pulverschicht in einem anschließenden Erwärmungsprozess schmilzt und zu einem homogenen Film verläuft.

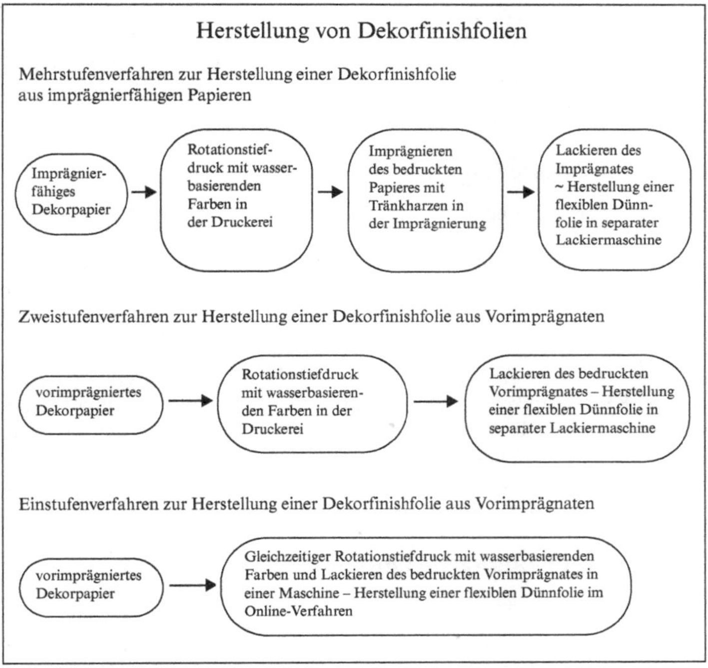

Bild 3.142: Verfahrensprinzipien der Herstellung von Dekorpapier [25]

Da Holz und Holzwerkstoffe zu den temperatursensitiven Werkstoffen zählen, kommen nur Pulverlacke mit niedrigen Schmelz- und Vernetzungstemperaturen infrage (thermoreaktive Niedrigtemperatur-Pulverlacke und UV-strahlenhärtende Systeme).

Thermisch vernetzende Niedrigtemperatur-Pulverlacke (NT-Pulver)

- Epoxidharze mit einer Vernetzungstemperatur von 120 … 140 °C und einer Aushärtezeit von 30 … 10 min,
- Polyester-Epoxidharz-Hybridpulver mit einer Vernetzungstemperatur von 135 … 150 °C und einer Aushärtezeit von 10 … 3 min.

Epoxidharze haben eine begrenzte Mattierbarkeit und beschränkte UV-Lichtbeständigkeit. Sie werden deshalb im Möbelbereich nicht eingesetzt.

Einen deutlichen Entwicklungssprung haben in jüngster Zeit die Epoxid-Polyester-Systeme vollzogen. Heute sind hochreaktive NT-Hybridpulver mit einer Vernetzungstemperatur von 135 ... 150 °C bei einer Aushärtezeit von 5 ... 3 min verfügbar. Die Durchlaufzeit der Beschichtungsteile unterscheidet sich damit nur gering von der Zeit für die UV-Vernetzung.

UV-strahlenhärtende Pulverlacke (UV-Pulver)

Die **UV-Pulverlacke** benötigen für einen guten Verlauf eine Temperatur von 100 ... 120 °C, die Dauer der Wärmeeinwirkung ist auf 0,5 ... 3 min reduziert. Die zulässige Schichtdickentoleranz ist jedoch relativ gering, und es muss gewährleistet sein, dass alle Teilflächen mit der gleichen UV-Strahlungsdosis beaufschlagt werden.

Im Vergleich zu den thermoreaktiven Pulverlacken zeichnen sich die UV-Pulverlacke durch einen verminderten Orangenschaleneffekt und eine höhere Kratzfestigkeit aus. Sie sind glatt glänzend, seidenmatt oder strukturiert einstellbar. Probleme bezüglich der Durchhärtung bereiten allerdings noch – genau wie bei Flüssiglacken – Farbtöne im Gelb- und Gelbgrünbereich. Das technologische Verarbeitungsfenster ist schmaler, was eine exaktere Prozessführung erfordert.

3.3.2.3 Applikationsverfahren

a) Laminattechnologie

Die Applikation von Melaminbeschichtungen ist im Zusammenhang mit den einzelnen Stufen der Harzumwandlung zu sehen (Bild 3.143). Die benötigten Harze müssen synthetisiert werden. Melamin und Formaldehyd reagieren in wässriger Lösung bei höheren Temperaturen (Additions- und Kondensationsreaktion) zu flüssigem MF-Harz mit niedrigem Molekularergewicht und kurzen Kettenlängen. Dieser Zustand des Harzes wird **A-Zustand** genannt. Neben den Hauptbestandteilen werden Modifizierungsstoffe zur Verbesserung der Harzstabilität, der Imprägniereigenschaften, des Harzflusses und der Verformungseigenschaften des Endprodukts eingesetzt.

Danach werden Papierbahnen in **Tränkkanälen** imprägniert. Es erfolgt eine Trocknung des Flüssigharzes, bei der eine teilweise Aushärtung bis zu Molekularstrukturen stattfindet, die noch gut schmelzbar sind. Das Melaminharz wird in den **B-Zustand** überführt. Der Imprägniervorgang wird durch die Kontrolle der Feuchtigkeit und des Endgewichts der imprägnierten Papiere gesteuert.

Die Oberflächenausbildung erfolgt durch **Direktverpressen** auf einen Trägerwerkstoff (DPL oder MFB) oder **Hochdruckpressen** zu blattförmigen Materialien (HPL).

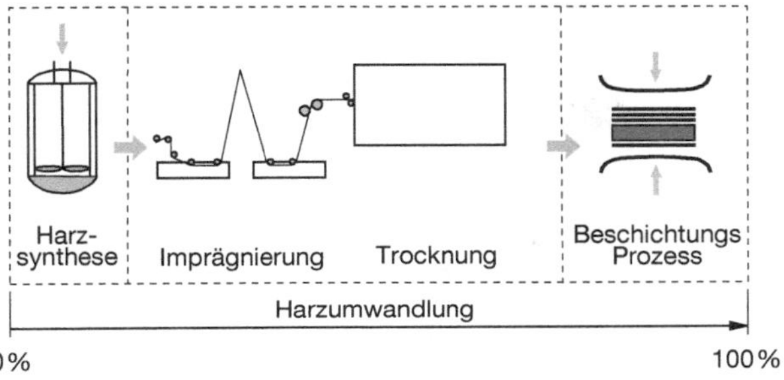

Bild 3.143: Prinzip der Harzumwandlung bei der Melaminbeschichtung (Casco [26])

Direktverpressen

Bei der DPL- oder MFB-Herstellung durch Kurztakt- oder kontinuierliches Pressen schmilzt das Harz durch Erwärmung und benetzt das Trägermaterial. Durch den Pressdruck werden Luftblasen und Wasserdampf aus dem Harz in das Substrat gedrückt. Es entsteht eine homogene, geschlossene Oberfläche mit intensiver Verbindung zum Trägermaterial. In Abhängigkeit von der Presstemperatur dauert dieser Vorgang ca. 5 ... 15 s. Dabei findet eine Vernetzung der MF-Matrix zu einer harten, duroplastischen Oberfläche (fester **C-Zustand**) statt. Durch Harzkondensation bilden sich höhermolekulare Polymere aus. Dabei nehmen Viskosität und Molekulargewicht kontinuierlich zu. Presstemperatur, Pressdruck und Presszeit sind die wichtigsten Prozessparameter. Der resultierende Vernetzungsgrad der Oberfläche wird kontrolliert und je nach Anwendungszweck (Möbel- oder Fußbodenoberfläche) eingestellt.

Liquid Laminate Technology (LLT) und LLT-light-Technology

Bei diesen Technologien wird zunächst ein **Dekorpapier** im Kaschierverfahren auf einen plattenförmigen Werkstoff, in der Regel eine HDF- bzw. Spanplatte, geklebt. Dann findet eine Imprägnierung durch die bedruckte Schicht hindurch statt. Eine Dimensionsänderung des Dekorpapiers, wie sie beim separaten Imprägnieren von Papierbahnen zwangsläufig auftritt, kann nach einer Verklebung auf einer Platte nicht mehr erfolgen, auch nicht nach dem Auftragen von Imprägnierharzen mithilfe von Walzenauftragsmaschinen. Aus dieser Erkenntnis heraus entstanden zwei Technologien, die jede für sich als Teil der Oberflächenbeschichtung in der Möbel- bzw. Laminatfußbodenindustrie anwendbar ist [27, 28].

Bei der **LLT-Technologie** wird in einem Arbeitsgang auf das aufgeklebte Dekorpapier Schicht für Schicht eine ausreichende Menge Harz aufgetragen, wobei einem Harzauftrag in der Regel eine Trocknung folgt. In dieser Folge von Harzauftrag und Trocknen können für Fußbodenanwendungen abriebhemmende Materialien (z. B. Korund) eingebunden werden. Das in mehreren Lagen auf die Platte aufgetragene Harz härtet anschließend thermisch unter Druck in einer Presse aus. Aufgrund der kontinuierlichen Arbeitsweise bietet sich eine Doppelbandpresse an (Bild 3.144).

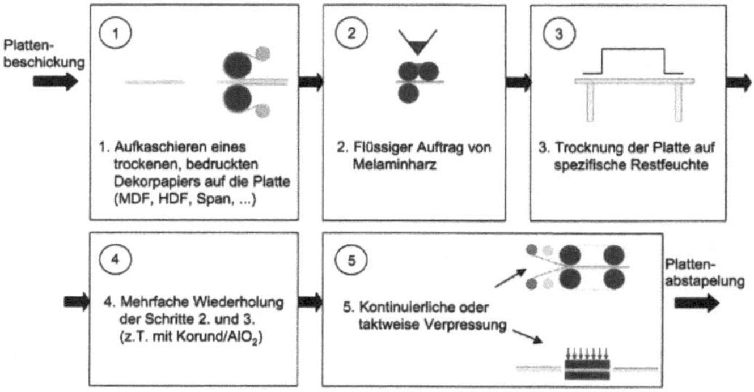

Bild 3.144: Prinzipieller Ablauf beim LLT-Verfahren (Classen [27])

Bei der **LLT-light-Technologie** wird der Prozess nach dem Aufkleben des Dekorpapiers, dem Imprägnieren und dem sich anschließenden Trocknen unterbrochen. Die so vorbeschichteten Platten werden abgestapelt und können sofort oder auch Tage später in einer Kurztaktpresse verpresst werden. Bei dem sich anschließenden Pressvorgang kommt imprägniertes **Overlaypapier** (mit oder ohne abriebhemmende Partikel) zum Schutz des Dekors zum Einsatz.

HPL-Herstellung

Die HPL-Laminate werden bei einem spezifischen Pressdruck von mindestes 70 bar gefertigt. Beim Verpressen von melamin- und phenolharzgetränkten Papieren zu HPL läuft eine Polykondensationsreaktion unter Abspaltung von Wasser ab. Melamin und Phenol bilden jeweils ein Netzwerk, das sich gegenseitig durchdringt, da beide Harze nicht chemisch miteinander reagieren. Damit sich die Harzteilchen untereinander verhacken, müssen die beiden Reaktionen genau aufeinander abgestimmt sein.

Nach dem Ende des Pressens muss die Blattware auskühlen und austrocknen. Für die spätere Verklebung wird die Rückseite angeschliffen (außer bei Verwendung von Klebstoffen). Das Schleifbild ist dem jeweiligen Klebstoff und Verwendungszweck anzupassen.

Die Herstellung von HPL ist auf Mehretagen-, Kurztakt- und kontinuierlichen Pressen möglich. Die **Mehretagenpresse** ist die älteste und üblichste Bauform der Laminatpressen, die sehr hohe Pressdrücke übertragen kann. Sie ist äußerst robust und kann mehrere Jahrzehnte produzieren. Das Rückkühlen auf Raumtemperatur ist möglich, dadurch können Hochglanzlaminate produziert werden. Es ist eine genaue und differenzierte Temperaturführung anwendbar. Auch dicke Platten (Kompaktlaminat) können hergestellt werden. Nachteilig sind der hohe Energieverbrauch (Heizen/Kühlen), das eingeschränkte Pressformat und die große Anzahl von benötigten Pressblechen.

Beim **Kurztaktpressen** können mit hoher Effektivität große Pressformate hergestellt werden. Es sind sehr ebene Platten (auch Kompaktlaminate) in begrenzter Plattenstärke herstellbar.

Kontinuierliche Pressen für das Hoch- und Niederdruckpressen verfügen über eine hohe Kapazität, die es ermöglicht, Produkte in allen Längen (auch als Rollenware) herzustellen. Das Schleifen, Besäumen und Zuschneiden kann in einem Durchlauf erfolgen. Nachteilig ist die Begrenzung der Produktionsbreite und der Blattdicke (max. 1 mm).

CPL-Herstellung

Dekoratives Endloslaminat (CPL) wird auf kontinuierlichen Pressen/ Doppelbandpressen hergestellt. Vorzugsweise wird es als Rollenware ab 0,2 mm produziert. Die Pressdrücke liegen meist unterhalb des für HPL notwendigen Pressdruckes. Verarbeitungs- und Oberflächeneigenschaften sind annähernd den HPL-Laminaten gleich. CPL-Laminate sind oft etwas flexibler und lassen sich leichter verformen, dafür ist die Stoßfestigkeit etwas geringer.

Herstellung von Laminaten nach dem ELESGO®-Verfahren

Diese Laminate werden unter Anwendung des ESH-Verfahrens (Prinzip des Elektronenbeschleunigers, siehe Abschn. 3.3.1.5) hergestellt, bei dem grundsätzlich lösungsmittelfreie Harz- und Lacksysteme verarbeitet werden. Zum Einsatz kommen hochwertige ungesättigte Acrylatharze (Polyester, Urethanacrylate usw.), die in Radikalkettenreaktionen, angeregt durch die Einwirkung der Elektronenstrahlen, zu hochvernetzten Polymeren reagieren. Im Gegensatz zur UV-Technik werden keine Fotoinitiatoren benötigt. Es ergeben sich Oberflächen, die je nach Einsatzzweck hochabrasiv und kratzfest sind, z. B. ELESGO®-Laminatböden, oder als lichtechte und wetterbeständige Oberflächen für Fassadenplatten genutzt werden.

Zur Herstellung der Laminate werden Dekorpapiere mit Harz imprägniert. Es wird auch auf das Papier aufgetragen, und es kann eine Abdeckfolie aufgelegt werden. Der gesamte Aufbau wird mit Elektronenstrahlung durchgehärtet, die in einem Elektronenbeschleuniger erzeugt wird. Es entsteht CPL-ähnliche Rollenware.

Die Leistungsfähigkeit von Elektronenbeschleunigern wird durch zwei Hauptkriterien bestimmt:

- Die Beschleunigungsspannung bestimmt die Eindringtiefe der Elektronen in die Beschichtung.
- Der Strahlstrom bestimmt die mögliche Produktionsgeschwindigkeit. Je nach Strahlerzeugungssystem können Strahlströme bis zu 1600 mA erzeugt werden. Bei bahnförmigen Materialien werden so Produktionsgeschwindigkeiten bis zu 1000 m/min erreicht.

Applikation von HPL-, CPL- und ELESGO-Laminaten

Diese Laminate werden sowohl handwerklich als auch industriell mit den Substraten auf Breit- und Schmalflächen im Kurztakt- oder kontinuierlichen Verfahren verpresst (typischer Aufbau Bild 3.145). Beim Kalt- oder Heißpressen kommen meist PVAc-, UF- und PUR-Klebstoffe zur Anwendung.

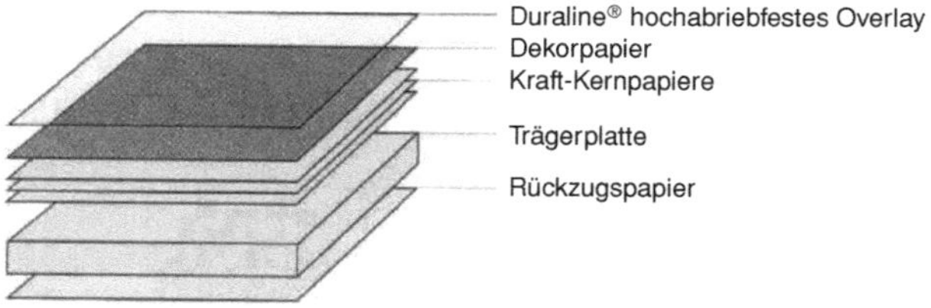

Bild 3.145: Typischer Aufbau eines HPL-beschichteten Holzwerkstoffes (*Mead*)

Bei postformingfähigen Laminaten (Bild 3.146) kommen spezielle Verformungs- und Klebtechniken zur Anwendung. Ausführlich und sehr anschaulich werden diese Verfahren in [29] erläutert.

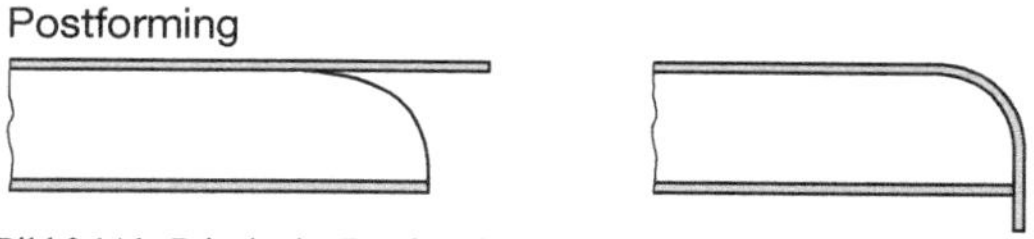

Bild 3.146: Prinzip des Postforming-Verfahrens [30]

Das **Postforming-Verfahren** arbeitet mit Temperaturen von 120 … 160 °C, um das Beschichtungsmaterial ausreichend verformen zu können. Das Verformungsverhalten wird durch die zugeführte Wärmemenge, Energieart und die Einwirkzeit beeinflusst. Die Wärmezufuhr erfolgt durch Infrarotstrahler (mittel-, lang- und kurzwellig), Heizschienen oder beheizte Metallrohre. Das Erreichen und das Einhalten der erforderlichen Temperaturen werden bestimmt von Strahlerart (Wellenlänge), Strahlerleistung, Strahlerabstand, Wärmeaufnahmevermögen/-verhalten des nachformbaren Laminats in Abhängigkeit von Farbe, Oberflächenkontur und Dicke, Klebstoffart und -menge in der Rundung, Temperatur des Substrats und des Laminats, Dicke des Trägermaterials und bei industrieller Verarbeitung durch Vorschub- oder Formungsgeschwindigkeit.

b) Applikation von thermoplastischen Folien

Im Bild 3.147 ist dargestellt, wie sich das 3D-Beschichten von Möbelfronten in den Produktionsprozess eingliedert.

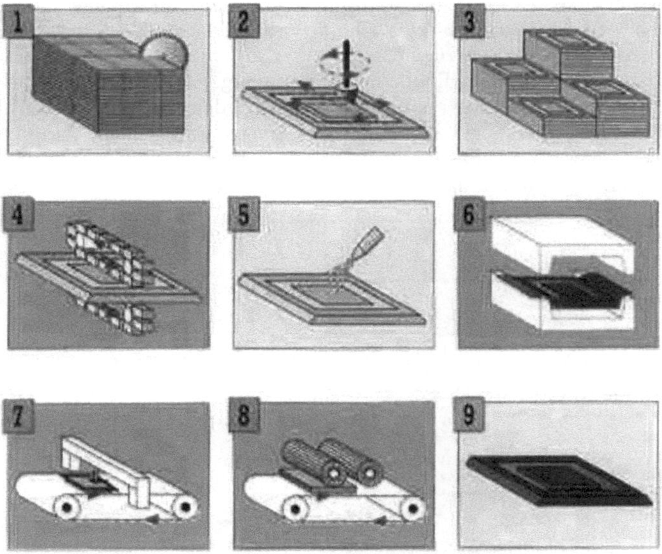

Bild 3.147: Prinzipieller Ablauf bei der 3D-Beschichtung mit Folien (*Renolit*)
1 Plattenaufteilung, 2 CNC- Fräsen, 3 Kommissionierung, 4 Staubfrei bürsten, 5 Klebstoffauftrag, 6 Folienbeschichtung, 7 Kantenbeschneidung, 8 Säubern, 9 fertige Front

Die einzelnen Schritte bei der 3D-Beschichtung, die in Thermoformpressen mit und ohne Membran (Bild 3.148) erfolgt, lassen sich wie folgt beschreiben:

- Auftrag des Klebstoffes (1K- oder 2K-PUR-Dispersionen) durch Spritzen,
- Abtrocknen des Klebstoffes (Abdunsten des Wassers),
- Aktivierung des Klebstofffilmes in der Presse durch Wärmeübertragung der Folie oder Membran (Bild 3.148).

Die Entscheidung, welches Pressverfahren anzuwenden ist, richtet sich nach der Werkstückkontur und den eingesetzten Folien. Prinzipiell sind einige *Vor-* und *Nachteile* beider Verfahren zu beachten.

Beim **Verpressen mit Membran** erfolgt eine kontinuierliche Energiezufuhr in die Klebschicht, dabei sind hohe Drücke anwendbar. Die Wärmekapazität der Folie ist für die Verklebungsqualität nicht entscheidend. Es entstehen jedoch hohe Wartungskosten durch Membranverschleiß, und es ist ein zusätzlicher Energiebedarf zum Aufheizen der Membran erforderlich. Extremprofile sind nicht ausformbar.

Beim **membranlosen Beschichten** sind komplexere und extremere Profile ausformbar. Es entstehen geringere Heizkosten und kürzere Zykluszeiten, weil das Aufheizen der Membran entfällt. Auch Membranverschleißkosten und -wechselzeiten entfallen, dadurch ist die Maschinenauslastung besser. Die Temperaturübertragung auf die Folie erfolgt in engeren Grenzen, der applizierte Druck auf das Werkstück ist geringer. Die von der Folie gespeicherte Wärmemenge muss für die Aktivierung des Klebstoffes ausreichen. Es erfolgt keine kontinuierliche Energiezufuhr in die Klebschicht.

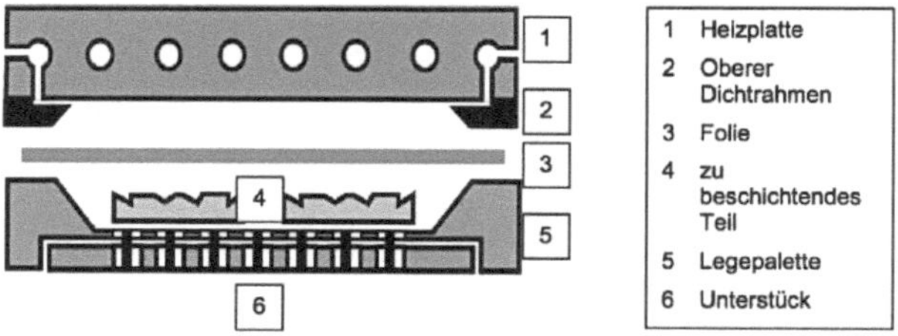

Folie wird mit Druckluft von unten gegen die Heizplatte gedrückt und erwärmt:

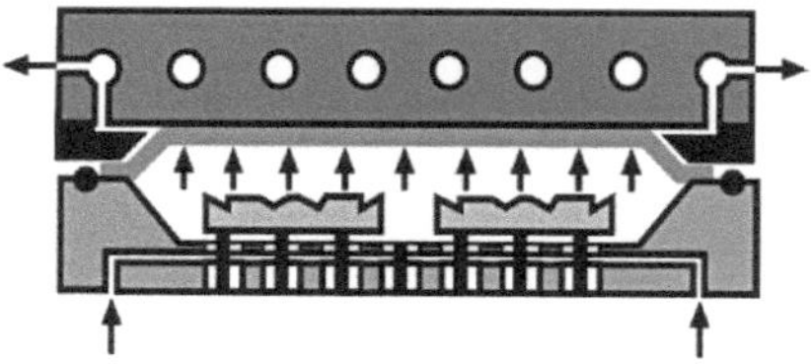

Die warme Folie wird durch Vakuum von unten über die Teile gezogen und mit Druckluft von oben angepresst:

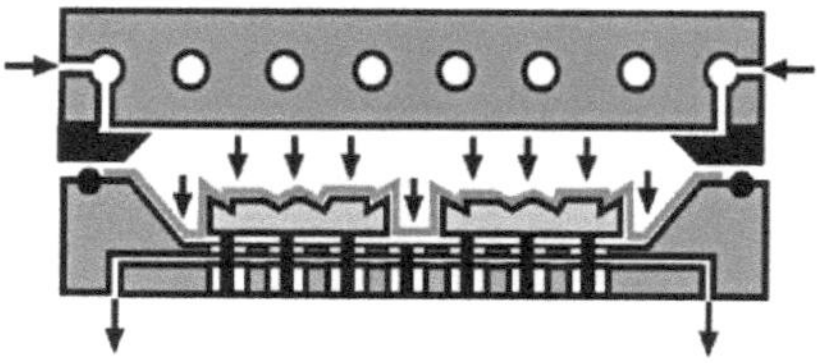

Bild 3.148: Funktionsweise des membranlosen Systems (*Robert Bürkle*)

c) Applikation von duroplastischen Folien

Das Applizieren von Finishfolien auf Trägerwerkstoffe erfolgt industriell durch **Kaschierverfahren** (Bild 3.149), die als Kalt- oder Thermokaschierverfahren zur Anwendung kommen. Für das **Kaltkaschieren** werden PVAc-Klebstoffe verwendet, beim leistungsfähigen **Thermokaschieren** daneben auch UF- und Schmelzklebstoffe.

Wichtigste Einflussgrößen beim Thermokaschieren sind die Temperaturen von Substrat, Folie und Kaschierkalander sowie die Homogenität vom Klebstoffauftrag (Härter + Kleber) sowie des aufgebrachten Liniendruckes durch die Kalanderwalzen.

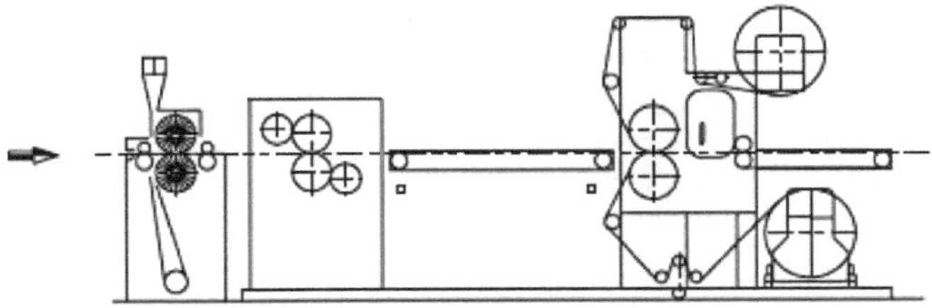

Bild 3.149: Prinzip einer Thermokaschieranlage der Firma *Hymnen* für Anwendung von PVAc-Klebstoffen [31]. Links Bürstmaschine, Mitte Leimauftragsmaschine, rechts Kaschieraggregat mit Kalanderwalzen

d) Kantenbeschichtung

Die industrielle Kantenbeschichtung erfolgt auf Formatbearbeitungsmaschinen. Dabei unterscheidet man zwischen Glattkantenbeschichtung und Beschichtung von profilierten Konturen. Bild 3.150 verdeutlicht, wie Glattkantenmaterialien industriell an das durchlaufende Werkstück (hier einseitig) geklebt werden.

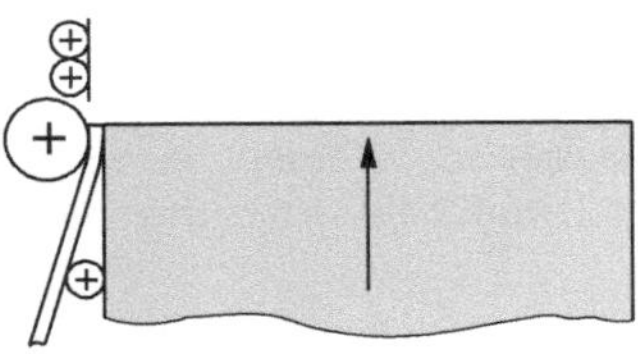

Bild 3.150: Prinzip einer einseitigen Kantenbeschichtung [27]

Das **Postforming-Verfahren**, bei dem das Oberflächenmaterial der Breitfläche zur Schmalflächenbeschichtung verwendet wird, wurde bereits im Kapitel Laminattechnologie erläutert. Kantenbeschichtungsverfahren für den handwerklichen Bereich sind in [29] dargestellt.

e) Pulverbeschichtung

Die Pulverbeschichtung ist ein modernes, umweltverträgliches und wirtschaftlich effektives Verfahren zur Oberflächenveredlung mit einem dekorativen organischen Überzug. Pulverlacke sind völlig lösemittelfrei. Der Beschichtungsstoff wird als trockenes Pulver elektrostatisch auf die Werkstückoberfläche gesprüht. Die sich dort ausbildende Pulverschicht haftet aufgrund elektrischer Kräfte, bis sie nach Erwärmung auf etwa 100 ... 120 °C schmilzt und zu einem homogenen Film verläuft. Die Vernetzung der Pulverlacke kann je nach System thermisch durch Wärme oder fotochemisch durch UV-Strahlen erfolgen. Unmittelbar nach der Abkühlung sind die Überzüge fest und voll belastbar.

Anforderungen an den Substratwerkstoff

Bisher werden in allen Pulverbeschichtungsanlagen der holzverarbeitenden Industrie ausschließlich MDF-Teile eingesetzt. Eine Anwendung bei Massivholz ist aus Gründen der höheren Ausgleichsfeuchte, der Porigkeit, der Gefahr von Trocknungsrissen, Verwindungen oder Zellkollapsen bei schneller Erwärmung weitaus schwieriger und bisher im industriellen Maßstab noch nicht gelungen. Problemzonen sind insbesondere die Stirnflächen, an denen es leicht zu Ausgasungen aus den angeschnittenen Poren kommt. Nadelhölzer scheiden von vornherein aus, weil sie Harzeinschlüsse enthalten, die bei der Erwärmung an die Oberfläche gepresst werden. Mit Hartholz (Furnier) sind bereits erfolgreiche Versuche zur Beschichtung mit UV-Pulverklarlack erfolgt, u. a. bei Fensterrahmen.

Günstigere Bedingungen als natives Holz bieten die Holzwerkstoffe, insbesondere die mitteldichten und die hochdichten Faserplatten (MDF und HDF). Wegen des thermo-mechanischen Aufschlusses der Ausgangsmaterialien bis zur Holzfaser, bei dem bestimmte Holzinhaltsstoffe wie das Harz entfernt werden, sowie ihres homogeneren und im Herstellungsprozess beeinflussbaren strukturellen Aufbaus sind sie unter den Holzwerkstoffen am besten für die Pulverlackierung geeignet.

Der elektrostatische **Pulverapplikationsprozess** erfordert einen geerdeten Beschichtungsträger mit einer zumindest im elektrostatischen Sinne leitfähigen Oberfläche, das heißt

- spezifischer Oberflächenwiderstand $\sigma \leq 10^{11}\ \Omega$ bzw.
- spezifischer Volumenwiderstand $\varrho \leq 10^{9}\ \Omega\,\mathrm{m}$.

Diese Grenzwerte werden in der Regel erst bei einem Feuchtegehalt > 8 % unterschritten. Andererseits soll aber der Feuchtegehalt möglichst niedrig sein (< 6 %), um eine Blasenbildung während der Filmbildung durch austretenden Wasserdampf zu unterdrücken.

Die **pulverlackierbare MDF** muss neben der erforderlichen elektrischen Leitfähigkeit auch eine hohe Beständigkeit gegen die Ausbildung von Rissen in den Seitenflächen während des Schmelz- und Vernetzungsprozesses oder im späteren Gebrauch durch Quell- und Schwindprozesse infolge Feuchteeinwirkung aufweisen. Erreicht wird dies vor allem durch eine hohe Faserstoffqualität, eine höhere mittlere Rohdichte zur Vermeidung der Penetration des Pulverlacks in das Substrat, ein weitgehend homogenes Rohdichteprofil und eine Quellungsvergütung.

Das Rohdichteprofil gibt den Verlauf der Materialdichte über den Plattenquerschnitt an. Die mittlere Rohdichte sollte mindestens 760 ... 780 kg/m^3 betragen, damit der flüssige Pulverlack nicht penetriert, und einen möglichst ebenen Kurvenverlauf haben. Bild 3.151 zeigt vier typische Formen von Rohdichteprofilen und deren mögliche Auswirkungen auf den Prozess der Pulverbeschichtung.

Eine Erweiterung der Pulverbeschichtung von den MDF-Substraten auf Feinstspanplatten ist denkbar, ebenso nach jüngsten Erkenntnissen auch auf feinporige, inhaltsstoffarme Laubhölzer, z. B. Buche. Dagegen wird eine Anwendung bei Grobspanplatten (OSB, Waferboard u. a.) wie bei Nadelhölzern gegenwärtig als nicht erfolgversprechend angesehen.

Verfahrensschritte

Eine Reinigungsstation zur Entfernung von Schleif- und Staubpartikeln unmittelbar vor der Pulverapplikation ist für fehlerfreie Oberflächen unerlässlich. Die Applikationszone sollte eingehaust sein und durch einen leichten Luftüberdruck gewährleisten, sodass keine Fremdpartikel aus anderen Fertigungsbereichen eindringen. Diese würden sonst durch die elektrischen Feldkräfte von der mit aufgeladenem Pulver beschichteten Oberfläche angezogen werden.

Um eine ausreichende Oberflächenleitfähigkeit für den elektrostatischen Applikationsprozess zu erreichen, erfolgt bisher in fast allen Anlagen eine kurzzeitige **Vorerwärmung** mittels IR-Strahlung. Der Pulverlack wird auf die warme Oberfläche appliziert. Die in das Platteninnere vordringende Wärme führt zu einem Feuchtetransport an die sich inzwischen wieder abkühlende Oberfläche und erhöht dort die elektrische Leitfähigkeit. Die Oberflächentemperatur sollte dabei aber so niedrig bleiben, dass der Pulverlack bei der sich unmittelbar anschließenden Applikation nicht ansintert, was sich nachteilig auf den dekorativen Effekt auswirken würde. Bei den meisten Plattentypen reicht die Vorerwärmung aber nicht aus, um eine gleichmäßige Oberflächenleitfähigkeit zu erzeugen. Insbesondere in den Randzonen kann es durch Austrocknen zu Störungen in Form von freibleibenden Kanten kommen.

Als Alternative zum Vorwärmprozess verbleiben der Einsatz einer leitfähigen pulverlackierbaren Platte oder das Auftragen eines flüssigen Leitprimers, Letzteres aber aufgrund der höheren Kosten nur bei besonders hohen Anforderungen an die Beschichtung.

Die **dekorative Pulverbeschichtung** erfordert immer eine elektrostatische Applikation. Sie kann sowohl waagerecht auf flachen Linien, wie sie bisher im Möbelbau üblich sind, als auch senkrecht mit an einer Förderbahn hängenden Werkstücken erfolgen. Die bisher realisierten Industrieanlagen sind mit wenigen Ausnahmen für Hängeförderer und eine Rundumbeschichtung konzipiert. In fast allen Fällen sind Maßnahmen zur Feldbeeinflussung durch verschiedenartige Elektroden vorgesehen, um trotz der unterschiedlichen Leitfähigkeiten eine konstante Schichtdicke auf der Breit- und der Schmalfläche zu gewährleisten und den Bilderrahmeneffekt zu unterdrücken.

Das **Flachbettverfahren** ist von Vorteil, wenn einseitig vorbeschichtete MDF-Platten (z. B. mit Gegenzugfolie) eingesetzt werden. Eine Rundum-

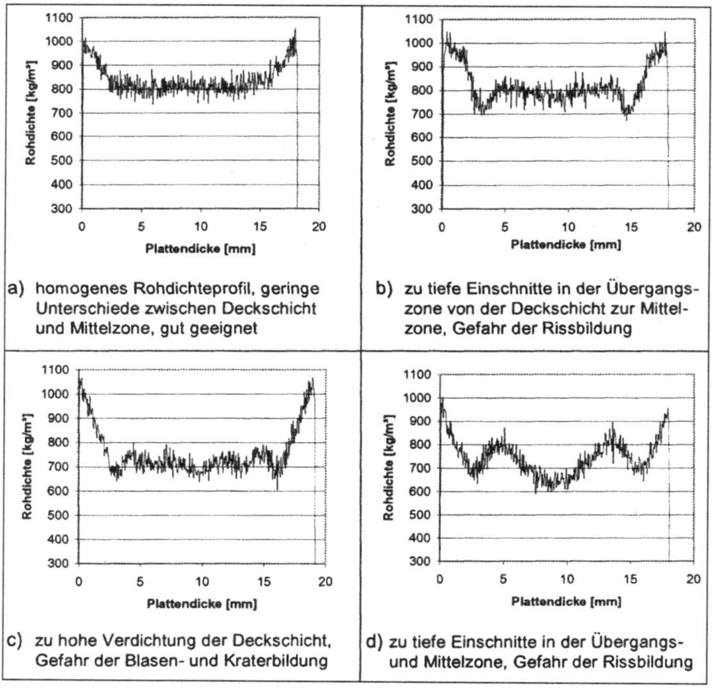

Bild 3.151: Formen von Rohdichteprofilen und ihr Einfluss auf den Beschichtungsprozess

beschichtung kann man zwar durch Wenden des Beschichtungsteils und einen zweiten Durchlauf erreichen, sie wird dann aber auch entsprechend teurer.

Für die **elektrostatische Pulverapplikation** sind wegen der im Vergleich zu Metallen geringeren elektrischen Leitfähigkeit des Substrats Tribosprühgeräte oder luftionenarme Sprühgeräte vorzuziehen. Wie die Praxis zeigt, können bei entsprechender Vorbehandlung (Erwärmung u./o. Befeuchtung) aber auch normale Koronapistolen mit Grenzwerteinstellungen für den Koronastrom am unteren Limit eingesetzt werden.

Die elektrostatisch auf der Werkstückoberfläche haftende Pulverschicht wird anschließend in einem IR-Kanal oder einem kombinierten IR-/Konvektionsofen zu einem homogenen Film aufgeschmolzen. Bei den thermoreaktiven Pulverlacken beginnt gleichzeitig mit dem Schmelzen auch der chemische Vernetzungsprozess, weshalb der Lackfilm nicht vollständig glatt verläuft, sondern eine Orangenstruktur verbleibt. Um diese gering zu halten, sollte das Aufheizen möglichst schnell erfolgen.

Der Ofenprozess hat einen entscheidenden Einfluss auf die Fertigungssicherheit. Die Temperaturführung muss exakt auf die Plattendicke und das Pulver abgestimmt sein. Sie kann entscheidend dazu beitragen, die Gefahr der Rissbildung im Substrat und der Blasenbildung im Pulverlackfilm zu unterdrücken. Der Wärmefluss muss so gesteuert werden, dass die Randzonen nicht zu stark austrocknen, sondern die Feuchteverteilung insgesamt durch einen Feuchtefluss aus dem Innern weitgehend homogen gehalten wird.

Die **UV-Pulverlacke** haben den Vorteil, dass die Vernetzungsraktionen vom Schmelz- und Verlaufsprozess abgekoppelt sind. An den Erwärmungsofen schließt sich eine UV-Zone an, in der die Werkstücke kontinuierlich an UV-Strahlern vorbeigeführt werden. Dabei muss gewährleistet sein, dass die Schichtdicken- und die Temperaturverteilung möglichst konstant sind, der durch die Eindringtiefe der UV-Strahlen begrenzte Maximalwert der Filmdicke nirgends überschritten wird und alle Teilflächen mit der gleichen UV-Strahlungsdosis beaufschlagt werden. Das technologische Verarbeitungsfenster ist deshalb sehr eng.

Im Bild 3.152 sind die Temperaturkurven für thermische und UV-Strahlenvernetzung gegenübergestellt. Bild 3.153 zeigt das Prinzip einer **Durchlauf-Beschichtungsanlage** für MDF-Möbelelemente, in der sowohl thermoreaktive als auch UV-strahlenhärtende Pulverlacke eingesetzt werden können. Die Verwendung eines **Power-and-Free-Förderers** mit Werkstückträgern und einer Pufferzone ermöglicht eine flexible und effektive Gestaltung des Übergabe- und Abnahmeprozesses.

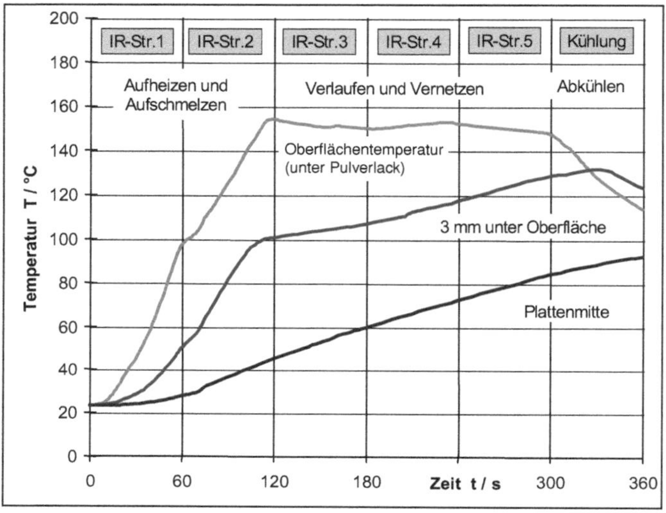

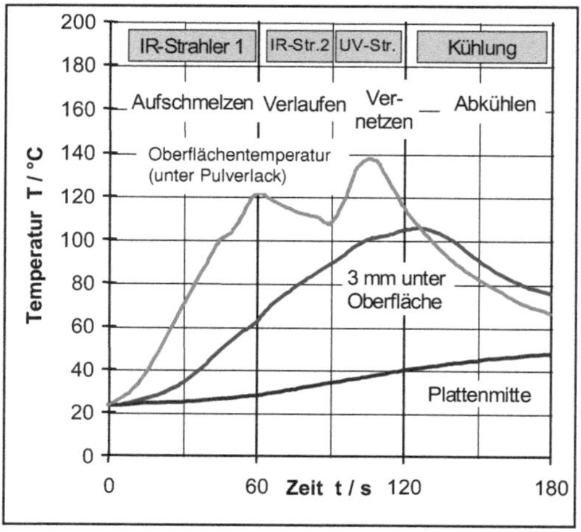

Bild 3.152: Temperaturverlauf auf der Oberfläche und im Inneren einer MDF-Platte (19 mm) bei thermischer Aushärtung von NT-Pulverlack mit langwelligem IR (oben), bei UV-Vernetzung im IR-/UV-Kanal (unten). (Unterschiedliche Zeitmaßstäbe beachten!)

Eigenschaften der Pulverlackbeschichtung

Die Anforderungen an lackierte Oberflächen (außer Arbeitsflächen) gemäß DIN 68930 werden sowohl von den UV-strahlenhärtenden als auch den thermoreaktiven Pulverlacken problemlos eingehalten [32]. Insbesondere bei der Abrieb- und Kratzfestigkeit zeigen die Pulverlacke oft bessere Prüfwerte nach DIN 68861 als die in der Möbelindustrie üblicherweise eingesetzten Flüssiglacke. Die beiden Pulverlacksysteme unterscheiden sich dabei nur wenig. Die **UV-Pulverlacke** zeigen häufig eine etwas größere Kratzfestigkeit und Chemikalienresistenz sowie eine bessere Beständigkeit gegen trockene Hitze, die **thermoreaktiven Pulverlacke** dafür eine größere Elastizität und Stoßfestigkeit – vollständige Aushärtung vorausgesetzt.

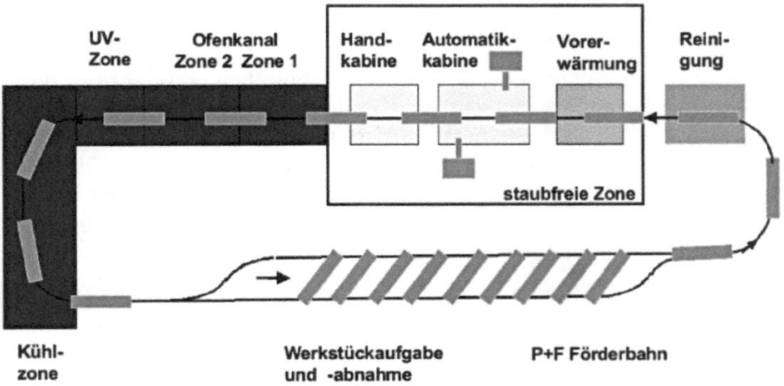

Bild 3.153: Prinzip einer Durchlauf-Beschichtungsanlage für MDF-Möbelelemente für den wahlweisen Einsatz thermoreaktiver oder UV-strahlenhärtender Pulverlacke

3.4 Prüfung von Holz und Holzwerkstoffen

Die **Werkstoffprüfung** dient zur Feststellung von Werkstoffeigenschaften und zum Nachweis der Eignung der geprüften Werkstoffe für den Einsatzfall.

Eine Prüfung gliedert sich in folgende Schritte:

1. **Messen:** qualitative oder quantitative Erfassung des Eigenschaftswerts,
2. **Auswerten:** statistische Behandlung der Messwerte,
3. **Vergleichen:** Anforderung und gemessene Eigenschaft,
4. **Entscheiden:** Ist die Anforderung mit diesem Eigenschaftswert erfüllt?

Zweck der Werkstoffprüfung ist es also, eine Entscheidung herbeizuführen, ob die Eigenschaften des Werkstoffs mit den gestellten Anforderungen übereinstimmen.

Aufwand und Umfang einer Prüfung sollten sich diesem Ziel unterordnen; sie hängen von der Tragweite der zu treffenden Entscheidung ab.

Weiterhin gelten folgende **Grundsätze der Prüftechnik**:

- **Objektivität**: Prüfung unabhängig von äußeren Einflüssen, Eliminierung von systematischen Fehlern, Minimierung der zufälligen Fehler,
- **Reproduzierbarkeit**: Einheitlichkeit der Prüfbedingungen, hinreichende Wiederholgenauigkeit,
- **Ökonomischer Grundsatz**: einfache Prüfung mit hinreichender Genauigkeit.

Die Werkstoffprüfung ist auch Mittel für die Werkstoffauswahl. Bei der Werkstoffauswahl gilt häufig die Optimalitätsbedingung: Anforderungen erfüllen, Materialkosten senken.

Eine gute Unternehmung in der holztechnischen Produktion muss wissen, welche Anforderungen ihr Kunde an den Werkstoff hat, muss also ihr Geschäft verstehen. Hierfür ist neben der Kenntnis über eine effiziente **Herstellung** von Holzprodukten auch das Wissen über die **Anwendung** von Holzprodukten im Bau- und Möbelbereich sowie ihr **Anforderungsprofil** unabdingbar. Umgekehrt sollte der Anwender befähigt sein, seine Anforderungen an das Produkt zu definieren.

Um diesen Schnittpunkt zwischen produzierten **Eigenschaften** und gestellten **Anforderungen** im Bereich der Holzprodukte und Holzbauteile zu beschreiben, existieren häufig Produktnormen mit klarem Eigenschaftsprofil und entsprechenden Verweisen auf Prüfnormen.

Hier hat die **Prüftechnik** die Aufgabe, eine verlässliche Entscheidungsgrundlage über die Eignung der Produkte bezüglich der gestellten Anforderungen zu erbringen.

Grundsätzlich unterscheidet sich die Vorgehensweise der Prüfung von Vollholz zu der von Holzwerkstoffen.

Die Eigenschaftsausbildung bei **Vollholz** ist neben der Holzart von den Wuchsmerkmalen geprägt und liegt für den späteren Gebrauch nahezu unveränderlich vor. Vollholz kann für die verschiedenen Einsatzbereiche sortiert, aber nicht gezielt produziert werden. Das Hauptaugenmerk der Werkstoffprüfung liegt hier auf der Ermittlung der Eigenschaften an kleinen fehlerfreien Proben, Prüfung von Holzbauteilen in Originalabmessungen und der Sortierung von Holz nach Wuchsmerkmalen.

Die Eigenschaften von **Holzwerkstoffen** sind in einem weiten Bereich technologisch einstellbar. Sie können entsprechend produziert werden. Die Werkstoffprüfung hat hier im Wesentlichen die Aufgabe der Produktionsüberwachung und -optimierung.

3.4.1 Normung und Einzelzulassung

Bei Produkten und Verwendungen von Holz und Holzwerkstoffen, die häufig gebraucht werden, muss nicht im Einzelfall überprüft werden, ob die Eigenschaften den Anforderungen genügen. Hier gibt es entsprechende Erfahrungen im Umgang, über den richtigen Einsatz und bei der Überprüfung der Qualität. Solche allgemein gebräuchlichen Produkte und Verwendungen sind dann genormt. Das heißt, die Anforderungen an die Eigenschaften sind klar definiert, und auch die Prüfung der Eigenschaften ist in den jeweiligen Normen geregelt.

Bei Bauprodukten existieren **Bauregellisten** der zu verwendenden Materialien und Produkte im Bauwesen, im Regelfall sind das entsprechend genormte Produkte.

Für Produkte oder Verwendungen, die noch nicht allgemein gebräuchlich und bewährt sind (also neue, noch nicht genormte Produkte und Verwendungen), ist ein besonderer **Brauchbarkeitsnachweis** zu führen. Dieser wird im Bauwesen durch eine sogenannte „**allgemeine bauaufsichtliche Zulassung**" geregelt. Diese Zulassung wird vom Deutschen Institut für Bautechnik erteilt. Im Zulassungsverfahren müssen die neuen Produkte oder Verwendungen die Eignung nachweisen. Art und Umfang der Prüfung zum **Eignungsnachweis** werden von einem Sachverständigenausschuss und der Prüfstelle festgelegt. Im Ergebnis der Prüfungen werden dann die Anforderungswerte und die charakteristischen Eigenschaften für diese nichtgenormten Produkte definiert.

Im Bereich der genormten Produkte und Anwendungen für Holz und Holzwerkstoffe gibt es eine Reihe von **Normen**, die sich grundsätzlich in verschiedene Typen einteilen lassen:

Tabelle 3.15: Normen

Normen zur Definition und Klassifizierung	**Einteilung der Werkstoffe, Symbolik, Terminologie**
Prüfnormen	Festlegung von Probenahme und Umfang, Vorbehandlung, Durchführung der Prüfungen und Auswertung der Ergebnisse
Produktnormen	allgemeine Anforderungen und Festlegungen der Mindesteigenschaften
Anwendungsnormen (performance standards)	Spezifikationen, Anforderungen und Prüfmethoden für spezielle Anwendungsgebiete

Am Schluss dieses Kapitels (Anhang) befindet sich eine Aufstellung der wichtigsten Normen für Holz und Holzwerkstoffe.

3.4.2 Güteüberwachung und Kennzeichnung

Produkte aus Holz und Holzwerkstoffen für den Einsatz im Baubereich sind hinsichtlich ihrer Qualität zu überwachen und entsprechend zu kennzeichnen.

In Deutschland sieht die **Baugesetzgebung** für nichtgeregelte Produkte bzw. für einige geregelte Produkte derzeit noch zwingend das **Übereinstimmungszeichen** (Ü) zur Kennzeichnung vor. Für den Handel und den Einsatz von Bauprodukten auf europäischer Ebene ist es Voraussetzung, dass die Produkte einer europäisch harmonisierten Norm (EN) entsprechen und mit dem **CE-Zeichen** versehen sind. Für CE-gekennzeichnete Produkte muss daher die Konformität mit einer europäisch-harmonisierten Norm nachgewiesen werden. Die Regelungen zur Verwendbarkeit der CE-gekennzeichneten Produkte trifft grundsätzlich jeder EU-Mitgliedsstaat selbst.

Für Holzwerkstoffe gibt es die entsprechenden Festlegungen in der EN 13986, welche Prüfungen abhängig vom Einsatzfall durchgeführt werden müssen, um eine solche **Konformitätsbescheinigung** zu erhalten. Die Prüfung der Eigenschaften durch eine werkseigene Produktionskontrolle, die sogenannte **Eigenüberwachung**, ist hierfür die Grundvoraussetzung. Für Produkte in sensiblen Bereichen, z. B. tragende Bauteile und neue Holzprodukte und Verwendungen, sind **notifizierte Stellen** (notified bodies) für bestimmte Prüfungen und die Bewertung der werkseigenen Produktionskontrolle mit einzubeziehen.

Im außereuropäischen Raum gibt es ebenfalls entsprechende, meist länderspezifische Regelungen zur Überwachung und Kennzeichnung von Produkten aus Holz. In den USA unterliegen Bauprodukte den Standards nach **ASTM** (American Society for Testing and Materials) mit entsprechender Kennzeichnung. In Japan sind Holz und die Holzprodukte entsprechend der **JAS** (Japan Agriculture Standard) standardisiert.

3.4.3 Prüfung von Vollholz

Vollholz findet seine hauptsächliche Verwendung im Bauwesen. Bei **Bauholz** ist die Tragfähigkeit des jeweiligen Bauteils das Hauptkriterium. Da-

Tabelle 3.16: Übersicht zur Sortierung von Vollholz

	Bauholz	**Tischlerholz**
Sortierkriterium	Tragfähigkeit	Aussehen
Sortiervorschriften	DIN 4074, EN 338	EN 942, EN 1611, nordische Sortierung, ...
Durchführung der Sortierung	visuelle Sortierung S7, S10, S13 maschinelle Sortierung C16M, C24M, C30M	manuelle oder maschinell-optische Sortierung

neben gibt es den Einsatz als sogenanntes **Tischlerholz**, sortiert nach dem äußeren Erscheinungsbild.

Bei der Beurteilung des Holzes nach dem Aussehen der Oberfläche verwendet man das Holz in Einsatzbereichen, bei denen die Optik und nicht unmittelbar die Tragfähigkeit die entscheidende Rolle spielt, so zum Beispiel bei Tischlerholz.

Zur Beurteilung des Holzes nach dem Aussehen gibt es verschiedene Normen und Vorschriften. Die in Deutschland gebräuchlichsten sind die EN 1611 und die **nordische Sortierung**. Bei diesen Vorschriften wird das Holz in verschiedene definierte **Güteklassen** sortiert. Für entsprechende Wuchsmerkmale, wie Äste, Risse, Harzgallen usw., sind Grenzwerte für die jeweilige Güteklasse festgelegt.

Nach **Tragfähigkeit** sortiertes Holz für den Einsatz als Baumaterial muss bestimmten Anforderungen genügen. Zur Charakterisierung des sortierten Holzes muss es einen **Bemessungswert** geben, den der Ingenieur seiner statischen Berechnung zugrunde legen kann. Der Bemessungswert in jeder Sortierklasse hat den Vorteil, dass der Ingenieur bei der Erstellung der statischen Berechnung nicht Kosten und Verfügbarkeit einzelner Holzarten oder Sortimente beachten muss. Er braucht nur die Festigkeitswerte einer bestimmten Sortierklasse für das jeweilige Bauteil festzulegen und kann später das geeignete und kostengünstigste Angebot innerhalb der jeweiligen Sortierklasse auswählen.

Zur Bestimmung dieser Bemessungswerte wird entweder die Prüfung an Bauteilgröße oder die Prüfung an kleinen, fehlerfreien Proben eingesetzt. Beide Verfahren sind in der EN 384 „Bauholz für tragende Zwecke – Bestimmung charakteristischer Werte für mechanische Eigenschaften und Rohdichte“ beschrieben.

Die Ermittlung **mechanischer Eigenschaften** an Bauteilen erfordert eine genaue Probenahme. Das Holz für die Proben muss für die Herkunft, Abmessung und Qualität repräsentativ sein. Die wichtigsten Prüfungen der mechanischen Eigenschaften sind im Abschnitt 3.4.6 dargelegt. Bei der Alternativmethode wird ein Mittelwert der jeweiligen Eigenschaft der Holzart an kleinen fehlerfreien Proben bestimmt. Für die gebräuchlichsten Holzarten sind diese Eigenschaftswerte in der DIN 68364 aufgeführt. Anschließend erfolgt für jedes Bauteil eine Abminderung dieses Eigenschaftswerts nach statistischen Verfahren, um dem Einfluss der Wuchsmerkmale an größeren, nicht fehlerfreien Bauteilen gerecht zu werden. Die Bestimmung der charakteristischen Eigenschaften von Holzwerkstoffen für tragende Zwecke ist in der EN 789 geregelt.

Eine zentrale Rolle für den Einsatz von Holz und auch von Holzwerkstoffen im Bauwesen spielt die **Holzbaunorm** DIN 1052, die überarbeitet und neu erschienen ist.

Das Sicherheitskonzept der alten DIN 1052 bestand in der Verwendung von zulässigen Festigkeits- und Verformungskennwerten für die jeweilige Sortierklasse des Holzes. Diese zulässigen Kennwerte ermittelt man aus dem an kleinen fehlerfreien Proben gemessenen mittleren Eigenschaftswert β in Abhängigkeit von einem globalen Sicherheitsfaktor ν.

σ_{vor} vorhandene Spannung < σ_{zul} zulässige Spannung

$$\sigma_{vor} = \frac{\beta}{\nu} \tag{3.19}$$

Für eine Dauerbeanspruchung oder den Einsatz in ungünstigem Klima gibt es entsprechende Abschläge auf den zulässigen Wert.

Die neu erschienene DIN 1052 beruht auf einem veränderten Sicherheitskonzept. Hierbei ermittelt man die Extremwerte der Beanspruchung und der Widerstandsfähigkeit. Der Extremwert der Widerstandsfähigkeit kennzeichnet die Materialeigenschaft und ist der sogenannte **Bemessungswert** X_d.

$$X_d = \frac{X_x}{\gamma_M} \cdot k_{mod} \tag{3.20}$$

X_d Bemessungswert der Baustoffeigenschaft, X_x charakteristischer Wert, γ_M Teilsicherheitsfaktor für die Festigkeitseigenschaft, k_{mod} Modifikationsfaktor

Für jede Festigkeitsklasse gibt es einen charakteristischen Wert der Festigkeit. Dieser Wert wird entsprechend mit dem **Teilsicherheitsbeiwert** für die jeweilige Festigkeitseigenschaft und mit dem **Modifikationsbeiwert** abgemindert. Der Modifikationsbeiwert berücksichtigt den Einfluss der Dauer der Lasteinwirkung und der Feuchtigkeit auf die Festigkeit.

3.4.4 Sortierung von Holz nach Tragfähigkeit

Durch das Sortieren von Holz nach der **Tragfähigkeit** sollen möglichst homogene Gruppen entstehen, die sich hinsichtlich der Festigkeits- und Verformungseigenschaften ähneln. Erst durch die **Sortierung** wird sichergestellt, dass das einzelne Holzteil verwendungsgerecht eingesetzt wird. Die Verwendung von Holz im Bau fordert diese Sortierung.

Die grundlegende Norm in Deutschland ist die DIN 4074-1. Sie legt Sortiermerkmale und -klassen als Voraussetzung für die Anwendung von Rechenwerten für den Sicherheitsnachweis nach DIN 1052 fest. Analog gibt es für die Sortierung von Bauholz für tragende Zwecke entsprechende europäische Normen. Die europäischen Normen haben sich bisher in Deutschland nicht durchgesetzt, obwohl diese Normen zur Klassifizierung und Sortierung von Holz einen engeren Bezug zur neuen DIN 1052 haben. In der EN 338 werden die **Festigkeitsklassen** für Nadelholz von C14 bis C50 entsprechend der charakteristischen Festigkeits- und Steifigkeitseigenschaften festgelegt. In der EN 14081 werden die Anforderungen an die Sortierung und die Sortiermaschinen beschrieben.

Die Sortierung nach Tragfähigkeit nach DIN 4074 kann nach zwei Verfahren durchgeführt werden:

- visuelle Sortierung,
- maschinelle Sortierung.

Die Nomenklatur für die Sortierklassen nach DIN 4074-1 ist einfach aufgebaut. Visuell sortierte Schnittholzklassen werden mit **S** bezeichnet. Die darauffolgende Zahl kennzeichnet die Qualität der jeweiligen Klasse mit der zulässigen Biegespannung dieser Klasse in N/mm^2. Das nunmehr veraltete Symbol **MS** stand für die Einteilung mittels maschineller Sortierung. In der neuen Nomenklatur entspricht beispielsweise die Klasse **MS7** der Klasse **C16M**. Die Klassenbezeichnung **C30M** besagt, dass es sich um maschinell sortiertes Holz mit einer charakteristischen Biegefestigkeit von 30 N/mm^2 handelt.

Tabelle 3.17: Sortierklassen für Bauholz

Schnittholz	Visuell sortiert	Maschinell sortiert (alt)	Festigkeitsklasse nach EN 338
Mit geringer Tragfähigkeit	S7	C16M (MS7)	C16
Mit üblicher Tragfähigkeit	S10	C24M (MS10)	C24
Mit überdurchschnittlicher Tragfähigkeit	S13	C30M (MS13)	C30
Mit besonders hoher Tragfähigkeit	–	(MS17)	

Nach visuell feststellbaren Merkmalen werden drei **Sortierklassen** (S) unterschieden. Für die jeweiligen Sortierklassen sind in Tabellen die zulässigen Sortiermerkmale wie Baumkante, Äste und Jahrringbreite festgelegt. Eine Überwachungs- und Kennzeichnungspflicht existiert nur für die Sortierung S13.

Bedeutend wichtiger ist die **maschinelle Sortierung** von Vollholz. Durch die zunehmende Konzentration der Sägekapazitäten werden die Produktionsmengen je Hersteller und damit die Produktionsgeschwindigkeiten in der Schnittholzerzeugung immer höher. Vorschubgeschwindigkeiten des Brettmaterials im Prozess von 300 m/min und darüber hinaus sind immer häufiger anzutreffen. Hier kann nur noch maschinell sortiert werden.

Notwendige Grundlage der maschinellen Sortierung ist eine **zerstörungsfreie Prüfung** der gesamten zu sortierenden Produktion. Festigkeiten sind über die **Bruchspannung**, also über die maximale Krafteinwirkung beim

Bruch, definiert. Eine direkte Messung dieser Festigkeiten kann man daher nicht für die gesamte Produktion durchführen.

Gelöst wird dieses Problem über die Ausnutzung der Zusammenhänge zwischen elastischem Verhalten und physikalischen Eigenschaften des Holzes zu den Festigkeitseigenschaften. Mehrere dieser Einflussgrößen werden fortlaufend zum Sortierprozess gemessen (online), aus denen über geeignete, aufwendig ermittelte Algorithmen und Modelle die Zielgrößen, hier die Festigkeiten oder Festigkeitsklassen, auf Basis der gemessenen elastischen und physikalischen Eigenschaften errechnet werden.

Die Zusammenhänge zwischen der Festigkeit und den einzelnen physikalischen oder elastischen Eigenschaften sind teilweise nur gering statistisch abgesichert. Das kennzeichnen relativ niedrige Korrelationskoeffizienten bei der Messung eines einzelnen Messparameters und der dazugehörigen Festigkeit.

Tabelle 3.18: Korrelationskoeffizienten zwischen der Festigkeit und physikalischen bzw. elastischen Eigenschaften (nach *P. Glos*: Die maschinelle Sortierung von Schnittholz, HZ 82 –13)

Korrelationskoeffizienten	**Korrelation mit**		
	Biegefestigkeit	**Zugfestigkeit**	**Druckfestigkeit**
Visuelle Sortierung nach DIN 4074	0,5	0,6	0,4
Rohdichte	0,5	0,5	0,6
Jahrringbreite	0,4	0,5	0,5
Astigkeit	0,5	0,6	0,4
Biege-E-Modul	0,7 ... 0,8	0,7 ... 0,8	0,7 ... 0,8

Bei den Messverfahren zur Festigkeitssortierung erreicht man die besten Ergebnisse, wenn man mehrere online gemessene Einflussparameter zum jeweiligen Sortierteil misst und diese kombiniert und auswertet.

Folgende Verfahren werden häufig in der Praxis zur Festigkeitssortierung genutzt:

Biegeverfahren (stress grading)

- Bestimmung des E-Moduls aus erzwungener Durchbiegung,
- analog Normprüfung durch Drei-Punkt-Biegung,
- bewährtes Verfahren, Anlagen verschiedener Hersteller seit 1963 in Betrieb,
- Messung im Durchlauf oder stückweise Beschickung,
- Querschnitte und Sortiergeschwindigkeiten sind begrenzt.

Längsschwingverfahren

- Anregung einer Welle in Längsrichtung des Prüfkörpers,
- Bestimmung des mittleren E-Moduls aus Eigenfrequenz und Laufzeit.

Röntgendurchstrahlung

- Durchstrahlung des Querschnitts und Bildverarbeitung der Röntgenaufnahme,
- Bestimmung von Rohdichte und Astigkeit.

Kamerascanner

- Optische Aufnahme und Auswertung der Oberflächen des Prüfmaterials,
- Erkennen von Holzfehlern wie Astigkeit.

Bild 3.154: Festigkeits-Sortiermaschine (*Lux Scan*)

Zur Minimierung von Störgrößen in diesen Messvorgängen können ebenfalls Online-Kompensationsmessungen durchgeführt werden:

- mit Laserscannern zur Ermittlung der Geometriewerte (Lichtschnitt- oder Triangulationsverfahren),
- durch Hochfrequenzmessung zur Ermittlung der Feuchte.

Viele **Prüfmaschinen** nutzen die Kombination von Messverfahren für verschiedene holzphysikalische und elastische Eigenschaften, um eine Verbesserung der Messergebnisse der Festigkeitseigenschaften zu erzielen. Alle Verfahren und die darauf basierenden Prüfmaschinen mussten für den Einsatz in Deutschland der DIN 4074, Teil 3, genügen – jetzt

DIN EN 14081, Teil 2/3 – und werden über die Deutsche Gesellschaft für Warenkennzeichnung, entsprechende Prüfstellen und einem Beratungsausschuss anerkannt. Moderne Prüfmaschinen sind durch einen modularen Aufbau gekennzeichnet, sodass je nach Aufgabe die Genauigkeit und Geschwindigkeit der Sortierung gewählt werden kann. Bei derartigen Maschinen sind bislang Sortiergeschwindigkeiten bis zu 300 m/min zugelassen.

3.4.5 Einfluss der Umgebungsbedingungen auf die Eigenschaften und die Prüfung

Neben den Einflüssen der Wuchsmerkmale auf die Holzeigenschaften sind diese auch von den Umgebungsbedingungen wie Feuchte und Temperatur abhängig. Deshalb müssen bei der Prüfung von Holz und Holzwerkstoffen **Probenahme** und **Vorbehandlung** besondere Beachtung finden.

Unterschiedliche Umgebungsbedingungen stellen unterschiedliche Anforderungen an den Einsatz von Holz und Holzwerkstoffen. Um diese Einsatzfälle zu simulieren, gibt es in der Werkstoffprüfung für Holzwerkstoffe einige genormte Verfahren. Für Vollholz erfolgt in ungünstigen Einsatzbereichen ein Abschlag auf den Bemessungswert der Festigkeit.

Im Allgemeinen findet die Prüfung von Eigenschaften mit vorgelagerten Proben im **Normklima** mit einer Temperatur von 20 °C und einer relativen Luftfeuchtigkeit von 65 % statt. Die Einstellung des Normklimas ist in der DIN 50014 beschrieben. Bei Vollholz stellt sich bei diesem Klima etwa eine Gleichgewichtsfeuchte von 12 % ein.

Bei Holzwerkstoffen ist, abhängig vom Verleimungstyp und eventuellen Zusätzen, eine Ausgleichsfeuchte von 6 ... 12 % zu erwarten. Entsprechende Hinweise zu Gleichgewichtsfeuchten und Verhalten bei Änderung der Feuchte von Holz und Holzwerkstoffen sind in der DIN 68100 aufgeführt.

Um die Messung von Eigenschaften frei von äußeren Einflüssen, wiederholgenau und vergleichbar zu machen, sind die wichtigsten Einflussfaktoren konstant zu halten oder zum Prüfwert zu protokollieren. Für die Prüfung der Rohdichte sowie der Holzfeuchte existieren genormte Vorschriften.

3.4.5.1 Bestimmung der Rohdichte

Die Bestimmung der **Rohdichte** ϱ von Vollholz erfolgt nach den Vorgaben in der DIN 52182 gemäß

$$\varrho = \frac{m}{V} \quad \text{in} \quad \frac{\mathrm{g}}{\mathrm{cm}^3} \quad \text{oder} \quad \frac{\mathrm{kg}}{\mathrm{m}^3} \tag{3.20}$$

über die Ermittlung der Masse m durch Wiegen auf 1 % Genauigkeit, bezogen auf die Probenmasse, und des Volumens V durch Berechnung aus den Abmessungen auf 0,5 % Genauigkeit, bezogen auf die Probenabmessungen an sauber bearbeiteten, rissfreien Proben.

Für die Bestimmung der Rohdichte bei Holzwerkstoffen gilt die EN 323.

3.4.5.2 Bestimmung des Feuchtigkeitsgehaltes

Für die Bestimmung des Feuchtigkeitsgehaltes von Vollholz gelten die in der DIN EN 13183-1 festgelegten Richtlinien. Berechnet wird der **Feuchtegehalt** ω mit der Masse der feuchten Probe m_1 und der Masse der gedarrten Probe m_0 auf 0,1 % Holzfeuchte genau nach:

$$\omega = \frac{m_1 - m_0}{m_0} \cdot 100\,\% \qquad (3.21)$$

Die Länge der Proben sollte in Faserrichtung ≤ 20 mm betragen, wobei die Proben nicht vom Hirnende her genommen werden dürfen. Bei der Ermittlung des Feuchtegehaltes von Proben zur Festigkeitsprüfung sind die Proben möglichst nahe der Bruchstelle zu entnehmen. Für die Bestimmung des Feuchtigkeitsgehalts bei Holzwerkstoffen gilt die EN 322.

Für viele Anwendungsfälle in der Praxis ist die Ermittlung der Feuchte mit Darrverfahren, mit Probenahme, Darrofen und dem entsprechenden Zeitverlust zu aufwendig. Hier wird bei Vollholz häufig die elektrische Holzfeuchtemessung angewendet.

Zwei Verfahren haben sich etabliert – die **Leitfähigkeitsmessung** (Widerstandsmessung) nach DIN EN 13283-2 und die Messung der dielektrischen Eigenschaften (relative Dielektrizitätskonstante ε oder des Verlustwinkels tan δ) nach DIN EN 13183-3. Am weitesten verbreitet sind Geräte, welche die Widerstandsmessung verwenden. Hierbei sind die entsprechenden Einflussgrößen, wie Rohdichte, Jahrringlage und Temperatur, zu kompensieren.

Die Genauigkeit der Messung beträgt im Bereich ω = 4 … 22 % etwa ± 1 % Holzfeuchte. Außerhalb dieses Bereiches nimmt die Ungenauigkeit sehr zu. Zudem hängt sie von den geräteinternen Eichkurven ab. Gute Messgeräte besitzen die nötigen Einstellmöglichkeiten für Holzart und Temperatur.

3.4.6 Ermittlung mechanischer Eigenschaften von Vollholz

Bei der Prüfung von Holz als Bau- und Werkstoff ist grundsätzlich zwischen der Prüfung an kleinen, fehlerfreien Proben zur Bestimmung der grundlegenden Eigenschaften einer Holzart und der Ermittlung der Eigenschaften in Bauteilabmessungen zu unterscheiden.

Proben zur **Ermittlung der grundlegenden Eigenschaften** von Holz sollen bei Vollholz frei von Ästen und Fehlern sein, nur aus Kern- oder nur aus Splintholz bestehen. Die Faserrichtung soll parallel zu den Seitenflächen der Probe verlaufen. Proben mit einfachem Drehwuchs sind auszusondern. Die Proben sind im klimatisierten Zustand zu prüfen.

Die Anzahl der Proben ist in Abhängigkeit vom Untersuchungszweck zu wählen. Sie sollte möglichst groß sein und für orientierende Aussagen mindestens $n = 10$ betragen. Für einen ausreichend genauen Mittelwert sind weit mehr Proben erforderlich. Für die Probenahme und -auswertung gelten die Grundsätze der mathematischen Statistik.

Prüfungen von **Gebrauchsholz** (z. B. Bauholz, Werkzeugstiele) und **Holzverbindungen** sollen möglichst in Originalgröße durchgeführt werden, zumindest mit Abmessungen, die den praktischen Verwendungen entsprechen. Ziel dieser aufwendigen Prüfungen sind die verbesserte Beurteilung der Gebrauchseigenschaften und die Ermittlung von Bemessungskennwerten.

Zur Bestimmung dieser Bemessungswerte für den Einsatz des Holzes als tragendes Element sind nach EN 384 zwingend Prüfungen an Bauteilgröße vorgeschrieben. Lediglich bei Laubholzarten und zu Vergleichszwecken können kleine, fehlerfreie Proben des Gebrauchsholzes geprüft werden.

Bei der **Prüfung mit Probekörpern** in Bauteilgröße sind bei jeder Probe Größe, Anzahl, Lage und Art der Äste, Größe und Verlauf der Risse, Faserneigung sowie der Anteil an Splintholz und dessen Lage im Prüfbericht festzuhalten. Die Jahrringe müssen in den Proben so liegen wie bei der praktischen Verwendung. Lage und mittlere Breite der Jahrringe sind im Prüfbericht anzugeben. Nach jedem Versuch sind Feuchte und Rohdichte zu bestimmen.

Grundsätzlich ist bei der Prüfung von **mechanisch-physikalischen Eigenschaften** von Vollholz immer die Einflussnahme der Vorlagerung und der Prüfungsbedingungen auf das Prüfergebnis zu beachten. Im Allgemeinen werden die Proben im Normklima geprüft, abweichend hiervon werden Holzbau- und -konstruktionsteile mit ihrer Gebrauchsfeuchte geprüft. Einige wichtige Prüfungen der elastischen und mechanischen Eigenschaften von Vollholz sind im Abschnitt 1.3.9 beschrieben.

3.4.6.1 Prüfung von Oberflächeneigenschaften

Die Prüfung der **Oberflächeneigenschaften** weist die Eignung des Werkstoffs nach, den Anforderungen einer beanspruchten Fläche gerecht zu werden. Hierbei sind die Härte und der Abrieb bedeutend. Wichtig sind diese Eigenschaften bei Möbeloberflächen und im Besonderen bei Fußbodenelementen.

Härte

Die Prüfung der Härte sowie die Art ihrer Bestimmung sind uneinheitlich geregelt. Auch die Bedeutung der Ergebnisse im Hinblick auf die Beurteilung der Eigenschaften ist umstritten. Die **Härteprüfung** von Holz nimmt darum im Vergleich zur Härteprüfung von Stahl einen deutlich geringeren Stellenwert ein.

Zur Prüfung der Härte von Holz haben sich zwei statische Prüfverfahren durchgesetzt. Im mitteleuropäischen Raum prüft man nach der von *Brinell* vorgeschlagenen Methode. Eine Stahlkugel mit einem Durchmesser (D) von 10 mm wird nach einem Belastungsschema in das Holz gedrückt. Dabei beträgt die Belastung (F) bei den meisten Hölzern 500 N. Gemessen wird der Eindruckdurchmesser (d) der Kugel bei dieser Belastung. Die **Brinell-Härte** (HB) wird wie folgt ermittelt:

$$HB = \frac{2 \cdot F}{\pi \cdot D \cdot (D - \sqrt{D^2 - d^2})} \tag{3.22}$$

Im angelsächsischen Raum ist die Prüfung nach *Janka* etabliert. Eine Kugel mit einem Durchmesser von 11,284 mm und damit einer größten Querschnittsfläche von 100 mm^2 wird bis zu diesem Punkt in das Holz gedrückt und die notwendige Kraft gemessen. Die **Janka-Härte** (HJ) ist der ermittelte maximale Wert der Kraft in Bezug zur eingedrückten Fläche von 100 mm^2. Die Ermittlung der Janka-Härte ist somit deutlich einfacher zu handhaben.

Abnutzungswiderstand

Auch wenn die Prüfung des Abnutzungswiderstands nicht unmittelbar zu den wichtigsten Prüfungen bei Vollholz zählt, soll sie hier doch erwähnt werden, da sie die Eignung eines meist beschichteten oder oberflächenbehandelten Stoffes bezüglich seines Widerstandes gegen Abnutzung wiedergibt. Häufig wird der **Taber-Abraser-Test** als Verfahren zur Prüfung der **Abriebfestigkeit** herangezogen (Bild 3.155).

Für diese Prüfung wird ein kalibrierter Schleifpapierstreifen auf ein Rad geklebt. Das Rad läuft mit einer festgelegten Geschwindigkeit und Andruckkraft auf der sich entgegendrehenden Oberflächenprobe. Die angeschliffene Oberfläche wird beurteilt, und es gibt verschiedene Kriterien.

Die Umdrehungszahl des Rades bei Erreichen der ersten Schleifspuren, dem sogenannten **Initial point**, ist ein Qualitätskriterium.

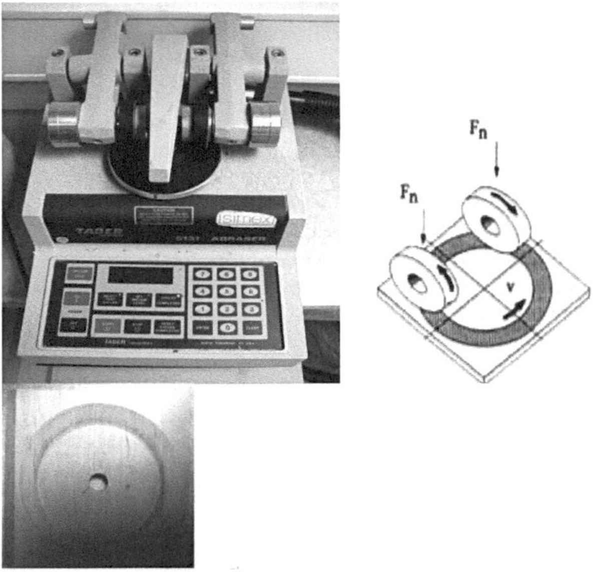

Bild 3.155: Taber-Abraser-Test und Probe

Zur Beurteilung von Oberflächen sind in der EN 348-2 einige weitere Prüfungen beschrieben.

3.4.6.2 Prüfung rheologischer Eigenschaften

Die Tauglichkeit eines Holzbauteils wird nicht nur von den aufnehmbaren Spannungen und Formänderungen bei kurzzeitiger Beanspruchung bestimmt, sondern leitet sich auch aus der Dauer der Belastung ab. Die Verformung und die Festigkeit von Holz und Holzwerkstoffen sind bei entsprechender Belastung zeitabhängig. Solche Langzeiteigenschaften werden durch das **rheologische Verhalten** des Werkstoffs beschrieben. Es gibt eine Vielzahl von Langzeit-Kennwerten, die das Verhalten unter Dauerlast, bei Rückverformung oder bei wechselnder dynamischer Beanspruchung beschreiben. Im Abschnitt 1.3.9.3 sind die Grundlagen dieser rheologischen Eigenschaften beschrieben.

In der Praxis überwiegen die Prüfungen bei ruhender Dauerbeanspruchung zur Ermittlung der **Kriechverformung** als Kennzeichen des **Ermüdungsverhaltens**.

Für die Kriechverformung ist die Biegebeanspruchung der häufigste Prüffall. Sowohl bei Bauelementen (wie Trägern) als auch bei Möbelelementen (wie Regalböden) ist die Verformungszunahme bei Belastung über einen langen Zeitraum von Bedeutung. In der DIN 1052 findet man zum Beispiel entsprechende Abschläge auf die anzusetzenden zulässigen Festigkeiten für Holzbauteile mit hohen Dauerlasten.

Für die Prüfung von Möbeln, speziell der Einlegeböden, sind in der DIN 68874-1 verschiedene **Beanspruchungsgruppen** definiert und deren Prüfung beschrieben.

Bei der Prüfung des **Kriechverhaltens** wird eine konstante Biegebelastung auf die Proben gebracht und die Verformung in Abhängigkeit der Zeit bewertet. Für orientierende Untersuchungen ist eine Betrachtung über einen Monat typisch. Es gibt für die Bestimmung der Kennwerte des Kriechverhaltens, wie Kriechzahl und der Dauerstandfestigkeit, genormte Versuche nach DIN V ENV 1156. Die Mindestdauer bei diesen Prüfungen liegt bei 26 Wochen.

Deutlichen Einfluss auf das zu prüfende Verformungsverhalten hat das Klima, in dem die Prüfung stattfindet. Eine Prüfung rheologischer Eigenschaften sollte also in dem Klima oder in dem Klimawechsel stattfinden, welches dem späteren Einsatzfall entspricht.

3.4.7 Prüfung von Holzwerkstoffen

3.4.7.1 Zerstörende Prüfungen

Viele Prüfungen der mechanischen Kennwerte, z. B. der Biegefestigkeit, sind denen der Vollholzprüfung ähnlich. Die entsprechenden Hinweise auf die Verfahren sind im Abschnitt 1.3.9 genannt, die entsprechenden Normen sind am Ende des Kapitels (Anhang) aufgeführt. Bei diesen Festigkeitsprüfungen werden die entnommenen Proben zerstört, deshalb die Benennung als **zerstörende Prüfungen**.

Grundsätzlich geht es bei der Eigenschaftsprüfung von Holzwerkstoffen um die Kontrollen der produzierten Qualität. In den Produktnormen für Holzwerkstoffe sind für die Kennwerte wie die Biegefestigkeit bestimmte Untergrenzen festgelegt.

Der Prüfung obliegt es nachzuweisen, dass die produzierte Charge den Anforderungen dieser Norm entspricht. Dabei werden nach einem geregelten Verfahren die Proben entnommen und entsprechend geprüft.

Wichtig ist hierbei, dass der statistische Nachweis zu erfolgen hat, ob der wahre Mittelwert (μ) der Proben mit 95%iger Sicherheit (Irrtumswahrscheinlichkeit $\alpha = 0{,}05$) über dem entsprechenden Normwert liegt.

Um die **Verleimungseigenschaften** und **Feuchtereaktionen** von Holzwerkstoffen zu prüfen, gibt es eine Reihe von Verfahren, die drei wichtigsten sollen hier aufgeführt werden.

Querzugfestigkeit

Die Prüfung der Querzugfestigkeit ist ein wesentliches Verfahren zur Beurteilung der Qualität der Verleimung bei Holzwerkstoffen. Hierbei geht es nicht um die Ermittlung charakteristischer Festigkeiten für Berechnungen, sondern um eine Eigenschaftsprüfung zur Beurteilung der Verleimungsqualität der Mittelschicht und damit der Prozessstabilität bei der Herstellung der Platten.

Für Holzwerkstoffe zur Verwendung im Trockenbereich gilt die Prüfmethode nach EN 319. Bei dieser Prüfung wird eine Probe mit den Abmessungen $50 \times 50\,\text{mm}^2$ zwischen zwei prismatische, T-förmige oder genutete Joche aus Hartholz (z. B. Buche), Sperrholz oder Metall eingeklebt. Der so vorbereitete Prüfkörper wird in eine kardanisch gelagerte, frei bewegliche Einspannung einer Zugprüfmaschine eingehängt und bis zum Bruch belastet. Die **Zugfestigkeit** berechnet sich dann aus der Höchstkraft F_{max} und der Solltrennfläche A gemäß:

$$\sigma_{zB\perp} = \frac{F_{max}}{A} \quad \text{in} \quad \frac{\text{N}}{\text{mm}^2} \tag{3.23}$$

Bei Platten mit feuchtebeständiger Verleimung wird vor der Bestimmung der Querzugfestigkeit eine Vorbehandlung der Proben durchgeführt, die den späteren Einsatz im feuchten Milieu simulieren soll. Es gibt für Spanplatten für den Einsatz im Feuchtbereich nach EN 312 (P3, P5 und P7) zwei Optionen zur Prüfung des sogenannten **Nassquerzugs**. Die Methode des Zyklustests als erste Option ist in der EN 321 beschrieben. Bei der in Deutschland üblicherweise verwendeten Option 2, der **Kochprüfung** nach EN 1087-1, ist eine Lagerung im Wasser (2 h bei 100 °C) vorgeschaltet. Nach dieser Vorbehandlung muss die Platte eine bestimmte Restquerzugfestigkeit aufweisen, z. B. bei Spanplatten des Typs P5 mit 19 mm Dicke mindestens 0,15 N/mm².

Decklagen-Abhebefestigkeit

Zweck dieser Prüfung ist die Beurteilung der Haltbarkeit von festen und flüssigen Beschichtungen auf Spanplatten. Die Ablösung von Oberflächen ist in der Praxis ein häufiger Reklamationsgrund. Die Haftfestigkeit ist abhängig von der Oberflächenfestigkeit der Spanplatte. Beurteilungskriterium ist die Querzugfestigkeit an der Oberfläche, die Abhebefestigkeit. Die Durchführung dieser Prüfung ist in der DIN 52366 „Bestimmung der Abhebefestigkeit und Schichtfestigkeit" geregelt. Als Prüfkörper werden $50 \times 50\,\text{mm}^2$ große Abschnitte aus geschliffenen Rohplatten verwendet, die auf der Oberfläche mit einer Ringnut von 0,3 mm Tiefe (das entspricht einer einer Prüffläche $A = 1000\,\text{mm}^2$) versehen werden. Darauf wird ein Metallpilz mit einem Schmelzkleber aufgeleimt und nach Erkalten in einer Zugprüfmaschine abgezogen. Die Bruchspannung ist die Abhebefestigkeit, als Maximalwert der Kraft, bezogen auf die Prüffläche.

Dickenquellung

Nach EN 317 sind die Proben mit den Abmessungen $50 \times 50\,\text{mm}^2$ bei Spanplatten und $100 \times 100\,\text{mm}^2$ bei Faserplatten unter Wasser zwei oder 24 Stunden zu lagern. Die Dicke wird jeweils vor der **Wasserlagerung** (a_0) und nach dieser Lagerung (a_W) bestimmt. Die Werte der Dickenquellung werden wie folgt berechnet:

$$q = \frac{a_\text{W} - a_0}{a_0} \cdot 100 \quad \text{in}\,\% \tag{3.24}$$

Die Dickenquellung gibt Aufschluss über das **Wasseraufnahmevermögen** und die Qualität der Verklebung des geprüften Holzwerkstoffs.

3.4.7.2 Produktionsüberwachung bei Holzwerkstoffen

Die zerstörenden Prüfungen zur Ermittlung der Qualität von Holzwerkstoffen sind bewährt und klar geregelt. Die ständige werkseigene Prüfung, die sogenannte Eigenüberwachung, ist Voraussetzung zur Zertifizierung und CE-Kennzeichnung der Produkte. Dennoch haben diese üblichen Verfahren zur Produktprüfung einige Nachteile gegenüber Verfahren, bei denen die Prozessqualität der Produktion überwacht wird.

Tabelle 3.19: Prüfungen bei Holzwerkstoffen

Zerstörende Prüfungen	Zerstörungsfreie Prüfungen
hohe Messgenauigkeit gute Vergleichbarkeit der Ergebnisse	Messung indirekt, anhand von holzphysikalischen Eigenschaften Messergebnisse können durch Störgrößen verfälscht sein
definierte genormte Verfahren geringer technischer Aufwand	Verfahren teilweise erst im Aufbau hoher technischer Aufwand
Stichprobenprüfung	online 100 % Prüfung möglich
Ergebnisse zeitverzögert hoher Personalaufwand	Ergebnisse sofort verfügbar kaum Personalaufwand

In anderen Branchen, wie der Automobilindustrie, gab es ebenso die Qualitätsüberwachung des Produkts am Ende der Fertigung. Diese ist schon seit einiger Zeit durch die **Qualitätsüberwachung des Fertigungsprozesses** ersetzt worden. Die Qualitätsüberwachung der Fertigung, die **Prozesskontrolle**, kann einen entscheidenden Beitrag zur Überprüfung des Produkts leisten.

Eine moderne Prozesskontrolle kann nicht nur Aussagen zur Prozessstabilität geben, vielmehr ist verlangt, eine hinreichend genaue und sichere Aussage zur Qualität des gerade produzierten oder noch zu produzierenden Produkts zu machen. Möglich wird dies über eine Modellbildung, bei der die Einstellgrößen, wie Leimmenge, und reine Messgrößen, wie Fasertemperatur, herangezogen werden. Die eingehenden Informationen zum Herstellprozess werden verarbeitet und die wahrscheinliche Qualität des Produkts errechnet. Diese Vorhersagen der Produktqualität müssen jedoch laufend mit den bei zerstörenden Prüfungen gemessenen Eigenschaftswerten verglichen und damit validiert werden.

Deutlicher Vorteil eines zerstörungsfreien Prüf- und Überwachungsverfahrens sind die kurzen Eingriffszeiten. So ist es möglich, Fehler vorzeitig zu erkennen und unsichere Zustände auszuregeln. Ebenso ist eine Online-Kostenoptimierung des Produkts möglich.

Um derartige Prüfverfahren anzuwenden, ist es notwendig, genaue und sichere Informationen über diejenigen Herstellparameter zu erhalten, die deutlichen Einfluss auf die Qualität des Produkts haben. Neben den Prozessinformationen sind unbedingt ebenso schnelle und zuverlässige Informationen über den Zustand und die Eigenschaften des Produkts notwendig.

Nachfolgend sollen einige der wichtigsten Messverfahren dargestellt werden, die in der modernen Prozessmesstechnik eingesetzt werden.

Feuchtemessung

Nicht nur bei der Herstellung von Holzwerkstoffen, sondern auch bei der Qualitätsendkontrolle und Sortierung von Vollholz spielt diese Messgröße eine zentrale Rolle. Die Feuchte hat starken Einfluss auf die mechanischen Festigkeiten und das Verformungsverhalten von Holz. Bei einer Prüfung ist die Zustandsgröße Feuchte immer zu beachten.

Optische Verfahren

Optische Verfahren zur Ermittlung der Feuchte basieren auf dem Prinzip, dass bestimmte Wellenlängen im Infrarotbereich durch Wasser-

Bild 3.156: Infrarot-Feuchtemessgerät (*GreCon*)

moleküle absorbiert werden. Bei der Reflexion eines Lichtstrahls mit diesen kritischen Wellenlängen an feuchten Medien wird ein großer Teil absorbiert. Der Anteil des absorbierten Lichts im Wellenlängenbereich hoher Absorption ist proportional zum Wassergehalt. Durch die Messung der Reflexion resultiert aber auch der Nachteil, dass die Feuchtigkeit nur an der Oberfläche gemessen wird.

Mikrowellen-Verfahren

Für die Messung wird der dipolare Charakter der Wassermoleküle genutzt. Bei Anlegen eines elektrischen Feldes richten sich die Wassermoleküle nach dem Feld aus. Ein hochfrequentes Wechselfeld wird durch diese Einwirkung in seiner Ausbreitung gebremst. Die daraus folgende Verkürzung der Wellenlänge gibt Aufschluss über die Masse des im Feld vorhandenen Wassers.

Bestimmung der Rohdichte

Die wichtigste Einflussgröße im Hinblick auf die mechanischen Festigkeiten von Holz und Holzwerkstoffen ist die Rohdichte. Sie liefert einen deutlichen Hinweis auf die Qualität.

Bei der Durchstrahlung eines Stoffes mit **Röntgenstrahlen** wird die Intensität des Strahls geschwächt. Ausschlaggebend für die messbare Schwächung sind die Dicke und die Masse des durchstrahlten Stoffes. Setzt man die Dicke voraus oder misst sie parallel zur Schwächung des Strahls, kann man über die Masse direkt auf die Rohdichte des durchstrahlten Stoffes schließen. Bei Vollholz wird dieses Verfahren bei der Sortierung von Holz nach Tragfähigkeit eingesetzt. Grundsätzliche Aussagen zur Qualität des zu beurteilenden Vollholzteils liefert die **mittlere Rohdichte**, vor allem aber die gemessenen Rohdichteabweichungen, die bei Wuchsmerkmalen wie Ästen auftreten.

In der Holzwerkstoffherstellung spielt das **Rohdichteprofil**, die Rohdichteverteilung über die Plattendicke, eine entscheidende Rolle. Moderne Messanlagen ermitteln das Rohdichteprofil online am Ausgang der Presse.

Das Messprinzip der Online-Rohdichteprofilmessung basiert auf der Messung von Reflexion und Durchstrahlung von Röntgenstrahlen. Ein eng gefasster Röntgenstrahl durchdringt die Platte in einem Winkel von 45°. Ein stationärer Detektor misst den Anteil durchgehender Röntgenstrahlen, und ein beweglicher Detektor nimmt den Anteil der gestreuten Strahlung auf. Durch die Kombination beider Messergebnisse wird die Rohdichte an jedem Punkt des Plattenquerschnitts berechnet.

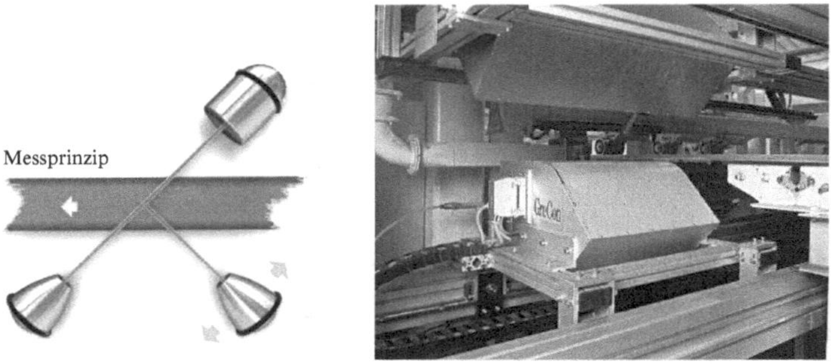

Bild 3.157: Online-Dichteprofilmessgerät (*GreCon*)

Das Rohdichteprofil liefert zum gerade produzierten Produkt Aussagen zur statischen Festigkeit, zum Verformungsverhalten und zur Oberflächengüte. Mit Hilfe solcher Messgeräte lässt sich die Produktionslinie im Hinblick auf Produktqualität und Herstellkosten optimal einstellen.

Messung der Verleimungsqualität

Dieses Messverfahren wird zur **Spaltererkennung** genutzt. Spalter sind nicht verleimte Zonen im Holzwerkstoffverbund, hier sind die Rückstellkräfte nach dem Pressen höher als die produzierte Querzugfestigkeit. Die Messgeräte fungieren häufig am Ausgang der Presse als erste Gut/Schlecht-Prüfung.

Hierbei wird ein Ultraschallsignal durch die Platte gesandt. Ultraschallsender und -empfänger sind hierbei nicht direkt, sondern über den Luftschall gekoppelt. Die Schallreflexion an den Grenzflächen Luft/Platte ist durch die Rohdichteunterschiede der beiden Medien groß. Bei Auftreten

Bild 3.158: Spaltererkennung Ultra-Scan (*EWS*)

eines Innenrisses ist die Schallreflexion dadurch noch einmal deutlich höher. Die erheblich geringer auftreffende Signalstärke am Empfänger kennzeichnet die Fehlstelle.

In diesem Messverfahren steckt mehr Potenzial als die derzeitige Nutzung in der Praxis. So ergibt sich über die absolute Schallschwächung und eine Frequenzbandauswertung eine qualitative Aussage zur Querzugfestigkeit des hergestellten Werkstoffs.

Insgesamt sind die Messverfahren zur Ermittlung der Prozessgüte bei der Herstellung von Holzwerkstoffen an vielen Stellen ausgereift. Es gibt aber immer noch Lücken, etwa bei der Online-Bestimmung der Partikelgröße.

Eine zugelassene Qualitätsprüfung eines Holzwerkstoffprodukts anhand einer Prozessprüfung der Herstellung ist noch nicht am Markt. Aber die deutlichen Vorteile dieses Prüfverfahrens werden in der nächsten Zeit die Entwicklung auf diesem Gebiet vorantreiben.

Literaturverzeichnis

[1] DIN 8580 Fertigungsverfahren; Begriffe, Einteilung 2003

[2] *Eggert, O. Th.:* Untersuchungen der Einflussgrößen beim Biegen von Vollholz. Dissertation, Universität Stuttgart 1995

[3] *Müller, O.:* Holzblech – seine spanlose Formung zu Hohlkörpern. Dissertation, TH Dresden 1930

[4] DIN 8584-3 Fertigungsverfahren Zugdruckumformen; Teil 3: Tiefziehen 2003

[5] DIN 6581 Begriffe der Zerspanungstechnik – Bezugssysteme und Winkel am Schneidteil des Werkzeuges 1985

[6] DIN 6580 Begriffe der Zerspanungstechnik – Bewegungen und Geometrie des Zerspanvorganges 1985

[7] DIN 6583 Begriffe der Zerspanungstechnik – Standbegriffe 1981

[8] DIN 6584 Begriffe der Zerspanungstechnik – Kräfte, Energie, Arbeit, Leistung 1982

[9] *Kivimaa, E.:* Cutting Force in Woodworking. Dissertation, Julkaisu 18 Publication, Helsinki 1950

[10] *Koch, P.:* Wood Machining Processes. New York: Ronald Press, 1964

[11] *Ettelt, B.; Gittel, H. J.:* Sägen, Fräsen, Hobeln, Bohren. Leinfelden-Echterdingen: DRW-Verlag, 2004

[12] *Sitkei, G.:* Acta Facultatis Ligniensis, Westungarische Universität Sopron, 1990

[13] *Maier, G.:* Maschinen in der Holzverarbeitung; Auswahl, Anforderungen, Konzepte, Elemente, Konstruktionen. Leinfelden-Echterdingen: DRW-Verlag, 1997

[14] *Stojan, D.:* Maschinen für die Holzbearbeitung. Schnelldruck GmbH, Crailsheim 1992

[15] VDI Bandschleifen von Holz. Richtlinienentwurf 2004

[16] DIN ISO 6344 Schleifmittel auf Unterlagen – Korngrößenanalyse – Teil 1: Prüfung der Korngrößenverteilung, Teil 2: Bestimmung der Korngrößenverteilung der Makrokörnungen P12 bis P220, Teil 3: Bestimmung der Korngrößenverteilung der Mikrokörnungen P220 bis P2500, 2004

[17] *Brock, Th.; Groteklaes, M.; Mischke, P.:* Lehrbuch der Lacktechnologie. Hannover: Vincentz Verlag, 1998

[18] *Goldschmidt, A.; Hantschke, B.; Knappe, E; Vock, G.-F.:* Glasurit-Handbuch Lacke und Farben. Hannover: Vincentz Verlag, 1984

[19] *Albin, R.; Dusil, F.; Feigl, R.; Froelich, H.H.; Funke, H.-J.:* Grundlagen des Möbel- und Innenausbaus. Leinfelden-Echterdingen: DRW-Verlag, 1991

[20] *Minko, P.:* „Lehrgang Lacktechnologie, Modul 4, Applikationen" an der FH Niederrhein/Krefeld. Hannover: Vincentz Verlag, 2000

[21] *Rothkamm, M.; Hansemann, W.; Böttcher, P.:* Lackhandbuch Holz. Leinfelden-Echterdingen: DRW-Verlag, 2003

[22] *Bauch, H.:* Pulvern von Holzwerkstoffen vor dem Durchbruch. In: Holz-Zentralblatt 128 (2002) 71, S. 862

[23] *Fuchs, I.:* Thermoface und Möglichkeiten der Beschichtung. Berichtsband „Thermoface und Pulverlack II", Kolloquium IHD Dresden 2004

[24] *Pecina, H.; Paprzycki, O.:* Die Technologie des Beschichtens – Lack auf Holz. Hannover: Vincentz Verlag, 1995

[25] *Gömar, D.:* Dekordruck in Leipzig. In: Tagungsband des ihd-Workshop Formaldehyd 2005

[26] N.N.: Laminatfußboden – Technik und Technologien. Herausgeber Wemhöner GmbH 1999

[27] N. N.: Logistik Light-Classens-LLT-Verfahren. In: Surface-Magazin 2011, S. 26–33

[28] N. N.: Flüssig + Flexibel. In: Surface-Magazin 2011, S. 34–35

[29] N.N.: Resopal-Handbuch – Herausgeber FORBO-RESO-PAL GmbH 1997

[30] *Soine, H. G.:* Profilbeschichtung durch Softforming, Postforming und Profilummantelung. In: Holz als Roh- und Werkstoff 44 (1986), S. 265–269

[31] *Hanitzsch, U.:* Hymnen GmbH, Anlagen für die Thermokaschierung von Finishfolien mit Harnstoff – oder PVAc-Kleber. – „Forum Folie" der Fa. Arjo Wiggins 2003

[32] *Emmler, R.:* Eigenschaften von pulverlackierten Möbeloberflächen. – In: Tagungsband des ihd-Kolloquiums zur Pulverlackierung 2003

Weiterführende Literatur

Saljé, E.; Liebrecht, R.: Begriffe der Holzbearbeitung. Teil 1: Sägen, Fräsen. Essen: Vulkan-Verlag, 1983

DIN 8082 Maschinenwerkzeuge für Holzbearbeitung – Hauptabmessungen, Schneidrichtungen, Lage des Werkzeuges 1952

Ernst, A.: Digitale Längen- und Winkelmesstechnik. Landsberg/Lech: vmi, 2001

DIN 4760 Gestaltabweichungen – Begriffe, Ordnungssystem 1982

Reuter, M.; Zacher, S.: Regelungstechnik für Ingenieure. Wiesbaden: Vieweg Verlag, 2004

Argyropoulos, G. A.: Schleifen plattenförmiger Werkstücke. Kassel: AFW GmbH 1990

Ratnasingam, J.; Scholz, F.: The Wood Sanding Process, an Optimization Perspective. UPM Press, 2004
Ondratschek, D.: Jahrbuch der Lackierbetriebe 2004. 61. Ausgabe. Hannover: Vincentz Verlag, 2004
Autorenkollektiv: Holz-Lexikon. Leinfelden-Echterdingen: DRW-Verlag, 2003
Deppe, H. J.; Ernst, K.: Spanplattentechnik. Leinfelden-Echterdingen: DRW-Verlag, 2000
N.N.: Electronic Wood Systems. Ultra-Scan, Firmenprospekt
Glos, P.: Die maschinelle Sortierung von Schnittholz. In: Holz-Zentralblatt. (1982)13 – S. 153–155
N.N.: GreCon: Online-Feuchtemessung mit Infrarottechnik, Firmenprospekt
N.N.: GreCon: Kontrolle der Rohdichteverteilung mit dem Online-Dichteprofilmessgerät, Firmenprospekt
Gressel P., Grohmann, R.: Werkstoffkunde Holz. Mechanisches Praktikum. Vorlesungsskript FH Rosenheim, 2003
Greubel, D.: Untersuchungen von Methoden zur Qualitätssicherung durch Prozessmodelle. Abschlussbericht AiF Vorhaben Nr. 10508N 1999
N.N.: Informationsdienst Holz: Einführung in die Bemessung nach DIN 1052: 2004. In: Holzbau Handbuch Reihe 2, Holzabsatzfonds, Bonn 09/2004
Niemz, P.: Physik des Holzes und der Holzwerkstoffe. Leinfelden-Echterdingen: DRW-Verlag, 1993

Anhang

Normen zur Definition und Klassifizierung	
DIN EN 1438	Symbole für Holz und Holzwerkstoffe
DIN EN 300	Platten aus langen schlanken Spänen (OSB)
DIN EN 309	Spanplatten
DIN EN 316	Holzfaserplatten
DIN EN 313	Sperrholz
DIN EN 633	Zementgebundene Spanplatten

Prüfnormen von Holz	
DIN 52180	Probenahme; Grundlagen
DIN 52181	Bestimmung der Wuchseigenschaften von Nadelholz
DIN 52182	Bestimmung der Rohdichte
DIN 52183	Bestimmung des Feuchtigkeitsgehaltes
DIN 52184	Bestimmung der Quellung und Schwindung
DIN 52185	Bestimmung der Druckfestigkeit parallel zur Faser
DIN 52186	Biegeversuch
DIN 52187	Bestimmung der Scherfestigkeit in Faserrichtung
DIN 52188	Bestimmung der Zugfestigkeit parallel zur Faser
DIN 52189-1	Schlagbiegeversuch; Bestimmung der Bruchschlagarbeit

Prüfnormen von Holzwerkstoffen	
DIN EN 310	Bestimmung der Biegefestigkeit und des Biege-E-Moduls
DIN EN 311	Abhebefestigkeit von Spanplatten
DIN EN 317	Bestimmung der Dickenquellung nach Wasserlagerung
DIN EN 319	Zugfestigkeit senkrecht zur Plattenebene (Querzugfestigkeit)
DIN EN 322	Bestimmung des Feuchtegehalts
DIN EN 323	Bestimmung der Rohdichte
DIN EN 326	Probenahme Zuschnitt und Überwachung
DIN EN 789	Holzbauwerke – Prüfverfahren – Bestimmung der mechanischen Eigenschaften von Holzwerkstoffen
ENV 1156	Bestimmung von Zeitstandfestigkeit und Kriechzahl

Normen zur Schnittholzsortierung	
DIN 4074-1	Sortierung von Holz nach Tragfähigkeit Teil 1: Nadelschnittholz
DIN 4074-2	Bauholz für Holzbauteile; Gütebedingungen für Baurundholz
DIN 4074-3	Sortierung von Holz nach Tragfähigkeit Teil 3: Sortiermaschinen für Schnittholz; Anforderung und Prüfung
DIN 4074-4	Sortierung von Holz nach Tragfähigkeit Teil 4: Nachweis der Eignung zur maschinellen Holzsortierung
DIN 4074-5	Sortierung von Holz nach Tragfähigkeit Teil 5: Laubschnittholz
DIN EN 338	Bauholz für tragende Zwecke; Festigkeitsklassen
DIN EN 384	Bauholz für tragende Zwecke – Bestimmung charakteristischer Werte für mechanische Eigenschaften und Rohdichte
EN 14081	Nach Festigkeit sortiertes Bauholz für tragende Zwecke mit rechteckigem Querschnitt
DIN EN 1058	Holzwerkstoffe: Bestimmung der charakteristischen Werte und der Rohdichte

Produktnormen, Anforderungen Holzwerkstoffe	
DIN EN 300	Platten aus langen schlanken Spänen (OSB)
DIN EN 312	Spanplatten – Anforderungen –
DIN EN 386	Brettschichtholz; Leistungs- und Mindestanforderungen
DIN EN 622-1	Faserplatten – Anforderungen – Teil 1: Allgemeine Anforderungen
DIN EN 622-2	Teil 2: harte Faserplatten
DIN EN 622-3	Teil 3: mittelharte Faserplatten
DIN EN 622-4	Teil 4: poröse Faserplatten
DIN EN 622-5	Teil 5: Platten nach dem Trockenverfahren (MDF)
DIN EN 634	Zementgebundene Spanplatten; Anforderungen
DIN EN 636	Sperrholz; Anforderungen

4 Holzvergütung

Alfred Teischinger

4.1 Holztrocknung

Unter Holztrocknung versteht man den Feuchteentzug aus dem Holz, indem die Feuchte in Dampf verwandelt und abgeführt wird. Bei der Freilufttrocknung steht das Holz und damit der Abtrocknungsvorgang in einer Wechselwirkung zum natürlichen Umgebungsklima. Bei der technischen Trocknung erfolgt der Trocknungsvorgang durch eine gezielt gesteuerte Wechselwirkung von einem mit technischen Mitteln beeinflussten Trocknungsklima und dem Holz, oder durch einen mit technischen Mitteln ausgelösten Trocknungsprozess.

Die Trocknung kann ganz allgemein auch als thermischer Trennprozess aufgefasst werden, bei dem einem Feststoff (Holz) Flüssigkeit (Wasser) entzogen wird.

4.1.1 Gründe für die Holztrocknung

Ziel der Holztrocknung ist es, den Feuchtegehalt des Holzes auf bestimmte Zielvorgaben zu reduzieren bzw. einzustellen. Diese Zielvorgaben ergeben sich z. B. aus der Notwendigkeit der Lager- bzw. Lieferfeuchtigkeit von Schnittholz (z. B. Vermeidung eines Pilzbefalls), der Reduktion des Transportgewichtes beim Schnittholztransport, den Vorgaben bezüglich der Weiterverarbeitung (Hobeln, Verleimen, Oberflächenbehandlung etc.) sowie der richtigen Gebrauchsfeuchte und damit der Maßhaltigkeit des fertigen Produktes. Diese Gebrauchsfeuchten sind in einschlägigen Richtlinien und Normen festgehalten (Tabelle 4.1).

Tabelle 4.1: Feuchtegehalt ω des Holzes als Gebrauchsfeuchte für ausgewählte Produktgruppen nach entsprechenden Regelwerken (ausgewählte Beispiele)

Produktgruppe	**Feuchtegehalt (ω) in %**	**Regelwerk**
Bauholz	12 (Messbezugsfeuchte)	EN 384
Brettschichtholzlamellen	8 … 15 (mit Regelung von Feuchtedifferenzen)	EN 386
Konstruktionsvollholz (KVH®)	15 +/–3	KVH-Richtlinie
Nadelprofilholz	17 +/–2 bzw. 12 +/–2	EN 14519

Fortsetzung Tabelle 4.1

Produktgruppe	Feuchtegehalt (ω) in %	Regelwerk
Massivholzplatten	Trockenbereich 8 +/–2 Feuchtebereich 10 +/–3	EN 13353
Holz für Tischlerarbeiten	je nach Raumklima: unbeheizt 12–16, beheizt/kühl 9–13, beheizt warm 6–10, Verweis auf Produktnormen	EN 942
Parkettstäbe/Lamparkett	7 … 11	EN 13226/ EN 13227
Mehrschichtparkett	5 … 9	EN 13489
Laubholzdielen massiv	6 … 12	EN 13629
Holzkanteln und Halb- fertigprofile	je nach Verwendung z.B. innen E1/E2 9 +/–3	prEN 13307-2

4.1.2 Wechselwirkung Umgebungsklima – Gleichgewichtsfeuchte

Zwischen dem hygroskopischen Werkstoff Holz und einem jeweiligen Umgebungsklima herrscht eine Wechselbeziehung, die sich im Stationärzustand in einem Feuchtegleichgewicht (Gleichgewichtsfeuchte) ausdrückt (vgl. Abschn. 1.3). Für die Holztrocknung bedeutet das:

- Holz soll auf jene Gleichgewichtsfeuchten getrocknet werden, die seinem endgültigen Produkteinsatz entsprechen (Mittelwert der Holzfeuchte bei zeitlich schwankendem Umgebungsklima), um insbesondere spätere Quell- und Schwindbewegungen aufgrund von Holzfeuchteschwankungen um dieses Feuchtegleichgewicht zu einem Minimum werden zu lassen (siehe Tabelle 4.1).
- Während der Trocknung strebt das Holz immer ein Feuchtegleichgewicht mit dem aktuellen Trocknungsklima an, wodurch im hygroskopischen Feuchtebereich die Holzoberfläche immer annähernd der entsprechenden Gleichgewichtsfeuchte des Umgebungs(Trocknungs)klimas entspricht. Das sich damit aufbauende Trocknungsgefälle wird unter Abschnitt 4.1.1.3 besprochen und ist ein wesentlicher Parameter zur optimalen Klimaführung während des Trocknungsprozesses.

4.1.3 Trocknungsvorgang, Feuchtegradient und Trocknungsspannung

Die Trocknung eines Körpers hat letztendlich den Transport der Feuchtigkeit aus dem Körper und deren Abführung aus der Körperumgebung zum Ziel. Der Stofftransport ist deshalb der eigentliche Gegenstand der Trocknungstechnik. Die Vorgänge des Stofftransportes sind außerordentlich eng mit den Vorgängen des Wärmetransportes verknüpft (Bild 4.1). Die treibende Kraft des Wärmetransportes ist die Temperaturdifferenz, die des Stofftransportes die Druckdifferenz. Der für den Stofftransport verantwortliche Dampfdruck ist eine Funktion der Temperatur, sodass sich hieraus umfangreiche Analogien zwischen den Gesetzmäßigkeiten des Wärmeübergangs mit denen des Stoffübergangs ableiten lassen [Krischer, Kröll 1963, Sian 1984, Keey et al. 2000, Perré 2007].

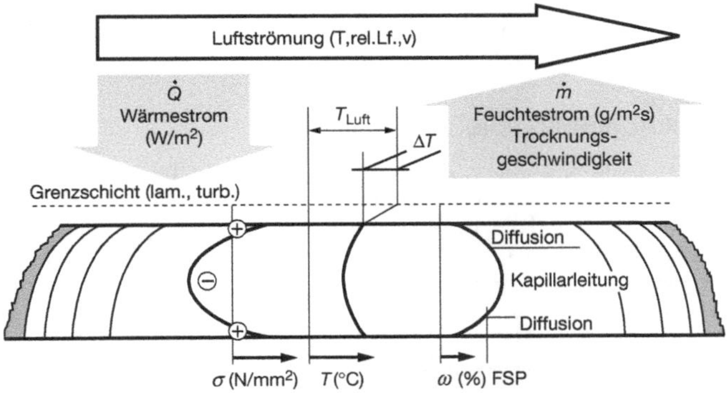

Bild 4.1: Darstellung des Stofftransportes und Wärmetransportes an der Holzoberfläche während des Trocknungsprozesses und der Ausbildung von Temperatur- und Feuchtegradienten im Holz (adaptiert von [Vanek 1992])

Der Verdunstungs- bzw. Verdampfungsvorgang

Wenn ein Gas über eine Flüssigkeit strömt (im Falle der Holztrocknung bildet Luft das Gas und Wasser die Flüssigkeit), bildet sich über der Flüssigkeitsoberfläche eine Grenzschicht aus, in der sich ein Dampf-Gas-Gemisch (Wasserdampf-Luftgemisch) befindet. Dabei sei vorausgesetzt, dass das Gas bei den in Betracht kommenden Temperaturen nicht kondensierbar und in der Flüssigkeit praktisch unlöslich ist.

Unmittelbar an der Flüssigkeitsoberfläche, in der Grenzfläche, erreicht der Dampf die Sättigungskonzentration, welche durch die sich einstellende Temperatur gegeben ist. Infolge des sich in der Grenzfläche ausbildenden Konzentrationsgefälles wandert dann der Dampf von der Flüssigkeitsoberfläche durch Diffusion in das Gas hinein, wobei die an der Oberfläche vorhandene Sättigungskonzentration durch Nachverdampfen von Flüssigkeit ständig aufrechterhalten wird.

Die Verdunstung unterscheidet sich von der Verdampfung dadurch, dass der Dampfdruck der Flüssigkeit über der feuchten Oberfläche kleiner ist als der Gesamtdruck. Der Trocknungsvorgang ist an der Holzoberfläche durch einen gleichzeitigen Wärme- und Stoffaustausch gekennzeichnet, wobei die über die Holzoberfläche strömende Luft Wärme auf das Trocknungsgut überträgt und den aus dem Holz abströmenden Wasserdampf abführt. Entsprechend der Stoffbilanz kann von der Oberfläche eines trocknenden Körpers nur so viel Feuchtigkeit in die umgebende Atmosphäre verdunsten, wie aus dem Inneren des Körpers bis zur Oberfläche transportiert wird. Außerdem folgt aus der Wärmebilanz, dass die zur Verdunstung der Feuchtigkeit erforderliche Wärme durch Zufuhr aus der umgebenden Luft (und aus dem Körperinneren) zum Ort der Verdunstung gebracht werden muss.

Trocknungsmodelle

Die Trocknungsmodelle, die den Trocknungsvorgang beschreiben, können eingeteilt werden in empirische Modelle, in Diffusionsmodelle und in Stofftransportmodelle. Im Wesentlichen basieren die Annahmen auf dem zweiten Fick'schen Gesetz, wonach der Massenfluss ($\delta X/\delta t$) von einer „treibenden Kraft" und einer Materialkonstanten (Diffusionskoeffizient D) abhängig ist:

$$\frac{\delta X}{\delta t} = \frac{\delta}{\delta z}\left(D\,\frac{\delta\,(\text{treibende Kraft})}{\delta z}\right)$$

Als „treibende Kraft" werden die Holzfeuchte (Feuchtegradient), Wasserdampfdruck, chemisches Potenzial und Kirchhoff'sches Potenzial angenommen und damit Trocknungsmodelle entwickelt [Keey et al. 2000, Fortuin 2003, Perré 2007].

Aus dieser Kombination von Wärme- und Stofftransport ergibt sich zum einen für Holz als hygroskopisches Material bei konvektiven Trocknungssystemen ein typischer Verlauf der Trocknungsgeschwindigkeit (Bild 4.2) und zum anderen ein ebenso typischer Aufbau von Feuchteverteilungen über dem Brettquerschnitt (Bild 4.3). Der Bereich mit konstanter Trocknungsgeschwindigkeit wird auch „erster Trocknungsabschnitt" genannt, dem der „zweite Trocknungsabschnitt" folgt, wenn an die Gutsoberfläche nicht mehr genügend Feuchtigkeit geliefert wird und sich deshalb die Verdunstungsoberfläche in das Gutsinnere zurückzieht. Die Trocknungsgeschwindigkeit nimmt damit immer weiter ab. Als dritter Abschnitt wird bei hygroskopischen Trocknungsgütern jener Trocknungsabschnitt bezeichnet, bei dem das Trocknungsgut an allen Stellen den größtmöglichen hygroskopischen Feuchtegehalt erreicht bzw. unterschritten hat.

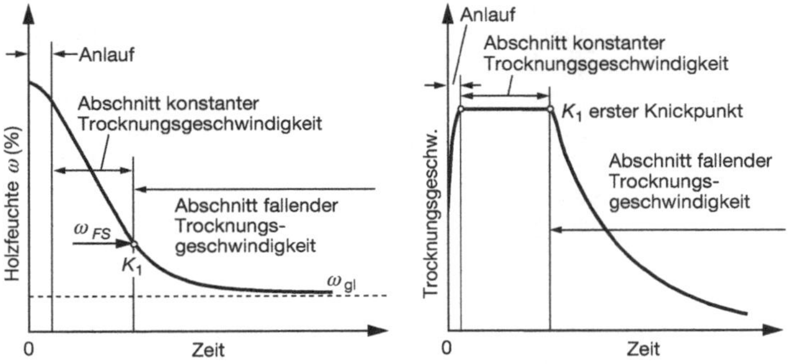

Bild 4.2: Verlauf der Holzfeuchte über der Trocknungszeit (linkes Bild) mit linearem (= konstantem) Verlauf bis zum Fasersättigungsbereich (*FS*) im ersten Knickpunkt (K_1), sowie Darstellung als Trocknungsgeschwindigkeit (rechtes Bild)

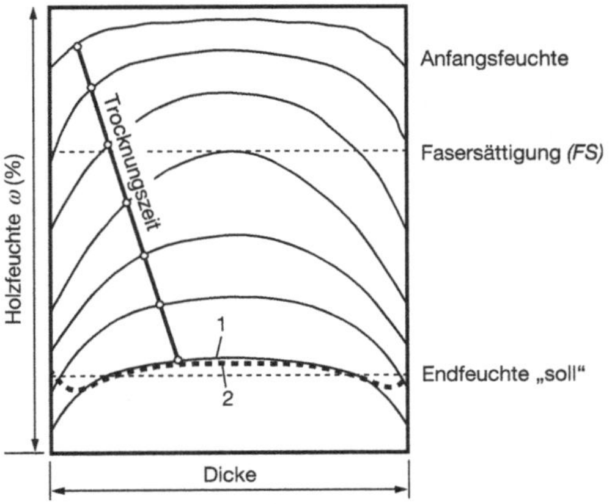

Bild 4.3: Holzfeuchtegradienten über dem Brettquerschnitt während einer Konvektionstrocknung in Abhängigkeit von der Trocknungszeit. Feuchteverlauf bei Trocknungsende vor (1) und nach (2) einer Konditionierung (Feuchteausgleich)

Wechselwirkung zwischen Trocknungsfortschritt und Trocknungsklima – Trocknungsspannungen

Infolge der Wasserdampfteildruckunterschiede im Inneren des Brettes und der Oberfläche bilden sich die im Bild 4.3 gezeigten Feuchtegradienten aus. Ein großer Feuchtegradient als treibende Kraft der Trocknung hat allerdings folgende Einschränkungen:

- Bei Unterschreitung der Holzfeuchtigkeit von ca. 10% steigt der Wasserdampf-Diffusionswiderstand exponentiell an (Bild 4.4), was dem Diffusionsstrom und damit der Trocknung entgegenwirkt.
- Bei einem zu großen Feuchtegradienten schwinden die inneren und äußeren Holzschichten unterschiedlich stark, was zur Ausbildung von Trocknungsspannungen über den Brettquerschnitt nach Bild 4.5 führt.

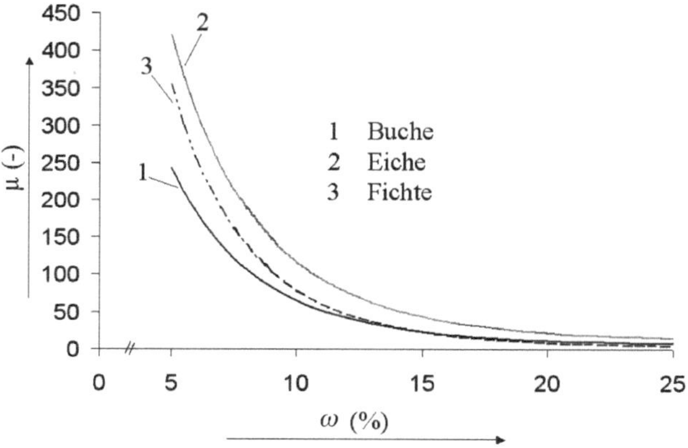

Bild 4.4: Wasserdampf-Diffusionswiderstandszahlen (μ) ausgewählter Holzarten in Abhängigkeit vom Feuchtegehalt des Holzes (ω) nach [Vanek et al. 1989]

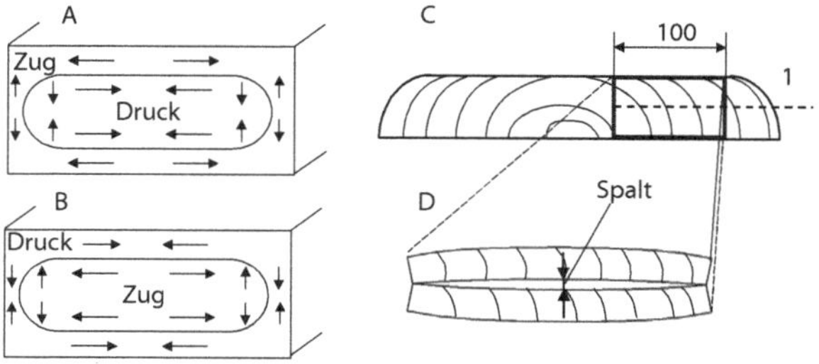

Bild 4.5: Darstellung der Trocknungsspannungen an Brettquerschnitten. A Spannungsverteilung in der ersten Trocknungsphase, B Spannungsumkehr gegen Ende der Trocknung, C Entnahmeschema einer Mittenschnittprobe (1 Trennschnitt), D Auswertung der Spaltbreite nach entsprechender Klimatisierung

Aufgrund des Feuchtegradienten kommt es zu Beginn der Trocknung zu unterschiedlichen Schwindvorgängen innerer und äußerer Holzschichten bzw. befindet sich der innerste Bereich des Querschnitts noch über dem Fasersättigungsbereich (noch keine Schwindung). Nach den in Bild 4.6

angestrebten Schwindverformungen der einzelnen Schichten kann aus dem Hooke'schen Gesetz abgeleitet werden:

$$\varepsilon = \frac{\sigma}{E} \quad \text{bzw.} \quad \sigma = E \cdot \varepsilon .$$

Für die einzelne Schicht (i) nach Bild 4.6 kann die Schwindverformung ε durch den E-Modul der betrachteten Schicht (E_i), das Schwindmaß α und die Feuchteänderung $\Delta\omega$ ($\Delta\omega = \omega_{FS} - \omega$) ausgedrückt werden,

$$\sigma_t = E_i \cdot \alpha \cdot \Delta\omega ,$$

woraus sich eine mittlere Schwindung von

$$\varepsilon = \frac{\Sigma E_i \cdot \alpha \cdot \Delta\omega \cdot \Delta X_i}{\Sigma E_i \cdot \Delta X_i}$$

ergibt.

Aufgrund des viskoelastischen Verhaltens von Holz wird während des Trocknungsvorganges ein Teil der Schwindspannung durch ein Kriechen abgebaut und dabei die äußere Zone des Querschnittes „überdehnt". Bei einem nachfolgenden Abtrocknen der Innenzonen bzw. eines Feuchteausgleichs über den Querschnitt (Schwinden der Innenzonen) kommt es zu einer Spannungsumkehr, wobei selbst nach einem vollkommenen Feuchteausgleich über den Querschnitt Restspannungen im Holz verbleiben können, die beispielsweise mit der Mittenschnittprobe nachgewiesen werden können (Bild 4.5).

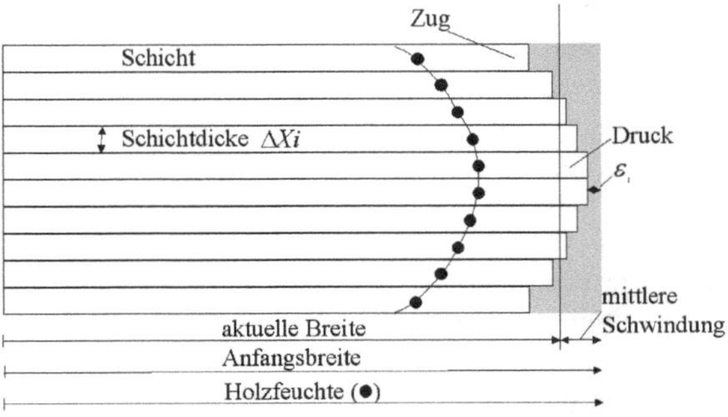

Bild 4.6: Holzfeuchteverteilung und Verteilung der Schwindverformung über einen Brettquerschnitt, wenn jede Schicht unabhängig voneinander schwinden könnte

Der Aufbau von Trocknungsspannungen infolge eines Feuchtegradienten und der damit verbundenen Schwindbewegungen ist die wesentliche Ursache für Trocknungsschäden wie die Rissbildung. Eine tiefere Analyse und mathematische Formulierung der Trocknungsspannungen gibt Perré (2007).

Das Trocknungsgefälle

Um das Trocknungsklima in der Kammer optimal an die aktuelle Holzfeuchte anzupassen und damit einen bestmöglichen Feuchtetransport bei akzeptablen Trocknungsspannungen zu ermöglichen, wurde als empirischer Wert das Trocknungsgefälle (*TG*) eingeführt.

$$TG = \frac{\omega_m}{\omega_{gl}}$$

ω_m mittlere Holzfeuchte im Brett, ω_{gl} Gleichgewichtsfeuchte des aktuellen Kammerklimas

Ein Trocknungsgefälle von 1 bedeutet, dass das aktuelle Kammerklima und die aktuelle mittlere Holzfeuchte zueinander im Gleichgewicht stehen und daher keine Trocknung erfolgt. Werte größer 1 führen zu einer Trocknung, wobei mit der Größe des Zahlenwertes die Schärfe der Trocknung (bzw. die Trocknungsgeschwindigkeit), aber auch die Gefahr von spannungsbedingten Fehlern wie Risse und Verschalung (siehe Abschn. 4.1.6) steigt. Für die Erstellung von Trocknungsprogrammen sind die Werte für das Trocknungsgefälle in einschlägigen Trocknungshandbüchern in Abhängigkeit von Holzart und Qualitätsanspruch tabelliert (z. B. Brunner 1987, Trübswetter 2009).

4.1.4 Der Trocknungsprozess – Systematik der Trocknungsverfahren

Es gibt verschiedene Aspekte, die Trockner systematisch zu erfassen wie Trocknergruppen, die sich nach [Kröll 1978] unterscheiden:

- durch den Druck- und Temperaturbereich, in dem das Gut gehalten wird [z. B. Normaldruck-(Übertemperatur)-Trockner, Vakuum-Übertemperaturtrockner],
- durch die Art der Energiezufuhr zum Gut (oder Energieumwandlung im Gut) (z. B. Konvektionstrockner als K.-Überströmtrockner oder als K.-Prallstrahltrockner/Düsentrockner, Kontakttrockner, dielektrische Wechselfeldtrockner),
- durch die Art der Bewegung des entstehenden Dampfes, der Begleitluft bzw. Abtransport des Dampfes (Frischluft-/Ablufttrocknung mit Umluftbetrieb, Kondensationstrocknung,
- nach der Art des Heizmittels.

Die häufigste für Holz eingesetzte Trocknungsart ist die Konvektionstrocknung, wo das Gut die nötige Energie von einem strömenden Mittel (Fluid) erhält. Das Fluid kann ein Gas, eine Flüssigkeit oder ein dispergierter Feststoff sein (im Falle der Holztrocknung in der Regel Luft), welches das Gut unmittelbar berührt und sich mit der verdampften Feuchte vermischt.

Eine wesentliche Unterscheidung sind weiters die natürliche Freilufttrocknung und die technische Trocknung, wo mit technischen Hilfsmitteln (Trockenkammer mit Klimaregelung, Ventilation, Messtechnik usw.) das Holz kontrolliert, aber schnellstmöglich und mit den vorgegebenen Qualitätsansprüchen ökonomisch effizient getrocknet werden soll.

Natürliche Freilufttrocknung

Die natürliche Freilufttrocknung basiert auf dem Prinzip, dass die an der bestrahlten Erdoberfläche erwärmte Luft durch eine infolge leichter Luftdruckunterschiede ausgelöste Windströmung an das Trocknungsgut (Holzstapel) gelangt. Eine direkte Energieübertragung durch die Sonnenstrahlung ist nur auf die Randbretter des Stapels möglich und in der Regel wegen zu rascher örtlicher Abtrocknung sogar unerwünscht.

Nach Kröll [1978] sind bei einer Windgeschwindigkeit von 3 m/s (50 km/h) je nach Witterungsbedingungen durch konvektive Wärmeübertragung Energiestromdichten von 15 bis 280 W/m^2 möglich. Aus der in Bild 4.1 abgeleiteten Kombination von Stoff- und Wärmetransport sowie aus dem in Abschnitt 4.1.3 diskutierten Stofftransportmodell ergibt sich wegen einer zu geringen „treibenden Kraft" im hygroskopischen Feuchtebereich bei der Freilufttrocknung eine sehr geringe Trocknungsgeschwindigkeit. Je nach klimatischen Verhältnissen sind bei der Freilufttrocknung nur Endfeuchten von 12 bis 15 % erreichbar, die deutlich über den Verarbeitungsvorgaben (Tabelle 4.1) liegen. Der Trocknungsverlauf hängt von den jeweiligen Witterungsbedingungen ab und ist damit nicht steuerbar und nur über eine beschränkte Zahl von Maßnahmen beeinflussbar wie:

- optimale Ausrichtung der Holzstapel auf die Hauptwindrichtung,
- Schutz der Stapel vor Regen durch Abdeckung oder Lagerung in Freilufthallen.

Durch die nur beschränkte technische Eingriffsmöglichkeit bei der Freilufttrocknung entsteht ein Potenzial für Trocknungsfehler wie Risse, Verfärbungen etc., die fallweise zu einem erheblichen Wertverlust führen können.

Die Freilufttrocknung nutzt zwar die praktisch kostenlos zur Verfügung stehende Energie der Umgebungsluft, ist aber in der Regel aus den o. g. Einschränkungen nur als Freiluftvortrocknung sinnvoll einsetzbar.

Bei den in den folgenden Punkten dargestellten Trocknungsverfahren wird mit technischen Maßnahmen (kontrollierte Wärmezufuhr, Regelung des Kammerklimas, definierte Luftgeschwindigkeit durch Ventilatoren usw.) der Trocknungsverlauf unterstützt und durch Steuerungs- und Regelprozesse optimiert, womit man von einer „technischen Trocknung“ spricht.

Frischluft-/Ablufttrocknung

Bei der Frischluft-/Ablufttrocknung wird ein Hauptteil der das Gut überströmenden Luft im Umluftbetrieb dauernd im Kreis geführt. Ein für die Erreichung der Sollwerte des Trocknungsklimas erforderlicher Zuluftstrom (Frischluft) wird mit dem Umluftstrom vermischt und als mit Wasserdampf beladener Abluftstrom aus dem Trockner ausgeschieden (Bild 4.7).

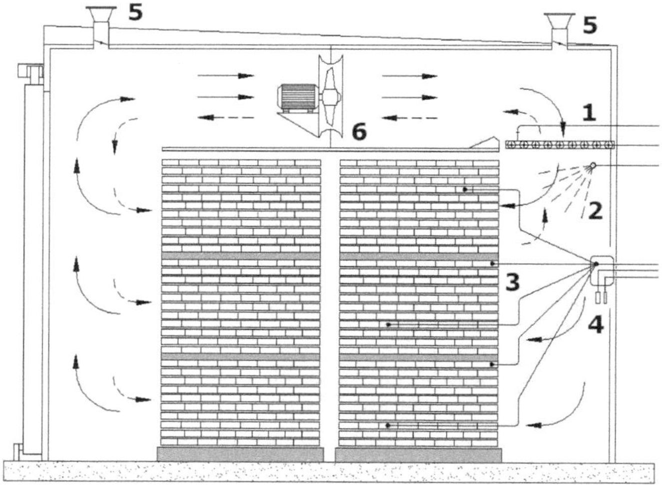

Bild 4.7: Grundprinzip eines Frischluft-/Ablufttrockners
1 Heizregister, 2 Sprühung, 3 Holzfeuchtemessung, 4 Messeinrichtung für das Kammerklima, 5 Frischluft-/Abluftklappen, 6 Ventilatoren, ← Luftführung im Reversierbetrieb

Die Vorgänge der Luftentfeuchtung lassen sich mit dem Mollier-h, x-Diagramm für feuchte Luft darstellen (Bild 4.8):

Beispiel: Außenluft 10 °C/80 % rel. Luftfeuchte, aktuelles Kammerklima 60 °C/50 % rel. Luftfeuchte. Die über den Zuluftstrom eintretende Luft hat einen Feuchtegehalt x von ca. 6 g/kg. Durch Erwärmung (ohne Mischung mit der Umluft) sinkt die rel. Luftfeuchte auf 8 % (φ = 0,08), nach der Vermischung mit der Umluft wird der Abluftstrom mit 60 °C/

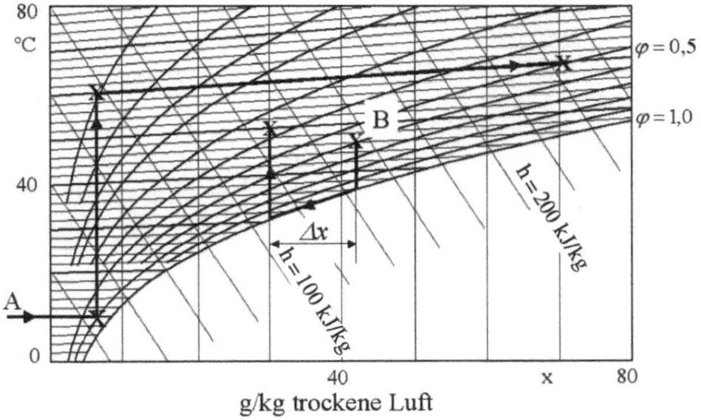

Bild 4.8: Mollier-h, x-Diagramm für feuchte Luft bei Normaldruck (vereinfacht). A Beispiel Freiluft-/Ablufttrocknung, B Kondensationstrocknung

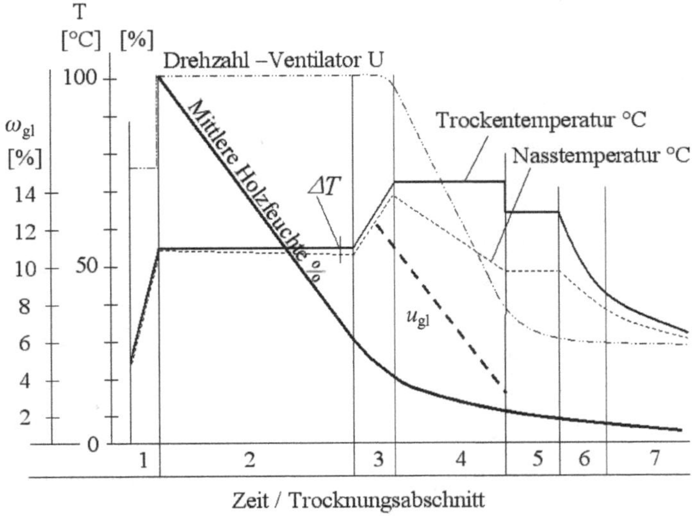

Bild 4.9: Trocknungsverlauf in einer Frischluft-/Ablufttrocknung mit folgenden Phasen: 1 Aufheizung, 2 Trocknung über Fasersättigung, 3 Übergangsphase, 4 Trocknung unter Fasersättigung, 5 Konditionierphase zum Feuchteausgleich über den Brettquerschnitt (vgl. Bild 4.3), 6 Abkühlphase

50 % rel. Luftfeuchte (x = 68 g/kg) aus der Kammer geführt. Pro 1 kg über die Klappen umgesetzter Luft (das entspricht ca. 1,2 m^3 Luft) wird somit ein Δx von 68 – 6 = 62 g Wasserdampf/kg trockener Luft aus der Kammer transportiert. Die Zuluft hat dabei eine Enthalpie von 26 kJ/kg, die Abluft 239 kJ/kg, womit über die Heizregister für den Austausch eine entsprechende Wärmemenge von 239 – 26 = 213 kJ aufgebracht werden muss, um die Kammertemperatur (ohne Einbeziehung anderer Wärmeverluste) zu halten. Diese Wärmemenge beinhaltet die Wärmemenge zum Aufwärmen der Luft (38 kJ) und die Wärme zum Verdunsten der Holzfeuchte (Verdampfungswärme inkl. des Anteils der Sorptionswärme).

Der Trocknungsverlauf, der durch das Trocknungsschema (Trocknungsprogramm) vorgegeben ist, hat den im Bild 4.9 dargestellten Verlauf. Die einzelnen Parameter, die das Trocknungsschema bestimmen, basieren in der Regel auf empirisch bestimmten Kennzahlen, die in einschlägigen Trocknungshandbüchern (z. B. Brunner 1987, Tabelle 4.2) bzw. von Trockenkammerherstellern angeführt sind und die wie folgt zusammengefasst werden können:

Tabelle 4.2: Wichtige Trocknungsparameter in Abhängigkeit von der Holzart, der Holzdicke (Bretter/Bohlen) sowie des Trocknungsabschnittes (über/unter Fasersättigung u_{FS}). Orientierende und unverbindliche Angaben aus verschiedenen Quellen

Holzart	T über u_{FS}	T unter u_{FS}	TG_{Brett}	TG_{Bohlen}
Fichte	50–70	70	3,2–4,4	3,0–4,2
Kiefer	70[2)]	80[2)]	3,0–3,8	2,8–3,6
Ahorn	55[1)]	65	2,7	2,5
Buche	55[1)]	70	2,7	2,4
Eiche	45[1)]	65	2,6	2,4
Esche	60[1)]	75	2,7	2,5

[1)] wenn Farbe kein Thema ist, sonst 27 … 35°C
[2)] Harzausfluss

Trockentemperatur: holzartenspezifisch zu unterscheiden zwischen Temperatur über und unter Fasersättigung.

Feuchttemperatur: Temperatur am Feuchtthermometer eines Psychrometers zur Messung der relativen Luftfeuchte (oft auch ausgedrückt als psychrometrische Differenz ΔT, die in Abhängigkeit von der Temperatur der relativen Luftfeuchtigkeit proportional ist). Kleines ΔT – hohe rel. Luftfeuchte, großes ΔT – geringe rel. Luftfeuchte. Trocknung über Fasersättigung – kleines ΔT, Trocknung unter Fasersättigung – immer größer werdendes ΔT nach Berechnung über das Trocknungsgefälle.

Gleichgewichtsfeuchte: Trockentemperatur und Feuchttemperatur ergeben über die Sorptionsisotherme den jeweiligen Wert der Gleichgewichtsfeuchte (ω_{gl}). Aus der Vorgabe des Trocknungsgefälles (Tabelle 4.3) $TG = \omega_m / \omega_{gl}$ kann durch Umformung $\omega_{gl} = \omega_m / TG$ das zum jeweiligen Holzfeuchtewert optimale Trocknungsklima, ausgedrückt durch die Trockentemperatur und psychrometrische Differenz oder durch den Wert der Gleichgewichtsfeuchte, errechnet werden.

Tabelle 4.3: Gleichgewichtsfeuchte (ω_{gl}) des Holzes in Abhängigkeit von der Trockentemperatur und Psychrometerdifferenz. Ablesebeispiel: T_{tr} = 50 °C, ΔT = 6 °C → ω_{gl} = 11,5 %

	Trockentemperatur T_{tr} (°C)													
Psychrometerdifferenz ΔT (°C)	**20**	**30**	**35**	**40**	**45**	**50**	**55**	**60**	**65**	**70**	**75**	**80**	**85**	**90**
2	17,0	17,9	18,0	18,1	18,2	18,1	17,9	17,6	17,1	16,8	16,3	15,9	15,5	15,2
3	14,2	15,4	15,8	16,0	15,9	15,8	15,6	15,3	15,0	14,7	14,4	14,1	13,8	13,0
4	12,2	13,4	13,9	14,0	14,2	14,1	14,0	13,8	13,6	13,3	13,1	12,8	12,5	12,3
5	10,6	11,8	12,1	12,4	12,6	12,7	12,7	12,5	12,3	12,1	12,0	11,6	11,4	11,1
6	9,2	10,6	11,0	11,2	11,4	11,5	11,5	11,4	11,3	11,1	11,0	10,7	10,5	10,2
7	8,2	9,6	10,0	10,3	10,6	10,7	10,7	10,6	10,5	10,3	10,1	9,9	9,7	9,5
8	7,2	8,8	9,2	9,5	9,7	9,8	9,9	9,8	9,7	9,6	9,5	9,3	9,1	9,0
9	6,1	8,0	8,4	8,8	9,0	9,2	9,3	9,2	9,1	9,0	8,8	8,7	8,5	8,4
10	5,0	7,2	7,7	8,2	8,5	8,6	8,7	8,7	8,5	8,5	8,3	8,2	8,0	7,9
11	4,0	6,5	7,2	7,6	8,0	8,0	8,1	8,1	8,0	8,0	7,8	7,7	7,5	7,4
12	2,9	5,8	6,5	7,0	7,4	7,5	7,6	7,7	7,5	7,5	7,3	7,2	7,1	7,0
13	1,7	5,0	5,9	6,4	6,8	7,0	7,1	7,2	7,1	7,0	7,0	6,8	6,7	6,6
14		4,3	5,3	5,9	6,3	6,6	6,7	6,7	6,7	6,7	6,6	6,5	6,4	6,3
15		3,6	4,7	5,3	5,9	6,2	6,3	6,4	6,4	6,4	6,3	6,2	6,1	6,0
16		2,9	4,1	4,9	5,4	5,7	5,9	6,0	6,0	6,0	5,9	5,9	5,8	5,7
18		1,1	3,0	3,9	4,5	4,9	5,2	5,4	5,4	5,4	5,4	5,4	5,3	5,2
20				3,0	3,8	4,2	4,6	4,8	4,8	4,9	4,9	4,9	4,9	4,8
22				1,8	2,9	3,5	3,9	4,2	4,3	4,4	4,4	4,4	4,4	4,4
24						2,8	3,3	3,7	3,9	4,0	4,0	4,0	4,0	4,0
26						2,1	2,7	3,1	3,4	3,5	3,6	3,7	3,7	3,7
28						1,4	2,2	2,6	2,9	3,1	3,2	3,3	3,3	3,3
30							1,5	2,1	2,4	2,7	2,8	2,9	2,9	3,0

Beispiel: ω_m = 20 %, TG (Vorgabewert/tabelliert) = 2, Trocknungstemperatur (holzartenspezifische Vorgabe/tabelliert) = 60 °C, daraus folgt ω_{gl} = 20/2 = 10 %. Aus diesem Wert für das Trocknungsklima kann unter Vorgabe der Trocknungstemperatur von 60 °C und aus der Sorptionsisotherme eine relative Luftfeuchtigkeit von 65 % ermittelt werden. Aus Psychrometertabellen (Bild 4.10) ergibt sich dafür eine psychrometrische Differenz von 8 °C (Tabellen/Diagramme z. B. in Brunner 1987).

Luftgeschwindigkeit (Drehzahl Ventilatoren): Vorgabewert/Herstellerangaben. Bei großen Trocknertiefen ist die Ventilationsrichtung nach bestimmten Zeitabständen reversierbar. Damit erfolgt eine Vergleichmäßigung des Trocknungsklimas über den gesamten Trockner und somit eine Reduzierung von Holzfeuchteunterschieden am Ende der Trocknung.

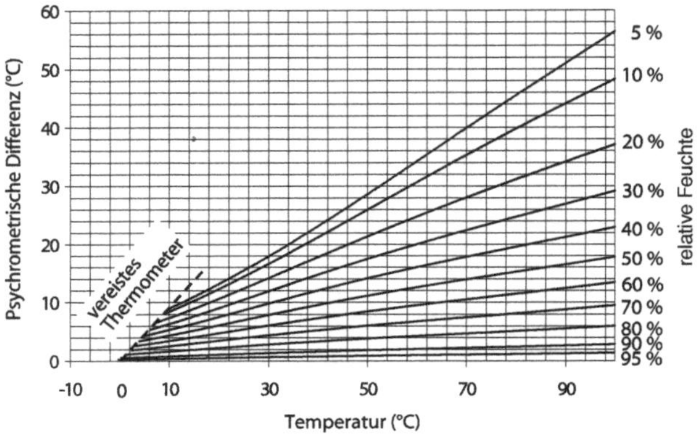

Bild 4.10: Psychrometertafel: Ablesebeispiel: 50°C und 40 % rel. Luftfeuchte entsprechen einer psychrometrischen Differenz (Psychrometermessung) von 14 °C

Moderne Steuerungsanlagen können die Ventilatordrehzahl optimal an die jeweilige Trocknungssituation anpassen und damit den Energieverbrauch reduzieren (holzfeuchteabhängige Drehzahlregulierung).

Zusammenfassende Charakterisierung der Frischluft-/Ablufttrocknung: Breites Einsatzspektrum für einen Großteil der technisch eingesetzten Holzarten sowie Holzdimensionen, mit entsprechendem Kammervolumen große Durchsatzzahlen möglich, hohe Flexibilität in der optimalen Anpassung des Trocknungsschemas an die jeweilige Holzart und Dimension, relativ lange Trocknungszeiten und relativ hoher spezifischer Energiebedarf (da als Frischluft-/Ablufttrocknung energietechnisch als „offenes" System zu betrachten). Mit entsprechenden Energierückgewinnungssystemen können im Jahresdurchschnitt etwa 15 % des Energiebedarfs eingespart werden.

Hochtemperaturtrocknung und Heißdampftrocknung

Die Heißdampftrocknung ist eine Sonderform der Hochtemperaturtrocknung (T > 100 °C) oder eine Heißdampfvakuumtrocknung mit überhitztem Dampf als Wärmeträger in einem Grobvakuum bei Temperaturen bis 70 °C. Über das Wärmeträgermedium Heißdampf wird das Wasser im Holz verdampft (leichter Überdruck im Holzinneren), wodurch der Feuchtetransport an die Holzoberfläche beschleunigt wird und die Feuchteverteilung über den Holzquerschnitt wesentlich kleiner ist.

Neben einer deutlichen Reduktion der Trocknungszeiten ergibt sich auch eine leichte Reduktion des Energieverbrauches. Voraussetzungen für den

Einsatz einer Heißdampftrocknung sind eine dampfdichte Kammer zum Erreichen der hohen relativen Luftfeuchten, die Zuverlässigkeit der Prozesssteuerung und die Bereitstellung von Heißdampf (Niederdruck).

Zusammenfassende Beurteilung: Vergleichsweise kurze Trocknungszeiten und geringerer Energiebedarf bei höheren spezifischen Investitionskosten.

Kondensationstrocknung

Die Kondensationstrocknung arbeitet nach dem Prinzip der Umlufttrocknung. Die Entfeuchtung der aus dem Stapel kommenden und mit Feuchtigkeit beladenen Trocknungsluft erfolgt, indem die Luft als Teilstrom oder als gesamter Umluftstrom durch das Kondensationsgerät geführt wird. Hauptaggregat des Kondensationsgerätes ist die nach dem Carnotprozess arbeitende Wärmepumpe (Bild 4.11).

Bild 4.11: Kondensationstrocknung mit Hilfe einer Wärmepumpe: Das Kältemittel im Kreislauf ist bei (A) unter hohem Druck flüssig, bei (B) nach dem Expansionsventil entspannt und stark abgekühlt, nach dem Verdampfer gasförmig (C) (Aufnahme der Verdampfungswärme über Wärmetauscher aus der Trocknerluft) und wird im Kompressor stark verdichtet und damit erwärmt und im Kondensator (durch Abgabe von Wärme an die Trocknerluft) verflüssigt.

1 Ventilator, 2 Kondensator, 3 Kompressor, 4 Expansionsventil, 5 Verdampfer, 6 Kondensatwanne mit Abfluss

In der Wärmepumpe wird die Trocknerluft unter ihren Taupunkt abgekühlt und ein Teil der in der Luft enthaltenen Flüssigkeit kondensiert (nachzuvollziehen im Mollier-h,x-Diagramm, Bild 4.8) und als Kondensat aus der Kammer ausgeschleust. Das Kältemittel dient im Kältemittelkreislauf als Wärmeträger, der am Kondensator die Kondensationswärme des ausgeschiedenen Wasserdampfs übernimmt, und übergibt diese Wärme am Wärmetauscher des Kondensators wieder an die dabei erwärmte und entfeuchtete Luft.

Dieses Entfeuchtungssystem arbeitet als praktisch geschlossenes System äußerst energieeffizient, hat aber den Nachteil, dass der Betrieb der Wärmepumpe (Kompressor) an den relativ teuren Energieträger Strom gebunden ist.

Zusammenfassende Beurteilung: Äußerst energieeffizientes Trocknungssystem mit dem Nachteil, an elektrischen Strom als Energieträger gebunden zu sein. Die Wärmepumpe arbeitet nur in einem bestimmten Temperaturfenster und in einem bestimmten Bereich der relativen Luftfeuchte effizient. Daher Einschränkung in der Flexibilität bei den eingesetzten Trocknungsschemen bzw. der ökonomisch erreichbaren Endfeuchte.

Vakuumtrocknung

Die Vakuumtrocknung basiert auf dem Prinzip, dass die Siedetemperatur des Wassers mit Abnahme des Umgebungsdruckes abnimmt (Bild 4.12). Damit wird die Vakuumtrocknung zur Verdampfungstrocknung bei Temperaturen unter 100 °C mit dem Vorteil einer hohen Trocknungsgeschwindigkeit. Ein wesentliches Problem ist, die für die Verdampfung des Wassers nötige Energie in das Holz zu bekommen. Folgende Möglichkeiten werden dazu genutzt (siehe auch Bild 4.13):

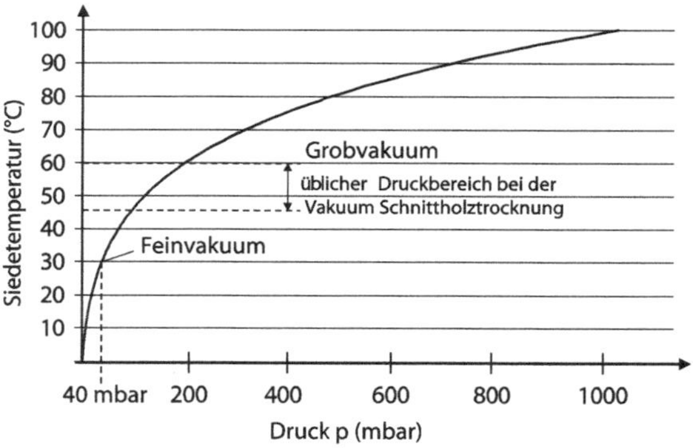

Bild 4.12: Vakuumtrocknung, Siedetemperatur des Wassers in Abhängigkeit vom Umgebungsdruck

- Einsatz von Heizplatten zwischen den Holzlagen mit direkter Kontaktwärme (effizient, bei Verwerfung der Bretter Effizienzverlust, sehr aufwändig),
- zyklischer Betrieb mit Aufwärmphasen im Umluftbetrieb bei Normaldruck (Verlängerung der Trockenzeit, erhöhter Energieaufwand

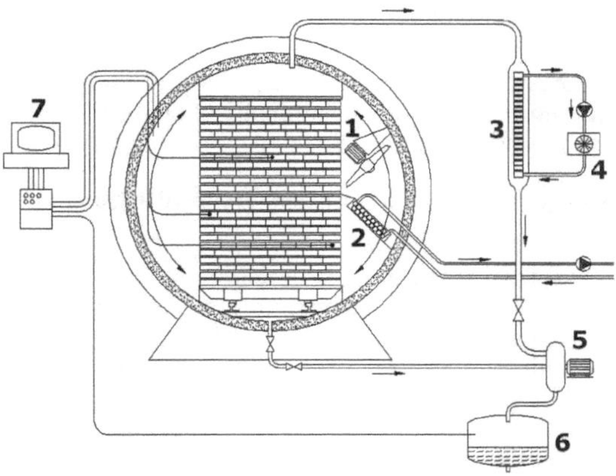

Bild 4.13: Vakuumtrockenkammer: 1 Ventilatoren, 2 Heizung, 3 Kondensator, 4 Wärmetauscher, 5 Vakuumpumpe mit Schleuse, 6 Kondensat, 7 Steuerung (in Anlehnung an Mühlböck)

durch Betrieb der Vakuumpumpe, Luftsauerstoff ist Katalysator für Verfärbungsprozesse, die damit auch bei der Vakuumtrocknung im zyklischen Betrieb ablaufen können),

- Einsatz von Heißdampf als effizienter Wärmeträger auch im Teilvakuumbereich (effiziente Lösung, aber höherer technischer Aufwand).
- Kombination mit Hochfrequenzerwärmung (effizient, aber technisch sehr aufwändig)

Zusammenfassende Beurteilung: Vergleichsweise schnelle Trocknung für Holz großer Querschnitte und Laubhölzer. Wegen des technischen Aufwandes in der Regel teurer als die Frischluft-/Ablufttrocknung.

Weitere Trocknungsverfahren

Mögliche alternative Trocknungsverfahren haben derzeit beim Einsatz zur Schnittholztrocknung kaum Bedeutung. Eine Methode ist die Trocknung von Holz im dielektrischen Wechselfeld (Hochfrequenz oder Mikrowelle). Die Vorteile dieser Methode liegen in der sehr raschen Erhitzung des Wassers im Trocknungsgut und dem guten Feuchteausgleich über den Querschnitt (weniger Trocknungsspannungen). Die Nachteile sind die relativ hohen spezifischen Investitionskosten inklusive der Sicherheitseinrichtungen und die hohen Prozesskosten infolge der teuren elektrischen Energie. Die Hochfrequenzerwärmung kommt derzeit vor allem in

Kombination mit der Vakuumtrocknung bei besonders schwierig zu trocknenden Hölzern zum Einsatz [Resch et al. 2002].

Neue Verfahren wie das Inkubationsverfahren (I/D-Trocknung) sind derzeit über das Experimentierstadium nicht hinausgekommen.

4.1.5 Grundzüge zur Regelung des Trocknungsprozesses

Die wichtigsten das Trocknungsklima bzw. den Trocknungsvorgang bestimmenden Kenngrößen sind die Temperatur, die relative Luftfeuchte (ausgedrückt als psychrometrische Differenz ΔT oder Temperatur am Nassthermometer, oder auch als Gleichgewichtsfeuchte am Klimablättchen, Feuchtesensor) sowie die Luftgeschwindigkeit. In Abhängigkeit vom Feuchtezustand des Holzes bzw. von der Trocknungszeit müssen diese Kenngrößen entsprechend den Vorgaben aus dem Trocknungsschema geregelt werden. Eine verallgemeinerte Darstellung der Steuerung des Trocknungsprozesses gibt Bild 4.14, wobei in der Regel ein zentraler Computer mehrere Trockenkammern steuern kann.

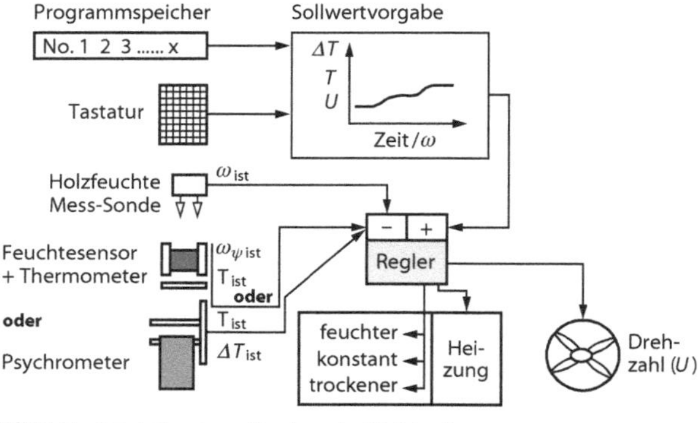

Bild 4.14: Regelschema zur Regelung der Holztrocknung von holzfeuchtegeführten Systemen

Je nach Präferenz erfolgt die Erfassung des Kammerklimas entweder über ein Psychrometer (Erfassung der psychrometrischen Differenz am Trocken- und Feuchtthermometer) oder über die Messung der Gleichgewichtsfeuchte (Klimablättchen, Feuchtesensor).

Je nach Hersteller umfassen die Regelsysteme auch Energiemanagementsysteme zur Optimierung des thermischen und elektrischen Energieeinsatzes bzw. entwickeln sie sich in Richtung Expertensystem. Als Expertensystem definiert man ein „intelligentes“ Programm, das über ein bestimmtes Wissen verfügt und mit Hilfe von Schlussfolgerungen und Prozeduren Entscheidungen zu treffen und so Probleme zu lösen vermag.

In der Regel werden mehrere Kammern von einem Zentralrechner bedient und visualisiert. In diesem Zusammenhang werden auch Modemverbindungen angeboten, wo innerhalb eines Firmenkonsortiums oder über die Herstellerfirma Daten ausgetauscht, extern, z.B. am Wochenende, überwacht, analysiert und optimiert werden können. Diese Systeme werden auch in der Fehlersuche und Fehlerbehebung eingesetzt.

4.1.6 Trocknungsqualität

Beim Trocknen erfährt das Holz vielfältige Veränderungen, die sich auf die vorgesehene Verwendung des Holzes positiv oder negativ auswirken können.

Als **Trocknungsqualität** wird die vom Kunden bzw. in den einschlägigen Regelwerken vorgegebene Spezifikation jener Kennwerte gesehen, welche die Eignung des Holzes für eine weitere Verwendung bestmöglich beschreiben.

Solche Kennwerte sind die Holzfeuchte, die Streuung der Holzfeuchte innerhalb der Charge, Trocknungsspannungen und Verformungen, Risse, Farbänderungen usw.

Spannungsbedingte Trocknungsfehler und Verformungen

Trocknungsspannungen entstehen durch die im Bild 4.3 dargestellten Feuchtegradienten und die damit verbundenen Schwindverformungen im Holz, welche wiederum durch das viskoelastische Verhalten des Holzes in bleibenden Restspannungen, auch bei vollkommenem Feuchteausgleich am Ende der Trocknung, resultieren. Eine Systematik der Trocknungsspannungen ist in Bild 4.15 dargestellt.

Diese Arten der Trocknungsfehler können durch eine optimierte Trocknungsführung (richtiges Trocknungsgefälle, Konditionierphase usw.) vermieden werden.

Durch verschiedene holzanatomische bzw. morphologische Unterschiede wie Drehwuchs, Reaktionsholz (mit unterschiedlichem Schwindmaß), Jahrringlage usw. kommt es über die Brettlänge zu Längskrümmungen sowie zu einer Querkrümmung (Bild 4.16).

Diese Fehler sind an sich weitgehend unabhängig von der Trocknungsführung, können aber durch Maßnahmen wie richtige Stapelung, Belastung der Holzstapel durch Betonplatten (Verhinderung der Querkrümmung) im Einzelfall unterdrückt werden.

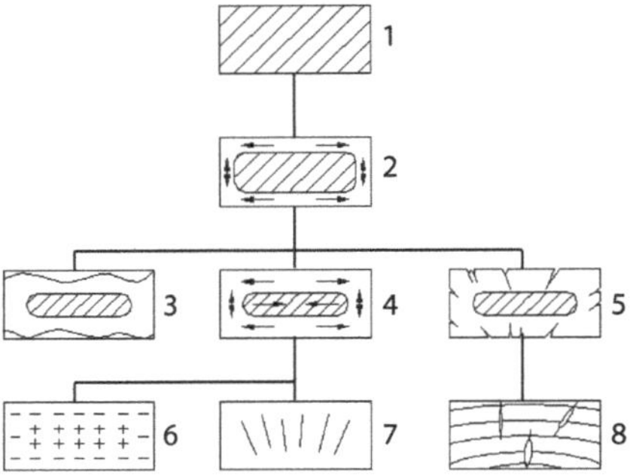

Bild 4.15: Systematik und Ablauf der Entstehung spannungsbedingter Trocknungsfehler. 1 Beginn der Trocknung, 2 Aufbau von Spannungen infolge eines Feuchtegradienten mit Schwindung der äußeren Holzzonen, 3 Zellkollaps, 4 plastische Überdehnung der Randzonen, 5 Oberflächenrisse, 6 Spannungsumkehr (Zugspannung innen), 7 Innenrisse infolge von Spannungsumkehr, 8 verdeckte Oberflächenrisse nach Weitertrocknung von 5

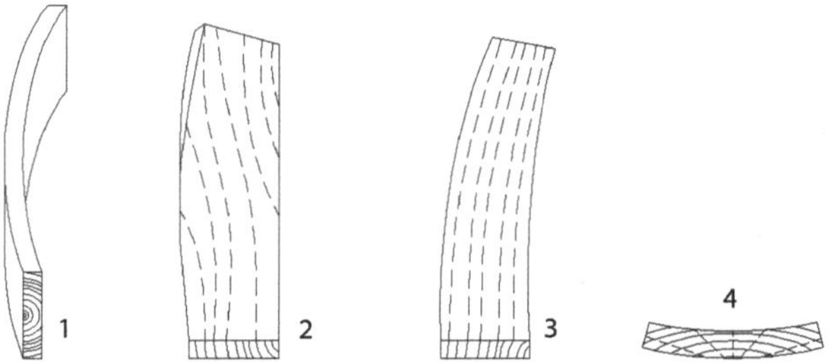

Bild 4.16: Krümmungen und Verdrehungen bei der Trocknung von Brettern. 1 Längskrümmung der Breitseite, 2 Verdrehung, 3 Längskrümmung der Schmalseite (Verziehen), 4 Querkrümmung, hier konkave Form (Schüsselung, Werfen)

Farbänderungen und Farbfehler

Wie bei vielen Produktionszweigen bzw. Produkten ist auch bei Holz die Farbe ein wesentliches Qualitätsmerkmal. Holz zeigt durch seinen anisotropen Aufbau, die Dichteunterschiede im Jahrring und seine chemischen Bestandteile und Inhaltsstoffe ein sehr spezifisches Farbverhalten [Hon et al. 2001], das durch Temperatur- und Feuchteeinflüsse während der Trocknung wesentlichen Veränderungen unterworfen sein kann.

Beim Trocknen und insbesondere beim Dämpfen können durch ein Zusammenwirken von Temperatur und Holzfeuchte Farbveränderungen beim Holz hervorgerufen werden. Sind solche Farbveränderungen unerwünscht, werden sie als Fehler bezeichnet.

Die Verfärbungen sind meist Oxidationsreaktionen zwischen phenolischen Inhaltsstoffen und dem bei der Trocknung in das Holz eindringenden Sauerstoff oder enzymatische Vorgänge, können aber auch durch hydrolytische Reaktionen von Hemizellulosen verursacht sein, die sukzessive zu Monosaccariden abgebaut werden und dabei Kondensationsreaktionen mit Stickstoffverbindungen eingehen. Diese Reaktionen treten in der Regel oberhalb von 40 °C und zwischen 30 % und 60 % Holzfeuchte auf. Da Laubhölzer einen vergleichsweise höheren Gehalt an Hemizellulose haben, verfärben sie sich bei der Trocknung auch stärker als die Nadelhölzer.

Ein besonderes Phänomen ist die Stapellattenverfärbung (engl. Sticker Stain), eine Verfärbung des Holzes im Bereich der Stapellatten. Diese Verfärbung kann beispielsweise durch speziell geformte Stapellatten vermieden werden.

Die häufigsten Verfärbungsfehler sind:

- Gelbverfärbung im Splintbereich von Nadelhölzern,
- Grau-/Dunkelverfärbung von Randschichten bei hellen Laubhölzern wie Esche und Ahorn bzw. eine Verfärbung des inneren Querschnittbereiches bei Birke (oft auch graufleckig),
- Braunverfärbung von Randschichten (oft streifenförmig nach innen gehend) bei Eiche (die einlaufartige Verfärbung steht mit dem Luftzutritt in Verbindung),
- Braunverfärbung und Fleckigkeit/Streifen bei Buche und Erle, wobei die Fleckigkeit häufig auf eine ungleichmäßige Verteilung der die Verfärbung beeinflussenden Holzinhaltsstoffe zurückzuführen ist,
- ungleichmäßige Farbe und Farbflecken verschiedenster Ursachen.

Verfärbungen sind damit teilweise schon im Rohholz prädisponiert und können durch den Schlägerungszeitpunkt, Lagerungsbedingungen und auch durch den Trocknungsprozess selbst ausgelöst bzw. beeinflusst werden [Koch et al. in Perré 2007]. Das Zusammenwirken von Temperatur (in der Regel sind niedrige Temperaturen bei Trocknungsbeginn zur Vermeidung von Verfärbung vorteilhaft), Feuchte bzw. Feuchtegradient und Zeit ist ein wesentlicher Prozessparameter, der den Verfärbungsprozess beeinflusst und daher prozesstechnisch holzartenspezifisch zu optimieren ist.

Normung und Spezifikation der Trocknungsqualität

Mit der Europäischen Norm EN 14 298 wurde ein Verfahren zur Bestimmung der Trocknungsqualität definiert, wobei die Trocknungsqualität durch die zwei Klassen „Standardqualität" und „Spezielle Trocknung" festgelegt ist. Folgende Kennwerte sind dabei zu bewerten (Tabelle 4.4):

Tabelle 4.4: Zulässige Bandbreite der Ist-Feuchte und maximale Standardabweichung der Holzfeuchte innerhalb eines Loses in Abhängigkeit von der Soll-Feuchte (Auszug EN 14 298)

Soll-Feuchte (%)	Ist-Feuchtefenster (%) um die Soll-Feuchte	Maximale Standardabweichung
7 ... 9	–1/+1	1,0
10 ... 12	–1,5/+1,5	1,2
12 ... 15	–2/+1,5	1,5
16 ... 17	–2,5/+1,5	2,0

- zulässige Bandbreite der Ist-Feuchte (Ist-Feuchtefenster) um die Soll-Feuchte,
- maximale Standardabweichung der Holzfeuchte innerhalb eines Loses. Dieser Wert ist abhängig von der Soll-Feuchte.
- Zulässiger Verschalungsgrad (ausgedrückt als Spaltöffnung in Millimeter einer Mittenschnittprobe nach Bild 4.5) ermittelt nach EN 14 464 kann in die Spezifikation aufgenommen werden.

Zur Bestimmung der Kennwerte wird vom zu untersuchenden Schnittholzlos eine Zufallsstichprobe mit dem in EN 14298 vorgegebenen Stichprobenumfang gezogen, wobei der Feuchtegehalt nach EN 13183 Teil 1 oder Teil 2 zu ermitteln ist.

Weitere die Trocknungsqualität bestimmende Kennwerte wie Verfärbungen, Trocknungsrisse, trocknungsbedingte Verformungen usw. sind derzeit nicht standardisiert und daher kunden- bzw. anwendungsspezifisch festzulegen. Die EDG-Richtlinie „Trocknungsqualität" [Welling 1995] bietet dabei eine Hilfe für eine differenziertere Spezifikation der genannten sowie weiterer Kennwerte wie Holzfeuchtedifferenzen in einzelnen Brettern, insbesondere auch Checklisten und Formulare zur Qualitätskontrolle bei der Trocknung an.

Energiebedarf und Kosten der Holztrocknung

Der Trocknungsprozess gilt mit 50 ... 90 % des innerbetrieblichen Energieverbrauches als einer der bedeutendsten Energieverbraucher in der Holzindustrie. Die Frischluft-/Ablufttrocknung ist dabei durch folgende Stoff- und Energieströme gekennzeichnet [Ressel 1987]:

- Aufheizen der Anlage einschließlich der Einbauten,
- Deckung der Transmissionsverluste,

- Lüfterantrieb,
- Erwärmung der eintretenden Frischluft,
- Verdampfen von Sprühwasser,
- Aufheizen des trockenen Holzes und des Restwassers,
- Aufheizen und Verdampfen des aufzutrocknenden Wassers inkl. der Sorptionswärme des gebundenen Wassers.

Dabei beträgt der Aufwand an thermischer Energie etwa 5100 bis 8200 kJ/kg aufgetrocknetes Wasser sowie an elektrischer Energie von 860 … 1880 kJ/kg Wasser.

Belegt man den Energiebedarf sowie die Investition der Trockenkammer (als Abschreibung), die Beschickung und Wartung etc. mit Kosten, kommt man zu der in Tabelle 4.5 dargestellten Kostenstruktur von beispielsweise Euro 19,54 pro Kubikmeter Schnittholz für eine ausgewählte Fichtenholztrocknung.

Tabelle 4.5: Überblicksmäßige Zusammenstellung der Kostenfaktoren einer Schnittholztrocknung (übernommen von G. Gruber/Mühlböck)

Holzart: Fichte, Dicke 32, Trocknung von $\omega = 60\,\%$ auf $\omega = 10\,\%$
Trocknungszeit 87 Stunden, 80 Trocknungen/Jahr ergibt 8360 m³ Holz

Kammervolumen:	207,4 m³	Nutzung:	104,5 m³ Holz (netto)
Stapeltiefe:	4 · 1,2 m	Stapel brutto:	4,98 m³
Stapelhöhe:	3 · 1,2 m	Stapel netto:	2,90 m³
Stapellänge:	3 · 4 m	Stapellatten:	24 mm
		Stapelfaktor:	0,53

Kosten je Trocknung			
Energie thermisch	€ 673,89	(34,4 %)	22463,1 kWh[1]
Energie elektrisch	€ 155,89	(8,0 %)	1732,1 kWh[2]
Wartungskosten	€ 69,26	(3,5 %)	
Beschickungskosten	€ 156,00	(8 %)	
Betreuungskosten	€ 87,50	(4,5 %)	
Zinsen und AFA	€ 187,45	(9,5 %)	
Ausschuss/Wertminderung	€ 630,76	(32,2 %)	4 % = 4,18 m³, à € 150,–
Gesamt je Trocknung	**€ 1960,75**	**(100 %)**	

Ausgangsmenge 104,5 m³, minus Ausschuss/Wertminderung 4,18 m³ = 100,3 m³ je Trocknung: 1960,75 / 100,3 = Trocknungskosten € 19,54/m³

[1] Heizleistung 622 kW, Einsparpotenzial von ca. 384,6 kWh (16 %) durch Wärmerückgewinnung

[2] Leistung 27,0 kW

Quellen und weiterführende Literatur

Trocknung

Brunner, R. (Hrsg.): Die Schnittholztrocknung. 5. Auflage. Hannover: Dipl. Ing. R. Brunner GmbH, 1987

Fortuin, G.: Mathematische Modelle zur Konvektionstrocknung von Schnittholz. Dissertation, Universität Hamburg, 2003

Hon, D. N.-S.; Minemura, N.: Color and Discoloration. In: *Hon, D. N.-S., Shiraishi, N.:* Wood and Cellulose Chemistry. New York, Basel: Marcel Dekker, Inc. 2001

Keey, R. B.; Langrisch, T. A. G.; Walker, J. C. F.: Kiln-Drying of Lumber. Berlin, Heidelberg, New York: Springer, 2000

Krischer, O.; Kröll, K.: Trocknungstechnik. Berlin, Göttingen, Heidelberg: Springer, 1963

Kröll, K.: Trocknung und Trocknungsverfahren. Berlin, Heidelberg, New York: Springer, 1978

Perré, P. (ed.): Fundamentals of Wood Drying. European COST, A. R. BO.LOR. Nancy, 2007

Resch, H.; Gautsch, E.: Vakuumtrocknung von Schnittholz im dielektrischen Wechselfeld. Holzforschung und Holzverwertung, 2002, 5, S. 105–198

Ressel, J. B.: Untersuchungen über den Energieverbrauch bei der technischen Schnittholztrocknung. Holz als Roh- und Werkstoff, 1987, S. 323–328

Trübswetter, Th.: Holztrocknung. Verfahren zur Trocknung von Schnittholz – Planung von Trocknungsanlagen. 2. Auflage. Leipzig: Fachbuchverlag, 2009

Vanek, M.; Teischinger, A.: Diffusionskoeffizienten und Diffusionswiderstandszahlen von verschiedenen Holzarten. Holzforschung und Holzverwertung, 1989, 1, S. 3–6

Vanek, M.: Determination of the evaporation of water during wood drying by means of heat flux measurement. In: Drying Technology, 1992, 5, S. 1207–1217

Welling, J.: Die EDG-Richtlinie „Trocknungsqualität“. Holz-Zentralblatt, 1995, 23, S. 21–23

Normen

EN 14 298 Schnittholz – Ermittlung der Trocknungsqualität

EN 14 464 Schnittholz – Verfahren zur Ermittlung der Verschalung

EN 13 183-1 Feuchtegehalt eines Stückes Schnittholz. Teil 1: Bestimmung durch Darrverfahren

EN 13 183-2 Feuchtegehalt eines Stückes Schnittholz. Teil 2: Schätzung durch elektrisches Widerstands-Messverfahren

4.2 Holzschutz

Holger Militz
Carsten Mai

4.2.1 Einleitung

Holz wird seit Jahrtausenden in allen Bereichen des Bauens und Wohnens angewandt. Genauso vielfältig wie seine technologischen Eigenschaften sind, ist sein natürlicher Widerstand gegen den Befall von Schadorganismen. Ein gezielter und der Nutzung angepasster Holzschutz soll eine Wertminderung oder eine Zerstörung des Holzes verhüten und eine möglichst lange Gebrauchsdauer sicherstellen. Die Sorge um den Schutz des Holzes beginnt bereits im Forst (durch waldbauliche Maßnahmen, Waldpflege, Einschlag) und geht über den Transport, die Lagerung, die Verarbeitung, die Nutzung und Anwendung bis zur Entsorgung des Holzes. Der Holzschutz sorgt dafür, dass der Baustoff Holz nicht zu schnell und ungewollt in seine Ausgangsprodukte CO_2 und H_2O zerlegt und in den globalen Kohlenstoff- und Wasserkreislauf eingefügt wird. Ein den Erfordernissen angepasster Holzschutz ist somit nicht nur von ökonomischer Wichtigkeit, sondern erfüllt auch eine wichtige ökologische Funktion.

Natürliche Dauerhaftigkeit

Holz wird in seinem Gebrauch vielfältig durch biotische und abiotische Faktoren beansprucht. Ein biotischer Befall beruht in der Regel auf Holz verfärbenden oder Holz abbauenden Mikroorganismen sowie auf Insekten. Eine abiotische Belastung erfolgt durch Feuchte- und Temperaturwechsel, durch Lichtbeanspruchung, durch mechanische oder chemische Einwirkung (Bild 4.17). Einen Schutz gegen abiotische Belastungen bieten Lacke und Lasuren. Für die Auswahl und Anwendung von Oberflächensystemen (Lacken und Lasuren) für eine Holzanwendung im Innen- und Außenbereich wird auf [1] verwiesen.

Hölzer besitzen eine natürliche Widerstandsfähigkeit gegen biotische und abiotische Beanspruchungen. Die Resistenz gegen den Befall von Holz angreifenden Mikroorganismen wird vor allem durch die Anwesenheit von Kerninhaltstoffen und in geringerem Maße den anatomischen Holzaufbau beeinflusst und variiert sehr stark innerhalb und zwischen verschiedenen Holzarten. So werden einige Holzarten unter für Mikroorganismen günstigen Lebensbedingungen sehr schnell befallen, andere Holzarten widerstehen dem Befall jahrzehntelang.

Der äußere Teil des Baumes, das Splintholz, besitzt keine resistenzwirksamen Inhaltstoffe, sondern kann sogar für Mikroorganismen förder-

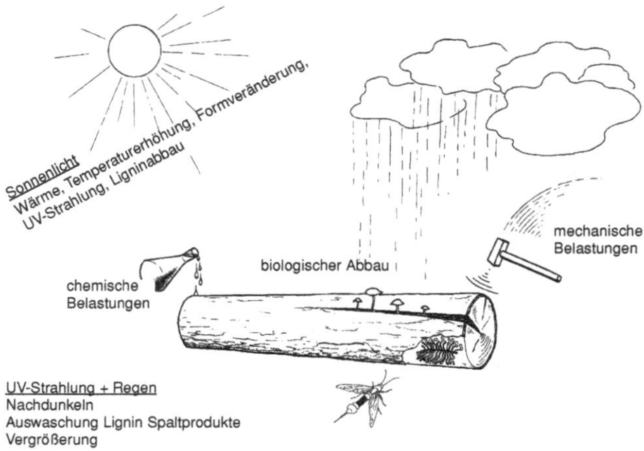

Bild 4.17: Biotischer und abiotischer Holzabbau

liche Nährstoffe (Zucker, Stärke) enthalten. Es ist deswegen nicht resistent und wird schnell durch Pilze befallen. Je nach Baumart, Herkunft und Standort variiert die Breite des Splintes. So bildet die einheimische Kiefer (*Pinus sylvestris*) einen vergleichsweise breiten Splint aus, während die Lärche (*Larix decidua*) und die Douglasie (*Pseudotsuga menziesii*) einen schmalen Splint formen.

Während des physiologischen Prozesses der Verkernung werden im Baum leicht abbaubare Reservestoffe zu Kerninhaltstoffen umgebaut, das Speichergewebe stirbt ab. Dauerhafte Kernhölzer enthalten in hohem Maße resistenzwirksame Inhaltstoffe. Es handelt sich hierbei um organische Pflanzeninhaltstoffe unterschiedlicher Substanzklassen, wie u. a. Terpene, Alkaloide, Stilbene, Flavanoide. Diese Inhaltstoffe sind in der Regel gehäuft in der äußeren Kernzone anzutreffen und der Gehalt nimmt zum Mark hin ab. Hierauf beruht die Variation der natürlichen Resistenz eines Baumes innerhalb eines Stammes.

Nicht alle Kernhölzer besitzen eine natürliche Resistenz gegen Schadorganismen. Einheimische Baumarten mit hellem Kernholz (wie Fichte, Tanne, Ahorn) oder mit fakultativem Farbkern (wie Rotbuche und Esche) sind aufgrund des Fehlens resistenzwirksamer Inhaltstoffe nur wenig dauerhafter als ihr anfälliges Splintholz.

Natürliche Dauerhaftigkeit gegen Pilze

In der europäischen Norm EN 350, Teil 2, ist die natürliche Dauerhaftigkeit als Resistenz gegen einen Schädlingsbefall ohne den Einsatz zusätzlicher chemischer Maßnahmen beschrieben. Die Klassifizierung der Widerstandsfähigkeit erfolgt in ein 5-Klassen-System von „sehr dauerhaft“ (Klasse 1) bis „nicht dauerhaft“ (Klasse 5). Eine Übersicht der Dauerhaftigkeit und Tränkbarkeit ausgesuchter Holzarten gibt ein Auszug aus der europäischen Norm EN 350-2. Die hierin angegebenen Dauerhaftigkeitsklassen beruhen in der Regel auf empirischen Einschätzungen, oftmals Erfahrungswerten der Anwendung von Holz im dauerfeuchten Bodenkontakt. Eine Bewertung der Dauerhaftigkeit unter trocknen oder wechselfeuchten Bedingungen oder gar eine Einschätzung der zu erwartenden Lebensdauer eines Bauteils lässt sich aus diesen Werten nur schwer ableiten.

Natürliche Dauerhaftigkeit gegen Insekten

Im Gegensatz zum Resistenzverhalten gegen einen pilzlichen Abbau lässt sich der Widerstand von Holzarten gegen Insektenbefall nicht in Klassen einteilen (siehe auch EN 350-2). Holzarten besitzen entweder eine natürliche Resistenz gegen Insekten oder sie können befallen werden. Abhängig vom Schadorganismus, vom Verbreitungsgebiet des Insektes, vom Alter oder der Vorbehandlung des Holzes (z. B. Trocknungsprozess), der Umgebungsfeuchte oder -temperatur, vor allem aber auch, ob das Insekt Holzfehler (Risse) zur Eiablage vorfindet, kann es viele Jahre oder Jahrzehnte dauern, bis ein Befall eintritt oder auch nicht stattfindet. So ist z. B. die Befallswahrscheinlichkeit von Brettschichtholz aufgrund geringerer oder fehlender Risse weitaus niedriger als von Bauholz der gleichen Holzart.

4.2.2 Dauerhafte Holzanwendung

Wurde es vor einigen Jahrzehnten noch als unkritisch angesehen, biozide Holzschutzbehandlungen in Außen- und Innenbereichen zu verwenden, gilt heutzutage als übergeordnetes Ziel, den Einsatz von chemischen Holzschutzmitteln zu minimieren, ohne jedoch die Gebrauchstauglichkeit des Holzbauteiles zu verringern. Hierzu muss man sich vor Augen führen, dass die Gefährdung eines Befalles durch Pilze oder Insekten sehr vom jeweiligen Anwendungsgebiet abhängt.

Pilze benötigen zum Abbau des Holzes Sauerstoff und Feuchtigkeit. Sauerstoff ist in vielen Anwendungen genügend vorhanden, wogegen eine ausreichende Feuchtigkeit oftmals der bestimmende Faktor ist, ob ein Pilzbefall stattfindet.

In der nationalen und internationalen Normgebung ist mit der Abhängigkeit der zu wählenden Holzschutzbehandlung von einer möglichen Gefährdung Rechnung getragen (siehe DIN 68800-Teil 3, EN 351, auch Tabelle 4.6). In diesen Normen werden Gebrauchsklassen und daraus resultierende angemessene Schutzbehandlungen definiert. Basisprinzip ist auch hier, dass eine chemische Maßnahme immer nur als Ergänzung zu baulichen Maßnahmen gesehen wird. Grundlage für solches Handeln bietet die Norm EN 351, in der der Einsatz von Bioziden nur empfohlen wird, wenn eine dauerhafte Anwendung nicht durch bauliche Maßnahmen oder die Verwendung einer Holzart mit ausreichender natürlicher Dauerhaftigkeit gewährleistet werden kann.

Tabelle 4.6: Gebrauchsklassen (nach DIN 68 800-1, vereinfacht)

GK		Beanspruchung	Gefährdung durch			
			Insekten	**Pilze**	**Auswaschung**	**Moderfäule**
0		Holz unter Dach, ständig trocken	nein	nein	nein	nein
1			ja	nein	nein	nein
2		Holz unter Dach, ohne Erdkontakt, nicht der Bewitterung oder Auswaschung ausgesetzt, gelegentliche Befeuchtung möglich	ja	ja	nein	nein
3	3.1	Holz nicht unter Dach, ohne Erdkontakt, keine Wasseranreicherung	ja	ja	ja	nein
	3.2	Holz nicht unter Dach, ohne Erdkontakt, Wasseranreicherung zu erwarten[1)]	ja	ja	ja	nein
4		Holz im Erdkontakt oder Süßwasser	ja	ja	ja	ja
5		Holz im Meerwasser	ja	ja	ja	ja

1) Bauteile mit Ablagerungen, z. B. Schmutz, Erde, Laub, über mehrere Monate sowie Bauteile mit besonderer Beanspruchung, z. B. durch Spritzwasser, sind in GK 4 einzustufen.

Auf chemischen Holzschutz gegen Pilze kann gänzlich verzichtet werden, wenn das Holz langfristig trocken bleibt (unter 20 % Holzfeuchte). Auch in einer solchen Anwendung kann jedoch aus ästhetischen Gründen (Vermeidung von Verschmutzung, Abrieb etc.) ein Oberflächenschutz mit Lacken oder hydrophobierenden Stoffen (Ölen, Wachsen) wünschenswert sein.

Auch bei niedrigen Holzfeuchten ist der Befall des Holzes mit Insekten nicht auszuschließen. Das Risiko eines starken Befalles, der zu gefährlichen Bauschäden führt, ist jedoch abschätzbar, wenn die Holzkonstruktion einzusehen und somit kontrollierbar ist. In einem solchen Fall kann auf den Einsatz von Insektiziden verzichtet werden. Auch wenn die Erreichbarkeit des Holzes von einem Insekt durch einen geeigneten mechanischen Schutz verhindert wird, ist kein insektizider Einsatz notwendig.

DIN 68800-3 sieht vor, dass Holzbauteile im Innenausbau (wie z. B. Innenwände, Geschossdecken, Dachkonstruktionen), bei denen dauerhaft eine mittlere relative Luftfeuchte bis 85 % gewährleistet ist, bei denen jedoch eine Befallskontrolle aufgrund behinderter Zugängigkeit des Bauteils nicht möglich ist, in der Gebrauchsklasse 1 einzustufen sind. Ein insektizider Schutz wird empfohlen.

Bei Außenbauteilen ohne unmittelbare Witterungsbeanspruchung und Innenbauteilen, die in feuchtem Umgebungsklima (über 85 % mittlere relative Luftfeuchte, GK 2) angewandt werden, empfiehlt sich aufgrund der Gefahr eines Befalls durch Oberflächen- oder Holz abbauenden Pilzen eine Behandlung mit pilzwidrigen Schutzmitteln. Außenbauteile, die der Witterung ausgesetzt sind, sowie Innenbauteile in Nassräumen werden der höheren GK 3 zugeschlagen. Ein witterungsbeständiger, pilzwidriger Holzschutz wird empfohlen.

Im Erd- und Wasserkontakt müssen Holzbauteile aufgrund des langfristigen Feuchteangebotes und aufgrund des Vorkommens von Moderfäulepilzen besonders geschützt werden. Nur gut fixierende, moderfäulewirksame Schutzmittel, die chemisch oder physikalisch an die Holzfaser gebunden werden, sind zu empfehlen. Eine gute Fixierung ist sowohl zur lang andauernden Werterhaltung des Holzes als auch aus Umweltgründen erforderlich.

4.2.3 Integrierter Holzschutz

„Holzschutz bedeutet die Anwendung von Maßnahmen, die eine Wertminderung oder Zerstörung von Holz und Holzwerkstoffen – besonders durch Pilze, Insekten oder Meerestiere – verhüten sollen und damit eine lange Gebrauchsdauer sicherstellen“ (DIN 68800-1, Holzschutz-Begriff).

Anhand dieser Definition wird deutlich, dass sich der Holzschutz heutzutage nicht auf den Einsatz von Bioziden beschränkt, sondern sich als Gesamtheit an Maßnahmen gegen eine schnelle Wertminderung versteht. Lange Zeit wurde der chemische Holzschutz benutzt, um den Folgen baulicher Mängel vorzubeugen. Heutzutage gilt jedoch bei Experten, durch eine werkstoffgerechte Planung und Verarbeitung den Einsatz von Bioziden auf notwendige Anwendungsbereiche zu beschränken.

Der chemische Holzschutz als vorbeugender Schutz gegen Pilze kann vermieden werden, wenn sichergestellt werden kann, dass das Holz bei der Verarbeitung und im Gebrauch nicht langfristig hohen Feuchtigkeiten ausgesetzt ist. Grundsätzlich ist dies durch die Kombination integrierter Schutzmaßnahmen zu erreichen, die den bewussten, sorgfältigen Umgang mit dem Werkstoff Holz über die gesamte Wertschöpfungskette hinweg sicherstellt. Dieser integrierte Ansatz beginnt bei der Holzartenauswahl und erstreckt sich auf organisatorische, baulich-konstruktive und physikalische Maßnahmen (Tabelle 4.7).

Tabelle 4.7: Beispiele von Maßnahmen und Zielen des integrierten Holzschutzes

Maßnahmen	Ziele
organisatorischer Holzschutz	
■ Holzartenauswahl	Optimierung von Dauerhaftigkeit, Stehvermögen, Rissanfälligkeit, Wasseraufnahmefähigkeit Vermeidung von Holzfehlern
■ Logistik von Fällung – Transport – Einschnitt – Lagerung – Weiterverarbeitung	Optimierung der Einbaufeuchte, Vermeidung von Holzschäden, Verschmutzung
■ Bauteilplanung – Baudurchführung	richtige Jahrringlage, Farbauswahl der Beschichtung (Vermeidung dunkler Farben), Beachtung vorherrschender Wetterrichtung
physikalischer Holzschutz	
■ wasserabweisende Beschichtungen (Lacke, Hydrophobierungsmittel)	Vermeidung dauerhafter Durchfeuchtung (insbesondere des Hirnholzes)
■ Hirnholzversiegelung	Verringerung der Rissbildung
■ mechanische Abdeckung des Hirnholzes/von Holzanschlüssen	
■ mechanische Abdeckung ganzer Bauteile	Schutz gegen Eiablage von Insekten
konstruktiver/baulicher Holzschutz	
■ Vermeidung von Schlagregen (Dachüberstände usw.)	Vermeidung (dauerhafter) Befeuchtung
■ Optimierung von Holzverbindungen	Vermeidung von „Schmutzfängern“
■ Abschrägung von Holzkonstruktionen	Vermeidung von Bodenkontakt/Spritzwasser
■ Tropfnasen	
■ Belüftung schaffen	Erleichterung des Wasserablaufes/Abtropfer

Zunächst gilt es, Holzarten mit einer geeigneten Dauerhaftigkeit für den jeweiligen Anwendungsbereich auszuwählen. Die meisten europäischen Holzarten, mit Ausnahme der Robinie, besitzen jedoch nur eine mittlere Dauerhaftigkeit, weswegen in den dauerfeuchten Anwendungsbereichen (Boden- und Wasserkontakt) vielfach ein chemischer Holzschutz notwendig ist. Nicht nur die natürliche Dauerhaftigkeit einer Holzart wirkt sich auf die Gebrauchsdauer einer Holzkonstruktion aus. Auch andere anatomische und physikalische Holzeigenschaften, wie z.B. das Wasseraufnahmeverhalten, das Stehvermögen, die Rissanfälligkeit, die UV-Stabilität, die Jahrringlage, nehmen nachhaltig Einfluss auf die Wartungsanfälligkeit und Lebensdauer eines Bauteiles. Da das Hirnholz überproportional Feuchtigkeit aufnimmt, sind hier besondere physikalische oder konstruktive Vorkehrungen zu treffen, z.B. Abdichtung des Hirnholzes mit Dichtstoffen, Abdeckung mit Metallkappen usw. (Bild 4.18).

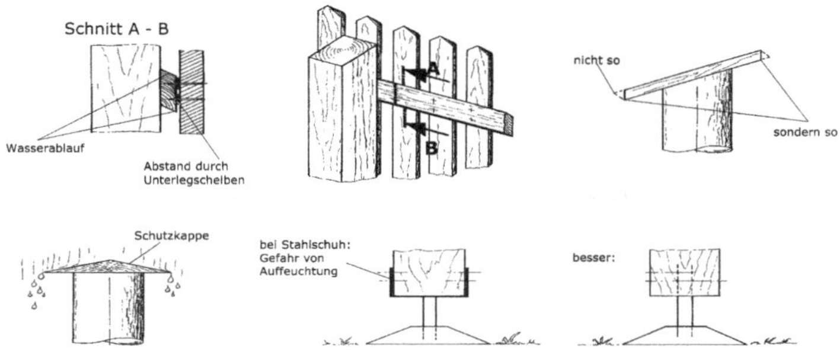

Bild 4.18a: Bauliche und konstruktive Schutzmaßnahmen, um eine lang anhaltende Durchfeuchtung zu vermeiden

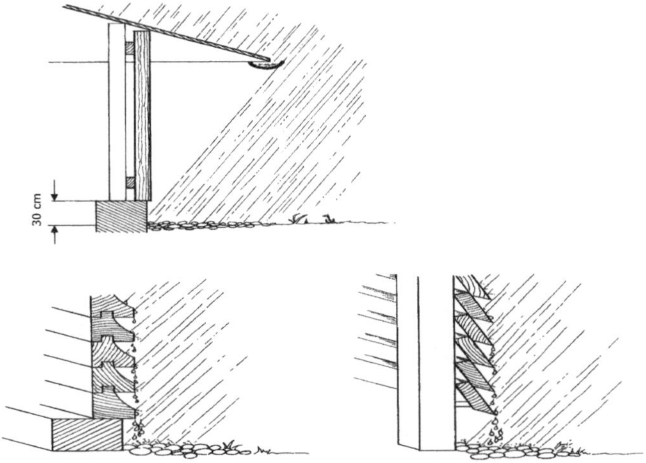

Bild 4.18b: Bauliche und konstruktive Schutzmaßnahmen, um eine lang anhaltende Durchfeuchtung zu vermeiden

Bereits im Vorfeld der Baumaßnahme beginnt der integrierte Holzschutz. Eine gute Organisation und Planung der gesamten Holzkette, bei der auf die Vermeidung hoher Holzfeuchten und Holzschäden geachtet wird, verringern die Wahrscheinlichkeit des Vorkommens späterer Bauschäden. Eine Übersicht baulicher Holzschutzmaßnahmen geben [2, 3].

Insekten sind auch in der Lage trockenes Holz zu befallen. Der bauliche Holzschutz gegen den Befall von Insekten ist deswegen schwieriger und beschränkt sich auf den mechanischen Schutz der Holzkonstruktion, der verhindern soll, dass das Insekt das Bauteil zur Eiablage erreichen kann.

4.2.4 Holzschutzverfahren

Holz, das dauerhaft der Bewitterung oder hohen Feuchten ausgesetzt ist, sollte gegen abiotischen und biotischen Abbau geschützt werden. Abhängig von der Gefährdung kann ein oberflächlicher Schutz ausreichen oder ein Tiefenschutz erforderlich sein. Eine Übersicht über Imprägnierverfahren, verwendete Schutzmitteltypen und Einsatzbereiche gibt Tabelle 4.8.

Tabelle 4.8: Holzimprägnierverfahren. Verfahrensarten, verwendete Schutzmitteltypen, Einsatzbereiche (Gebrauchsklassen) und Tränkdauer

Nichtdruckverfahren:

Verfahren	Schutzmittel	Einsatzbereich	Tränkdauer
Kurztauchen	wässrig, fixierend ölig, fixierend	GK 1–3	Sekunden bis Minuten
Streichen	wässrig, ölig	GK 1–2	
Spritzen/Fluten	wässrig, ölig	GK 1–2	
Tauchen	wässrig, nicht fixierend ölig, fixierend	GK 1–2 GK 1–3	eine bis mehrere Stunden
Trogtränkung	wässrig, fixierend	GK 1–3	> 24 Stunden

Druckverfahren:

Verfahren	Schutzmittel	Einsatzbereich	Tränkdauer
Kessel-Vakuumdruck	wässrig, fixierend	GK 1–5	abhängig von Holzart und Anwendung
Wechseldruck	wässrig, fixierend	GK 1–5	abhängig von Holzart und Anwendung
Doppelvakuum	ölig/wässrig fixierend	GK 1–3	abhängig von Holzart und Anwendung

4.2.4.1 Nichtdruckverfahren

Für den Schutz der Holzoberfläche gegen Verschmutzung, kurzzeitige Befeuchtung und Einwirkung der schädigenden UV-Strahlen ist in der Regel eine Oberflächenbehandlung mit Lacken, Lasuren oder Hydrophobierungsmitteln (Ölen, Wachsen) ausreichend. Ein solcher biozidfreier Schutz gegen Wind und Wetter bietet zwar normalerweise keinen langfristigen Schutz gegen den Befall von Mikroorganismen, erschwert jedoch das Eindringen von Wasser und verringert die Rissbildung des Holzes, wodurch dem Befall durch Mikroorganismen vorgebeugt wird. Oberflächenverfahren bieten somit einen gewissen Schutz in den Gebrauchsklassen 1–3, ersetzen jedoch keinesfalls einen Tiefenschutz mit Holzschutzmitteln in Anwendungsbereichen der Gebrauchsklassen 4–5.

Weniger auf den Schutz des Holzes vor Bewitterung, sondern auf einen bioziden Schutz der Oberfläche gerichtet, sind die Nichtdruckverfahren mit kurzer Einwirkdauer. In Oberflächenverfahren werden Holzschutzmittel durch Spritzen, Streichen, Fluten oder kurzes Eintauchen auf die Holzoberfläche aufgebracht. Die Eindringung in die Holzoberfläche ist bei diesen Verfahren sehr begrenzt (meist weniger als 1 mm), wodurch nur ein temporärer Schutz gegen oberflächlich wirkende Mikroorganismen besteht. Bei einer nachträglichen Rissbildung des Holzes hinterwandern die Pilze den dünnen Schutzfilm. Die Anwendung des mit diesen Kurzverfahren geschützten Holzes ist auf die Gebrauchsklassen 1–3 beschränkt, wobei in Gebrauchsklasse 3 kein Langzeitschutz ohne zusätzliche Schutzmaßnahmen (Lacke, Lasuren, bauliche Maßnahmen) gewährleistet werden kann.

Eine etwas höhere Aufnahmemenge und eine tiefere Eindringung des Schutzmittels (bis zu einigen mm) lässt sich in Trogtränkverfahren erzielen, bei denen das Holz für viele Stunden oder einige Tage in das wässrige Schutzmittel eingelagert wird. Bei diesen, in der Praxis meist für frisches Bauholz angewandten Verfahren, kann auch feuchtes Holz (bis ca. 50 % Holzfeuchte) behandelt werden. Die Aufnahmemenge lässt sich in gewissem Maße durch die verwendete Konzentration des Schutzmittels und die Tränkzeit variieren. Durch die immer noch relativ geringe Eindringtiefe (wenige mm) ist die Anwendung des in Trogtränkverfahren behandelten Holzes jedoch auf Gebrauchsklassen 1–3 beschränkt. Da frisches Bauholz in der späteren Anwendung zu Rissbildung neigt, reicht die geringe Eindringtiefe nicht zum dauerhaften Schutz aus. Auf jeden Fall sind die Regelungen der allgemeinen bauaufsichtlichen Zulassungen hinsichtlich der vorgeschriebenen Mindesttränkkonzentrationen und Einbringmengen zu beachten. Diese sind im Gegensatz zu den Druckverfahren flächenbezogen (Menge eingebrachtes Schutzmittel in mg oder ml pro m^2 Holzoberfläche).

Für die heutzutage verwendeten Tauchanlagen gelten vergleichbare Regelungen wie für Druckanlagen. Es müssen durch den Betreiber alle Vorkehrungen getroffen werden, die einen Eintrag der Holzschutzmittel in die Umwelt verhindern (flüssigkeitsdichte Arbeitsbereiche, Überdachung der Tränkanlagen usw.).

4.2.4.2 Druckverfahren

Wenn Holz häufiger Bewitterung oder einer andauernden Befeuchtung ausgesetzt wird, ist ein Tiefenschutz mit Holzschutzmitteln erforderlich. Dieser ist nicht durch Nichtdruckverfahren (Tauchen, Spritzen usw.) zu erreichen, sondern kann nur durch Druckverfahren gewährleistet werden. Alle Verfahrensprinzipien beruhen darauf, dass bei einer Druckerhöhung oder Druckerniedrigung (Vakuum) das wässrige oder lösemittelhaltige Schutzmittel hydraulisch ins Holz transportiert wird. Der Tränkerfolg hängt von einer Reihe von Faktoren ab. Ein sehr bestimmender Faktor ist die durch die Anatomie der jeweiligen Holzart vorgegebene Tränkbarkeit (Tabelle 4.9) sowie die Holzfeuchte.

Tabelle 4.9: Klassifikation der Tränkbarkeit von Holz (nach EN 350-2: 1994)

Klasse	Beschreibung*)	Erklärung
1	gut tränkbar	einfach zu tränken; Schnittholz wird bei Druckbehandlung ohne Schwierigkeiten vollständig durchdrungen
2	mäßig tränkbar	ziemlich einfach zu tränken; in der Regel ist eine vollständige Durchdringung nicht möglich, nach 2 h oder 3 h Druckbehandlung kann jedoch in Nadelhölzern mehr als 6 mm Eindringung senkrecht zur Faserrichtung erreicht werden, und in Laubhölzern wird ein großer Anteil der Gefäße durchdrungen
3	schwer tränkbar	schwierig zu tränken; 3 h bis 4 h Druckbehandlung ergeben nicht mehr als 3 mm bis 6 mm Eindringung senkrecht zur Faserrichtung
4	sehr schwer tränkbar	praktisch unmöglich zu tränken; nimmt auch nach 3 h bis 4 h Behandlungsdauer nur wenig Schutzmittel auf; Eindringung sowohl in Längsrichtung als auch senkrecht dazu minimal

*) Historische Angaben zur Tränkbarkeit können andere beschreibende Begriffe verwenden, die wie folgt den Tränkbarkeitsklassen entsprechen:
Klasse 1 durchlässig
Klasse 2 mäßig widerstehend
Klasse 3 widerstehend
Klasse 4 extrem widerstehend

Bei den Druckverfahren finden heutzutage folgende Techniken Anwendung, die sich vor allem in der Prozessführung unterscheiden:

Vakuum-Druckimprägnierung: Wird vor allem zur Tränkung von Kiefernholzsortimenten für Außenanwendungen mit wässrigen Holzschutzsalzen oder -emulsionen verwendet. Bei diesem Verfahren darf das Holz nicht nass sein (muss unter Fasersättigung sein). Aufgrund der zu erreichenden Aufnahmemengen (300 … 400 kg/m^3 Schutzmittellösung) ist dieses Verfahren nach DIN 68 800-3 für ständigen Erdkontakt und Wasserkontakt zugelassen.

Wechseldruckimprägnierung: Es lässt sich auch feuchteres Holz (bis ca. 80 % Holzfeuchte) tränken. Das Verfahren wurde für schwer imprägnierbare Holzarten, v.a. Fichtenholz, entwickelt, bei dem sich bei der Trocknung die Tüpfel der wasserleitenden Elemente (Tracheiden) schließen. Der Tränkerfolg beruht auf häufigen Wechseln von Druck und Unterdruck, wodurch das noch im Holz vorhandene Wasser schrittweise durch Tränklösung ersetzt wird.

Doppelvakuumimprägnierung: Findet vor allem für maßhaltige und gehobelte Holzsortimente, die in Gebrauchsklassen 1–3 verwendet werden, Anwendung. Lösemittelhaltige Holzschutzmittel werden im Unterdruck tief ins Holz gesaugt. Ein Endvakuum entfernt überschüssiges Schutzmittel. Die Einbringmengen sind aufgrund des fehlenden Druckes deutlich geringer als im Vakuum-Druckverfahren (ca. 20 … 30 kg/m^3).

Diese Grundverfahren wurden im Laufe des letzten Jahrhunderts vielfach variiert und die veränderten Verfahren oftmals nach ihren Erstanwendern benannt. In der Literatur findet man deshalb Verweise auf sogenannte Rüping-, Doppelrüping-, Lowry-Verfahren usw. [4].

Zur Grundausstattung einer Imprägnieranlage gehört ein Imprägnierzylinder, in den das Holz zur Tränkung eingebracht wird, ein Vorratsgefäß, in den das Schutzmittel vor und nach der Tränkung aufgenommen wird, eventuell weitere Vorratsgefäße zum Ansetzen der Schutzmittellösung, Vakuum und Druckpumpen sowie Steuer- und Messeinheiten.

Seit einigen Jahrzehnten sind an das Betreiben von Vakuum-Druckanlagen zahlreiche Umwelt-, Arbeits- und Gesundheitsauflagen gestellt, die die Gefahren im Umgang mit den bioziden oder insektiziden Schutzmitteln minimieren.

4.2.5 Tränkbarkeit von Holzarten

Ein Nachteil vieler Holzarten ist ihre schwierige Tränkbarkeit mit flüssigen Holzschutzmitteln. Um einen dauerhaften Schutz von Holzarten mit geringer natürlicher Dauerhaftigkeit zu erzielen, ist eine gleichmäßige, tiefreichende Verteilung der Schutzmittel jedoch notwendig.

Die Ursache der schlechten Tränkbarkeit des Holzes liegt im anatomischen Aufbau der betreffenden Holzarten. Während das Splintholz des lebenden Baumes einen Flüssigkeitstransport erlaubt, finden während der Kernholzbildung und nach der Fällung des Baumes physiologische Umwandlungsprozesse statt, die einen Flüssigkeitstransport zwischen benachbarten Zellelementen behindern. Im Kernholz geschieht das durch Umwandlung und Einlagerung von Kerninhaltstoffen, wie Harzsäuren, Fettsäuren, Terpenen und anderen Extraktstoffen, in die Zelllumina. Bei der Trocknung des Holzes werden bei einigen Holzarten die für den Flüssigkeitstransport verwendeten Zellen geschlossen. Dies geschieht unter anderem bei den Laubhölzern durch eine Verstopfung der

Gefäße mit sogenannten Thyllen, bei den Nadelhölzern durch den irreversiblen Verschluss der in den Tracheidenwänden vorkommenden Tüpfelmembranen.

Die europäische Norm EN 350-2 definiert die Tränkbarkeit von Holz und unterteilt diese in 4 Tränkbarkeitsklassen (Klasse 1: gut tränkbar ... Klasse 4: sehr schwer tränkbar; Tabelle 4.6). Viele mitteleuropäische Kernhölzer sind demnach schwer bis sehr schwer tränkbar. Ein sehr großer Unterschied in der Tränkbarkeit besteht zwischen den Splinthölzern. Einige der wichtigen Holzarten wie die Kiefer (*Pinus sylvestris*) lassen sich sehr gut tränken, während andere wie Fichte (*Picea abies*) und Lärche (*Larix decidua*) nur sehr schwer tränkbar sind.

Für eine dauerhafte Verwendung des Holzes unter extremen Bedingungen kann eine schlechte Tränkbarkeit vor allem für Holz mit einer geringen natürlichen Dauerhaftigkeit problematisch sein. Seit längerem wird deshalb versucht, die Tränkbarkeit des Holzes durch technische Eingriffe zu verbessern (einen Überblick über die verschiedenen Ansätze geben Morrell und Morris [2002] und Mai et al. [2003]). In der Praxis wird heutzutage bei einigen Tränkwerken die Holzoberfläche vor der Imprägnierbehandlung durch Metallstifte oder Nadeln perforiert, wodurch Flüssigkeiten über diese künstlichen Verletzungen tiefer ins Holz eindringen können. Auch Laserperforationsverfahren sind in der Erprobung. Der Nachteil der Perforationsverfahren besteht jedoch darin, dass die Oberflächenverletzungen auch nach der Imprägnierung sichtbar bleiben und in einigen Anwendungen ästhetisch unerwünscht sind.

Ein anderer Ansatz die Tränkbarkeit zu erhöhen, der bisher jedoch nicht über das Erprobungsstadium hinausgegangen ist, besteht darin, die den Flüssigkeitstransport hindernden Zellverbindungen (Tüpfel) mit Hilfe von Bioorganismen oder deren Enzyme zu entfernen. Von einigen Bakterien, Schimmel- und Weißfäulepilzen ist bekannt, dass sie die pektinreichen Tüpfel abbauen können, ohne zugleich andere Zellwandpolymere nachhaltig zu schädigen. Eine Übersicht über die biotechnologischen Möglichkeiten geben [5].

Tränkreife des Holzes

Holz kann nicht in jedem Zustand mit Holzschutzmitteln behandelt werden. Da die Rinde des Baumes und auch das Kambium in lateraler Richtung für Flüssigkeiten nur sehr begrenzt durchgängig sind, muss das Holz vor der Tränkung entrindet werden. Anhaftender Schmutz behindert die Flüssigkeitsaufnahme und die gleichmäßige Schutzmittelverteilung und Fixierung des Mittels.

Ein anderes wichtiges Kriterium ist die Holzfeuchte vor der Tränkung. Eine sehr hohe Holzfeuchte (z. B. über 80 %) behindert die Schutzmittelaufnahme vor allem öliger Schutzmittel, da freies Wasser die Zelllumen besetzt und den freien Zugang des Mittels behindert. Für die öligen Schutzmittel gilt daher die Regelung, dass sich die Holzfeuchte unter dem Fasersättigungspunkt befinden soll, da dann kein flüssiges Wasser mehr im Holz anwesend ist. Eine Ausnahme bietet die Teeröltränkung, die bei erhöhten Temperaturen durchgeführt wird, bei denen das Wasser während der Behandlung auskocht. Die Drucktränkung von Holz mit wässrigen Schutzmitteln geschieht ebenfalls normalerweise bei Holzfeuchten von ca. 25 … 35 %, da dann kein flüssiges Wasser die Eindringung behindert. Eine Tränkung bei höheren Holzfeuchten bietet jedoch bei einigen Holzarten, unter anderem der wichtigen Holzart Fichte (*Picea abies*), den Vorteil, dass oberhalb des Fasersättigungspunktes die Zellverbindungen (Tüpfel) im Splintholz noch geöffnet sind und die Flüssigkeitsaufnahme erleichtert ist. Diesen Vorteil macht man sich in der Praxis im sogenannten Wechseldruckverfahren zunutze. Auch die früher angewandten Diffusionsverfahren, in denen frisches Holz über einen längeren Zeitraum in hochkonzentriertes diffusionsfähiges Schutzmittel eingelagert wird, machen sich die bessere Wegbarkeit des Holzes bei höheren Holzfeuchten zunutze.

In den Druckverfahren werden die Aufnahmemenge und die Eindringtiefe des Schutzmittels neben der Holzfeuchte vor allem durch die Druck- und Vakuumhöhe und die Prozessdauer bestimmt. In den Nichtdruckverfahren, bei denen die Aufnahmemengen und Eindringtiefen naturgemäß weitaus geringer sind, lässt sich die Aufnahmemenge in gewissem Maße auch durch die Lösungskonzentration und die Oberflächenbeschaffenheit des Holzes beeinflussen. So lässt sich z. B. im Tauchverfahren mit sägerauen Oberflächen eine ca. doppelte Aufnahme im Vergleich zu gehobelten Holzoberflächen erreichen.

Nicht zuletzt sollte darauf hingewiesen werden, dass eine Holzschutzbehandlung erst erfolgen sollte, nachdem zu dem Zeitpunkt der Tränkung absehbare Arbeitsschritte (Profilierungen, Fräsungen etc.) durchgeführt wurden, da später durchgeführte Holzbearbeitungsschritte zum Freilegen ungeschützten Holzes führen und eine nachträgliche Behandlung nicht den gleichen Erfolg, wie eine Kesseldruckbehandlung haben kann.

4.2.6 Holzzerstörung durch Pilze

4.2.6.1 Einteilung der Holzpilze

Biotische Holzschädigungen werden überwiegend von Pilzen und Insekten verursacht. Im Bodenkontakt (Gebrauchsklasse 4) sind auch Bakterien an der Zerstörung des Holzes beteiligt. In Mitteleuropa ist der Befall des Holzes durch Pilze weit häufiger und schwerwiegender als durch Insekten [6]. Eine Ausnahme bilden die Termiten in Gebieten mit höherer Temperatur. Ist der Feuchtigkeitsgehalt in einem Bauteil ausreichend lange hoch, so wird es schnell durch auskeimende Sporen bzw. Infektionen über Myzelbewuchs von Pilzen besiedelt. Nachfolgend kann es zu teilweise erheblichen Materialschäden kommen, wobei das Holz innerhalb von Monaten/Jahren vollständig zerstört wird. Man unterscheidet die holzzerstörenden Pilze grundsätzlich nach ihrem Schadbild in drei Hauptgruppen nach ihren charakteristischen Holzzersetzungsmustern (Tabelle 4.10).

Tabelle 4.10: Typen des Pilzbefalls an Holz

Typ	Schadbild	Pilzklasse
Holzzerstörende Pilze	Braunfäule	Basidiomyceten
	Weißfäule	Basidiomyceten, Ascomyceten (vereinzelt)
	Moderfäule	Asco- und Deuteromyceten
Holzverfärbende Pilze	Schimmel	Asco- und Deuteromyceten
	Bläue	Asco- und Deuteromyceten
	Rotstreifigkeit	Basidiomyceten

Holz oberhalb des Erdkontaktes wird vornehmlich durch Braun- und Weißfäule erregende Basidiomyceten (Ständerpilze) zerstört. Im Erdkontakt unterliegt das Holz aufgrund des feuchteren Milieus in der Regel einem stärkeren Befall durch Moderfäulepilze, die den Asco- (Schlauchpilze) und Deuteromyceten (Imperfekte Pilze) zugeordnet sind. Daneben kann auch ein Bakterienbefall zu einem Abbau der Zellwand und anderer Holzbestandteile (Tüpfel, Parenchymzellen) führen. Bakterien spielen eine wichtige Rolle als Wegbereiter für nachfolgend das Holz besiedelnde Pilze.

Neben den Holzzerstörern wird das Holz auch von holz**verfärbenden Pilzen** besiedelt, zu denen Bläue- und Schimmelpilze zählen. Obwohl diese die hölzerne Zellwand nicht abzubauen vermögen, machen sie das Holz unansehnlich und verursachen einen deutlichen Wertverlust. Schimmelpilze können außerdem aufgrund der Sporenbildung ein ernstes gesundheitliches Problem darstellen.

4.2.6.2 Feuchtebedarf

Zur Besiedlung des Holzes durch bestimmte Pilze und Bakterien ist ein **minimaler Feuchtegehalt von etwa 20 … 25 %** über einen längeren Zeitraum erforderlich [6, 7]. Holzzerstörende Pilze benötigen allerdings eine Holzfeuchte im Bereich bzw. oberhalb des Fasersättigungspunktes (etwa 30 … 60 %), um auf Holz zu wachsen und die verholzte Zellwand enzymatisch abzubauen. Die überwiegend im Erdkontakt auftretenden Moderfäulepilze sind bei Holzfeuchten von über 80 % anzutreffen.

4.2.6.3 Fäuleformen

Braunfäule (Destruktionsfäule)

Die vornehmlich an Nadelhölzern aber auch an Laubholz auftretende Braunfäule führt bei fortgeschrittenem Befall zu einer braunen Verfärbung des Holzes, da hauptsächlich weiß gefärbte Cellulose und Hemicellulosen abgebaut werden, während das braune Lignin zurückbleibt. Aufgrund von Quellung und Schwindung des befallenen Holzes stellt sich bei einem Feuchtewechsel der charakteristische Würfelbruch ein.

Weißfäule (Korrosionsfäule)

Ein Befall durch Weißfäule tritt hauptsächlich an Laubholz auf, kann aber auch an Nadelholz Schäden verursachen. Weißfäule führt zu einer weißen Aufhellung des Holzes, kann allerdings anfangs auch eine Dunkelfärbung bewirken. Dabei werden alle polymeren Zellwandkomponenten – Cellulose, Hemicellulosen und Lignin – abgebaut. Je nach Pilzart kann ihr Abbau gleichzeitig (simultan) oder nacheinander (selektiv) erfolgen. Die weiße Aufhellung des Holzes rührt vom Abbau des Lignins her, der oxidativ erfolgt – worauf der Begriff „Korrosionsfäule“ beruht. Im Gegensatz zur Braunfäule kann das Holz ungleichmäßig gefärbt sein, z.B. streifig, marmorähnlich oder in Form abgegrenzter weißer Stellen („Weißlochfäule“). Im fortgeschrittenen Stadium des Befalls ist das Holz faserig und schwammartig.

Die Bewertung der natürlichen Dauerhaftigkeit gegenüber Weiß- und Braunfäulepilzen kann nach der EN 350-1 oder auf der Basis des CEN/TS 15083-1 **aufgrund von Laboruntersuchungen** erfolgen. Die Bewertung nach EN 350-1 basiert auf dem in der EN 113 beschriebenen Versuchsablauf. Die Wirksamkeitsgrenzen von Holzschutzmitteln gegenüber Weiß- und Braunfäulepilzen werden nach der EN 113 bestimmt.

Moderfäule

Moderfäule tritt bei hoher Holzfeuchtigkeit (über 80 %) insbesondere im Erdkontakt auf. Wie bei der Braunfäule werden hauptsächlich Cellulose und Hemicellulosen abgebaut, sodass sich das Holz dunkel färbt und sich ein modrich-weiches, würfelbruchartiges Erscheinungsbild ergibt. Aufgrund ihres höheren Ligninanteils werden Nadelhölzer weniger stark befallen als Laubhölzer.

Auf mikroskopischer Ebene lässt sich die Moderfäule vor allem an den sogenannten Kavernen in der Zellwand des Holzes erkennen. Hierbei handelt es sich um von den Hyphen gebildete Gänge in der Sekundärwand, die sich am Faserverlauf orientieren.

Die Bewertung der natürlichen Dauerhaftigkeit gegenüber Moderfäulepilzen kann auf der Basis des CEN/TS 15083-2 **aufgrund von Laboruntersuchungen** erfolgen. Die Wirksamkeitsgrenzen von Holzschutzmitteln gegenüber Moderfäulepilzen werden nach der ENV 807 bestimmt.

Die Bewertung der natürlichen Dauerhaftigkeit im Erdkontakt gegenüber Befall durch holzzerstörende Pilze (Weiß-, Braun-, Moderfäule) erfolgt nach der EN 350-1 **in Freilandversuchen**, basierend auf dem in der EN 252 beschriebenen Versuchsablauf.

4.2.6.4 Hausfäulepilze

Die wichtigsten pilzlichen Zerstörer von Konstruktionsholz zählen zur Gruppe der Braunfäulepilze. Dabei liegen in Deutschland bei 80 % des Pilzbefalls in Gebäuden der Echte Hausschwamm, Braune Kellerschwamm oder Weiße Porenschwamm vor. In den letzten Jahren waren vermehrt Schadensfälle durch den Weißfäule verursachenden Ausgebreiteten Hausporling zu verzeichnen, der mittlerweile eine ähnliche Häufigkeit wie der Weiße Porenschwamm aufweist [6].

Unter den Schwämmen ist der **Echte Hausschwamm** (*Serpula lacrymans*) der gefährlichste und am schwierigsten zu bekämpfende Hausfäulepilz. Dies beruht insbesondere auf seiner Fähigkeit, auch Holz mit relativ niedriger Feuchte (unter Fasersättigung) zu bewachsen, dichtes Oberflächenmyzel zu bilden (Schutz vor Austrocknung des befallenen Holzes) und anorganische Materialien (Putz, Mauerwerk, Schüttungen) zu durchwachsen.

Der Echte Hausschwamm ist in mehreren Bundesländern als einziger unter den Pilzen meldepflichtig. Bekämpfende Maßnahmen sind in der DIN 68800-4 beschrieben.

Der **Braune Kellerschwamm** (*Coniophora puteana*) ist der zweithäufigste Hausfäulepilz und gilt als Wegbereiter des Echten Hausschwamms. Da er hohe Holzfeuchtigkeiten von etwa 50 … 60 % zur Besiedlung des Holzes benötigt, gilt er als deutlich weniger gefährlich als der Echte Hausschwamm. Trotzdem kann das Ausmaß der entstehenden Schäden durchaus mit denen des Echten Hausschwamms vergleichbar sein. Der Braune Kellerschwamm ist darüber hinaus der am schnellsten wachsende unter den Bauholzpilzen.

Da er im Vergleich zum Echten Hausschwamm eine deutlich höhere Resistenz gegenüber fungiziden Holzschutzmitteln zeigt, ist er ein obligatorischer Prüfpilz nach EN 113.

Der **Breitsporige Weiße Porenschwamm** (*Antrodia vaillantii*) besitzt eine ähnliche Zerstörungskraft wie der Echte Hausschwamm und der Braune Kellerschwamm. Da er eine hohe Holzfeuchte (optimal etwa 40 %) benötigt und mit der Austrocknung sein Wachstum einstellt, ist er weniger gefährlich als der Echte Hausschwamm und kann leichter bekämpft werden. Allerdings kann er in eine längere Trockenstarre verfallen, die ein Wiederaufleben unter erneut günstigen Bedingungen ermöglicht.

Der **Ausgebreitete Hausporling** (*Donkioporia expansa*) ist der am häufigsten vorkommende Weißfäulepilz unter den Hausfäulepilzen. Dieser Pilz benötigt für seine Entwicklung hohe Holzfeuchten, sodass sich ein Befall meist auf stark durchfeuchtete Bereiche begrenzt. Der ebenfalls für diesen Pilz verwendete Name „Eichenporling“ ist irreführend, da erste Funde auf Eichenholz gemacht wurden, aber auch andere Laub- und Nadelhölzer befallen werden.

Im Freien verbautes Holz wird hauptsächlich durch **Blättlinge** befallen, bei Fensterholz sogar zu 90 ... 95 % („Fensterholzpilz“). Die Gefährlichkeit der Blättlinge beruht einerseits auf ihrer starken Zerstörungswirkung, andererseits aber auch auf dem für sie typischen Befallsbild der Innenfäule. Dabei bleiben die äußeren Holzschichten auch nach längerer Befallsdauer intakt, sodass der Befall leicht übersehen werden kann. In Gebäuden sind Blättlinge leicht durch Austrocknung und Holzschutzmittel zu bekämpfen. Der **Balkenblättling** (*Gloeophyllum trabeum*) ist obligatorischer Prüfpilz nach EN 113.

Besonders bei Holz im Außenbereich kann es zum Befall durch Weißfäule kommen. Stellvertretend sei hier der **Schmetterlingsporling** (*Trametes versicolor*) zu nennen, der vornehmlich Laubholz (Rotbuche, Birke) befällt. Er ist obligatorischer Prüfpilz nach EN 113 [8].

4.2.6.5 Holzverfärbende Organismen

Zu den holzverfärbenden Pilzen zählen Schimmel- und Bläuepilze. Die von diesen Pilzen hervorgerufene Wertminderung beruht auf der Verfärbung des Holzes und nicht auf der Zerstörung der hölzernen Zellwand und damit verbundenen Festigkeitsverlusten [6, 7, 8].

Schimmel

Holzbewohnende Schimmelpilze gehören zu den Ascomyceten und Deuteromyceten. Neben ästhetischen Gesichtspunkten stellt der Befall durch Schimmelpilze vor allem durch Sporenbildung ein **gesundheitliches Problem** dar. Einige Arten produzieren Toxine, die mitunter hochgiftig sein können.

Zum Befall durch Schimmelpilze kommt es vor allem bei hohen Feuchtigkeitsverhältnissen mit geringer Luftbewegung (z. B. in Badezimmern) sowie an nassem Splintholz, auf unsachgemäß gelagertem Schnittholz und z. B. bei feuchten, folienverschweißten Profilbrettern.

Bläue

Unter Bläue versteht man eine grauschwarze, radialstreifig orientierte Holzverfärbung, die an Nadel- und Laubholz auftritt. Es gibt etwa 100 Bläue verursachende Pilze, die zu den Asco- und Deuteromyceten zählen. Die Färbung der Hyphen rührt vom Melaninpigment her [8].

Bei Kernholzarten wird hauptsächlich der Splint befallen, da sich die Bläuepilze von den Inhaltsstoffen der lebenden Parenchymzellen ernähren. Die Zellwände der Holzzellen werden nicht enzymatisch angegriffen, und es kommt deshalb **nicht zu einem Verlust der statischen Festigkeit**. Allerdings kann es durch den mechanischen Druck bestimmter Hyphen (Transpressorien) zu einer **Herabsetzung der dynamischen Festigkeit** kommen. Darüber hinaus kann infolge des Bläuebefalls die kapillare Wasseraufnahme des Holzes und damit die Tränkmittelaufnahme bei der Holzschutzbehandlung deutlich erhöht werden.

Es werden drei ökologische Gruppen unterschieden: die häufig durch *Ceratocystis*-Arten hervorgerufene **Stammholzbläue**, die an stehenden Bäumen und an Rundholz auftritt (primäre Bläue); die meist durch *Cladosporium*-Arten hervorgerufene **Schnittholzbläue** (sekundäre Bläue) und die **Anstrichbläue**, die z. B. durch *Aureobasidium pullulans* an gestrichenem (beschichtetem) Holz hervorgerufen wird (tertiäre Bläue) [8].

Rotstreifigkeit

Ein besonderer Fall der Verfärbungen ist die Rotstreifigkeit. Die Rotstreifigkeit ist der häufigste und wirtschaftlich wichtigste Farbfehler an lagerndem Nadelrundholz (Fichte, Kiefer, Tanne). Es handelt sich um eine meist radial verlaufende streifenförmige Verfärbung, die durch langsam wachsende Weißfäulepilze wie den Blutenden Schichtpilz (*Stereum sanguinolentum*) und den Braunfilzigen Schichtpilz (*Amylostereum areolatum*) sowie bei der Kiefer durch die Tannentramete (*Trichaptum abietium*) hervorgerufen wird. Im Anfangsstadium treten kaum Festigkeitsverluste auf, im fortgeschrittenen Stadium sind diese dagegen sehr massiv.

4.2.7 Holzschädigende Insekten

Holz kann auch in getrocknetem Zustand von Insekten befallen werden. Die Weibchen legen ihre Eier in Risse und kleine Ritzen ins Holz ab. Die schlüpfenden Larven fressen sich, vom Holz ernährend, durchs Holz hindurch und hinterlassen dadurch eine perforierte Holzstruktur, die im fortschreitenden Stadium sehr stark an Festigkeit verliert. Während des Wachstums häuten sich die Insekten mehrfach, bis schließlich aus der Puppe das Vollinsekt schlüpft. Eine Übersicht holzschädigender Insekten gibt Bild 4.19.

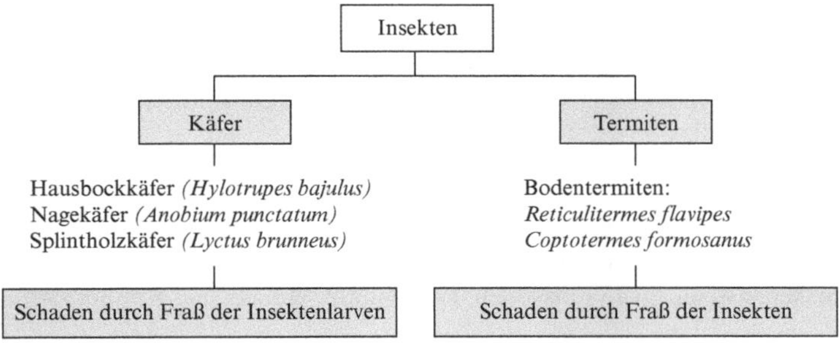

Bild 4.19: Klassifizierung holzschädigender Insekten

Zur Bestimmung des Befalls am geschädigten Holz wird die Art und Größe des Fraßganges und der Ausflugöffnungen und vor allem die Form und Größe des Kotballens und des Bohrmehls herangezogen (weiterführende Literatur; [6, 9]).

Die holzbefallenden Insekten haben sich auf die Art und den Zustand des Substrates spezialisiert. So leben einige Insekten nur in sehr feuchtem, andere in trockenem Holz. Einige befallen ausschließlich Laubhölzer, andere auch Nadelholz. Man unterteilt aufgrund ihrer Substratvorlieben die holzbefallenden Insekten in Frischholz-, Faulholz- und Trockenholzinsekten.

Frischholzinsekten, wie z. B. die Borkenkäfer, Scheibenböcke und Holzwespen, befallen den lebenden Stamm oder frisch gefällte Stämme, können aber nicht getrocknetes Holz besiedeln. Ein Schaden an Baukonstruktionen kann jedoch dann entstehen, wenn befallenes Holz verbaut wird und sich die schlüpfenden Käfer durch Isolierung oder Dampffolien hindurchbohren (Holzwespe).

Faulholzinsekten, wie z. B. der Trotzkopf, einige Nagekäferarten und Ameisen befallen sehr feuchtes und durch Pilze vorgeschädigtes Holz.

Schäden an verbautem Holz werden vor allem durch Trockenholzinsekten verursacht. Während die Frischholzinsekten vor allem Forstschädlinge sind, befallen sie Bauholz, Dachstühle, Möbel und Kulturgüter. Wie auch andere Insekten benötigen sie eine artspezifische Temperatur und Feuchte, wobei sie sich im Bereich optimaler Bedingungen am stärksten entwickeln. Die wichtigsten holzschädigenden Käfer sind die Hausbockkäfer, die Nagekäfer und die Splintholzkäfer.

Die Weibchen der Hausbockkäfer (*Hylotrupes bajulus*) legen 100–300 Eier in Risse von Nadelholz. Die Larven fressen ovale Gänge ins Holz. Bis zur Verpuppung und dem Ausflug des neuen Käfers leben sie, abhängig von den Umgebungsbedingungen, 3–10 (sogar bis 30) Jahre im Holz. Der Hausbock befällt Holz vor allem in Dachstühlen und Fachwerken.

Zu den Nagekäferarten gehört der Gewöhnliche Nagekäfer (*Anobium punctatum*), auch Kleiner Holzwurm genannt. Er befällt sowohl Nadelholz als auch Laubholz und bevorzugt feuchtere, kühle Räume im Innenausbau (Keller, Wohnräume, Möbel).

Sehr trockenes Holz (unter 10% Holzfeuchte) kann durch einige Splintholzkäfer (*Lyctus*-Arten) befallen werden. Diese Käferarten, wie z. B. der Braune Splintholzkäfer (*Lyctus brunneus*) und der Parkettkäfer (*Lyctus linearis*), kommen nur an Laubholz, v. a. dem Splintholz, vor und verursachen Schäden an Fußböden, Parkettholz, Möbeln und Kulturgütern.

In südlichen Breiten (Tropen und Subtropen) sind die gefährlichsten Holzzerstörer die Termiten, da sie in sehr kurzer Zeit größere Konstruktionen, vor allem in erdnahen Bereichen, abbauen können. Auch Ameisen können Holz schädigen, da sie sehr feuchtes oder von Pilzen befallenes Holz als Nest nutzen und dazu das Frühholz von Holzkonstruktionen aushöhlen.

Im Meerwasser mit höheren Salzkonzentrationen (Nordsee, westliche Ostsee) werden Holzkonstruktionen, aber auch Schiffe, von der Bohrmuschel (*Teredo*) befallen und nachhaltig geschädigt.

4.2.8 Chemischer Holzschutz

Holzschutzmittel

Allgemein unterliegen gefährliche Stoffe für Mensch und Umwelt dem **Chemikalien-Gesetz (Chem-G)**. Entsprechende Verbote und Beschränkungen dieser Stoffe sind in der **Chemikalien-Verbotsverordnung (Chem-VerbV)** enthalten.

Holzschutzmittel sind Präparate, die den Befall durch holzzerstörende und -verfärbende Pilze, Insekten oder Meerestiere verhindern (**vorbeugender Holzschutz**) bzw. im Falle eines bereits eingetretenen Befalls Schadorganismen abtöten (**bekämpfender Holzschutz**). Laut Definition des im Europäischen Komitee für Normung (CEN) zuständigen Technischen Komitees 38 (TC 38) enthalten sie stets Biozide als wirksame Bestandteile. Die Zulassung und das Inverkehrbringen von Bioziden werden für neue Biozidprodukte über die Europäische Richtlinie 98/8/EG (**Biozidrichtlinie**) geregelt. Derzeit wird in Deutschland der vorbeugende chemische Holzschutz für **tragende Bauteile** maßgeblich durch die DIN 68800-3 geregelt, die den Holzbauteilen Gebrauchsklassen zuordnet und so die Ansprüche an die Schutzmittel festlegt. Die entsprechende Wirksamkeit der Schutzmittel wird vom Deutschen Institut für Bautechnik (DIBt) anhand der vorgelegten Ergebnisse aus biologischen Wirksamkeitsprüfungen bewertet. Das DIBt vergibt die Prüfprädikate und schreibt die Einbringverfahren vor. Folgende Prüfprädikate werden vergeben:

Iv: gegen Insekten vorbeugend wirksam.

P: wirksam gegen Pilze (Fäulnisschutz). Dieses Prädikat wird nur erteilt, wenn auch vorbeugende Wirksamkeit gegen Insekten (Iv) nachgewiesen ist.

W: auch für Holz, das der Witterung ausgesetzt, jedoch nicht im ständigen Erdkontakt und nicht im ständigen Kontakt mit Wasser ist.

E: auch für Holz, das extremer Beanspruchung ausgesetzt ist (Erdkontakt, fließendes Wasser o. Ä.).

Im Rahmen des Zulassungsverfahrens wird zusätzlich eine Bewertung gesundheitlicher Risiken vom Bundesinstitut für Risikobewertung (BfR; vormals Bundesinstitut für gesundheitlichen Verbraucherschutz und Veterinärmedizin; BgVV) durchgeführt und die Umweltverträglichkeit vom Umweltbundesamt (UBA) geprüft.

Holzschutzmittel für **nicht tragende und aussteifende Bauteile** wie z. B. Fenster, Außentüren oder Zäune werden von der Zulassung des DIBt nicht erfasst. Diese werden nach einem freiwilligen Prüfverfahren der Gütegemeinschaft Holzschutzmittel e.V. bewertet. Nach Prüfung und Zustimmung durch BfR und UBA wird das Gütezeichen „RAL Holzschutzmittel" verliehen.

Holzschutzmittel-Formulierungen

Holzschutzmittel-Formulierungen lassen sich nach ihrer chemischen Konstitution einteilen in:

1. Steinkohlenteeröle (Kreosote),
2. Wasserlösliche/wasserbasierte Schutzmittel,
3. Lösemittelhaltige Schutzmittel,
4. Emulsionen/Mikroemulsionen.

1. Steinkohlenteeröle (Kreosote)

Steinkohlenteeröle sind komplexe Gemische überwiegend aromatischer Kohlenwasserstoffe, die durch Destillation von Steinkohlenteer bei Siedetemperaturen zwischen 200 ... 400 °C gewonnen werden. Sie werden weltweit seit Mitte des 19. Jahrhunderts zum Schutz von Bahnschwellen, Masten, Pfosten sowie von Holz für Kühltürme und im Wasserbau (auch Meerwasser) eingesetzt. Die geschätzte Wirkungsdauer liegt, abhängig von der Anwendung, zwischen 20 und 50 Jahren [10].

Die Kombination einer Vielzahl chemischer Inhaltsstoffe bewirkt ein breites Wirkungsspektrum und einen langfristigen Schutz gegenüber Pilzen (besonders Moderfäule), Insekten und holzzerstörenden Meeresorganismen. Die Wirkung beruht vorwiegend auf dem Vorkommen polyzyklischer aromatischer Kohlenwasserstoffe (PAK; siehe Tabelle 4.11) und verschiedener phenolischer Verbindungen.

Tabelle 4.11: Gehalt an polyzyklischen aromatischen Kohlenwasserstoffen in Teerölen nach WEI-Typ A und C [10]

Komponente	WEI-Typ A	WEI-Typ C
Naphthalin	8,7	0,1
2-Methyl-Naphthalin	6,5	0,4
1-Methyl-Naphthalin	4,0	0,3
Acenaphthen	8,0	2,4
Dibenzofuran	5,7	0,7
Fluoren	5,8	2,0
Phenanthren	7,4	26,2
Anthracen	1,0	1,5
Fluoranthen	5,0	11,2
Pyren	4,8	5,2
Benzo(a)anthracen	0,7	0,01
Chrysen	0,6	0,01
Benzo(e)pyren	0,04	0,002
Benzo(a)pyren	0,05	0,003

Teeröle sind außerdem hydrophob (wasserabweisend) und reduzieren die Feuchtigkeitsaufnahme des behandelten Holzes. Wichtige Nachteile der Teeröle sind ihre gesundheitliche Bedenklichkeit, ihre braune Eigenfärbung, ein starker Geruch sowie ihre schlechte Überstreich- und Verklebbarkeit. Außerdem werden diverse PAK als gesundheitsschädlich und potenziell kanzerogen eingestuft. Aufgrund dieser Eigenschaften eignen sie sich ausschließlich für den Außenbau, insbesondere zum Schutz des Holzes in ständigem Erd- und Wasserkontakt (Gebrauchsklasse 4) einschließlich Holz im Meerwasser (Gebrauchsklasse 5).

In Europa ist das Westeuropäische Institut für Holzimprägnierung (WEI) mit der Qualitätssicherung und Spezifikation der Teeröle betraut. Maßgebend für die Anwendung und den Einsatzbereich ist der **maximale**

Gehalt an Benzo(a)pyren (BaP), der vom Verlauf der Destillationskurve abhängig ist. Typische Siedeverläufe unterschiedlicher Teeröltypen sind in Bild 4.20 dargestellt.

Die Teeröle werden nach WEI-Typen eingeteilt, die sich im Verlauf ihrer Siedebereiche und damit in ihren physikalischen Eigenschaften und dem BaP-Gehalt unterscheiden:

WEI-Typ A: schweres Öl (hohe Dichte) für Eisenbahnschwellen mit einem hohen Anteil an höher siedenden Fraktionen und einem BaP-Gehalt von unter 500 mg/kg. Nach einer EU-Richtlinie sind Teeröle mit einem BaP-Gehalt von mehr als 50 mg/kg ab Juni 2003 verboten und werden in Zukunft weitgehend durch WEI-Typ C ersetzt.

WEI-Typ B: leichteres Öl für Masten im mittleren Siedebereich und einem BaP-Gehalt von unter 50 mg/kg.

WEI-Typ C: Typ mit verringerter Geruchsintensität und BaP-Gehalt (5 ... 50 mg/kg), bei dem die niedrig- und hochsiedenden Destillat-Fraktionen abgetrennt wurden.

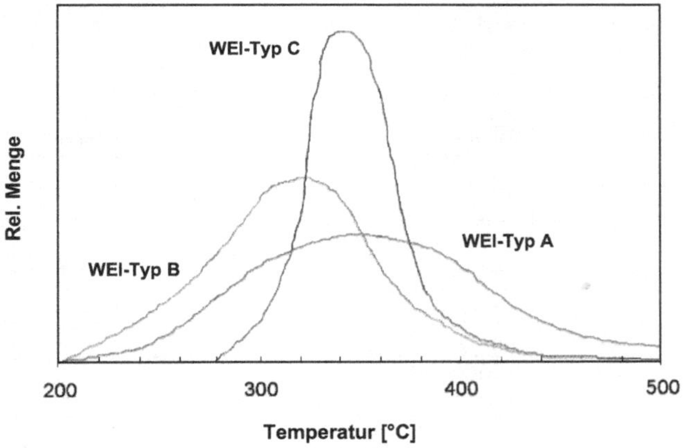

Bild 4.20: Siedeverläufe unterschiedlicher WEI-Teeröltypen

Das **Carbolineum** ist ein leichtes, auch bei Normaltemperatur verarbeitbares Gemisch aus Steinkohlenteerbestandteilen, dessen BaP-Gehalt heute unter 50 mg/kg liegt. Es wurde früher aufgrund seiner geringen Viskosität auch ohne Zusatz von Lösemitteln als Anstrichmittel verwendet, ist heute jedoch in Deutschland verboten.

Beim **GX plus** handelt es sich um ein neueres Produkt (1996) nach WEI-Typ C, dem zur Verbesserung des Imprägnierverhaltens Mineralöle zugesetzt werden.

Pigmentiertes emulgiertes Teeröl (PEC, engl. pigmented emulsified creosote) wird erst seit kurzer Zeit in Deutschland eingesetzt. Es handelt sich um eine Öl-Wasser-Emulsion, die 80 % Teeröl WEI-Typ C und Pigmente enthält, was das Ausschwitzen vermindern soll.

2. Wasserlösliche/wasserbasierte Schutzmittel

Die wasserlöslichen Schutzmittel sind meist reine **Salze** oder **Salzgemische** und werden in Pastenform oder als flüssige Konzentrate angeboten. Darüber hinaus sind vielfach Kombinationen anorganischer Salze mit meist wasserunlöslichen organischen Wirkstoffen bekannt. Letztere werden mit Hilfe von Emulgatoren bzw. Dispergiermittel wasseremulgierbar/-dispergierbar und somit wasserverdünnbar gemacht (deshalb „wasserbasiert"). Wasserlösliche/-basierte Schutzmittel eignen sich besonders für feuchtes und halbfeuchtes Holz. Die in Tabelle 4.12 genannten Systeme lassen sich hinsichtlich ihrer Fixierung im Holz einteilen. Die fungizid und insektizid (P, Iv) wirkenden Borverbindungen (Borsäure, Borax, Borsäureester) sind nicht fixierend und bleiben nach der Behandlung, selbst bei Zusatz von Chrom (fixierende Wirkung des Chroms siehe unten), leicht auswaschbar, sodass ihre Wirkung im Laufe der Anwendungsdauer verloren geht.

Tabelle 4.12: Wirksamkeit und Gebrauchsklassen von Holzschutzsalzen

Holzschutzmitteltyp	Wirkstoffe	Wirksamkeit	Gebrauchsklassen
B-Salze	Borverbindungen	P, Iv	1, 2
CK-Salze	Chrom-Kupfer-Verb.	Iv, W, E	1, 2, 3, 4
CKA-Salze	Chrom-Kupfer-Arsen-Verb.	P, Iv, W, E	1, 2, 3, 4
CKB-Salze	Chrom-Kupfer-Bor-Verb.	P, Iv, W, E	1, 2, 3, 4
Quat-Präparate	quaternäre Ammonium-Verb.	P, Iv, W	1, 2, 3
Quat-Bor-Präparate	Quat-Bor-Verb.	P, Iv, W	1, 2, 3
chromfreie Cu-Präparate	Cu-HDO-Verb., Quats, Triazole	P, Iv, W, (E)	1, 2, 3, (4)

Bei den **fixierenden Schutzmitteln** unterscheidet man chromathaltige und chromatfreie. Chromathaltige Mittel sind durchweg Salzgemische, meist mit Kupfersalzen in Kombination mit Arsen-, Bor- oder Fluorsalzen. Das Chrom liegt in diesen Gemischen in Form orangeroter Cr(VI)-Verbindungen vor, die giftig und kanzerogen sind. Chromsalze haben selbst keine biozide Wirkung, sondern bewirken eine Fixierung anderer biozider Salze durch Oxidation der Holzbestandteile. Durch die Reaktion mit Holz und Holzinhaltsstoffen wird das Chrom zu weniger giftigem, nicht kanzerogenem Cr(III) reduziert, wobei das Holz eine typische graugrüne Farbe annimmt. Neben seiner fixierenden Wirkung übt Chrom einen Schutz gegenüber UV-Strahlung aus.

Aufgrund ihrer toxikologischen Eigenschaften ist die Verwendung chromathaltiger Holzschutzmittel bereits heute in vielen Ländern stark eingeschränkt. Mittelfristig wird ein Verbot der Chromverbindungen diskutiert. Die Hauptgründe hierfür liegen im Bereich des Arbeitsschutzes und in der aufwendigen Entsorgung des chrombehandelten Altholzes.

Um einen dauerhaften Schutz der behandelten Hölzer im **Erdkontakt** zu gewährleisten, werden Kupfersalze eingesetzt, da diese biozid gegenüber Moderfäule wirken. Gegenüber kupfertoleranten Braunfäulepilzen zeigen CK-Salze allerdings eine geringere Wirksamkeit. Diese kann durch Zusatz von Arsen- (Arsenpentoxid, Arsenate, Arsensäure) oder Borsalzen (Borsäure, Borax, Borsäureester) erhöht werden, die auch gegen Insekten wirksam sind. Der größte Nachteil der Borverbindungen ist ihre Auswaschbarkeit, die auch durch Chromsalze nicht entscheidend verringert werden kann.

Arsenverbindungen werden als sehr giftig und kanzerogen eingestuft und sind in Deutschland und einigen anderen Ländern verboten. Die Entsorgung des CKA-behandelten Altholzes stellt ebenfalls ein Problem dar, zumal bei der Verbrennung Arsen freigesetzt werden kann. Nach der TRGS 618 (Technische Regeln für Gefahrstoffe: Ersatzstoffe und Verwendungsbeschränkungen für Chrom(VI)-haltige Holzschutzmittel) ist die Anwendung von CKB- und CKA-Salzen auf Kesseldruckanwendungen, die Gebrauchsklassen 3, 4 und 5 und damit den Außenbau beschränkt.

Unter die **chromatfrei fixierenden Schutzmittel** fallen hauptsächlich die Quat-Präparate (Quaternäre Ammoniumverbindungen), die Quat-Bor-Präparate und einige Kupferpräparate. Quat-Verbindungen binden sehr schnell an das Holz, was ihre Eindringung in tiefere Holzschichten erschwert. Die Anwendung reiner Quat-Präparate beschränkt sich auf Holz der Gebrauchsklasse 1, 2 und 3, da sie keine ausreichende Wirkung gegenüber Moderfäulepilzen aufweisen. Weiterhin werden sie zur Bekämpfung des Befalls durch echten Hausschwamm nach den in der DIN 68800-4 beschriebenen Verfahren eingesetzt. Durch die Kombination mit Bor in Quat-Bor-Präparaten wird eine Erweiterung des Wirkungsspektrums insbesondere gegenüber holzzerstörenden Insekten erreicht. Außerdem wird die Auswaschbeständigkeit der negativ geladenen Bor-Ionen durch Bindung an die positiv geladenen Ammonium-Ionen deutlich erhöht.

Im Holzschutzmittelverzeichnis 2009 [11] sind folgende Quat-Verbindungen gelistet (P, Iv):

- Didecyldimethylammoniumchlorid (DDAC),
- Dimethyl-benzyl-(C_{12}-C_{14})-alkylammoniumchlorid,
- Alkyldimethylbenzylammoniumchlorid (Benzalkoniumchlorid),
- Didecylpolyoxethylammoniumborat (Polymeres Betain),
- Didecylmethylpoly(oxethyl)-ammoniumproprionat (Polymeres Betain).

Die wichtigsten in Deutschland eingesetzten chromfrei fixierenden Kupferpräparate sind das Kupfer-HDO (Cu-HDO; HDO = Bis-(N-Cyclohexyldiazeniumdioxy), verschiedene Kupfer-Quat-Produkte (CuQuat, CuQA) und die Kupfer-Triazole (CuAZ).

Cu-HDO wirkt sowohl gegen Moderfäule- als auch gegen Weiß- und Braunfäulepilze. Die Wirkung gegen Basidiomyceten beruht zum Teil auf dem Komplexierungsmittel HDO. Aluminium- und Kalium-HDO (Xyligen-Marken) schützen ebenfalls vor Weiß- und Braunfäulebefall, nicht jedoch gegen Moderfäule- und Bläuepilze.

Ein dem Cu-HDO entsprechendes Wirkungsspektrum ist auch bei den CuQuat- und Cu-Triazol-Verbindungen zu beobachten, wobei die Wirkung gegen Basidiomyceten (Weiß- und Braunfäulepilze) jeweils hauptsächlich von der organischen Verbindung ausgeht. Die im Holzschutzmittelverzeichnis 2009 [11] gelisteten Kupfer-Triazole beinhalten Propiconazol und/oder Tebuconazol (s. u.). Alle genannten Kupfer-Präparate sind auch als borhaltige Formulierungen erhältlich.

Nach einer Selbstverpflichtung der Industrie im Jahr 2004 beschränkt sich die Verwendung von CKA-Formulierungen in den USA auf die Behandlung von Masten und Schwellen. Die hauptsächlichen Ersatzprodukte stellten dort zunächst **ACQ-Präparate** (deutsch: AKQ) dar. Hierbei handelt es sich um Kombinationen von Kupfer(II) und Quats im Verhältnis von etwa 2:1. Die Produkte werden entweder mit wässrigem Ammoniak (Typ B) oder mit einem organischen Amin formuliert (Typ D). Zurzeit werden in den USA allerdings hauptsächlich Präparate auf der Basis von dispergierten partikulären Kupferverbindungen („mikronisiertem Kupfer“) mit einem Marktanteil von ca. 80% eingesetzt. Die Bezeichnung „mikronisiert“ bringt zum Ausdruck, dass feste Kupferverbindungen mit einem Durchmesser von weniger als einem Mikrometer verwendet werden. Diese Kupferpartikel werden mithilfe niedrigmolekularer oder polymerer Verbindungen (Dispergiermittel) in Wasser dispergiert.

Neben den genannten Cu-organischen Präparaten sind weitere Produkte bekannt, die aber auf dem deutschen Markt keine oder eine nur geringe Bedeutung haben. Hier sind die Wirkstoffe Cu-Naphthenat, Cu-Citrat, Cu-bis(dimethyldithiocarbamat) (CDDC) und Bis-Cu-8-quinolinolat (Oxin-Cu, Cu-8) zu nennen.

Weiterhin wird im Holzschutzmittelverzeichnis 2009 [11] unter den chromatfrei fixierenden Mitteln eine **„Sammelgruppe“** genannt, die sich überwiegend aus organischen Wirkstoffen (s. u.) zusammensetzt. Die meistgenannten Wirkstoffe in den Formulierungen der „Sammelgruppe“ sind Quat-Verbindungen, Propiconazol und das Insektizid Fenoxycarb.

3. Lösemittelhaltige Schutzmittel

Lösemittelhaltige Schutzmittel sind Lösungen von organischen Fungiziden und/oder Insektiziden, zum Teil mit weiteren Bestandteilen (Pigmente, Sikkative, Hydrophobierungsmittel), in organischen Lösemitteln (z.B. Testbenzin). Neben den rein organischen Wirkstoffen werden auch das Al-HDO und K-HDO (Xyligen-Marken, s.o.) in lösemittelhaltigen Schutzmitteln eingesetzt. Organische Fungizide sind gegen holzzerstörende und -verfärbende Pilze wirksam, nicht aber gegen Moderfäulepilze.

Lösemittelhaltige Schutzmittel eignen sich für trockenes und halbtrockenes Holz und dürfen nicht verdünnt werden. Die maximale Wirkstoffkonzentration liegt bei wenigen Prozenten. Hierbei werden folgende Wirkstoffe verwendet:

Triazole (P; gegen Weiß- und Braunfäule-, Bläuepilze und Schimmel)

- Azaconazol (auch gegen Anstrichbläue),
- Cyproconazol,
- Propiconazol,
- Tebuconazol,
- TCMTB (2-(Thiocyanomethylthio)benzothiazol) (gegen Bläuepilze und Schimmel, Insekten).

Phenylsulfamide (P; gegen Bläuepilze und Schimmel)

- Dichlofluanid (DCFN),
- Tolylfluanid (beide gegen Lackbläue, Bläue auf Anstrich).

Carbamate (P)

- IPBC, 3-Iod-2-propinylbutylcarbamat (gegen Braunfäule-, Weißfäule- und Bläuepilze),
- Carbendazim (Methylbenzimidazol-2-yl-carbamat) (gegen Oberflächenbläue).

Aromatische Fungizide

- Pentachlorphenol (heute verboten; gegen Algen, Pilze),
- Ortho-Phenylphenol (gegen Bläuepilze und Schimmel),
- Chlorothalonil (2-, 4-, 5-, 6-tetrachloroisophthalonitril) (gegen Braun- und Weißfäulepilze, Insekten).

Organometallverbindungen

- Al-HDO (Xyligen Al) (Braun- und Weißfäulepilze),
- K-HDO (Xyligen K) (Braun- und Weißfäulepilze),

- Tributylzinnoxid (TBTO),
- Tributylzinnbenzoat (TBTB),
- Tributylzinn-Naphthenat (alle Organo-Zinnverbindungen wirken gegen Braun- und Weißfäulepilze, teilweise auch gegen Insekten).

Weitere Fungizide

- Bethoxazin (gegen Algen, Braunfäule-, Weißfäule-, Bläue- und Moderfäulepilze, Schimmel),
- 4,5-Dichloro-2-n-octyl-4-isothiazolin-3-on (Isothiazolon) (gegen Braunfäule-, Weißfäule-, Bläuepilze, Termiten).

Synthetische Pyrethroide (Iv)

- Permethrin,
- Cypermethrin,
- Cyfluthrin,
- Deltamethrin,
- Etofenprox,
- Silafluofen (nicht mehr auf dem Markt).

Weitere Insektizide

- Lindan (nicht verboten, aber kaum noch eingesetzt),
- Thiacloprid, Imidacloprid,
- Flufenoxuron (Flurox),
- Chlorpyrifos,
- Fenoxycarb (Farox).

4. Emulsionen/Mikroemulsionen

Emulsionen/Mikroemulsionen sind Mischungen von zwei oder mehreren miteinander nicht mischbaren Flüssigkeiten – auch Dispersionen genannt. Im Falle von Holzschutzemulsionen bildet Wasser das Dispersionsmittel, in dem wasserunlösliche organische Biozide (disperse Phase) mit Hilfe von Emulgatoren dispergiert, d. h. fein verteilt werden. Wässrige Emulsionen erlauben den Verzicht auf organische Lösemittel und können auch bei feuchtem Holz appliziert werden. Sie werden größtenteils zum bekämpfenden Holzschutz, insbesondere gegen Insekten, eingesetzt, z. B. bei großen Flächen oder zur Bohrlochtränkung.

Nachteilig ist die Teilchengröße der dispergierten Stoffe – bei Makroemulsionen etwa 1 … 100 µm –, was die Eindringung erschwert. Mikroemulsionen weisen eine deutlich geringere Partikelgröße (0,01 … 0,1 µm) und dadurch ähnliche Eindringtiefen und -geschwindigkeiten wie lösemittelhaltige Systeme auf. Darüber hinaus ist ihre Stabilität im Vergleich zu Makroemulsionen deutlich erhöht. Die genannten Eigenschaften machen die Anwendung der Mikroemulsionen auch im Bereich des vorbeugenden Holzschutzes möglich.

4.3 Sonstige Vergütungsverfahren

Carsten Mai
Holger Militz

Unter dem Begriff **Holzvergütung** versteht man alle Maßnahmen, die zu einer Verbesserung der Holzeigenschaften führen. Beispielhaft zu nennen seien hier die Dimensionsstabilität bei Feuchtewechsel, die Dauerhaftigkeit gegenüber Pilz- und Insektenbefall sowie verschiedene elasto-mechanische Eigenschaften wie Festigkeit, Härte und Elastizität. Weitere Ziele der Holzvergütung sind die Verbesserung der Bewitterungsbeständigkeit von Holzoberflächen und die Verringerung der Entflammbarkeit von Holz im Konstruktionsbereich. Im weiteren Sinne kann eine Vergütung durch viele handwerkliche oder industrielle Verfahren wie Trocknen, Dämpfen, Tränken, Verdichten, Absperren oder Beschichten des Holzes erreicht werden.

In den folgenden Abschnitten soll auf verschiedene neuere Verfahren der Holzvergütung mit besonderem Augenmerk auf die **chemische Holzmodifizierung** eingegangen werden.

Die beschriebenen Verfahren haben eine Erhöhung der Dauerhaftigkeit des Holzes zum Ziel – im Idealfall sogar einen vollständigen Verzicht auf biozide Holzschutzmittel. Die bei den Verfahren beobachtete Schutzwirkung beruht vielfach auf einer Veränderung des Substrates Holz, welche seine Besiedlung durch holzzerstörende Pilze oder Insekten erschwert, wenn nicht gar unmöglich macht. Die Veränderungen des Substrates bringen in den meisten Fällen auch eine Verbesserung weiterer materialtechnischer Eigenschaften mit sich. Hier sind vor allem eine erhöhte Dimensionsstabilität und eine Herabsetzung der Ausgleichsfeuchte gegenüber unbehandeltem Holz zu nennen.

4.3.1 Wirkungsprinzipien der Holzmodifizierung

Die gewünschten Veränderungen der Holzeigenschaften lassen sich anhand verschiedener Verfahren erreichen. Hierbei lassen sich bestimmte Wirkprinzipien unterscheiden, die unter anderem von der Lokalisation einer eingebrachten Chemikalie innerhalb der Holzzelle abhängen.

a) Einige Behandlungsverfahren führen zur Einbringung von Stoffen **überwiegend in die Lumen der Holzzellen**. Zwei sehr unterschiedliche Verfahren können diesem Wirkprinzip zugeordnet werden. Eines ist die Behandlung mit Stoffen, die das Holz wasserabweisend machen (Hydrophobierungsmittel), z. B. auf Basis von Ölen, Paraffinen oder Wachsen.

Ein weiteres Verfahren ist die Herstellung von Holz-Kunststoff-Kompositen, bei denen die Lumen der Holzzellen mit Kunststoffen wie Polystyren oder Polymethylmethacrylat ausgefüllt sind.

b) Einige chemische Stoffe oder deren Lösungen können aufgrund ihrer Größe und Polarität in die Zellwände eindringen und diese zum Quellen bringen. Falls dieser gequollene Zustand auch nach dem Trocknen des Lösemittels erhalten bleibt, können Holzeigenschaften wie Sorptionsverhalten, Dauerhaftigkeit, Dimensionsstabilität und mechanische Eigenschaften verändert sein. Bei diesem Wirkprinzip wird der in der Zellwand abgelagerte Stoff durch mechanisch-physikalische Wechselwirkungen (Ionen-, Wasserstoffbrücken-, Van-der-Waals-Bindungen) an die Zellwandmatrix aus Cellulose, Hemicellulosen und Lignin gebunden. Diesem Wirkprinzip folgt die Behandlung mit Zuckern und Polysacchariden, Polyethylenglykol sowie Phenol-Formaldehydharzen.

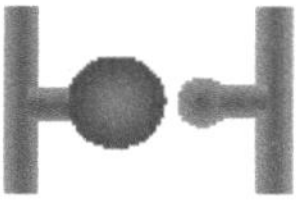

c) Chemisch-reaktive Verbindungen sind in der Lage, mit den Polymeren der Zellwandmatrix zu reagieren. Dieses Wirkprinzip entspricht der „klassischen“ Definition der **chemischen Holzmodifizierung**, nach der Chemikalien mit reaktiven Gruppen in der Zellwand – meist Hydroxylgruppen – reagieren und so neue funktionelle Gruppen über kovalente Bindungen in das Holz eingefügt werden [12]. Die meisten der untersuchten Modifizierungsreagenzien reagieren jeweils mit nur einer Hydroxylgruppe **(„Blockierung“)** unter Ausbildung von Ester-, Ether-, Urethan-, Acetal- oder Siloxanbindungen.

Die Hydroxylgruppen des Holzes erlauben die Einlagerung von Wassermolekülen in die Zellwand und sind somit für das Quellen und Schwinden und das Einstellen der Ausgleichsfeuchtigkeit des Holzes verantwortlich. Eine Blockierung der Hydroxylgruppen reduziert folglich die Feuchtigkeitsaufnahme und bewirkt eine erhöhte Dimensionsstabilität. Letzteres ist im Allgemeinen auf einen erhöhten Raumbedarf der neu eingeführten chemischen Gruppen zurückzuführen. Diese Gruppen bewirken, dass die Zellwandpolymere eine weniger dichte Packung einnehmen als in nicht modifiziertem Holz. So wird das modifizierte Holz in einen dauerhaft gequollenen Zustand versetzt und weist ein größeres Volumen auf als vor der Modifizierung (**„Bulking"-Effekt**). Bild 4.21 zeigt, dass sich der Abstand der Mikrofibrillen beim Übergang vom trockenen zum wassergesättigten Zustand beim unbehandelten Holz sehr viel stärker ändert als bei modifiziertem Holz. Hierauf beruht die höhere Dimensionsstabilität des chemisch modifizierten Holzes.

Weiterhin wird angenommen, dass das Porenvolumen innerhalb der Holzzellwand infolge der Modifizierung abnimmt.

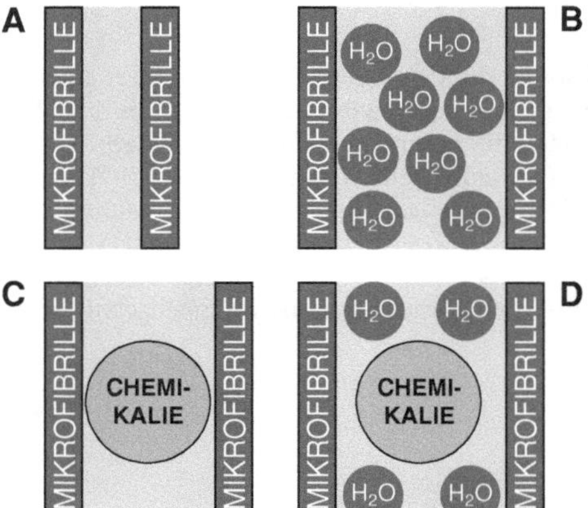

Bild 4.21: Prinzip der Dimensionsstabilisierung durch chemische Modifizierung („Bulking"-Effekt). A, B: unbehandeltes Holz; C, D: modifiziertes Holz; A, C: trocken; B, D: wassergesättigt

Durch chemische Modifizierung kann weiterhin eine Erhöhung der Dauerhaftigkeit des Holzes erzielt werden. Hierfür sind vor allem drei Gründe zu nennen:

- Die geringere Gleichgewichtsfeuchte verhindert die Besiedlung durch holzzerstörende Pilze.

- Vom Pilz produzierte hydrolytische und oxidative Enzyme sind nicht mehr in der Lage, die chemisch veränderten Zellwandpolymere (Cellulose, Hemicellulosen, Lignin) zu erkennen und abzubauen.
- Der „Bulking"-Effekt und die damit verbundene Verringerung des Porenvolumens in der Holzzellwand verhindern, dass Enzyme und andere Agenzien, die für den Abbau verantwortlich sind, in die Zellwand eindringen können.

d) Eine **chemische Holzmodifizierung** liegt weiterhin vor, wenn es zur Reaktion des Holzes mit Chemikalien kommt, die mehr als eine reaktive Gruppe aufweisen bzw. mit zwei Hydroxylgruppen des Holzes reagieren können. Auf diese Weise können verschiedene Zellwandpolymere miteinander verbunden werden (**Vernetzung**). Ein typisches Beispiel für eine solche Behandlung ist die Reaktion mit Formaldehyd oder Epichlorhydrin.

In ähnlicher Weise können die Polymere der Zellwand bei einer **Hitzebehandlung** miteinander reagieren (**Selbstvernetzung**), die ebenfalls zu den Verfahren der Holzmodifizierung gerechnet wird. Hierbei kommt es unter Einwirkung höherer Temperaturen von etwa 180–260 °C zu Oxidations- und Kondensationsreaktionen (unter Wasserabspaltung), was zu einer stärkeren Vernetzung der Zellwandbestandteile führt. Dabei kann sich eine Verbesserung der Dauerhaftigkeit und der Dimensionsstabilität ergeben. Gleichgewichtsfeuchte und mechanische Eigenschaften werden ebenfalls verändert.

e) Bei der Modifikation des Holzes kann es auch zu hydrolytischen **Spaltungsreaktionen** oder **Oxidationsreaktionen** kommen, die bei nicht optimaler Prozessführung zu einer Verringerung des durchschnittlichen Polymerisationsgrades (DP) der Cellulose und Hemicellulosen führen können. Dabei ergibt sich zwangsläufig eine Verringerung der Festigkeitseigenschaften wie der Biegefestigkeit und vor allem der Bruchschlagarbeit.

Der prozessbedingte Abbau von Zellwandkomponenten wie den Hemicellulosen kann allerdings auch eine Erhöhung der Dauerhaftigkeit mit sich bringen. So dienen die Hemicellulosen als leicht erschließbare Nahrungsquelle für holzabbauende Pilze. Durch ihren Abbau, z. B. während einer Hitzebehandlung, steht diese Nahrungsquelle nicht mehr bei der Besiedlung durch Pilze zur Verfügung.

Hemicellulosen sind ebenfalls am Vorgang der Quellung und Schwindung des Holzes beteiligt. Deshalb kann ihr thermischer Abbau eine Erhöhung der Dimensionsstabilität zur Folge haben.

Auch durch eine gezielte Oxidation des Holzes, z. B. mit Natriumperiodat, konnte die Resistenz gegenüber holzzerstörenden Pilzen erhöht werden. Dies beruht wahrscheinlich auf der chemischen Veränderung der Zellwand, die es den pilzlichen Enzymen unmöglich macht, Cellulose, Hemicellulosen und Lignin als Substrat zu erkennen und abzubauen.

4.3.2 Arten der Holzmodifizierung

4.3.2.1 Thermisch-physikalische Verfahren

Von allen Verfahren zur Modifizierung des Holzes haben die Hitzebehandlungsverfahren den höchsten Entwicklungsstand erreicht. Alle beschriebenen Verfahren machen sich das Prinzip zunutze, dass sich die Zellwandbestandteile bei erhöhten Temperaturen (über 150 °C) chemisch verändern. Hierbei kommt es zu einer Vielzahl verschiedener Reaktionen wie hydrolytischen Spaltungen der Polysaccharide, Oxidations- und Radikalreaktionen (Wirkprinzip e) und verschiedenen Kondensationsreaktionen (Wirkprinzip d). Wie bereits oben beschrieben, können so Eigenschaften wie Dauerhaftigkeit und Dimensionsstabilität verbessert werden. Allerdings hat die Hitzebehandlung aufgrund des teilweisen Abbaus einiger Zellwandkomponenten einen deutlichen Festigkeitsverlust und eine dunkle Verfärbung zur Folge. Aus diesem Grund wird das behandelte Holz nicht für tragende Bauteile verwendet. Das Haupteinsatzgebiet liegt im Bereich von Fassadenverkleidungen, Gartenholz, Terrassenholz und anderem. Ein weiteres Einsatzgebiet liegt im Innenausbau, wo Thermoholz hauptsächlich wegen seiner dunklen Färbung verwendet wird.

Aufgrund des thermischen Abbaus der Zellwandkomponenten und des Masseverlusts während der Behandlung weist hitzebehandeltes Holz eine geringere Dichte als unbehandeltes Holz auf. Die Dauerhaftigkeit nimmt im Allgemeinen mit der angewandten Hitze und der Expositionsdauer zu, während gleichzeitig die Festigkeit des Holzes abnimmt. Somit stellt die Hitzebehandlung immer einen Kompromiss zwischen Pilzresistenz und gleichzeitiger Abnahme der Festigkeit dar.

Alle bisher in der Literatur beschriebenen Verfahren zur thermischen Modifizierung sehen einen Schritt der Hitzebehandlung zwischen 160 und

260 °C vor [13]. Die hauptsächlichen Verfahrensunterschiede liegen im Bereich der Prozessführung. So wird beim **PLATO-Verfahren** ein hydrothermischer Schritt (160–190 °C) in einer feuchten Atmosphäre mit einem zweiten Trocknungsschritt bei geringer Holzfeuchtigkeit (170 bis 190 °C) kombiniert. So kann es im ersten Schritt zu einem gezielten Abbau der Hemicellulosen und im zweiten zu einer Quervernetzung der verbliebenen Zellwandpolymere kommen.

Bei einem französischen Verfahren (**New Option Wood**) wird relativ trockenes Holz (12 %) in einer Stickstoffatmosphäre auf 200–240 °C erhitzt. Auf diese Weise soll ein oxidativer Abbau der Zellwandpolymere während der Hitzebehandlung verhindert werden. In ähnlicher Weise wird bei einem weiteren Prozess (**Bois Perdure**) verfahren, wobei von frischem Holz ausgegangen wird, das in einer Dampfatmosphäre auf 200 bis 240 °C erhitzt wird.

Ein in Finnland entwickeltes Verfahren (**ThermoWood, VTT**) lässt sich in drei Prozessphasen einteilen:

1) Das Holz wird zuerst schnell in einer Dampfatmosphäre auf etwa 100 °C erhitzt. Dann wird die Temperatur stetig auf etwa 130 °C erhöht und das Holz darr getrocknet.
2) Jetzt wird die Temperatur auf 185–230 °C erhöht und für etwa 2–3 Stunden auf diesem Niveau gehalten.
3) Die Temperatur wird dann mit Hilfe von fein versprühtem Wasser auf 80–90 °C gesenkt und das Holz auf eine Feuchte von 4 % konditioniert. Auf diese Weise sollen Spannungsrisse vermieden werden.

Bei einem Verfahren der Firma Menz-Holz wird Öl (z. B. Leinöl oder andere Pflanzenöle) als Medium zur Hitzeübertragung verwendet (**Öl-Hitze-Behandlung, OHT**). So soll eine im Vergleich zur Gasatmosphäre gleichmäßigere Verteilung der Hitze gewährleistet werden. Darüber hinaus kommt es aufgrund der Tränkung in Öl zu einer Hydrophobierung der Holzoberfläche. Obwohl die erzielte Dauerhaftigkeit bei 220 °C ein Maximum zeigt, wird in der Praxis eine Temperatur von 180–200 °C nicht überschritten, da sich sonst zu hohe Festigkeitsverluste ergeben würden. Die Gesamtdauer eines typischen Prozesses für Stämme mit einer Querschnittsfläche von 100 cm^2 und 4 Metern Länge liegt bei 18 Stunden.

4.3.2.2 Hydrophobierung mit Ölen und Wachsen

Zu den lumenfüllenden Verfahren (Wirkprinzip a) sind vor allem die Behandlungen mit **Ölen, Wachsen und Paraffinen** zu zählen, die vornehmlich als Hydrophobierungsmittel dienen. Ein Beispiel für eine kombinierte Öl-Hitze-Behandlung (OHT) wurde bereits unter den thermischen Verfahren beschrieben.

Durch Einlagerung von wasserabstoßend wirkenden Stoffen in die Zelllumen kann die Feuchtigkeit von Bauteilen fern gehalten werden. Flüssiges Wasser dringt deutlich langsamer in die Poren des Holzes ein als bei unbehandeltem Holz. Darüber hinaus ist die Geschwindigkeit der Aufnahme von gasförmigem Wasser, also die Einstellung der Gleichgewichtsfeuchte bei ölbehandeltem Holz, deutlich herabgesetzt.

Während der Bewitterung des Holzes kommt es zu einer deutlichen Dämpfung der Feuchtezyklen. Da das Holz weniger Wasser aufnimmt, sind die Schwankungen, denen das Holz zwischen starker Sonneneinstrahlung und Perioden hoher Feuchtigkeit ausgesetzt ist, geringer. Als Folge ist eine verringerte Rissbildung zu beobachten.

Durch eine Herabsetzung des Feuchtigkeitsgehalts wird außerdem die Wahrscheinlichkeit eines Befalls durch Pilze deutlich verringert. Trotzdem reicht die alleinige Behandlung z. B. mit Ölen (Pflanzenöl, Mineralöl) nicht aus, um einen wirksamen Schutz vor holzabbauenden Pilzen zu gewährleisten [14].

Das bereits in den 60er-Jahren des letzten Jahrhunderts in Skandinavien entwickelte **Royalverfahren** sieht eine Kombination von Kupfersalz-(Biozid) und Ölbehandlung in einem zweistufigen Verfahren vor. Durch die Ölbehandlung soll die Auswaschung des Kupfersalzes verhindert und so der Verzicht auf das kanzerogene Fixiermittel Chrom ermöglicht werden. Das nach dem Royalverfahren behandelte Material ist sehr dauerhaft und zeigt außerdem eine verbesserte Stabilität bei Bewitterung (geringere Rissbildung etc.).

Die Behandlung des Holzes mit **Wachsen** ist aufgrund ihres hohen Schmelzpunktes oft ein Problem. Um die Wachse tiefer in den Holzkörper einzubringen, muss deshalb bei höheren Temperaturen oberhalb ihres Schmelzpunktes gearbeitet werden. Alternativ bietet sich die Verwendung von Lösungen sowie von Emulsionen an, bei denen die Wachse mit Hilfe von Emulgatoren in Wasser dispergiert sind. Durch Füllen der Zellumen bzw. Auskleidung der Zellwände vom Zelllumen her kann die Wasseraufnahme des behandelten Holzes deutlich reduziert werden.

Praxisversuche zeigten, dass mit Paraffinwachs behandelte Fensterrahmen nach über 20 Jahren keinen Befall durch holzzerstörende Pilze und nur eine geringe Rissbildung aufwiesen. Hingegen wurden an mit Pentachlorphenol behandelten Fenstern ein deutlicher Pilzbefall und eine starke Rissbildung beobachtet [15].

4.3.2.3 Chemische Modifizierung der Holzzellwand

Bei der chemischen Modifizierung des Holzes werden reaktive Chemikalien eingesetzt, die über funktionelle Gruppen an die Holocellulose und das Lignin gebunden werden können. Hierbei reagieren überwiegend die Hydroxylgruppen der Zellwandpolymere (siehe Wirkprinzip c) [12, 16, 17].

Der **allgemeine Ablauf** einer chemischen Modifizierung sieht zunächst eine **Imprägnierung** des Holzes mit dem Modifizierungsreagenz vor, das entweder rein oder in einem Lösungsmittel (Wasser, organisches Lösemittel) vorliegt. Zur Imprägnierung wird das Holz in das Reagenz getaucht und meist durch Anlegen eines Vakuums (evtl. auch Druck) mit dem Reagenz durchtränkt. Das Holz wird dann aus dem Tränkbad genommen und das im Holz enthaltene Reagenz meist bei Temperaturen um 100 °C oder höher zur Reaktion gebracht (**„Curing“**) [18].

Blockierung von Hydroxylgruppen

Die wissenschaftlich und technologisch am weitesten untersuchten chemischen Modifizierungsverfahren sind die der **Veresterung**. Zur Veresterung wurden neben Carbonsäuren hauptsächlich die reaktiveren Carbonsäurechloride und Säureanhydride eingesetzt. Die technisch wichtigste Veresterung ist die **Acetylierung** mit Acetanhydrid (Bild 4.22). Ein entscheidender Nachteil der Acetylierung mit Acetylchlorid und Acetanhydrid ist die Abgabe von Säure während der Reaktion. Bei der Reaktion mit Acetylchlorid kommt es zur Freisetzung von Salzsäure (HCl), die als starke Säure bei den notwendigen hohen Reaktionstemperaturen (> 100 °C) eine Zerstörung der Zellwand bewirken kann. Demgegenüber wird bei der Acetylierung mit Acetanhydrid Essigsäure abgespalten. Diese ist eine schwache Säure und bewirkt geringere Schädigungen des Holzes. Allerdings lässt sich die Essigsäure nur schwer aus dem Holz entfernen – insbesondere bei größeren Abmessungen. Dadurch kommt es bei Verwendung des Holzes im Innenbereich zu einer Geruchsbelästigung (VOC-Problematik; VOC = volatile organic compound). Ein prozesstechnischer Vorteil der Acetylierung mit Acetanhydrid ist, dass keine metallischen Katalysatoren eingesetzt werden müssen. Nachteilig wirkt sich die hohe Korrosivität des Acetanhydrids aus, sodass hohe Materialansprüche hinsichtlich der zu verwendenden Imprägnieranlagen gestellt werden müssen.

Die Acetylierung kann zu Resistenzen gegenüber holzabbauenden Pilzen (Basidiomyceten) führen, die die in der Norm EN 113 geforderten Werte für Holzschutzmittel erreichen. Darüber hinaus werden Materialeigen-

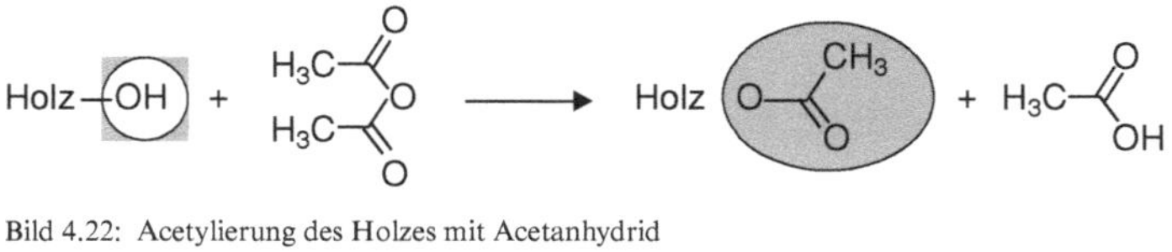

Bild 4.22: Acetylierung des Holzes mit Acetanhydrid

schaften wie Dimensionsstabilität (Quellung/Schwindung) und Ausgleichsfeuchte deutlich verbessert [16].

Neben dem Essigsäureanhydrid wurden insbesondere **zyklische Anhydride** wie Phthalsäure-, Maleinsäure- und Bernsteinsäureanhydrid zur Modifizierung eingesetzt. Ein Vorteil dieser Reagenzien beruht darauf, dass es nach der Reaktion nicht zur Abspaltung von Säuren kommt.

Neben der Veresterung wurden weitere Modifizierungen untersucht wie die **Veretherung** mit Epoxyverbindungen und Alkylhalogeniden, die Reaktion mit **Isocyanaten** (Urethanbildung) oder die Reaktion mit verschiedenen **Aldehyden** (Acetalbildung) [12].

Vernetzung

Bei der **Acetalbildung** durch Aldehyde kommt es zu einer Vernetzung der Zellwandpolymere (Wirkprinzip d). Die Bildung der Acetale verläuft in zwei Schritten (Bild 4.23):

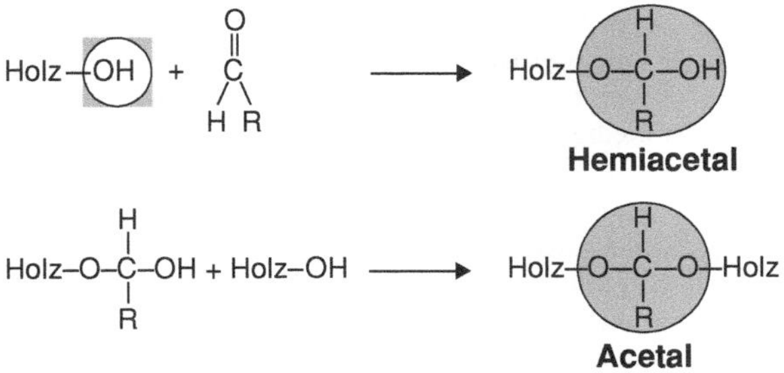

Bild 4.23: Vernetzung des Holzes mit einem Aldehyd unter Bildung von Halb- und Vollacetalen

Die Reaktion wird am besten durch starke Säuren wie Salzsäure oder durch Lewissäuren wie Zinkchlorid katalysiert.

Eine Vernetzung mit **Formaldehyd** verhindert schon bei geringen Gewichtszunahmen (2 %) den pilzlichen Abbau. Auch die Quell-Schwindneigung kann bei relativ geringem Modifizierungsgrad (7 % Gewichtszunahme) um bis zu 90 % reduziert werden [12]. Allerdings bewirkt die Formaldehydbehandlung eine deutliche Versprödung und Verringerung mechanischer Festigkeiten. So kann die Bruchschlagarbeit um bis zu 50 % abnehmen [19].

Weitere Monoaldehyde wie Acetaldehyd und Benzaldehyd sowie Dialdehyde wie Glyoxal und Glutaraldehyd wurden zur Holzmodifizierung eingesetzt, haben aber bisher keine technische Anwendung gefunden.

Neben den Aldehyden fand **DMDHEU** (**Dim**ethylol-**dih**ydroxy-**e**thylen**u**rea), ein wasserbasiertes Produkt aus der Textilindustrie, eine Anwendung zur Modifizierung des Holzes. Seine Wirkung beruht einerseits auf der Vernetzung der Zellwandpolymere über N-Methylolgruppen (Wirkprinzip d). So wird verhindert, dass das Holz in gleichem Ausmaß wie unbehandeltes Holz quillt. Darüber hinaus können die Moleküle innerhalb der Zellwand polymerisieren (kondensieren) und so die Zellwand im gequollenen Zustand fixieren („Bulking"). Dies führt zu einer Reduzierung von Quellung und Schwindung um bis zu 70 %.

Hinsichtlich der Pilzresistenz nach der EN 113 und ENv 807 lassen sich Verbesserungen bis zur Dauerhaftigkeitsklasse 1 erreichen. Darüber hinaus wird die Oberflächenhärte des Holzes erhöht und ein Bewitterungsschutz erreicht.

4.3.2.4 In der Zellwand polymerisierbare Chemikalien

Einige der oben erwähnten Chemikalien wie das DMDHEU sind nicht nur in der Lage mit den Hydroxylgruppen des Holzes zu reagieren, sondern können auch polymerisieren. Im Falle der Epoxide konnte nicht abschließend geklärt werden, ob diese mit der Zellwand reagieren oder eine Selbstkondensation eingehen und so mechanisch in polymerer Form in der Zellwand fixiert werden.

Ein weiteres auf Polymerisation beruhendes Verfahren ist die Behandlung mit **Phenol-Formaldehyd-**(PF)-Vorkondensaten. Das Verfahren wurde bereits in den 40er Jahren des 20. Jahrhunderts in den USA entwickelt und unter dem Namen „Impreg" vermarktet. Dabei wurden hauptsächlich Furniere (bis zu 8 mm) behandelt, wobei sich ein Harzgehalt von 25 ... 35 % ergab. Das PF wird in wässriger Lösung eingesetzt und lagert sich bei der Behandlung überwiegend in die Zellwand ein. Daraus resultiert eine um bis zu 70 % verringerte Quellung und Schwindung sowie eine hohe Pilzresistenz [20].

Neben der Furnierherstellung wird das „Impreg"-Verfahren zur Herstellung von Sportgeräten, Messergriffen und Gewehrkolben verwendet.

Eine Weiterentwicklung ist das „Compreg"-Verfahren, bei dem das mit Phenol-Formaldehyd behandelte Holz vor der Aushärtung verpresst wird, um das Holz dauerhaft plastisch zu verformen.

Sehr vergleichbar zur Behandlung mit Phenolharzen ist die Imprägnierung mit **Melaminharzen**. Diese entstehen durch Kondensation von Melamin (2-, 4-, 6-Triaminotriazin) und Formaldehyd. Bei der Holzbehandlung verwendet man Vorkondensate (meist in Wasser gelöst bzw. emulgiert), die bei Temperaturen von über 100 °C zu Duroplasten reagieren. Dabei kommt es wahrscheinlich nicht zu einer chemischen Reaktion mit dem Holz. Die entstehenden Harze werden zwar hauptsächlich in den Lumen der Holzzellen deponiert (Wirkprinzip a), teilweise sind sie aber auch in der Zellwand zu finden (Wirkprinzip b).

Bei der Behandlung wird eine Einlagerung von etwa 10 % Melaminharz angestrebt, was zu einer deutlichen Hydrophobierung des Holzes führt. Die Verbesserung der Eigenschaften ist ganz wesentlich vom verwendeten Harz und der Beladung abhängig. Es wurden eine Verbesserung der Pilzresistenz nach EN 113 bis zur Dauerhaftigkeitsklasse 2 und eine Quell-Schwindvergütung bis zu 30 % erreicht. Eine leichte Erhöhung des E-Moduls konnte ebenfalls gezeigt werden.

Die **Furfurylierung** von Holz ist ein weiteres Modifizierungsverfahren, das bereits kommerzielle Anwendung gefunden hat. Die ersten Prozesse wurden bereits vor einigen Jahrzehnten entwickelt. Als polymerisierbare Chemikalie wird **Furfurylalkohol (FA)** eingesetzt, der aus Biomasse (z. B. Haferspelzen, Maiskolben, Reis- u. Erdnussschalen) gewonnen wird. In neueren Verfahren zur Furfurylierung werden die Anhydride zyklischer Carbonsäuren als Katalysatoren eingesetzt [20].

FA dringt aufgrund seiner Polarität in die Zellwand ein und polymerisiert dort (Wirkprinzip b), während geringere Mengen auch in den Lumen der Zellen zu finden sind.

Die Eigenschaften des furfurylierten Holzes sind von der Einbringmenge des FAs abhängig. Die Imprägnierung mit reinem FA führt zu hohen Aufnahmemengen um 100 % und damit zu hochpreisigen Nischenprodukten. Da das Produkt sehr dunkel ist, wurde es als Ersatzprodukt für Tropenholz angesehen.

Durch Verwendung von wässrigen Emulsionen können die Aufnahmemengen von FA reduziert und somit die Eigenschaften gesteuert werden.

Insbesondere bei hohen Beladungsgraden werden Holzeigenschaften, wie z. B. Härte, Resistenz gegen Pilze und Insekten, Beständigkeit gegen Chemikalien, mechanische Eigenschaften und Dimensionsstabilität, deutlich verbessert. Anwendungen des furfurylierten Holzes sind unter anderem

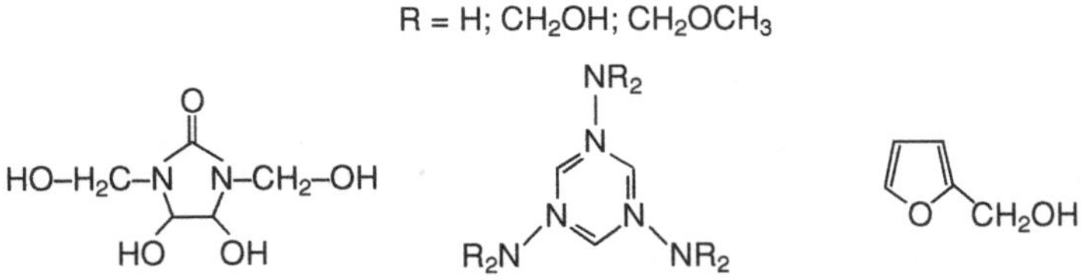

DMDHEU Melamin Furfurylalkohol

Bild 4.24: Strukturformeln von zur Holzmodifizierung eingesetzten polymerisierbaren Chemikalien

Werkzeuggriffe, Teile für Gartenmöbel, Tür- und Fensterrahmen, Eisenbahnschwellen, Parkett, Bodenbeläge im Außenbereich und Fassadenprodukte.

4.3.2.5 Behandlung mit Siliziumverbindungen

Die zur Holzbehandlung eingesetzten Siliziumverbindungen lassen sich in verschiedene Stoffgruppen einteilen, die sehr unterschiedliche Eigenschaften aufweisen.

Die **kolloiden Silikate (Wassergläser)** sind stark alkalische Lösungen (pH-Wert größer 12), die nur in geringem Maße in die Holzzellwand eindringen und hauptsächlich in den Lumen deponiert werden. Zu einer Fixierung im Holz kommt es erst, wenn die alkalische Lösung durch z. B. Kohlendioxid (aus der Luft Bildung von Kohlensäure) neutralisiert wird. Dem dabei entstehenden „verkieselten" Holz wird eine erhöhte Resistenz gegenüber Pilzen und Insekten zugeschrieben [22, 23].

Tetraalkoxysilane sind organische Siliziumverbindungen, die in Anwesenheit von Wasser und Katalysatoren Alkohol abspalten und anschließend zu rein anorganischen dreidimensionalen SiO_2-Netzwerken („Glas") kondensieren. Wegen ihrer geringen Größe können die Silane in die Zellwand eindringen, sind aber nach der Behandlung auch in den Lumen zu finden. Chemische Bindungen zum Holz sind dabei möglich, aber nicht hydrolysestabil. Durch die Behandlung lassen sich eine geringe Quell-/Schwindvergütung und eine Verringerung der Wasseraufnahme erzielen. Die Dauerhaftigkeit gegenüber holzzerstörenden Pilzen lässt sich durch eine Behandlung mit Tetraalkoxysilanen zwar erhöhen, kann allerdings nicht die in der Norm EN 113 geforderten Werte erreichen.

Organotrialkoxysilane bilden ebenfalls in Anwesenheit von Wasser dreidimensionale Netzwerke im Holz, enthalten aber eine nicht-hydrolysierbare organische Gruppe. Sie führen zu einer deutlich ausgeprägteren Verbesserung der genannten Eigenschaften als Tetraalkoxysilane.

Silicone (Polydimethylsiloxane) bewirken ebenfalls eine Verringerung der Wasseraufnahme, aber nur eine geringe Abnahme von Quellung/Schwindung.

4.3.2.6 Holz-Kunststoff-Komposite

Zur Herstellung sogenannter Holz-Kunststoff-Komposite („**Polymerholz**") wird das Holz mit Vinyl- oder anderen Monomeren imprägniert, welche durch Gammastrahlung oder durch einen Katalysator und Hitze ausgehärtet werden (Polymerisation). Unpolare Vinylmonomere sind dabei nicht in der Lage, in das Kapillarsystem der Holzzellwand einzudringen und verbleiben im Lumen (Wirkprinzip a). Zur Herstellung von Holz-Kunststoff-Kompositen wurde hauptsächlich Methylmethacrylat

(Grundstoff von „Plexiglas") verwendet, aber auch Styren (früher „Styrol"), Vinylacetat und Acrylnitril (teilweise auch Mischungen).

Aufgrund der geringen Menge des Kunststoffs in der Zellwand werden die wasserziehenden (hygroskopischen) Eigenschaften des Holzes kaum verändert. In Bezug auf den Holzanteil ist die Ausgleichsfeuchte im Vergleich zu unbehandeltem Holz nahezu unverändert.

Allerdings werden aufgrund der Verringerung des Porenvolumens (Verstopfen der Lumen) durch hohe Chemikalienmengen (70–100 % Gewichtszunahmen) die Eindringwege für Flüssigkeiten verschlossen, sodass das Holz deutlich weniger flüssiges Wasser aufnimmt.

Wegen der im Vergleich zum unbehandelten Holz unveränderten Feuchte ist der Abbau des Holzes infolge Pilzbefalls ebenfalls möglich.

Während die mechanischen Eigenschaften, insbesondere Oberflächenhärte, Druckfestigkeit und Abriebwiderstand, deutlich erhöht werden, bleibt die Anisotropie des Holzes erhalten.

Die kommerzielle Anwendung von Holz-Kunststoff-Kompositen liegt vor allem im Bereich von Holzfußböden (Parkett), Besteckgriffen, Türknöpfen, Sportgeräten und Musikinstrumenten.

Quellen und weiterführende Literatur

Holzschutz und sonstige Vergütungsverfahren

[1] *Rothkamm, M.; Hansemann, W.; Böttcher, P.:* Lackhandbuch Holz. Leinfelden-Echterdingen: DRW-Verlag, 2002

[2] *Zujest, G.:* Holzschutzleitfaden für die Praxis: Grundlagen, Maßnahmen, Sicherheit. Berlin: Verlag Bauwesen, 2003

[3] *Leiße, B.:* Holzbauteile richtig geschützt. Langlebige Holzbauten durch konstruktiven Holzschutz. Leinfelden-Echterdingen: DRW-Verlag, 2002

[4] *Deutsche Gesellschaft für Holzforschung e. V.:* Merkblatt: Verfahren zur Behandlung von Holz mit Holzschutzmitteln. Teil 1: Druckverfahren; Teil 2: Nichtdruckverfahren. Schriftenreihe der Deutschen Gesellschaft für Holzforschung, 1991

[5] *Mai, C.; Kües, U.; Militz, H.:* Biotechnology in the wood industry. Applied Microbiology and Biotechnology, 2004, 63, S. 477–494

[6] *Grosser, D.:* Pflanzliche und tierische Bau- und Werkholzschädlinge. Leinfelden-Echterdingen: DRW-Verlag Weinbrenner, 1985

[7] *Weiß, B.; Wagenführ, A.; Kruse, K.:* Beschreibung und Bestimmung von Bauholzpilzen. Leinfelden-Echterdingen: DRW-Verlag Weinbrenner, 2000

[8] *Schmidt, O.:* Holz- und Baumpilze. Biologie, Schäden, Schutz, Nutzen. Berlin: Springer-Verlag, 1994

[9] *Kempe, K.:* Dokumentation Holzschädlinge; Holzzerstörende Pilze und Insekten an Bauholz. Berlin: Verlag Bauwesen, 2001

[10] *Komora, F.:* Teeröle für den chemischen Holzschutz unverzichtbar. Holz-Zentralblatt, 1999, 82, S. 1188
[11] *Irmschler, H.-J.; Quitt, H.:* DIBt – Holzschutzmittelverzeichnis. 54. Auflage. Berlin: Erich Schmidt Verlag, 2006
[12] *Rowell, R.M.:* Chemical modification of wood. Forest Products Abstracts, 1983, 6, S. 363–382
[13] *Militz, H.:* Thermal treatment of wood: European processes and their background. The International Research Group on Wood Protection, Stockholm, Schweden, IRG/WP 40241, 2002
[14] *Militz, H. (Hrsg.):* Oils and water repellents in wood preservation. Europäische Kommission, EUR 20606, ISBN: 92-894-4885-7, 2003
[15] *Feist, W. C.; Mraz, E. A.:* Protecting millwork with water repellents. Forest Products Journal, 1978, 28 (5), S. 31–35
[16] *Militz, H.; Beckers, E. P. J.; Homan, W. J.:* Modification of solid wood: research and practical potential. The International Research Group on Wood Protection, Stockholm, Schweden, IRG/WP 40098, 1997
[17] *Norimoto, M.:* Chemical modification of wood. In: Hon, D. N.-S.; Shiraishi N. (Hrsg.): Wood and Cellulose Chemistry, 2001, S. 573–598
[18] *Mai, C.:* Prozesse der chemischen Holzmodifizierung. Stand der industriellen Entwicklung. Holztechnologie, 2010, 51(5), S. 21–26
[19] *Burmester, A.:* Tests for wood treatment with monomeric gas of formaldehyde using gamma rays. Holzforschung, 1967, 21, S. 13–20
[20] *Rowell, R. M.:* Specialty Treatment (Kapitel 19). In: Wood Handbook – Wood as an Engineering Material. Gen. Tech. Rep. FPL-GTR-113. Forest Products Laboratory, Madison, 1999
[21] *Westin, M.; Lande, S.; Schneider, M.:* Furfurylation of wood – Process, Properties and Commercial Production. The First European Conference on Wood Modification, Ghent, Belgium, 3–4 April 2003, S. 289–306; EUR 20639
[22] *Mai C.; Militz, H.:* Modification of Wood with Silicon Compounds. Inorganic silicon compounds and sol-gel systems. Wood Science and Technology, 2004, 37, S. 339–348
[23] *Mai, C.; Militz, H.:* Modification of Wood with Silicon Compounds. Treatment systems based on organic silicon compounds. Wood Science and Technology, 2004, 37, S. 453–461

Weiterführende Literatur

Autorenkollektiv: Holz-Lexikon. 4. Auflage. Leinfelden-Echterdingen: DRW-Verlag, 2003
Eaton, R. A.; Hale, M. D. C.: Wood Decay, Pests and Protection. London: Chapmann & Hall, 1993
Eriksson, K.-E. L.; Blanchette, R. A.; Ander, P.: Microbial and enzymatic degradation of wood and wood components. Berlin: Springer-Verlag, 1990
Hein, J. T.: Holzschutz: Holz und Holzwerkstoffe erhalten und veredeln. Tamm: Wegra Verlag GmbH, 1998
Hill, C. A. S.: Wood modification: chemical, thermal and other processes. Chichester: John Wiley & Sons Ltd., 2006
Huckfeldt, T.; Schmidt, O.: Hausfäule- und Bauholzpilze: Diagnose und Sanierung. Köln: Verlagsgruppe Rudolf Müller, 2006

Leiße, B.: Holzbauteile richtig geschützt. Langlebige Holzbauten durch konstruktiven Holzschutz. Leinfelden-Echterdingen: DRW-Verlag, 2002

Leiße, B.: Holzschutzmittel im Einsatz. Bestandteile Anwendungen Umweltbelastungen. Wiesbaden, Berlin: Bauverlag GmbH, 1992

Tsoumis, G.: Science and technology of wood structure, properties, utilization. New York: Chapman & Hall, 1991

Zabel, R. A.; Morrell, J. J.: Wood microbiology – Decay and its prevention. San Diego: Academic press, 1992

Zujest, G.: Holzschutzleitfaden für die Praxis: Grundlagen, Maßnahmen, Sicherheit. Berlin: Verlag Bauwesen, 2003

Normen

CEN/TS 15083-1: Dauerhaftigkeit von Holz und Holzprodukten – Bestimmung der natürlichen Dauerhaftigkeit von Vollholz gegen holzzerstörende Pilze, Prüfverfahren – Teil 1: Basidiomyceten, Oktober 2005

CEN/TS 15083-2: Dauerhaftigkeit von Holz und Holzprodukten – Bestimmung der natürlichen Dauerhaftigkeit von Vollholz gegen holzzerstörende Pilze, Prüfverfahren – Teil 2: Moderfäulepilze, Oktober 2005

DIN EN 113: Prüfverfahren zur Bestimmung der vorbeugenden Wirksamkeit gegen holzzerstörende Basidiomyceten. Bestimmung der Grenzen der Wirksamkeit. November 1996

DIN V ENV 807: Holzschutzmittel. Prüfverfahren für die Bestimmung der Grenze der Wirksamkeit gegen Moderfäule und andere erdbewohnende Mikroorganismen. Dezember 2001

DIN 68800-1: Holzschutz. Teil 1: Allgemeines, Oktober 2011

DIN 68800-3: Holzschutz. Teil 3: Vorbeugender Schutz von Holz mit Holzschutzmitteln, Februar 2012

DIN 68800-4: Holzschutz. Teil 4: Bekämpfungs- und Sanierungsmaßnahmen gegen Holz zerstörende Pilze und Insekten, Februar 2012

DIN EN 252: Holzschutzmittel; Freiland-Prüfverfahren zur Bestimmung der relativen Schutzwirkung eines Holzschutzmittels im Erdkontakt; April 1990

DIN EN 335-1: Dauerhaftigkeit von Holz und Holzprodukten; Definitionen der Gefährdungsklassen für einen biologischen Befall; Teil 2: Allgemeines; Juli 1992

DIN EN 335-2:	Dauerhaftigkeit von Holz und Holzprodukten; Definitionen der Gefährdungsklassen für einen biologischen Befall; Teil 2: Anwendung bei Vollholz; August 1992
DIN EN 350-1:	Dauerhaftigkeit von Holz und Holzprodukten – Natürliche Dauerhaftigkeit von Vollholz – Teil 1: Grundsätze für die Prüfung und Klassifikation der natürlichen Dauerhaftigkeit von Holz. Oktober 1994
DIN EN 350-2:	Dauerhaftigkeit von Holz und Holzprodukten – Natürliche Dauerhaftigkeit von Vollholz – Teil 2: Leitfaden für die natürliche Dauerhaftigkeit und Tränkbarkeit von ausgewählten Holzarten von besonderer Bedeutung in Europa. Oktober 1994
DIN EN 351-1:	Dauerhaftigkeit von Holz und Holzprodukten – Mit Holzschutzmitteln behandeltes Vollholz – Teil 1: Klassifizierung der Schutzmitteleindringung und -aufnahme. August 1995
DIN EN 351-2:	Dauerhaftigkeit von Holz und Holzprodukten – Mit Holzschutzmitteln behandeltes Vollholz – Teil 2: Leitfaden zur Probenentnahme für die Untersuchung des mit Holzschutzmitteln behandelten Holzes. August 1995

5 Holzerzeugnisse

Detlef Kröppelin

Holzerzeugnisse sind Produkte, die vordergründig aus Holz und Holzwerkstoffen bestehen und damit sowohl die Vor- als auch die Nachteile dieses Konstruktionswerkstoffes zu berücksichtigen haben. Die Vorteile des Holzes bestehen u.a. in der Verarbeitung mit geringstem Energieaufwand, in der Leichtigkeit der Konstruktion und in seiner ästhetischen Wirkung. Nachteile zeigen sich insbesondere in der Berücksichtigung der Anisotropie der Eigenschaften bei der Konstruktion und Dimensionierung, der Inhomogenität des Werkstoffes und in der Berücksichtigung des hygroskopischen Verhaltens während der Fertigung als auch im Gebrauch.

Ungeachtet dessen gilt für die Entwicklung der Holzerzeugnisse analog aller anderen Produkte des Lebensbereiches eine allgemeine Wertschöpfungskette, die beginnend bei der Produktidee bis hin zum Verkauf, zur Nutzung und Beseitigung bzw. Wiederverwertung reicht. Die einzelnen Schritte sind detailliert als Algorithmus im Bild 5.1 dargestellt. Wichtig sind dabei die Wechselwirkungen und Beeinflussungen, die eine interdisziplinäre Arbeitsweise zwischen Designer, Konstrukteur, Technologe und Betriebswirt erfordern.

Unterschiede in den Holzerzeugnissen zeigen sich in den allgemeinen Anforderungen wie Funktion, Material, Preis, Ästhetik, die in der Produktidee wiedergefunden werden. Grundwissen zu Materialverhalten, Konstruktionsprinzipien und -techniken, Dimensionierungsvorschriften und -empfehlungen, technologischen Fertigungsmöglichkeiten und wirtschaftlichen Bewertungen sind Voraussetzungen für optimale Holzerzeugnisse mit einem hohen Gebrauchswert.

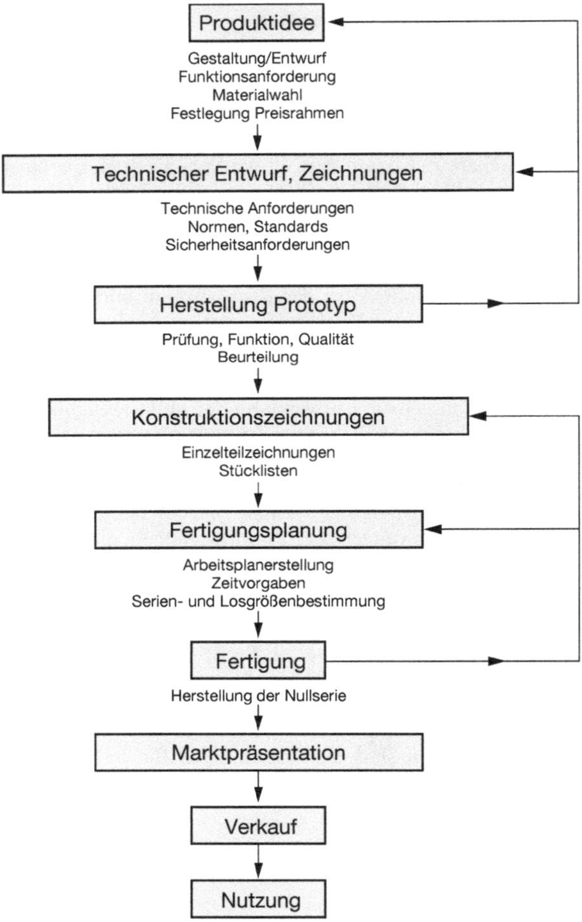

Bild 5.1: Algorithmus für die Produktentwicklung

5.1 Möbel und Innenausbau

Möbel sind bewegliche (und unbewegliche) Gegenstände einer Innenraumausstattung. Eine Grobunterteilung erfolgt nach der Art in Kasten- und Gestellmöbel, nach der Funktion in Wohn- und Arbeitsmöbel. In der Praxis werden weitere Randbereiche eingeschlossen, und es wird noch gegliederter differenziert.

Innenausbau beinhaltet alle Arbeits- und Gestaltungsaufgaben, die für das Innere von Gebäuden und Wohnungen bestimmt sind. Der Begriff steht auch für den Innenausbau von Wohnwagen, Schiffen, Waggons, Flugzeugen und anderen.

Gestaltungs- und Konstruktionsprinzipien, Werkstoffe und Fertigungstechniken und -abläufe ähneln sich im Möbel- und Innenausbau. Ergänzend zum Möbelbau findet man im Innenausbau u. a. zusätzliche Konstruktionen wie Einbauschränke, Wand- und Deckenverkleidungen, Trennwände sowie Treppen.

5.1.1 Möbel

Möbel repräsentieren, Möbel gestalten, Möbel lagern Gegenstände, Möbel sichern technische Abläufe, und Möbel dienen Lebensbedürfnissen wie Sitzen, Liegen und Arbeiten. Sie existieren entsprechend ihrer Funktion als Behältnismöbel, Sitz- und Liegemöbel oder Schlafraummöbel, Küchen-, Bad- und Büromöbel.

Möbel unterscheiden sich nach zu erfüllenden Funktionen und Ausführungen, gestalterisch wie konstruktiv. Baugruppen und Einzelteile werden zweckentsprechend optimiert und kombiniert.

Möbel gehören zu den Gebrauchsgütern, die im Laufe der Jahrhunderte vom einfachen, zweckbetonten Gegenstand zu einem Kulturerzeugnis entwickelt wurden. Funktion und Ästhetik bilden eine Einheit, die durch die gewählte Konstruktion entsprechend realisiert wird.

5.1.1.1 Begriffe/Bezeichnungen

Möbel können nach verschiedenen Gesichtspunkten strukturiert werden. So ist es möglich, nach Art der Möbel, wie Ergänzungs-, Garnitur- und Kleinmöbel zu unterscheiden.

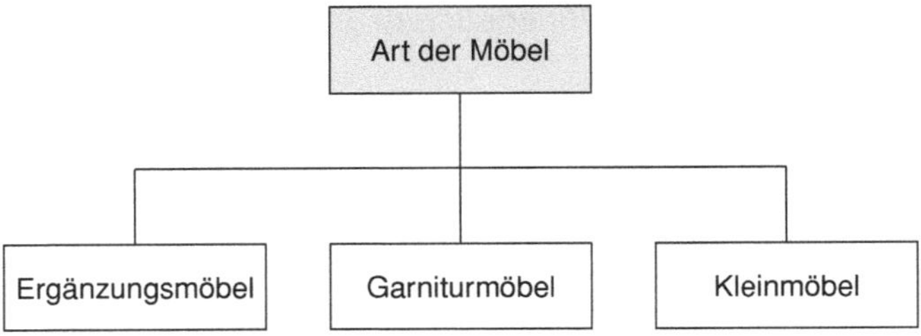

Bild 5.2: Untergliederung zu Art der Möbel

Ergänzungsmöbel

Möbel, die in wichtigen Konstruktions- und Gestaltungsmerkmalen sich gleichen und maßlich aufeinander abgestimmt sind, z. B. Typensatz bzw. Erzeugnisprogramm.

Garniturmöbel

Möbel unterschiedlicher Funktion, die für einen bestimmten Verwendungszweck gestaltet sind, z. B. Dielenmöbel, Schlafraummöbel.

Kleinmöbel

Möbel, die das Mobiliar vervollständigen, z. B. Fernsehschrank, Zeitungsständer.

Ebenso unterteilt man begrifflich Möbel nach dem Verwendungsbereich, wie Wohnmöbel (Möbel für Schlaf-, Wohn-, Arbeits- und Kinderbereich u. a.) im individuellen Bereich und Möbel für öffentliche Bereiche (Ladenmöbel, Büromöbel, Bibliotheksmöbel ...). Schlussfolgernd aus dem Verwendungsbereich sind u. a. die Belastungen (mechanische Beanspruchung durch statische und dynamische Kräfte) oder die Oberflächengestaltung (chemische, thermische, hygrische Beanspruchung der Oberflächen z. B. durch unterschiedlich aggressive Reagenzien ...) des Möbels konstruktiv zu berücksichtigen.

Außer den genannten Gesichtspunkten ist eine Unterscheidung der Möbel nach ihrer Funktion und ihrer Konstruktionsweise bzw. nach ihren Konstruktionsprinzipien üblich (in Anlehnung an *Rolandi/Dietze*).

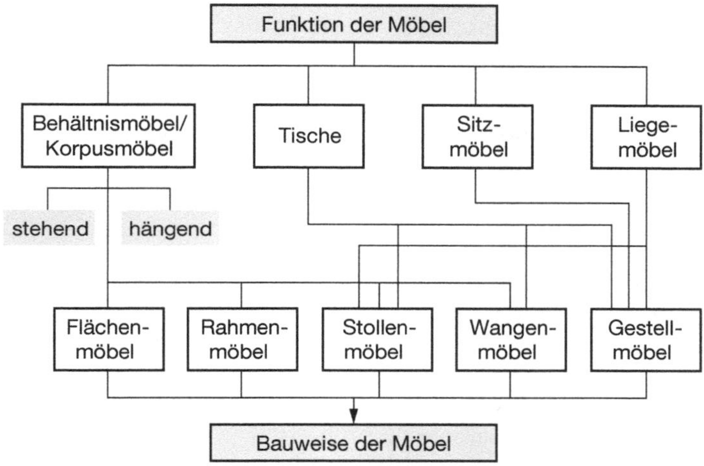

Bild 5.3: Untergliederung nach Funktion und Bauweise der Möbel

Flächenmöbel/Plattenbauweise

Sichtbare und großflächige Teile/Möbel sind aus plattenförmigen Werkstoffen gefertigt. Die Kraftübertragung erfolgt vordergründig durch Punkt-, Linien- oder Flächenlasten bzw. -momente.

Rahmenmöbel/Rahmenbauweise

Sichtbare großflächige Teile bestehen aus Rahmen mit Füllungen, die aus sehr unterschiedlichen Materialien (Holz, Glas, Rohrgeflecht, Kork, Textilien, Leder u. a.) bestehen können.

Stollenmöbel/Stollenbauweise

Die tragenden senkrechten Eckpfosten entsprechen in ihrer Länge der Höhe des Möbels und bilden die Standfläche. Eine Kombination mit flächigen Elementen ist üblich.

Wangenmöbel

Die Außenwände sind als Flächen oder Rahmen mit oder ohne Füllungen ausgebildet und dienen als Standfläche.

Gestellmöbel/Skelettbauweise

Möbel mit skelettartigem konstruktivem Aufbau. Die Kraftübertragung erfolgt vorwiegend punktförmig.

Weiterführende Bezeichnungen für Möbel im Warenverkehr sind branchenbezogenen Regelwerken zu entnehmen.

Funktionsmaße für Möbel sind in Normen fixiert.

5.1.1.2 Bauteilzuordnungen

Das Erzeugnis Möbel besteht aus einem Zusammenfügen von Baugruppen und Bauteilen.

Baugruppe ist eine konstruktive Einheit, die aus mehreren Bauteilen und/oder Baugruppen besteht.

Bauteil ist die kleinste konstruktive Einheit, die in geometrisch bestimmter Form vorliegt.

Ausgangsmaterial für ein Bauteil sind Werkstoffe.

Werkstoffe sind alle nicht selbstgefertigten Teile, die von Zulieferern bezogen werden.

Der konstruktive Aufbau eines Möbels entspricht nach der Einordnung von Konstruktionsprinzipien vorwiegend der Differenzialbauweise.

Das Konstruktionsprinzip „Differenzialbauweise“ entspricht der Auflösung einer Konstruktion in mehrere fertigungstechnisch günstige Bauteile bzw. Baugruppen, die mit geeigneten Verbindungslösungen das Produkt bilden. Es fördert den anforderungsgerechten Werkstoffeinsatz und realisiert eine Leichtbauweise.

Die Integralbauweise erlangt Bedeutung bzw. Anwendung bei Konstruktionen, bei denen Baugruppen durch Formteile ersetzt sind.

Das Konstruktionsprinzip „Integralbauweise“ entspricht der Zusammenfassung mehrerer Bauteile zu einem Teil aus einheitlichem Werkstoff („Einstoffprodukt“) ohne Einsatz von zusätzlichen Verbindungen. Vorteile bestehen besonders bei hohen Stückzahlen.

Die Kombination von Integral- und Differenzialbauweise findet sich in der Verbundbauweise wieder und wird vorwiegend im Möbelbau eingesetzt.

Alle zu verbindenden Teile lassen sich auf eine Vergrößerung der Länge und der Breite der in begrenzten Abmessungen zur Verfügung stehenden Werkstoffe sowie der Richtungsänderung der Bauteile zurückführen.

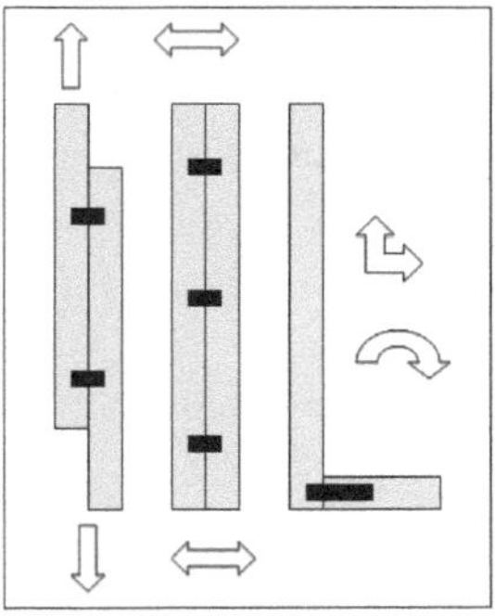

Bild 5.4: Grundsätzliche Bauteilzuordnungen

Bei Verbindungen ist prinzipiell zwischen Lösungen für

- Flächen (zweidimensional) sowie
- Körpern und Gestellen (dreidimensional)

zu unterscheiden.

So finden Längsverbindungen beispielsweise bei der Herstellung von Handläufen in Treppenkonstruktionen oder bei speziellen Konstruktionen in der Sitzmöbelindustrie Anwendung. Breitenverbindungen dienen der Flächenbildung bei Möbeln sowie im Innenausbau. Flächen- und Rahmenverbindungen werden zur Bildung von Korpusmöbeln und Gestellmöbeln benötigt.

5.1.1.3 Systematisierung von Verbindungen

Die Lösung einer konstruktiv-technischen Aufgabe wird grundsätzlich durch das zu erreichende Ziel und durch einschränkende Restriktionen bestimmt. Die Erfüllung der technischen Funktion und der Sicherheit eines Möbels ist über Verbindungen von Bauteilen realisierbar. Hierbei sind gestalterisch-ästhetische Gesichtspunkte vorab von sekundärer Bedeutung.

Funktionssicherheit und technologische Realisierbarkeit sind vordergründige Kriterien bei der Auswahl von Verbindungen.

Folgende Übersicht zeigt in der Lösungsfindung zu berücksichtigende ordnende Gesichtspunkte für die Herstellung von Verbindungen. Die Reihenfolge entspricht keiner Wichtung.

Ordnender Gesichtspunkt	**Unterscheidende Merkmale**
Art des Schlusses	Formschluss; Kraftschluss; Stoffschluss; Kraft- und Formschluss; Stoff- und Formschluss; Kraft-, Form- und Stoffschluss
Art der Kraftübertragung	flächen-, linien-, punktförmig
Lösbarkeit	lösbar; unlösbar
Ortsveränderlichkeit der Fügeteile	starre-, bewegliche-, elastische Verbindung
Vorhandensein eines Verbindungsmittels	mit/ohne Verbindungsmittel
Struktur der Verbindung	Längs-, Breiten-, Eckverbindung
Art des Einbaus	eingelegt; eingepresst; eingeschlagen; verschraubt; geklebt; gefräst
Material des Verbindungsmittels	hölzerne/stählerne Verbindungsmittel; Klebstoffe

Bild 5.5: Übersicht zu Einteilungsvarianten von Verbindungen nach ordnenden Gesichtspunkten

Dabei sind grundsätzlich folgende Definitionen bezüglich der Schlüssigkeit zu beachten:

Stoffschluss

Verbindungen durch Stoffschluss entstehen durch Zugabe eines arteigenen oder artfremden Zusatzwerkstoffes. Die Fügeteile werden durch Kohäsion und Adhäsion fest verbunden.

Formschluss

Verbindungen durch Formschluss entstehen durch das Ineinandergreifen von entsprechend geformten Fügeteilen. Die Kräfte werden zwischen den zu verbindenden Teilen ausschließlich durch Normalspannungen oder Normalkräfte zwischen sich berührenden Körperflächen übertragen.

Kraftschluss

Verbindungen durch Kraftschluss entstehen durch Wirkung von Kräften, die durch Reibung übertragen werden. Die Reibungskräfte werden durch Verspannungsnormalkräfte nach dem Gesetz der Coulomb'schen Reibung erzeugt.

In der Praxis treten in den meisten Fällen die unterschiedlichen Kombinationen von Schlüssigkeiten auf.

Beispielhaft ist in Bild 5.6 eine unlösbare Verbindung dargestellt, die als stoff- und formschlüssig eingegliedert werden kann. Die Fugenausbildung ist stumpf oder profiliert gewählt.

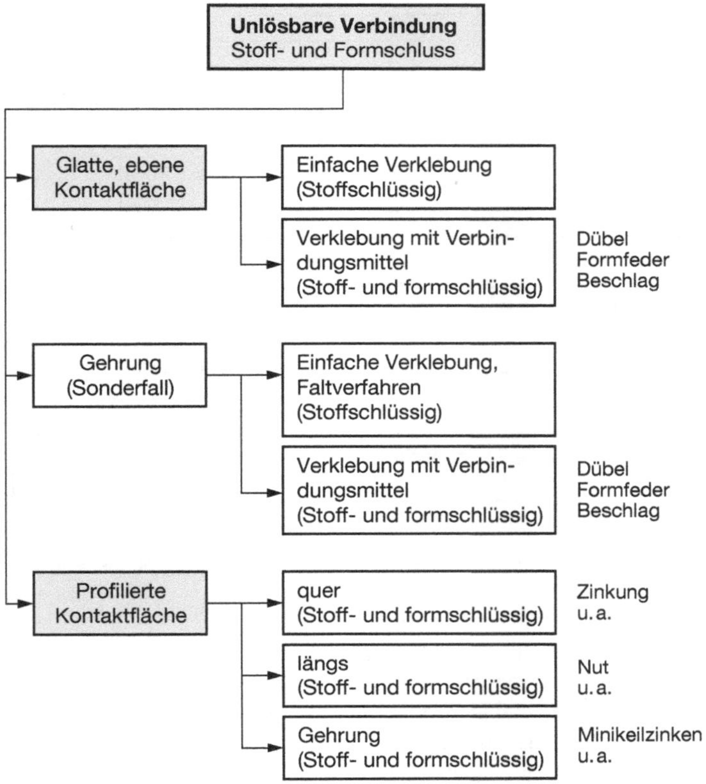

Bild 5.6: Möglichkeiten der Ausführung einer verklebten Verbindung als stoff- und formschlüssige Lösung

In der Realisierungsphase des Konstruktionsprozesses sind die im Bild 5.5 weiterhin ausgewiesenen ordnenden Gesichtspunkte zu berücksichtigen, um zur optimalen Verbindung zu gelangen.

Neben der bisher den unmittelbaren Verbindungen verstärkt gewidmeten Aufmerksamkeit sind im Konstruktionsprozess weit mehr Kriterien zu beachten. Abgeleitet aus gebrauchs- und herstellungsbedingten sowie wirtschaftlichen Forderungen sind Entscheidungslinien des Konstrukteurs aufgebaut, die algorithmierbar sind. Technisch optimal durchführbare und damit kostengünstige Lösungen bedürfen eines iterativen Prozesses, der eine Variantenvielfalt ermöglicht.

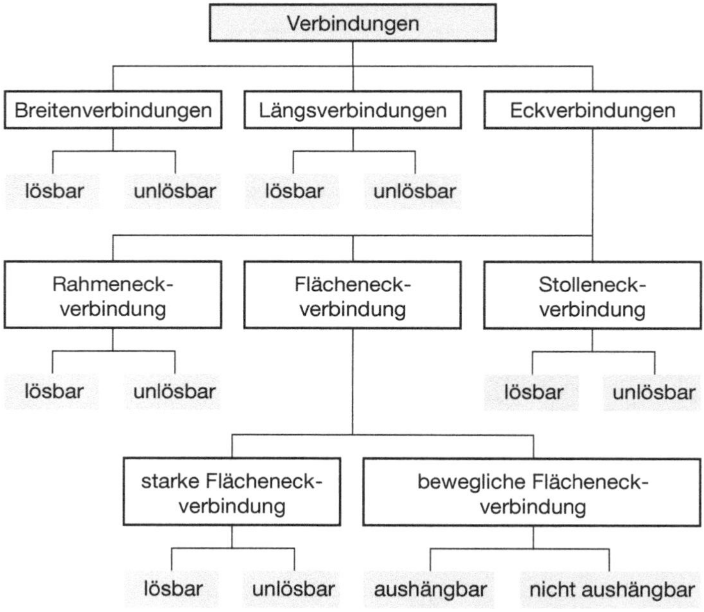

Bild 5.7: Strukturierung der Verbindungen hinsichtlich der Lösbarkeit

Bei der Konstruktion von Möbeln finden grundsätzlich Längs-, Breiten- und Eckverbindungen Anwendung, die im Wesentlichen nach dem ordnenden Gesichtspunkt „Lösbarkeit" strukturiert werden.

Nach Festlegung der Art, der Funktion und der Gestaltung des Möbels beginnt ein Auswahlverfahren für die konstruktiven Details. Beispielhaft sei dieser Ablauf an einem Behältnismöbel mit öffnungsschließendem Element in Bild 5.8 vorgestellt. Über Wahl „Tür", „Türart" und „Kon-

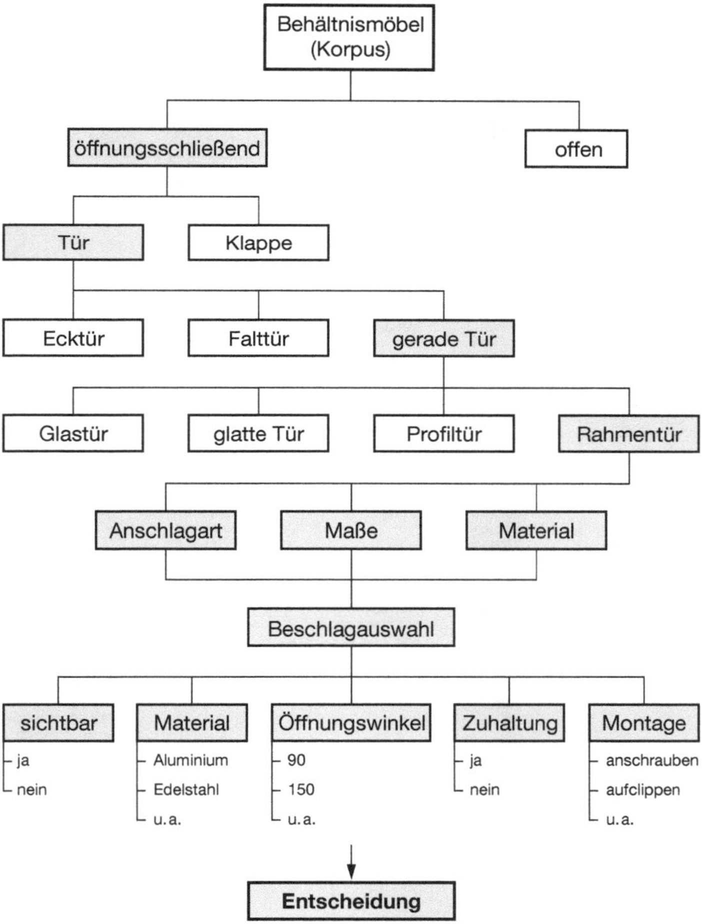

Bild 5.8: Algorithmus zur Entscheidungsfindung

struktionsform“ sowie „Anschlagart, Maße und Materialien“ lässt sich das Produkt zur Herstellung der Verbindung zwischen Seitenwand und Tür anhand üblicher Angaben des Herstellers ermitteln.

Wie in Bild 5.9 gezeigt, sind für die Auswahl der Baugruppen (in Anlehnung an *Roland/Dietze*) zusätzlich die zu erfüllende Funktion

(Zugänglichkeit des Innenraumes) als auch der für die Aufstellung des geplanten Möbels zur Verfügung stehende Platzbedarf zu beachten.

Arten	Öffnungsschließende Baugruppen an Behältnismöbeln			
	Türen		Klappen	Rollläden
	Drehtüren	Schiebetüren (u.a.)		
Merkmale	Sind um eine senkrechte Drehachse beweglich. Öffnung kann durch ein oder zwei Türen vollständig verschlossen werden.	Sind in der Breite des Möbels verschiebbar. Zum vollständigen Verschließen sind stets zwei hintereinander gleitende Schiebetüren notwendig.	Sind um eine horizontale Drehachse beweglich und können ober- bzw. unterhalb der Öffnung angeordnet werden.	Sind in waagerechter oder senkrechter Richtung verschiebbar.
Zugänglichkeit des Innenraumes	voll zugänglich	teilweise zugänglich	voll zugänglich	voll zugänglich
Benötigter Funktionsraum	durch geöffnete Türen erheblich	gering	je nach Anordnung gering bis erheblich	gering
Ausführung	Als Fläche aus den Werkstoffen Holz, Glas bzw. als Rahmenkonstruktion mit Füllungen aus Glas oder anderen Werkstoffen.	Als Fläche aus den Werkstoffen Holz, Glas bzw. als Rahmenkonstruktion mit Füllungen aus Glas oder anderen Werkstoffen.	Als Fläche aus den Werkstoffen Holz, Glas bzw. als Rahmenkonstruktion mit Füllungen aus Glas oder anderen Werkstoffen.	Aus glatten oder profilierten Vollholz- oder Kunststoffstäben, die auf eine flexible Unterlage geklebt werden und dadurch in bestimmten Radien rollfähig sind.

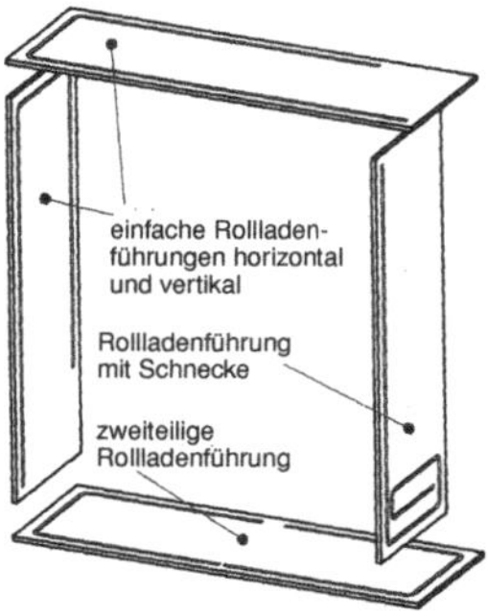

Verschiedene Varianten für Rollladenführungen

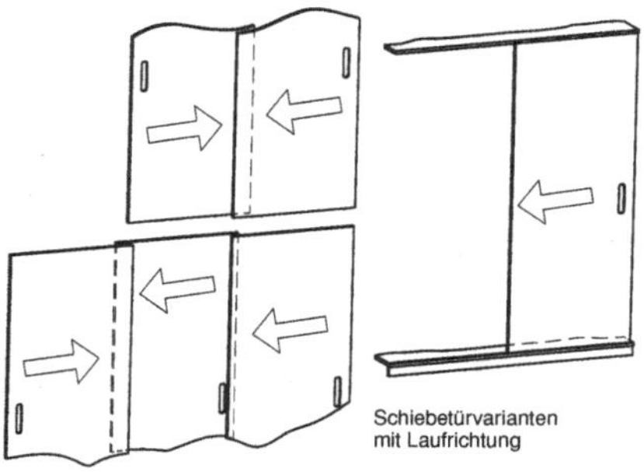

Schiebetürvarianten mit Laufrichtung

Bild 5.9: Unterschiede zwischen Türen, Klappen und Rollläden als öffnungsschließende Elemente

5.1.1.4 Konstruktionsdetails im Möbelbau

Bei Verbindungen von einzelnen Bauteilen zu einer Baugruppe oder einem Endprodukt sind die Eigenarten des verwendeten Werkstoffes von besonderer Bedeutung. Bei Produkten aus Holz und dessen Derivaten sind dies insbesondere die mit dem Quellen und Schwinden verbundenen Form- und Volumenänderungen bzw. die gegenüber dem gewachsenen Holz veränderten inneren Festigkeiten (Lochleibung, Festigkeit senkrecht zur Plattenebene etc.) bei Holzwerkstoffen.

Die hygroskopischen Eigenschaften verlangen die Berücksichtigung folgenden Grundsatzes:

Nur Materialien mit gleichem Quell- und Schwindverhalten dürfen starr miteinander verbunden werden.

Beispiel: Kern- zu Kernholz; Splint- zu Splintholz

Für konstruktiv wenig gehaltene (z. B. Türen) und eingebaute Bauteile (z. B. Wandverkleidungen) sind Verbindungen erforderlich, die ein Verziehen oder Reißen der Flächen verhindern bzw. nur geringe Maßänderungen zulassen.

Aus der Wechselwirkung zwischen

- Verarbeitungseigenschaften des Werkstoffes (z. B. Vollholz, Spaplatte),
- der maschinentechnisch-technologischen Umsetzbarkeit einer Verbindung für einen konkreten Anwendungsfall und
- dem konstruktiv-gestalterischen Ziel

kann aus dem Kanon der zur Verfügung stehenden Möglichkeiten die geeignetste Verbindungstechnik gewählt werden. Analog der im Bild 5.7 gezeigten Einordnungen der Verbindungen soll nun beispielhaft auf Details eingegangen werden, um die Schwerpunkte zu zeigen, die bei der Verwendung des Werkstoffes Holz/Holzwerkstoffe zu beachten sind.

Berücksichtigt werden

- Flächenkonstruktionen,
- Korpuskonstruktionen,
- Gestellkonstruktionen.

Gestellkonstruktionen beinhalten wesentliche Details von Rahmenecklösungen, wie Schlitz-/Zapfenverbindungen, Dübelverbindungen u. a.

FLÄCHENKONSTRUKTIONEN

Die Grundforderung an eine Fläche besteht darin, das Werfen, Verziehen oder Reißen dieser weitgehend auszuschließen. Diesen Anspruch erfüllt u. a. die Rahmenkonstruktion.

RAHMENKONSTRUKTION

Die Reduzierung des Quellens und Schwindens durch die Anwendung eines solchen Konstruktionsdetails ist in Bild 5.10 dargestellt.

Die Breite der Rahmenhölzer ist abhängig von

- der Art der Rahmenverbindung,
- den aufzunehmenden Beschlägen und
- der Gestaltung.

Die Füllungen werden i. d. R. in die Rahmenhölzer eingenutet oder eingefalzt. Während diese Aussparungen für Füllungen aus Holzwerkstoffen aufgrund von deren geringen Schwindverhalten nur so tief vorgesehen werden, wie es die notwendige Stabilität der Konstruktion erfordert, müssen bei Massivholzfüllungen tiefere Nuten bzw. Falze eingebracht werden, um das „Arbeiten" des Holzes zu ermöglichen. Aus diesem Grund sind beispielsweise Massivholzfüllungen auch vor dem Einbau zu beizen, da sonst die nicht behandelten Bereiche nach dem Trocknen sichtbar werden können.

Feuchteänderung: $\Delta\omega$
Dimensionsänderung: ΔV
Breitenänderung:

$$\boldsymbol{\Delta\omega \cdot \Delta V \cdot b \cdot 0{,}001 = \Delta b}$$

z. B. Buche $\Delta V_t = 0{,}20$ ‰
$\Delta V_t = 0{,}41$ ‰

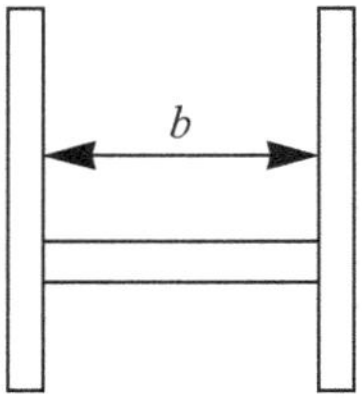

Bild 5.10: Änderungen der Dimension (differenzielles Schwindmaß, DIN 68 100)

Eckverbindungen bei Rahmenkonstruktionen

Schlitz und Zapfen

Rahmenecken werden häufig als Schlitz- und Zapfenverbindung ausgeführt. Folgende Grundregeln sind dabei zu beachten:

Senkrechte Rahmenhölzer erhalten die Schlitze
Horizontale Rahmenhölzer erhalten die Zapfen

Zapfendicke:	≈ 1/3 der Dicke des Rahmenholzes
Zapfenbreite:	maximal 80 ... 100 mm
Holzfeuchte:	< 8 %

Eine reine Schlitz-Zapfenverbindung erhält ihre Festigkeit ausschließlich durch die Klebfuge. Ein Einstemmen des Zapfens erhöht die statische Belastbarkeit erheblich, da neben dem Klebstoff auch die Konstruktion aktiv Kräfte aufnimmt. Durch Verwendung einer Feder außerhalb des Zapfens kann ein Verdrehen des Querstücks verhindert werden. Für hoch beanspruchte Rahmen können die Zapfen zusätzlich stumpf verkeilt werden. Eine Leimangabe erfolgt dabei nur an der inneren Zapfenhälfte und an der dem Zapfen zugewandten Seite des Keils.

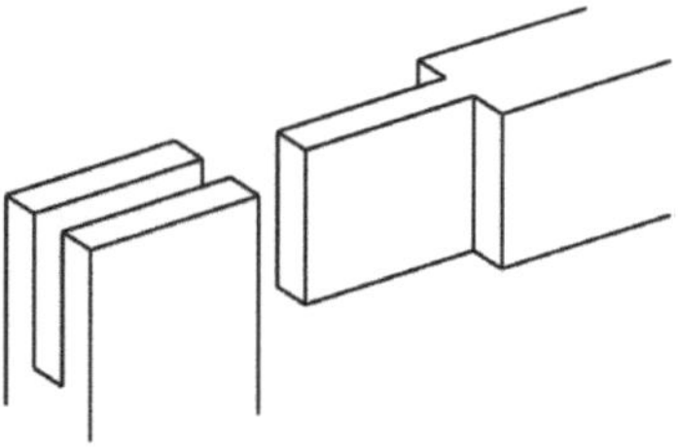

Bild 5.11: Schlitz-/Zapfenverbindung

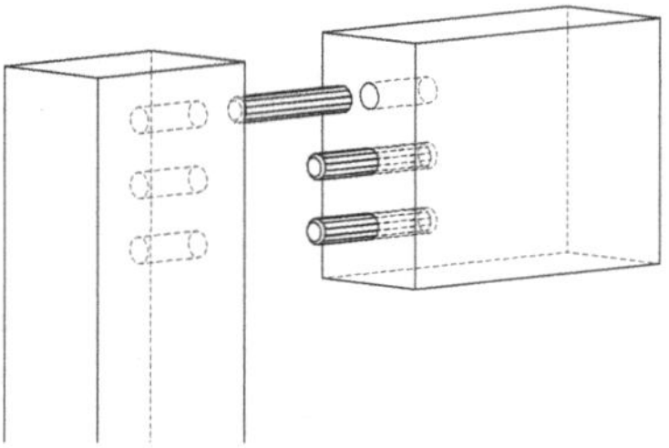

Bild 5.12: Dübelverbindung

Dübel

Eine alternative Eckverbindung stellen Dübel dar. An den am höchsten beanspruchten Stellen halten diese die Verbindung zusammen. Gegenüber der Zapfenverbindung kann eine Holzersparnis um 10% erreicht werden. Die Rahmenhölzer können bei der Verwendung von Dübeln stumpf oder auf Gehrung verleimt sein. Modulabhängige Kriterien bestimmen im Rahmen- und Korpusmöbelbau die Bohrungsabstände. Neben geraden Dübeln (DIN 68150) sind auch Winkeldübel im Einsatz.

Weitere Eckverbindungen:

Bei auf Gehrung geschnittenen Rahmenhölzern gelangen ebenso

- gefederte Verbindungen und
- Minikeilzinken

zur Anwendung.

Keilzinken

Die Größe der Keilzinken wird von der Rahmengröße bestimmt. Durch die Vergrößerung der zu verleimenden Fläche steigt auch die Festigkeit dieser Eckverbindung.

Flächenverbindungen (Füllungen) bei Rahmenkonstruktionen

Füllungen haben die Aufgabe, Rahmen im Winkel zu halten und dienen der Gliederung der Fläche. Sie können aus

- Vollholz,
- Holzwerkstoffen oder
- anderen Materialien (z. B. Glas)

bestehen.

Man unterscheidet dabei folgende Füllungskonstruktionen:

Nuten

Bei dieser Ausführung wird die Füllung während der Montage des Rahmens eingeschoben. Aus den weiter oben ausgeführten Gründen benötigen Füllungen aus Vollholz eine Nuttiefe von 10 bis 12 mm, während Füllungen aus Holzwerkstoffen in 8 bis 10 mm tiefe Nuten eingebracht werden.

Fälzen

Ermöglicht das nachträgliche Einlegen der Füllung in einen Falz des fertig montierten Rahmens. Die Füllungen werden mit entsprechenden Füllungsstäben befestigt.

Überschieben

Bezeichnet das Einsetzen der Füllung über eine angefräste Nut- /Federverbindung.

Kehlstoß

Hierbei wird die Füllung mittels gefälzter Profilstäbe befestigt.

Einen Überblick über die Ausführung der beschriebenen konstruktiven Details gibt beispielhaft Bild 5.13.

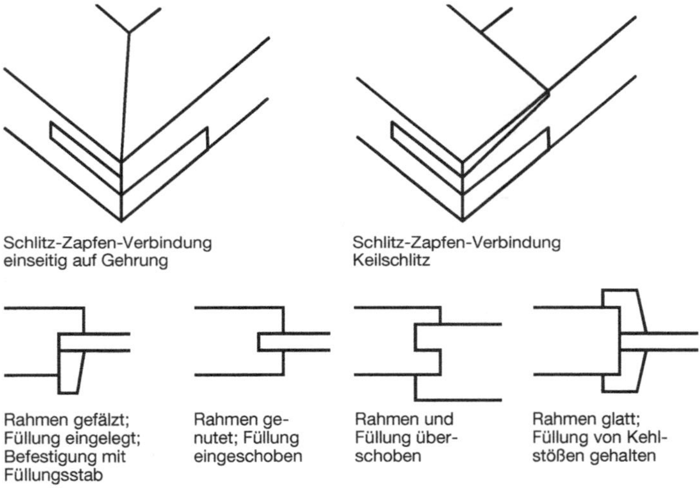

Bild 5.13: Ausgewählte Beispiele für das Konstruktionsdetail Rahmen/Füllungen

Längsverbindungen bei Rahmenkonstruktionen

Zur Herstellung größerer Längen und der Aufarbeitung kürzerer Abschnitte werden verschiedene Verfahren benutzt. Die Keilzinkenverbindung stellt eine Weiterentwicklung der im Holzbau üblichen Schäftung dar. Die lange Zuspitzung wird dabei durch eine größere Anzahl von Zinken mit gleichem Neigungswinkel der Schaftfläche jedoch geringerer Länge ersetzt. Dadurch kann der Längenverlust bei Beibehaltung der wirksamen Leimfläche erheblich reduziert werden. Die Festigkeit einer solchen Verbindung ist abhängig von der Geometrie der Zinken und damit der zur Festigkeit beitragenden Leimfläche sowie von technologischen Parametern wie beispielsweise Klebstoffart oder Pressbedingungen. Mit steigender Flankenneigung sinken deshalb sowohl Biege- als auch Zugfestigkeit deutlich.

Die Verbindungsart bewirkt durch Leimangabe sowie den aufgebrachten Pressdruck das Entstehen von Stoff-, Kraft- und Formschluss. Der Verschwächungsgrad als Maß der Festigkeit einer Keilzinkenverbindung berechnet sich wie folgt:

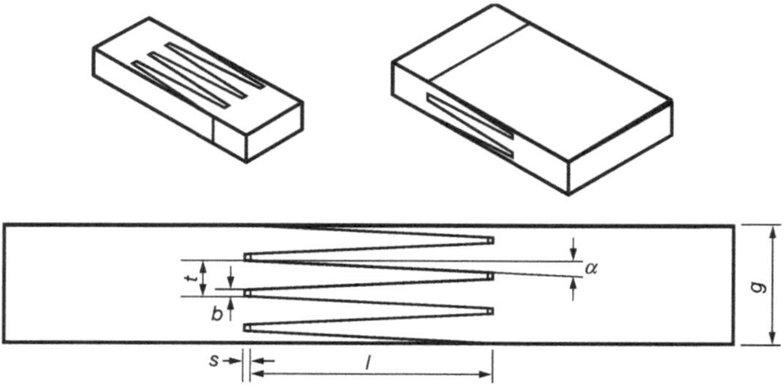

Bild 5.14: Keilzinkenverbindung nach DIN 68 140

$v = b/t$

Es bedeuten:

v: Verschwächungsgrad; b: Breite des Zinkengrundes;
t: Zinkenteilung; g: Gesamtbreite der Zinkenverbindung;
α: Flankenwinkel.

Für Sitzmöbel (Beanspruchungsgruppe II nach DIN 68140) muss der Verschwächungsgrad beispielsweise einen Grenzwert von 0,25 unterschreiten.

Im Möbelbau werden vorrangig Mini- (Zinkenlänge: 4 bis 10 mm) und Mikrozinken (Zinkenlänge: < 4 mm) verwendet. Zinken können rechtwinklig oder parallel zur Breitseite der Hölzer gefertigt werden.

KORPUSKONSTRUKTIONEN

Eckverbindungen

Grundsätzlich werden Verbindungen im Möbelbau auf stofflichem Weg (Verleimung) und Kraft- bzw. Formschluss (Dübel, Schrauben, Federn usw.) oder in Kombination von beiden erzeugt.

Aufgrund der unterschiedlichen Werkstoffstrukturen sind für Vollholz und Holzwerkstoffe unterschiedliche bzw. modifizierte Verbindungen anzuwenden.

Verbindungen bei Massivholz

Zur Verbindung von Massivholzflächen im Winkel zueinander wird u.a. die Zinkung angewendet.

Die Kombination von ineinandergreifenden Zinken und Schwalbenschwänzen (s. Bild 5.15) erzeugen eine dichte Fuge. Grundsätzlich werden die Zinken an das tragende Teil angeschnitten. Die Konstruktion gewährleistet infolge Form- und Stoffschluss eine feste, hochwertige Verbindung.

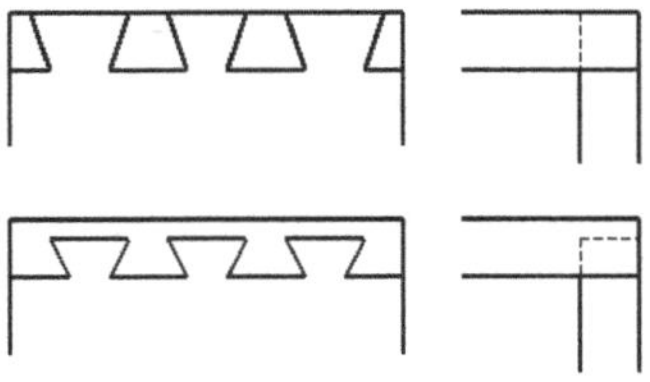

Bild 5.15: Oben durchgehende, unten verdeckte Zinkung

Folgende Grundregeln sind bei dieser Verbindungsart zu beachten:

Eckzinken: Breite ≥ 0,5 · Holzdicke

Anschnittwinkel: 80°

Die Zinkenmaße richten sich nach der Holzdicke:

Mittenabstand zweier benachbarter Zinken = 2 · Holzdicke

Verdeckte/halbverdeckte Zinkung:

Dicke des Verdecks = 1/4 … 1/3 · Holzdicke

Da im Möbelbau oftmals die Verbindung nicht sichtbar sein soll, kommen die halbverdeckte bzw. die verdeckte Zinkung zum Einsatz. Bei der halbverdeckten Zinkung wird das Hirnholz der Schwalben abgedeckt. Statt der verdeckten Zinkung sind heute meist andere Verfahren (Dübel) in Anwendung. Industriell werden Zinkungen auf speziellen Zinken- oder auf Oberfräsen hergestellt.

Auch bei der Bildung von Korpussen können folgende Grundkonstruktionen angewendet werden:

1. stumpfe Verleimung,
2. Verleimung einer Verbindung mit angefräster Feder,
3. Verleimung einer Verbindung mit eingenuteter Feder,
4. Verleimung einer gedübelten Verbindung.

Die Ausführungen 2. und 3. geben eine gute Führung bei der Montage und zeigen infolge der gegenüber 1. vergrößerten Leimfläche eine höhere Festigkeit.

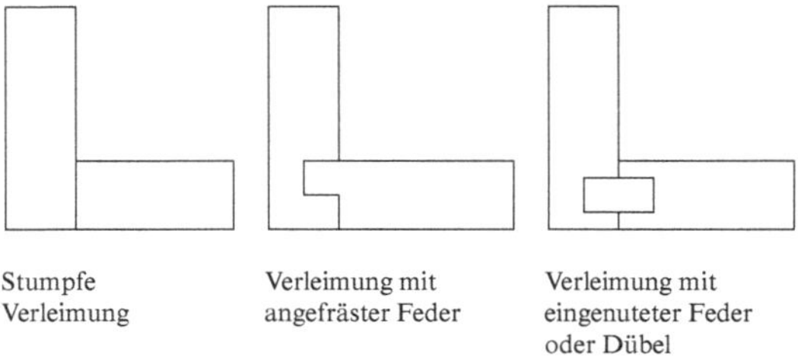

Bild 5.16: Prinzipdarstellung für Korpuseckverbindungen

Folgende Details sind bei den obenstehenden Konstruktionen zu beachten:

Nut und Feder

Dicke der Feder: < 1/4 … 1/3 · Bodendicke
Tiefe der Nut in der Seite: < 4/10 · Dicke der Seite
ACHTUNG: bei auf Gehrung geschnittener Eckverbindung:
Feder nah an die Innenkante

Dübeln

Dübeldurchmesser: 2/5 … 3/5 der Bodendicke
Dübellänge: 2,0 … 2,5 · Seitendicke
Länge des Dübelloches muss größer als der Dübel selbst sein
(Aufnahme überschüssigen Leims)

Mit der Anzahl der verwendeten Dübel erhöht sich die Steifigkeit der Eckverbindung und es verringert sich die Durchbiegung der horizontalen Baugruppen. Im Bild 5.17 ist die Verformung in Abhängigkeit der Dübel-

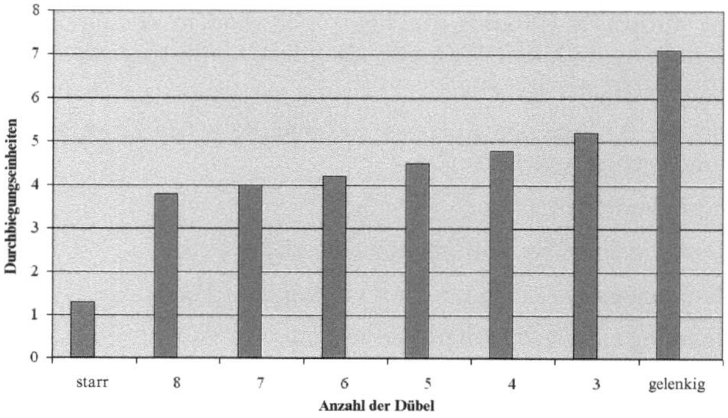

Bild 5.17: Zusammenhang zwischen Durchbiegung und Anzahl der verwendeten Dübel

anzahl den Grenzfällen „starre Befestigung (Einspannung)“ und „gelenkige Lagerung“ gegenübergestellt.

Eine klassische Verbindungstechnik für Verbindungen von Flächen quer zur Faser bei Massivholz ist das **Graten**.

Die wesentlichen konstruktiven Details sind in Bild 5.18 dargestellt.

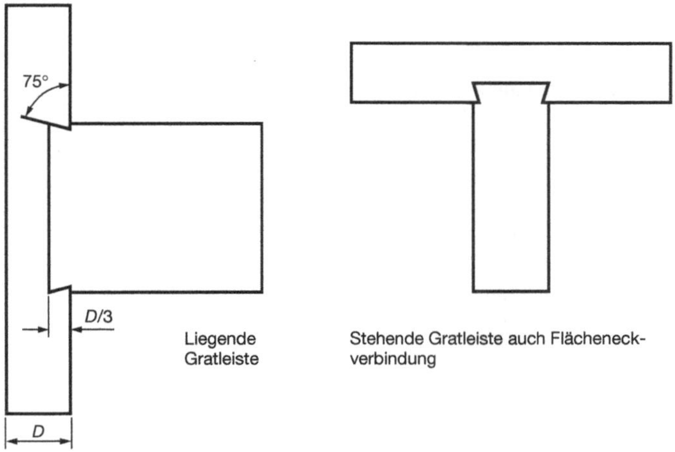

Bild 5.18: Gratverbindung – Prinzip

Graten

Tiefe der Gratnut: < 1/3 · Holzdicke
Schräge der Gratnut: 70°–75°
Grat und Gratnut nach vorn leicht konisch angeschnitten
Abstand Gratung von der Außenkante: > 30 mm
Verbindung Querholz–Querholz: vollständige Verleimung möglich
Verbindung Querholz–Längsholz: nur Verleimung an einem Ende

Die Gratverbindung kann als einseitiger oder zweiseitiger Grat ausgeführt werden. Oftmals wird diese Verbindung auch zur Stabilisierung von Flächenkonstruktionen (Breitenverbindungen) verwendet. In diesem Fall wird nur ein Ende verleimt, um der Fläche die Möglichkeit zum „Arbeiten“ zu lassen.

Prinzipiell ist die Gratnut in die durchgehenden Teile einzuarbeiten. Der Grat wird entsprechend an die horizontalen Baugruppen oder Mittelseiten vorgesehen.

Weiterhin eignet sich für diese Art der Verbindung das Einbringen von Dübeln. Wenn dieses Konstruktionsdetail (zumeist bei Leisten mit massiven Flächen) gewählt wird, ist nur ein Dübel fest einzuleimen. Die weiteren Dübel sind in Langlöchern einzubringen, um das Arbeiten der Fläche zu ermöglichen.

Aus diesem Grund besteht auch die Möglichkeit der Verwendung von Holzschrauben, da diese keine starre Verbindung der Flächen bewirken (punktförmiges Verbindungsmittel).

Verbindungen von Holzwerkstoffen

Bei Verwendung von Holzwerkstoffen werden ebenso die bereits beschriebenen Verfahren **Dübeln** sowie **Nut und Feder** eingesetzt. Infolge des Materialaufbaus handelt es sich bei der letztgenannten Verbindungsart i.d.R. um eingesetzte Federn aus Sperrholz, Vollholz oder anderes Material. Von ihrer Form kommen

- Lamellofedern (elliptische Federn, die punktuell eingesetzt werden und damit den Querschnitt nur minimal schwächen),
- Winkelfedern (für eine Gehrungskonstruktion der Eckverbindung),
- Kunststofffedern (als Winkel- oder Normalfedern) bzw.
- gerade Federn (Normalfeder für stumpfe Eckverbindungen)

zum Einsatz.

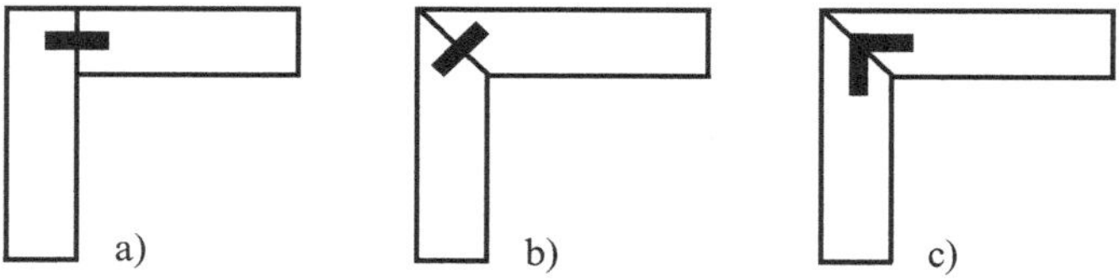

Bild 5.19: Grundprinzipien bei eingesetzten Federn in Holzwerkstoffen

a) stumpfe Ecke; b) Gehrungsecke; c) Gehrungsecke mit Winkelfeder

Ein weiteres Konstruktionsprinzip – das vor allem bei Klein- und Tonmöbeln zur Anwendung gelangt – ist das **Faltverfahren**.

Bei diesem Verfahren werden die fertig bearbeiteten Abwicklungen mit V-förmigen Nuten versehen und in deren Grund ein Klebstoff eingebracht. Im Anschluss wird der Korpus gefaltet und gepresst. Entsprechend des verwendeten Beschichtungsmaterials werden die V-Nuten bis an dieses herangearbeitet oder durchgefräst bzw. gesägt (duroplastische Folien, Furnier).

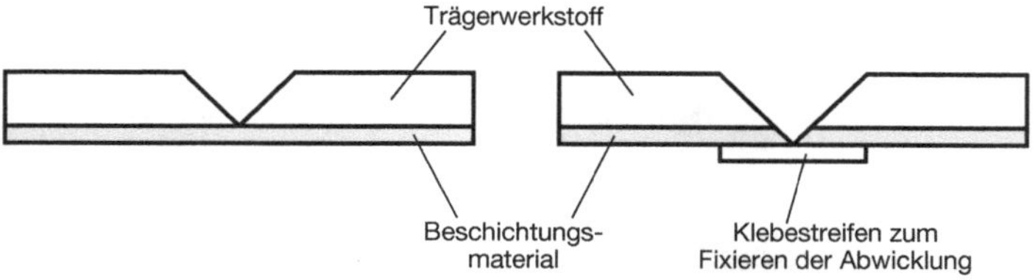

Bild 5.20: Grundprinzip des Faltverfahrens (links: biegeweiches; rechts: biegesteifes Beschichtungsmaterial)

Aus diesem Grund müssen die Bearbeitungsaggregate so angreifen, dass die Dickentoleranz des Materials aufgenommen werden kann.

Molti-Inject-Verfahren

ist durch das Einspritzen von Kunststoffen (Polyamid, Polyurethan) unter hohen Temperaturen (+280 °C) und hohem Druck (200 bar) in ausgefräste Kanäle der Eckverbindung gekennzeichnet.

Dabei kommt es zum Stoff- und Formschluss, die eine sehr hohe Festigkeit der Eckverbindung gewährleisten.

Vorteilhaft sind bei diesem Verfahren die sehr kurzen Taktzeiten zu bewerten.

Wood Welding (Holzschweißen)

stellt ein neues Verfahren der Holzverbindung dar. Hierbei werden Kunststoffstifte unter Verwendung von Ultraschall in die zu verbindenden Teile eingebracht. Durch das Aufschmelzen dieser Elemente kommt es zu einer festen Verbindung nach dem oben beschriebenen Prinzip.

Die Auswahl der Verbindungen für einen konkreten Anwendungsfall ist von verschiedenen Faktoren abhängig, wie

- konstruktiv-gestalterischen Einflüssen, z. B. Abmessungen, Belastungen, Design, Werkstoffe,
- technisch-technologischen, z. B. Fertigungsart, Fertigungsmittel und
- betriebswirtschaftlichen, z. B. Kosten für Verbindungsmittel bzw. Technologie, erzielbare Preise.

Eine Zuordnung für die Eignung bestimmter Verbindungsarten bezüglich eines konkreten Anwendungsfalles unter Berücksichtigung der zum Einsatz gelangenden Werkstoffe gibt die Tabelle 5.1.

Tabelle 5.1: Eignung und Bewertung ausgewählter Verbindungen für verschiedene Anwendungsfälle

Verbindungsart	Konstruktionsdetail Eckverbindung von Korpusmöbeln		
	Anordnung der Teile		
	Ecke bündig	Seite überstehend	Seite durchgehend
Lamello	1 VH, SP, MDF 2 3	1 VH, SP, MDF 2 3	1 VH, SP, MDF 2 3
Schwalben-schwanz	1 VH 2 MDF 3 SP	1 VH (verdeckte Ausführung) 2 SP, MDF	1 2 3 VH, SP, MDF
Fingerzinken bzw. Finger-zapfen	1 VH 2 SP, MDF 3	1 2 3 VH, SP, MDF	1 VH, MDF 2 SP 3
Grat	1 2 3 VH, SP, MDF	1 2 3 VH, SP, MDF	1 VH 2 MDF 3 SP
Dübel	1 2 VH, SP, MDF 3	1 VH, SP, MDF 2 3	1 VH, SP, MDF 2 3

1: gut geeignet; 2: bedingt geeignet; 3: nicht geeignet
VH: Vollholz; SP: Spanplatte; MDF: Mitteldichte Faserplatte

5.1.2 Innenausbau

Die Gestaltung der Innenräume eines Bauwerkes stellen eine architektonische Aufgabe dar. Sie dokumentiert den Zeitcharakter der Ausstattung und den Stil der Möbel inkl. den Geschmack des Nutzers. Der Innenausbau erfolgt nicht nur aufgrund der Schaffung zu verändernder Raumeindrücke, sondern auch der Veränderung des technischen Zustandes der Räumlichkeit.

Ebenso wie dem Möbel wird der Innenraum repräsentativen Zwecken, technischen Aufgaben und der Veränderung des Lebensgefühls gewidmet.

Gestaltung und Konstruktion der Innenausbauten sind vielseitig. Durch Kombination verschiedenartiger Werkstoffe werden hervorragende Effekte erreicht. Die Unterschiedlichkeit der Werkstoffe bedarf einer tiefen Kenntnis des Architekten zu werkstoffeigenen Besonderheiten, zur korrekten Verarbeitung sowie des material- und beanspruchungsgerechten Einsatzes.

Für konstruktive Lösungen werden Grundkonstruktionen aus dem Möbelbau sowie aus dem Bauwesen genutzt.

5.1.2.1 Begriffe/Bezeichnungen

Innenausbauten umfassen im Allgemeinen das Verkleiden von Wänden und Decken, das Trennen von großen Räumen durch Türen als öffnungsschließende Elemente und einzubauende Möbel (vgl. Bild 5.21).

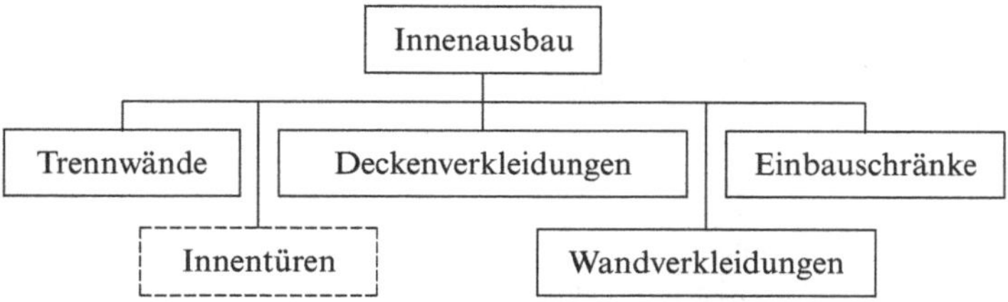

Bild 5.21: Bereiche des Innenausbaus

Trennwände unterteilen größere Räume in kleinere; sie dienen auch der Schaffung von Nebenräumen und abgegrenzten Nischen (Raumteiler).

Innentüren sind öffnungsschließende Elemente, die nur dem Innenbereich eines Gebäudes zuordenbar sind.

Deckenverkleidungen sind aus technischen und/oder optischen Gründen an eine Raumdecke über Unterkonstruktionen befestigte Elemente.

Wandverkleidungen sind aus technischen und/oder optischen Gründen an eine Raumwand über Unterkonstruktionen befestigte Elemente.

Einbauschränke sind Wandschränke und Schrankwände, die eine Raumwand teilweise oder vollständig verdecken und in der Regel mit dem Baukörper verbunden sind.

Neben den aufgeführten typischen Bereichen des Innenausbaus werden Treppen, Fußböden und sonstige Verkleidungen, wie Heizkörperverkleidungen, dem Innenausbau zugeordnet. Wand- und Deckenverkleidungen sowie Trennwände sind nur über geeignete Unterkonstruktionen aus Holz oder metallischen bzw. nichtmetallischen Werkstoffen an eine Raumwand befestigbar.

Die Aufgaben einer **Unterkonstruktion** sind:

- Unebenheiten an der Gebäudewand bzw. -decke auszugleichen,
- bei Bedarf eine Hinterlüftung der Verkleidung zu garantieren,
- die Elemente der Verkleidung sicher zu tragen,
- bei technischen Forderungen ausreichend Abstand zwischen Verkleidung und Gebäudewand bzw. -decke zu schaffen.

Für Trennwände gilt dieses in Anlehnung.

Im Innenausbau ist bei dem Aufbau der Konstruktion zwischen öffentlichen und nichtöffentlichen Bereichen infolge differenzierter Beanspruchungen und Anforderungen zu unterscheiden.

Eine Gliederung der Verkleidungen von Innenwänden nach technischen Anforderungen zeigt Bild 5.22.

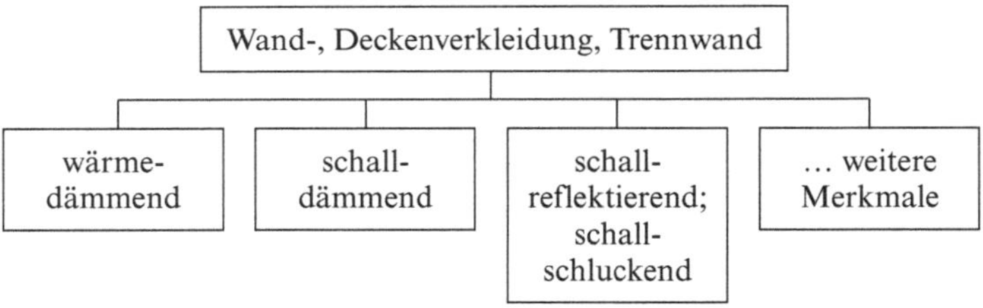

Bild 5.22: Varianten von Verkleidungen

Die entsprechenden Effekte der Dämmung werden durch spezielle Konstruktionen im Aufbau der Verkleidungen sowie in der Wahl der Werkstoffe und der Anschlusskonstruktionen zum Baukörper erzielt. Ebenso wird bei Akustikwänden über eine gezielte Gestaltung der Oberflächen sowie Variation von Materialmassen und -dicken der Weg der Schallwellen beeinflusst.

Bei **Trennwänden** erfolgt die Kopplung der einzelnen Elemente über Nut- und Federsystem, die Rastersystemen zugeordnet werden können.

Die **Rastersysteme** unterscheiden sich hinsichtlich der Austauschbarkeit der Elemente, der Einheitlichkeit der Elementabmessungen sowie der unmittelbaren Verbindung der Elemente untereinander.

Der **Innenausbau** erfolgt nicht nur in Räumen bzw. in Gebäuden, die nach einer Maß- und Modulordnung erstellt worden sind, welches jedoch eine wirtschaftliche Vorfertigung der Innenausbauelemente ermöglichen würde.

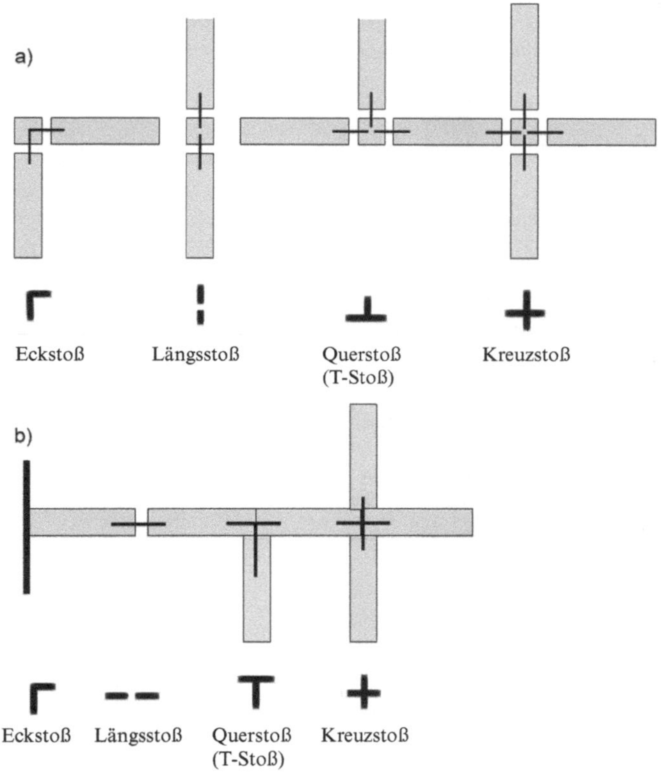

Bild 5.23: Rastersysteme, a) Bandraster; b) Achsraster

5.1.2.2 Allgemeines zu Schutzmaßnahmen im Innenausbau

Vielfältige Wechselwirkungen zwischen einem Bauwerk und den Einwirkungen von Feuchtigkeit, Wärme, Schall, Licht, Niederschlag und Wind sind Arbeitsbereiche der Bauphysik und der Baustatik und somit Basis für Schutzmaßnahmen des Baukörpers sowie des Innenausbaus. Der falsche Umgang mit den physikalischen Gesetzmäßigkeiten dieser Einflussfaktoren führt zu Schäden am Bau, wie beispielsweise Durchfeuchtung, Pilzbefall, Brand und dergleichen. Im Innenbereich hat dieses auch Einfluss auf das persönliche Wohlbefinden des Nutzers.

Die Konstruktion im Innenausbau hat schützende Maßnahmen gegen Feuchte, Fäulnis, Schall- und Wärmeübertragung sowie gegen Feuer zu beachten.

Feuchteschutz

Verkleidungen jeglicher Art können auch an Außenwänden befestigt werden. Unterschiedliche Dampfdrücke führen zu einen Dampfstrom durch unterschiedlichste Bauteile hindurch. Somit kann es infolge eines ungünstigen Wandaufbaues zur Kondensatbildung kommen, die durch entsprechende Maßnahmen, wie Einbringen einer Dampfsperre, verhindert werden kann (DIN 4108-3; DIN EN ISO 15 927-5).

Holzschutz

Der konstruktive und chemische Holzschutz ist Voraussetzung für die Dauerhaftigkeit der Innenausbauten. Der konstruktive Holzschutz umfasst alle Maßnahmen, die der Feuchtigkeitsaufnahme des Werkstoffes entgegenwirken. Der chemische Holzschutz ergänzt den konstruktiven Holzschutz (DIN 68800).

Schallschutz

Der bauliche Schallschutz mindert die Schallübertragung von der Schallquelle bis zum Empfänger. Dämmende Konstruktionen im Innenausbau, wie einschalige Verkleidungen mit hohem Flächengewicht oder zweischalige Verkleidungen mit geeigneten Abständen der Unterkonstruktionen, Dämmmaterialien oder differenzierten Schalungsdicken behindern den Schalldurchgang.

Der konstruktive Aufbau sowie die Auswahl der Oberfläche von Verkleidungen beeinflussen die Akustik des zu verkleidenden Raumes. So können hierdurch schallreflektierende bzw. schallschluckende Effekte erzielt werden (DIN 4109).

Wärmeschutz

Wärmeschutzmaßnahmen unterstützen nicht nur die Einsparung von Energie, sondern dienen auch dem Wohlbefinden der Nutzer. Konstruktiv ist dem Wärmedurchgangswiderstand durch dämmende Materialien und/oder durch Verhinderung von Kältebrücken entgegenzutreten (DIN 4108; DIN EN ISO 13791).

Brandschutz

Bei Verwendung der im Innenausbau üblichen Werkstoffe ist das Brandverhalten in Kombination mit der Primärkonstruktion zwingend zu berücksichtigen (DIN 4102).

5.1.2.3 Konstruktionen im Innenausbau

Einbauschränke ähneln den konstruktiven Lösungen von Behältnismöbeln. Zusätzlich werden Anschlusslösungen zum Baukörper (Decken-, Fußböden- und Wandanschlüsse), Lösungen zum Hängen des Korpus an den Baukörper sowie Konstruktionen, die das Hinterlüften der Schränke ermöglichen, konzipiert. Ausgewählte Einbauschranksysteme zeigt Bild 5.24 (nach *Pracht*).

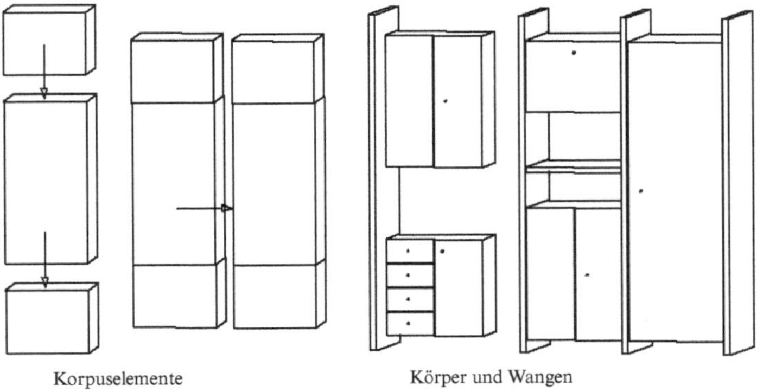

Bild 5.24: Einbauschranksysteme für Schrankwände

Deckenverkleidungen

Die technischen und optischen Gründe, die zur Planung von Deckenverkleidungen führen, bedingen spezielle Konstruktionen in der Ansicht wie in der Befestigung.

Aus den in Bild 5.25 dargestellten Arten werden in den folgenden Bildern 5.26 und 5.27 in Anlehnung an *Pracht* Konstruktionsbeispiele gezeigt.

Die Gestaltung der Deckenelemente (Schalen) beeinflusst den Raum in Dimensionen, Proportionen und Formen. Von strengen Linienführungen (Bretterdecken) über Flächen (Plattendecke) bis hin zu Sonderformen spannen sich die Möglichkeiten der Deckengestaltung.

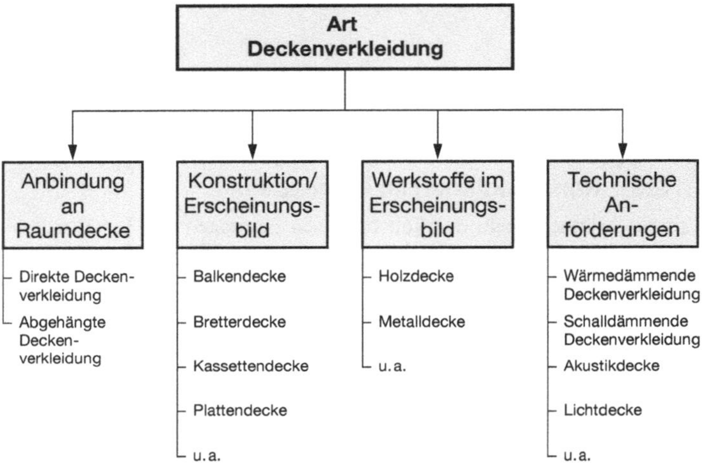

Bild 5.25: Arten von Deckenverkleidungen

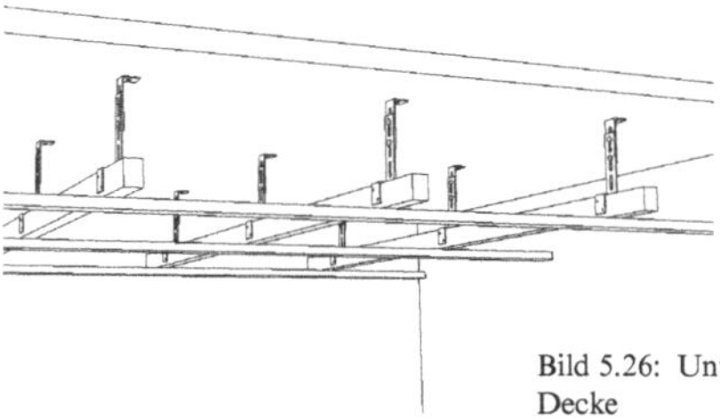

Bild 5.26: Unterkonstruktion einer abgehängten Decke

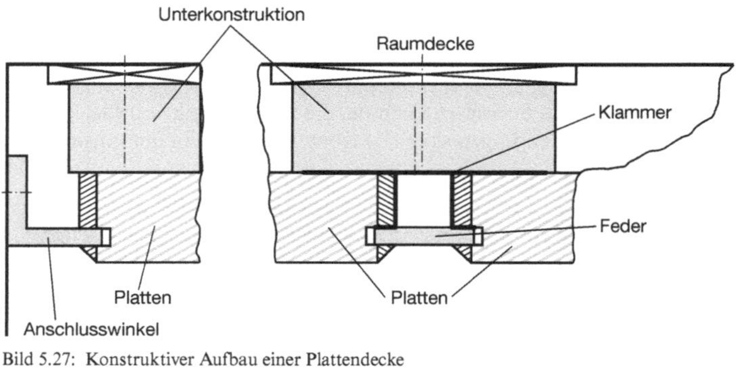

Bild 5.27: Konstruktiver Aufbau einer Plattendecke

Wandverkleidungen

Die Ausführungsgründe für Wandverkleidungen erfordern unter der Beachtung bauphysikalischer Forderungen abgestimmte konstruktive Lösungen.

Bild 5.28 zeigt eine Teilübersicht von Wandverkleidungsarten. Die Einbauten können die Wände raumhoch oder teilweise bedecken; vorhandene Raumwände können alle oder nur einzelne verkleidet sein.

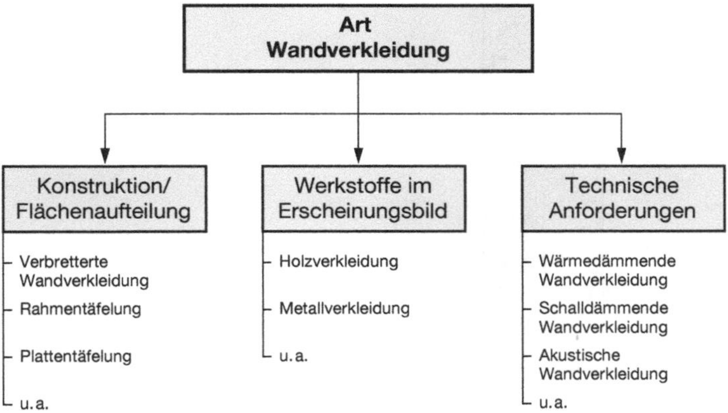

Bild 5.28: Arten von Wandverkleidungen

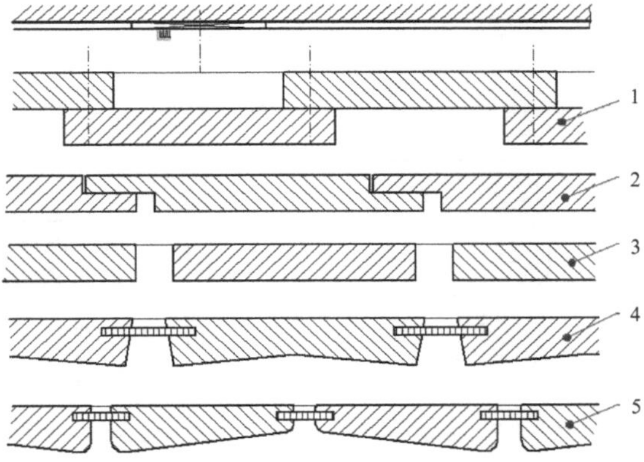

Bild 5.29: Beispiele der Fugenausbildung bei verbretterten Wandverkleidungen (1: überluckt; 2: überfälzt; 3: mit Abstand; 4 und 5: genutet mit Fremdfeder) (nach *Nutsch*)

Gestaltung und Anordnung richtet sich nach den zu erreichenden technischen und gestalterischen Zielen. Unterkonstruktionen werden als Holzkonstruktionen, als Metallkonstruktionen oder kombiniert aus beiden Materialien ausgeführt. In Ausnahmefällen sind auch vereinfachte Lösungen existent.

Die Bilder 5.29 und 5.30 zeigen Prinziplösungen bei Wandverkleidungen.

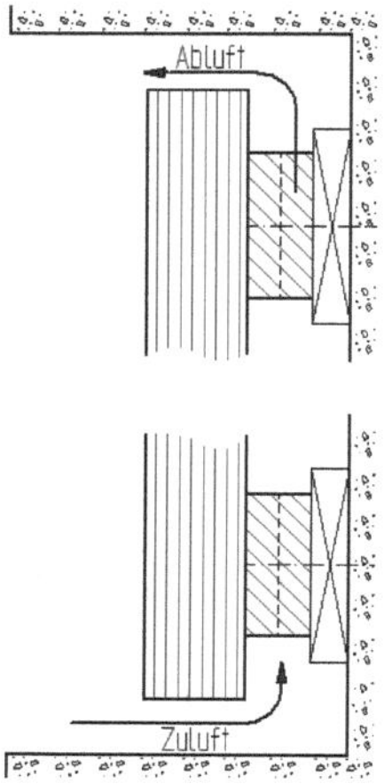

Bild 5.30: Konstruktionsprinzip einer hinterlüfteten verbretterten Wandverkleidung (Vertikalschnitt)

Trennwände

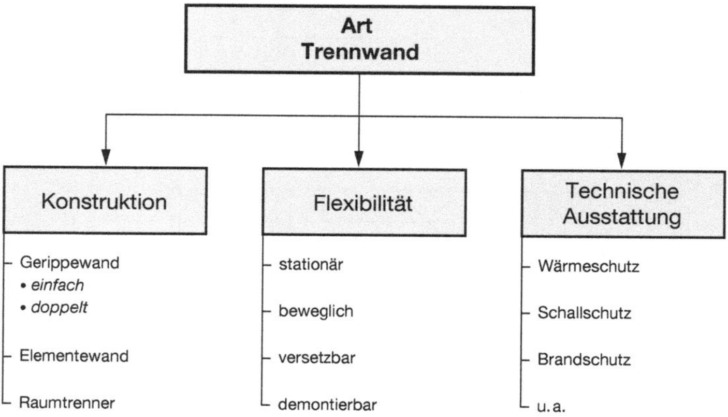

Bild 5.31: Arten von Trennwänden

Die Trennwand als nichttragende Konstruktion gestaltet ebenso wie die bereits vorgestellten Verkleidungen die Innenräume und verändert deren Gesamteindruck. Technische Forderungen sind aufgrund der Konzipierung der nichttragenden Baugruppen umsetzbar.

Besonders bei der Konstruktion von Trennwänden ist der zu nutzende Bereich – öffentlich/nicht öffentlich – zu beachten.

Die Gestaltung der Schalen kann in Anlehnung an Wandverkleidungen erfolgen und wird durch durchsichtige und durchscheinende Materialien als Rahmenfüllungen erweitert.

Gestaltungsmöglichkeiten sowie ein Ausführungsbeispiel für Trennwände zeigen die Bilder 5.32 und 5.33.

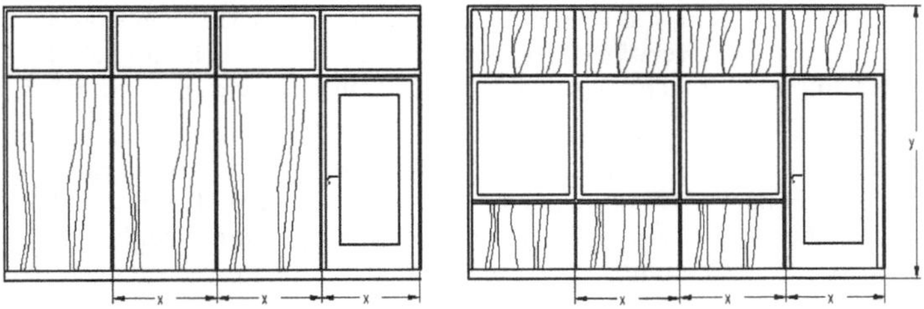

Bild 5.32: Gestaltungsbeispiele von Trennwänden

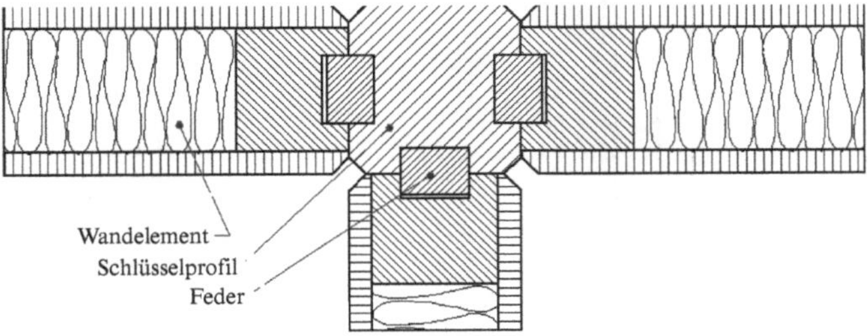

Bild 5.33: Querstoß (T-Stoß) bei Bandrastersystem

5.2 Bauelemente

Elemente am Bau sind u.a. Türen und Fenster.

Tür ist ein bewegliches und meist verschließbares Bauelement, welches den Zugang zu Gebäuden oder Räumen ermöglicht bzw. verhindert.

Aufgabe und Zweck einer Tür werden durch ihre Gestaltung sowie durch Größe und Bauart bestimmt. Es wird zwischen Außen- und Innentüren unterschieden.

Fenster ist ein bewegliches oder unbewegliches, auch verschließbares Bauelement, welches Öffnungen in Wänden, Dächern oder Türen lichtdurchlässig schließt.

Das Fenster dient dem Schutz vor Witterungseinflüssen, vor akustischer Belästigung sowie der Belichtung und Belüftung von Innenräumen.

5.2.1 Maß- und Modulordnung

Ordnungen zu Modulen, Maßen sowie Passungen und Toleranzen sind Voraussetzungen für die Verwendung vorgefertigter Bauelemente. Es sind Hilfsmittel bei der Verständigung unterschiedlicher Gewerke am Bau. Darüber hinaus ist jegliches individuelles Maß eines Bauelementes möglich.

Wandöffnungen für Türen sind nach DIN 18100 genormt und aus der Maßordnung im Hochbau der DIN 4172 abgeleitet, die wiederum auf das Achtelmeter (125 mm) als Grundmodul, basierend auf den herkömmlichen Mauerwerksbau, zurückzuführen ist. Auf fugenlose Bauarten ist diese Ordnung ebenso anwendbar. Für Fensteröffnungen gilt DIN 18050.

Den Zusammenhang zwischen Baurichtmaßen, Soll- und Nennmaßen zeigen die Bilder 5.34 und 5.35.

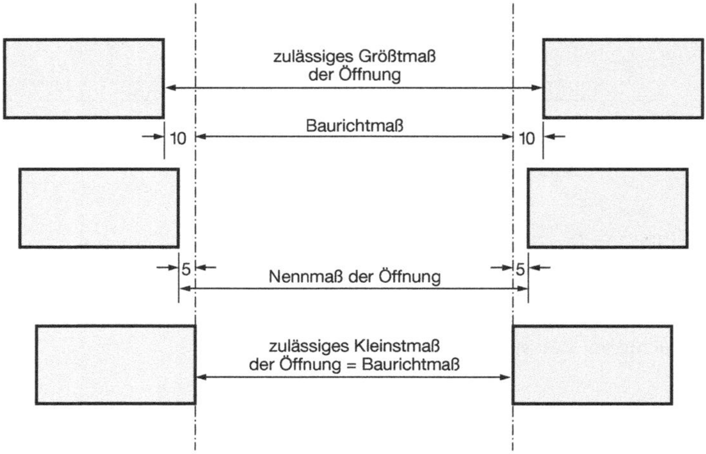

Bild 5.34: Horizontalschnitt

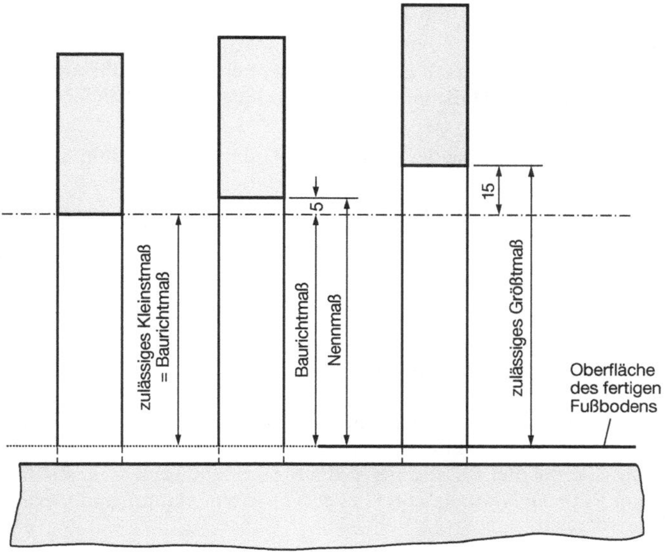

Bild 5.35: Vertikalschnitt

Bei der Ableitung der Sollmaße aus dem Baurichtmaß werden folgende Festlegungen getroffen:

- Stoßfuge 10 mm breit,
- waagerechte Bezugsebene nach DIN 18101,
- zulässige Abweichung nach DIN 18202, Teil 1
  hier: ±10 mm für die Breite,
  +10 mm für die Höhe,
  −5 mm für die Höhe.

Somit gilt im Rahmen dieser Norm:

Baurichtmaß plus 10 mm	=	Nennmaß der Wandöffnungsbreite
Baurichtmaß plus 5 mm	=	Nennmaß der Wandöffnungshöhe
Zulässiges Kleinstmaß	=	Baurichtmaß (d. h. Nennmaß minus 10 mm für die Wandöffnungsbreite; Nennmaß minus 5 mm für die Wandöffnungshöhe)
Zulässiges Größtmaß	=	Baurichtmaß plus 20 mm für Wandöffnungsbreite (Nennmaß plus 10 cm); Baurichtmaß plus 15 mm für Wandöffnungshöhe (Nennmaß +10 mm)

Aus diesen Angaben werden die Konstruktionsmaße der Bauelemente errechnet.

Die Modulordnung nach DIN 18000 dient ebenso als Hilfsmittel für die Abstimmung der Maße im Bauwesen und basiert auf dem Grundmodul $M = 100$ mm.

Ausgewählte Vielfache des Grundmoduls sind Multimoduln. Die modularen Maße sind Baurichtmaße.

Regelungen über Maßtoleranzen am Bau sind in Normen zu finden.

5.2.2 Türen

Türen als grundsätzliche Trennelemente zwischen Räumen bzw. zwischen dem Inneren und dem Äußeren eines Bauwerkes haben differenziert funktionale und gestalterische Aufgaben zu realisieren.

Innentüren sind Trennelemente zwischen zwei Räumen und damit auch Elemente des Innenausbaus und werden innerhalb geschlossener und überdachter Räume angeordnet. Zusatzfunktion sind Belichtung von Räumen sowie das Fernhalten von Wasserdampf und Gerüchen belasteter Räume.

Außentüren dienen dem Verschluss eines Hauses und müssen bezüglich des Wetterschutzes besondere Aufgaben erfüllen. Weiterhin sind u. a. einbruchhemmende, wärmedämmende, schalldämmende, Schlagregen und Windbelastungen widerstehende Aufgaben sowie Unempfindlichkeit gegenüber Luftfeuchtigkeitsdifferenzen zu beachten.

5.2.2.1 Begriffe/Bezeichnungen

Entsprechend der speziellen Aufgaben gibt es verschiedene Türen (Tore). Die Baugruppen der Türen sind der Türflügel und der Türrahmen. Der Türrahmen ist in die Wandöffnung fest eingebaut und der Türflügel beweglich am Türrahmen angebracht. Türrahmen werden als Blendrahmen, Blockrahmen, Futterrahmen oder Zargenrahmen eingesetzt. Türbekleidungen bilden den Anschluss zwischen Türrahmen und Baukörper.

Türen werden im Wesentlichen nach der Art der Konstruktion und der Bewegung bezeichnet. Bild 5.36 zeigt eine mögliche Strukturierung.

Neben diesen genannten Merkmalen ist eine Unterscheidung nach der Gestaltungs-/Erscheinungsform denkbar. Türen, die der Belichtung dienen, können Fensterelemente mit ein oder mehreren Glasebenen – je nach technischen Anforderungen – aufweisen.

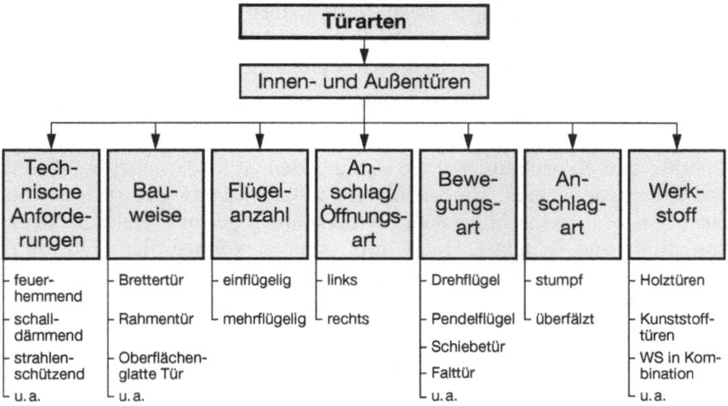

Bild 5.36: Türarten

Die Bezeichnung von Türen mit links oder rechts basiert auf der Definition von „Öffnungsfläche" und „Schließfläche" nach DIN 107. Die Öffnungsfläche ist die Fläche eines Türflügels, der auf der Seite liegt, nach der sich der Flügel öffnet (Türband sichtbar).

Im Bild 5.37 ist der Zusammenhang der Tür-, Schloss- und Bandbezeichnung dargestellt.

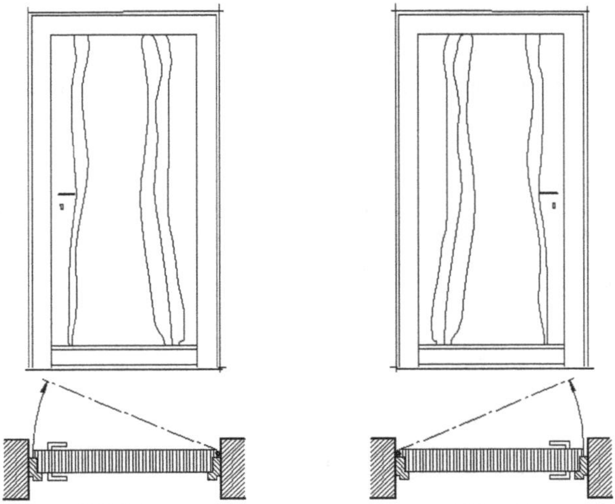

Bild 5.37: Links-/Rechtsbezeichnung für Türen

Linksschiebetüren schlagen beim Verschließen vom Standort des Betrachters aus gesehen links an. Der Standort befindet sich im Raum (bei gleichberechtigten Räumen ist dieser anzugeben!).

Weitere Begriffe werden in Verbindung analog anderer Holzerzeugnisse sinngemäß verwandt.

Begriffe und Bezeichnungen, die sich aus den Anforderungen an Türen, wie Durchgangsmaße, Einbruchhemmung, bewitterungsgerechte Konstruktion, Fugendurchlässigkeit, Widerstand gegen mechanische Beanspruchung und Windlast, Holzschutz, ergeben, können hier nicht weiter dargestellt werden. Es sei auf die umfangreichen Normwerke verwiesen (DIN-Taschenbuch „Türen und Türenzubehör" bzw. die jeweils aktuellen Fassungen der Normenwerke).

Für Beschläge gilt dieses analog.

5.2.2.2 Konstruktionsdetails

Die Umsetzung der Forderung an die Konstruktion einer Tür bedarf spezieller Lösungen in den Anschlussbereichen an den Gebäudekörper in horizontaler wie in vertikaler Richtung. Weiterhin sind Kopplungen zwischen Türrahmen bei horizontaler Richtung und die Fugenausbildung zwischen Türblatt und Türrahmen wichtige Details der Tür. Die Bilder 5.38 bis 5.39 zeigen beispielhaft einige prinzipielle Lösungen.

Wesentliches Gestaltungselement sind Füllungen, welche als flächige, plattenförmige, strukturierte Teile aus Holz, Holzwerkstoffen, Glas u.a. bestehen. Diese werden in Nuten oder in Falzen eingelegt und mit Leisten befestigt. Beispiele dieser Details zeigt Bild 5.40. Insbesondere bei den horizontal liegenden Nuten und Fälzen ist auf eine korrekte Wasserableitung zu achten.

Verbindungen der Bauteile untereinander erfolgen in Anlehnung an den in vorangegangenen Abschnitten dargestellten Möglichkeiten. Rahmenverbindungen (Schlitz/Zapfen; Dübel, u.a.), Flächeneckverbindungen (Zinkung, Graten) sowie Längs- und Breitenverbindungen finden auch bei Türen Anwendung.

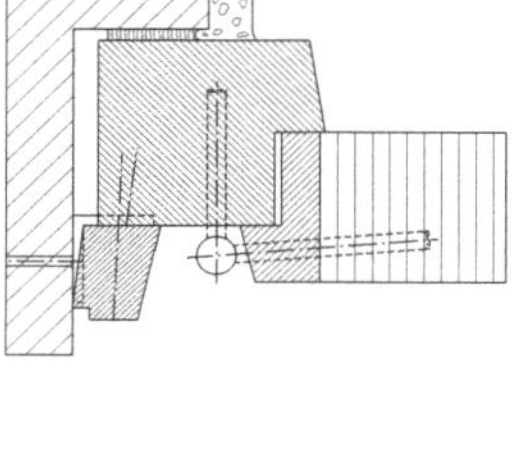

Bild 5.38: Blendrahmentür, Horizontalschnitt

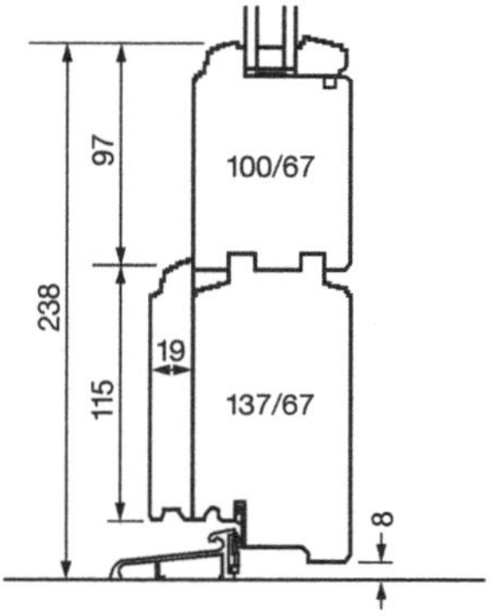

Bild 5.39: Tür im Schwellenbereich, Vertikalschnitt (DAUT)

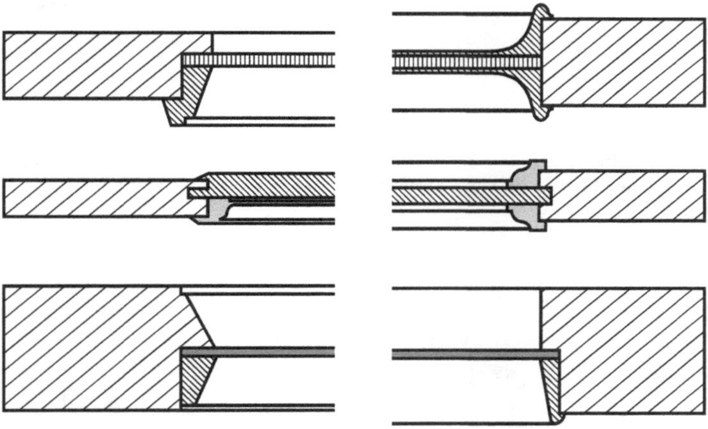

Bild 5.40: Füllungen an Türen (Schnittdarstellung)

5.2.3 Fenster

Fenster ergänzen die Funktion eines Raumes und sind gleichermaßen gestaltendes Element am Baukörper.

5.2.3.1 Begriffe/Bezeichnungen

Das Fenster als nichttragendes, leichtes Element im Baukörper hat verschiedenste Aufgaben zu erfüllen, die eine Strukturierung ermöglichen (vgl. auch DIN 68121).

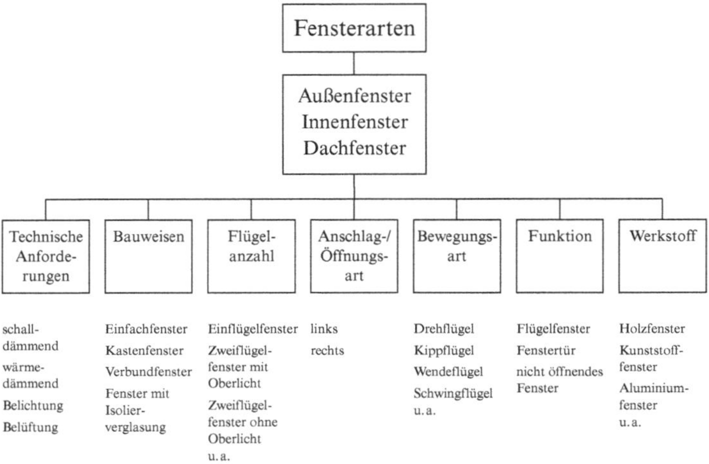

Bild 5.41: Fensterarten

Die Öffnungsarten der Fenster lassen sich aus den Bewegungsarten der Fenster ableiten. Das Fenster als gestaltendes Element bedient sich verschiedener Grundformen (s. Bild 5.42).

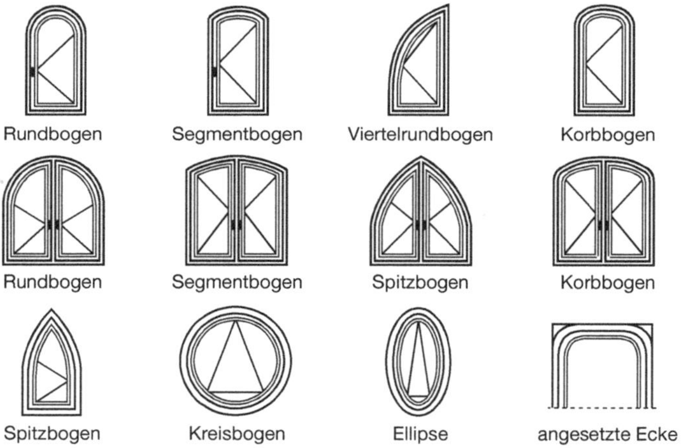

Bild 5.42: Systematisierung Fensterformen (HAUTAU)

Die Baugruppen der Fenster sind der Fensterflügel und der Fensterrahmen. Der konstruktive Aufbau des Fensterrahmens ähnelt dem des Türrahmens. Die Elemente der Fensteröffnung sind:

Fenstersturz:	obere, meist waagerechte Begrenzung der Fenster
Fensterleibung:	seitliche Begrenzung der Fensteröffnung
Fensterbrüstung:	untere Begrenzung der Fensteröffnung
Fensterbank (Sohlbank):	äußerer waagerechter unten gelegener Teil der Fensteröffnung
Fenstersims:	innerer waagerechter unten gelegener Teil der Fensteröffnung

Die Links-/Rechtsbezeichnung entspricht der DIN 107. Im Bild 5.43 sind die Bezeichnungen der wichtigsten Bauteile des Fensters dargestellt.

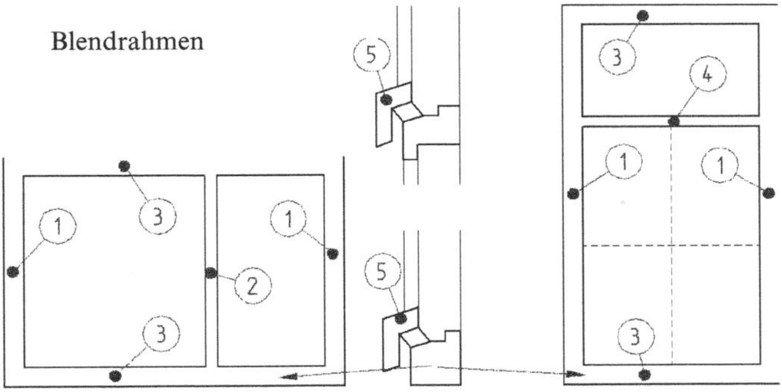

1 Blendrahmenlängsstücke
2 Pfosten
3 Blendrahmenquerstücke (Unterstück und Oberstück)
4 Kämpfer (Riegel)
5 Wetterleiste

Bild 5.43: Bezeichnungen am Fenster

Weitere Begriffe ähneln denen anderer Holzerzeugnisse. Es sei bezüglich der Anforderungen auf die Normenwerke in der jeweils gültigen Fassung verwiesen, ebenso für die der Beschläge.

5.2.3.2 Konstruktionsdetails

Die technischen Forderungen an Fenster ähneln denen an Türen im Außen- wie im Innenbereich. Füllungen sind generell transparent auszuführen und damit minimiert sich die Anzahl der Anbindungsmöglichkeiten an den Flügelrahmen. Bild 5.44 zeigt im Horizontalschnitt eine Lösung des Wandanschlusses eines Blendrahmenfensters und die Ausbildung des Glasfalzes.

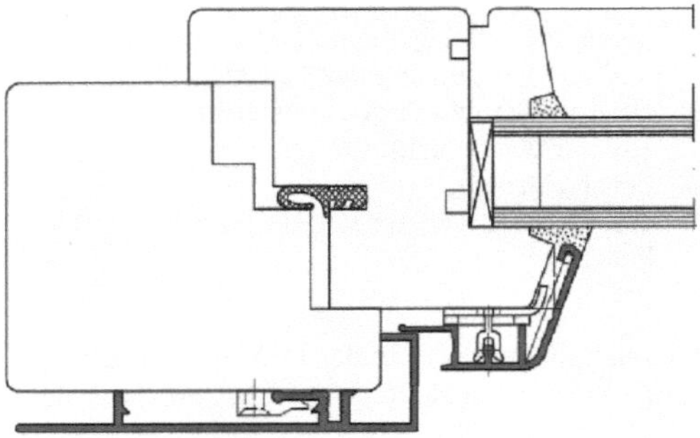

Bild 5.44: Blendrahmenfenster, Horizontalschnitt [bug HOLZ PLUS]

Eine Lösung der Ausbildung im Sohlbank/Simsbereich zeigt Bild 5.45.

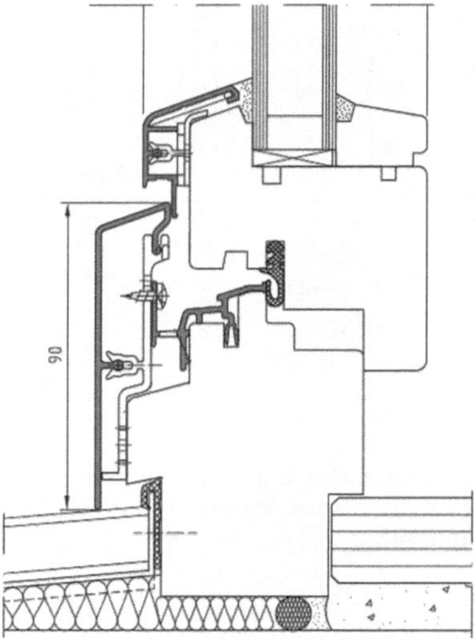

Bild 5.45: Fenster im Sohlbank/Simsbereich, Vertikalschnitt [bug HOLZ PLUS]

Fensterreihungen – vertikal wie horizontal – werden durch Kopplungsprofile ermöglicht.

Für die Verbindung der Bauteile untereinander gilt die Aussage aus Abschnitt 5.2.2.2 analog.

5.3 Sonstige Erzeugnisse aus Holz

Erzeugnisse aus Holz sind nahezu in allen Lebens- und Arbeitsbereichen anzutreffen und haben entsprechend des Einsatzgebietes spezifische Anforderungen zu erfüllen (vgl. Kap. 5).

Es kann nicht Ziel dieses Buches sein, auf alle Produkte aus Holz und Holzwerkstoffen bis ins Detail einzugehen. Neben den punktuell vorgestellten Erzeugnissen, der Begriffswelt sowie der Systematisierung und den ordnenden Merkmalen sowie Exkursen in Detaillösungen werden Holz und Holzwerkstoffe für die Herstellung von **Verpackungsmitteln** (Kisten, Stiegen u.a), von **Spielzeugen**, **Musikinstrumenten** und **künstlerischen Produkten** sowie für den Einsatz im **Bauwesen** (Holzhausbau, Brückenbau, Schalungskonstruktionen u.a.) und in der **Sportgeräteindustrie** verwendet. Voraussetzung für die Sicherheit all dieser Produkte ist die Kenntnis des Werkstoffes bei den unterschiedlichen Beanspruchungen und Anforderungen, das Verhalten auch unter extremen Bedingungen und die Gebrauchsbeanspruchung bei Verwendung.

Auch diese Aufzählung ist nicht vollständig und es wird auf weiterführende Literatur hingewiesen.

Weiterführende Literatur

Albin, R.; Dusil, F.; Feigl, R.; Fröhlich, Hans H.; Funke, Hans J.: Grundlagen des Möbel- und Innenausbaus. Leinfelden-Echterdingen: DRW, 1991

Becker, K.; Pfau, J.: Trockenbau Atlas. Köln: Tichelmann, K.: Verlagsgesellschaft Rudolf Müller, 2004

Gießler, J. F.: Gestaltendes Zeichnen für den Innenausbau. Stuttgart: Deutsche Verlagsanstalt, 1987

Krämer, F.: Grundwissen des handwerklichen Treppenbauers. Karlsruhe: Bruderverlag, 2002

Mönck, W.; Rug, W.: Holzbau. Berlin: Verlag Bauwesen, 2000

Müller, K.: Holzschutzpraxis. Wiesbaden und Berlin: Bauverlag GmbH, 1993

Müller, R.: Das Türenbuch. Leinfelden-Echterdingen: DRW-Verlag Weinbrenner GmbH & Co, 2002

Nutsch, W.: Handbuch der Konstruktion, Möbel und Einbauschränke. Stuttgart: Deutsche Verlagsanstalt, 1987

Nutsch, W.: Haustüren in Holz. Stuttgart: Deutsche Verlagsanstalt, 1988

Nutsch, W.: Innenausbau. Stuttgart: Deutsche Verlagsanstalt, 2000

Pracht, K.: Deckenverkleidungen. Stuttgart: Deutsche Verlagsanstalt, 1997

Pracht, K.: Möbel und Innenausbau. Leinfelden-Echterdingen: Verlagsanstalt Alexander Koch GmbH, 1997

Pracht, K.: Fenster. Stuttgart: Deutsche Verlagsanstalt, 1982

Pracht, K.: Läden. Basel: Birkhäuserverlag, 2001

Roland, K.; Siebert, W.: Möbelbau. Leipzig: VEB Fachbuchverlag, 1978

Schulz, P.: Schallschutz. Wärmeschutz. Feuchteschutz. Brandschutz im Innenausbau. Stuttgart: Deutsche Verlagsanstalt, 2002

Soiné, H.: Holzwerkstoffe, Herstellung und Verarbeitung. Leinfelden-Echterdingen: DRW-Verlag, 1995
Zietz, G.: Türen- und Fensterbau. Leipzig: VEB Fachbuchverlag, 1977
DIN Taschenbuch 66. Möbel. Berlin, Wien, Zürich: Beuth Verlag GmbH, 2003
DIN Taschenbuch 240. Türen und Türenzubehör. Berlin, Wien, Zürich: Beuth Verlag GmbH, 2003
Holz-Lexikon. Stuttgart: DRW-Verlag, 2003

Sachwortverzeichnis

1K-PUR-Dispersionen 401
2K-PUR 362
2K-PUR-Dispersionen 401
3D-Beschichtung 401

Abdunstzone 379, 380, 383
Abgasreinigungsanlage 212
Abhebefestigkeit 424
Ablufttrocknung 442, 443, 449, 454
Abmessungen der Späne 269
Abnutzungswiderstand 421
Abrichten 320
Abrichthobelmaschine 316, 317
Abrichthobeln 316, 317
Abrichtspindel 320
Abriebfestigkeit 421
Abrunden 316
Abscheren 353
Absorptionselemente 390
Abstumpfung 280
Abtrag 341
Acetalbildung 493
Acetylierung 161, 492
Achsraster 527
Achswinkel 272
ACQ-Präparate 482
Acrylate 358
Acrylharze 357
Additive 156, 359
Adsorption 78, 159
Aircoat-Verfahren 374
Airconverter 372
Airless-Spritzen 374
Airless-Verfahren 373, 374
Airmix-Zerstäuber 375
Aktivkraft 264
akustische Eigenschaften von Holzwerkstoffen 173
Aldehyde 493
Alkydharze 357
Alterung 92
Alterung und Beständigkeit 175
Altholz 207, 208
Aminosäuren 74
Anfasen 316, 333
Anhydride, zyklische 493
Anhydro-ß-D-Glucose 50
Anhydro-Cellobiose 50
Anhydrohexosen 54
Anhydropentosen 54
Anhydrouronsäuren 54
Anlagen, holzwerkstofferzeugende 308
Anschläge 295
Anstellgeschwindigkeit 265
Anstellweg 264
Anstrichbläue 474
Applikationsverfahren 363
Arbeitsebene 265
Arbeitseingriff 263
Asche 68
Asco-(Schlauchpilze) 470
ASTM 412
Asynchron-Servomotoren 287
Aufladung des Lackes 376
Auflageleisten 337
Auflösewalzen 219
Auftragswalze 368
Auftrennschnitte 306
Außenbeleimung 217
Außenrinde 17
Außentüren 536
Ausziehwiderstand 111, 192
Axialparenchym 23

Balkenblättlinge 473
Bandraster 527
Bandsägen 311
Bandschleifaggregat 349
Bandschleifgerät 349
Bandschleifverfahren 344
Bandstabilisierung 348
Bandtrockner 202
Bandvorpressen 222
Basidiomyceten (Ständerpilze) 470
Bauelemente 533
Bauer-Mühle 238
Bauer-Verfahren 237
Baugesetzgebung 412
Baugruppe 506
Bauholz 412
Baumalter 14
Baumwachstum 13

Bauregellisten 411
Baurichtmaße 534
Bauteil 506
–, aussteifendes 477
–, nichttragendes 477
–, tragendes 477
–, vorgespanntes 149
Bauteilgröße 158, 178
Bauteilzuordnung 506
Bauweise der Möbel 505
Bauwesen 252
Beanspruchung, dynamische 177
–, statische 177
Beanspruchungsgruppen 423
Bearbeitungsarten, spanabhebende 266
–, spanlose 266
Bearbeitungszentren (BAZ) 325, 338
Begleitstoffe 48
Begriffe 503
Behältnismöbel (Korpus) 511
Beizen 356, 364
Belastungsrichtungen bei Holzwerkstoffen 177
Beleimen 202, 216
Beleimmaschine 217
Beleimung 240
Bemessungswert 413, 414
Benennungen 42
Beplankungsgrad 134, 135
Besäumen 225
Besäumschnitte 306
Beschichten, membranloses 402
Beschichtung von profilierten Konturen 403
Beschichtungen 355
Beschichtungsband 302
Beschichtungsstoffe 361
Beständigkeit 92
Bestandteile, akzessorische 48
Bestimmung der Rohdichte 427
Bestimmungsmerkmale 45
Bestimmungsmöglichkeiten 46
Bewertungen, wirtschaftliche 501
Bezeichnungen 503
Biegeband 261
Biegebelastung 181
Biegebelastung (Drei- oder Vierpunktbelastung) 99
Biege-E-Modul 134, 135
Biegefestigkeit 108, 135, 186, 188
Biegemoment 188
Biegen 260, 261
Biegen von Vollholz 261
Biegeradius 261
Biegeumformen 261
Biegeverfahren (stress grading) 416
Biegung 183
Biffar-Verfahren 237
Bindemittel 208, 356
Bindemittelkomponenten 356
Bindemittelsysteme 362
Bindung des Wassers 79
Bindung, glycosidische 50
Biogenese 51
Biolacke 356
Bioverbundpolymer 47
Biozide 461
Biozidrichtlinie 477
Blasenbildungen 392
Blasleitung 240
Blättlinge 473
Bläue 474
Bleichen 356
Blendrahmen 536
Blendrahmenfenster 542
Blendrahmentür 538
Blockbandsägen 311
Blockierung 486
Blockpressen 196
Blockrahmen 536
Blocksägebänder 311, 312
Blockverfahren 196, 197
Blowline-System 240, 241
Bohren 334, 336
Bohrertypen 335
Bohrlochtränkung 484
Bohrmaschinen 335
Bohrmuschel 476
Bohrwerkzeuge 334
Bois Perdure 490
Borverbindungen 480
Brandgefahr 213
Brandrastersystem 533
Brandschutz 529
Brandverhalten 88
Brauchbarkeitsnachweis 411
Brauner Splintholzkäfer 476
Braunfäule (Dekonstruktionsfäule) 471

Braunverfärbung 453
Brecher 211
Breitband 346, 348
Breitbandschleifen 345, 346
Breitenverbindungen 510
Brennpunkt 88
Brettschichtholz 194
Brettsperrholz 140
Brettstapelkonstruktion 140
Brinell-Härte 112, 192, 421
Bruchbilder 190
Bruchenergie 112
Bruchkraft 186
Bruchlast 191
Bruchzähigkeit 112, 113
Brunauer-Emmet-Teller-Sorptionsmethode 80
Brusthöhendurchmesser 13
Bugholzteile 262
Bulking 494
Bulking-Effekt 487
Bündigfräsen 333
Burgers-Modell 105
Bürsten 342, 350
Bürstenwalzen 342, 346
Bütten 238
B-Zustand 396

Carbamate 483
Carbolineum 479
Cavalieri'sches Prinzip 274
CE-Kennzeichnung 425
Cellulose 47, 50
Cellulosefibrillen 37
CE-Zeichen 412
Chemikalien-Gesetz (Chem-G) 476
Chemikalien-Verbotsordnung (Chem-VerbV) 476
Chemisorption 79
Chinoide 74
Chinonmethide 74
Chrom 480
CIELab-System 89, 90
Classiformer 219
CNC-Bearbeitungszentren 323, 350
CNC-Bohrautomaten 338
CNC-Oberfräsen 323, 324
CNC-Oberfräsmaschinen 326, 328
CN-Lacke 358
COM-PLY 154
Coniferin 61
Coniferylalkohol 60
Continuous Pressed Laminate 393
Conti-Therm 222, 223
CPL 393, 399
CPL-Herstellung 399
CPL-Laminate 399
CPS-Presssystem 221
Curing 492
CVD-Diamant 298
C-Zustand 397

Dämmplatten 148, 149
Dämpfen 199, 452
–, direktes 200
–, indirektes 200
Dampfinjektionspressen 222, 224, 231
Dämpfung 282, 286
Dämpfverfahren 200
Darrdichte 86
Darrmethode 84
darrtrocken 77
Dauerhaftigkeit 92, 93
–, natürliche 457, 458
Dauerstandfestigkeit 105, 185
Deckenverkleidung 525, 526, 529, 530
Decklackieren 364
Decklagen 246
Decklagen-Abhebefestigkeit 424
Deckschicht-Material 152
Defibratorfaserstoff 231
Defibratorprinzip 235
Defibrierung 235
Defribrator 236
Dehnung 96, 180
Dehnungsschlitze 301
Dehnungszahlen 98
Dekorpapier 394
Delaminierungen 392
Desorption 78, 159
Deuteromyceten (imperfekte Pilze) 470
Diagonalsäge 308
Diamant, polykristalliner 298
Dichte 86
Dickenhobelmaschine 316, 317
Dickenhobeln 316, 317
Dickenkalibrierung 225
Dickenquellung 164, 425

Dielektrizitätskonstante 171
–, relative 89
Differenzialbauweise 506
Differenzklima 165
Diffusion 80, 161
Diffusionsmodelle 436
Diffusionswiderstand 161
Diffusionswiderstandszahl 80, 161, 162
Digitalmaßstäbe 296
Dimensionierungsvorschriften 501
Direct Pressed Laminate 393
Direktverpressen 396
Distanzringe (Spacer) 306
DMDHEU 494
Doppelabkürzsäge 303
Doppelendprofiler 308, 309, 329, 330, 331
Doppelspindelfräsmaschine 334
Doppelvakuumimprägnierung 467
Dosierwalze 368
DPL 393
Drechseleisen 338
Drechseln 338
Drehachsen 291
Drehen 338
Drehgeber 296
Drehstahl 338
Drehstrom-Asynchronmotor 285
Drehwuchs 40
Drehzahl 286
Drehzahlanpassung 286, 287
Dreipunktbelastung 100, 182
Dreipunktbiegung 183
Dreipunktversuch 188
Druckanlagen 465
Druckaufbauphase 220
Druckbalken 304, 345, 346, 347, 348, 350, 351, 353
Druckbeanspruchungen 263
Druckentlastungsphase 220
Druckfestigkeit 58, 107, 126, 186, 187
Druckhaltungsphase 220
Druckholz 39
Druckholztracheiden 31
Druckleiste 201, 351
Druckluftpistolen 371
Druckluftzylinder 291
Druckrollen 350
Druckschuh 345, 346
Drucktränkung 469
Druckverfahren 464, 466, 469
Dryair 382
Dübel 515, 520
Dübeln 520, 522
Dübelverbindungen 515
Dunkelverfärbung 453
Dünnschnittgatter 315
Dünnschnittsägen 306
Durchbiegung, maximale 180
Durchgangsbohrer 335
Durchlaufanlagen 308
Durchlauf-Beschichtungsanlage 407, 409
Durchlaufbohrmaschine 337
Durchlauftrockner 202
Durchlaufverfahren 196, 198
Durchschleifen 339
Durchschnittsalter 14
Düsenrohrtrockner 212
Düsentrockner 379

Eckenwinkel 266
Eckverbindungen 510, 514, 518
ecoDry-System 213
EDG-Richtlinie 454
Eigenfrequenz 181
Eigenschaften, akustische 90
–, biologische 76
–, chemische 76
–, dielektrische 171
–, elastomechanische 75, 93, 176
–, elektrische 89, 171
–, mechanische 413
–, mechanisch-physikalische 166
–, optische 89
–, physikalische 75, 159
–, physikalisch-mechanische 75
–, rheologische 93, 102, 176, 185
–, thermische 87, 169
–, toxikologische 481
Eigenschwingung 175
Eigenüberwachung 412, 425
Eignungsnachweis 411
Einbahntrockner 239
Einbauschränke 525
Eindringkraft 278
Eindringtiefe 341
Einetagenpressen 202, 220, 221
Eingriff, kontinuierlicher 273

Eingriffsverhältnis 279
Ein-Messer-Finish 317
Einsatzmöglichkeiten 249, 250, 251
Einscheibenverfahren 236
Einschlüsse 36
–, mineralische 36
Einschnittbrett 310
Einsetzfräsen 322
Einsetzfügefräsen 310
Einstellantriebe 285
Einstellwinkel 266, 272
Einstufentrockner 242
Einteilungsvarianten von Verbindungen 508
Einzelzulassung 411
Elastizität 94
Elastizitätsgesetz 94, 95, 96, 179
Elastizitätsmatrix 97
Elastizitätsmodul 99, 180, 181
Electron-Beam Pressed Laminates (EPL) 394
Elektronassfilter 213
Elektronenstrahlen 389
Elektronenstrahlhärtung (ESH) 386, 389, 390
Elementarfibrillen 51
Elemente 140
–, öffnungsschließende 512
–, stabförmig verklebte 140
ELESGO®-Verfahren 399
E-Modul 97, 99, 174, 181
–, dynamischer 174, 175
Emulsionen 484
EN 412
Endloshalbzeug 156
Endschliff 350
Engineered Wood Products 129, 145, 153, 252
Entharzen 356
Entscheidungsfindung 511
Entwässerung 239
Epithelzellen 32
Epoxidharze 395
Epoxid-Polyester-Systeme 396
Erdkontakt 481
Ergänzungsmöbel 504
Ermüdungsverhalten 422
Ersatzmodelle, rheologische 105
Erzeugnisse aus Holz 543
ESH-Verfahren 399
Etagenpressen 196, 199, 221
Etagentrockner 379, 383, 384
EVA-Schmelzklebstoffe 394
Exkretgewebe 16
Explosionsgefahr 213
Exsudate 64
Extraktstoffanteil 65
Extraktstoffe 48, 64
Extrusion 245
Extrusionsverfahren 156

Falschkern 19
Faltenbildung 262
Faltverfahren 522, 523
Fälzen 516
Farbabweichungen 354
Farbänderungen 452
Farbdruck 394
Farbe 89
Farbe des Holzes 29
Farbe, ungleichmäßige 453
Farbfehler 41, 452
Farbflecken 453
Farbkennwerte 90
Farbkern 18
Farbkernbildung 18
Farbkernholz 19
Farbmittel 359
Farbstoffe 359
Farbveränderungen 175, 452
Faserabweichungen 40
Faserdämmplatten 238
Faserdicke 233
Faserlänge 233
Fasern 34
Faserplatten 146
–, harte 148, 231, 238, 391
–, hochdichte 391
–, mitteldichte 148, 391
–, mittelharte 146
–, poröse 146, 231, 239
Faserrichtung 276
Fasersättigung 77
Fasersättigungsbereich 78, 159, 438
Fasersättigungspunkt 469
Faserschnittrichtungen 275, 276, 277, 341
Faserstoffausbeute 232

Faserstoffqualität 236
Fasertracheiden 34
Faserverbundwerkstoffe 152
Fassadenplatten 399
Fäuleformen 471
Faulholzinsekten 475
Federn 522
Feinfräsaggregat 331
Feinfräsen 333
Feingut 215
Felter 243
Felterprinzip 242
Fenster 534, 539, 541
Fensterarten 540
Fensterbank 541
Fensterbrüstung 541
Fensterformen 540
Fensterkanteln 196
–, lamellierte 149
Fensterleibung 541
Fensteröffnungen 534
Fenstersims 541
Fenstersturz 541
Fertigungsmöglichkeiten, technologische 501
Festharzauftragsmenge 217
Festharzdosierung 217
Festigkeit 106, 186, 132
–, dynamische 186
–, innere 135
–, statische 186
Festigkeitseigenschaften 75, 93, 176, 186, 188
Festigkeitsklassen 414
Festigkeitsverlust 489
Festigungsgewebe 16
Fette 69
Fettgehalt 70
Fettsäuren 70
–, gesättigte 69
–, ungesättigte 69
Feuchte 426
Feuchtebeanspruchung 139
Feuchtegehalt 77, 159, 160, 419, 433, 471
Feuchtegleichgewicht 434
Feuchtegradient 434, 437, 438
Feuchtemessung 426
–, dielektrische 84
Feuchteprofil 224
Feuchtereaktionen 423
Feuchteschutz 528
Feuchtestau 161
Feuchtetransport 80
Feuchtigkeit 280
Feuchtigkeitsgehalt 419
Feuchttemperatur 444, 445
Feuerschutzmittel 235
Feuerwiderstand 88, 171
Fibrillierung 233
Filmbildner 356, 360
Filmbildung 355
Filzrippenband 345
Flachbettverfahren 406
Flächenkonstruktionen 513
Flächenmöbel 505
Flächenverbindungen 516
Flachkanaltrockner 379
Flachpressverfahren 225, 227
Flachriemen 286
Flachziehklinge 333
Flavonoide 73
Fleckigkeit 453
Flexen, eindimensionales 342
–, volles 342
Fließbecher-Druckluftspritzpistole 373
Flitche 351, 352
Flugkreis 270
Flugkreisdurchmesser 263
Flugkreisradius 263
Fluorverbindungen 480
Flutdüsen 365, 366
Fluten (Flow Coating) 365
Flutstock 365
Folien, duroplastische 394
–, thermoplastische 394
Formaldehyd 493
Formaldehydabgabe 358
Formatbearbeitung 330, 331
Formatbearbeitungsmaschinen 403
Formatbearbeitungsteil 329, 331
Formatieren 316, 323
Formatkreissäge 302
Formbeständigkeit 165
Formfräsaggregat 329
Formfräsen 333
Formleichtbau 152
Formmaschine 239
Formpressen 195, 262

Formschluss 508
Formteile 143, 156, 202, 245, 260
Fotoinitiatoren 386, 387
Fräsen 315
Fräsketten 313
Freiformschnitte 312
Freilufttrocknung 433, 441
Freiwinkel 265, 268, 272
Frequenzrichter 288
Frischholzinsekten 475
Frischlufttrocknung 442, 443, 449, 454
Frühholz 19, 20
Frühholztracheiden 31
Fügefräser 329, 329
Führungen 291
Füllstoffe 359
Füllungen 516, 539
Fünfachsbearbeitung 325
Fungizide 483, 484
Funktion der Möbel 505
Furfural 57
Furfurylalkohol 495
Furfurylierung 495
Furnier 128, 201, 203
Furnierclippen 353
Furnierclipper 353
Furniere 351, 394
Furniererzeugung 351
Furniermessern 352
Furnierschälen 351
Furnierschälmaschine 352
Furnierschichtholz 141, 154, 203
Furnierstreifenholz (Parallel Strand Lumber – PSL) 142, 155, 203
Furnierzuschnitt 353
Fußböden 525
Futterarten 327
Futterrahmen 536

Garniturmöbel 504
Gatterrahmen 314, 315
Gattersägeblätter 314, 315
Gattersägen 314, 315
Geber 296
Gebrauchsfeuchte 433
Gebrauchsklassen 459, 460
Gebrauchtholz 208
Gefährdungsklassen 460
Gefäße 32, 33
Gefäßtracheiden 35
Gegenlauf 270, 301, 302, 303, 305, 309, 316, 321, 329, 331, 332
Gegenschneide 353
Gehrungssägeblätter 307
Gehrungssägen 307
Gehrungsschnitte 302
Gelbverfärbung 453
Genauigkeit 282
Gerbstoffe 72, 73
Geruch des Holzes 29
Gesamtschnittkraft 264
Gestaltungsprinzipien 503
Gestelle 283, 507
Gestellkomponenten 283
Gestellmöbel 506
Gestell-Strukturelemente 283
Getriebe 286, 287, 288
Gewebe 18
Gewebefilter 213
Gewindetrieb 289
Gießen 366
Gießsystem 367
Gießverfahren 366
Glanz des Holzes 29
Glattkantenbeschichtung 403
Gleichgewichtsfeuchte 159, 434, 445, 450
Gleichlauf 270, 301, 302, 303, 305, 309, 310, 322, 329, 331, 333
Gleichstrommotoren 285
Gleitführungen 292
G-Lignin 58, 59, 60, 62
Glockensprühsysteme 376, 377
Glucankette 50
Glucomannane 55
Glucoseoxidase 61
G-Modul 98
Graten 521
Gratnut 521
Gratverbindung 521
Grauschleier 355
Grauverfärbung 453
Grenzspannung 186
Grobgut 215
Grundieren 364
Grundmodul 534, 536
Grundsätze der Prüftechnik 410
GS-Lignine 58
Guajacylpropan 58

Guajacylrest 58
Gummirakel 368
Güteklassen 413
Güteüberwachung 412
GX plus 479

Hacken 210
Haftfestigkeit 424
Hailwood-Horrobin-Sorptionsmethode 80
Halbe-Halbe-Verfahren 309
Halbe-Halbe-Zerspanen 310, 330, 331
Haltevermögen 186
Hammermühlen 211
Handelsnamen 42
Handkreissäge 302
Handvorschub 302, 321
Handvorschubwerkzeuge 321
Harnstoffharze (UF) 138, 234, 358
Härte 111, 192, 297, 421
Härten 378
Härteprüfung 421
Härter 139, 233, 235
Hartfaserplatten 239
Hartmetall 298
Härtung 378
Harze 70, 357
–, natürliche 357
Harzkanäle 24
Harzsäuren 71
Harztaschen 71
Harzumwandlung 396
Hauptachsen 94
Hauptantriebe 285
Hauptgewebe 16
Hauptpressen 219
Hauptwelle (Königswelle) 306
Hausbockkäfer 476
Hausfäulepilze 472
Hausschwamm, echter 472
HDF (High Density Fiberboard) 231
Heißdampf 446
Heißdampftrocknung 446, 447
Heißdampfvakuumtrocknung 446
Heißpressen 219, 220
Heißpressvorgang 219
Heizwert 88
Hemicellulose 37, 47, 54, 55, 56
HGS-Lignine 58
High Pressure Laminate 393
Hirnschliff 341
Hitzebehandlung 488
Hitzebehandlungsverfahren 489
Hobelkopf 317, 318
Hobeln 315
Hobeloberfläche 316
Hobelschlagtiefe 317
Hobelverfahren 316
Hobelwellen 317
Hobelwerk 318
Hobelzahn 313
Hobelzahnkette 313
Hochdruckpressen 396
Hochdruck-Schichtpressstoffplatten, dekorative 393
Hochdruckspritzen 374
–, pneumatisches 372
Hochfrequenzerwärmung 449
Hochfrequenzpressen 198
Hochgeschwindigkeits-Schnellarbeitsstahl 297
Hochleistungsgatter 315
Hochrotationszerstäuber 378
Hochrotationszerstäubung 376, 377
Hochrotationszerstäubungsglocke 377
Hochtemperaturtrocknung 446
Hochtrockner 383
Hoftüpfel 30, 36
Höhenzuwachs 13
Hohlkastensystem 199
Hohlschaft-Kegelschnittstellen 320
Holz, thermomechanisch verdichtetes 161
–, vergütetes 128
Holzabbau, abiotischer 458
–, biotischer 458
Holzanatomie 15, 16
Holzarten 42
Holzausnutzung 194
Holzauswahl 354
Holzbaunorm 413
Holzbiegen 261
Holzblech 262
Holzeigenschaften 75
Holzeinschlag 313
Holzerzeugnisse 501
Holzfaserplatten 151
Holzfeuchte 83, 166, 171

Holzimprägnierverfahren 464
Holz-Kunststoff-Komposition 496
Holz-Kunststoff-Verbundwerkstoffe 156
Holzlagerung 208
Holzmikrotechnologie 15
Holzmodifizierung, chemische 485, 486, 488
Holzpartikelwerkstoffe 189
Holzreste 207
Holzschädigungen, biotische 470
Holzschutz 354, 457, 528
–, bekämpfender 476
–, integrierter 463
–, vorbeugender 476
Holzschutzbehandlungen, biozide 459
–, insektizide 459
Holzschutzemulsionen 484
Holzschutzmittel 476
Holzschutzsalze 480
Holzschutzverfahren 464
Holzstäube 171
Holzstrahl 35
Holzstrahlen 18, 22, 31
Holzstrahlparenchymzellen 32, 35
Holzteil 17
Holztextur 24
Holztrocknung 433
Holzverbindungen 420
Holzvergütung 485
Holzwerkstoffanlagen 308
Holzwerkstoffe 127, 128, 130
–, anorganisch gebundene 226
–, HPL-beschichtete 400
Holzwerkstoffproduktion 194
Holzwerkstoffverbrauch 194
Holzzerstörung 470
Hooke'sches Gesetz 94, 97, 180, 439
Hordenwagentrockner 379
Horizontalpressen 195
HPL 393, 399
HPL-Herstellung 398
HPL-Laminate 398
HSC-Spindeln (High Speed Cutting) 294
HSK 63 F-Schnittstellen 326
Hubspindeln 320
Hybridlager 294
Hydraulikzylinder 291
Hydrex 382
Hydro-Drehspannfutter 327, 328
Hydrodyn-Verfahren 222
Hydrohobeln 317
Hydrolyse 224
Hydrophobierung 490
Hydrophobierungsmittel 164, 233, 490
Hydrospannung 317
Hysterese-Effekt 78

Identifizierung von Holzarten 44
Imprägnieren 239, 239, 356, 364
Imprägnierung 240, 492
Infrarot-Feuchtemessgerät 426
Infrarot-Trockner 386
Inhaltsstoffe 48
–, primäre 64
–, sekundäre 64
–, resistenzwirksame 458
Initial point 421
Inkubationsverfahren (I/D-Trocknung) 450
Innenaufladung 376
Innenausbau 524, 526
Innenbeleimung 217
Innenrinde 17
Innentüren 525, 536
Insekten 475
–, holzschädigende 475
Insektizide 484
Integralbauweise 506
Interzellulargänge 36
IR-Kanal 407
IR-Strahlung 385
IR-Trocknung 385
Isocyanate 137, 493
Isopreonide 70
IST-Strahler 388

Jahrringbreite 20
Jahrringe 18, 19
Jahrringgrenze 21
Janka-Härte 421
JAS 412
Jointen 318
Jointfase 318
Jointstein 318
Jointvorrichtung 318

Kalanderpressen 220
Kalanderverfahren 145, 394
Kalibrierschleifen 339
Kältetrocknen 382
Kaltkaschieren 403
Kamerascanner 417
Kannelieren 339
Kanneliermaschinen 338
Kanten 308, 394
Kantenabfall 347
Kantenanleimaggregate 325
Kantenanleimmaschinen 329, 330
Kantenanleimteil 329
Kantenband 329, 330, 332, 334
Kantenbearbeitungen 329
Kantenbeschichtung 403
Kantenmaterialien 394
Kantennachbearbeitung 325, 329, 330, 332
Kantennachbearbeitungsaggregate 325
Kantennachbearbeitungsteil 331
Kantenverdichtung 334
Kapillarkondensation 79, 159
Kappaggregat 329
Kappen 307, 332
Kappsägeblätter 307
Kappsägen 307
Kappstation 332
Karl-Fischer-Titration 84
Karussellfräsmaschine 334
Kaschierverfahren 403
Kegelräder 286
Kehlautomat 319
Kehlstoß 516
Keilmessebene 273
Keilriemen 286
Keilwinkel 265, 272, 297
Keilzinken 516
Keilzinkenverbindungen 135, 518
Kellerschwamm, brauner 472, 473
Kenngrößen von Holzwerkstoffen 184
Kenngrößen, elastische 93
Kennzeichnung 412
Kernholz 18, 19
Kernholzbildung, fehlerhafte 41
Kernmaterialien 152
Kernreifholzbäume 19
Kerto-Schichtholz 154
Kesseldruckbehandlung 469
Ketonharze 358
Ketten 288, 291
Kettenausführung 222
Kettensägen 313
Klappen 512
Klason-Verfahren 59
Klebstoffanteile 234
Klebstoffe 135, 233, 247
–, synthetische 208
Klebstofftypen 136
Kleinmöbel 504
Kochprüfung 424
Kohlenhydrate 71
Kohlenwasserstoffe, aliphatische 69
Kompaktzerspaner 310
Komplettsysteme 145
Kondensationstrocknung 447
Kondensatormotoren 285
Konditionieren 224, 239, 240, 355
Konformitätsbescheinigung 412
Konsolentisch 328
Konstruktionen im Innenausbau 529
Konstruktionsdetails 513, 538, 541
Konstruktionsprinzipien 501, 503, 506
Konstruktionstechniken 501
Konstruktionsvollholz 128
Kontaktauftragsverfahren 368
Kontaktwalze 345, 346
Konti-Pressen 220
Konvektionstrockner 379, 382, 384
Konvektionstrocknung 440
Kopierdrehmaschinen 338
Kornmaterialien 342
Körnungen 342, 343
Koronaaufladung 376
Koronaentladung 375
Körper 507
–, ideal elastischer 179
Korpuseckverbindungen 520
Korpuskonstruktionen 518
Korund 342
Kraftschluss 509
Kraftschrumpffutter 328
Kreissägeblätter 300
Kreissägemaschinen 300
Kreissägen 299
Kreuzbalken 196
Kreuzbandschleifen 346

Kriechen 102, 185
Kriechverformung 102, 185, 422
Kriechzahl 103, 185
Kristallinität 52
Kristallinitätsgrad 53
Kröpfungswinkel 272
Krümmungen 452
Kugelgewindespindel 289
Kühlelemente 301
Kühlen 224
Kühlsterne 225
Kühlzone 379, 383
Kunstharz-Pressholz 153
Kunstharzpresslagenholz 202
Kunststoffdickkanten 330
Kunststoffdünnkanten 330
Kurbeltrieb 271, 352
Kurztaktpressen 399

Lackauftragsverfahren 363
Lackbestandteile 356
Lacke 360
–, physikalisch trocknende 364
–, säurehärtende 358, 362
–, strahlenhärtende 386
–, UV-härtende 362
Lackhärtung 356
Lackieren 364
Lackrohstoffe 356
Lacksysteme 360
–, säurehärtende 358
–, wasserbasierende 383
Lacktrockner 378
Lacktrocknung 383
Lackvorhang 366
Lagemessung 295, 296
Lagenholz 151, 199
–, verdichtetes 202
Lagern 239, 240
Lagerung von Wellen 294
Lagerungen 294
Lamellen 199, 351
Laminate nach dem ELESGO-Verfahren 394
Laminate, postformingfähige 400
Laminated Strand Lumber (LSL) 129, 226
Laminated Veneer Lumber (LVL) 129, 141, 154
Laminattechnologie 396
Langbänder 345, 348
Langbandschleifen 345, 346
Längenquellung 164
Langsieb 239
Langsiebmaschine 239
Längskopierfräsmaschine 334
Längsparenchym 23, 35
Längsparenchymzellen 32, 35
Längsschliff 341
Längsschwingverfahren 417
Längsstreifen 339
Längstracheiden 30
Längsverbindungen 510
Längsverbindungen bei Rahmenkonstruktionen 517
Lärmentwicklung 273, 332
Laserornamente 301
Laserperforationsverfahren 468
Laserstrahl 266
Laserstrahlschneiden 266
Lasthub 314
Laubhölzer, halbringporige 22
–, ringporige 21
–, zerstreutporige 22
Laubholzstruktur 32
Läuferbildung 365
Laufruhe 286
Leerhub 314
Leichtbau 151
Leichtbauplatten 334
Leichtbauwerkstoffe 151
Leicht-MDF 151
Leimauftrag 216
Leimauftragsmengen 216
Leimauftragwalzen 202
Leime, pflanzliche 208
–, tierische 208
Leimflecken 242
Leimholzplatten 140
Leitfähigkeitsmessung 419
Leitgewebe 16
Leitprimer, flüssiger 406
Lenkluft 376
Libriformfasern 32, 34, 232
Lignin 37, 47, 156
Ligninkonzentration 62
Lignocellulose 47
Linearbewegungen 289, 290
Linear-Direktantriebe 291
Linear-Gleitführungen 292

Linearmotoren 287
Linear-Wälzführungen 293
Linolensäure 69
Linolsäure 69
l-K-PUR-Systeme 137
Löffeldüsen 365
Lösemittel 358
–, reaktives 359
LSL 153, 154, 206, 230
Luftgeschwindigkeit 445
Lünette 338
LVL 153, 154, 205

Magnetfeldröhre (Magnetron) 390
Mahlgrad 237, 239
Makroelemente 66, 67
Mannane 56
Markflecken 40
Markröhre 18
Maschinengestelle 282
Maserungsbilder 352
Masonite-Verfahren 237
Maß- und Modulordnung 534
Maße 534
Massivholzanleimer 330, 333
Massivholzbearbeitung 305
Massivholzplatten 140, 196
Maßnahmen, baulich-konstruktive 461
–, organisatorische 461
–, physikalische 461
Maßordnung 534
Materialkombinationen 245
Materialverhalten 501
Matrix, extrazelluläre 48
Matrize 353
MDF (Medium Density Fiberboard) 148, 231, 233
MDF(HDF)-Decklagen 149
MDF, pulverlackierbare 405
MDI 137, 234
Mehrblattkreissägen 306
Mehrblattsäge 306
Mehretagenpressen 202, 220, 239, 240, 398
Mehretagentrockner 239
Mehrspindel-Tischbohrmaschine 337
Melaminbeschichtung 393, 397
Melaminharze (MF) 138, 139, 234, 494
Melaminpapierkanten 330
Memory-Effekt 80
Messen 409
Messerkopfsysteme 320
Messerkopfzerspaner 209
Messern 269, 351, 351
Messerringzerspaner 210, 230
Messerscheibenhacker 210
Messerscheibenzerspaner 209
Messerschlagabstände 317
Messerschläge 275, 316, 333
Messerschlagtiefe 275
Messerwellenhacker 210
Messerwellenzerspaner 209
Messung der dielektrischen Eigenschaften 419
Metallabscheider 211
Mikroelemente 66, 67
Mikroemulsionen 484
Mikrofibrillen 51, 57
Mikrofibrillenwinkel 54
Mikroverbundstoff 47
Mikrowellen 390, 391
Mikrowellenanlage 391
Mikrowellentrocknung 390
Mikrowellenverfahren 84, 427
Mineralstoffe 48, 66
Mineralstoffgehalt 66
Minikeilzinken 515
Minizinkenverbindungen 320, 321
Mischer 218, 231
Mischpolymerisate 358
Mittellagen, extrem leichte 246
Mittellamelle 37
Mittenschnittproben 439
MKD-Diamant 298
Möbel 503
Möbelfronten 401
Möbelindustrie 251
Model 306
Modelle, empirische 436
–, rheologische 105
Modelschnitt 305
Moderfäule 471
Moderfäulepilze 470
Modifikationsbeiwert 414
Modifizierung, chemische 128
Modifizierungsreagenz 492
Module 534
Modulordnung 536

Mollier-h,x-Diagramm 442, 443, 447
Molti-Inject-Verfahren 523
Monoterpene 71
Monoterpensäuren 71
Motoren 285
Motorentypen 285, 287
MUF 138
Mühlen 211
Musikinstrumente 543

Nachbehandlung, thermische 239
Nachgiebigkeitsmatrix 97
Nachzerkleinerung 211
Nadelholzstruktur 29
Nadelstreifen 339
Nagekäfer, gewöhnlicher 476
Nagelausziehwiderstand 111, 192
Nanoverbundstoff 47
Nass-in-Nass-Verfahren 367
Nassquerzug 424
Nassverfahren 148, 149, 231, 233, 238, 244
Nasswaschanlagen 212
Nebengewebe 16
Nebenschneide 318, 319
Neigungswinkel 266, 272, 273, 280
Nennmaße 534
Nesting 323, 324
Neutronenradiographie 84
New Option Wood 490
Nichtdruckverfahren 464, 469
Nichtrundformwerkzeuge 322
Niederdruckspritzen, pneumatisches (HVLP) 372
Niedrigtemperatur-Pulverlacke, thermisch vernetzende 395
–, thermoreaktive 395
NIR-Spektroskopie 84
Nitrolacke 362
Normal-Rohdichte 86
Normen 411
Normklima 418
Normung 411
Nummer der Körnung 343
Nut und Feder 520, 522
Nuten 331, 516
Nutenbettfräsung 320
Nut-Feder-Verbindungen 320
Nutfräsen 331
Nutstationen 331

Oberfläche, spezifische 216
Oberflächenbehandlung 353
Oberflächenbeschichtung 354
Oberflächeneigenschaften 172
Oberflächenhaftung 135
Oberflächenmaterialien 355
Oberflächenverfahren 465
Oberfräsen 325
Öle 69
–, natürliche 357
Ölen 490
Öl-Hitze-Behandlung (OHT) 490
Öllacke 362
Ölsäure 69
Omega-Schleife 377
Online-Dichteprofilmessgerät 428
Online-Messgeräte 249
Online-Rohdichteprofilmessung 427
Optimierungskappen 308
Organismen, holzverfärbende 473
Organometallverbindungen 483
Oriented Structural Board (OSB) 226
OSB (Oriented Structural Board) 145, 149, 153, 155, 230
Oxidationsreaktionen 488

Papierwabenplatten 152
Paraffine 490
Parallel Strand Lumber 129
Parenchymzellen 32, 35
Parkettböden 149
Parkettherstellung 315
Parkettkäfer 476
Partikelorientierung 176
Partikelwerkstoffe 151, 264, 278
Passivkraft 280
Passungen 534
Patrize 353
Pendistor 243
Pep-Core-System 246
Peptide 74
Peroxidase 61
Phenole 72
Phenol-Formaldehyd 494
Phenolharze (PF) 138, 139, 234
Phenolresorcinformaldehydharze (PRF) 139
Phenylpropanoide 58
Phenylsulfamide 483
Phthalierung 161

Physisorption 79
Pigmente 359
Pilze, holzverfärbende 470, 473
–, holzzerstörende 470
–, verfärbende 470
Planetengetriebe 286
Planfräsen 315
Planhobeln 315
Planlaufgenauigkeit 300
Plansiebmaschinen 215
Plantagenwirtschaft 233
Plastifizieren 261
PLATO-Verfahren 490
Platten, melaminbeschichtete 393
–, extraharte 239
Plattenaufbau, asymmetrischer 165
Plattenaufteilsäge, horizontale 304
–, vertikale 303, 304
Plattenbauweise 505
Plattendecke 530
Plattendicke 180
Plattenreißer 174
Plattenverzug 165
Point-to-point-Bohrautomaten 335
Polyaddition 137
Polyamide 138
Polyester 138
Polyester-Epoxidharz-Hybridpulver 395
Polyesterharze 357
Polyesterlacke 331
–, ungesättigte 362
Polyethylen (PE) 156
Polygoneffekt 291
Polykondensation 138
Polymeres Diphenylmethandiisocyanat (PMDI) 137
Polymerholz 496
Polymerisationsgrad (DP) 54
Polymorphie 51
Polyolefine 156
Polyosen 54, 56
Polypropylen (PP) 156
Polyurethane 137, 358
Poly-V-Riemen 286
Poren 77
Porenschwamm, weißer 473
Porensystem 78
Porigkeit der Laubhölzer 21
Postformingkanten 332
Postforming-Verfahren 331, 400, 403
Power-and-Free-Anlage 366
Power-and-Free-Förderer 407
Prägen 245
Prallhammermühlen 211
Pressdiagramm 239
Pressen 219, 239, 260
–, kontinuierlich arbeitende 220, 221, 223
–, kontinuierliche 202, 231, 399
Pressgesenke 202
Presshaut 220, 225
Presslagenholz 202
Primärwand 37
Prismenführung 292
Probenahme 418
Probleme, gesundheitliche 474
Produkte, künstlerische 543
Produktentwicklung 502
Produktionsüberwachung 425
Profile, lamellierte 196
Profilfräsaggregat 329
Profilfräsen 319
Profilhobeln 319
Profilieren 324, 333
Profilierung 320
Profiljointen 319
Profil-Konterprofil-Verbindung 320
Profilschienen-Kugelführung 293
Profilschienen-Rollenführung 293
Profilschleifen 339
Profilschliff 349
Profilziehklinge 333
Proportionalitätsgrenze 180
Proteine 74
Prozesskontrolle 425
Prozessleitsysteme 248
Prozesssteuerung 248
Prozessüberwachung 248
Prüfkörper 187
Prüfmaschinen 417
Prüfmethodik 76, 158
Prüftechnik 410
Prüfung 409
– der Oberflächeneigenschaften 420
– der Querzugfestigkeit 424
– von Gebrauchsholz 420
– von Holz 419

– von Kriechverhalten 423
– von mechanisch-physikalischen Eigenschaften 420
– von Möbeln 423
– von Probekörpern in Bauteilgrößen 420
–, zerstörungsfreie 415
–, zerstörende 423
PSL 153, 154, 205
Psychrometer 450
Psychrometertafel 446
Puffermittel 233
Pulverapplikation 405
–, elektrostatische 407
Pulverapplikationsprozess 404
Pulverbeschichtung 404
–, dekorative 406
Pulverlackbeschichtung 409
Pulverlacke 362, 394, 409
–, thermoreaktive 409
–, UV-strahlenhärtende (UV-Pulver) 396
Pulverlackierung 392
PUR 234
PUR-Lacke 357
PUR-Schmelzklebstoffe 394
PVAc-Kleber 394
PVC 156
PVC-Folien 394
Pyrethroide, synthetische 484

Qualität der Verklebung 425
Qualitätsmerkmal 316
Qualitätsüberwachung des Fertigungsprozesses 425
Quelldrücke 164
Quellen 82, 164
Quellmaß 164
Quellung 83
–, differenzielle 164
–, prozentuale 165
Quellverhalten 82, 83, 176
Querband 346
Querkontraktion 132
Querschliff 341
Querschnittsabmessungen 191
Querschnittsfläche 186
Querstabförderer 379
Querstromsichter 215
Quertracheiden 31
Querzugfestigkeit 174, 186, 424
Quetschkraft 268

Rahmenbauweise 505
Rahmenkonstruktionen 514
Rahmenmöbel 505
Rahmenpressen 196
Randfaserdehnung 180
Rastersysteme 526, 527
Rastertisch 328, 329
Rattermarken 340
Rauigkeit 172, 173
Raumabsaugung 332
Raumdichtezahl 86
Räumerschneiden 301
Reaktionen, photochemische 63
Reaktionsholz 39
Rechteckführung 292
Recyclingholz 208
Refiner 211, 235
Refiner-Typen 235
Reflexionsvorhänge 390
Regelscheibengetriebe 288
Regelung 295, 296, 450
Regelung der Holztrocknung 450
Regeneratcellulose 53
Reibkräfte 268, 278
Reibschweißen 136
Reibungsbeiwerte 112
Reifholzbäume 19
Reihenbohrgetriebe 325, 335, 336
Reihenschlussmotor 285
Reindichte 86
Reinigen 346
Reproduzierbarkeit 410
Resorcinformaldehydharze (RF) 139
Resorzinharze (RF) 138, 139
Reverser 312
Riefen 340
Riemen 286, 288
Rillenmarkierungen 339
Rinde 17
Ringmischer 217, 242
Rippenbänder 345
Riss 276
Rissbildung 164, 175, 262
Ritzen-Zerspanen 309, 310, 331
Ritzsäge 305, 309
Ritzsägeblatt 305
Roboter 350

Rohdichte 86, 167, 174, 280, 418
–, mittlere 427
Rohdichteprofil 168, 427
Rohdichteverteilung 427
Röhrenspanplatten, stranggepresste 151
Röhren-Trommeltrockner 212
Rolle, bombierte 348
Rollenführung 294
Rollenschuh 294
Rollläden 512
Rollschub 182
Röntgendurchstrahlung 417
Röntgenmethode 167
Rotationskörper 349
Rotstreifigkeit 474
Royalverfahren 491
Rückkühlung 222
Rückschlag 322
Rückschlaggefahr 308
Rückschlaggeschwindigkeit 322
Rundformwerkzeuge 322
Rundführungen 293
Rundholz 128
Rundholzlagerung 199
Rundlauf 318
Rundlauffehler 317, 326
Rundlaufgenauigkeit 317, 318
Rundumbeschichtung 406

Saccharose 72
Sägeaggregate, dynamische 308
Sägebänder 311, 312, 313
–, stelllitierte 311
Sägeblatt-Fräser-Kombination 305
Sägeblattüberhang 314
Sägeketten 313, 314
Sägen 299
Sägenzerspaner 310
Sägewagen 304
Sägewerke 305, 307, 308, 311
Sägewerksspaner 305
Salze 480
Salzgemische 480
Sammelgruppe 482
Sandwich 151
Sandwichbauweise 151
Sandwich-Leichtbauplatten 152
Saugnäpfe 328
Schaftfräser 323
Schälen 201, 269, 351, 351
Schälfurnier 199
Schallabsorption 173
Schallabsorptionsgrad 175
Schallausbreitung 91
Schalldämmung 173
Schallgeschwindigkeit 91, 92, 173, 174, 175, 181
Schallschutz 528
Schälmaschine 201
Schärfen 318
Schatten 339
Scheibensegmente 231
Scheibensprühsysteme 376
–, elektrostatische 377
Scheibenstreuköpfe 231
Scheibenzerspaner 229, 230
Scheinholzstrahlen 22
Scherbelastung 191
Scherfestigkeit 110, 123, 133, 186, 191
– parallel zur Plattenebene 191
Schergutsichter 215
Schichtenaufbau 135
Schimmel 474
Schimmelpilze 474
Schlagen 269
Schlagkreuzmühlen 211
Schlagzähigkeit 112
Schlankheitsgrad 233
Schleifabtrag 341
Schleifaggregat 329
Schleifautomaten 345
Schleifband 334, 345
Schleifbandabstützung, aerostatische 348
Schleifbild 340
Schleifen 225, 339, 339, 340
Schleifen von Platten 345
Schleifkorn 342
Schleifkörper 318
Schleifleinen 350
Schleifmittel 342, 343
– auf Unterlagen 342
–, gebundene 342
Schleifpellets 350
Schleifscheiben 349
Schleifwalzen 342, 346
Schlitz 514
Schlitzsiebe 231
Schlitzverbindungen 515

Schmalbandschleifmaschinen 345
Schmalfläche 308
Schmelzklebstoff 394
Schmetterlingsporling 473
Schneiden 353
Schneideneingriffsverhältnis 265
Schneidenüberstand 322
Schneidenverrundungen 280
Schneidenzahl 265
Schneidkante 267
Schneidkantenradius 298
Schneidkeil 267
Schneidkeilgeometrie 271
Schneidwerkstoffe 297
Schnitt mit und gegen die Faser 277
Schnitt, ziehender 273
Schnittbewegung, lineare 271
–, rotatorische 270
Schnittbreite 263
Schnittgeschwindigkeit 265, 269, 270
Schnittholz 128
Schnittholzbläue 474
Schnittholzklassen 415
Schnittholztrocknung 433
Schnittkantenqualität 302
Schnittkraft 264, 278
–, bezogene 278
–, konstante 264
–, mittlere 278
–, spezifische 264, 278
Schnittkraftkonstanten 179, 282
Schnittleistung 265, 280
Schnittleistungsberechnung 281
Schnitt-Normalkraft 264, 278, 279, 280
Schnittrichtungen 76, 276, 351
Schnittstellen 326
Schnitttiefe 263
Schnittweg 264, 299
Schnittwiderstand 280
Schnittwinkel 266, 272
Schnittzeit 265
Schopper-Riegeler 237
Schraubenlinie 273
Schraubenwiderstand 192
Schreinerbandsägen 311, 312
Schrittmotoren 287, 288
Schrumpffutter 328
Schrumpfspannfutter 327, 328
Schub 183
Schubbruch 101, 182, 190
Schubeinfluss 184
Schubmodul 100, 134, 180, 182, 183
Schubspannungen 100, 182
Schubverformung 182
Schulterstäbe 186
Schutz, vorbeugender 461
Schutzeinrichtungen 300
Schutzfräser 331
Schutzmaßnahmen im Innenausbau 527
Schutzmaßnahmen, bauliche 463
–, konstruktive 463
Schutzmittel, chromatfrei fixierende 481
–, fixierende 480
–, lösemittelhaltige 483
–, ölige 469
–, wasserbasierte 480
–, wasserlösliche 480
Schwabbelaggregate 239, 333
Schwalbenschwanz 292
Schwebegeschwindigkeit 215
Schwebesichter 215
Schwenksäge 325
Schwinden 82, 164
Schwindmaß 164
Schwindung 83
Schwindverhalten 82
Schwinggatter 315
Schwinggefäße 350
Schwingschleifaggregate 346
Schwingschleifer 346, 349
Schwingungsprobleme 332
Scrimber 129, 154, 155, 226, 229, 230
Segmentdruckbalken 347
Seile 291
Seitenschneiden 301
Sekundärwand 38
Selbstvernetzung 488
Senkrechttrockner 383
Servomotoren 288
Sicherheitskonzept 414
Sicherheitszugaben 186
Sichten im Luftstrom 215
Sichter 211
Sichtung 215
Sichtverfahren 215
Sieben 215

Siebfraktionierung 216, 237
Siebsichtmaschinen 216
Silicone 496
Silikate, kolloide (Wassergläser) 496
Simultanschließeinrichtungen 220
Sinapinalkohol 60
SK 30-Schnittstellen 326
SK 40-Schnittstellen 326
Skelettbauweise 506
Ski-Kerne 143
Snowboard-Kerne 143
Softformingkanten 330, 332
Softformingverfahren 331
Sohlbank 541
Sollmaße 534
Sondergewebe 16, 39
Sorptionsisotherme 160
Sorptionsverhalten 77, 78, 79, 159
Sortieren 215
Sortierklassen 413, 415
– für Bauholz 415
Sortiermerkmale 415
Sortierung 414
–, maschinelle 415
–, nordische 413
Spaltbarkeit 110
Spalten 269, 351
Spalter 428
Spaltererkennung 428
Spaltfestigkeit 110, 186
Spaltkeile 300
Spaltungsreaktionen 488
Span 268
Spanabfuhr 273
Spanauswurf 323
Spandickenbegrenzer 313
Späne 206
Späneerfassung 331
Spanentsorgung 323
Spänestrahl 331
Spanformteile 226
Spangeometrie 216
Spangrößen 269
Spanlückenweite 322
Spannfutter 326
Spannpratzen 329
Spannsysteme 328
Spannung 180
Spannungen, innere 164
Spannungsausbildung 163
Spannungsbreite 263
Spannungs-Dehnungs-Diagramm 94, 179, 180
Spannungsdicke 264
–, mittlere 264
Spannungsrelaxation 104, 185
Spannungsverteilung 189
Spannungszonen 268
Spannzangen 304, 326
Spannzangenfutter 326, 327
Spanoberfläche 216
Spanorientierung 229
Spanplatten 145, 206, 391
–, stranggepresste 145
Spanräume 301
Spanstreifenholz (Laminated Strand Lumber – LSL) 155
Spanungsdicke 274
–, mittlere 274, 278
Spanungsgrößen 269, 273
Spanwinkel 266, 272
–, negativer 340
Spätholz 19, 20
Spätholztracheiden 31, 232
Speichergewebe 16
Sperrholz 142, 203, 204, 392
Spielfreiheit 292
Spielzeug 543
Spiralbohrer 335
Spiralnut 334
Splintholz 18
Splintholzbäume 19
Sportgeräteindustrie 543
Spritzapplikation 370
Spritzgussprozess 156
Spritzverfahren 370, 378
Sprühdüsen 365
Sprühsysteme, luftzerstäubende 376
Spurenelemente 66
Stammblatt 300
Stammholzbläue 474
Stammvermessung 352
Standschnittweg 264, 299
Standvorschubweg 265, 299
Standwegverbesserung 315
Stanzen 353
Stapellattenverfärbung 453
Stärke 156
Stauchen 311, 312
Steifigkeit 282

Steigrohrsichter 215
Steinkohlenteeröle (Kreosote) 477
Stellen, notifizierte 412
Stellit 298
Stemmen 314
Stemmketten 313
Steroide 70
Steuerung 295, 296, 300
Stilbene 73
Stirnplanfräsen (Rotoles-Prinzip) 318, 319
Stirnradgetriebe 286
Stoffe, farbbildende 359
Stoffschluss 508
Stofftransportmodelle 436
Stollenbauweise 505
Stollenmöbel 505
Strahldivergenz 266, 267
Strahlenabschirmung 390
Strahlenhärtung 386
–, chemische 384
Strahler, quecksilberdotierte 387
Strahlungshärtung 384
Strahlungstrocknung 384
Strands 210
Strangpressen 220
Strangpressverfahren 225, 228
Streuen 218
Streumaschinen 218
Streuung 218
Strohplatten, leichte 151
Stromtrockner 212, 213, 242
Structure Frame 154
Strukturbildung 131
Strukturelemente 128
Strukturveränderungen 39
Stützwalzen 346, 347
Stützweite 180
Substratwerkstoff 404
Synchronmotoren 285
Synchron-Servomotoren 287
Syringylpropan 58
Syringylrest 58
System, orthotropes 94
Systematisierung von Verbindungen 507
Systeme, UV-strahlenhärtende 395

Taber-Abraser-Test 421, 422
Talquotient 275
Tastaggregate 324
Taster 295, 348
Tastschnittgeräte 172
Tastung 333
Tauchanlagen 465
Tauchen 364
Taupunkt 447
Teeröl, pigmentiertes emulgiertes 480
Teeröltränkung 469
Teilsicherheitsbeiwert 414
Teleskop-Prinzip 306
Temperatur 280
Terpene 70
Terpenoide 70
Tertiärwand 38
Tetraalkoxysilane 496
Texturbegriffe 24
Thermoformpressen 401
Thermoglätten 392
Thermokaschieranlage 403
Thermokaschieren 403
ThermoWood, VTT 490
Thyllen 34
Tiefdruckverfahren 394
Tiefziehen 262
Tischfräsen 321
Tischfräsmaschinen 321, 322
Tischgröße 300
Tischlereibandsägen 311, 312
Tischlerholz 413
Tischlerplatten 151
Tischlippen 300
Tischsäge 301
TJI-Träger 245, 248
Toleranzen 534
Tore 536
Torquemotoren 287
Torsionsfestigkeit 186
Tracheen 33
Tracheid-Effekt 90
Tracheiden 30, 35
–, vasizentrische 35
Träger 149
Tragfähigkeit 413, 414
Tränkbarkeit 466, 467, 468
Tränken 128
Tränkkanäle 396
Tränkreife 468
Tränkverfahren 464
Transversalwellen 91

Trennen, spanloses 268, 350
Trennverfahren mit Schneidkeil 266
– ohne Schneidkeil 266
Trennwand, schalldämmend 526
–, schallreflektierend 526
–, schallschluckend 526
–, wärmedämmend 526
–, weitere Merkmale 526
Trennwände 525, 526, 532, 533
Treppen 525
Triazole 483
Trockenholzinsekten 475
Trockentemperatur 444, 445
Trockenverfahren 148, 231, 233, 240, 244
Trockenzone 379, 380, 383
Trocknen 202, 239, 261, 355
– mittels elektrischer Verfahren 390
Trocknertypen 212, 214
Trocknung 212, 242, 433
– mit entfeuchteter Luft 382
–, physikalische 378
–, technische 433
Trocknungsbeschleunigung 380
Trocknungsfehler 451, 451
Trocknungsgefälle 434, 440
Trocknungsklima 433
Trocknungsmodelle 436
Trocknungsparameter 444
Trocknungsqualität 451, 453
Trocknungsspannungen 434, 438, 451
Trocknungssysteme, konvektive 436
Trocknungsverlauf 443, 444
Trocknungsvorgang 434
Trogtränkverfahren 465
Trommeln 364
Trommeltrockner 231
Trommelzerspaner 230
Trumsägen 314
Tüpfel 36
Türarten 537
Türbekleidungen 536
Türen 512, 533, 536
Türflügel 536
Turmtrockner 383
Türrahmen 536
Typen des Pilzbefalls 470

Übereinstimmungszeichen 412
Überhang 315
Überlappungslänge 133
Überschieben 516
Überstand 265
Ultraleicht-MDF 151
Ultraschall 90
Ultraschallsignal 428
Umformen 260
Umformtechnologie 245
Umlenkkraft 268, 278
Umluft-(Konvektions-)Trocknung 379
Universalhobeln 319
Universalmotor 285
Unterkonstruktion 526
Urformtechnologie 245
UV-Härtung 386, 389
– unter Inertgas 389
UV-Lacke 386
UV-Pulverlacke 396, 407, 409
UV-Strahler 387
UV-Zone 407

Vakuum-Druckimprägnierung 466
Vakuumpressen 196, 199
Vakuumsysteme 328
Vakuumtrockenkammer 449
Vakuumtrocknung 448
Verbindung, unlösbare 509
Verbindungen 507
– bei Massivholz 518
– von Holzwerkstoffen 522
–, gefederte 515
Verbindungsprofile 320
Verbrennungsmotoren 285
Verbundelemente 140
Verbundplatten 149, 155
– mit Wabenmittellage 248
Verbundsysteme 155, 247
Verbundwerkstoffe 149, 245, 392
Verdampfungstrocknung 448
Verdampfungsvorgang 435
Verdichten 128
Verdrehungen 452
Verdünnungsmittel 358
Verdunstungsvorgang 435
Veresterung 492
Veretherung 493
Verfahren, optische 426
Verfärbungen 453

Verfärbungsfehler 453
Verfilzung 233
Vergilbung 63
Vergleichen 409
Vergüten 239
Vergütung 239
–, hydrothermische 128
–, thermische 128
Vergütungsverfahren 485
Verhalten, rheologisches 422
Verkernung 72
Verkleidungen 526
–, sonstige 525
Verleimungsarten 247
Verleimungseigenschaften 423
Verleimungsqualität 428
Vernetzung 488, 493
Vernetzungsreaktion 386
Verpackungsmittel 543
Verpressen 202
– mit Membran 402
Verrundung der Schneidkante 298
Verrundungsradius 276
Verschalung 440
Verschalungsgrad 454
Verschleiß 297, 298
Verschleißabtrag 298
Verschleißformen 299
Verschleißwiderstand 280
Verschnittmittel 358
Verstärkungen 247
Verteilen 216
Vertikalpressen 195
Verzahnungen 311, 312
Vielblattkreissäge 306, 307
Vielblattsäge (Nachschnittsäge) 305
Vierpunktbelastung 100
Vierpunktversuch 188
Vierseitenhobelmaschinen 320
Vierseitenhobeln 319
VIG 67
Vliesbilden 238
Vliesbildung 218, 238, 242
–, mechanische 242, 243
–, pneumatische 242, 243
VOG 71
volatile organic components (VOC) 57, 71
Vollholz 128
Vollholzanleimer 394
Vorbehandlungen 355, 418
Vorbehandlungsverfahren, mechanische 392
Vorerwärmung 405
Vorfräsaggregat 329
Vorfräsen 332
Vorkalibrieren 346
Vorpressen 219, 231
Vorritzaggregat 302
Vorritzer 335
Vorritzschneiden 335
Vorschub 264
–, diskontinuierlicher 314
Vorschubantriebe 285, 287
Vorschubgeschwindigkeit 265, 269
Vorschubkraft 264
Vorschubleistung 265
Vorschubmotoren 287
Vorschubumkehr 312
Vorschubweg 265
Vorspaltungen 276, 277, 317, 350, 351
Vorspannung 292
Vorwärmung 172
Vorzerstäuberdüse 373

Waben 246
Wabenplatten 149
–, rahmenlose 152
Wabensysteme 246
Wachse 69, 357, 69
Wachsen 490, 491
Waferboard 226, 229
Waldholz 207
Walzen 368
Walzen Face C 218
Walzenauftragsverfahren 369
Walzenbrecher 211
Walzenschleifverfahren 345
Walzensichtung, kombinierte 219
Walzensieb 218
Walzenstock 368
Wälzführungen 292
Wandöffnungen 534
Wandverkleidung, schalldämmende 526
–, schallreflektierende 526
–, schallschluckende 526
–, wärmedämmende 526
Wandverkleidungen 525, 531, 532

Wangenmöbel 505
Wärmeausdehnung 88, 170, 171
Wärmedämmung 170
Wärme-Druckbehandlung 161
Wärmekapazität 87
–, spezifische 87, 169
Wärmeleiter 169
Wärmeleitfähigkeit 87, 169
Wärmeleitung 171
Wärmepumpe 447, 448
Wärmeschutz 528
Wasser 48
–, freies 77
–, gebundenes 77
Wasseraufnahme 77, 162
Wasseraufnahmekoeffizient 81, 162
Wasseraufnahmevermögen 425
Wasserdampf-Diffusionswiderstandszahl 81, 161
Wasserlacke 359, 362, 391
Wasserlagerung 425
Wässern 356
Wassersättigung 77
Wasserstoffbrücken, intramolekulare 50, 51
Wasserstrahl 267
Wasserstrahlschneiden 267
Wechseldrehwuchs 40
Wechseldruckimprägnierung 466
Wechseldruckverfahren 469
Wechselfeld, dielektrisches 449
Wechselfestigkeit 112
Wegmessung 296
Weichmacher 356, 357
Weichmachertypen 357
Weichmacherwanderung 357
Weißbruch 333
Weißfäule (Korrosionsfäule) 471
Weißlochfäule 471
Weißpunkt 137
Weldonfutter 326, 327
Wellen 294
–, elektromagnetische 172
Welligkeit 172, 173
Werkstoffbildung 131
Werkstoffprüfung 409
Werkstückbefestigung 328
Werkzeug-Bezugsebene 265
Werkzeugdrehzahl 265
Werkzeuge, lärmoptimierte 330
–, umlaufende 271
Werkzeug-Schneidennormalebene (Keilmessebene) 265
Werkzeugstahl 297
Werkzeugwechsler 324
–, automatische 326
Werzalit-Verfahren 260
Widerstand, elektrischer 89, 171
Widerstandsfähigkeit, natürliche 457, 462
Widerstandskraft 268
Widerstandsmessung, elektrische 84
Widerstandsmoment 188
Windsichtstreuprinzip 219
Windsichtstreuung 219
Winkel im Schneidkeil 280
Winkelfräsaggregat 325
Winkelgetriebe 326
Winkelsägeaggregat 325
Wirkgeschwindigkeit 265, 269
Wirkkraft 264
Wirkleistung 265
Wirkweg 264
Wischerschneiden 301
Wood Plastic Composites (WPC) 155
Wood Welding (Holzschweißen) 523
WPC 156
Wundholz 39, 40
Wurfsichtstreuung 218
Wurfsichtung, kombinierte 219
Wurfsiebmaschinen 215

Xylane 55

Zähigkeit 297
Zahnform 313
Zahngestaltung 300
Zahnradgetriebe 286, 288
Zahnriemen 286, 291
Zahnscheibenmühlen 211
Zahnstange 290
Zahnvorschub 264, 274
Zapfen 514
Zapfenverbindungen 515
Zargenrahmen 536
Zeitspanungsvolumen 265
Zellwand 37, 49
Zellwandverdickungen 31
Zentrierspitzen 335

Zentriwinkel 266
Zerfasern 235
Zerfaserung 235
Zerfaserungsaggregate 235
Zerfaserungsgrad 237
Zerfaserungsverfahren 237
Zerquetschkraft 277
Zerspanen 308
Zerspaner 210, 309, 310, 330, 331
Zerspankraft 264, 276, 277, 278
Zerspanung 209, 268
–, geradlinige 273
–, rotatorische 273
Zerspanungsleistung 277
Zerspanungsprozess 269
Zerstäuber, pneumatischer 372
Zerstäubung, elektrostatisch unterstützte 375
–, hydraulische 373
–, hydraulische mit Luftunterstützung (Airmix, Aircoat) 374
Zerstäubungsmethode 371
Zerteilen 216
Zertifizierung 425
Ziehklingen 333
Ziehklingenaggregate 329, 333
Ziernutfräsungen 324
Zinkung 519
Zucker 71
Zuckerderivate 71
Zugband 261
Zugbeanspruchungen 263
Zugbruch der Keilzinkenverbindung 190
Zugdruckumformen 261, 262
Zugfestigkeit 107, 126, 133, 135, 186, 424
– in Plattenebene 186
– senkrecht zur Plattenebene 186
Zugholz 40
Zug-Trommeltrockner 212
Zulassung, allgemeine bauaufsichtliche 411
Zündpunkt 88
Zusammenlegen 202
Zuschnitt 200
Zustelltiefe 317
Zuwachszonen 18, 19, 20
Zweikomponentenlacke 364
Zweistufentrockner 242
Zwischenschliff 350
Zykloidenbahnen 270
Zyklonentstaubung 212
Zyklustests 424